第2版

太阳能光伏发电系统设计施工与应用

李钟实 ◎ 编著

人民邮电出版社
北京

图书在版编目（CIP）数据

太阳能光伏发电系统设计施工与应用 / 李钟实编著. -- 2版. -- 北京 : 人民邮电出版社, 2019.3（2023.2重印）
ISBN 978-7-115-50708-2

Ⅰ. ①太… Ⅱ. ①李… Ⅲ. ①太阳能发电－系统设计 Ⅳ. ①TM615

中国版本图书馆CIP数据核字(2019)第013653号

内容提要

本书系统地介绍了太阳能光伏发电系统的类型及各组成部分的工作原理、性能参数以及设计选用方法。重点介绍了太阳能光伏发电系统的容量设计、并网接入设计、系统整体配置、设备部件选型及设计、安装施工、检测调试、运行维护、故障排除等；还介绍了光伏发电系统的设计应用实例、光伏发电新技术应用等方面的内容，并提供了具体的设计、施工实例和部分实用资料。

本书内容翔实、图文并茂、通俗易懂，具有较高的实用性，适合从事太阳能光伏发电系统设计、施工、维护及应用方面的工程技术人员以及太阳能光伏发电设备、部件生产方面的相关人员阅读，也可供大专院校相关专业的师生学习参考，还可供对太阳能光伏发电感兴趣的各界人士阅读。

◆ 编　　著　李钟实
责任编辑　黄汉兵
责任印制　彭志环

◆ 人民邮电出版社出版发行　　北京市丰台区成寿寺路 11 号
邮编　100164　　电子邮件　315@ptpress.com.cn
网址　https://www.ptpress.com.cn
涿州市京南印刷厂印刷

◆ 开本：787×1092　1/16
印张：24　　2019 年 3 月第 2 版
字数：569 千字　　2023 年 2 月河北第 24 次印刷

定价：89.00 元

读者服务热线：(010)81055493　印装质量热线：(010)81055316
反盗版热线：(010)81055315

再版前言

《太阳能光伏发电系统设计施工与应用》一书自2012年10月出版近6年来，我国光伏产业发展变化巨大，全产业链的产品产能、质量和技术创新都有了长足的发展和进步，系统成本逐年下降，应用领域持续扩大。在大型地面光伏电站为国内的光伏发电带来令人瞩目的装机需求和市场地位的同时，分布式光伏发电在各地的安装和应用也逐渐增多。政府和城乡居民都在利用太阳能光伏发电积极开展光伏农业、光伏扶贫、光伏养老、家庭及工商业屋顶电站等多种形式的推广和应用，金融机构也纷纷推出各种光伏贷产品来支持和服务用户。2015年，我国累计并网装机容量达到43.18GW，首次超过德国，成为世界光伏装机第一大国。2016年和2017年，全国累计并网装机容量分别达到77.42GW和约130GW，光伏装机容量连续3年位居全球首位。

本书在原书内容基础上，做了较大的提升和改动，首先简要介绍了太阳能光伏发电系统的原理、分类和构成；又结合实际，用5个章节对光伏发电系统各组成部分的工作原理、性能参数以及设计选用方法进行了详细介绍；第7、8两章分别对离、并网光伏发电系统的容量设计、系统整体配置、并网接入设计等内容进行了详细介绍，给出了一些实用的设计方法和计算公式；第9、10章对光伏发电系统的安装施工、检测调试与运行维护、故障检修等内容进行了详细介绍；第11章通过几个不同形式、不同容量规模的离、并网光伏发电系统实际设计应用案例，对光伏发电系统的整体设计思路、系统配置和构成等内容进行了梳理，便于读者更系统地理解和借鉴；第12章主要介绍了光伏发电系统新技术应用方面的内容；附录部分提供了一些实用的技术资料。

本书作者结合自己10余年从事光伏发电相关工作的实践经验以及长期积累的数据资料，从实用的角度出发，力求做到内容翔实、图文并茂、通俗易懂，方便读者在实际工作中应用，并通过学习，尽快成为行家里手。本书是一本关于太阳能光伏发电实际应用方面的知识性和技术性图书，主要供从事太阳能光伏发电系统设计、施工、维护及应用方面的工程技术人员以及光伏发电设备、部件生产方面的相关人员阅读，也适合大专院校相关专业学生及教师学习参考，还可供对太阳能光伏发电感兴趣的各界人士阅读。

本书在编写过程中，参阅了光伏同仁们的部分有关著作及各光伏网站和微信公众号中的相关资料，汲取其营养，借鉴其精华，在此向相关作者致以敬意和由衷的感谢。

本书由李钟实负责编写，原晋平、王志建、王君、李皓、张亦弛、张慧荣、霍书杰、刘志强、李质彬、霍冬晟、白昇智、刘梦晓等为本书的编写提供了许多宝贵资料和有力帮助，并参与了部分章节的编写和整理工作。山西三晋阳光太阳能科技有限公司董事长张慧斌先生、总经理王君先生对本书的编写给予了大力的支持和帮助，在此一并表示感谢。

由于作者水平有限，书中难免存在不妥之处，恳请广大读者予以指正。

编者

2018年9月

前言

能源是社会和经济发展的重要保障，大力开发可再生能源是解决能源危机的主要途径。太阳能是未来能源中一种非常理想的清洁能源，太阳能光伏发电是一种最具可持续发展特征的可再生能源发电技术。近年来随着社会对能源和环保问题的日益关注，我国政府相继出台了一系列鼓励和支持太阳能光伏产业发展的政策法规，使得太阳能光伏产业迅猛发展，光伏发电技术和应用水平不断提高，应用范围逐步扩大，并将在能源结构中占有越来越大的比例。我国光伏发电产业的前景十分广阔。

本书对太阳能光伏发电系统的设计、施工、维护及应用等内容进行了详细介绍。首先简要介绍了太阳能光伏发电系统的原理、分类和构成；随后结合设计工作的实际需要，对各部件的工作原理和性能参数进行了详细介绍；接着重点从容量设计和配置选型两个方面介绍了光伏发电系统的设计方法，还对安装施工与维护工作进行了介绍，并给出了一些实用的计算公式和设计安装方法与实例；最后利用两个章节重点介绍了光伏发电设计应用实例、光伏发电新技术应用等方面的内容；附录部分还提供了一些实用的资料。

本书作者结合自己多年从事相关工作的实践经验以及积累的数据资料，从实用的角度出发，力求做到内容详实、图文并茂、通俗易懂，方便读者在实际工作中应用。本书是一本关于太阳能光伏发电系统实际应用方面的技术图书，主要供从事太阳能发电系统设计、施工、维护及应用方面的工程技术人员阅读，也适合相关专业本、专科学生及教师学习参考。

本书由李钟实负责编写，王志建、王君、张婷婷、李皓等为本书提供了许多宝贵资料，并参与了部分章节的编写和整理工作。郝成龙、霍书杰、刘志强、白继娟、张改霞等也为本书的编写提供了许多帮助。山西昊阳新能源科技有限公司董事长刘海燕先生、山西西子能源科技有限公司总经理王冬杰先生对本书的编写给予了大力的支持和帮助，在此一并表示感谢。

由于作者水平有限，书中难免存在不妥之处，恳请广大读者予以指正。

编者

2012 年 10 月

目　录

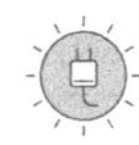

第1章 太阳能光伏发电系统概述

本章主要介绍太阳能光伏发电系统的特点、构成、工作原理及分类，使读者对太阳能光伏发电系统有一个大致的了解。

|1.1 太阳能光伏发电概述|

1.1.1 太阳能光伏发电简介

太阳能光伏发电是利用太阳电池（一种类似于晶体二极管的半导体器件）的光生伏特效应直接把太阳的辐射能转变为电能的一种发电方式，太阳能光伏发电的能量转换器就是太阳电池，也叫光伏电池。当太阳光照射到太阳电池（由 P、N 型两种不同类型的同质半导体材料构成）上时，其中一部分光线被反射，一部分光线被吸收，还有一部分光线透过电池片。被吸收的光能激发被束缚的高能级状态下的电子，产生电子-空穴对，在 PN 结的内建电场作用下，电子、空穴相互运动（如图 1-1 所示），N 区的空穴向 P 区运动，P 区的电子向 N 区运动，使太阳电池的受光面有大量负电荷（电子）积累，而在电池的背光面有大量正电荷（空穴）积累。若在电池两端接上负载，负载上就有电流通过，当光线一直照射时，负载上将源源不断地有电流流过。单片太阳电池就是一个薄片状的半导体 PN 结，标准光照条件下，额定输出电压为 0.5～0.55V。为了获得较高的输出电压和较大的功率容量，在实际应用中往往把多片太阳电池连接在一起构成电池组件，或者用更多的电池组件构成光伏方阵，如图 1-2 所示。太阳电池的输出功率是随机的，不同时间、不同地点、不同光照强度、不同安装方式下，同一块太阳电池的输出功率也是不同的。

1.1.2 太阳能光伏发电的优点

太阳能光伏发电的过程简单，没有机械转动部件，不消耗燃料，不排放包括温室气体在内的任何物质，无噪声，无污染；太阳能资源分布广泛且取之不尽、用之不竭。因此，与风

力发电和生物质能发电等新型发电技术相比，光伏发电是一种最具可持续发展特征（最丰富的资源和最洁净的发电过程）的可再生能源发电技术，其主要优点如下。

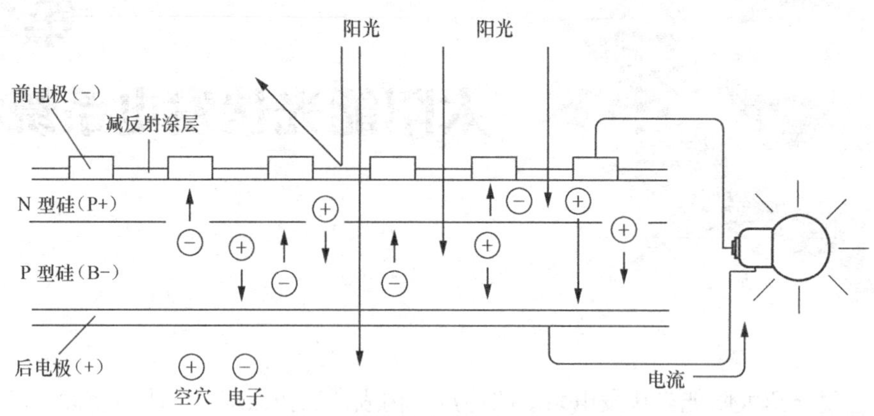

图1-1　太阳能光伏电池发电原理

图1-2　从电池片、电池组件到光伏方阵

（1）太阳能资源取之不尽、用之不竭，照射到地球上的太阳能要比人类目前消耗的能量大近6000倍，而且太阳能在地球上分布广泛，只要有光照的地方就可以使用光伏发电系统，不受地域、海拔等因素的限制。

（2）虽然在地球表面，维度的不同、气候条件的差异等因素会造成太阳能辐射的不均匀，但由于太阳能资源随处可得，可就近解决发电、供电和用电，不必长距离输送，避免了长距离输电线路投资及电能损失。

（3）光伏发电是直接从光子到电子的转换，没有中间过程（如热能转换为机械能、机械能转换为电磁能等）和机械运动，不存在机械磨损。根据热力学分析，光伏发电具有很高的理论发电效率，可达80%以上，技术开发潜力大。

（4）光伏发电本身不用燃料，温室气体和其他废气物质的排放几乎为零，不产生噪声，也不会对空气和水产生污染，对环境友好。不会遭受能源危机或燃料市场不稳定的冲击，太阳能是真正绿色环保的可再生新能源。

（5）光伏发电过程不需要冷却水，发电装置可以安装在没有水的荒漠、戈壁上。光伏发电还可以很方便地与建筑物的屋顶、墙面结合，构成屋顶分布式或光伏建筑一体化发电系统，不需要单独占有土地，可节省宝贵的土地资源。

（6）光伏发电无机械传动部件，操作、维护简单，运行稳定可靠。一套光伏发电系统只要有太阳、电池组件就能发电，加之自动控制技术的广泛采用，基本上可实现无人值守，维护成本低。

（7）光伏发电系统工作性能稳定可靠，使用寿命长（30 年以上），晶体硅太阳电池寿命可长达 25～35 年。在光伏发电系统中，只要设计合理、选型适当，蓄电池的寿命也可长达 10～15 年。

（8）太阳电池组件结构简单，体积小、重量轻，便于运输和安装。光伏发电系统建设周期短，而且根据用电负荷其容量可大可小，方便灵活，极易组合、扩容。

此外，近几年来应用最为广泛的是利用各种建筑物屋顶和农业设施屋顶及家庭住宅屋顶建设的分布式光伏发电系统，除同样具有上述优点外，还具有以下优越性。

（1）分布式光伏发电基本不占用土地资源，可就近发电、供电，不用或少用输电线路，降低了输电成本。光伏组件还可以直接代替传统的墙面和屋顶材料。

（2）分布式光伏发电系统在接入配电网时是发电用电并存。在电网供电处于高峰期发电，可以有效地起到平峰的作用，削减城市昂贵的高峰供电负荷，能够在一定程度上缓解局部地区的用电紧张状况。

1.1.3 太阳能光伏发电的缺点

当然，太阳能光伏发电也有它的不足和缺点，归纳起来有以下几点。

（1）能量密度低。尽管太阳投向地球的能量总和极其巨大，但由于地球表面积也很大，而且地球表面大部分被海洋覆盖，真正能够到达陆地表面的太阳能只有到达地球范围辐射能量的 10%左右，致使在陆地单位面积上能够直接获得的太阳能量较少，通常以太阳辐照度来表示，地球表面最高值约为 1.2kWh/m^2，且绝大多数地区和大多数的日照时间都低于 1kWh/m^2。太阳能的利用实际上是低密度能量的收集、利用。

（2）占地面积大。太阳能能量密度低，这就使得光伏发电系统的占地面积会很大，每 10kW 光伏发电功率占地约 70m^2，平均每平方米面积的发电功率为 160W 左右。随着分布式光伏发电的推广以及光伏建筑一体化发电技术的成熟和发展，越来越多的光伏发电系统可以利用建筑物、构筑物的屋顶和立面，逐步改善了光伏发电系统占地面积大的不足。

（3）转换效率较低。光伏发电的最基本单元是太阳电池组件。光伏发电的转换效率指的是光能转换为电能的比率。目前晶体硅光伏电池的最高转换效率在 21%左右，做成的电池组件转换效率在 16%～17%，非晶硅光伏组件的转换效率最高超不过 13%。由于光电转换效率较低，使光伏发电系统功率密度低，难以形成高功率发电系统。

（4）间歇性工作。在地球表面，光伏发电系统只能在白天发电，晚上则不能发电，这和人们的用电方式和习惯不符。除非在太空中没有昼夜之分的情况下，太阳电池才可以连续发电。

（5）受自然条件和气候环境因素影响大。太阳能光伏发电的能源直接来源于太阳光的照射，而地球表面上的太阳光照射受自然条件和气候的影响很大，一年四季、昼夜交替、地理纬度和海拔高度等自然条件以及阴晴、雨雪、雾天甚至云层的变化都会严重影响系统的发电状态。另外，环境因素的影响也很大，特别是空气中的颗粒物（如灰尘等）降落在电池组件表面，会阻挡部分光线的照射，使电池组件转换效率降低，发电量减少。

（6）地域依赖性强。不同的地理位置，使各地区的日照资源相差很大。光伏发电系统只有在太阳能资源丰富的地区应用效果才好，投资收益率才高。

（7）系统成本高。太阳能光伏发电的效率较低，到目前为止，光伏发电的成本仍然比其他常规发电方式（火力和水力发电等）的要高。这也是制约其广泛应用的主要因素之一。但是我们应看到，随着太阳电池产能的不断扩大及电池片光电转换效率的不断提高，光伏发电系统成本下降得非常快，太阳电池组件的价格已经从前几年的每瓦十几元下降至目前的2.5元/W左右。

（8）晶体硅电池的制造过程高污染、高能耗。晶体硅电池的主要原料是纯净的硅。硅是地球上含量仅次于氧的元素，主要存在形式是沙子（二氧化硅）。从沙子一步步变成含量为99.9999%以上纯净的晶体硅，期间要经过多道化学和物理工序，不仅要消耗大量能源，还会造成一定的环境污染。

尽管太阳能光伏发电有上述不足和缺点，但是全球化石能源的逐渐枯竭以及因化石能源过度消耗而引发的全球变暖和生态环境恶化，给人类带来了很大的生存威胁，因此大力开发可再生能源是解决这个问题的主要措施之一。由于太阳能光伏发电是一种最具可持续发展特征的可再生能源发电技术，近年来我国政府也相继出台了一系列鼓励和支持新能源及太阳能光伏产业的政策法规，这使得太阳能光伏产业迅猛发展，光伏发电技术和水平不断提高，应用范围逐步扩大，将在能源结构中占有越来越大的比重。

1.1.4 太阳能光伏发电的应用

太阳电池及光伏发电系统已经逐步应用到工业、农业、科技、国防及老百姓的日常生活中，预计到21世纪中叶，太阳能光伏发电将成为主要的发电形式之一，在可再生能源结构中占有一定比例。太阳能光伏发电的具体应用主要有以下几个方面。

（1）通信领域的应用：包括太阳能无人值守微波中继站（如图1-3所示），光缆通信系统及维护站，移动通讯基站，广播、通信电源系统，卫星通信和卫星电视接收系统，农村程控电话、载波电话光伏系统，小型通信机，部队通信系统，士兵GPS供电等。

图1-3 太阳能微波中继站

（2）公路、铁路、航运交通领域的应用：如铁路和公路信号系统，铁路信号灯，交通警示灯、标志灯、信号灯，公路太阳能路灯，太阳能道钉灯、高空障碍灯，高速公路监控系统，高速公路、铁路无线电话亭，无人值守道班供电，航标灯灯塔和航标灯电源等。太阳能灯具的应用实例如图1-4所示。

（3）石油、海洋、气象领域的应用：石油管道阴极保护和水库闸门阴极保护的太阳能电源系统，石油钻井平台生活及应急电源，海洋检测设备，气象和水文观测设备、观测站，电源系统等。

（4）农村和边远无电地区的应用：在高原、海岛、牧区、边防哨所等农村和边远无电地区应用的太阳能离网光伏发电系统、村庄、学校、医院、饭店、旅社、商店等的小型风光互补发电系统。解决无电地区的深水井饮用、农田灌溉等用电问题的太阳能光伏水泵。另外还

有太阳能喷雾器、太阳能电围栏、太阳能黑光灭虫灯（如图 1-5 所示）等应用。

图1-4　太阳能灯具的应用

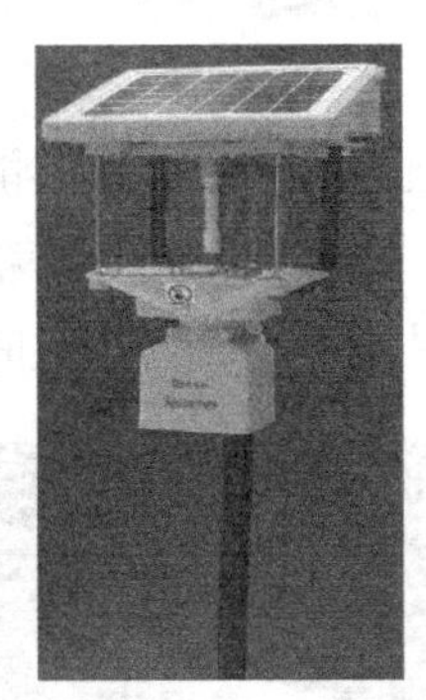

图1-5　农村太阳能光伏电站和太阳能灭虫灯

（5）太阳能光伏照明方面的应用：太阳能路灯、庭院灯、草坪灯，太阳能景观照明，太阳能路标标牌、信号指示、广告灯箱照明等，还有家庭照明灯具（如图 1-6 所示）及手提灯、野营灯、登山灯、垂钓灯、割胶灯、节能灯、手电筒等。

（6）大型地面光伏发电系统（电站）的应用：主要应用在光照资源好，有大量非农业用地的我国中西部地区。

（7）分布式光伏发电及光伏建筑一体化发电系统（BIPV）的应用：利用工商业屋顶、公共设施屋顶及家庭住宅屋顶等安装分布式光伏发电系统，以及用太阳能电池组件代替建筑材料、作为建筑物的屋顶和外立面使用，使得各类建筑物都能实现光伏发电系统与电力电网并网运行，以自发自用为主、剩余电力送入电网（如图 1-7 所示），这将是目前和今后一段时期光伏发电应用的主要形式和发展方向。

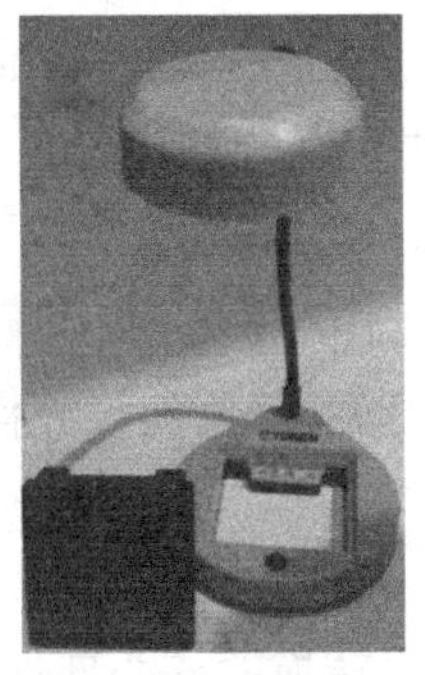

图1-6　太阳能小台灯

图1-7　太阳能光伏建筑一体化

（8）太阳能商品及玩具的应用：太阳能收音机、太阳能钟、太阳帽、太阳能手机充电器、太阳能手表、太阳能计算器、太阳能玩具等，如图1-8所示。

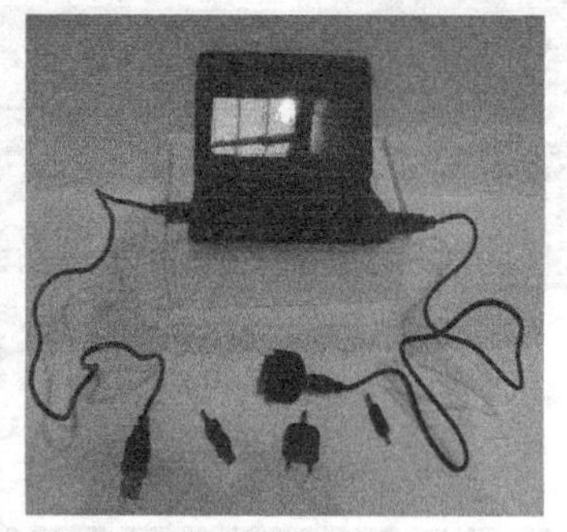

图1-8　太阳能手机充电器和太阳能玩具

（9）其他领域的应用：太阳能电动汽车、电动自行车、太阳能游艇，太阳能充电设备，太阳能汽车空调、换气扇、冷饮箱等，还有太阳能制氢加燃料电池的再生发电系统，海水淡化设备供电，卫星、航天器、空间太阳能电站等，如图1-9所示。

图1-9　太阳能电池的空间应用

1.2　太阳能光伏发电系统的构成、工作原理与分类

1.2.1　太阳能光伏发电系统的构成

通过太阳电池将太阳辐射能转换为电能的发电系统称为太阳能光伏发电系统，也可简称为光伏发电系统。尽管太阳能光伏发电系统的应用形式多种多样，应用规模也跨度很大（从小到不足1W的太阳能草坪灯应用，到几百千瓦甚至几十兆瓦的大型光伏电站应用），但系统的组成结构和工作原理却基本相同，主要由太阳电池组件（或方阵）、储能蓄电池（组）、光伏控制器、光伏逆变器（在有需要输出交流电的情况下使用）等，和直流汇流箱、直流配电柜、交流汇流箱或配电柜、升压变压器、光伏支架以及一些测试、监控、防护等附属设施构成。

1. 太阳电池组件

太阳电池组件也叫光伏电池板，是光伏发电系统中实现光电转换的核心部件，也是光伏

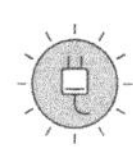

发电系统中价值最高的部分。其作用是将太阳光的辐射能量转换为直流电能，送往蓄电池中存储起来，也可以直接用于推动直流负载工作，或通过光伏逆变器转换为交流电为用户供电或并网发电。当发电容量较大时，需要用多块电池组件串、并联构成太阳电池方阵。目前应用的太阳电池组件主要分为晶硅组件和薄膜组件。晶硅组件分为单晶硅组件、多晶硅组件；薄膜组件包括非晶硅组件、微晶硅组件、铜铟镓硒（CIGS）组件、碲化镉（CdTe）组件等几种。

2. 储能蓄电池

储能蓄电池主要用于离网光伏发电系统和带储能装置的并网光伏发电系统，其作用主要是存储太阳电池发出的电能，并可随时向负载供电。光伏发电系统对蓄电池的基本要求是，自放电率低，使用寿命长，充电效率高，深放电能力强，工作温度范围宽，少维护或免维护以及价格低廉。目前光伏发电系统配套使用的主要是铅酸电池、铅碳电池、磷酸铁锂电池、三元锂电池等，在小型、微型系统中，也可用镍氢电池、镍镉电池、锂离子电池或超级电容器等。当有大容量电能存储时，就需要将多只蓄电池串、并联起来构成蓄电池组。

3. 光伏控制器

光伏控制器是离网光伏发电系统中的主要部件，其作用是控制整个系统的工作状态，保护蓄电池；防止蓄电池过充电、过放电、系统短路、系统极性反接和夜间防反充等。在温差较大的地方，控制器还具有温度补偿的功能。另外，光伏控制器还有光控开关、时控开关等工作模式，以及对充电状态、用电状态、蓄电池电量等各种工作状态的显示功能。光伏控制器一般分为小功率、中功率、大功率、风光互补控制器等。

4. 光伏逆变器

光伏逆变器的主要功能是把电池组件或者储能蓄电池输出的直流电能尽可能多地转换成交流电能，提供给电网或者用户使用。光伏逆变器按运行方式不同，可分为并网逆变器和离网逆变器。并网逆变器用于并网运行的光伏发电系统。离网逆变器用于独立运行的光伏发电系统。由于在一定的工作条件下，光伏组件的功率输出将随着光伏组件两端输出电压的变化而变化，并且在某个电压值时组件的功率输出最大，因此光伏逆变器一般都具有最大功率点跟踪（MPPT）功能，即逆变器能够调整电池组件两端的电压使得电池组件的功率始终输出最大。

5. 直流汇流箱

直流汇流箱主要是用在几十千瓦以上的光伏发电系统中，其用途是把电池组件方阵的多路直流输出电缆集中输入、分组连接到直流汇流箱中，并通过直流汇流箱中的光伏专用熔断器、直流断路器、电涌保护器及智能监控装置等的保护和检测后，汇流输出到光伏逆变器。直流汇流箱的使用，大大简化了电池组件与逆变器之间的连线，提高了系统的可靠性与实用性，不仅使线路连接井然有序，而且便于分组检查和维护。当组件方阵局部发生故障时，可以局部分离检修，不影响整体发电系统的连续工作，保证光伏发电系统发挥最大效能。

6. 直流配电柜

在大型的并网光伏发电系统中，除了采用许多个直流汇流箱外，还要用若干个直流配电柜作为光伏发电系统中二、三级汇流之用。直流配电柜主要是将各个直流汇流箱输出的直流电缆接入后再次进行汇流，然后输出与并网逆变器连接，有利于光伏发电系统的安装、操作和维护。

7. 交流配电柜与汇流箱

交流配电柜是在光伏发电系统中连接逆变器与交流负载或公共电网的电力设备，它的主要功能是对电能进行接受、调度、分配和计量，保证供电安全，并显示各种电能参数和监测故障。交流汇流箱一般用在组串式逆变器系统中，主要作用是把多个逆变器输出的交流电经过二次集中汇流后送入交流配电柜中。

8. 升压变压器

升压变压器在光伏发电系统中主要用于将逆变器输出的低压交流电（0.4kV）升压到与并网电压等级相同的中高压（如 10kV、35kV、110kV、220kV 等），通过高压并网实现电能的远距离传输。小型并网光伏发电系统基本都是在用户侧直接并网，自发自用、余电直接馈入 0.4kV 低压电网，故不需要升压环节。

9. 光伏支架

光伏发电系统中使用的光伏支架主要有固定倾角支架、倾角可调支架和自动跟踪支架几种。自动跟踪支架又分为单轴跟踪支架和双轴跟踪支架。其中单轴跟踪支架又可以细分为平单轴跟踪、斜单轴跟踪和方位角单轴跟踪支架三种。在光伏发电系统中，目前以固定倾角支架和倾角可调支架的应用最为广泛。

10. 光伏发电系统附属设施

光伏发电系统的附属设施包括系统运行的监控和检测系统、防雷接地系统等。监控检测系统全面监控光伏发电系统的运行状况，包括电池组件串或方阵的运行状况，逆变器的工作状态，光伏方阵的电压、电流数据，发电输出功率、电网电压频率、太阳辐射数据等，并可以通过有线或无线网络的远程连接进行监控，通过电脑、手机等终端设备获得数据。

1.2.2 太阳能光伏发电系统的工作原理

太阳能光伏发电系统从大类上可分为离网（独立）光伏发电系统和并网光伏发电系统两大类。

图 1-10 是离网光伏发电系统的工作原理示意图。太阳能光伏发电的核心部件是太阳电池组件，它将太阳光的光能直接转换成电能，并通过光伏控制器把电池组件产生的电能存储于蓄电池中。当负载用电时，蓄电池中的电能通过光伏控制器合理地分配到各个负载上。电池组件所产生的电流为直流电，可以直接以直流电的形式应用，也可以用交流逆变器将其转换成为交流电，供交流负载使用。太阳能发电的电能可以即发即用，也可以用蓄电池等储能装

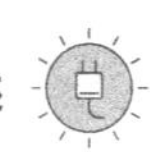

置将电能存储起来，在需要时使用。

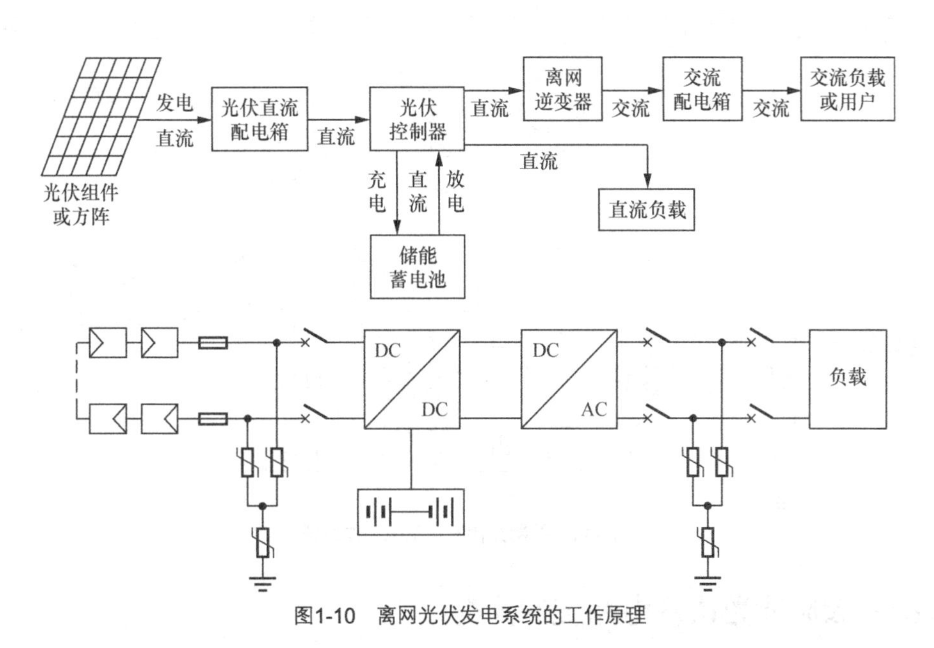

图1-10 离网光伏发电系统的工作原理

离网光伏发电系统适用于下列情况及场合：①需要移动携带的设备电源；②远离电网的边远地区、农林牧区、山区、岛屿；③不需要并网的场合；④不需要备用电源的场合等。

一般来说，在远离电网而又必需电力供应的地方以及如柴油发电等需要运输燃料、发电成本较高的场合，使用离网光伏发电系统比较经济、环保，可优先考虑。有些场合为了保证离网供电的稳定性、连续性和可靠性，往往还需要采用柴油发电机、风力发电机等与光伏发电系统构成风光柴互补的发电系统。

图 1-11 是并网光伏发电系统的工作原理示意图。并网光伏发电系统由电池组件方阵将光能转变成电能，并经直流汇流箱和直流配电柜进入并网逆变器，有些类型的并网光伏发电系统还要配置储能系统储存电能。并网光伏逆变器由功率调节、交流逆变、并网保护切换等部分构成。经逆变器输出的交流电通过交流配电柜后供用户或负载使用，多余的电能可通过电力变压器等设备逆流馈入公共电网（可称为卖电）。当并网光伏发电系统因气候原因发电不足或自身用电量偏大时，可由公共电网向用户负载补充供电（称为买电）。系统还配备有监控、测试及显示系统，用于对整个系统工作状态的监控、检测及发电量等各种数据的统计，还可以利用计算机网络系统远程控制和显示数据。

并网光伏发电系统可以向公共电网逆流供电，其“昼发夜用”的发电特性正好可对公共电网实行峰谷调节，对加强供电的稳定性和可靠性十分有利。与离网光伏发电系统相比，可以不用储能蓄电设备（特殊场合除外），从而扩大了使用范围和灵活性，并使发电系统成本大大降低。

对于有储能系统的并网光伏发电系统，光伏逆变器中将含有充放电控制功能，负责调节、控制和保护储能系统正常工作。

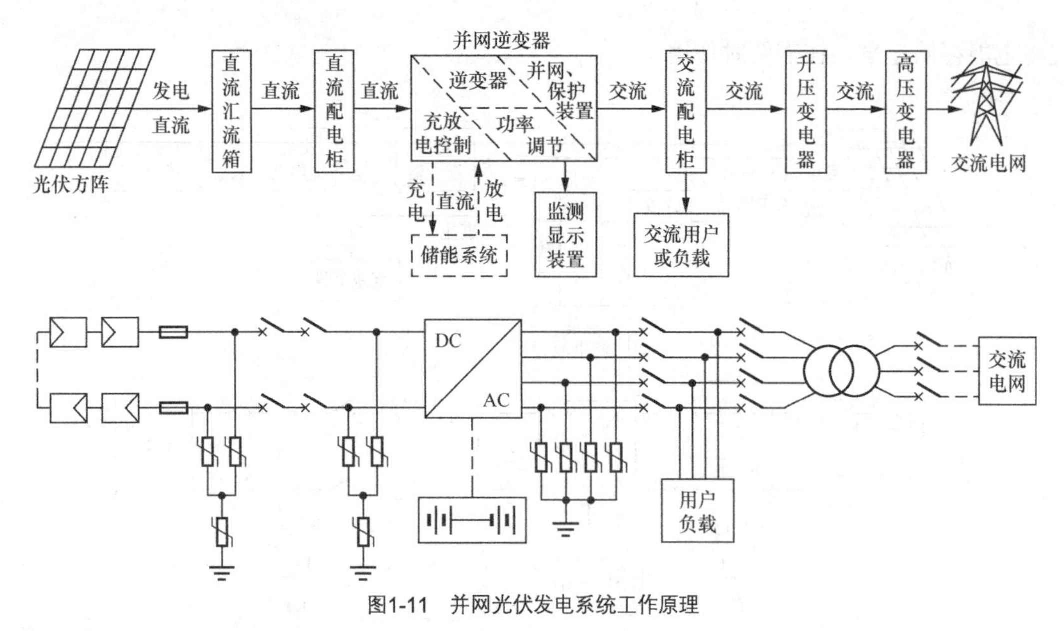

图1-11　并网光伏发电系统工作原理

1.2.3　太阳能光伏发电系统的分类

太阳能光伏发电系统按大类可分为离网（独立）光伏发电系统和并网光伏发电系统两大类。其中，离网光伏发电系统又可分为直流光伏发电系统和交流光伏发电系统以及交、直流混合光伏发电系统。而直流光伏发电系统又可分为有蓄电池的系统和没有蓄电池的系统。

并网光伏发电系统可分为有逆流光伏发电系统和无逆流光伏发电系统，并根据用途也可分为有储能系统和无储能系统等。光伏发电系统的分类及具体应用可参看图1-12和表1-1。

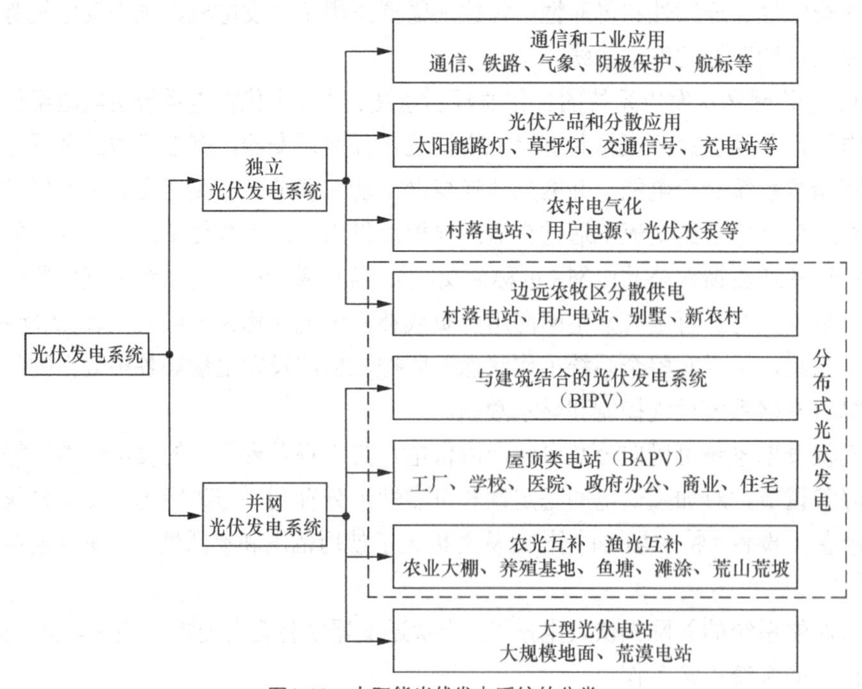

图1-12　太阳能光伏发电系统的分类

表1-1 太阳能光伏发电系统的分类及用途

类型	分类	具体应用实例
独立光伏发电系统	无蓄电池的直流光伏发电系统	直流光伏水泵、充电器、太阳能风扇帽
	有蓄电池的直流光伏发电系统	太阳能手电、太阳电池手机充电器、太阳能草坪灯、庭院灯、路灯、交通标志灯、杀虫灯、航标灯、直流用户系统、高速公路监控、无电地区微波中继站、移动通信基站、农村小型发电站、石油管道阴极保护等
	交流及交、直流混合光伏发电系统	交流太阳能用户系统、无电地区小型发电站、有交流设备的微波中继站、移动通信基站、气象、水文、环境检测站等
	市电互补型光伏发电系统	城市太阳能路灯改造、电网覆盖地区一般住宅光伏电站等
	风光互补、风光柴互补发电系统	太阳能路灯、交流太阳能用户系统、无电地区中小型发电站等
并网光伏发电系统	有逆流并网光伏发电系统	一般住宅、建筑物、光伏建筑一体化、大型电站
	无逆流并网光伏发电系统	太阳能空调器、一般住宅、建筑物、光伏建筑一体化、中小型电站
	切换型并网光伏发电系统	一般住宅、重要及应急负载、建筑物、光伏建筑一体化
	有储能装置的并网光伏发电系统	一般住宅、重要及应急负载、光伏建筑一体化、自然灾害避难所、高层建筑应急照明、微电网应用

离网光伏发电系统主要是指分散式的独立发电供电系统，其主要有两种运行方式：①系统独立运行向附近用户供电；②系统独立运行，但在光伏发电系统与当地电网之间有保障供电的自动切换装置。

并网光伏发电系统按运行方式又可分为3种：①系统与电网系统并联运行，但光伏发电系统对当地电网无电能输出（无逆流）；②系统与电网系统并联运行，且能向当地电网输出电能（有逆流）；③系统与电网系统并联运行，并带有储能装置，可根据需要切换成局部用户独立供电系统，也可以构成局部区域或用户的“微电网”运行方式。

按接入并网点的不同可分为用户侧并网和电网侧并网两种模式，其中用户侧并网又分为可逆流向电网供电和不可逆流向电网供电两种模式。

按发电利用形式不同可分为完全自发自用、自发自用+余电上网和全额上网三种模式。

按装机容量的大小可分为小型光伏发电系统（≤1MW）；中型光伏发电系统1MW至30MW，包含30MW和大型光伏发电系统（>30MW）。

按并网电压等级不同可分为小型光伏电站：接入电压等级为0.4kV低压电网；中型光伏电站：接入电压等级为10～35kV高压电网；大型光伏电站：接入电压等级为66kV及以上高压电网。

下面就对各种光伏发电系统的构成与工作原理分别予以介绍。

1.3 离网（独立）光伏发电系统

离网光伏发电系统主要由太阳电池组件、光伏控制器、储能蓄电池、光伏逆变器、交直流配电箱、光伏支架等组成。离网光伏发电系统根据用电负载的特点，可分为下列几种形式。

1.3.1 无蓄电池的直流光伏发电系统

无蓄电池的直流光伏发电系统如图1-13所示。该系统的特点是用电负载是直流负载，对负载使用时间没有要求，负载主要在白天使用。太阳电池与用电负载直接连接，有阳光时就发电供负载工作，无阳光时就停止工作。系统不需要使用光伏控制器，也没有蓄电储能装置。该系统的优点是减少了电能通过光伏控制器及在蓄电池的存储和释放过程中造成的损耗，提高了太阳能的利用效率。这种系统最典型的应用是太阳能光伏水泵。应用太阳能光伏水泵除了可以在阳光充足的时候直接抽水灌溉外，还可以利用光伏水泵把水抽到蓄水池内储存起来，将太阳能转换为势能，以供夜晚和阴雨天使用。

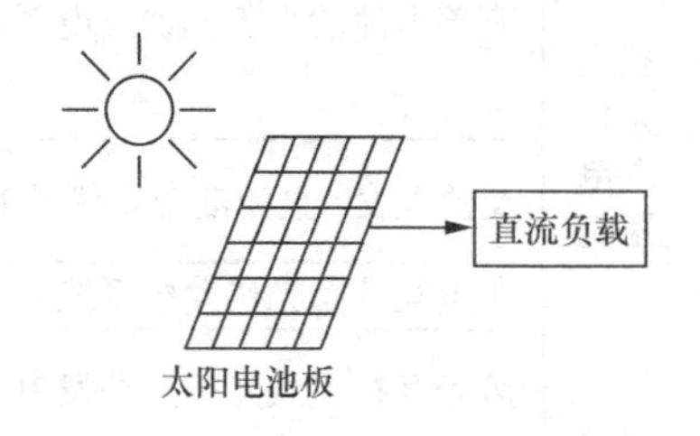

图1-13 无蓄电池的直流光伏发电系统

1.3.2 有蓄电池的直流光伏发电系统

有蓄电池的直流光伏发电系统如图1-14所示。该系统由太阳电池、光伏控制器、蓄电池、直流负载等组成。有阳光时，太阳电池将光能转换为电能供负载使用，并同时向蓄电池存储电能。夜间或阴雨天时，则由蓄电池向负载供电。这种系统应用广泛，小到太阳能草坪灯、庭院灯，大到远离电网的移动通信基站、微波中转站，边远地区农村供电等。当系统容量和负载功率较大时，就需要配备太阳电池方阵和蓄电池组了。

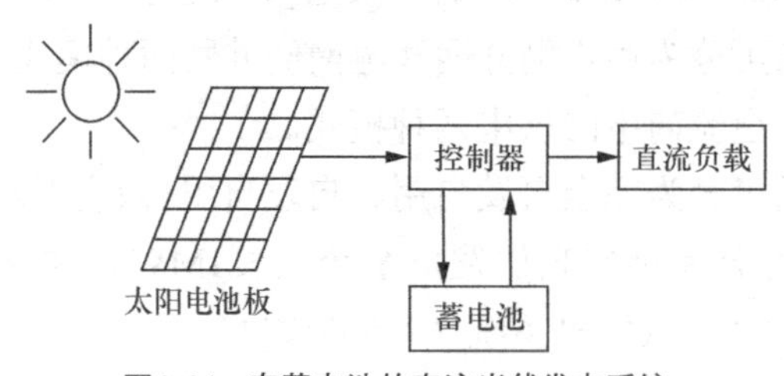

图1-14 有蓄电池的直流光伏发电系统

1.3.3 交流及交、直流混合光伏发电系统

交流及交、直流混合光伏发电系统如图1-15所示。与直流光伏发电系统相比，交流光伏发电系统多了一个光伏逆变器，用以把直流电转换成交流电，为交流负载提供电能。有阳光时，光伏电池将光能转换为直流电能向储能蓄电池充电，并同时通过光伏逆变器把直流电转换成交流电，为交流用户或负载提供电能。夜间或阴雨天时，则将储能蓄电池存储的直流电能通过光伏逆变器转换为交流电向负载供电。交、直流混合系统则既能为直流负载供电，也能为交流负载供电。

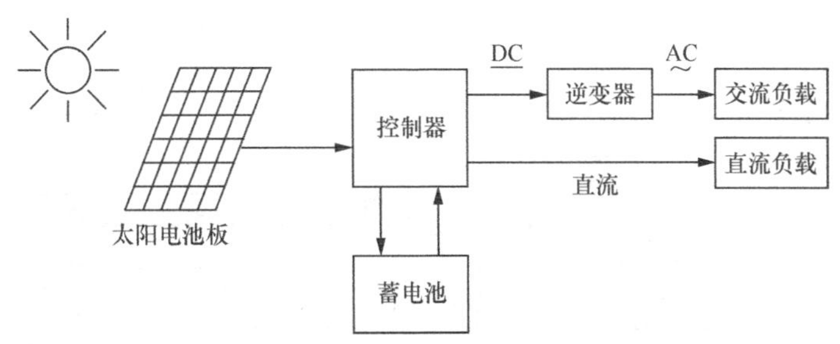

图1-15　交流和交、直流混合光伏发电系统

1.3.4　市电互补型光伏发电系统

市电互补型光伏发电系统如图 1-16 所示。所谓市电互补光伏发电系统，就是在独立光伏发电系统中以太阳能光伏发电为主，以普通 220V 交流电补充电能为辅。这样光伏发电系统中电池组件和蓄电池的容量都可以设计的小一些，基本上是当天有阳光，当天就用太阳能发的电，遇到阴雨天时就用市电能量做补充。在我国大部分地区全年基本上都有 2/3 以上的晴好天气，这样系统全年就有 2/3 以上时间用太阳能发电，剩余时间用市电补充能量。这种形式即减小了太阳能光伏发电系统的一次性投资，又有显著的节能减排效果，是太阳能光伏发电在推广和普及过程中的一个过渡性的好办法。这种形式原理上与下面将要介绍的无逆流并网型光伏发电系统有相似之处，但还不能等同于并网应用。

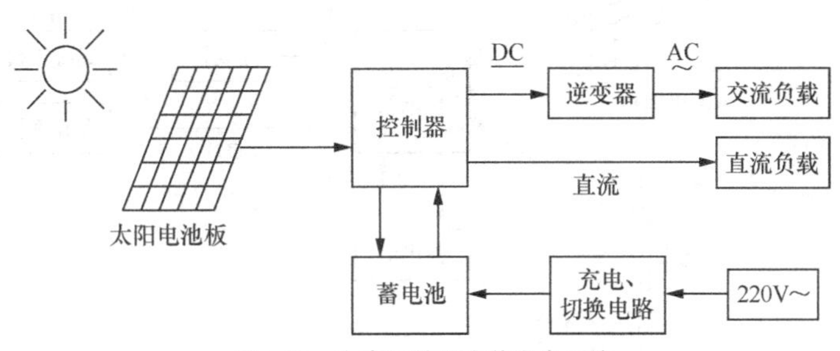

图1-16　市电互补型光伏发电系统

应用举例：某市区路灯改造，如果将普通路灯全部换成太阳能路灯，一次性投资很大，无法实现。而如果将普通路灯加以改造，保持原市电供电线路和灯杆不动，更换节能型光源灯具，采用市电互补光伏发电的形式，用小容量的电池组件和蓄电池（仅够当天使用，也不考虑连续阴雨天数），就构成了市电互补型太阳能路灯，投资减少一半以上，节能效果显著。

1.3.5　能自动切换的光伏发电系统

能自动切换的光伏发电系统如图 1-17 所示。所谓自动切换就是离网系统具有与公共电网自动运行双向切换的功能。一是当光伏发电系统因多云、阴雨天及自身故障等导致发电量不足时，切换器能自动切换到公共电网供电一侧，由电网向负载供电；二是当电网因为某种原因突然停电时，光伏系统可以自动切换使电网与光伏系统分离，成为独立光伏发电系统。有些带切换装置的光伏发电系统，还可以在需要时断开为一般负载的供电，接通对应急负载的供电。

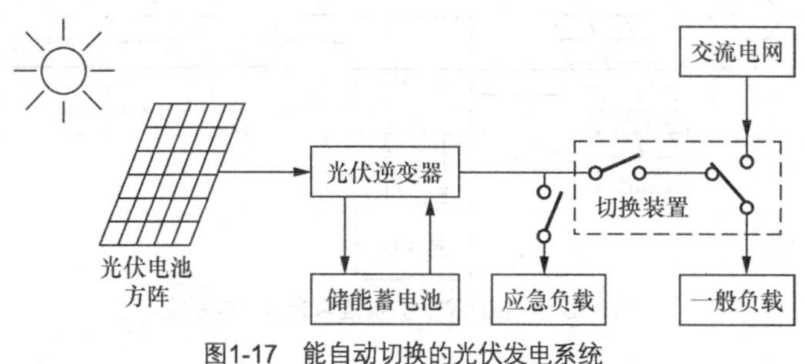

图1-17　能自动切换的光伏发电系统

1.3.6　风光互补及风光柴互补型发电系统

风光互补及风光柴互补型发电系统如图 1-18 所示。所谓风光互补是指在光伏发电系统中并入风力发电系统，使太阳能和风能根据各自的气象特征形成互补。一般来说，白天只要天气晴好，光伏发电系统就能正常运行，而夜晚无阳光时往往风力又比较大，风力发电系统恰好弥补光伏发电系统的不足。风光互补发电系统同时利用太阳能和风能发电，对气象资源的利用更加充分，可实现昼夜发电，提高了系统供电的连续性和稳定性，但在风力资源欠佳的地区不宜使用。

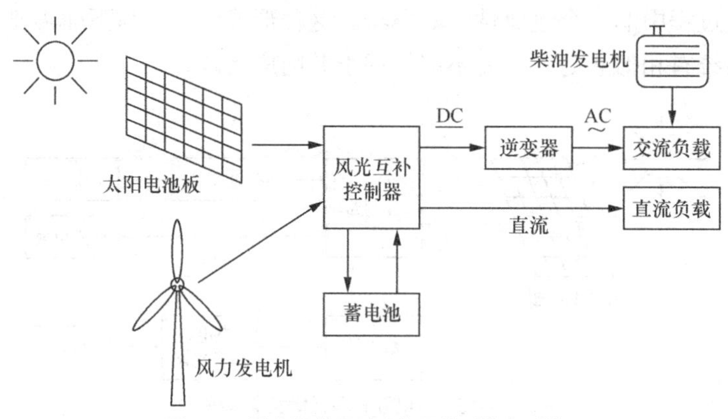

图1-18　风光互补及风光柴互补型发电系统

另外在比较重要或对供电稳定性要求较高的场合，还需要采用柴油发电机与光伏发电系统、风力发电机构成风光柴互补的发电系统。其中柴油发电机一般处于备用状态或小功率运行待机状态，当风光发电不足和蓄电池储能不足时，由柴油发电机补充供电。

1.4　并网光伏发电系统

并网光伏发电系统就是将电池组件或方阵产生的直流电经过并网逆变器转换成符合市电电网要求的交流电之后直接接入公共电网。并网光伏发电系统有集中式大型地面光伏电站系统，也有分布式光伏电站系统。大型地面光伏电站一般都是国家级电站，主要特点是将所发电能直接输送到电网，由电网统一调配向用户供电。这种电站投资大，建设周期长，占地面

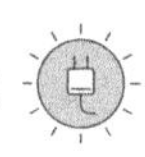

积大，需要复杂的控制设备和远距离高压输配电系统，其发电成本要比传统能源发电成本贵 1 倍以上，目前在我国西部地区得到广泛的开发与建设，一些项目还处在国家政策补贴阶段。而分布式光伏电站，特别是与建筑物相结合的屋顶光伏发电系统、光伏建筑一体化发电系统等，由于投资小，建设快，占地面积小甚至不占用土地，政策支持力度大等优点，是目前和未来并网光伏发电应用的主流。

那么，什么是分布式光伏发电呢？分布式光伏发电主要是指在用户的场地或场地附近建设和并网运行的，不以大规模远距离输送为目的，所生产的电力以用户自用及就近利用为主，多余电量上网，支持现有电网运行，且在配电网系统平衡调节的光伏发电设施。

分布式光伏发电系统一般接入 10kV 以下电网，单个并网点总装机容量不超过 6MW。以 220V 电压等级接入的系统，单个并网点总装机容量不超过 8kW。

国家能源局在《关于进一步落实分布式光伏发电有关政策的通知》（国能综新能〔2014〕406 号）文件中，又将分布式光伏发电的定义扩展为：利用建筑屋顶及附属场地建设的分布式光伏发电项目，在项目备案时可选择“自发自用、余电上网”或“全额上网”中的一种模式。在地面或利用农业大棚等无电力消费设施建设、以 35kV 及以下电压等级接入电网（东北地区 66kV 及以下）、单个项目容量不超过 2 万 kW（20MW）且所发电量主要在并网点变电台区消纳的光伏电站项目，可纳入分布式光伏发电规模指标管理。

文件指出，国家鼓励开展多种形式的分布式光伏发电应用。充分利用具备条件的建筑屋顶（含附属空闲场地）资源，鼓励屋顶面积大、用电负荷大、电网供电价格高的开发区和大型工商企业率先开展光伏发电应用。鼓励各级地方政府在国家补贴基础上制定配套财政补贴政策，并且对公共机构、保障性住房和农村适当加大支持力度。鼓励在火车站（含高铁站）、高速公路服务区、飞机场航站楼、大型综合交通枢纽建筑、大型体育场馆和停车场等公共设施系统推广光伏发电，在相关建筑等设施的规划和设计中将光伏发电应用作为重要元素，鼓励大型企业集团对下属企业统一组织建设分布式光伏发电工程。因地制宜利用废弃土地、荒山荒坡、农业大棚、滩涂、鱼塘、湖泊等建设就地消纳的分布式光伏电站。鼓励分布式光伏发电与农户扶贫、新农村建设、农业设施相结合，促进农村居民生活改善和农村农业发展。

分布式光伏发电倡导就近发电，就近并网，就近转换，就近使用的原则，不仅能够有效提高同等规模光伏电站的发电量，同时还有效解决了电力在升压及长途运输中的损耗问题。其能源利用率高，建设方式灵活，将成为我国光伏应用的主要方向。目前，应用最为广泛的分布式光伏发电系统是建设在各种建筑物屋顶和农业设施屋顶及家庭住宅屋顶的光伏发电项目。对这些项目应用的要求是必须接入公共电网，或与公共电网一起为附近的用户供电，所发电力一般直接馈入低压配电网或 35kV 及以下中高压电网中。

常见的并网光伏发电系统一般有下列几种形式。

1.4.1 有逆流并网光伏发电系统

有逆流并网光伏发电系统如图 1-19 所示。当光伏发电系统发出的电能充裕时，可将剩余电能馈入公共电网，向电网送电（卖电）；当光伏发电系统提供的电力不足时，由电网向负载供电（买电）。由于该系统向电网送电时与由电网供电时的方向相反，所以称为有逆流并网光伏发电系统。

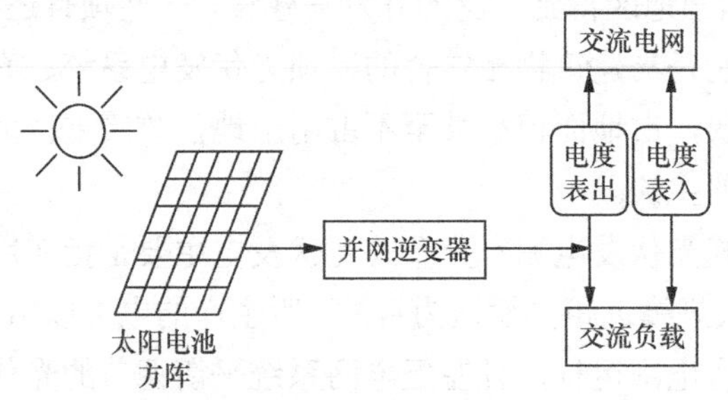

图1-19　有逆流并网光伏发电系统

1.4.2　无逆流并网光伏发电系统

无逆流并网光伏发电系统如图 1-20 所示。无逆流并网光伏发电系统即使发电充裕时也不向公共电网供电，但当光伏系统供电不足时，则由公共电网向负载供电。

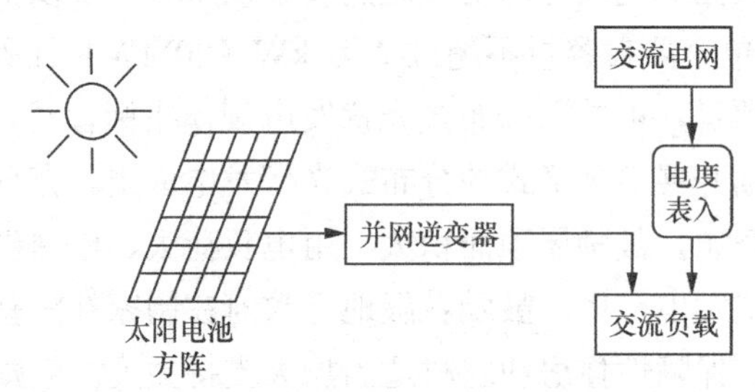

图1-20　无逆流并网光伏发电系统

1.4.3　有储能装置的并网光伏发电系统

有储能装置的并网光伏发电系统如图 1-21 所示，就是在上述两种并网光伏发电系统中根据需要配置储能装置。带有储能装置的光伏发电系统主动性较强，当电网出现停电、限电及故障时，可独立运行并正常向负载供电。因此，带有储能装置的并网光伏发电系统可作为紧急通信电源、医疗设备、加油站、避难场所指示及照明等重要场所或应急负载的供电系统。同时，带储能系统的并网光伏发电对减少电网冲击，削峰填谷，提高用户光伏电力利用率，建立智能微电网等具有非常重要的意义。光伏＋储能也会成为今后扩大光伏发电应用的必由之路。

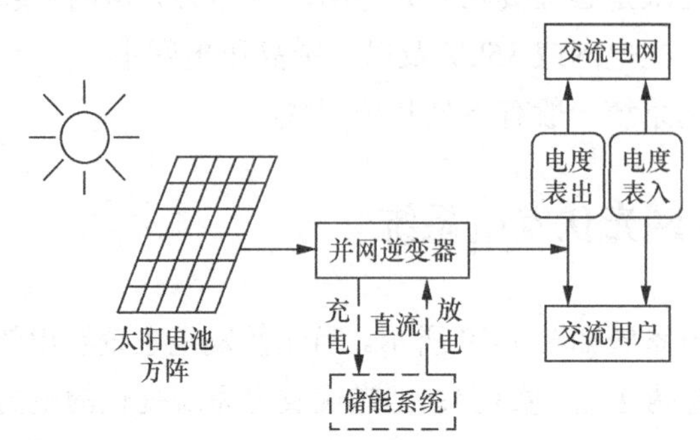

图1-21　有储能的并网光伏发电系统

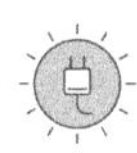

1.4.4 大型并网光伏发电系统

大型并网光伏发电系统如图 1-22 所示，由若干个并网光伏发电单元组合构成。每个光伏发电单元将太阳电池方阵发出的直流电经光伏并网逆变器转换成 380V 交流电，经升压系统变成 10kV 的交流高压电，再送入 35kV 变电系统后，并入 35kV 的交流高压电网。35kV 交流高压电经降压系统后变成 380～400V 交流电作为发电站的备用电源。

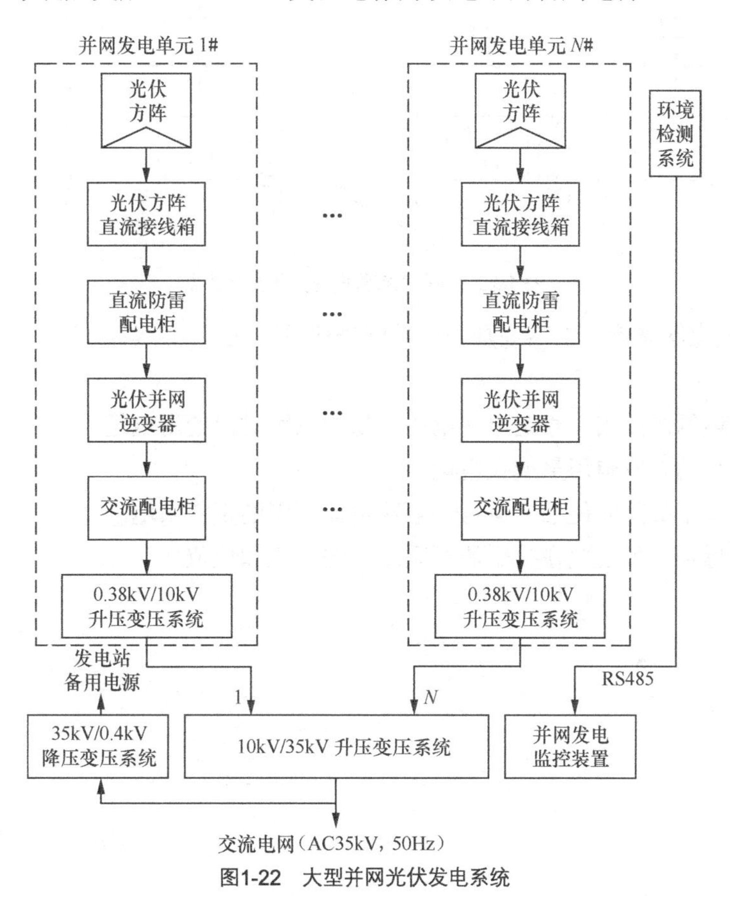

图1-22 大型并网光伏发电系统

1.4.5 分布式智能电网光伏发电系统

分布式智能电网光伏发电系统如图 1-23 所示。该发电系统利用离网光伏发电系统中的充放电控制技术和电能存储技术，克服单纯并网光伏发电系统受自然环境条件影响使输出电压不稳、对电网冲击严重等弊端，同时能部分增加光伏发电用户的自发自用量和上网卖电量。另外，利用各自系统储能电量和用电量的不同以及时间差异，可以使用户在不同的时间段并入电网，进一步减少对电网的冲击。

该系统中每个单元都是一个带储能装置的并网光伏发电系统，都能实现光伏并网发电和离网发电的自动切换，保证了光伏并网发电和供电的可靠性，缓解了光伏并网发电系统启停运行对公共电网的冲击，增加了用户用电的自发自用量。

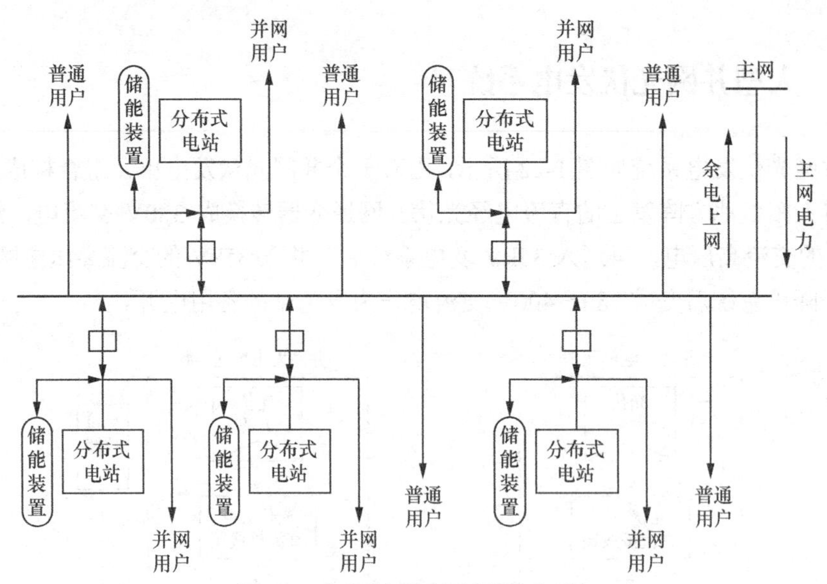

图1-23　分布式智能电网光伏发电系统

分布式智能电网光伏发电系统是今后并网光伏发电应用的趋势和方向，其主要优点有如下几条。

① 减少对电网的冲击，稳定电网电压，抵消高峰时段的用电量。

② 增加用户的自发自用量或卖电量。

③ 在电网发生故障时能独立运行，解决覆盖范围的正常供电。

④ 确保和增加光伏发电在整个能源系统中的占比和地位。

第2章 电池组件与光伏方阵

太阳电池组件也叫太阳能光伏组件，通常还简称为电池组件或光伏组件，英文名称为“Solar Module”或“PV Module”。电池组件是把多个单体的太阳电池片根据需要串、并联起来，并通过专用封装材料和专门生产工艺进行封装后的产品。

为什么单体的太阳电池不能直接用于光伏发电系统呢？这是因为：①单体太阳电池机械强度差，厚度只有200μm左右，薄而易碎；②太阳电池易腐蚀，若直接曝露在大气中，电池的转换效率会受到潮湿、灰尘、酸碱物质、空气中含氧量等因素的影响而下降，电池的电极也会氧化、锈蚀脱落，甚至会导致电池失效；③单体太阳电池的输出电压、电流和功率都很小，工作电压只有0.5V左右，由于受硅片材料尺寸限制，单体电池片输出功率最大也只有4W左右，远不能满足光伏发电实际应用的需要。

目前太阳能光伏发电系统采用的太阳电池组件主要以晶体硅材料为主（包括单晶硅和多晶硅），因此本章将主要介绍晶体硅太阳电池组件的原理、构造和生产制造过程，太阳能光伏方阵的组合、配置、连接以及电池组件的设计选型等内容。

2.1 电池组件的基本要求与分类

2.1.1 电池组件的基本要求

电池组件在应用中要满足以下要求：①能够提供足够的机械强度，使电池组件能经受运输、安装和使用过程中，由于冲击、震动等而产生的应力，能经受冰雹的冲击力；②具有良好的密封性，能够防风、防水，隔绝大气条件下对电池片的腐蚀；③具有良好的电绝缘性能；④抗紫外线辐射能力强；⑤工作电压和输出功率可以按不同的要求进行设计，可以提供多种接线方式，满足不同的电压、电流、功率等输出的要求；⑥因电池片串、并联组合引起的效率损失小；⑦电池片间连接可靠；⑧工作寿命长，要求电池组件在自然条件下能够使用25年以上；⑨在满足前述条件下，封装成本尽可能低。

2.1.2　电池组件的分类

电池组件的种类较多，根据太阳电池的类型不同可分为晶体硅（单、多晶硅）电池组件、非晶硅薄膜电池组件、砷化镓电池组件等；按照封装材料和工艺的不同可分为环氧树脂封装电池板和层压封装电池组件；按照用途的不同可分为普通型电池组件和建材型电池组件，其中建材型电池组件又分为双玻电池组件、中空玻璃电池组件、用双面发电电池片制作的双面发电电池组件等。由于用晶体硅电池片制作的电池组件应用占到市场份额的85%以上，在此主要介绍用晶体硅电池片制作的各种电池组件。

2.2　晶体硅电池组件的构成与工作原理

2.2.1　普通型电池组件

常见的普通型电池组件有环氧树脂胶封板组件、透明PET层压板组件和钢化玻璃层压组件，其中，环氧树脂胶封板组件、透明PET层压板组件一般都是功率小于2W的小组件，主要用于太阳能草皮灯、道钉灯、各种太阳能玩具等小功率产品上；而钢化玻璃层压组件的功率则可以做到3～400W，是目前光伏发电系统应用的主流产品。下面就对这几种电池组件的构成和工作原理分别进行介绍。

1. 环氧树脂胶封板组件

环氧树脂胶封板也叫滴胶板，外形如图2-1所示。它主要由电池片、印制电路板及环氧树脂胶等组成，具体尺寸和形状根据产品的需要确定，结构如图2-2所示。由于环氧树脂胶封板的功率很小，因此其使用的电池片是将完整的电池片切割成条状后制成的。条状电池片的长度和宽度即电池片的面积决定了组件的输出电流的大小，而串联的条数决定了组件的输出电压的大小。一般为1.2V蓄电池充电的组件串联4条，为2.4V蓄电池充电的组件串联7～8条，为3.6V蓄电池充电的组件串联11条。环氧树脂胶封板组件的胶封面朝外接受阳光照射，阳光透过胶封面照射到电池片上，发出的电通过正负极引线引到电路板背面后，再通过引线接入相应电路或蓄电池中。

图2-1　环氧树脂胶封板外形

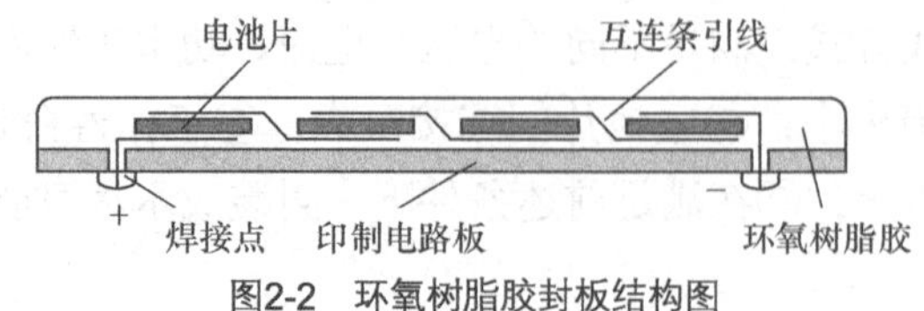

图2-2　环氧树脂胶封板结构图

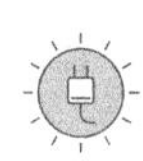

环氧树脂胶封板组件的制作过程基本都是手工操作。电池片是根据需要尺寸用激光划片机预先切割好的，制作步骤如下。

（1）将切割好的条状电池片用互连条一正一负串联焊接起来，并用黑色双面胶固定在印制电路板上。

（2）将正负极引线穿过印制电路板上的引线孔与电路板背面的电路铜箔焊接，然后一一排列放在水平支架上等待灌胶。

（3）将双组分环氧树脂胶按 2 比 1 的比例混合调均匀（注意一次不要混合太多，否则一次用不完，十几分钟就会变稠而无法使用），给每一片组件表面倒上适量的胶水（平均 0.15g/cm^2），使其自然摊开。组件表面胶水要均匀饱满，胶水太薄的地方还要补一点。

（4）将灌好胶水的组件放入真空干燥箱内抽气 1min，然后在 70℃温度下烘干 30min 或在室内无尘环境下自然晾干 24h。

（5）铲除组件周围多余的胶粒，用薄膜缠绕，防止互相摩擦破坏表面光洁和透明度，再打包装箱就是产成品了。

作为黏合剂环氧树脂应用较为广泛，产品形式有单组分、双组分或粉末状树脂。太阳电池组件使用的环氧树脂黏合剂通常是双组分液体，使用时现配现用。环氧树脂的黏结度较高，工艺简单，材料成本低廉，但耐老化性能较差，容易老化而变黄。因此，对于使用环氧树脂封装的电池组件，改善其耐老化性能是十分重要的。此外，作为太阳电池封装材料，要求具有较高的耐湿性和气密性。环氧树脂是高分子材料，其分子间距为 50～200nm，大大超过水分子的体积，而水的渗透可降低太阳电池的使用寿命。其次，用环氧树脂封装太阳电池组件时，由于不同材料的膨胀系数不同，在生产过程中如材料配置及工艺不当将产生内应力，可能造成组件强度降低、龟裂、封装开裂、空洞、剥离等各种缺陷而严重影响组件质量。由于环氧树脂胶封板组件使用寿命只有 2～3 年，目前只有一些 1W 以下的小型组件仍使用环氧树脂封装，较大组件已经不再使用这种工艺了。

2. 透明 PET 层压板组件

透明 PET 层压板组件的外形如图 2-3 所示。它主要由电池片、透明 PET 胶膜、印制电路板或塑料基板等组成，具体尺寸和形状也是根据产品的需要确定。透明 PET 层压板一般也是在小功率电路上应用，功率一般不足 2W，图 2-3 所示的组件就是在太阳能风扇帽上的应用。

透明 PET 层压板的结构如图 2-4 所示。从图中可以看出，它的结构与环氧树脂胶封装组件大同小异，只是将环氧树脂胶改成了透明的 PET 胶膜。PET 是一种复合材料，具有很强的耐腐蚀、抗老化能力以及良好的透光率和电绝缘性能。该胶膜一面是光面，另一面复合着 EVA 胶膜，常温下 EVA 看起来像一层很薄的透明塑料纸，实际上 EVA 是一种特殊的胶膜，具有很高的透光性，在高温下熔化，起粘接作用，把 PET 胶膜、电池片与印制电路板或其他背板材料粘接在一起，形成一个类似于三明治的结构，既透光又具有良好的密封性，保护电池片不受各种腐蚀。这种封装形式与钢化玻璃封装形式一样，需要在生产电池组件专用的层压机里进行层压固化。其步骤为抽真空、加热、层压、固化等，层压机的详细工作过程在下一节中介绍。由于封装工艺的不同，采用透明 PET 封装的电池组件要比环氧树脂胶封装的组件制作过程简单一些，工作寿命也稍长一些。采用 PET 胶膜封装工艺具有环保、耐紫外线和不发黄的优点，可取代环氧树脂封装工艺。

图2-3 透明PET层压板组件外形

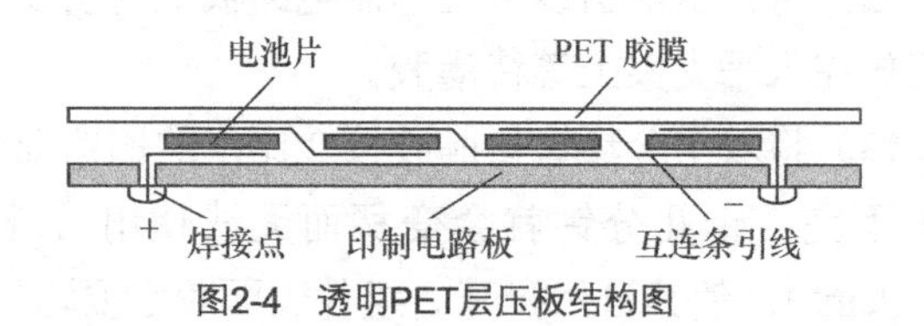

图2-4 透明PET层压板结构图

3. 钢化玻璃层压组件

钢化玻璃层压组件也叫平板式电池组件，如图 2-5 所示，是目前见得最多、应用最普遍的电池组件。钢化玻璃层压组件主要由面板玻璃、硅电池片、两层 EVA 胶膜、TPT 背板膜及铝合金边框和接线盒等组成，如图 2-6 所示。面板玻璃覆盖在电池组件的正面，构成组件的最外层，它既要透光率高，又要坚固耐用，起到长期保护电池片的作用。两层 EVA 胶膜夹在面板玻璃、电池片和 TPT 背板膜之间，通过熔融和凝固的工艺过程，将玻璃与电池片及背板膜凝接成一体。TPT 背板膜具有良好的耐气候性能，并能与 EVA 胶膜牢固结合。镶嵌在电池组件四周的铝合金边框既对组件起保护作用，又方便组件的安装固定及电池组件方阵间的组合连接。接线盒用粘结硅胶固定在背板上，作为电池组件引出线与外引线之间的连接部件。

图2-5 钢化玻璃层压组件的外形

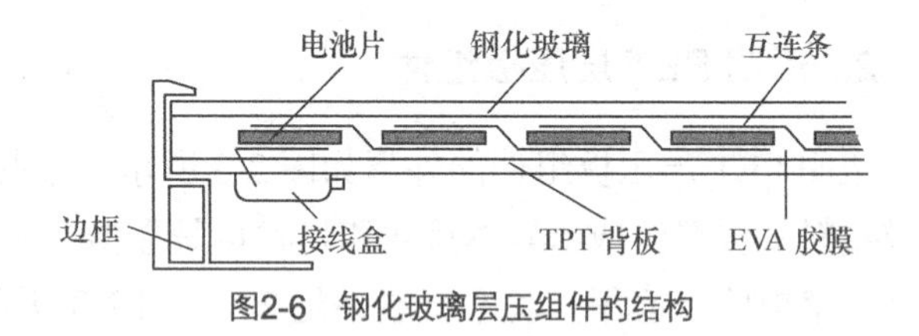

图2-6 钢化玻璃层压组件的结构

2.2.2 建材型（BIPV）电池组件

建材型（BIPV）电池组件就是将电池组件融入建筑材料中，或者与建筑材料紧密结合，将电池组件作为建筑材料的一部分进行使用，可以在新建建筑物或改造建筑物的过程中一次安装完成，即可以同时完成建筑施工与电池组件的安装施工。建材型电池组件具有良好的耐久性和透光性，符合建筑要求，可以与建筑完美结合，可广泛用于建筑物透光屋顶，建筑物光伏幕墙、建筑护栏、遮雨棚、农业光伏大棚、公交站台、阳光房等设施中。

常见的建材型电池组件有双玻电池组件和中空玻璃电池组件两种。它们的共同特点是可作为建筑材料直接使用，如窗户、玻璃幕墙、玻璃屋顶材料等，既可以采光，又可以发电。

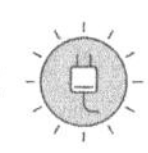

设计时通过调整组件上电池片与电池片之间的间隙，就可以确定组件的透光率，实现室内需要的采光量。

1. 双玻电池组件

双玻电池组件就是把电池片夹在两层玻璃之间，通过 EVA 或 PVB 胶膜层压固化而成，组件的受光面采用低铁超白钢化玻璃，背面一般采用普通钢化玻璃，外形如图 2-7 所示。其用作窗户玻璃时玻璃厚度可选择 3.2mm×3.2mm；用作玻璃幕墙时根据单块玻璃尺寸大小，选择玻璃组合厚度为 3.2mm×4mm、4mm×6mm、6mm×6mm 等；用作玻璃屋顶时也要根据单块玻璃尺寸大小，选择玻璃组合厚度为 4mm×6mm、6mm×6mm、6mm×8mm 等；尺寸越大，组合厚度要越厚，以保证组件的机械强度。双玻电池组件的结构如图 2-8 所示。

图2-7　双玻电池组件的外形

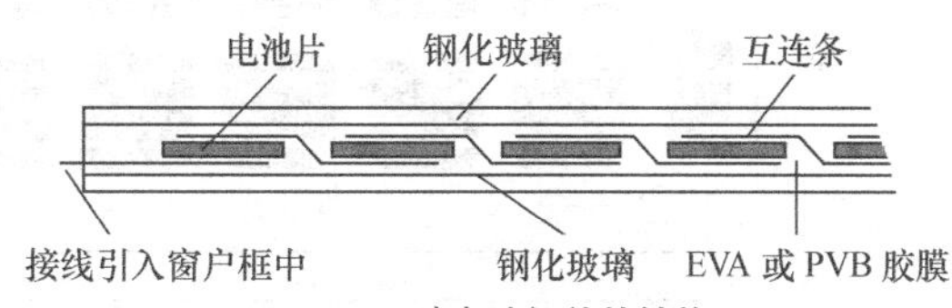

图2-8　双玻电池组件的结构

双玻电池组件在光伏屋顶的应用如图 2-9 所示。图 2-10 是一种应用于光伏屋顶的双玻电池组件的结构示意图。

图2-9　双玻电池组件在屋顶的应用

2. 中空玻璃电池组件

中空玻璃电池组件除了具有采光和发电的功能外，还具有隔音、隔热、保温的功能，常用于各种光伏建筑一体化发电系统的玻璃幕墙电池组件，其外形如图 2-11 所示。中空玻璃电池组件是在双玻电池组件的基础上，再与一片玻璃组合而构成的。在组件与玻璃间用内部装有干燥剂的空心铝隔条隔离，并用丁基胶、结构胶等进行密封处理，接线盒、正负极引线等也都用密封胶密封在前后玻璃的边缘夹层中，与组件形成一体，使组件安装和组件间线路连

接都非常方便。中空玻璃电池组件同目前广泛使用的普通中空玻璃一样，能够达到建筑安全玻璃要求，中空玻璃电池组件的结构如图 2-12 所示。中空玻璃电池组件在光伏幕墙的应用如图 2-13 所示。

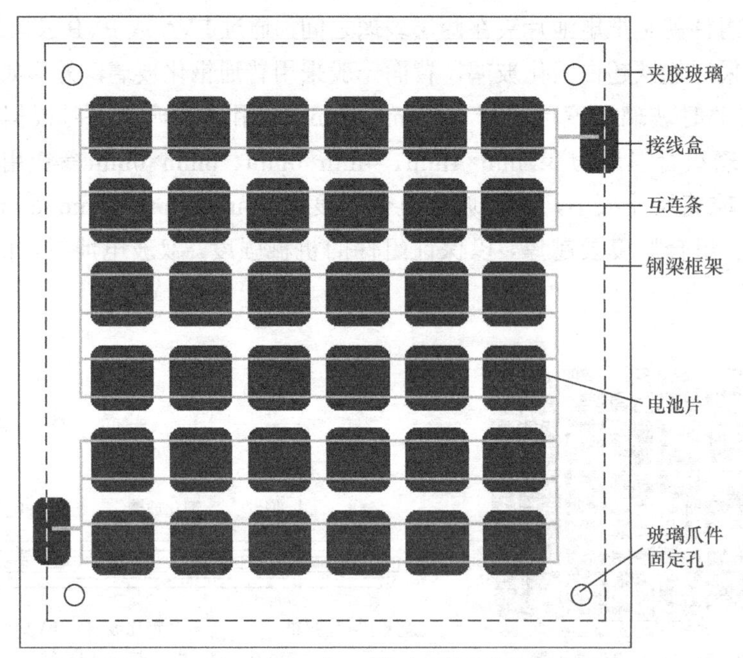

图2-10 一种双玻电池组件的结构

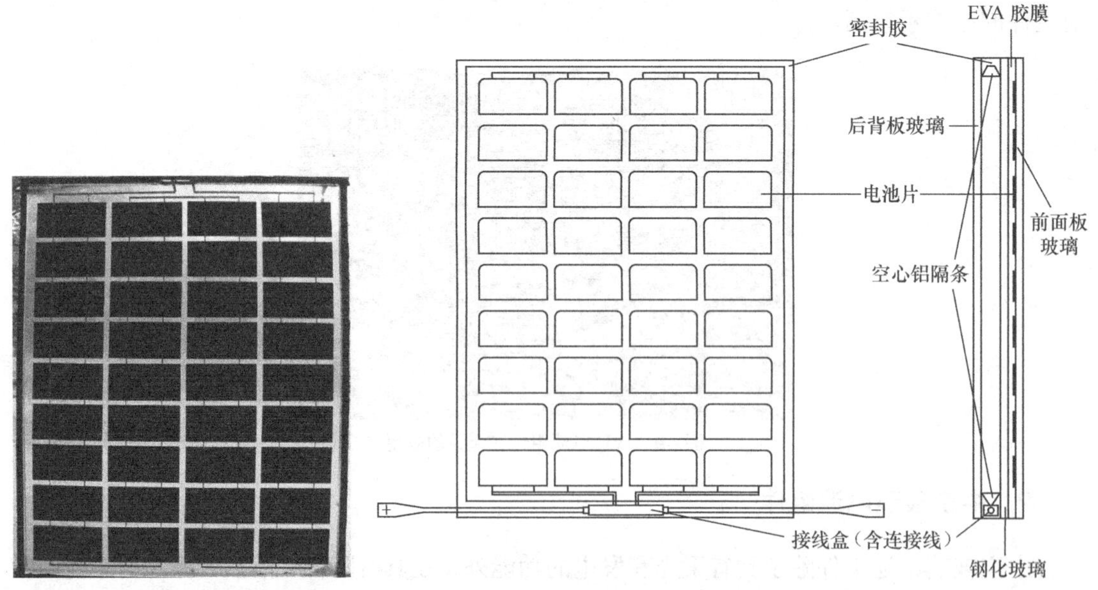

图2-11 中空玻璃电池组件的外形

图2-12 中空玻璃电池组件的结构

建材型电池组件除了要满足电池组件本身的电气性能要求外，还必须符合建筑材料所要求的各种性能：①符合机械强度和耐久性的要求；②符合防水性的要求；③符合防火、耐火的要求；④符合建筑色彩和建筑美观的要求。

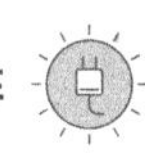

图2-13　中空玻璃电池组件的幕墙应用

表 2-1 是几款建材型电池组件规格尺寸与技术参数，供设计选型参考。

表 2-1　　几款建材型电池组件规格尺寸与技术参数

<table>
<tr><th>组件类型</th><th colspan="2">双玻组件</th><th>中空玻璃组件</th></tr>
<tr><td>组件尺寸（mm）</td><td>1330×1495×8.5</td><td>1330×1495×13.5</td><td>1100×1100×28</td></tr>
<tr><td>电池片及排布</td><td colspan="2">单晶 125　8×9</td><td>单晶 125　6×6</td></tr>
<tr><td>受光面玻璃</td><td>3.2mm 超白钢化</td><td colspan="2">6mm 超白钢化</td></tr>
<tr><td>背光面玻璃</td><td>4mm 钢化</td><td colspan="2">6mm 钢化</td></tr>
<tr><td>中空层玻璃</td><td colspan="2"></td><td>6mm 钢化</td></tr>
<tr><td>层压胶膜</td><td>EVA</td><td colspan="2">PVB</td></tr>
<tr><td>额定功率（W）</td><td>195</td><td>180</td><td>90</td></tr>
<tr><td>工作电压（V）</td><td>37.6</td><td>36.8</td><td>18.5</td></tr>
<tr><td>工作电流（A）</td><td>5.19</td><td>4.89</td><td>4.86</td></tr>
<tr><td>开路电压（V）</td><td>44.8</td><td>44.6</td><td>22.2</td></tr>
<tr><td>短路电流（A）</td><td>5.49</td><td>5.30</td><td>5.33</td></tr>
<tr><td>组件效率</td><td>9.9%</td><td>9%</td><td>7.4%</td></tr>
<tr><td>组件透光率</td><td>43%</td><td>43%</td><td>53%</td></tr>
<tr><td>组件质量（kg）</td><td>42</td><td>64</td><td>60</td></tr>
<tr><td>组件用途</td><td>蔬菜大棚</td><td>各种顶棚、护栏、建筑屋顶和建筑幕墙</td><td>温室大棚、建筑屋顶、建筑幕墙</td></tr>
</table>

2.2.3　新型电池组件

新型电池组件主要有带逆变器的交流输出电池组件、双面发电电池组件、带融雪功能的电池组件、有蓄电功能的电池组件等。

1. 交流输出电池组件

交流输出电池组件是在每个组件的背面都安装了一个小型交流逆变器，也称组件式逆变器，如图 2-14 所示。由于每块电池组件都直接输出交流电，因此通过并联组合就可以很方便地得到需要的交流电功率。它可以比较简单、快速地构成太阳能光伏发电系统。交流输出电池组件具有下列特点。

（1）可以以组件的块数为单位增设系统容量，系统扩容方便。

（2）MPPT 控制到每一块组件，能减少组件因阳光部分遮挡以及多方位设置等造成的损耗，提高系统效率。

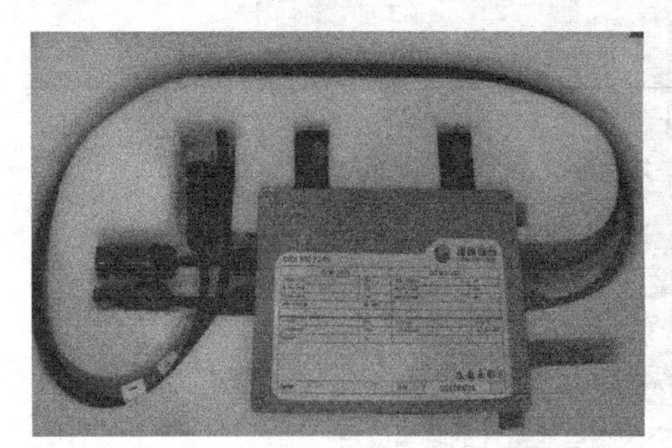
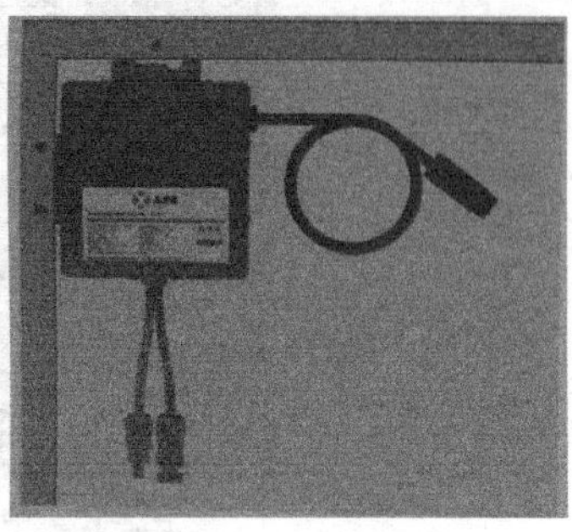

图2-14　交流输出组件的逆变器外形

（3）由于省去了直流配线，可减少因电气连接及锈蚀等出现的故障。

（4）由于单块组件就能构成一个交流光伏发电系统，增加了系统设置的灵活性。

目前交流输出电池组件的输出功率在 200～500W，线路连接方法如图 2-15 所示，其他参数可参考第 3 章中有关内容。

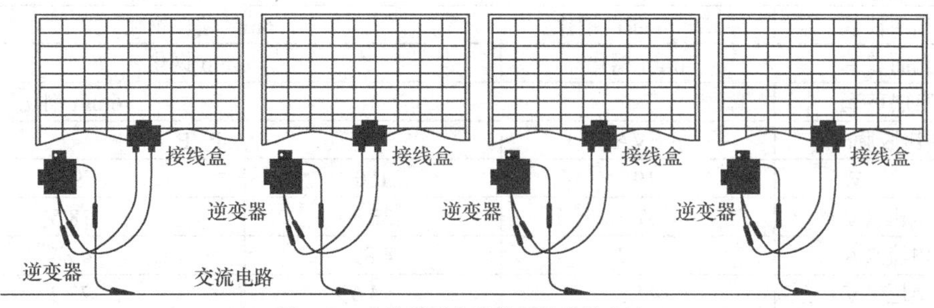

图2-15　交流输出电池组件的连接方法

2. 双面发电电池组件

双面发电电池组件的结构与建材型双玻电池组件类似，只是双面发电电池组件采用了新型的双面发电电池片进行封装制作，这种太阳电池两面可以同时发电，从而可有效提高发电效率。在传统的太阳电池当中，单晶硅电池光转换效率最高可达19%左右，而这种新型的双面太阳电池可以将光转换效率进一步提高到20%～30%。同时，单片（156mm×156mm）单晶硅电池的发电功率也从传统电池的 4～4.5W 提高到 4.5～6W。双面发电电池组件可以利用组件表面的直射光和组件背面的直射光或散射光进行发电，使同样面积组件的发电量显著增加。图 2-16 所示为双面发电电池组件在太阳能庭院灯的应用，灯具上面的扇形组件及灯杆中间的组件全部都是双面发电电池组件。

图2-16　双面发电电池组件的应用

3. 带融雪功能的电池组件

冬天的积雪覆盖电池组件后，会阻止或影响电池组件的发电，带融雪功能的电池组件在遇到积雪时可利用系统深夜的电力，通过逆变器给电池组件通

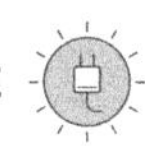

电，用太阳电池所产生的热量使电池组件表面的积雪融化，使电池组件恢复正常发电。

4. 带蓄电功能的电池组件

带蓄电功能的电池组件使用体积小、重量轻、循环寿命长的锂电池作为储能电池，将锂电池分组安装在电池组件四周的铝合金边框中，还将组件接线盒与控制器电路合二为一，形成一个便携式的发电储能装置，只需要直接连接用电器就可实现太阳能供电。使用这种组件克服了普通光伏发电系统储能铅酸蓄电池寿命短的问题，方便了系统的安装、施工和维修，减小了线路连接的损耗。

2.3 电池组件的制造

电池组件是光伏发电系统最重要的组成部件，它主要由电池片、玻璃、EVA胶膜、光伏背板、铝合金边框、接线盒等组成，这些材料和部件对电池组件的质量、性能和使用寿命影响都很大。另外，电池组件在整个光伏发电系统中的成本，占到光伏发电系统建设总成本的50%以上，而且电池组件的质量好坏，直接关系到整个光伏发电系统的质量、发电效率、发电量、使用寿命、收益率等。因此了解构成电池组件的各种原材料和部件的技术特性，熟悉电池组件的制造工艺技术和生产流程非常重要。

2.3.1 电池组件的主要原材料及部件

为便于大家对电池组件有更多的了解，下面就生产制造电池组件所需的主要原材料及部件的构成、性能参数和基本要求等分别进行介绍。

1. 硅电池片

硅电池片的基片材料是P型的单晶硅或多晶硅，它通过专用切割设备将单晶硅或多晶硅硅棒（如图2-17所示）切割成厚度为180μm左右的硅片后，再经过一系列的加工工序制作而成，硅电池片的生产工艺流程如图2-18所示。

单晶硅棒　　　　多晶硅棒

图2-17　硅棒外形图

（1）硅电池片的特点

硅电池片是电池组件中的主要材料，外形如图2-19所示。合格的硅电池片应具有以下特点。

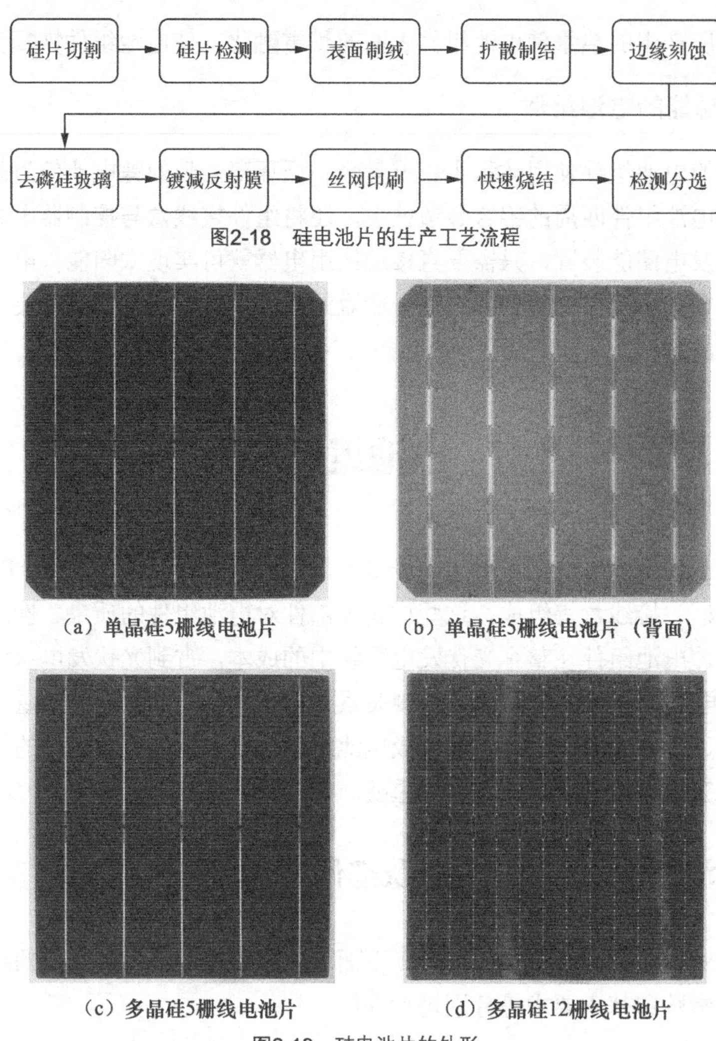

图2-18　硅电池片的生产工艺流程

（a）单晶硅5栅线电池片　（b）单晶硅5栅线电池片（背面）

（c）多晶硅5栅线电池片　（d）多晶硅12栅线电池片

图2-19　硅电池片的外形

① 具有稳定高效的光电转换效率，可靠性高。

② 采用先进的扩散技术，保证片内各处转换效率的均匀性。

③ 运用先进的 PECVD 成膜技术，在电池片表面镀上深蓝色的氮化硅减反射膜，颜色均匀美观。

④ 应用高品质的银和银铝金属浆料制作背场和栅线电极，确保良好的导电性、可靠的附着力和很好的电极可焊性。

⑤ 高精度的丝网印刷图形和高平整度，使得电池片易于自动焊接和激光切割。

（2）硅电池片的分类及外观结构

硅电池片按用途可分为地面用晶体硅电池、海上用晶体硅电池和空间用晶体硅电池，按基片材料的不同分为单晶硅电池和多晶硅电池。硅电池片常见的规格尺寸有 125mm×125mm、156mm×156mm、156.75mm×156.75mm 等，目前主流应用的大部分是 156.75mm×156.75mm 的，电池片厚度一般在 180～200μm。从图 2-19 中可以看到，电池片表面有一层蓝色的减反射膜，还有银白色的电极栅线。其中很多条细的栅线，是电池片表面电极向主栅线汇总的引线，几条宽一点的银白线就是主栅线，也叫电极线或上电极（目前在生产的有 4 条、5 条甚

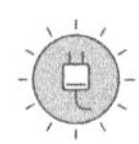

至 12 条主栅线的电池片）。电池片的背面也有几条与正面相应的间断银白色的主栅线，叫作下电极或背电极。电池片与电池片之间的连接，就是把互连条焊接到主栅线上实现的。一般正面的电极线是电池片的负极线，背面的电极线是电池片的正极线。太阳电池无论面积大小（整片或切割成小片），单片的正负极间输出峰值电压都是在 0.52～0.56V。而电池片的面积大小与输出电流和发电功率成正比，面积越大，输出电流和发电功率越大。

（3）单晶硅与多晶硅电池片的区别

由于单晶硅电池片和多晶硅电池片前期生产工艺的不同，它们从外观到电性能都有一些区别。从外观上看，单晶硅电池片四个角呈圆弧缺角状，表面没有花纹；多晶硅电池片四个角为方角，表面有类似冰花一样的花纹。单晶硅电池片减反射膜绒面表面颜色一般呈现为黑蓝色，多晶硅电池片减反射膜绒面表面颜色一般呈现为蓝色。

对于使用者来说，相同转换效率的单晶硅电池和多晶硅电池是没有太大区别的。单晶硅电池和多晶硅电池的寿命和稳定性都很好。虽然单晶硅电池的平均转换效率比多晶硅电池的平均转换效率高 1%左右，但是由于单晶硅太阳电池只能做成准正方形（4 个角是圆弧），当组成电池组件时就有一部分面积填不满，而多晶硅电池片是正方形，不存在这个问题，因此对于光伏电池组件的效率来讲几乎是一样的。另外，由于两种电池材料的制造工艺不一样，多晶硅电池制造过程中消耗的能量要比单晶硅电池少 30%左右，所以过去几年多晶硅电池占全球电池总产量的份额越来越大，制造成本也大大小于单晶硅电池，从生产工艺角度看，使用多晶硅电池更节能、更环保。

随着多晶硅电池片制造技术的不断发展，多晶硅电池片的转换效率已经从目前的 17%～17.5%，提高到 18%以上，也成为高效电池片。该高效多晶电池片与传统的多晶电池片相比，除了表面颜色变成了黑色以为，外观上看不出其它差异。但实际上，这种电池片比传统的电池片，效率高出 0.3%～0.7%，而原有多晶硅电池片生产技术，想让其效率提高 0.1%都难度很大。高效多晶电池片的技术原理，就是将原有电池表面较大尺寸的凹坑经过化学刻蚀的方法处理成许多细小的小坑，即在原有电池的纳米结构上生成纳米尺寸小孔，让电池表面的反射率从原来的 15%降到 5%左右。对太阳光的利用率提高，电池的效率自然也就提升了。通过化学反应后得到的电池片材料在外观上呈现黑色，故得名“黑硅”，该项技术也被称为黑硅技术。

尽管如此，从目前的制造技术看，多晶硅电池片的转换效率已经接近实验室水平，要达到 18.5%以上比较困难，上升空间有限。而随着单晶硅电池片制造技术的不断改进，P 型和 N 型单晶硅电池片的转换效率已分别达到 19%～19.5%和 21%～24%的水平，转换效率的提高，使单晶硅电池片的制造成本逐渐下降，到目前已经基本与多晶硅电池持平，单晶硅电池在光伏发电系统（电站）的发电量、发电成本和发电收益率等方面的优势将逐步显现出来。根据测算，按照目前行业普遍承诺的 25 年使用年限来计算，一个相同规模的光伏电站，使用单晶硅电池组件比使用多晶硅电池组件要多 13.4%的发电收益。尽管目前每瓦单晶硅电池组件比多晶硅电池组件成本高 5%左右，但由于单晶硅组件发电效率高，同样的装机容量占地面积小，基础、支架、电缆等系统周边器材使用量也相应减少，二者的综合投入成本基本相当。在光伏发电系统设计中选择多晶硅电池组件或单晶硅电池组件，与年发电量及投资收益率大小的分析，请参看本章中有关电池组件选型的内容。

（4）硅电池片的等效电路分析

硅电池片的内部等效电路如图2-20所示。为便于理解，我们可以形象地把太阳电池的内部看成是一个光电池和一个硅二极管的复合体，既在光电池的两端并联了一个处于正偏置的二极管，同时电池内部还有串联电阻和并联电阻的存在。由于二极管的存在，在外电压的作用下，会产生通过二极管P-N结的漏电流I_d，这个电流与光生电流的方向相反，因此会抵消小部分光生电流。串联电阻主要是由半导体材料本身的体电阻、扩散层横向电阻、金属电极与电池片体的接触电阻及金属电极本身的电阻几部分组成，其中扩散层横向电阻是串联电阻的主要形式。正常电池片的串联电阻一般小于1Ω。并联电阻又称旁路电阻，主要是由于半导体晶体缺陷引起的边缘漏电、电池表面污染等使一部分本来应该通过负载的电流短路形成电流I_r，相当于有一个并联电阻的作用，因此在电路中等效为并联电阻，并联电阻的阻值一般为几千欧。通过分析说明，光伏电池的串联电阻越小，旁路电阻越大，就越接近于理想的电池，该电池的性能就越好。

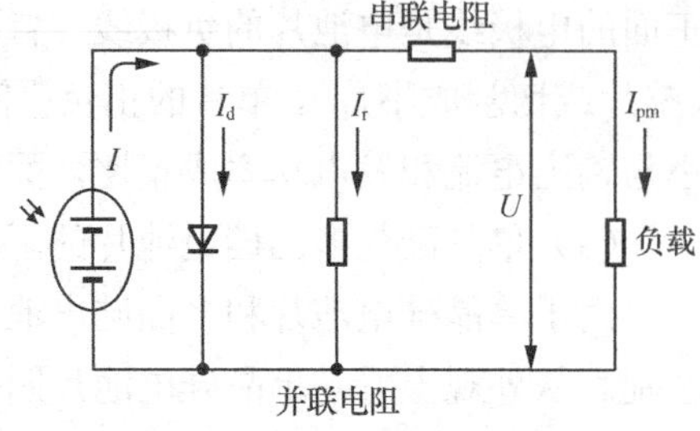

图2-20 光伏电池的等效电路

（5）硅电池片的主要性能参数

硅电池片的性能参数主要有：短路电流、开路电压、峰值电流、峰值电压、峰值功率、填充因子、转换效率等。

① 短路电流（I_{sc}）：当将电池片的正负极短路，使$U=0$时，此时的电流就是电池片的短路电流，短路电流的单位是A（安培），短路电流随着光强的变化而变化。

② 开路电压（U_{oc}）：当将电池片的正负极不接负载，使$I=0$时，此时太阳电池正负极间的电压就是开路电压，开路电压的单位是V（伏特），单片太阳电池的开路电压不随电池片面积的增减而变化，一般为0.6～0.7V，当用多个电池片串联连接的时候可以获得较高的电压。

③ 峰值电流（I_m）：峰值电流也叫最大工作电流或最佳工作电流。峰值电流是指太阳电池片输出最大功率时的工作电流，峰值电流的单位是A。

④ 峰值电压（U_m）：峰值电压也叫最大工作电压或最佳工作电压。峰值电压是指太阳电池片输出最大功率时的工作电压，峰值电压的单位是V。峰值电压不随电池片面积的增减而变化，一般为0.5～0.55V。

⑤ 峰值功率（P_m）：峰值功率也叫最大输出功率或最佳输出功率。峰值功率是指太阳电池片正常工作或测试条件下的最大输出功率，也就是峰值电流与峰值电压的乘积：$P_m=I_m\times U_m$。峰值功率的单位是Wp（峰瓦）。太阳电池的峰值功率取决于太阳辐照度、太阳光谱分布和电池片的工作温度，因此太阳电池的测量要在标准条件下进行，测量标准为欧洲委员会的101号标准，其条件是辐照度1kW/m^2、光谱AM1.5、测试温度25℃。

⑥ 填充因子（FF）：填充因子也叫曲线因子，是指图2-21中阴影部分的矩形面积（$I_m\times U_m$）与虚线部分的矩形面积（$I_{sc}\times U_{oc}$）之比，也就是电池片的峰值输出功率与开路电压和短路电流乘积的比值：$FF=P_m/I_{sc}\times U_{oc}$。填充因子是一个无单位的量，是评价和衡量电池输出特性好坏的一个重要参数，它的值越高，表明太阳电池输出特性越趋于矩形，太阳电池的光电转换效率越高。

太阳电池内部的串、并联电阻对填充因子有较大影响，太阳电池的串联电阻越小，并联电阻越大，填充因子的系数越大。填充因子的系数一般在 0.7～0.85，也可以用百分数表示。

⑦ 转换效率（η）：电池片的转换效率用来表示照射在电池表面的光能量转换成电能量的大小，一般用输出能量与入射能量的比值来表示，也就是指电池受光照时的最大输出功率与照射到电池上的太阳能量功率的比值。即：

$\eta=P_m$（电池片的峰值功率）/A（电池片的面积）$\times P_{in}$（单位面积的入射光功率），其中 $P_{in}=1000W/m^2=100mW/cm^2$。

（6）常见硅电池片产品的典型性能参数

常见硅电池片产品的典型性能参数如表 2-2、表 2-3、表 2-4 所示。

表 2-2　125×125 单晶硅电池片典型性能参数（##代表不同生产厂家的代号）

型号 单晶 125	转换效率 η（%）	最大功率 P_m（W）	最大工作电压 U_m（V）	最大工作电流 I_m（A）	开路电压 U_{oc}（V）	短路电流 I_{sc}（A）
##125-170	17.0～17.2	2.519	0.512	4.925	0.616	5.308
##125-172	17.2～17.4	2.552	0.514	4.962	0.617	5.342
##125-174	17.4～17.6	2.60	0.516	5.038	0.619	5.392
##125-176	17.6～17.8	2.69	0.519	5.182	0.621	5.401
##125-178	17.8～18.0	2.75	0.523	5.265	0.626	5.495
##125-180	18.0～18.2	2.80	0.526	5.295	0.629	5.604
##125-182	18.2～18.4	2.82	0.532	5.301	0.630	5.682
##125-184	18.4～18.6	2.85	0.534	5.337	0.631	5.689
##125-186	18.6～18.8	2.88	0.538	5.353	0.632	5.691
##125-188	18.8～19.0	2.91	0.542	5.369	0.633	5.715
##125-190	19.0～19.2	2.94	0.546	5.386	0.635	5.741
##125-192	19.2～19.4	2.97	0.551	5.403	0.636	5.765
##125-194	19.4～19.6	3.00	0.554	5.417	0.638	5.802
##125-196	19.6～19.8	3.03	0.558	5.421	0.639	5.835
##125-198	19.8～20.0	3.07	0.566	5.429	0.641	5.868

表 2-3　156.75×156.75 单晶硅电池片典型性能参数（##代表不同生产厂家的代号）

型号 单晶 156	转换效率 η（%）	最大功率 P_m（W）	最大工作电压 U_m（V）	最大工作电流 I_m（A）	开路电压 U_{oc}（V）	短路电流 I_{sc}（A）
##156-194	19.4	4.74	0.538	8.811	0.636	9.342
##156-195	19.5	4.76	0.540	8.815	0.637	9.349
##156-196	19.6	4.79	0.543	8.822	0.639	9.355
##156-197	19.7	4.81	0.544	8.842	0.640	9.386
##156-198	19.8	4.84	0.545	8.826	0.641	9.395
##156-199	19.9	4.86	0.547	8.885	0.642	9.410
##156-200	20.0	4.89	0.549	8.908	0.642	9.428
##156-201	20.1	4.91	0.550	8.928	0.642	9.439
##156-202	20.2	4.94	0.552	8.950	0.643	9.447
##156-203	20.3	4.96	0.554	8.953	0.645	9.456
##156-204	20.4	4.98	0.556	8.957	0.646	9.462
##156-205	20.5	5.01	0.558	8.979	0.647	9.473
##156-206	20.6	5.03	0.559	8.999	0.648	9.521

续表

型号 单晶 156	转换效率 η（%）	最大功率 P_m（W）	最大工作电压 U_m（V）	最大工作电流 I_m（A）	开路电压 U_{oc}（V）	短路电流 I_{sc}（A）
##156-207	20.7	5.06	0.560	9.036	0.650	9.545
##156-208	20.8	5.08	0.561	9.056	0.653	9.579
##156-209	20.9	5.11	0.562	9.093	0.655	9.605
##156-210	21.0	5.13	0.563	9.115	0.658	9.616
##156-211	21.1	5.16	0.564	9.149	0.661	9.648
##156-212	21.2	5.18	0.565	9.169	0.663	9.695
##156-213	21.3	5.20	0.567	9.172	0.665	9.719
##156-214	21.4	5.23	0.569	9.192	0.666	9.762
##156-215	21.5	5.25	0.571	9.195	0.667	9.776
##156-216	21.6	5.28	0.573	9.215	0.668	9.798

表 2-4　156.75×156.75 多晶硅电池片典型性能参数（##代表不同生产厂家的代号）

型号 多晶 156	转换效率 η（%）	最大功率 P_m（W）	最大工作电压 U_m（V）	最大工作电流 I_m（A）	开路电压 U_{oc}（V）	短路电流 I_{sc}（A）
##156-181	18.1	4.45	0.534	8.333	0.633	8.880
##156-182	18.2	4.47	0.535	8.351	0.633	8.886
##156-183	18.3	4.50	0.535	8.401	0.633	8.890
##156-184	18.4	4.52	0.536	8.429	0.633	8.919
##156-185	18.5	4.55	0.538	8.450	0.634	8.942
##156-186	18.6	4.57	0.539	8.476	0.636	8.969
##156-187	18.7	4.59	0.540	8.502	0.637	8.997
##156-188	18.8	4.62	0.542	8.526	0.639	9.023
##156-189	18.9	4.64	0.543	8.555	0.640	9.052
##156-190	19.0	4.67	0.544	8.581	0.641	9.080
##156-191	19.1	4.69	0.545	8.609	0.642	9.110
##156-192	19.2	4.72	0.546	8.637	0.643	9.140

2. 面板玻璃

电池组件采用的面板玻璃是低铁超白绒面或光面钢化玻璃。一般厚度为 3.2mm 和 4mm，建材型电池组件有时要用到 5～10mm 厚度的钢化玻璃。无论厚薄都要求透光率在 91%以上，光谱响应的波长范围为 320～1100nm，对大于 1200nm 的红外光有较高的反射率。

低铁超白就是说这种玻璃的含铁量比普通玻璃要低，含铁量（三氧化二铁）≤150ppm，从而增加了玻璃的透光率。同时从玻璃边缘看，这种玻璃也比普通玻璃白，普通玻璃从边缘看是偏绿色的。

绒面的意思就是说这种玻璃为了减少阳光的反射，在其表面通过物理和化学方法进行减反射处理，使玻璃表面成了绒毛状，从而增加了光线的入射量。有些厂家还利用溶胶凝胶纳米材料和精密涂布技术（如磁控喷溅法、双面浸泡法等技术），在玻璃表面涂布一层含纳米材料的薄膜，这种镀膜玻璃不仅可以显著增加面板玻璃的透光率（2%以上），还可以显著减少光线反射，而且还有自洁功能，可以减少雨水、灰尘等对电池板表面的污染，保持清洁，减少光衰，并提高发电率 1.5%～3%。

钢化处理是为了增加玻璃的强度，抵御风沙冰雹的冲击，起到长期保护太阳电池的作用。

面板玻璃的钢化处理，是通过水平钢化炉将玻璃加热到 700℃左右，利用冷风将其快速均匀冷却，使其表面形成均匀的压应力，而内部则形成张应力，有效提高了玻璃的抗弯和抗冲击性能。对面板玻璃进行钢化处理后，玻璃的强度比普通玻璃可提高 4～5 倍。

3. EVA 胶膜

EVA 胶膜是乙烯与醋酸乙烯脂的共聚物，是一种热固性的膜状热熔胶，在常温下无黏性，经过一定条件热压便发生熔融黏结与交联固化，变得完全透明，是目前电池组件封装中普遍使用的黏结材料，EVA 胶膜的外形如图 2-21 所示。太阳电池组件中要加入两层 EVA 胶膜，两层 EVA 胶膜夹在面板玻璃、电池片和 TPT 背板膜之间，将玻璃、电池片和 TPT 粘接在一起。它和玻璃粘合后能提高玻璃的透光率，起到增透的作用，并对电池组件的功率输出有增益作用。

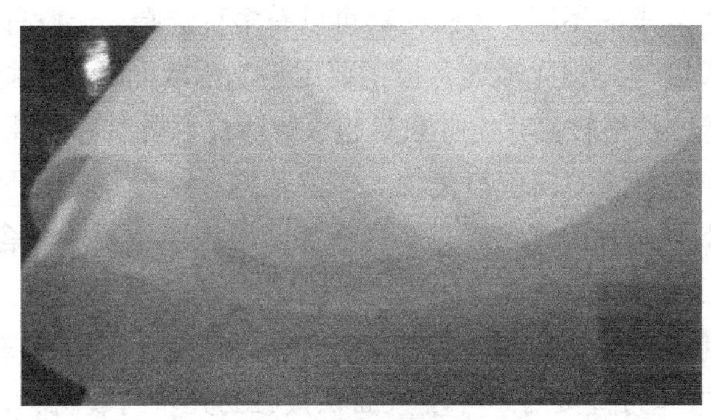

图2-21　EVA胶膜的外形

EVA 胶膜具有表面平整、厚度均匀、透明度高、柔性好，热熔粘接性、熔融流动性好，常温下不粘连、易切割、价格较廉等优点。EVA 胶膜内含交联剂，能在 150℃的固化温度下交联，采用挤压成型工艺形成稳定的胶层。其厚度一般在 0.2～0.8mm，常用厚度为 0.46mm 和 0.5mm。EVA 的性能主要取决于其分子量与醋酸乙烯脂的含量，不同的温度对 EVA 的交联度有比较大的影响，而 EVA 的交联度直接影响组件的性能和使用寿命。在熔融状态下，EVA 胶膜与太阳电池片、面板玻璃、TPT 背板材料产生黏合，此过程既有物理的黏结也有化学的键合作用。为提高 EVA 的性能，一般都要通过化学交联的方式对 EVA 进行改性处理，具体方法是在 EVA 中添加有机过氧化物交联剂，当 EVA 加热到一定温度时，交联剂分解产生自由基，引发 EVA 分子之间的结合，形成三维网状结构，导致 EVA 胶层交联固化，当交联度达到 60%以上时能承受正常大气压的变化，同时不再发生热胀冷缩。因此 EVA 胶膜能有效的保护电池片，防止外界环境对电池片的电性能造成影响，增强电池组件的透光性。

EVA 胶膜在电池组件中不仅是起粘接密封作用，而且对太阳电池的质量与寿命起着至关重要的作用。因此用于组件封装的 EVA 胶膜必须满足以下主要性能指标。

（1）固化条件：快速固化型胶膜，加热至 135～140℃，恒温 15～20min；常规型胶膜，加热至 145℃，恒温 30min。

（2）透光率：大于 90%。

（3）交联度：快速固化型胶膜大于 70%，常规型胶膜大于 75%。

（4）剥离强度：玻璃/胶膜大于 30 N/cm，TPT/胶膜大于 20 N/cm。

（5）耐温性：高温85℃，低温-40℃，不热胀冷缩，尺寸稳定性较好。

（6）耐紫外光老化性能（1000h，83℃）：黄变指数小于2，长时间紫外线照射下不龟裂、不老化、不黄变。

（7）耐热老化性能（1000h，85℃）：黄变指数小于3。

（8）湿热老化性能（1000h，相对湿度90%，85℃）：黄变指数小于3。

为使EVA胶膜在电池组件中充分发挥应有的作用，在使用过程中，要注意防潮防尘，避免与带色物体接触；不要将脱去外包装的整卷胶膜暴露在空气中；分切成片的胶膜如不能当天用完，应遮盖紧密。EVA胶膜若吸潮，会影响胶膜和玻璃的粘接力；若吸尘，会影响透光率；和带色、不洁的物体接触，由于EVA胶膜的吸附能力强，容易被污染。

4. 背板材料

根据电池组件使用要求的不同，背板材料可以有多种选择。一般有钢化玻璃、有机玻璃、铝合金、TPT类复合胶膜等。钢化玻璃背板主要用于制作双面透光建材型的电池组件，用于光伏幕墙、光伏屋顶等，价格较高，组件重量也大。除此以外目前使用最广的就是TPT复合膜。通常见到的电池组件背面的白色覆盖物大多就是这类复合膜，外形如图2-22所示。根据电池组件使用要求的不同，背板膜可以有多种选择。背板膜主要分为含氟背板与不含氟背板两大类。其中含氟背板又分双面含氟（如TPT、KPK等）与单面含氟（如TPE、KPE等）两种；而不含氟的背板则多通过胶黏剂将多层PET胶粘接复合而成。目前，电池组件的使用寿命要求为25年，而背板作为直接与外环境大面积接触的光伏封装材料，应具备卓越的耐长期老化（湿热、干热、紫外）、耐电气绝缘、水蒸气阻隔等性能。因此，如果背板膜在耐老化、耐绝缘、耐水气等方面无法满足电池组件25年的环境考验，最终将导致太阳电池的可靠性、稳定性与耐久性无法得到保障，使电池组件在普通气候环境下使用8～10年或在特殊环境状况下（高原、海岛、湿地）下使用5～8年即出现脱层、龟裂、起泡、黄变等不良状况，造成电池模块脱落、电池片移滑、电池有效输出功率降低等现象；更危险的是电池组件会在较低电压和电流值的情况下出现电打弧现象，引起电池组件燃烧并促发火灾，造成人员安全损害和财产损失。

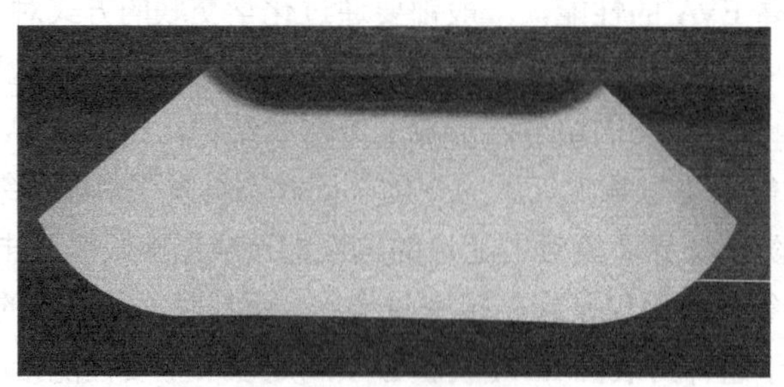

图2-22　TPT背板膜材料外形

目前，有些背板膜和组件生产企业考虑到双面含氟材料给整个背板膜和组件产品造成的成本压力，采用了EVA材料（或其他烯烃聚合物）替代双面含氟的“氟材料—聚酯—氟材料”结构的背板膜内层的氟材料，推出了由“氟材料—聚酯—EVA”三层材料构成的单面含氟的复合胶膜。此类结构的背膜在与组件封装用的EVA胶膜黏结后，由于其光照面无对背板膜的

PET 主体基材进行有效保护的含氟材料，组件安装后背膜无法经受长期的紫外线照射，在几年之内组件就会出现背膜变黄、脆化老化等不良现象，严重影响组件的长期发电效能。但由于这类背板膜少用一层氟材料，其性能虽然不及 TPT，但成本约为 TPT 的 2/3，与 EVA 黏合性能也较好，故常用于一些小组件的封装。

TPT（KPK）是“氟膜—聚酯（PET）薄膜—氟膜”复合材料的简称。这种复合膜集合了“塑料王”氟塑料的耐老化、耐腐蚀、防潮抗湿性好的优点，和聚酯薄膜优异的机械性能、高绝缘性能和水汽阻隔性能，因此复合而成的 TPT（KPK）胶膜具有不透气、强度好、耐候性好、使用寿命长、层压温度下不起任何变化、与粘接材料结合牢固等特点。这些特点正适合封装光伏电池组件，作为电池组件的背板材料能够有效地防止各种介质尤其是水、氧、腐蚀性气体等对 EVA 和电池片的侵蚀与影响。

常见复合材料除 TPT（KPK）以外，还有 TAT（即 Tedlar 与铝膜（aluminum）的复合膜）和 TIT（即 Tedlar 与铁膜（iron）的复合膜）等中间带有金属膜夹层结构的复合膜。这些复合膜具有高强、阻燃、耐久、自洁、散热好等特性，白色的复合膜还可对阳光起反射作用，能提高电池组件的转换效率，且对红外线也有较强的反射性能，可降低电池组件在强阳光下的工作温度。

目前，双面含氟背板根据生产工艺的不同分为覆膜型和涂覆型两大类，覆膜型背板是将 PVF（聚氟乙烯）、PVDF（聚偏氟乙烯）、ECTFE（三氟氯乙烯-乙烯共聚物）和 THV（四氟乙烯-六氟丙烯-偏氟乙烯共聚物）等氟塑料膜通过胶黏剂与作为基材的 PET 聚酯胶膜粘接复合而成。而涂覆型背板是以含氟树脂如 PTFE（聚四氟乙烯）树脂、CTFE（三氟氯乙烯）树脂、PVDF 树脂和 FEVE（氟乙烯-乙烯基醚共聚物）为主体树脂的涂料采用涂覆方式涂覆在 PET 聚酯胶膜上复合固化而成。

常用 TPT（KPK）覆膜背板的基本性能指标如表 2-5 所示，供参考。

表 2-5　　常用 TPT（KPK）覆膜背板基本性能指标

性能指标	参考值
厚度（mm）	0.18、0.23、0.35
拉伸强度（N/10mm）	≥110
拉伸率（%）	120～130
撕裂强度（N/mm）	135～145
层间剥离强度（N/5cm）	≥25
剥离强度（N/cm）	≥20
失重（24h/150℃，%）	≤3
尺寸稳定性（0.5h/150℃，%）	≤3
水蒸汽透过性（g/m^2d）	≤2.0
击穿电压（kV）	≥17
抗紫外线能力（60℃/1kW 紫外氙灯照 100h）	不变色，性能稳定
使用寿命	20 年以上

5. 铝合金边框

电池组件的边框材料主要采用铝合金，也有用不锈钢和增强塑料的。电池组件安装边框主要作用：一是为了保护层压后的组件玻璃边缘；二是结合硅胶打边加强了组件的密封性能；三是大大提高电池组件整体的机械强度；四是方便电池组件的运输、安装。电池组件无论是单独安装还是组成光伏方阵都要通过边框与电池组件支架固定。一般都是在边框适当部位打孔，同时支架的对应部位也打孔，然后通过螺栓固定连接，也有通过专用压块压在组件边框进行固定。常用边框型材及角铝外形如图 2-23 所示。

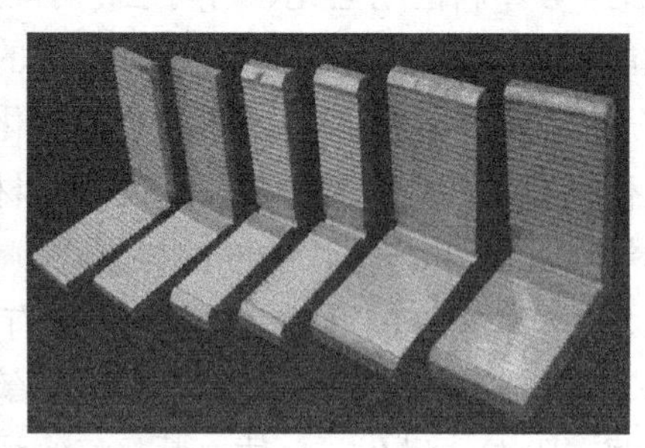

图2-23　常用边框型材及角铝外形图

铝合金边框材料一般采用国际通用牌号为 6063T6 的铝合金材料，其成分构成如表 2-6 所示。电池组件边框的铝合金材料表面通常要进行表面氧化处理，氧化处理分为阳极氧化、喷砂氧化和电泳氧化三种。

表 2-6　　铝合金边框材料成分构成表

硅（Si）%	铁（Fe）%	铜（Cu）%	锰（Mn）%	镁（Mg）%	铬（Cr）%	锌（Zn）%	钛（Ti）%	钙（Ga）%	钒（Va）%	其他指定元素%	铝（Al）%
0.2～0.6	0.35	0.1	0.1	0.45～0.9	0.1	0.1	0.1	0.05	0.15	分别含量%	剩余
										合计含量%	

阳极氧化是对铝合金材料的电化学氧化，是将铝合金的型材作为阳极置于相应电解液（如硫酸、铬酸、草酸等）中，在特定条件和外加电流作用下，进行电解。阳极的铝合金氧化，表面上形成氧化铝薄膜层，其厚度为 5～20μm，硬质阳极氧化膜可达 6～200μm。金属氧化物薄膜改变了铝合金型材的表面状态和性能，如改变表面着色，提高耐腐蚀性、增强耐磨性及硬度，保护金属表面等。

喷砂氧化是将铝合金型材经喷砂处理，表面的氧化物全被处理，并经过喷砂撞击后，表面层金属被压迫而致密排列，且金属晶体变小，在铝合金表面形成牢固致密、硬度较高的氧化层。

电泳氧化就是利用电解原理在铝合金表面镀上一薄层其他金属或合金的过程。电镀时，镀层金属做阳极，被氧化成阳离子进入电镀液；待镀的铝合金制品做阴极，镀层金属的阳离子在铝合金表面被还原形成镀层。为排除其他阳离子的干扰，且使镀层均匀、牢固，需用含镀层金属阳离子的溶液做电镀液，以保持镀层金属阳离子的浓度不变。电镀的目的是在基材上镀上金属镀层，改变基材表面性质或尺寸。电镀能增强金属的抗腐蚀性（镀层金属多采用耐腐蚀的金属）、增加硬度、防止磨耗，增强了铝合金型材的润滑性、耐热性和表面美观性。

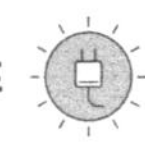

铝合金边框型材常用规格有 17mm、25mm、30mm、35mm、40mm、45mm、50mm 等，部分铝合金边框及角铝外形如图 2-19 所示。铝合金边框的四个角有两种固定方法，一种是在框架四个角中插入齿状角铝（俗称角码），然后用专用撞角机撞击固定或用自动组框机组合固定；另一种方法是用不锈钢螺栓对边框四角进行固定。图 2-24、图 2-25 是常用铝合金边框型材的规格尺寸。

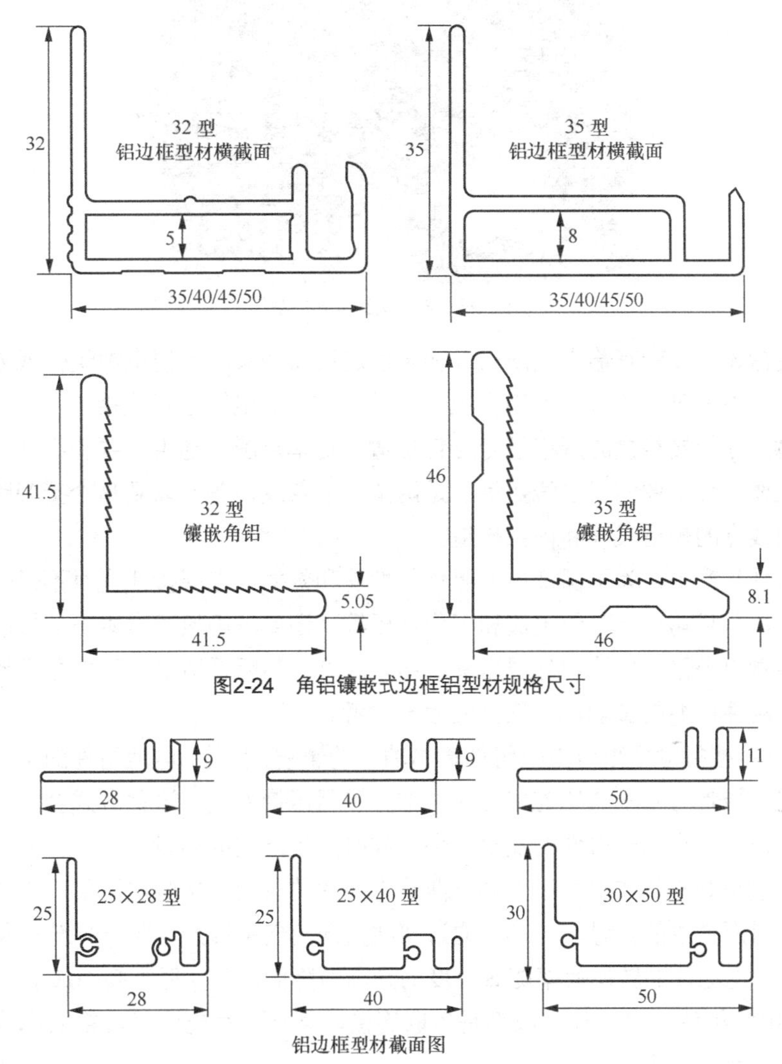

图2-24　角铝镶嵌式边框铝型材规格尺寸

图2-25　螺栓固定式边框铝型材规格尺寸

铝合金型材边框应放在恒温、恒湿的仓库内储存，其储存温度在 20～30℃，相对湿度小于 60%。要避免阳光直照和风吹。保存时间最长不超过一年。

6. 接线盒

接线盒是电池组件内部输出线路与外部线路连接的部件，常用接线盒外形如图 2-26 所示。从电池板内引出的正负极汇流条（较宽的互连条），进入接线盒内，插接或用焊锡焊接到接线盒中的相应位置，外引线也通过插接、焊接和螺丝压接等方法与接线盒连接。接线盒内还留有旁路二极管的安装位置或直接安装有旁路二极管，用以对电池组件进行旁路保护。接线盒除了上述作用以外，还要最大限度地减少其本身对电池组件输出功率的消耗，最大限度地减少本身发热对电池组件转换效率造成的影响，最大限度地提高电池组件的安全性和可靠性。

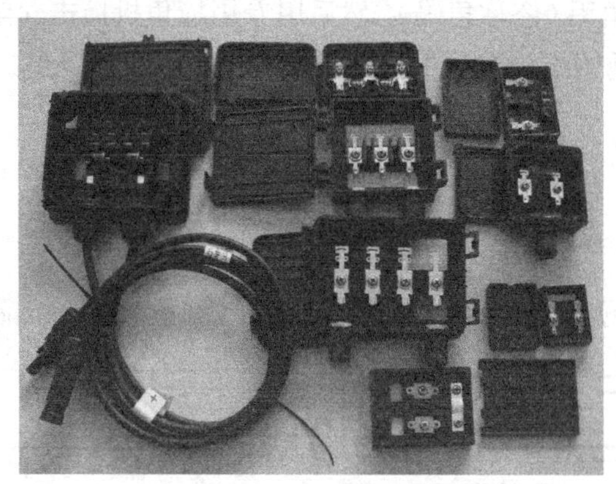

图2-26　常用接线盒外形图

有些接线盒还直接带有输出电缆引线和电缆连接器插头，方便电池组件或方阵的快速连接。当引线长度不够时，还可以使用带连接器插头的延长电缆进行连接。

除了规格尺寸外接线盒的规格型号还包括适用功率范围，选用时要和组件功率的大小相匹配，另外还要结合组件的引出线数量（是两条、三条或四条）以及是否接旁路二极管等来确定所采用接线盒的规格尺寸和内部构造。

在电池组件生产中，为了保证电池组件的性能和效率，选择接线盒时不仅仅要选择接线盒的规格尺寸、承载功率、工作电流和工作电压等，还要考虑接线盒本身的接触电阻和散热性能以及接线盒内旁路二极管的导通压降、结点温度、热阻系数等。下面分析接线盒各种性能参数对电池组件性能的影响，供选择应用时参考。

① 接线盒连接接触电阻对电池组件输出功率的影响。目前，电池组件的引线和接线盒的连接以及旁路二极管与接线盒的连接方式大部分采用压接方式，这种方式会产生较大的接触电阻，因而要消耗一小部分组件的输出功率，同时产生一定的热量。

由于接线盒正好安装在电池组件某一两片电池片的背面，接触电阻所产生的热量以及旁路二极管工作时所产生的热量，一部分通过接线盒向空气中散发，另一部分热量传递到了背靠的电池片上。电池片的转换效率随着温度的升高而降低，温度每升高 10℃，转换效率就降低 5%，由于电池组件的电池片一般都是串联连接，某一两片电池片转换效率降低势必造成整个组件输出功率的减少。

另外，随着电池组件使用年限的增长，压接部位的电镀层可能会出现锈蚀、脱皮等现象（表面镀镍的保证年限一般为 15～20 年），这样会导致接触电阻的不断增加、功耗增加、电池转换效率降低，加剧输出功率的下降。因此选择接线盒时最好选用焊接连接（也叫欧姆连接）方式的产品。

② 接线盒旁路二极管的导通压降对电池组件输出功率的影响。二极管中不但存在着 PN 结电阻，而且存在着结电容等等，因此二极管在导通时会产生一定的正向电压降。不同型号的二极管正向压降是不一样的，一般小功率肖特基二极管的正向压降在 0.3V 左右，大功率肖特基二极管的正向压降在 0.55V 左右，而普通整流二极管的正向压降都在 0.7～0.9V。由于不

同的二极管正向压降差别较大，因此当旁路二极管工作时，对电池组件所产生的功率消耗也有较大差别。例如，某电池组件使用 156×156 的电池片，其电流是 8A 的话，上述三种二极管如果被旁路工作，则产生的功耗分别为：

小功率肖特基二极管 $P=IU=8\times0.3=2.4W$

大功率肖特基二极管 $P=IU=8\times0.55=4.4W$

普通整流二极管 $P=IU=8\times(0.7\sim0.9)=5.6\sim7.2W$

由此可见，尽管二极管导通的正向压降最大只差 0.6V，但功耗可差了 4～5W。

③ 接线盒旁路二极管结点温度对电池组件可靠性的影响。旁路二极管的结点温度越高，说明二极管的工作温度越高，其安全性、可靠性越好。因此，在选用接线盒时，要选用结点温度高的二极管产品。

④ 接线盒的散热性对电池组件的影响。前面已经说过温度对电池片转换效率的影响，因此在选择接线盒时，不但要求接线盒内的二极管热阻系数要小，而且还要选择散热性好的接线盒。目前，有些厂家已经开发出了铝合金接线盒、集成汇流带式接线盒等，其散热性较好。特别是集成汇流带式接线盒，由于采用印制电路板结构，电路板的线路铜箔导热性非常好，很容易散发热量，且在安装时不和电池片重叠，热量不容易传递到电池片上，使热量对电池组件的影响减少到最小。电池组件接线盒中常用的旁路二极管性能参数见表 2-7。

表 2-7 电池组件接线盒常用旁路二极管性能参数

型号	类别	最大工作电流	反向峰值击穿电压	正向压降	反向漏电流	结点温度
SB350	肖特基	3A	50V	0.7V	＜0.5mA	−50～175℃
SB360	肖特基	3A	60V	0.7V	＜0.5mA	−50～175℃
SB390	肖特基	3A	90V	0.79V	＜0.5mA	−50～175℃
SB3100	肖特基	3A	100V	0.79V	＜0.5mA	−50～175℃
SB550	肖特基	5A	50V	0.67V	＜0.5mA	−50～175℃
SB5100	肖特基	5A	100V	0.79V	＜0.6mA	−50～175℃
SB850	肖特基	8A	50V	0.68V	＜0.5mA	−50～175℃
SB8100	肖特基	8A	100V	0.83V	＜0.5mA	−50～175℃
SB1250	肖特基	12A	50V	0.68V	＜0.5mA	−50～200℃
SB12100	肖特基	12A	100V	0.83V	＜0.5mA	−50～200℃
SB1550	肖特基	15A	50V	0.68V	＜0.5mA	−50～200℃
SB15100	肖特基	15A	100V	0.83V	＜0.5mA	−50～200℃
SBX2050	肖特基	20A	50V	0.72V	＜0.5mA	−50～200℃
SBX20100	肖特基	20A	100V	0.87V	＜0.5mA	−50～200℃
SBX2550	肖特基	25A	50V	0.68V	＜0.5mA	−50～200℃
SBX25100	肖特基	25A	100V	0.83V	＜0.5mA	−50～200℃
SBX30100	肖特基	30A	100V	0.83V	＜0.5mA	−50～200℃
80SQ05	肖特基	8A	50V	0.55V	＜0.5mA	−50～200℃
10SQ050	肖特基	10A	50V	0.7V	＜0.5mA	−55～200℃
12SQ045	肖特基	12A	45V	0.55V	＜0.5mA	−65～175℃
SBT1060	肖特基	10A	60V	0.7V	＜0.3mA	−50～200℃
SBT10100	肖特基	10A	100V	0.85V	＜0.3mA	−50～200℃

续表

型号	类别	最大工作电流	反向峰值击穿电压	正向压降	反向漏电流	结点温度
SBT1840	肖特基	18A	40V	0.58V	< 0.5mA	–50～200℃
SBJ1845	肖特基	18A	45V	0.58V	< 0.5mA	–50～200℃
F1200D	整流	12A	200V	0.82V	< 25uA	–50～200℃
10A10	整流	10A	1000V	0.9V	< 10uA	–55～175℃

7. 互连条

互连条也叫涂锡铜带、涂锡带，宽一些的互连条也叫汇流条，外形如图2-27所示。它是电池组件中电池片与电池片连接的专用引线。它以纯铜铜带为基础，在铜带表面均匀的涂镀了一层焊锡。纯铜铜带是含铜量99.99%的无氧铜或紫铜，焊锡涂层成分分为含铅焊锡和无铅焊锡两种，焊锡单面涂层厚度为0.01～0.05mm，熔点为160～230℃，要求涂层均匀，表面光亮、平整。互连条的规格根据其宽度和厚度的不同有20多种，宽度可从0.08mm到30mm，厚度可从0.04mm到0.8mm。

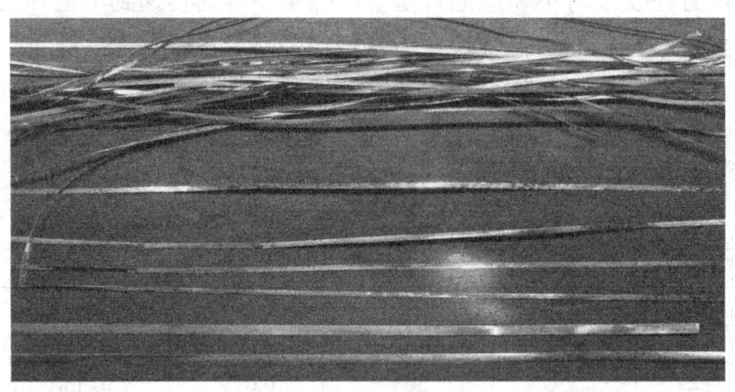

图2-27　互连条外形图

8. 有机硅胶

有机硅胶是一种具有特殊结构的密封胶材料，具有较好的耐老化、耐高低温、耐紫外线性能，抗氧化、抗冲击、防污防水、高绝缘；主要用于电池组件边框的密封，接线盒与电池组件的粘接密封，接线盒的浇注与灌封等。有机硅胶固化后将形成高强度的弹性橡胶体，在外力的作用下具有变形的能力，外力去除后又恢复原来的形状。因此，电池组件采用有机硅胶密封，将兼具有密封、缓冲和防护的功能。

一般用于电池组件的有机硅胶有两种，一种是用于组件与铝型材边框及接线盒粘接密封的中性单组分有机硅密封胶，它的主要性能特点：①室温中性固化，深层固化速度快，使组件的表面清洗清洁工作可以在3小时后进行；②密封性好，对铝材、玻璃、TPT、TPE背板材料、接线盒塑料等有良好的粘附性；③胶体耐高温、耐黄变，独特的固化体系，与各类EVA有良好的相容性。④可提高组件抗机械震动和外力冲击的能力。

另一种是用于接线盒灌封的双组分有机硅导热胶。这种硅胶是以有机硅合成的新型导热绝缘材料，其主要性能特点：①室温固化，固化速度快，固化时不发热、无腐蚀、收缩率

小；②可在很宽的温度范围（–60～200℃）内保持橡胶弹性，电性能优异，导热性能好；③防水防潮，耐化学介质，耐黄变，耐气候老化 25 年以上；④与大部分塑料、橡胶、尼龙等材料粘附性良好。常见的有机硅胶如图 2-28 所示。

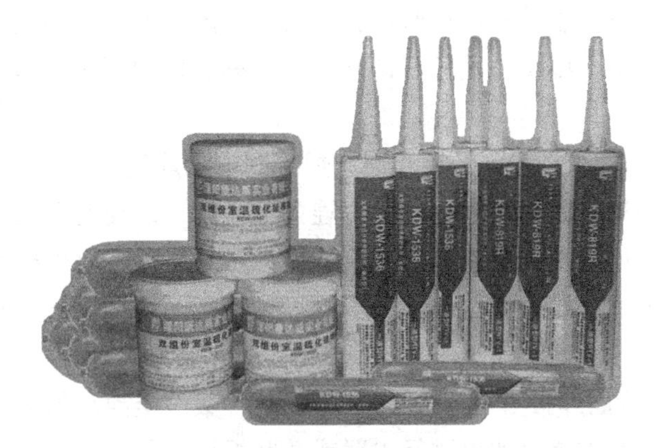

图2-28 常用有机硅胶外形图

2.3.2 电池组件生产流程和工序

晶体硅电池组件的生产过程主要是将单片电池片进行串、并互连后严密封装，以保护电池片表面、电极和互连线等不受到腐蚀，另外封装也避免了电池片的碎裂。因此电池组件的生产过程，其实也就是电池片的焊接和封装过程，电池片焊接和封装质量的好坏决定了电池组件的使用寿命。没有良好的生产工艺，多好的电池也生产不出好的电池组件。

1. 工艺流程

（1）手工生产线工艺流程

电池片测试分选→激光划片（整片使用时无此步骤）→电池片单焊（正面焊接）并自检验→电池片串焊（背面串接）并自检验→中检测试→叠层敷设（玻璃清洗、材料下料切割、敷设）→层压（层压前灯检、层压后削边、清洗）→终检测试→装边框（涂胶、装镶嵌角铝、装边框、撞角或螺丝固定、边框打孔或冲孔、擦洗余胶）→装接线盒、焊接引线→高压测试→清洗、贴标签→组件抽检测试→组件外观检验→包装入库。

（2）全自动化生产线工艺流程

自动串焊机→自动裁切铺设机→自动摆串机→人工焊汇流条→EL 检测→外观检查→自动层压机→自动修边机→外观检查→自动组框机→安装接线盒→自动固化线→外观清洗→自动绝缘测试→自动 IU 测试→EL 检测→产品外观检查→自动分档→自动化包装。

2. 手工生产线工序简介

（1）电池片测试分选：由于电池片制作条件的随机性，生产出来的电池性能参数不尽相同，为了有效的将性能一致或相近的电池片组合在一起，所以应根据其性能参数进行分类。电池片测试即通过测试电池片的输出电流、电压和功率等的大小对其进行分类，以提高电池的利用率，做出质量合格的电池组件。分选电池片的设备叫电池片分选仪，自动化生产时使用电池片自动分选设备。除了对电池片性能参数进行分选外，还要对电池片的外观进行分选，重点是色差和栅线尺寸等。

（2）激光划片：就是用激光划片机将整片的电池片根据需要切割成组件所需要规格尺寸的电池片。例如在制作一些小功率组件时，就要将整片的电池片切割成四等分、六等分、九等分等。在电池片切割前，要事先设计好切割线路，编好切割程序，尽量利用边角料，以提高电池片的利用率。

（3）电池片单焊（正面焊接）：是将互连条焊接到电池片正面（负极）的主栅线上。要求焊接平直，牢固，用手沿 45° 左右方向轻提互连条不脱落，过高的焊接温度和过长的时间会导致低的撕拉强度或电池碎裂。手工焊接时一般用恒温电烙铁，大规模生产时使用自动焊接机。焊带的长度约为电池片边长的 2 倍。多出的焊带在背面焊接时与后面电池片的背面电极相连。

（4）电池片串焊（背面焊接）：背面焊接是将规定片数的电池片串接在一起形成一个电池串，然后用汇流条再将若干个电池串进行串联或并联焊接，最后汇合成电池组件并引出正负极引线。手工焊接时电池片的定位主要靠模具板，模具板上面有 9～12 个放置电池片的凹槽，槽的大小和电池的大小相对应，槽的位置已经设计好，不同规格的组件使用不同的模板，操作者使用电烙铁和焊锡丝将“前面电池”的正面电极（负极）焊接到“后面电池”的背面电极（正极）上。使用模具板保证了电池片间间距的一致。同时要求每串的电池片间距均匀，颜色一致。

（5）中检测试：简称中测。是将串焊好的电池片放在组件测试仪上进行检测，看测试结果符合不符合设计要求，通过中测可以发现电池片的虚焊及电池片本身的隐裂等。经过检测合格后可进行下一工序。标准测试条件：AM1.5，组件温度 25℃，辐照度 1000W/m^2。测试结果有以下一些参数：开路电压，短路电流，工作电压，工作电流，最大功率等。

（6）叠层敷设：是将背面串接好且经过检测合格的组件串，与玻璃和裁制切割好的 EVA、TPT 背板按照一定的层次敷设好，准备层压。玻璃事先要进行清洗，EVA 和 TPT 要根据所需要的尺寸（一般是比玻璃尺寸大 10mm）提前下料裁制。敷设时要保证电池串与玻璃等材料的相对位置，调整好电池串间的距离和电池串与玻璃四周边缘的距离，为层压打好基础。（敷设层次：由下向上：玻璃、EVA、电池、EVA、TPT 背板。）

（7）组件层压：将敷设好的电池组件放入层压机内，通过抽真空将组件内的空气抽出，然后加热使 EVA 熔化并加压使熔化的 EVA 流动充满玻璃、电池片和 TPT 背板膜之间的间隙，同时排出中间的气泡，将电池、玻璃和背板紧密黏合在一起，最后降温固化取出组件。层压工艺是组件生产的关键一步，层压温度和层压时间要根据 EVA 的性质决定。层压时 EVA 熔化后由于压力而向外延伸固化形成毛边，所以层压完毕应用快刀将其切除。要求层压好的组件内单片无碎裂、无裂纹、无明显移位，不能在组件的边缘和任何一部分电路之间形成连续的气泡或脱层通道。

（8）终检测试：简称终测。是将层压出的电池组件放在组件测试仪上进行检测，通过测试结果看组件经过层压之后性能参数有无变化或组件中是否发生开路或短路故障等。同时还要进行外观检测，看电池片是否有移位、裂纹等情况，组件内是否有斑点、碎渣等。经过检测合格后可进入装边框工序。

（9）装边框：就是给玻璃组件装铝合金边框，增加组件的强度，进一步的密封电池组件，延长电池的使用寿命。边框和玻璃组件的缝隙用硅胶填充。各边框间用角铝镶嵌连接或螺栓固定连接。手工装边框一般用撞角机。自动装边框时用自动组框机。

（10）安装接线盒：接线盒一般都安装在组件背面的出引线处，用硅胶粘接。并将电池组件引出的汇流条正负极引线用焊锡与接线盒中相应的引线柱焊接。有些接线盒将汇流条插入接线盒中的弹性插件卡子里进行连接。安装接线盒要注意安装端正，接线盒与边框的距离统一。旁路二极管也直接安装在接线盒中。

（11）高压测试：高压测试是指在组件边框和电极引线间施加一定的电压，测试组件的耐压性和绝缘强度，以保证组件在恶劣的自然条件（雷击等）下不被损坏。测试方法是将组件引出线短路后接到高压测试仪的正极，将组件暴露的金属部分接到高压测试仪的负极，以不大于 500V/s 的速率加压，直到 1000V+2 倍开路电压，维持 1min；如果开路电压小于 50V，则所加电压为 500V。

（12）清洗、贴标签：用 95%的无水乙醇将组件的玻璃表面、铝边框和 TPT 背板表面的 EVA 胶痕、污物、残留的硅胶等清洗干净。然后在背板接线盒下方贴上组件出厂标签。

（13）组件抽检测试及外观检验：组件抽查测试的目的是对电池组件按照质量管理的要求进行产品抽查检验，以保证组件 100%合格。在抽查和包装入库的同时，还要对每一块电池组件进行一次外观检验，其主要内容如下。

① 检查标签的内容与实际板形相符；

② 电池片外观色差明显；

③ 电池片片与片之间、行与行之间间距不一，横、竖间距不成 90°角；

④ 焊带表面没有做到平整、光亮、无堆积、无毛刺；

⑤ 电池板内部有细碎杂物；

⑥ 电池片有缺角或裂纹；

⑦ 电池片行或列与外框边缘不平行，电池片与边框间距不相等；

⑧ 接线盒位置不统一或因密封胶未干造成移位或脱落；

⑨ 接线盒内引线焊接不牢固、不圆滑或有毛刺；

⑩ 电池板输出正负极与接线盒标示不相符；

⑪ 铝材外框角度及尺寸不正确造成边框接缝过大；

⑫ 铝边框四角未打磨造成有毛刺；

⑬ 外观清洗不干净；

⑭ 包装箱不规范。

（14）包装入库：将清洗干净、检测合格的电池组件按规定数量装入纸箱。纸箱两侧要各垫一层材质较硬的纸板，组件与组件之间也要用塑料泡沫或薄纸板隔开。

2.3.3　电池组件的性能参数

电池组件的性能主要指它的电流-电压特性，也就是电池组件的输入输出特性。将太阳的光能转换成电能的能力到底有多大，就是通过电池组件的输入输出特性体现出来的。图 2-29 所

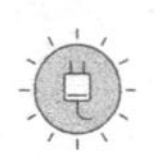

示的曲线反映了当太阳光照射到电池组件上时，电池组件的输出电压、电流及输出功率的关系，因此这条曲线也叫做电池组件的输出特性曲线。如果用 I 表示电流，用 U 表示电压，则这条曲线也可称为电池组件的 I-U 特性曲线。在电池组件的 I-U 特性曲线上有三个具有重要意义的点，即峰值功率、开路电压和短路电流。

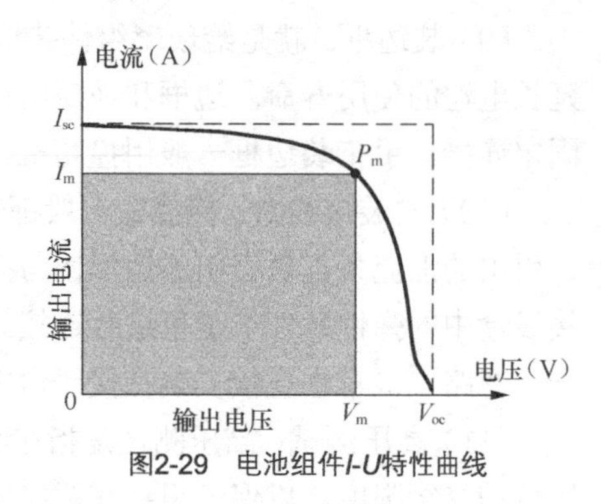

图2-29 电池组件I-U特性曲线

1. 电池组件的主要性能参数

电池组件的性能参数主要有：短路电流、开路电压、峰值电流、峰值电压、峰值功率、填充因子、转换效率等。

（1）短路电流（I_{sc}）：当将电池组件的正负极短路，使 $U=0$ 时，此时的电流就是电池组件的短路电流，短路电流的单位是 A（安培），短路电流随着光强的变化而变化。

（2）开路电压（U_{oc}）：当电池组件的正负极不接负载时，组件正负极间的电压就是开路电压，开路电压的单位是 V（伏特），电池组件的开路电压随电池片串联数量的增减而变化，一般 36 片电池片串联的组件开路电压为 21V 左右。

（3）峰值电流（I_m）：峰值电流也叫最大工作电流或最佳工作电流。峰值电流是指电池组件输出最大功率时的工作电流，峰值电流的单位是 A（安培）。

（4）峰值电压（U_m）：峰值电压也叫最大工作电压或最佳工作电压。峰值电压是指太阳能电池片输出最大功率时的工作电压，峰值电压的单位是 V。组件的峰值电压随电池片串联数量的增减而变化，一般 36 片电池片串联的组件峰值电压为 17～17.5V。

（5）峰值功率（P_m）：峰值功率也叫最大输出功率或最佳输出功率。峰值功率是指电池组件在正常工作或测试条件下的最大输出功率，也就是峰值电流与峰值电压的乘积：$P_m=I_m\times U_m$。峰值功率的单位是 Wp（峰瓦）。电池组件的峰值功率取决于太阳辐照度、太阳光谱分布和组件的工作温度，因此电池组件的测量要在标准条件下进行，测量标准为欧洲委员会的 101 号标准，其条件是：辐照度，1000W/m^2；光谱 AM1.5；测试温度 25℃。

（6）填充因子（FF）：填充因子也叫曲线因子，是指电池组件的最大功率与开路电压和短路电流乘积的比值：$FF=P_m/I_{sc}\times U_{oc}$。填充因子是评价电池组件所用电池片输出特性好坏的一个重要参数，它的值越高，表明所用太阳电池片输出特性越趋于矩形，电池的光电转换效率越高。电池组件的填充因子系数一般在 0.5～0.8，也可以用百分数表示。

（7）转换效率（η）：转换效率是指电池组件受光照时的最大输出功率与照射到组件上的太阳能量功率的比值。即：

$\eta=P_m$（电池组件的峰值功率）/A（电池组件的有效面积）$\times P_{in}$（单位面积的入射光功率），其中 $P_{in}=1000\text{W/m}^2=100\text{mW/cm}^2$。

2. 影响电池组件输出特性的主要因素

（1）负载阻抗：当负载阻抗与电池组件的输出特性（I-U 曲线）匹配得好时，电池组件就可以输出最高功率，产生最大的效率。当负载阻抗较大或者因为某种因素增大时，电池组

件将运行在高于最大功率点的电压上，这时组件效率和输出电流都会减少。当负载阻抗较小或者因为某种因素变小时，电池组件的输出电流将增大，电池组件将运行在低于最大功率点的电压上，组件的运行效率同样会降低。

（2）日照强度：电池组件的输出功率与太阳辐射强度成正比，日照增强时组件输出功率也随之增强。日照强度的变化对组件 *I-U* 曲线的影响如图 2-30 所示。从图中可以看出，当环境温度相同且 *I-U* 曲线的形状保持一致时，随着日照强度的变化，电池组件的输出电压变化不大，但输出电流上升很大，最大功率点也随同上升。

（3）组件温度：电池组件的温度越高时，组件的工作效率越低。随着组件温度上升，工作电压将下降，最大功率点也随着下降。环境温度每升高 1℃，电池组件中每片电池片的输出电压将下降 5mV 左右，整个电池组件的输出电压将下降 0.18V 左右（36 片）或 0.36V 左右（72 片）。组件温度变化与输出电压的关系曲线如图 2-31 所示。

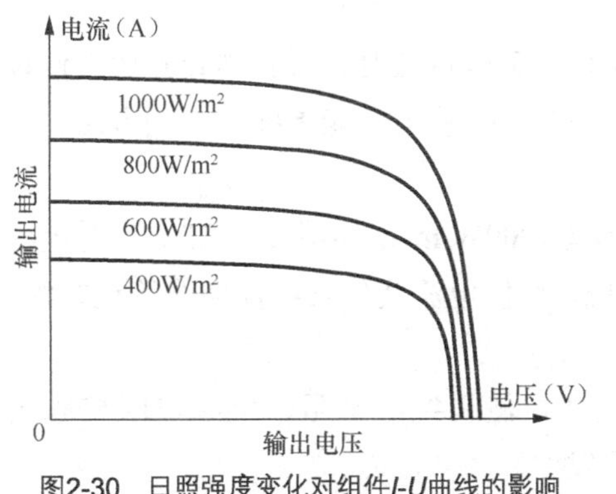

图2-30　日照强度变化对组件*I-U*曲线的影响

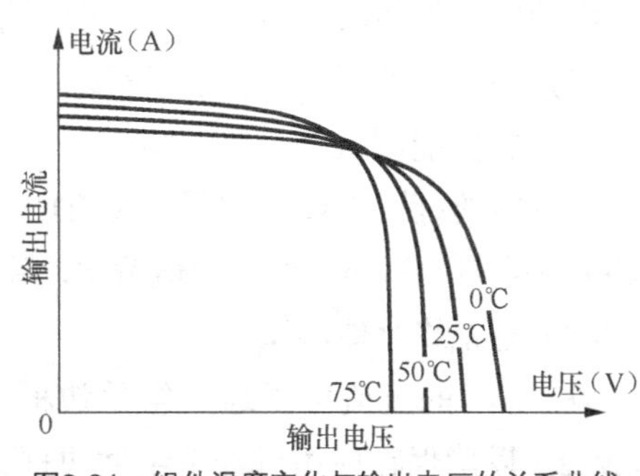

图2-31　组件温度变化与输出电压的关系曲线

（4）热斑效应：在电池组件或方阵中，如有阴影（如树叶、鸟粪、污物等）对电池组件的某一部分发生遮挡，或电池组件内部某一电池片损坏时，局部被遮挡或损坏的电池片就要由未被遮挡的电池提供其所需要的功率，而被遮挡或损坏的电池片在组件中相当于一个反向工作的二极管，其电阻和电压降都很大，不仅消耗功率还产生高温发热，这种现象就叫热斑效应。在高电压大电流的电池方阵中，热斑效应能够造成电池片碎裂、焊带脱落、封装材料烧坏甚至引起火灾。

2.3.4　电池组件的技术要求和检验测试

1．电池组件的技术要求

合格的电池组件应该达到一定的技术要求，相关部门制定了电池组件的国家标准和行业标准。下面是层压封装型晶体硅电池组件的一些基本技术要求。

（1）电池组件在规定工作环境下，使用寿命应大于 25 年。

（2）组件功率衰降在 25 年寿命期内不得低于原功率的 80%。

（3）组件的电池上表面颜色应均匀一致，无机械损伤，焊点及互连条表面无氧化斑。

（4）组件的每片电池与互连条应排列整齐，组件的框架应整洁无腐蚀斑点。

（5）组件的封装层中不允许气泡或脱层在某一片电池与组件边缘形成一个通路，气泡或脱层的几何尺寸和个数应符合相应的产品详细规范规定。

（6）组件的面积比功率大于65W/m^2，质量比功率大于4.5W/kg，填充因子FF大于0.65。

（7）组件在正常条件下的绝缘电阻不得低于200MΩ。

（8）组件EVA的交联度应大于65%，EVA与玻璃的剥离强度大于30N/cm，EVA与组件背板材料的剥离强度大于15N/cm。

（9）每块组件都要有包括如下内容的标签。

① 产品名称与型号；

② 主要性能参数：包括短路电流 I_{sc}，开路电压 U_{oc}，峰值工作电流 I_m，峰值工作电压 U_m，峰值功率 P_m 以及 I-U 曲线图，组件重量，测试条件，使用注意事项等；

③ 制造厂名、生产日期、品牌商标等。

2. 电池组件的检验测试

电池组件的各项性能测试，一般都是按照GB/T9535-1998《地面用晶体硅光伏组件设计鉴定与定型》中的要求和方法进行。下面是电池组件的一些基本性能指标与检测方法。

（1）电性能测试

在规定的标准测试条件下（AM:1.5；光强辐照度1000W/m^2；环境温度25℃）对电池组件的开路电压、短路电流、峰值输出功率、峰值电压、峰值电流及伏安特性曲线等进行测量。

（2）电绝缘性能测试

以1kV的直流电压通过组件边框与组件引出线，测量绝缘电阻，绝缘电阻要求大于200MΩ，以确保在应用过程中组件边框无漏电现象发生。

（3）热循环实验

将组件放置于有自动温度控制、内部空气循环的气候室内，使组件在40～85℃循环规定的次数，并在极端温度下保持规定时间，监测实验过程中可能产生的短路和断路、外观缺陷、电性能衰减率、绝缘电阻等，以确定组件与温度重复变化有关的热应变能力。

（4）湿热-湿冷实验

将组件放置于有自动温度控制、内部空气循环的气候室内，使组件在一定温度和湿度条件下往复循环，保持一定恢复时间，监测实验过程中可能产生的短路和断路、外观缺陷、电性能衰减率、绝缘电阻等，以确定组件承受高温高湿和低温低湿的能力。

（5）机械载荷实验

在组件表面逐渐加载，监测实验过程中可能产生的短路和断路、外观缺陷、电性能衰减率、绝缘电阻等，以确定组件承受风雪、冰雹等静态载荷的能力。

（6）冰雹实验

以钢球代替冰雹从不同角度以一定动量撞击组件，检测组件产生的外观缺陷、电性能衰减率，以确定组件抗冰雹撞击的能力。

（7）老化实验

老化实验用于检测电池组件暴露在高湿和高紫外线辐照场地时具有的有效抗衰减能力。将组件样品放在温度65℃，光谱约6.5的紫外太阳光下辐照，最后检测光电特性，看其下降损失。值得一提的是，在曝晒老化实验中，电性能下降是不规则的。

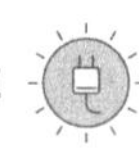

2.3.5　电池组件的选型

电池组件是光伏发电系统最重要的组成部件，在整个系统中的成本，占到光伏发电系统建设总成本的 50%左右，而且电池组件的质量好坏，直接关系到整个光伏发电系统的质量、发电效率、发电量、使用寿命、收益率等。因此电池组件的正确选型非常重要。

1. 电池组件形状尺寸的确定

在光伏发电系统组件或方阵的设计计算中，虽然可以根据用电量或计划发电量计算出电池组件或整个方阵的总容量和功率，确定电池组件的串并联数量，但是还需要根据电池组件的具体安装位置来确定电池组件的形状及外型尺寸，以及整个方阵的整体排列等。有些异型和特殊尺寸的电池组件还需要与生产厂商定制。

例如，从尺寸和形状上讲，同一功率的电池组件可以做成长方形，也可以做成正方形或圆形、梯形等其他形状这就需要我们选择和确定。电池组件的外形和尺寸确定后，才能进行组件的组合、固定和支架、基础等内容的设计。附录 2 提供了光伏发电系统常用晶体硅光伏组件的规格尺寸和技术参数，可供选型时参考。

目前应用在屋顶和地面电站等光伏发电系统的电池组件主要有两种规格，一种是由 60 片 156mm×156mm 电池片构成的组件，外形尺寸为 1640mm×990mm 左右，目前技术水平的最大功率范围多晶组件在 260～275W，单晶组件在 270～295W；另一种是由 72 片 156mm×156mm 电池片构成的组件，外形尺寸为 1950mm×990mm 左右，目前技术水平的最大功率范围多晶组件在 310～330W，单晶组件在 325～350W。

在对这两种规格的组件进行选择时，不能错误的认为单晶组件就一定比多晶组件的效率高，或者 72 片电池片构成的组件就一定比 60 片电池片构成的组件效率高。其实同样输出功率的单晶组件和多晶组件转换效率是一样的，输出功率为 260W 的 60 片组件和输出功率 310W 的 72 片组件转换效率也是一样的。

效率相近而规格不同的组件单瓦价格也基本相同，只是选择大尺寸组件时，在组件安装费用、组件间连接线缆数量和线损上比小尺寸组件有所降低；同时，相同排列方式下大尺寸组件的支架和基础成本也会略有降低。

2. 多晶与单晶组件的选择

电池组件的正确选型对电站的发电量及稳定性都有着重要的关系，前几年大家投资光伏电站项目追求的是初期投资最低，目前大家更关心的是光伏电站发电量和长期收益的最大化。

一般来讲，多晶和单晶光伏组件的性能、价格都比较接近，差别不大。由于多晶电池组件的价格要比单晶组件稍低，从控制工程造价方面考虑，选用多晶电池组件有一定优势。多晶在生产过程中的耗能比单晶低一些，因此，采用多晶组件也相对更环保。

由于单晶电池组件的转换效率可以做到比多晶组件稍高，通常为了在有效面积安装更多容量的场合要选用单晶电池组件。另外当侧重考虑光伏发电系统的长期发电量和投资收益率时，也应该选用转换效率较高的单晶电池组件，因为单晶组件更具有度电成本的优势。

度电成本是指光伏发电项目单位上网电量所发生的综合成本，主要包括光伏项目的投资成本、运行维护成本和财务费用。根据测算，按照目前行业普遍承诺的 25 年使用年限计算，一个相同规模的电站，使用转换效率更高的单晶组件要比使用多晶组件多出 13%左右的收益。当前虽然单晶组件每瓦比多晶组件成本高出 5%左右，但单晶组件最高发电效率更高，同样的装机容量占地面积更小，连同节省的光伏支架、光伏线缆等系统周边成本，综合投入与使用多晶组件相差不多，即光伏组件以外的投资基本能抵消单晶组件 5%的成本差距，因此，从度电成本的角度看，选择单晶组件将更具优势。

2.4 光伏方阵

光伏方阵也称光伏阵列，英文用 Solar Array 或 PV Array 表示。

2.4.1 光伏方阵的组成

光伏方阵是为满足高电压、大功率的发电要求，由若干个电池组件通过串并联连接，并通过一定的机械方式固定组合在一起形成的光伏阵列结构。除电池组件的串并联组合外，光伏方阵还需要防反充（防逆流）二极管、旁路二极管、电缆等对电池组件进行电气连接，还需要配专用的、带避雷器的直流汇流箱及直流防雷配电箱等。有时为了防止鸟粪等沾污光伏方阵表面而产生“热斑效应”，还要在方阵顶端安装驱鸟器。另外整个光伏方阵还要固定在光伏支架上，因此支架要有足够的强度和刚度，整个支架要牢固的安装在支架基础上。

1. 电池组件的热斑效应

当电池组件或某一部分表面不清洁、有划伤或者被鸟粪、树叶、建筑物阴影、云层阴影覆盖或遮挡时，被覆盖或遮挡部分所获得的太阳能辐射会减少，其相应电池片的输出功率（发电量）自然随之减少，相应组件的输出功率也将随之降低。由于整个组件的输出功率与被遮挡面积不是线性关系，所以即使一个组件中只有一片电池片被覆盖，整个组件的输出功率也会大幅度降低。如果被遮挡部分只是方阵组件串的并联部分，那么问题还较为简单，只是该部分输出的发电电流将减小，如果被遮挡的是方阵组件串的串联部分，则问题较为严重，一方面会使整个组件串的输出电流减少为该被遮挡部分的电流，另一方面被遮挡的电池片不仅不能发电，还会被当作耗能器件以发热的方式消耗其他有光照的电池组件的能量，长期遮挡就会引起电池组件局部反复过热，产生热斑效应。这种效应能严重地破坏电池片及组件，可能会使组件焊点熔化、封装材料破坏，甚至会使整个组件失效。产生热斑效应的原因除了以上情况外，还有个别质量不好的电池片混入电池组件，电极焊片虚焊、电池片隐裂或破损、电池片性能变坏等。

2. 电池组件的串、并联组合

光伏方阵的连接有串联、并联和串、并联混合几种方式。当每个单体的电池组件性能一

 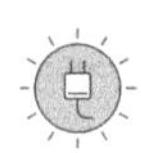

致时，多个电池组件的串联连接，可在不改变输出电流的情况下，使整个方阵输出电压成比例的增加；而组件并联连接时，则可在不改变输出电压的情况下，使整个方阵的输出电流成比例的增加；串、并联混合连接时，即可增加方阵的输出电压，又可增加方阵的输出电流。但是，组成方阵的所有电池组件性能参数不可能完全一致，所有的连接电缆、插头、插座接触电阻也不可能相同，于是各串联电池组件的工作电流受限于其中电流最小的组件，而各并联电池组件的输出电压也会被其中电压最低的电池组件钳制。因此方阵组合会产生组合连接损失，使方阵的总效率总是低于所有单个组件的效率之和。组合连接损失的大小取决于电池组件性能参数的离散性，因此除了应在电池组件的生产工艺过程中尽量提高电池组件性能参数的一致性外，还可以对电池组件进行测试、筛选、组合，把特性相近的电池组件组合在一起。例如，串联组合的各组件工作电流要尽量相近，每串与每串的总工作电压也要考虑搭配的尽量相近，最大幅度的减少组合连接损失。因此，方阵组合连接要遵循下列几条原则。

（1）串联时需要工作电流相同的组件，并为每块组件接线盒内并接若干个旁路二极管。

（2）并联时需要工作电压相同的组件，并在每一条并联线路中串联防逆流二极管。

（3）尽量使组件连接线路最短，并用符合载流量的导线。

（4）严格防止个别性能变坏的电池组件混入光伏方阵。

3. 防逆流（防反充）和旁路二极管

在光伏方阵中，二极管是很重要的元件，常用的二极管是硅整流二极管（部分二极管的性能参数可参看表 2-7），在选用时要注意其规格参数应留有余量，防止击穿损坏。一般反向峰值击穿电压和最大工作电流都要取最大运行工作电压和工作电流的 2 倍以上。二极管在太阳能光伏发电系统中主要分为两类。

（1）防逆流（防反充）二极管

防逆流二极管的作用之一是当电池组件或方阵不发电时，防止离网系统中蓄电池的电流反过来向组件或方阵倒送，这样不仅消耗能量，而且会使组件或方阵发热甚至损坏。作用之二是在光伏方阵中，防止方阵各支路之间的电流倒送。因为串联各支路的输出电压不可能绝对相等，各支路电压总有高低之差，或者某一支路因为故障、阴影遮蔽等使输出电压降低，高电压支路的电流就会流向低电压支路，严重时会使方阵总体输出电压降低。在各支路中串联接入防逆流二极管可以避免这一现象的发生。

在离网光伏发电系统中，一般光伏控制器的电路上已经接入了防反充二极管，即控制器带有防反充功能时，组件输出就不需要再接二极管。同理，在并网光伏发电系统中，一般直流汇流箱或逆变器输入电路中也都接入了防逆流二极管，组件输出也就不需要再接二极管。

（2）旁路二极管

当有较多的电池组件串联组成光伏方阵或光伏方阵的一个支路时，需要在每块电池板的正负极输出端反向并联 1 个（或 2、3 个）二极管，这个并联在组件两端的二极管就叫旁路二极管。

方阵串中的某个组件或组件中的某一部分被阴影遮挡或出现故障停止发电时，在该组件旁路二极管两端会形成正向偏压使二极管导通，组件串工作电流绕过故障组件，经二极管旁路流过，不影响其它正常组件的发电，同时也保护被旁路组件避免受到较高的正向偏压或由

于“热斑效应”发热而损坏。

旁路二极管一般都直接安装在组件接线盒内，根据组件功率大小和电池片串的多少，安装 1～3 个二极管，如图 2-32 所示。其中图 2-32（a）采用一个旁路二极管，当该组件被遮挡或有故障时，组件将被全部旁路；图 2-32（b）和（c）分别采用 2 个和 3 个二极管将电池组件分段旁路，则当该组件的某一部分有故障时，可以做到只旁路组件的一半或 1/3，其余部分仍然可以继续参加工作。

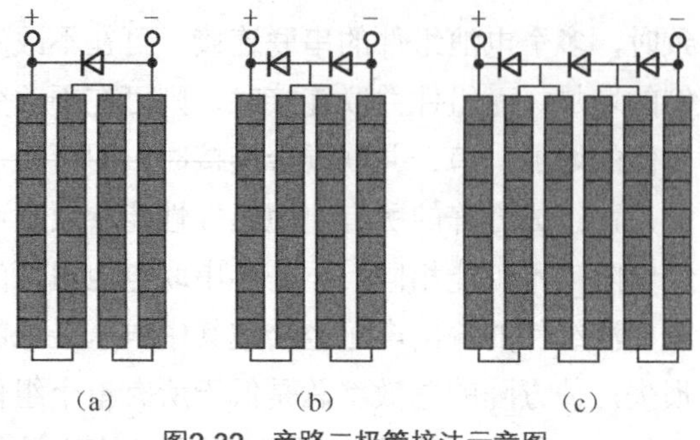

图2-32　旁路二极管接法示意图

旁路二极管也不是任何场合都需要的，当组件单独使用或并联使用时，是不需要接二极管的。对于组件串联数量不多且工作环境较好的场合，也可以考虑不用旁路二极管。

4. 光伏方阵的电路

光伏方阵的基本电路由电池组件串、旁路二极管、防反充二极管、带避雷器的直流汇流箱等构成，常见电路形式有并联方阵电路、串联方阵电路和串、并联混合方阵电路，如图 2-33 所示。

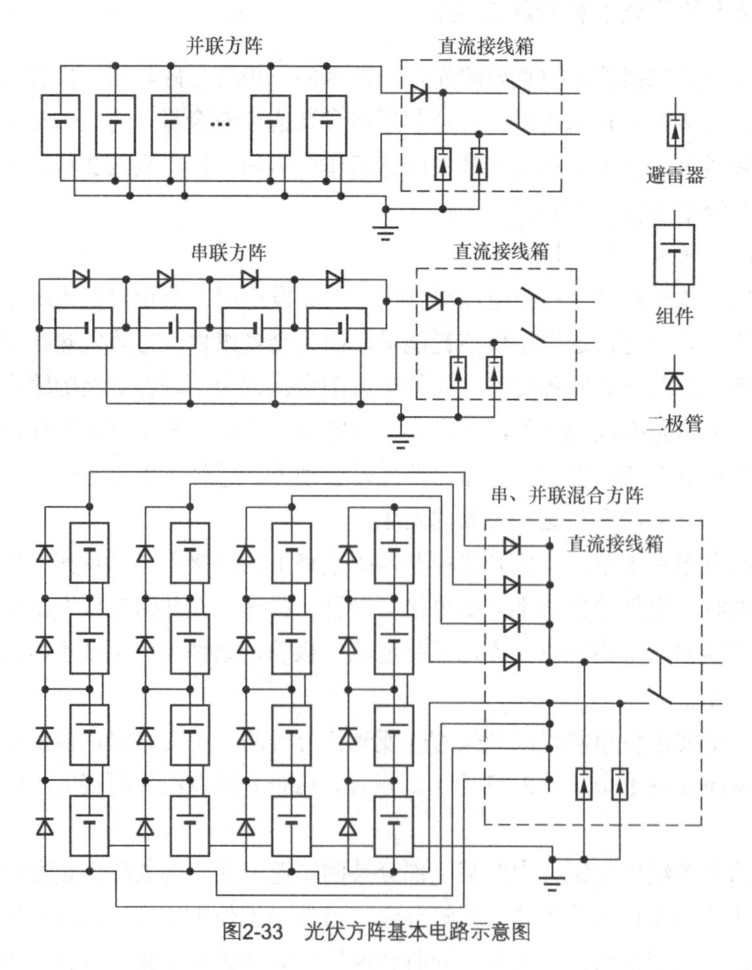

图2-33　光伏方阵基本电路示意图

5. 光伏方阵组合的能量损失

光伏方阵由若干的电池组件及成千上万的太阳电池片组合而成，这种组合不可避免地存在着各种能量损失，归纳起来大致有这样几类。

（1）连接损失：因为连接线缆的本身电阻和接插头连接不良所造成的损失。

（2）离散损失：主要是由于电池组件产品性能和衰减程度不同以及参数不一致造成的功率损失。方阵组合选用不同厂家、不同出厂日期、不同规格参数、不同牌号电池片等，都会造成光伏方阵的离散损失。

（3）串联压降损失：电池片及电池组件本身的内电阻不可能为零，即构成电池片的 PN 结有一定的内电阻，造成组件串联后的压降损失。

（4）并联电流损失：电池片及电池组件本身的反向电阻不可能为无穷大，即构成电池片的 PN 结有一定的反向漏电流，造成组件并联后的漏电流损失。

2.4.2　光伏方阵组合的计算

光伏方阵是根据负载需要将若干个组件通过串联和并联进行组合连接，得到设计需要的输出电流和电压，为负载提供电力的。方阵的输出功率与组件串、并联的数量有关，串联是为了获得所需要的工作电压，并联是为了获得所需要的工作电流。

一般离网光伏系统电压往往被设计成与蓄电池的标称电压相对应或者是它的整数倍，而且与用电器的电压等级一致，如 220V、110V、48V、36V、24V、12V 等。并网光伏发电系统，方阵的电压等级往往为 110V、220V、380V、500V 等。对电压等级更高的光伏发电系统，则采用多个方阵进行串并联，组合成与电网等级相同的电压等级，如组合成 600V、1kV 等，再通过逆变器后直接与公共电网连接，或通过升压变压器后与 35kV、110kV、220kV 等高压输变电线路连接。

方阵所需要串联的组件数量主要由系统工作电压或逆变器的额定输入电压来确定。离网系统还要考虑蓄电池的浮充电压、线路损耗、温度变化等因素。一般带蓄电池的光伏方阵的输出电压＝1.43×蓄电池组标称电压。对于不带蓄电池的光伏发电系统，在计算方阵的输出电压时一般将其额定电压提高 10%，再选定组件的串联数。

例如，离网系统中一个组件的最大输出功率为 245W，最大工作电压为 29.9V，设选用逆变器为交流三相，额定电压 380V，逆变器采取三相桥式接法，则光伏方阵的直流输出电压 $U_p=U_{ab}/0.817=380/0.817\approx465V$。再来考虑电压富裕量，光伏方阵的输出电压应增大到 1.1×465=512V，则计算出组件的串联数为 512V/29.9V≈18 块。

下面再从系统输出功率来计算电池组件的总数。现假设负载要求功率是 30kW，则组件总数为 30000W/245W≈123 块，从而计算出组件并联数为 123/18≈7，可选取并联数为 7 块。结论：该系统应选择上述功率的组件 18 串联 7 并联，组件总数为 18×7=126 块，系统输出最大功率为 126×245W=30.87kW。

第3章 太阳能光伏控制器和逆变器

|3.1 太阳能光伏控制器|

太阳能光伏控制器是离网光伏发电系统的核心部件，是平衡系统的主要组成部分。在小型系统中，控制器主要用来保护蓄电池。在大中型系统中，控制器担负着平衡光伏系统能量、保护蓄电池及整个系统正常工作和显示系统工作状态等重要作用，控制器可以单独使用，也可以和逆变器等合为一体。常见的光伏控制器外形如图 3-1 所示。

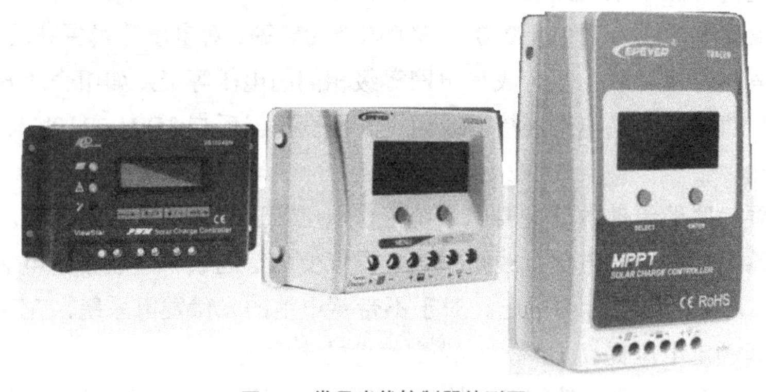

图3-1 常见光伏控制器外形图

光伏控制器应具有以下功能：①防止蓄电池过充电和过放电，延长蓄电池寿命；②防止电池组件或光伏方阵、蓄电池极性接反；③防止负载、控制器、逆变器和其他设备内部短路；④具有防雷击引起的击穿保护；⑤具有温度补偿的功能；⑥显示光伏发电系统的各种工作状态，包括蓄电池（组）电压、负载状态、光伏方阵工作状态、辅助电源状态、环境温度状态、故障报警等。

3.1.1 光伏控制器的分类及电路原理

光伏控制器按电路方式的不同分为并联型、串联型、脉宽调制型、多路控制型、两阶段

双电压控制型和最大功率跟踪型；按电池组件输入功率和负载功率的不同可分为小功率型、中功率型、大功率型及专用控制器（如草坪灯控制器）等；按放电过程控制方式的不同，可分为常规过放电控制型和剩余电量（SOC）放电全过程控制型。对于应用了微处理器电路，实现了软件编程和智能控制，并附带有自动数据采集、数据显示和远程通信功能的控制器，称之为智能控制器。常用光伏控制器的类型和技术特点如表 3-1 所示。

表 3-1　常用光伏控制器的类型和技术特点

控制器类型	技术特点	应用场合
小型充电控制器	• 两点式（过充和过放）控制，也有充电过程采用 PWM 控制技术 • 继电器或 MOSFET 作为开关器件 • 防反充电 • 有过充电和过放电 LED 指示 • 一般不带温度补偿功能	主要用于太阳能户用电源系统（500W 以下）
多路充电控制器	• 可接入 2～8 路太阳电池，充满时逐路断开，电流渐小 • 一点式过放电控制 • 继电器、MOSFET、IGBT、晶闸管等作为开关器件 • 防反充电 • LED 和仪表指示 • 普通型的没有温度补偿功能	用于中小型的光伏发电系统和光伏电站（500W 以上）
智能控制器	• 采用单片机控制 • 充满控制采用多路控制或 PWM 控制方式 • 一点式过放电控制 • 继电器、MOSFET、IGBT、晶闸管等作为开关器件 • 防反充电 • LED 和数字仪表指示 • 有温度补偿功能 • 有数据采集和存储功能 • 有远程通信和控制功能 • 有交流市电互补功能	用于较大型的光伏发电系统和光伏电站

根据光伏系统的不同，虽然控制器控制电路的复杂程度有所差异，但其基本原理是一样的。图 3-2 是最基本的光伏控制器电路的原理框图。该电路由电池组件、控制器、蓄电池和负载组成。开关 1 和开关 2 分别为充电控制开关和放电控制开关。开关 1 闭合时，由电池组件通过控制器给蓄电池充电；当蓄电池出现过充电时，开关 1 能及时切断充电回路，使光伏组件停止向蓄电池供电；开关 1 还能按预先设定的保护模式自动恢复对蓄电池的充电。当开关 2 闭合时，由蓄电池给负载供电；当蓄电池出现过放电时，开关 2 能及时切断放电回路，蓄电池停止向负载供电；当蓄电池再次充电并达到预先设定的恢复充电点时，开关 2 又能自动恢复供电。开关 1 和开关 2 可以由各种开关元件构成，如各种晶体管、可控硅、固态继电器、功率开关器件等电子式开关和普通继电器等机械式开关。下面按照电路方式的不同分别对各类常用控制器的电路原理和特点进行介绍。

1. 并联型控制器

并联型控制器也叫旁路型控制器，它利用并联在电池组件两端的机械或电子开关器件控制充电过程。当蓄电池充满电时，把电池组件的输出分流到旁路电阻器或功率模块上去，然后以热的形式消耗掉；当蓄电池电压回落到一定值时，再断开旁路恢复充电。由于这种方式消耗热能，所以一般用于小型、小功率系统。

并联控制器的电路原理如图 3-3 所示。并联型控制器电路中充电回路的开关器件 K1 并联在电池组件的输出端，控制器检测电路监控蓄电池的端电压，当充电电压超过蓄电池设定的充满断开电压值时，开关器件 K1 导通，同时防反充二极管 D1 截止，使电池组件的输出电流直接通过 K1 旁路泄放，不再对蓄电池进行充电，从而保证蓄电池不被过充电，起到防止蓄电池过充电的保护作用。

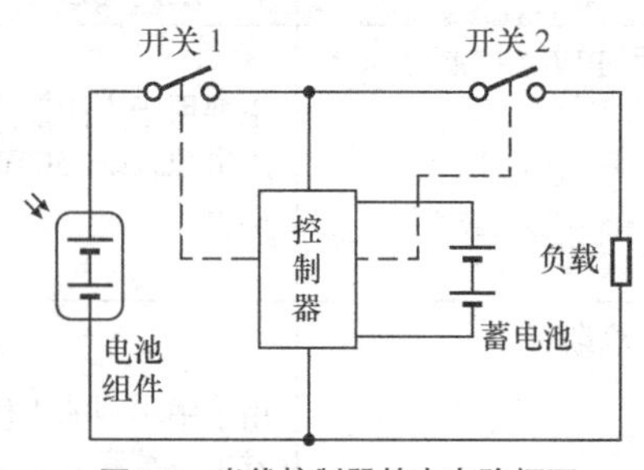

图3-2 光伏控制器基本电路框图

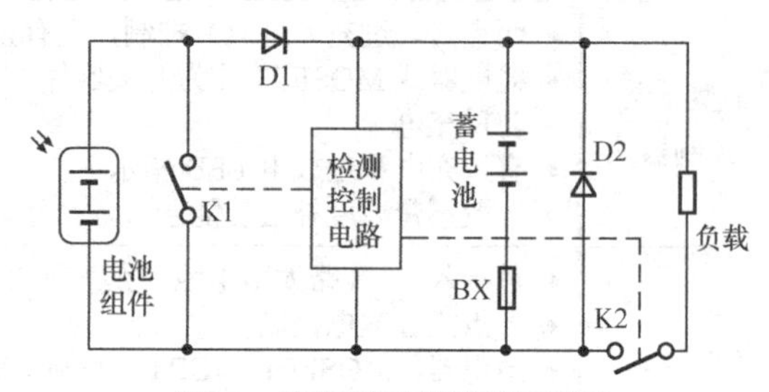

图3-3 并联型控制器电路原理图

开关器件 K2 为蓄电池放电控制开关，当蓄电池的供电电压低于蓄电池的过放保护电压值时，K2 关断，对蓄电池进行过放电保护。当负载因过载或短路使电流大于额定工作电流时，控制开关 K2 也会关断，起到输出过载或短路保护的作用。

检测控制电路随时对蓄电池的电压进行检测，当电压大于充满保护电压时，K1 导通，电路实行过充电保护；当电压小于过放电电压时，K2 关断，电路实行过放电保护。

电路中的 D2 为蓄电池反接保护二极管，当蓄电池极性接反时，D2 导通，蓄电池将通过 D2 短路放电，短路电流将保险丝熔断，电路起到防蓄电池接反保护作用。

开关器件、D1、D2 及保险丝 BX 等一般和检测控制电路共同组成控制器电路。该电路具有线路简单，价格便宜，充电回路损耗小，控制效率高的特点。当防过充电保护电路动作时，开关器件要承受电池组件或方阵输出的最大电流，所以要选用功率较大的开关器件。

2. 串联型控制器

串联型控制器是利用串联在充电回路中的机械或电子开关器件控制充电过程。当蓄电池充满电时，开关器件断开充电回路，停止为蓄电池充电；当蓄电池电压回落到一定值时，充电电路再次接通，继续为蓄电池充电。串联在回路中的开关器件还可以在夜间切断电池组件供电，取代防反充二极管。串联型控制器同样具有结构简单、价格便宜等特点，但由于控制开关是串联在充电回路中，电路的电压损失较大，使充电效率有所降低。

串联型控制器的电路原理如图 3-4 所示。它的电路结构与并联型控制器的电路结构相似，区别仅仅是将开关器件 K1 由并联在电池组件输出端改为串联在蓄电池充电回路中。控制器检测电路监控蓄电池的端电压，当充电电压超过蓄电池设定的充满断开电压值时，K1 关断，使电池组件不在对蓄电池进行充电，从而保证蓄电池不被过充电，起到防止蓄电池过充电的保护作用。其他元件的作用和并联型控制器相同，不再复述。在此对其中的检测控制电路构成与工作原理做一介绍。

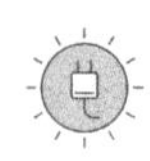

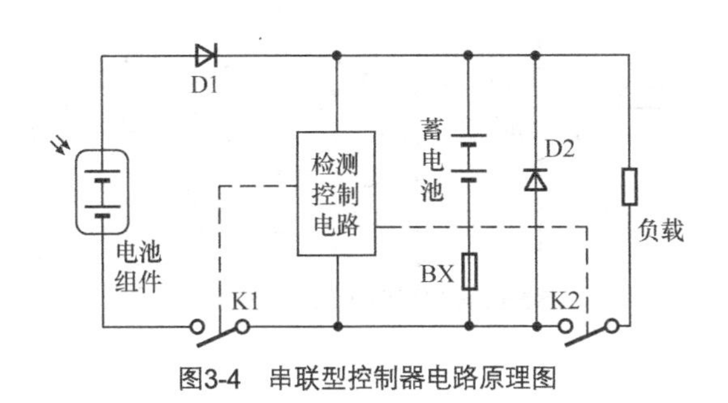

图3-4　串联型控制器电路原理图

串、并联控制器的检测控制电路实际上是蓄电池过欠电压的检测控制电路，主要是随时对蓄电池的电压进行取样检测，并根据检测结果向过充电、过放电开关器件发出接通或关断的控制信号。检测控制电路原理如图 3-5 所示。该电路包括过电压检测控制和欠电压检测控制两部分电路，由带回差控制的运算放大器组成。其中 IC1 等为过电压检测控制电路。IC1 的同相输入端输入基准电压，反相输入端接被测蓄电池。当蓄电池电压大于过充电电压值时，IC1 输出端 G1 输出为低电平，使开关器件 K1 接通（并联型控制器）或关断（串联型控制器），起到过电压保护的作用。当蓄电池电压下降到小于过充电电压值时，IC1 的反相输入电位小于同相输入电位，则其输出端 G1 又从低电平变为高电平，蓄电池恢复正常充电状态。过充电保护与恢复的门限基准电压由 W1 和 R1 配合调整确定。IC2 等构成欠电压检测控制电路，其工作原理与过电压检测控制电路相同。

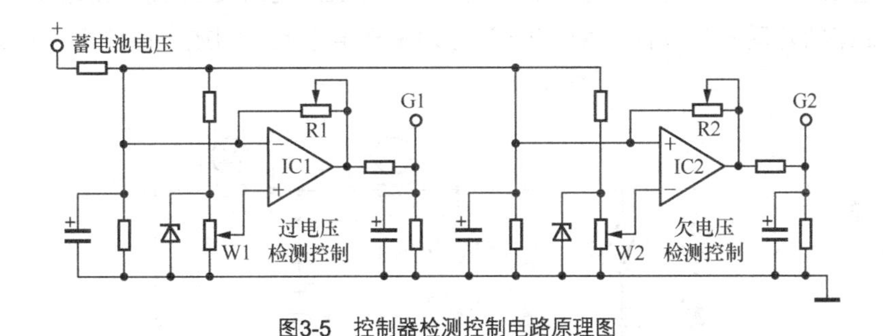

图3-5　控制器检测控制电路原理图

3. 脉宽调制型控制器

脉宽调制（PWM）型控制器电路原理如图 3-6 所示。该控制器以脉冲方式开关光伏组件的输入，当蓄电池逐渐趋向充满时，随着其端电压的逐渐升高，PWM 电路输出脉冲的频率和时间都发生变化，使开关的导通时间延长、间隔缩短，充电电流逐渐趋近于零。当蓄电池电压由充满点向下降时，充电电流又会逐渐增大。与前两种控制器电路相比，脉宽调制充电控制方式虽然没有固定的过充电电压断开点和恢复点，但是当蓄电池端电压达到过充电控制点附近时，其充电电流趋近于零。这种充电过程能形成较完整的充电状态，其平均充电电流的瞬时变化更符合蓄电池当前的充电状况，能够增加光伏系统的充电效率并延长蓄电池的总循环寿命。另外，脉宽调制型控制器还可以实现光伏系统的最大功率跟踪功能，因此可作为大功率控制器用于大型光伏发电系统中。脉宽调制型控制器的缺点是控制器的自身工作有 4%～8%的功率损耗。

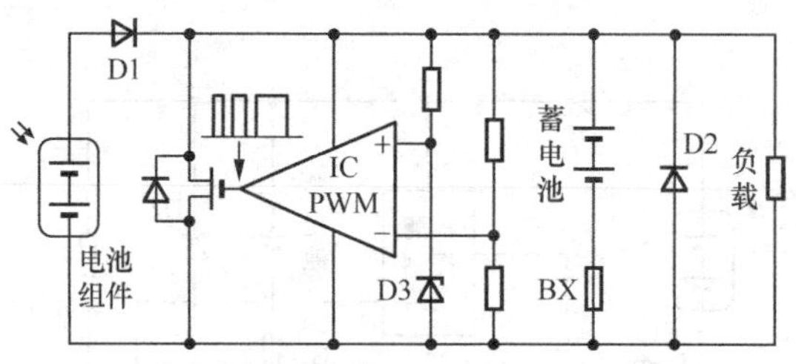

图3-6 脉宽调制（PWM）型控制器的电路原理图

4. 多路控制器

多路控制器一般用于几千瓦以上的大功率光伏发电系统，将整个光伏方阵分成多个支路接入控制器。当蓄电池充满时，控制器将光伏方阵各支路逐路断开；当蓄电池电压回落到一定值时，控制器再将光伏方阵逐路接通，实现对蓄电池组充电电压和电流的调节。这种控制方式属于增量控制法，可以近似达到脉宽调制型控制器的效果，路数越多，增幅越小，越接近线性调节。但路数越多，成本也越高，因此确定光伏方阵路数时，要综合考虑控制效果和控制器的成本。

多路控制器的电路原理如图 3-7 所示。当蓄电池充满电时，控制电路将控制机械或电子开关从 K1～K*n* 顺序断开光伏方阵各支路 Z1～Z*n*。当第一路 Z1 断开后，如果蓄电池电压已经低于设定值，则控制电路等待；直到蓄电池电压再次上升到设定值后，再断开第 2 路 Z2，再等待；如果蓄电池电压不再上升到设定值，则其他支路保持接通充电状态。当蓄电池电压低于恢复点电压时，被断开的光伏方阵支路依次顺序接通，直到天黑之前全部接通。图中 D1～D*n* 是各个支路的防反充二极管，A1 和 A2 分别是充电电流表和放电电流表，V 为蓄电池电压表。

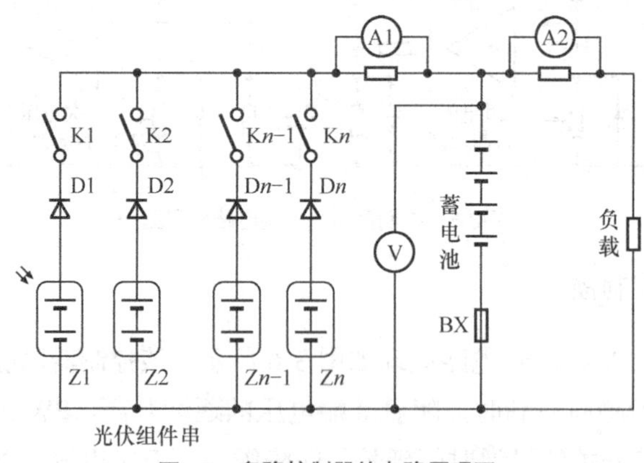

图3-7 多路控制器的电路原理图

5. 智能型控制器

智能型控制器采用 CPU 或 MCU 等微处理器对光伏发电系统的运行参数进行高速实时采集，并按照一定的控制规律由单片机内程序对单路或多路电池组件进行切断与接通的智能控制。中、大功率的智能型控制器还可通过单片机的 RS232/485 接口通过计算机控制和传输数据，并进行远距离通信和控制。

智能型控制器除了具有过充电、过放电、短路、过载、防反接等保护功能外，还能利用

蓄电池放电率，高准确性的进行放电控制。智能型控制器还具有高精度的温度补偿功能。智能型控制器的电路原理如图 3-8 所示。

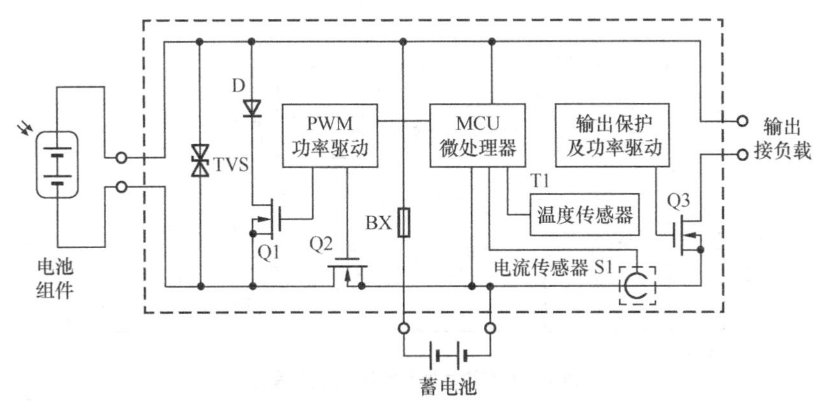

图3-8　智能型控制器的电路原理图

6. 最大功率点跟踪型控制器

最大功率点跟踪型控制器的原理是将电池组件或光伏方阵的电压和电流检测后相乘得到功率，判断电池组件或方阵此时的输出功率是否达到最大。若不在最大功率点运行，则调整脉冲宽度、调制输出占空比、改变充电电流，再次进行实时采样，并作出是否改变占空比的判断。通过这样的寻优跟踪过程，可以保证电池组件或光伏方阵始终运行在最大功率点。最大功率点跟踪型控制器可以使电池组件或光伏方阵始终保持在最大功率点状态，以充分利用电池组件或光伏方阵的输出能量。同时，采用 PWM 调制方式，使充电电流成为脉冲电流，以减少蓄电池的极化，提高充电效率。

7. 太阳能草坪灯控制电路

太阳能草坪灯具有安全、节能、环保、安装方便等特点。它主要利用太阳电池的能源为草坪灯供电。当白天太阳光照射在太阳电池上时，太阳电池将光能转变为电能并通过控制电路将电能存储在蓄电池中。天黑后，蓄电池中的电能通过控制电路为草坪灯的 LED 光源供电。第 2 天早晨天亮时，蓄电池停止为光源供电，草坪灯熄灭，太阳电池继续为蓄电池充电，周而复始、循环工作。太阳能草坪灯的控制电路是通过外界光线的强弱让草坪灯按上述方式进行工作的。下面介绍几款常用控制电路的构成和简要工作原理。

图 3-9 所示是早期的一款太阳能草坪灯控制电路。它通过光敏电阻来检测光线强弱。当有太阳光时，太阳电池产生的电能通过 D1 为蓄电池 DC 充电。光敏电阻 R2 也呈现低电阻值，使 BG2 基极为低电平而截止。当晚上无光时，太阳电池停止为蓄电池充电，D1 的设置阻止了蓄电池向太阳电池反向放电，同时，光敏电阻由低阻变为高阻值，BG2 导通，BG1 基极为低电平也导通，由 BG3、BG4、C2、R5、L 等组成的直流升压电路得电工作，LED 发光。直流升压电路实际上是一个互补振荡电路，其工作过程：当 BG1 导通时电源通过 L、R5、BG2 向 C2 充电，由于 C2 两端电压不能突变，BG3 基极为高电平，BG3 不导通，随着 C2 的充电其压降越来越高，BG3 基极电位越来越低，当低至 BG3 导通电压时 BG3 导通，BG4 随继导通，C2 通过 BG4 放电，放电完毕 BG3、BG4 再次截止，电源再次向 C2 充电，如此周而复

始，电路形成振荡。在振荡过程中，BG4 导通时电源经 L 到地，电流经 L 储能。当 BG4 截止时，L 两端产生感应电动势，和电源电压叠加后驱动 LED 发光。

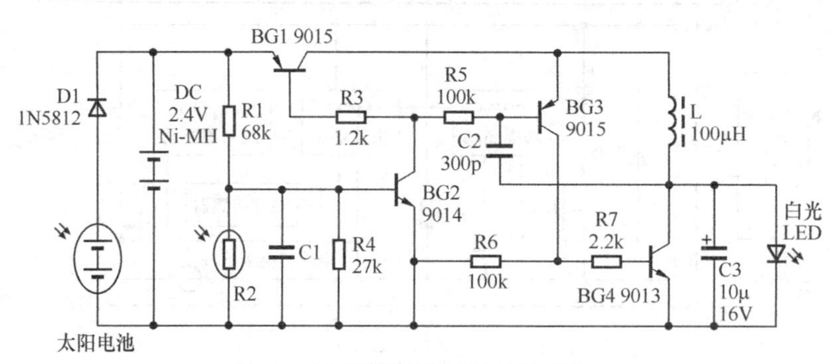

图3-9　太阳能草坪灯控制电路原理图一

为防止蓄电池过度放电，电路中增加 R4 和 BG2 构成过放保护，当蓄电池电压低至 2V 时，由于 R4 的分压，BG2 不能导通，电路停止工作，蓄电池得到保护。

当将太阳电池和蓄电池的电压提高到 3.6V 时，可简化本电路，去掉 BG3、BG4 的互补振荡升压电路，直接驱动 LED 发光。其原理类似于图 3-10 所示的电路。

图 3-10 是一个简单的太阳能草坪灯电路，该电路也可用在太阳能草皮灯及太阳能光控玩具中。与图 3-9 所示电路相比，该电路不再用光敏电阻检测光线强弱来控制电路的工作与否，而是用太阳电池兼做光线强弱的检测，因为太阳电池本身就是一个很好的光敏传感器件。当有阳光照射时，太阳电池发出的电能通过二极管 D 向蓄电池 DC 充电，同时太阳电池的电压也通过 R1 加到 BG1 的基极，使 BG1 导通，BG2、BG3 截止，LED 不发光。当黑夜来临时，太阳电池两端电压几乎为零，此时 BG1 截止，BG2、BG3 导通，蓄电池中的电压通过 K、R4 加到 LED 两端，LED 发光。在本电路中太阳电池兼做光控元件，调整 R1 的阻值，可根据光线强弱调整灯的工作控制点。该电路的不足是没有防止蓄电池过度放电的电路或元器件，当灯长时间在黑暗中时，蓄电池中的电能会基本耗尽。开关 K 是为了防止草坪灯在储存和运输当中将蓄电池的电能耗尽而设置的。

图 3-11 是一款目前运用的较多的草坪灯控制电路，BG3、BG4、L、C1 和 R5 组成互补振荡升压电路，其工作原理与图 3-9 所示电路基本相同，只是电路供电和存储采用了 1.2V 的蓄电池。BG1、BG2 组成光控制开关电路。当太阳电池上的电压低于 0.9V 时，BG1 截止，BG2 导通，BG3、BG4 等构成的升压电路工作，LED 发光。当天亮时，太阳电池电压高于 0.9V，BG1 导通，BG2 截止，BG3 同时截止，电路停止振荡，LED 不发光。调整 R2 的阻值，可调整开关灯的起控点。当蓄电池电压降到 0.7～0.8V 时，该电路将停止振荡。有些设计者认为这款电路的优点，就是蓄电池电压降到 0.7V 草坪灯还能工作。而对于 1.2V 的蓄电池来说，似乎已经有点过放电了，长期过放电必将影响蓄电池的使用寿命。因此有些厂家在图 3-11 电路的基础上，做了一点改进，如图 3-12 所示，即在 BG3 的发射极与电源正极之间串入了一个二极管 D2。由于 D2 的接入，使 BG3 进入放大区的电压叠加了 0.2V 左右，使得整个电路在蓄电池电压降到 0.9～1.0V 时停止工作。经过改进的电路蓄电池的使用寿命可以延长一倍左右。

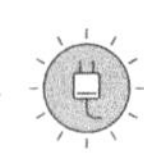

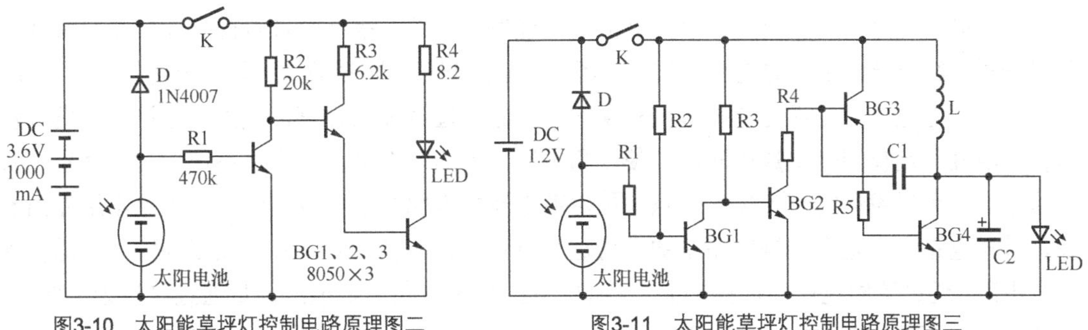

图3-10 太阳能草坪灯控制电路原理图二　　图3-11 太阳能草坪灯控制电路原理图三

图 3-13 是一款由太阳能草坪灯专用集成电路（ANA6601F）及外围元器件构成的控制电路，其内包含有充电电路、驱动电路、光敏控制电路、脉宽调制电路等。该电路具有转换效率高（80～85%）、工作电压范围宽（0.9～1.4V）、输出电流在 5～40mA 可调等优点，并具有良好的蓄电池过放电保护功能和低环境亮度开启功能。各引脚功能：引脚 1～3 为蓄电池过放电保护控制端，引脚 4 为电源地，引脚 5 为启动端，引脚 6 为电源正，引脚 7 为脉宽调节端，引脚 8 为输出端。

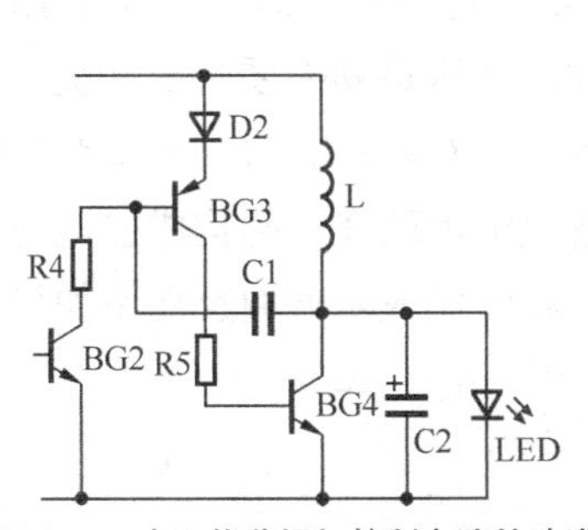

图3-12 太阳能草坪灯控制电路的改进

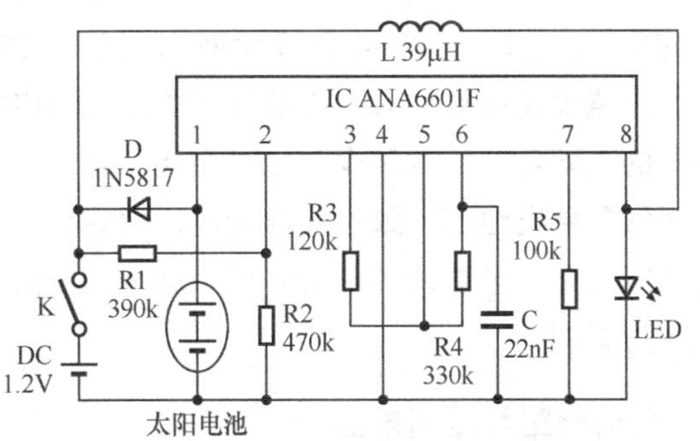

图3-13 太阳能草坪灯控制电路原理图四

图 3-14 是一款使用超级电容器储能的太阳能草坪灯电路。当环境光线强时，太阳电池经 VD1 向超级电容 C1、C2 充电，当电容两端电压达到 0.8V 后，IC1（BL8530）开始工作，升压输出 3.3V 电压，为 IC2A 及外围元器件组成的控制电路提供工作电源，控制电路开始工作。此时 IC2B 反相输入端电压较高，输出低电平，进而使 IC2A 输出低电平，VT 截止，LED 不发光。当环境光线较弱不足以为 C1、C2 充电时，VD1 阻止了 C1、C2 向太阳电池的放电，同时 IC2B 同相输入端电压较高，输出高电平，IC2A 光控电路进入工作状态，LED 点亮。LED 灯的数量可在 1～5 选择。

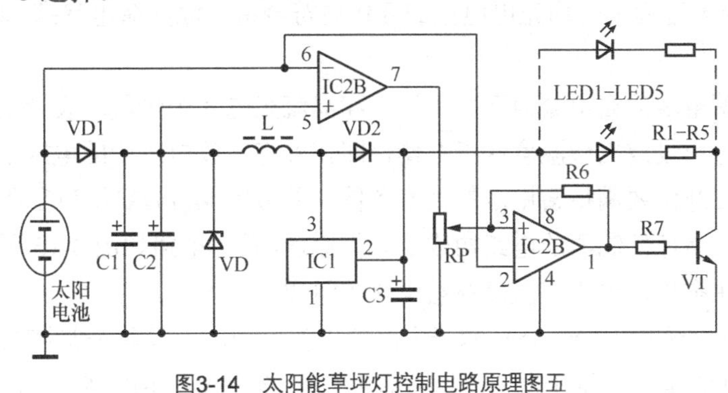

图3-14 太阳能草坪灯控制电路原理图五

太阳能草坪灯实际上就是一个独立的太阳能发电系统，因此草坪灯的控制电路与其他控制器一样，除了能控制灯的正常工作外，还应有防过充电、防过放电、防反充电等保护功能。

防止过充电功能是通过几种方法实现的。一是通过合理的计算，使太阳电池的发电容量与蓄电池容量及夜间耗电量相匹配，使太阳电池一天的发电量正好满足蓄电池的存储量，甚至将蓄电池容量设计的有意偏大一点。虽然蓄电池成本偏高了一点，但控制电路不用专门设计防过充电路。二是在控制电路中加上防过充电路，即在输入回路中串联或并联一个晶体管泄放电路，通过鉴别电压高低控制晶体管的开关，将多余的太阳电池能量通过晶体管泄放掉，保证蓄电池不被过充电。

防止过放电电路的作用是保护蓄电池不因过度放电而损坏或缩短使用寿命。特别是太阳能草坪灯电路属于小倍率放电状态，放电截止电压更不能过低。因此，只要调整电路工作的截止电压，使控制电路在蓄电池达到过放电保护点的时候停止工作，就能起到过放电保护的作用。对采用1.2V供电的电路来讲，一般把供电截止电压调到0.9～1.0V。

在图3-11和图3-13所示的电路中，为什么都采用一节1.2V蓄电池储能和供电，而不用两节或更多的电池串联供电呢？这是因为蓄电池电压低，为蓄电池充电的太阳电池电压就可以相应的降低。而每片太阳电池无论面积大小，它的工作电压都只有0.5V左右，太阳能草坪灯用的太阳电池是用多片太阳电池片串联而成的电池组件，在满足功率要求的情况下，电压越低串联的太阳电池片就越少，这对简化工艺、降低成本十分有利；其次，当多节蓄电池串联时，对每节蓄电池的一致性要求较高，性能有差异的蓄电池串联在一起构成的电池组，其充放电性能及充放电寿命等都会降低，这在系统的可靠性和降低成本方面反而不如采用一节蓄电池更为有利。

8. 太阳能路灯控制电路

理想的太阳能路灯控制器应具有下列功能：①电池组件及蓄电池反接保护；②负载过流、短路及浪涌冲击保护；③蓄电池开路保护，过充电过电压保护，过放电欠电压保护；④线路防雷保护；⑤光控、时控、降功率控制功能；⑥各种工作状态显示功能；⑦夜间防反向放电保护；⑧环境温度补偿功能等。

太阳能路灯控制电路原理框图如图3-15所示，使用单片机做控制电路可使充电过程简单而高效，并选择串联型控制电路。单片机的PWM控制系统具有光伏组件最大功率点跟踪能力，使光伏电池利用率提高。PWM控制系统还可以在蓄电池趋向充满时，降低充电脉冲的频率和时间，使充电过程中平均充电电流的变化更符合蓄电池的荷电状态，真正实现从0%～100%充电工作。

电池组件对蓄电池的充电分为直充、浮充和涓流充电3个阶段。设计电路时，必须对蓄电池的充、放电电压设定点做温度修正补偿，即使各充、放电阶段的电压设定值随温度变化而自动调整。温度补偿要满足蓄电池的技术条件，单节以–4mV/℃作为参考值。

下面介绍一款路灯控制器的电路构成及工作原理，具体电路如图3-16所示，由充电电路、放电电路、工作状态指示电路、温度补偿电路等组成。

在图3-16中，蓄电池DC是控制器电路的工作电源，也是整个路灯的供电电源；C1、C3、C4为高频滤波电容，用于滤除电池组件和负载感应或产生的高频杂波，减少对单片机

和控制系统的干扰；压敏电阻 RV1 用于吸收经电池组件和线路进入控制器的雷电浪涌电压；VT4、VD6 等元器件构成稳压电路，把蓄电池的 12V 输入电压稳定到 10V，供控制器电路工作，防止蓄电池电压变化对控制电路的影响；VT2、VD4 等构成 5V 稳压电路，为单片机及相关电路供电；稳压二极管 VD1、VD3 为 MOS 管栅极保护用元件；电阻 R1、R2、R12、R28 和二极管 VD5 等组成太阳电池组件输出电压检测电路，把电池组件输出电压的各种状态通过单片机芯片 IC1 的 3 脚输入到单片机电路，还可以通过电池组件的光敏作用对路灯进行光控开关；R19、R24、C6 等组成蓄电池电压检测电路，将蓄电池端电压的状况反映给单片机，由单片机根据蓄电池端电压的状况作出相应的充电各阶段的控制；单片机 IC 的 1 脚为正电源脚，14 脚为控制器地线，即蓄电池负极，4 脚为铅酸蓄电池和胶体蓄电池的选择功能端，通过 S1 开关的开闭选择；VT3 是控制输出的晶体管，当 VT3 导通时，MOS 输出控制晶体管 VT8 关断向负载的供电，输出保护（欠电压）指示灯 LED1 点亮。

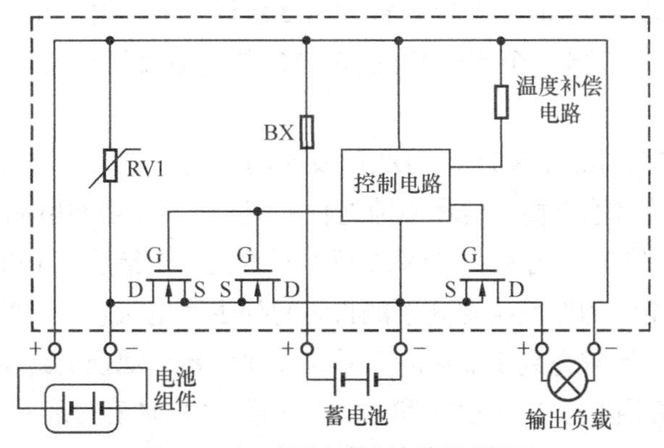

图3-15　太阳能路灯控制电路原理框图

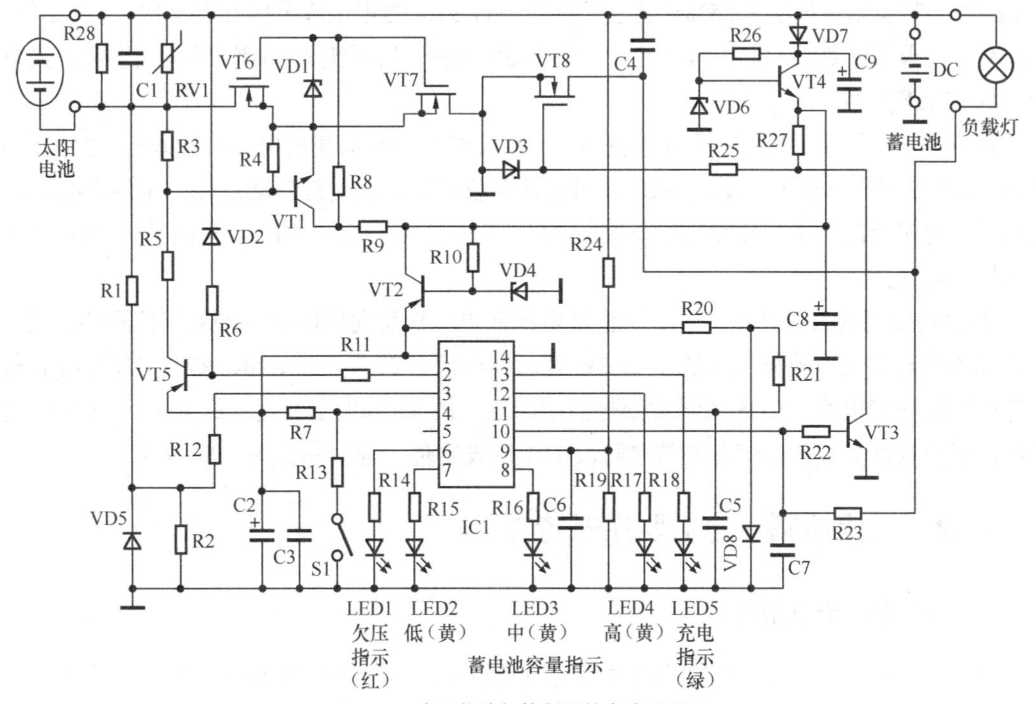

图3-16　太阳能路灯控制器的电路原理图

充电过程：当电池组件受到阳光照射时，电压信号通过IC1的3脚输入，其内部A/D输入转换电路实现对电池组件电压的采样测量和比较，当电池组件输出电压超过6V时，太阳能充电指示灯LED5点亮，启动充电程序。当蓄电池容量较低时，IC1的2脚输出高电平，VT5截止，VT1关断，VT6、VT7导通。电池组件电流从电池组件正极→蓄电池正极→蓄电池负极→VT6→VT7→电池组件负极流动，给蓄电池快速充电。随着蓄电池两端电压的不断升高，蓄电池容量指示灯LED2、LED3、LED4依次点亮，显示蓄电池的容量状况。

在充电过程中，当蓄电池端电压达到13.6V并能持续30s时，电路自动转换为PWM浮充电状态，IC1的2脚由高电平变为输出PWM信号，频率为30Hz，经VT5、VT1控制VT6、VT7的导通和截止，为蓄电池浮充电。

在蓄电池的浮充电过程中，随着蓄电池端电压的高低变化，充电电流的开通脉冲宽窄随之变化，调整着充电电流大小的变化，如此反复，经过PWM浮充电状态使蓄电池端电压达到过充电保护电压值14.6V，并能持续保持30s以上时，整个充电过程基本完成。如果还需要涓流充电，电路输出一个比较窄的PWM脉冲电流进行间断性充电，间断时间为30min以上。

放电过程：由R25、R27、VT8、VD3以及照明灯负载等组成放电回路。当蓄电池电压高于11V时，负载两端可输出蓄电池和电池组件的混合电能。当蓄电池电压降至11V时，IC1的10脚输出高电平，使VT3导通、VT8关断，同时欠电压指示灯LED1点亮，过放电保护起作用。由于铅酸蓄电池的特性决定其不能长时间处于亏电状态，因此受到过放电保护的蓄电池必须及时充电，并要求充到12.5V时，系统才允许蓄电池恢复给负载供电。

蓄电池容量指示灯由LED2、LED3和LED4构成，LED4亮时表示蓄电池容量大于75%，端电压在12.8V以上；LED3亮时表示蓄电池容量大于25%而小于75%，端电压在11.8～12.8V；当LED2亮时表示容量小于25%，端电压在11～11.8V。当电压降至接近11V时，LED2闪亮，此时系统要求关断负载，保护蓄电池；如不关断，3min后系统将强制切断负载供电，欠电压指示灯LED1点亮。

光控开灯：傍晚，当环境光照度降至5～10lx时，电池板输出电压小于6V，达到电路启控点，IC1延时10min后确认，VT8导通接通负载电源，照明灯自动点亮。早晨天亮，环境光达到一定照度时，电池板输出电压高于6V，控制器再次延时10min后确认，VT8截止，照明灯自动关闭。

VT6是夜间或太阳光不足时，防止蓄电池向电池板反向放电的MOS保护器件。当IC1的3脚检测到太阳电池板电压低于11.3V时，自动使VT6关断。R20、R21、VD8组成蓄电池环境温度补偿电路，VD8随温度变化而引起IC1的11脚电压变化，经IC1内部A/D电路转换，再由软件处理，改变各充放电阶段的电压设定值，补偿系数为–25mV/℃。

3.1.2 光伏控制器的主要性能特点

1. 小功率光伏控制器

（1）目前大部分小功率光伏控制器都采用低损耗、长寿命的MOSFET等电子开关器件作为控制器的主要开关器件。

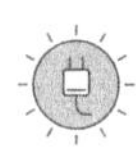

（2）运用脉冲宽度调制（PWM）控制技术对蓄电池进行快速充电和浮充充电，使太阳能发电能量得以充分利用。

（3）具有单路、双路负载输出和多种工作模式。其主要工作模式有：普通开/关工作模式（即不受光照和时间控制的工作模式）、光控开/光控关工作模式、光控开/时控关工作模式。双路负载控制器时间控制关闭的时间长短可分别设置。

（4）具有多种保护功能，包括蓄电池和电池组件接反、蓄电池开路、蓄电池过充电和过放电、负载过电压、夜间防反充电、控制器温度过高等多种保护功能。

（5）用 LED 指示灯对工作状态、充电状况、蓄电池电量等进行显示，并通过 LED 指示灯数量或颜色的变化显示系统工作状况和蓄电池剩余电量等的变化。

（6）具有温度补偿功能。其作用是在不同的工作环境温度下，能够对蓄电池设置更为合理的充电电压，防止过充电和欠充电而造成电池充放电容量过早下降甚至过早报废。一般当蓄电池温度低于 25℃时，蓄电池应要求较高的充电电压，以便完成充电过程。相反，当蓄电池温度高于 25℃时，蓄电池要求充电电压降低。通常铅酸蓄电池单体的温度系数为–4mV/℃。

2. 中功率光伏控制器

一般把额定负载电流大于 15A 的控制器称为中功率控制器。其主要性能特点如下。

（1）采用 LCD 屏显示工作状态和充放电等各种重要信息，如电池电压、充电电流和放电电流、工作模式、系统参数、系统状态等。

（2）具有自动/手动/夜间功能，可编制程序设定负载的控制方式为自动或手动方式。手动方式时，负载可手动开启或关闭。当选择夜间功能时，控制器在白天关闭负载；检测到夜晚时，延迟一段时间后自动开启负载，定时时间到，又自动地关闭负载，延迟时间和定时时间可编程设定。

（3）具有蓄电池过充电、过放电、输出过载、过电压、温度过高等多种保护功能。

（4）具有浮充电压的温度补偿功能。

（5）具有快速充电功能。当电池电压低于一定值时，快速充电功能自动开启，控制器将提高电池的充电电压；当电池电压达到理想值时，开启快速充电倒计时程序，定时时间到后，退出快速充电状态，以达到充分利用太阳能的目的。

（6）中功率光伏控制器同样具有普通充放电工作模式（即不受光控和时控的工作模式）、光控开/光控关工作模式、光控开/时控关工作模式等。

3. 大功率光伏控制器

大功率光伏控制器采用微电脑芯片控制系统，具有下列性能特点。

（1）采用 LCD 液晶点阵模块显示，可根据不同的场合通过编程任意设定、调整充放电参数及温度补偿系数，具有中文操作菜单，方便用户调整。

（2）可适应不同场合的特殊要求，可避免各路充电开关同时开启和关断引起的振荡。

（3）可通过 LED 指示灯显示各路光伏充电状况和负载通断状况。

（4）有 1～18 路太阳电池输入控制电路，控制电路与主电路完全隔离，具有极高的抗干扰能力。

（5）具有电量累计功能，可实时显示蓄电池电压、负载电流、充电电流、光伏电流、蓄电池温度、累计光伏发电安时数和瓦时数、累计负载用电瓦时数等参数。

（6）具有历史数据统计显示功能，如过充电次数、过放电次数、过载次数、短路次数等。

（7）用户可分别设置蓄电池过充电保护和过放电保护时负载的通断状态。

（8）各路充电电压检测具有“回差”控制功能，可防止开关器件进入振荡状态。

（9）具有蓄电池过充电、过放电、输出过载、短路、浪涌、太阳电池接反或短路、蓄电池接反、夜间防反充等一系列报警和保护功能。

（10）可根据系统要求提供发电机或备用电源启动电路所需的无源干节点。

（11）配接有 RS232/485 接口，便于远程通信、遥控；PC 监控软件能够测量实时数据、报警信息显示、修改控制参数，读取 30 天的每天蓄电池最高电压、蓄电池最低电压、每天光伏发电量累计和每天负载用电量累计等历史数据。

（12）参数设置具有密码保护功能且用户可修改密码。

（13）具有过电压、欠电压、过载、短路等保护报警功能。具有多路无源输出的报警或控制接点，包括蓄电池过充电、蓄电池过放电、其他发电设备启动控制、负载断开、控制器故障、水淹报警等。

（14）工作模式可分为普通充放电工作模式（阶梯型逐级限流模式）和一点式充放电模式（PWM 工作模式）。其中一点式充放电模式分 4 个充电阶段，控制更精确，更好地保护蓄电池不被过充电，对太阳能予以充分利用。

（15）具有不掉电实时时钟功能，可显示和设置时钟。

（16）具有雷电防护功能和温度补偿功能。

3.1.3 光伏控制器的主要技术参数

光伏控制器的主要技术参数如下。

1. 系统电压

系统电压也叫额定工作电压，是指光伏发电系统的直流工作电压，一般为 12V 和 24V，中、大功率控制器也有 48V、110V、220V 等。

2. 最大充电电流

最大充电电流是指太阳电池组件或方阵输出的最大电流，根据功率大小分为 5A、6A、8A、10A、12A、15A、20A、30A、40A、50A、70A、100A、150A、200A、250A、300A 等多种规格。有些厂家用太阳电池组件最大功率来表示这一内容，间接的体现了最大充电电流这一技术参数。

3. 太阳电池方阵输入路数

小功率光伏控制器一般是单路输入，而大功率光伏控制器是由太阳电池方阵多路输入，一般大功率光伏控制器可输入 6 路，最多的可接入 12 路、18 路。

4. 电路自身损耗

控制器的电路自身损耗也是其主要技术参数之一，也叫空载损耗（静态电流）或最大自消耗电流。为了降低控制器的损耗，提高光伏电源的转换效率，控制器的电路自身损耗要尽可能低。控制器的最大自身损耗不得超过其额定充电电流的 1%或 0.4W。根据电路不同自身损耗一般为 5～20mA。

5. 蓄电池的过充电保护电压（HVD）

蓄电池的过充电保护电压也叫充满断开或过电压关断电压，一般可根据需要及蓄电池类型的不同，设定在 14.1～14.5V（12V 系统）、28.2～29V（24V 系统）和 56.4～58V（48V 系统），典型值分别为 14.4V、28.8V 和 57.6V。蓄电池过充电保护的关断恢复电压（HVR）一般设定为 13.1～13.4V（12V 系统）、26.2～26.8V（24V 系统）和 52.4～53.6V（48V 系统），典型值分别为 13.2V、26.4V 和 52.8V。

6. 蓄电池的过放电保护电压（LVD）

蓄电池的过放电保护电压也叫欠压断开或欠压关断电压，一般可根据需要及蓄电池类型的不同，设定在 10.8～11.4V（12V 系统）、21.6～22.8V（24V 系统）和 43.2～45.6V（48V 系统），典型值分别为 11.1V、22.2V 和 44.4V。蓄电池过防电保护的关断恢复电压（LVR）一般设定为 12.1～12.6V（12V 系统）、24.2～25.2V（24V 系统）和 48.4～50.4V（48V 系统），典型值分别为 12.4V、24.8V 和 49.6V。

7. 蓄电池充电浮充电压

蓄电池的充电浮充电压一般为 13.7V（12V 系统）、27.4V（24V 系统）和 54.8V（48V 系统）。

8. 温度补偿

控制器一般都具有温度补偿功能，以适应不同的环境工作温度，为蓄电池设置更为合理的充电电压。控制器的温度补偿系数应满足蓄电池的技术要求，其温度补偿值一般为–20～–40mV/℃。

9. 工作环境温度

随厂家的不同，控制器的使用或工作环境温度范围一般为–20℃～+50℃。

10. 其他保护功能

（1）控制器输入、输出短路保护功能。控制器的输入、输出电路都要具有短路保护电路，提供保护功能。

（2）防反充保护功能。控制器要具有防止蓄电池向太阳电池反向充电的保护功能。

（3）极性反接保护功能。太阳电池组件或蓄电池接入控制器，当极性接反时，控制器要具有保护电路的功能。

（4）防雷击保护功能。控制器输入端应具有防雷击的保护功能，避雷器的类型和额定值应能确保吸收预期的冲击能量。

（5）耐冲击电压和冲击电流保护。在控制器的太阳电池输入端施加1.25倍的标称电压并持续1h，控制器不应该损坏。将控制器充电回路电流达到标称电流的1.25倍并持续1h，控制器也不应该损坏。

3.1.4 光伏控制器的检验测试

光伏控制器的各项性能检验测试，一般依据GB/T 19064-2003《家用太阳能光伏电源系统技术条件和试验方法》、GB/T2423.1-2008《电工电子产品环境试验　第2部分：试验方法　试验A：低温》、GB/T2423.2-2008《电工电子产品环境试验　第2部分：试验方法　试验B：高温》和GB/T2423.3-2006《电工电子产品环境试验　第2部分：试验方法　试验C：恒定湿热试验》等的要求和方法进行。了解和掌握光伏控制器检验测试的一些内容和方法，在光伏控制器的选型、应用及质量辨别与控制等方面有积极作用。

1. 主要测试仪器和检验设备

（1）数字多用表　要求电压、电流精度≤0.5%。

（2）高低温试验箱　温度精度范围±2%以内。

（3）高低温潮热试验箱　温度精度范围±2%以内，相对湿度精度范围±3%以内。

（4）直流稳压电源　直流输出电压0～100V，直流输出电流0～30A。

（5）滑动变阻器　可变电阻范围0～150Ω。

（6）电磁振动台。

2. 检验测试内容及方法

（1）外观及文件资料的检查

① 目视检测设备外观及主要零部件是否有损坏；元器件是否有松动或丢失；机壳面板是否平整，表面镀层是否牢固，漆面应匀称、无剥落、锈蚀及裂痕；各种开关是否便于操作，灵活可靠。

② 目视检测标签内容是否准确、规范；各种功能开关和指示、显示的图标和文字说明是否清晰、正确；太阳电池、蓄电池及负载的接入点和正负极性是否标明。

③ 检查设备的使用说明书、检验合格证等文件资料是否齐全；附带的备用保险丝等配件是否符合装箱单的规格要求和数量。

（2）充满断开和恢复控制电压起控点检测

① 开关型控制器：具有充满断开和恢复连接功能的控制器，对于这类接通/断开式控制器，用其控制设计标准值12V的蓄电池时，其充满断开和恢复连接的工作起控点电压参考值如下。

启动型铅酸蓄电池　充满断开：15.0～15.2V；恢复：13.7V。

固定型铅酸蓄电池　充满断开：14.8～15.0V；恢复：13.5V。

密封性铅酸蓄电池　充满断开：14.1～14.5V；恢复：13.2V。

对于设计标准值 24V 的密封性铅酸蓄电池，充满断开：28.2～29.0V；恢复：26.4V。

开关型控制器充放电工作电压起控点检测方法如图 3-17 所示，将直流稳压电源接到控制器的蓄电池输入端子上，模拟蓄电池的输入电压，用电压表监测稳压电源的电压，调节稳压电源的电压使其达到充满断开的点，控制器应该能断开充电回路，再次调节稳压电源调低电压至恢复充电点电压时，控制器应该能重新接通充电回路。

② 脉宽调制型控制器：与开关型控制器的主要区别在充放电回路没有固定的恢复充电点电压。用其控制设计标准值 12V 的蓄电池时，其充满电压的工作起控点参考值为。

启动型铅酸蓄电池　充满断开：15.0～15.2V。

固定型铅酸蓄电池　充满断开：14.8～15.0V。

密封性铅酸蓄电池　充满断开：14.1～14.5V。

脉宽调制型控制器充满断开工作电压起控点检测方法如图 3-18 所示，将直流稳压电源接到控制器的太阳电池板输入端子上，模拟太阳电池给蓄电池充电，用电压表监测蓄电池的电压，当蓄电池电压充满时，充电电流应该接近于零；当蓄电池电压由充满点向下降时，充电电流应当逐渐增大。

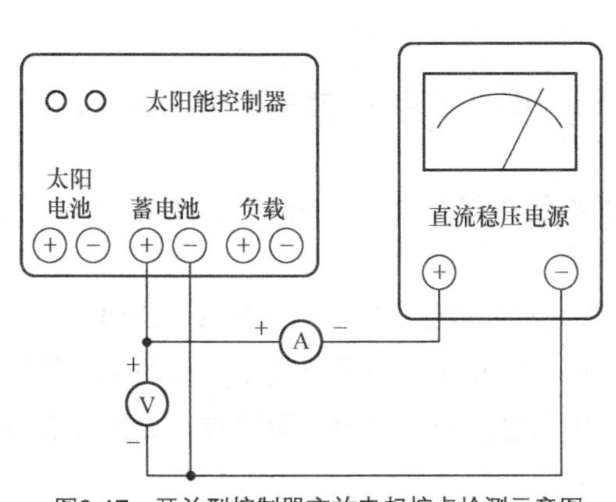

图3-17　开关型控制器充放电起控点检测示意图

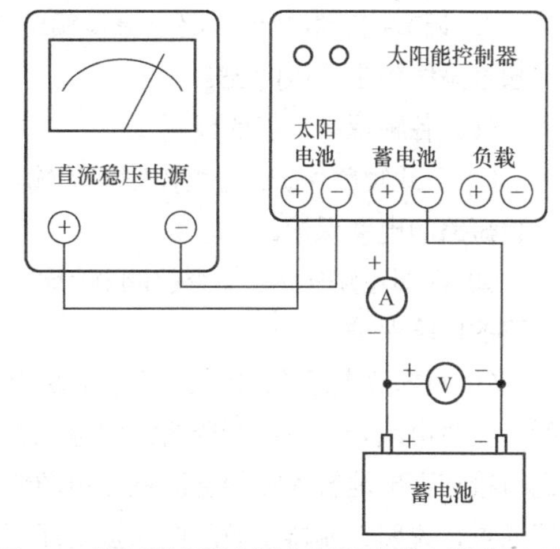

图3-18　脉宽调制型控制器充满断开起控点检测示意图

（3）欠电压断开和恢复控制电压起控点检测

当蓄电池的电压降到过放点每单元 1.80±0.5V（2V 蓄电池为 1 个单元；12V 蓄电池为 6 个单元；24V 蓄电池是 12 单元）时，控制器应该能自动切断负载。当蓄电池电压回升到充电恢复点每单元 2.2～2.25V 时，控制器应该能自动或手动恢复对负载的供电。

欠电压断开和恢复控制电压起控点测试方法如图 3-19 所示。将直流稳压电源接到蓄电池输入端，模拟蓄电池的电压，将与其配套的直流节能灯或 LED 灯连接到负载端，然后将直流稳压电源的电压调至欠电压断开电压起控点，控制器应能自动断开负载，将电压调至恢复点，控制器应该能再次接通负载，如果是带欠压锁定功能的控制器，控制器复位后应能接通负载。

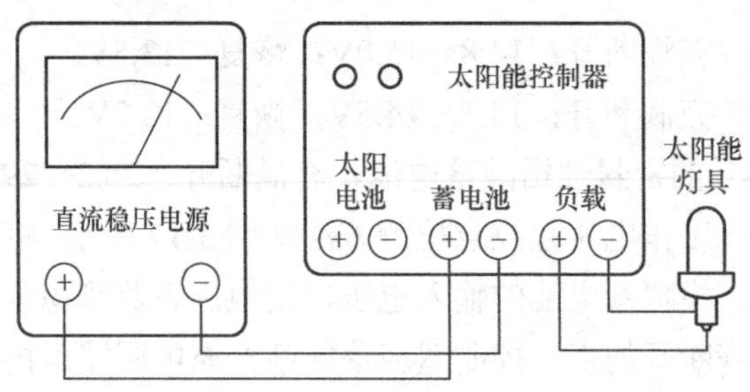

图3-19　欠电压断开和恢复控制电压起控点检测示意图

一般标称值为 12V 的蓄电池，其欠电压断开和恢复电压起控点的参考值：欠电压断开电压起控点为 11.1～11.4V；自动或手动恢复电压起控点为 13.2～13.5V。

（4）空载损耗的检测

控制器的空载损耗也叫静态工作电流，测试方法如图 3-20 所示。断开太阳电池组件的输入和连接的负载，直流稳压电源接在控制器的蓄电池输入端，当 LED 不工作时，用电流表测量控制器的输入电流，其值应该不超过其额定充电电流的 1%。

（5）充、放电回路电压降的测试

① 调节控制器充电回路电流至额定值，用电压表测量控制器充电回路的电压降，其值应不超过系统额定电压的 5%。

② 调节控制器放电回路电流至额定值，用电压表测量控制器放电回路的电压降，其值应不超过系统额定电压的 5%。

（6）各种保护功能的检测

① 负载短路保护：检查控制器的输出回路是否有短路保护电路。控制器应能够承受任何负载短路的电路保护。

② 内部短路保护：检查控制器的输入回路是否有短路保护电路。控制器应能够承受内部短路的电路保护。

③ 反向放电保护：控制器应能够防止蓄电池向太阳电池组件反向放电，测试电路如图 3-21 所示。将电流表加在控制器的太阳电池正负极输入端子之间（相当于将其正负极两端短路），调节接在蓄电池输入端的直流稳压电源输出电压，检查电流表中有无电流通过，如果没有电流通过，说明控制器反向放电保护功能正常。

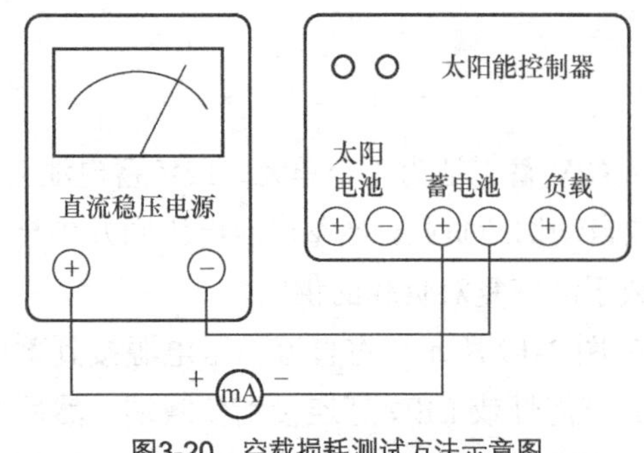

图3-20　空载损耗测试方法示意图

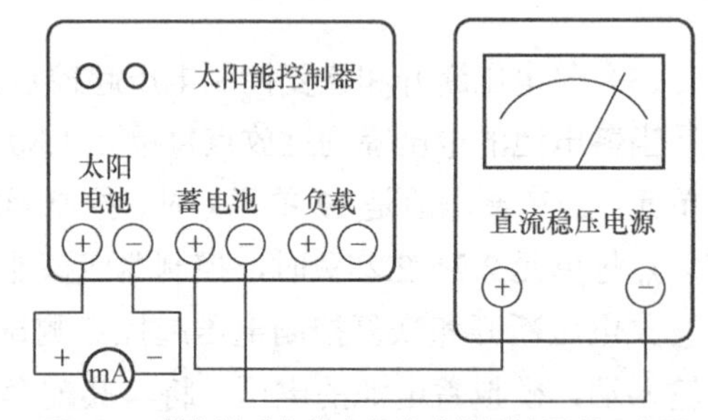

图3-21　蓄电池反向放电保护功能测试原理示意图

④ 极性反接保护：将控制器的太阳电池及蓄电池输入端正负极分别反接到调至额定电压的直流稳压电源的输出端，检查控制器是否损坏，直流稳压电源是否短路保护，如果没有损

坏，说明极性反接保护正常。

⑤ 防雷击保护：拆开控制器外壳，目测检查所用避雷器的类型和额定值是否能确保吸收预期的冲击能量。控制器应具有在多雷区雷击引起电路或零部件击穿损坏的电路保护功能。

（7）耐过压、过流冲击的检测

① 耐冲击电压检测：将直流稳压电源输出电压加到控制器的太阳电池输入端，施加 1.25 倍的标称开路电压并保持 1h 后，通电检查控制器应不损坏。

② 耐冲击电流检测：将直流稳压电源输出电压加到控制器的太阳电池输入端，可变电阻接在蓄电池端，调节可变电阻使充电回路电流达到标称短路电流的 1.25 倍并保持 1h 后，通电检查控制器应不损坏。开关型控制器的开关元器件必须能够切换此电流而自身不损坏。

（8）环境温湿度试验检测

① 低温储存试验：试验方法按照 GB/T2423.1-2008 中“试验 A”的方法进行。将控制器拆去包装，不通电、不含蓄电池，置入温度为–25℃±3℃的低温环境中，持续 16h，然后在正常室温下恢复 2h 后，通电检测、控制器应能正常工作。

② 低温工作试验：试验方法按照 GB/T2423.1-2008 中“试验 A”的方法进行。将控制器拆去包装，通电加额定负载，置入温度为–5℃±3℃的低温环境中保持 2h，然后在正常室温下恢复 2h，控制器应能一直正常工作。

③ 高温储存试验：试验方法按照 GB/T2423.2-2008 中“试验 B”的方法进行。将控制器拆去包装，不通电、不含蓄电池，置入温度为 70℃±2℃的高温环境中，持续 2h，然后在正常室温下恢复 2h 后，通电检测、控制器应能正常工作。

④ 高温工作试验：试验方法按照 GB/T2423.2-2008 中“试验 B”的方法进行。将控制器拆去包装，通电加额定负载，置入温度为 40℃±2℃的环境中保持 2h，然后在正常室温下恢复 2h，控制器应能一直正常工作。

⑤ 恒定湿热试验：试验方法按照 GB/T2423.3-2006 中“试验 C_ab”的方法进行。将控制器拆去包装，不通电、不含蓄电池，置入温度为 40℃±2℃、相对湿度为 93%±3% 的湿热环境中，持续 48h，试验后在正常环境下恢复 2h 后，通电检测、控制器应能正常工作。

（9）耐振动性试验

将控制器置于电磁振动台上，在频率为 10～55Hz、振动幅度为 0.35mm 的振动下、三轴向各振动 30min 后，通电检查、控制器应能正常工作。

3.1.5　光伏控制器的配置选型

光伏控制器的配置选型要根据整个系统的各项技术指标并参考生产厂家提供的产品样本手册来确定。一般要考虑下列几项技术指标。

1. 系统工作电压

系统工作电压是指太阳能发电系统中蓄电池或蓄电池组的工作电压，这个电压要根据直流负载的工作电压或交流逆变器的配置选型确定，一般有 12V、24V、48V、110V、220V 等。

2. 额定输入电流和输入路数

控制器的额定输入电流取决于太阳电池组件或方阵的输入电流，选型时控制器的额定输入电流应等于或大于太阳电池的输入电流。

控制器的输入路数要多于或等于太阳电池方阵的设计输入路数。小功率控制器一般只有一路太阳电池方阵输入，大功率控制器通常采用多路输入，每路输入的最大电流＝额定输入电流/输入路数。因此，各路电池方阵的输出电流应小于或等于控制器每路允许输入的最大电流值。

3. 控制器的额定负载电流

控制器的额定负载电流也就是控制器输出到直流负载或逆变器的直流输出电流，该数据要满足负载或逆变器的输入要求。

除上述主要技术数据要满足设计要求以外，使用环境温度、海拔高度、防护等级和外形尺寸等参数以及生产厂家和品牌也是控制器配置选型时要考虑的因素。

一般小功率光伏发电系统采用单路脉冲宽度调制型控制器，大功率光伏发电系统采用多路输入型控制器或带有通信功能和远程监测控制功能的智能控制器。选型时还要注意，控制器的功能并不是越多越好，注意选择适用和有用的功能，抛弃多余的功能，否则不但增加成本，而且还会增大出现故障的可能性。

为适应将来的系统扩容和保证系统长时期的工作稳定，建议控制器的选型最好选择高一个型号。例如，设计选择 48V/20A 的控制器就能满足系统使用时，实际应用可考虑选择48V/25A 或 30A 的控制器。

3.2 太阳能光伏逆变器

将直流电能变换成为交流电能的过程称为逆变，完成逆变功能的电路称为逆变电路，而实现逆变过程的装置称为逆变器或逆变设备。光伏发电系统中使用的逆变器是一种将光伏组件所产生的直流电能转换为交流电能的转换装置。它使转换后交流电的电压、频率与电力系统交流电的电压、频率相一致，以满足为各种交流用电负载供电及并网发电的需要，图 3-22 是常见逆变器的外形图。

图3-22 光伏逆变器的外形图

光伏发电系统对逆变器的基本要求：①合理的电路结构，严格的元器件筛选，具备各种保护功能；②较宽的直流输入电压范围；③较少的电能变换中间环节，以节约成本、提高效率；④高的转换效率；⑤高可靠性，无人值守和维护；⑥输出电压、电流满足电能质量要求，谐波含量小，功率因数高；⑦具有一定的过载能力。

3.2.1 逆变器的分类

逆变器的种类很多，可以按照不同方式进行分类。

按照逆变器输出交流电的相数，可分为单相逆变器、三相逆变器和多相逆变器。

按照逆变器逆变转换电路工作频率的不同，可分为工频逆变器、中频逆变器和高频逆变器。

按照逆变器输出电压的波形不同，可分为方波逆变器、阶梯波逆变器和正弦波逆变器。

按照逆变器线路原理的不同，可分为自激振荡型逆变器、阶梯波叠加型逆变器、脉宽调制型逆变器和谐振型逆变器等。

按照逆变器主电路结构的不同，可分为单端式逆变结构、半桥式逆变结构、全桥式逆变结构、推挽式逆变结构、多电平逆变结构、正激逆变结构和反激逆变结构等。其中，小功率逆变器多采用单端式逆变结构、正激逆变结构和反激逆变结构，中功率逆变器多采用半桥式逆变结构、全桥式逆变结构等，高压大功率逆变器多采用推挽式逆变结构和多电平逆变结构。

按照逆变器输出功率大小的不同，可分为小功率逆变器（＜5kW）、中功率逆变器（5～50kW）、大功率逆变器（＞50kW）。

按照逆变器隔离（转换）方式的不同，可分为带工频隔离变压器方式、带高频隔离变压器方式、不带隔离变压器方式等。

按照逆变器输出能量的去向不同，可分为有源逆变器和无源逆变器。对太阳能光伏发电系统来说，在并网型光伏发电系统中需要有源逆变器，而在离网独立型光伏发电系统中需要无源逆变器。

在太阳能光伏发电系统中还可将逆变器分为离网型逆变器（应用在独立型光伏系统中的逆变器）和并网型逆变器。

在并网型逆变器中，又可根据光伏电池组件或方阵接入方式的不同，分为集中式逆变器、组串式逆变器、微型（组件式）逆变器、双向储能逆变器等。

3.2.2 逆变器的电路结构及主要元器件

逆变器主要由半导体功率器件和逆变器驱动、控制电路两大部分组成。随着微电子技术与电力电子技术的迅速发展，新型大功率半导体开关器件和驱动、控制电路的出现促进了逆变器的快速发展和技术完善。目前的逆变器多数采用功率场效应晶体管（VMOSFET）、绝缘栅极晶体管（IGBT）、门极关断晶体管（GTO）、MOS 控制晶体管（MGT）、MOS 控制晶闸管（MCT）、静电感应晶体管（SIT）、静电感应晶闸管（SITH）、智能型功率模块（IPM）等多种先进且易于控制的大功率器件，控制逆变驱动电路也从模拟集成电路发展到单片机控制，甚至采用数字信号处理器（DSP）控制，使逆变器向着高频化、节能化、智能化、集成化和多功能化方向发展。

1. 逆变器的电路原理与构成

根据逆变转换电路工作频率的不同逆变器分为工频逆变器和中、高频逆变器。工频逆变器首先把直流电逆变成工频低压交流电，再通过工频变压器升压成220V/50Hz的交流电供负载使用。工频逆变器的优点是结构简单，各种保护功能均可在较低电压下实现，因其逆变电源与负载之间有工频变压器存在，故逆变器运行稳定、可靠，过载能力和抗冲击能力强，并能够抑制波形中的高次谐波成分。但是工频变压器存在笨重和价格高的问题，而且其效率较低，一般不会超过90%，同时因为工频变压器满载和轻载运行时铁损基本不变，所以在轻载运行时空载损耗较大，效率也较低。

高频逆变器首先通过高频 DC-DC 变换技术，将低压直流电逆变为高频低压交流电，然后经过高频变压器升压，再经过高频整流滤波电路整流成 360V 左右的高压直流电，最后通过工频逆变电路得到 220V 的工频交流电供负载使用。由于高频逆变器采用的是体积小、重量轻的高频磁性材料，因而大大提高了电路的功率密度，使逆变电源的空载损耗很小，逆变效率提高，因此在一般用电场合，特别是造价较高的光伏发电系统，首选高频逆变器。

逆变器的基本电路构成如图3-23所示。由输入电路、输出电路、主逆变开关电路（简称主逆变电路）、控制电路、辅助电路、保护电路等构成。各电路作用如下。

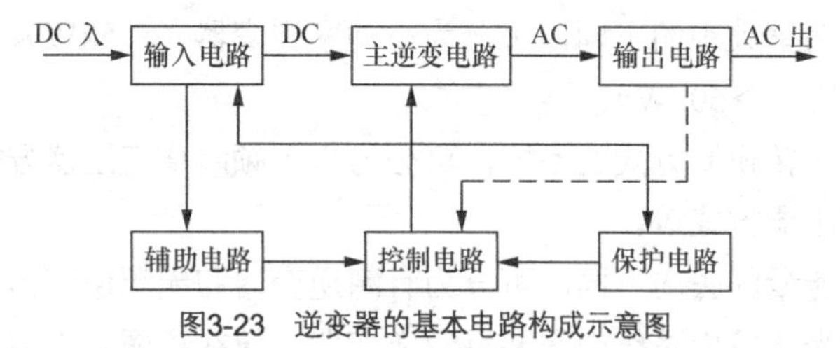

图3-23　逆变器的基本电路构成示意图

（1）输入电路

输入电路的主要作用就是为主逆变电路提供可确保其正常工作的直流工作电压。

（2）主逆变电路

主逆变电路是逆变器的核心，它的主要作用是通过半导体开关器件的导通和关断完成逆变功能。逆变电路分为隔离式和非隔离式两大类。

（3）输出电路

输出电路主要是对主逆变电路输出的交流电的波形、频率、电压、电流的幅值和相位等进行修正、补偿、调理，使之能满足使用需求。

（4）控制电路

控制电路主要是为主逆变电路提供一系列的控制脉冲来控制逆变开关器件的导通与关断，配合主逆变电路完成逆变功能。

（5）辅助电路

辅助电路主要是将输入电压变换成适合控制电路工作的直流电压。辅助电路还包含了多种检测电路。

（6）保护电路

保护电路主要包括输入过电压、欠电压保护，输出过电压、欠电压保护，过载保护，过流和短路保护，过热保护等。

2. 逆变器的主要元器件

（1）半导体功率开关器件

表 3-2 是逆变器常用的半导体功率开关器件，主要有晶闸管、大功率晶体管、功率场效应晶体管、功率模块等。

表 3-2　逆变器常用半导体功率开关器件

类型	器件名称	器件符号
双极型器件	普通晶闸管	SCR
	双向晶闸管	TRIS
	门极关断晶闸管	GTO
	静电感应晶闸管	SITH
	大功率晶体管	GTR
单极型器件	功率场效应晶体管	VMOSFET
	静电感应晶体管	SIT
复合型器件	绝缘栅极晶体管	IGBT
	MOS 控制晶体管	MGT
	MOS 控制晶闸管	MCT
	智能型功率模块	IPM

（2）逆变驱动和控制电路

传统的逆变器电路是由许多的分离元器件和模拟集成电路等构成的，这种电路结构元器件数量多，波形质量差，控制电路繁琐复杂。随着逆变技术高效率、大容量的要求和逆变技术复杂程度的提高，需要处理的信息量越来越大，而微处理器和专用电路的发展，满足了逆变器技术发展的要求。

① 逆变驱动电路。光伏系统逆变器的逆变驱动电路主要是针对功率开关器件的驱动，要得到好的 PWM 脉冲波形，驱动电路的设计很重要。随着微电子和集成电路技术的发展，许多专用多功能集成电路的陆续推出，给应用电路的设计带来了极大的方便，同时也使逆变器的性能得到极大的提高。例如，各种开关驱动电路 SG3524、SG3525、TL494、IR2130、TLP250 等，在逆变器电路中得到广泛应用。

② 逆变控制电路。光伏逆变器中常用的控制电路主要是为驱动电路提供符合要求的逻辑与波形，如 PWM、SPWM 控制信号等，从 8 位的带有 PWM 口的微处理器到 16 位的单片机，直至 32 位的 DSP 器件等，使先进的控制技术如矢量控制技术、多电平变换技术、重复控制技术、模糊逻辑控制技术等在逆变器中得到应用。在逆变器中常用的微处理器电路有 MP16、8XC196MC、PIC16C73、68HC16、MB90260、PD78366、SH7034、M37704、M37705 等，常用的专用数字信号处理器（DSP）电路有 TMS320F206、TMS320F240、M586XX、DSPIC30、ADSP-219XX 等。

3.2.3 离网型逆变器的电路原理

1. 单相逆变器的电路原理

逆变器的工作原理是通过功率半导体开关器件的导通和关断作用，把直流电能变换成交流电能。单相逆变器的基本电路有推挽式、半桥式和全桥式3种，虽然电路结构不同，但工作原理类似。电路中都使用具有开关特性的半导体功率器件，由控制电路周期性地对功率器件发出开关脉冲控制信号，控制各个功率器件轮流导通和关断，再经过变压器耦合升压或降压后，整形滤波输出符合要求的交流电。

（1）推挽式逆变电路

推挽式逆变电路原理如图3-24所示。该电路由两只共负极连接的功率开关管和一个一次侧带有中心抽头的升压变压器组成。升压变压器的中心抽头接直流电源正极，两只功率开关管在控制电路的作用下交替工作，输出方波或三角波的交流电。由于功率开关管的共负极连接，使得该电路的驱动和控制电路可以比较简单，另外由于变压器具有一定的漏感，可限制短路电流，因而提高了电路的可靠性。该电路的缺点是变压器效率低，带感性负载的能力较差，不适合直流电压过高的场合。

（2）半桥式逆变电路

半桥式逆变电路原理如图3-25所示。该电路由两只功率开关管、两只储能电容器和耦合变压器等组成。该电路将两只串联电容的中点作为参考点。当功率开关管VT1在控制电路的作用下导通时，电容C1上的能量通过变压器一次侧释放，当功率开关管VT2导通时，电容C2上的能量通过变压器一次侧释放，VT1和VT2轮流导通，在变压器二次侧获得了交流电能。半桥式逆变电路结构简单，由于两只串联电容的作用，不会产生磁偏或直流分量，非常适合后级带动变压器负载。当该电路工作在工频（50Hz或者60Hz）时，需要较大的电容容量，使电路的成本上升，因此该电路更适合用于高频逆变器电路中。

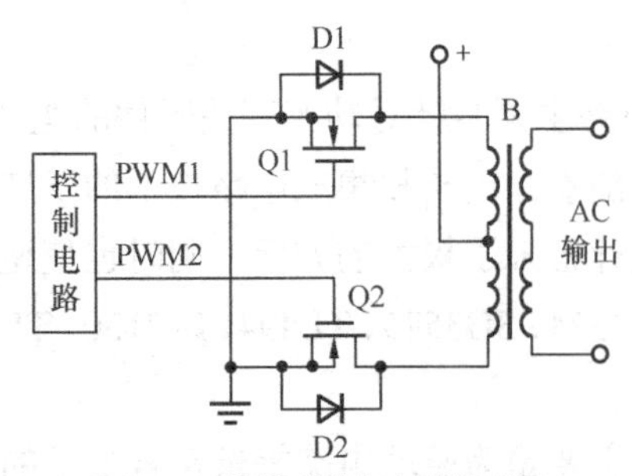

图3-24　推挽式逆变电路原理图

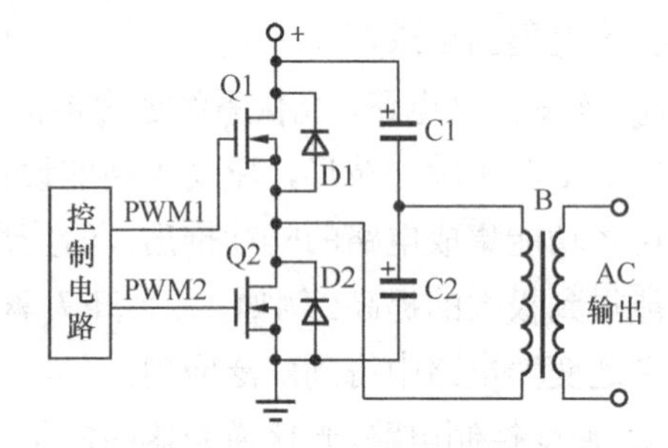

图3-25　半桥式逆变电路原理图

（3）全桥式逆变电路

全桥式逆变电路原理如图3-26所示。该电路由4只功率开关管和变压器等组成。该电路克服了推挽式逆变电路的缺点，功率开关管Q1、Q4和Q2、Q3反相，Q1、Q3和Q2、Q4轮流导通，使负载两端得到交流电能。为便于大家理解，用图3-26（b）所示等效电路对全桥式逆变电路原理进行介绍。图中E为输入的直流电压，R为逆变器的纯电阻性负载，开关

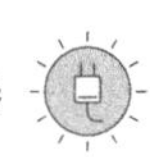

K1～K4 等效于图 3-26（a）中的 Q1～Q4。当开关 K1、K3 接通时，电流流过 K1、R、K3，负载 R 上的电压极性是左正右负；当开关 K1、K3 断开，K2、K4 接通时，电流流过 K2、R 和 K4，负载 R 上的电压极性相反。若两组开关 K1、K3 和 K2、K4 以某一频率交替切换工作时，负载 R 上便可得到这一频率的交变电压。

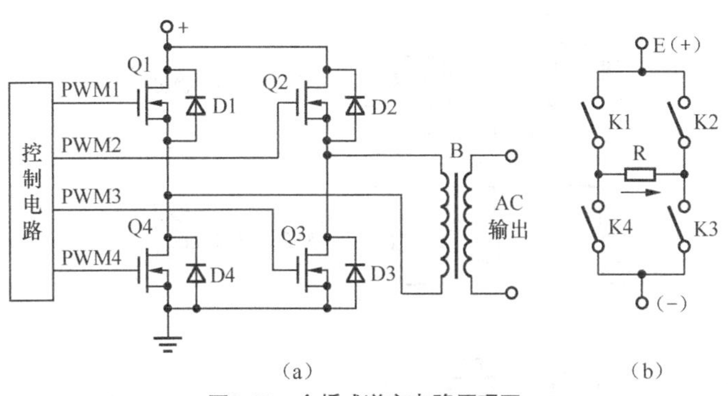

图3-26　全桥式逆变电路原理图

上述几种电路都是逆变器的最基本电路，在实际应用中，除了小功率光伏逆变器主电路采用这种单级的（DC-AC）变换电路外，中、大功率逆变器主电路都采用两级（DC-DC-AC）或 3 级（DC-AC-DC-AC）的电路结构形式。一般来说，中、小功率光伏系统的电池组件或方阵输出的直流电压都不太高，而且功率开关管的额定耐压值也都比较低，因此逆变电压也比较低，要得到 220V 或者 380V 的交流电，无论是推挽式还是全桥式的逆变电路，其输出都必须加工频升压变压器。由于工频变压器体积大、效率低、重量大，因此只能在小功率场合应用。

随着电力电子技术的发展，新型光伏逆变器电路采用高频开关技术和软开关技术实现高功率密度的多级逆变。这种逆变电路的前级升压电路采用推挽逆变电路结构，但工作频率都在 20kHz 以上，升压变压器采用高频磁性材料做铁芯，因而体积小、重量轻。低电压直流电经过高频逆变后变成了高频高压交流电，又经过高频整流滤波电路后得到高压直流电（一般均在 300V 以上），再通过工频逆变电路得到 220V 或者 380V 的交流电，整个系统的逆变效率可达到 90%以上，目前大多数正弦波光伏逆变器都采用这种 3 级的电路结构，如图 3-27 所示。其具体工作过程：首先将太阳电池方阵输出的直流电（如 24V、48V、110V、220V 等）通过高频逆变电路逆变为波形为方波的交流电，逆变频率一般在几千赫到几十千赫，然后通过高频升压变压器整流滤波后变为高压直流电，最后经过第 3 级 DC-AC 逆变为所需要的 220V 或 380V 工频交流电。

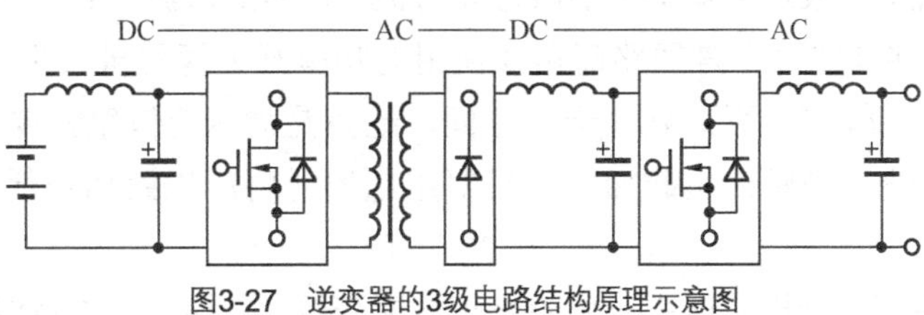

图3-27　逆变器的3级电路结构原理示意图

图 3-28 是逆变器将直流电转换成交流电的转换过程示意图，以帮助大家加深对逆变器工作原理的理解。半导体功率开关器件在控制电路的作用下以 1/100s 的速度开关 ，将直流切

断，并将其中一半的波形反向而得到矩形的交流波形，然后通过电路使矩形的交流波形平滑，得到正弦交流波形。

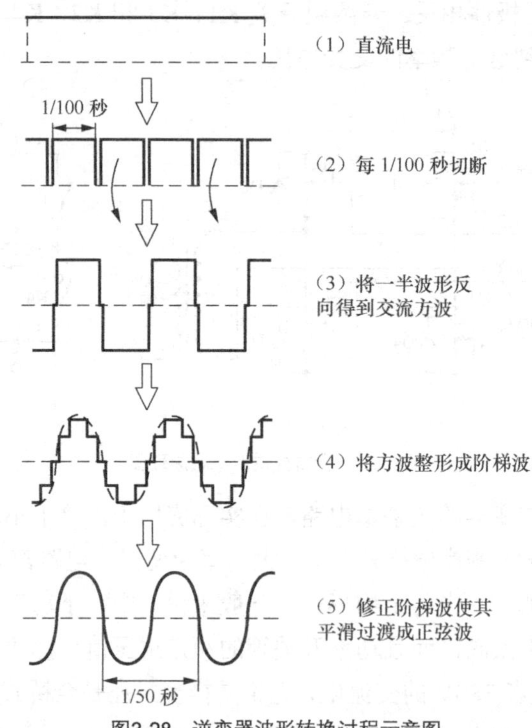

图3-28　逆变器波形转换过程示意图

（4）不同波形单相逆变器优缺点

逆变器按照输出电压波形的不同，可分为方波逆变器、阶梯波逆变器和正弦波逆变器，其输出波形如图 3-29 所示。在太阳能光伏发电系统中，方波和阶梯波逆变器一般都用在小功率场合，下面就分别对这 3 种不同输出波形逆变器的优缺点进行介绍。

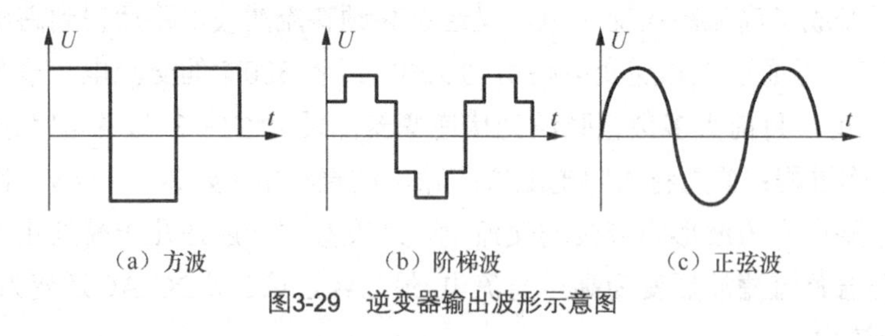

图3-29　逆变器输出波形示意图

① 方波逆变器。方波逆变器输出的波形是方波，也叫矩形波。尽管方波逆变器所使用的电路不尽相同，但共同的优点是线路简单（使用的功率开关管数量最少），价格便宜，维修方便，其设计功率一般在数百瓦到几千瓦之间。缺点是调压范围窄，噪声较大，方波电压中含有大量高次谐波，带感性负载如电动机等用电器时将产生附加损耗，因此效率低，电磁干扰大。

② 阶梯波逆变器。阶梯波逆变器也叫修正波逆变器，阶梯波比方波波形有明显改善，波形类似于正弦波，波形中的高次谐波含量少，故能够满足包括感性负载在内的大部分用电设备的需求。当采用无变压器输出时，整机效率高。因阶梯波逆变器价格适中，在对用电质量

要求不是很高的边远地区家用电源中应用比较广泛。阶梯波逆变器的缺点是线路较为复杂。为把方波修正成阶梯波，需要多个不同的复杂电路，产生多种波形叠加修正才可以，这些电路使用的功率开关管也较多，电磁干扰严重，并存在20%以上的谐波失真，在驱动精密设备时会出现问题，也会对通讯设备造成高频干扰。因此，在这些场合不能使用阶梯波逆变器，更不能应用于并网发电的场合。

③ 正弦波逆变器。正弦波逆变器输出的波形与交流市电的波形相同。这种逆变器的优点是输出波形好，失真度低，干扰小，噪声低，适应负载能力强，保护功能齐全，整机性能好，效率高，能满足所有交流负载的应用，适合于各种用电场合。其缺点是线路复杂，维修困难，价格较贵。在光伏并网发电的应用场合，为了避免对公共电网的电力污染，必须使用正弦波逆变器。

2. 三相逆变器的电路原理

单相逆变器电路由于受到功率开关器件的容量、零线（中性线）电流、电网负载平衡要求和用电负载性质等的限制，容量一般都在 10kVA 以下，大容量的逆变电路大多采用三相形式。三相逆变器按照直流电源的性质不同，分为三相电压型逆变器和三相电流型逆变器。

（1）三相电压型逆变器

电压型逆变器就是逆变电路中的输入直流能量由一个稳定的电压源提供，其特点是逆变器在脉宽调制时输出电压的幅值等于电压源的幅值，而电流波形取决于实际的负载阻抗。三相电压型逆变器的基本电路如图 3-30 所示。该电路主要由 6 只功率开关器件和 6 只续流二极管以及带中性点的直流电源构成。图中负载 L 和 R 表示三相负载的各路相电感和相电阻。

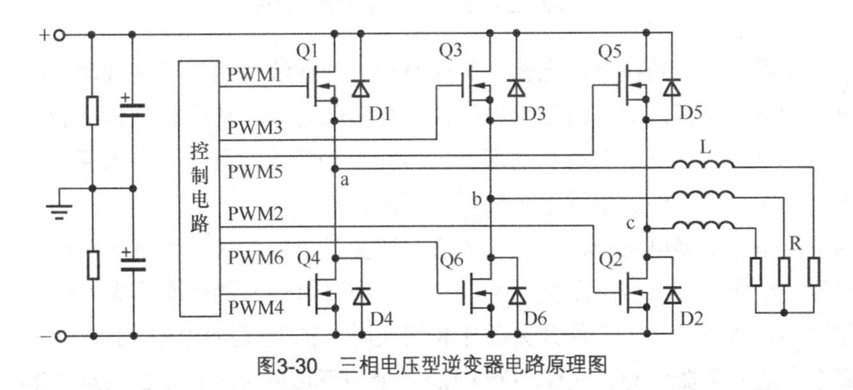

图3-30 三相电压型逆变器电路原理图

功率开关器件 Q1～Q6 在控制电路的作用下，当控制信号为三相互差 120° 的脉冲信号时，可以控制每个功率开关器件导通 180° 或 120°，相邻两个开关器件的导通时间互差 60°。逆变器 3 个桥臂中上部和下部开关器件以 180° 间隔交替导通和关断，Q1～Q6 以 60° 的相位差依次导通和关断，在逆变器输出端形成 a、b、c 三相电压。

控制电路输出的开关控制信号可以是方波、阶梯波、脉宽调制方波、脉宽调制三角波和脉宽调制锯齿波等，其中后 3 种脉宽调制的波形都是以基础波作为载波，正弦波作为调制波，最后输出正弦波波形。普通方波和被正弦波调制的方波的区别如图 3-31 所示。与普通方波信号相比，被调制的方波信号是按照正弦波规律变化的系列方波信号，即普通方波信号是连续

导通的，而被调制的方波信号要在正弦波调制的周期内导通和关断 N 次。

（2）三相电流型逆变器

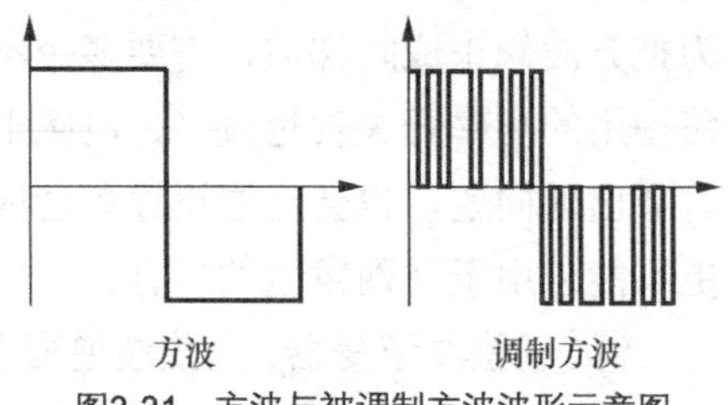

图3-31 方波与被调制方波波形示意图

电流型逆变器的直流输入电源是一个恒定的直流电流源，需要调制的是电流。若一个矩形电流注入负载，电压波形则是在负载阻抗的作用下生成的。在电流型逆变器中，有两种不同的方法控制基波电流的幅值。一种方法是直流电流源的幅值变化法，这种方法使得交流电输出侧的电流控制比较简单；另一种方法是用脉宽调制来控制基波电流。三相电流型逆变器的基本电路如图 3-32 所示。该电路由 6 只功率开关器件和 6 只阻断二极管以及直流恒流电源、浪涌吸收电容等构成，R 为用电负载。

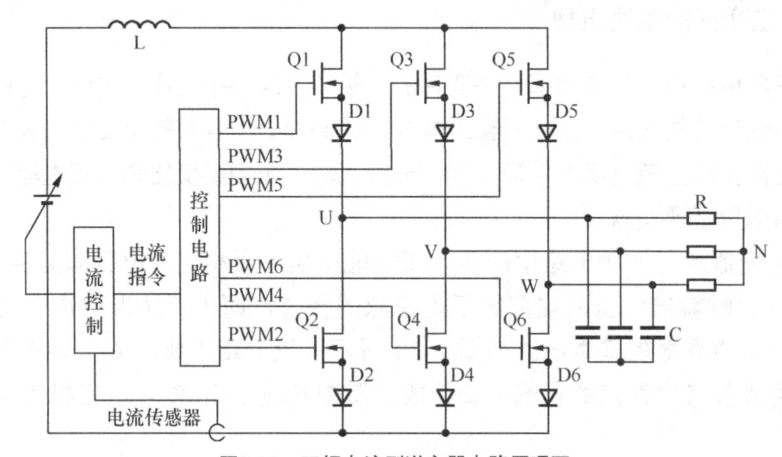

图3-32 三相电流型逆变器电路原理图

电流型逆变器的特点是在直流电输入侧接有较大的滤波电感，当负载功率因数变化时，交流输出电流的波形不变，即交流输出电流波形与负载无关。从电路结构上看，与电压型逆变器不同的是，电压型逆变器在每个功率开关器件上并联了一只续流二极管，而电流型逆变器则是在每个功率开关器件上串联了一只反向阻断二极管。

与三相电压型逆变器电路一样，三相电流型逆变器也是由 3 组上下一对的功率开关器件构成的，但开关动作的方法与电压型的不同。由于在直流输入侧串联了大电感 L，直流电流的波动变化较小，当功率开关器件开关动作和切换时，都能保持电流的稳定性和连续性。因此 3 个桥臂中上边开关器件 Q1、Q3、Q5 中的一个和下边开关器件 Q2、Q4、Q6 中的一个，均可按每隔 1/3 周期分别流过一定值的电流，输出的电流波形是高度为该电流值的 120° 通电期间的方波。另外，为防止连接感性负载时电流急剧变化而产生浪涌电压，在逆变器的输出端并联了浪涌吸收电容 C。

三相电流型逆变器的直流电源即直流电流源是利用可变电压的电源通过电流反馈控制来实现的。但是，仅用电流反馈，不能减少因开关动作形成的逆变器输入电压的波动而使电流随着波动，所以在电源输入端串入了大电感（电抗器）L。

电流型逆变器非常适合在并网系统中应用，特别是在太阳能光伏发电系统中，电流型逆变器有着独特的优势。

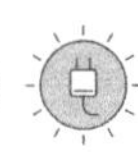

3.2.4　并网型逆变器的电路原理

并网逆变器是并网光伏发电系统的核心部件。与离网型光伏逆变器相比，并网型逆变器不仅要将光伏组件发出的直流电转换为交流电，还要对交流电的电压、电流、频率、相位与同步等进行控制，也要解决对电网的电磁干扰、自我保护、单独运行和孤岛效应以及最大功率跟踪等技术问题，因此对并网型逆变器要有更高的技术要求。图 3-33 是并网光伏逆变系统结构示意图。

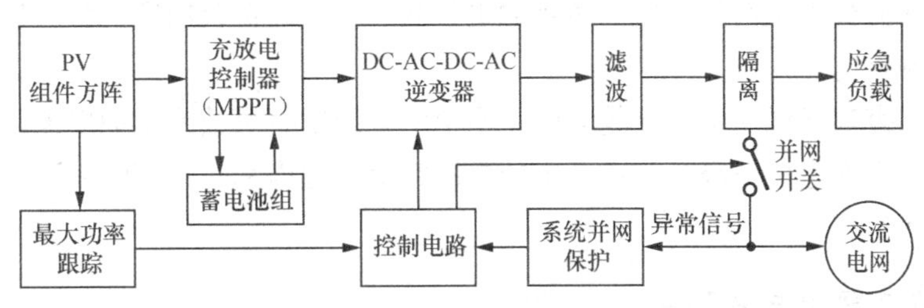

图3-33　并网光伏逆变系统结构示意图

1. 并网逆变器的技术要求

光伏发电系统的并网运行，对逆变器提出了较高的技术要求，这些要求如下。

（1）要求系统能根据日照情况和规定的日照强度，在光伏方阵发出的电力能有效被利用的条件下，对系统进行自动启动和关闭。

（2）要求逆变器必须输出正弦波电流。光伏系统馈入公用电网的电力，必须满足电网规定的指标，如逆变器的输出电流不能含有直流分量，高次谐波必须尽量减少，不能对电网造成谐波污染。

（3）要求逆变器在负载和日照变化幅度较大的情况下能高效运行。光伏系统的能量来自太阳能，而日照强度随着气候而变化，所以工作时输入的直流电压变化较大，这就要求逆变器在不同的日照条件下能高效运行。同时要求逆变器本身也要有较高的逆变效率，一般中、小功率逆变器满载时的逆变效率要求达到 88%～93%，大功率逆变器满载时的逆变效率要求达到 95%～99%。

（4）要求逆变器能使光伏方阵始终工作在最大功率点状态。电池组件的输出功率与日照强度、环境温度的变化有关，即其输出特性具有非线性关系。这就要求逆变器具有最大功率点跟踪控制功能（MPPT 控制），即不论日照、温度等如何变化，都能通过逆变器的自动调节实现电池组件方阵的最大功率输出，这是保证太阳能光伏发电系统高效率工作的重要环节。

（5）要求具有较高的可靠性。许多光伏发电系统处在边远地区和无人值守与维护的状态，要求逆变器具有合理的电路结构和设计，具备一定的抗干扰能力、环境适应能力、瞬时过载保护能力以及各种保护功能，如输入直流极性接反保护、交流输出短路保护、过热保护、过载保护等。

（6）要求有较宽的直流电压输入适应范围。电池组件及方阵的输出电压会随着日照强度、气候条件的变化而变化。对于接入蓄电池的并网光伏系统，虽然蓄电池对电池组件输出电压具有一定的钳位作用，但由于蓄电池本身电压也随着蓄电池的剩余电量和内阻的变化而波动，特别是不接蓄电池的光伏系统或蓄电池老化时的光伏系统，其端电压的变化范围很大。例如，一个接12V蓄电池的光伏系统，它的端电压会在11～17V变化。这就要求逆变器必须能在较宽的直流电压输入范围内正常工作，并保证交流输出电压的稳定。

（7）要求逆变器具有电网检测及自动并网功能。并网逆变器在并网发电之前，需要从电网上取电，检测电网的电压、频率、相序等参数，然后调整自身发电的参数，与电网的参数保持同步、一致，然后进入并网发电状态。

（8）要求在电力系统发生停电时，并网光伏系统既能独立运行，又能防止孤岛效应，能快速检测并切断向公用电网的供电，防止触电事故的发生。待公用电网恢复供电后，逆变器能自动恢复并网供电。

（9）要求具有零（低）电压穿越功能。当电网系统发生事故或扰动现象，引起光伏发电系统并网点电压出现电压暂降时，在一定的电压跌落范围内和时间间隔内，逆变器要能够保证不脱网连续运行。

2. 并网逆变器的电路原理

（1）三相并网型逆变器的电路原理

三相并网型逆变器的输出电压一般为交流380V或更高电压，频率为50 Hz/60Hz，其中50Hz为中国和欧洲标准，60Hz为美国和日本标准。三相并网型逆变器多用于容量较大的光伏发电系统，输出波形为标准正弦波，功率因数接近1.0。

三相并网逆变器的电路原理如图3-34所示，分为主电路和微处理器电路两个部分。其中，主电路主要完成DC-DC-AC的变换和逆变过程。微处理器电路主要完成系统并网的控制过程。系统并网控制的目的是使逆变器输出的交流电压值、波形、相位等维持在规定的范围内，因此，微处理器控制电路要完成电网电压相位实时检测，电流相位反馈控制，光伏方阵最大功率跟踪以及实时正弦波脉宽调制信号发生等内容。其具体工作过程如下：公用电网的电压和相位经过霍尔电压传感器送给微处理器的A/D转换器，微处理器将回馈电流的相位与公用电网的电压相位做比较，其误差信号通过PID运算器调节后送给脉宽调制器（PWM），这就完成了功率因数为1的电能回馈过程。微处理器完成的另一项主要工作是实现光伏方阵的最大功率输出。光伏方阵的输出电压和电流分别由电压、电流传感器检测并相乘，得到方阵的输出功率，然后调节PWM输出占空比。这个占空比的调节实质上就是调节回馈电压的大小，从而实现最大功率寻优。当U的幅值变化时，回馈电流与电网电压之间的相位角ϕ也将有一定的变化。由于电流相位已实现了反馈控制，因此自然实现了相位与幅值的解耦控制，使微处理器的处理过程更简便。

（2）单相并网型逆变器的电路原理

单相并网型逆变器的输出电压为交流220V或110V，频率为50Hz，波形为正弦波，多用于小型的户用系统。单相并网型逆变器电路原理如图3-35所示。其逆变和控制过程与三相并网型逆变器基本类似。

（3）并网逆变器单独运行的检测与孤岛效应的防止

在太阳能光伏并网发电过程中，由于光伏发电系统与电力系统并网运行，当电力系统由于某种原因发生异常而停电时，如果光伏发电系统不能随之停止工作或与电力系统脱开，则

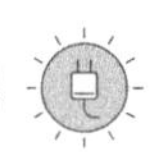

会向电力输电线路继续供电，这种运行状态被形象地称为“孤岛效应”。特别是当光伏发电系统的发电功率与负载用电功率平衡时，即使电力系统断电，光伏发电系统输出端的电压和频率等参数也不会快速随之变化，使光伏发电系统无法正确判断电力系统是否发生故障或中断供电，因而极易导致“孤岛效应”现象的发生。

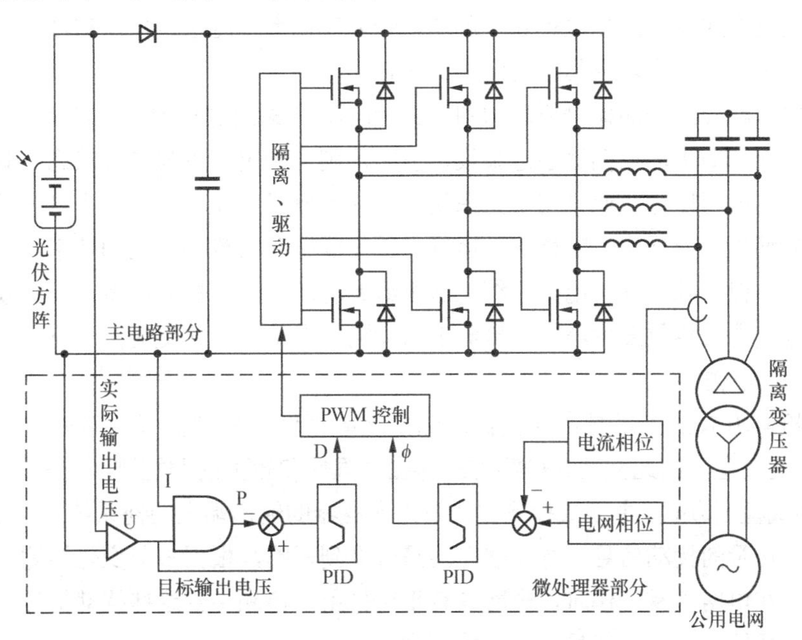

图3-34　三相并网逆变器的电路原理示意图

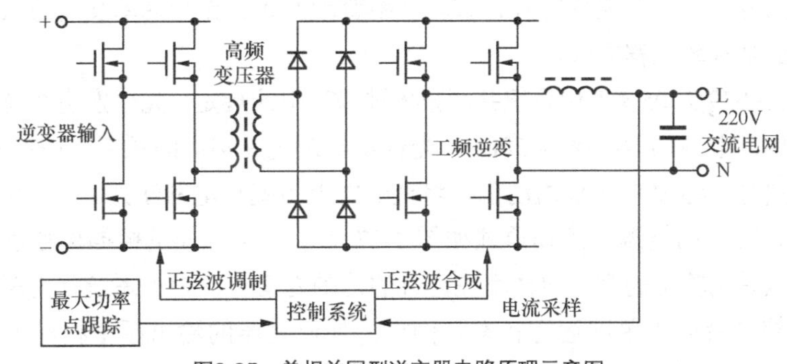

图3-35　单相并网型逆变器电路原理示意图

“孤岛效应”会产生严重的后果。当电力系统发生故障或中断供电后，由于光伏发电系统仍然继续给电网供电，会威胁电力供电线路修复及维修作业人员和设备的安全，造成触电事故。不仅妨碍了停电故障的检修和电网的尽快恢复，而且有可能给配电系统及一些负载设备造成损害。因此为了确保维修作业人员的安全和电力供电的及时恢复，当电力系统停电时，必须使光伏发电系统停止运行或与电力系统自动分离（此时光伏发电系统自动切换成独立供电系统，还将继续运行，为一些应急负载和必要负载供电）。越多的光伏并网发电系统并网于电力系统，发生“孤岛效应”的几率就越高，所以必须有相应的对策来解决“孤岛效应”。

在逆变器电路中，检测光伏系统单独运行状态的功能称为单独运行检测。检测出单独运行状态，并使光伏发电系统停止运行或与电力系统自动分离的功能叫作单独运行停止或“孤岛效应”防止。单独运行检测功能分为被动式检测和主动式检测两种方式。

① 被动式检测方式。当电网发生故障而断电时，逆变器的输出电压、输出频率、电压相位和谐波都会发生变化，被动式检测方式通过实时监视电网系统的电压、频率、相位和谐波的变化，检测因电网电力系统停电使逆变器向单独运行过渡时的电压波动、相位跳动、频率变化、谐波变化等参数变化，检测出单独运行状态。

被动式检测方式有电压相位跳跃检测法、频率变化率检测法、电压谐波检测法、输出功率变化率检测法等，其中电压相位跳跃检测法较为常用。

电压相位跳跃检测法的检测原理如图 3-36 所示，其检测过程如下：周期性的检测逆变器的交流电压周期，如果周期偏移超过某设定值时，则可判定为单独运行状态；此时使逆变器停止运行或脱离电网运行。通常与电力系统并网的逆变器是在功率因数为 1（即电力系统电压与逆变器的输出电流同相）的情况下运行，逆变器不向负载供给无功功率，而由电力系统供给无功功率。但单独运行时电力系统无法供给无功功率，逆变器不得不向负载供给无功功率，其结果是使电压相位发生骤变。检测电路检测出电压相位的变化，即可判定光伏发电系统处于单独运行状态。

被动式检测方式的不足是当逆变器的输出功率正好与局部负载功率平衡时很难检测出"孤岛效应"的发生，因此被动式检测方式存在局限性和较大的非检测区。

② 主动式检测方式。主动式检测方式是由逆变器的输出端主动向系统发出电压、频率或输出功率等变化量的扰动信号，并观察电网是否受到影响，根据参数变化检测出是否处于单独运行状态。在电网正常工作时，电网具有平衡作用，检测不到这些扰动信号，当电网发生故障时，逆变器输出的扰动信号就会被检测到。

主动式检测方式有频率偏移方式、有功功率变动方式、无功功率变动方式、负载变动方式等，较常用的是频率偏移方式。

根据 GB/T19939-2005《光伏系统并网技术要求》中的规定，光伏发电系统并网运行时应与电网同步运行，电网额定频率为 50Hz，光伏发电系统并网后的频率允许偏差为±0.5Hz，当超出频率范围时，必须在 0.2s 内动作，将光伏发电系统与电网断开。

频率偏移方式主动检测的工作原理如图 3-37 所示，该方式是根据单独运行中的负载状况，使光伏发电系统输出的交流电频率在允许的范围内变化，根据系统是否跟随其变化来判断光伏发电系统是否处于单独运行状态。例如，使逆变器的输出频率相对于系统频率作±0.1Hz 的波动，在与系统并网时，此频率波动会被系统吸收，所以系统的频率不会改变。当系统处于单独运行状态时，此频率的波动会引起系统频率的变化，根据检测出的频率可以判断出为单独运行。一般当频率波动持续 0.2s 以上时，则逆变器会停止运行或与电力电网脱离。

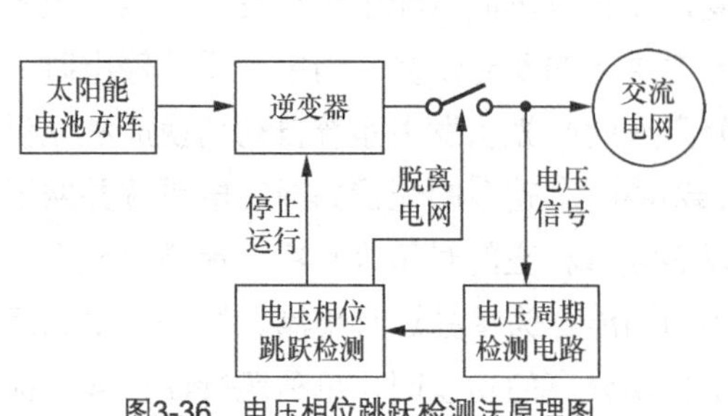

图3-36　电压相位跳跃检测法原理图

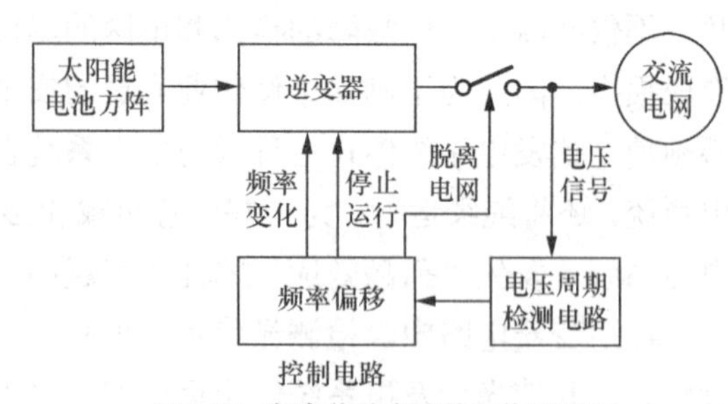

图3-37　频率偏移方式的工作原理图

主动式检测方式精度高，非检测区小，但是控制复杂，而且降低了逆变器输出电能的质量。目前更先进的检测方式是采用被动式检测方式与主动式检测方式相结合的组合检测方式。

（4）并网型逆变器的开关结构类型

一般来说并网型逆变器的成本占了整个光伏发电系统总成本的 10%～15%，而并网型逆变器的成本主要取决于其内部的开关结构类型和功率电子部件，目前的并网型逆变器一般有以下 3 种开关结构类型。

① 带工频变压器的逆变器。这种开关类型通常由功率晶体管（如 MOSFET）构成的单相逆变桥和后置工频变压器两部分组成，工频变压器既可以轻松实现与电网电压的匹配，又可以起到 DC-AC 的隔离作用。采用工频变压器技术的逆变器工作稳定可靠，且在低功率范围有较好的经济性。这种结构的缺点是体积大，笨重，逆变效率相对较低。

② 带高频变压器的逆变器。使用高频电子开关电路可以显著减小逆变器的体积和重量。这种开关结构类型由一个将直流电压升压到 300 多伏的直流变换器和由 IGBT 构成的桥式逆变电路组成。高频变压器比工频变压器体积、重量都小许多，如一个 2.5kW 逆变器的工频变压器重量约为 20kg，而相同功率逆变器的高频逆变器只有约 0.5kg。这种结构类型的电路工作效率较高，缺点是高频开关电路及部件的成本也较高，甚至还要依赖进口。但总体衡量成本劣势并不明显，特别是高功率应用有相对较好的经济性。

③ 无变压器的逆变器。这种开关结构因为减小了变压器环节带来的损耗，因而有相对最高的转换效率，但抗干扰及安全措施的成本将提高。

3.3　光伏逆变器的性能特点与技术参数

掌握和了解光伏逆变器的性能特点和技术参数，对于考察、评价和选用光伏逆变器有着积极的意义。

3.3.1　光伏逆变器的主要性能特点

1. 离网型逆变器的主要性能特点

（1）采用 16 位单片机或 32 位 DSP 微处理器进行控制。

（2）太阳能充电采用 PWM 控制模式，大大提高了充电效率。

（3）采用数码或液晶显示各种运行参数，可灵活设置各种定值参数。

（4）方波、修正波、正弦波输出。纯正弦波输出时，波形失真率一般小于 5%。

（5）稳压精度高，额定负载状态下，输出偏差一般不大于±3%。

（6）具有缓启动功能，避免对蓄电池和负载造成大电流冲击。

（7）高频变压器隔离，体积小、重量轻。

（8）配备标准的 RS232/485 通信接口，便于远程通信和控制。

（9）可在海拔 5500m 以上的环境中使用。适应环境温度范围为-20～50℃。

（10）具有输入反接保护、输入欠电压保护、输入过电压保护、输出过电压保护、输出过载保护、输出短路保护、过热保护等多种保护功能。

2. 并网型逆变器的主要性能特点

（1）功率开关器件采用新型IPM，大大提高了系统效率。

（2）采用MPPT自寻优技术实现太阳能电池最大功率跟踪功能，最大限度地提高系统的发电量。

（3）液晶显示各种运行参数，人性化界面，可通过按键灵活设置各种运行参数。

（4）有多种通信接口可以选择，可方便地实现上位机监控（上位机是指人可以直接发出操控命令的计算机，屏幕上显示各种信号变化，如电压、电流、水位、温度、光伏发电量等）。

（5）具有完善的保护电路，系统可靠性高。

（6）具有较宽的直流电压输入范围。

（7）可实现多台逆变器并联组合运行，简化光伏发电站设计，使系统能够平滑扩容。

（8）具有电网保护装置，具有防孤岛保护功能。

3.3.2 光伏逆变器的主要技术参数

在光伏系统中，光伏逆变器的技术指标及参数主要受蓄电池、负载和并网要求的影响，其主要技术参数如下。

1. 额定输出电压

光伏逆变器在规定允许的输入直流电压范围内，应能输出额定的电压值，一般在额定输出电压为单相220V和三相380V时，电压波动偏差有如下规定。

（1）在稳定状态运行时，一般要求电压偏差不超过额定值的±5%。

（2）在负载突变时，电压偏差不超过额定值的±10%。

（3）在正常工作条件下，逆变器输出的三相电压不平衡度不应超过8%。

（4）三相输出的电压波形（正弦波）失真度一般要求不超过5%，单相输出不超过10%。

（5）在正常工作条件下，逆变器输出交流电压的频率偏差应在1%以内。国家标准GB/T 19064-2003规定的输出电压频率应在49～51Hz。

2. 负载功率因数

负载功率因数的大小表示了逆变器带感性负载或容性负载的能力，在正弦波条件下负载功率因数为0.7～0.9，额定值为0.9。在负载功率一定的情况下，如果逆变器的功率因数较低，则所需逆变器的容量就要增大，导致成本增加；同时光伏系统交流回路的视在功率增大，回路电流增大，损耗必然增加，导致系统效率降低。

3. 额定输出电流和额定输出容量

额定输出电流是指在规定的功率因数范围内逆变器的额定输出电流，单位为A；额定输

出容量是指当输出功率因数为 1（即纯电阻性负载）时，逆变器额定输出电压和额定输出电流的乘积，单位是 kVA 或 kW。

4. 额定输出效率

额定输出效率是指在规定的工作条件下，输出功率与输入功率之比，以百分数表示。一般情况下，光伏逆变器的标称效率是指纯电阻性负载、80%负载情况下的效率。逆变器的效率会随着负载的大小而改变，当负载率低于 20%和高于 80%时，效率要低一些。标准规定逆变器的输出功率在大于等于额定功率的 75%时，效率应大于等于 90%。目前主流逆变器的标称效率在 95%～99%，对小功率逆变器要求其效率不低于 85%。在光伏发电系统设计中，不但要选择高效率的逆变器，同时还应通过合理配置系统，尽量使光伏系统负载工作在最佳效率点附近。

5. 欧洲效率和最大效率

欧洲效率是根据欧洲光照条件，一个有标准配置阵列的光伏逆变器，给出在不同功率点的权值，用来估算逆变器的总体效率。具体是指逆变器在不同负荷条件下效率的概率加权和，具体公式如下：

$$\text{欧洲效率}=0.03\eta5\%+0.06\eta10\%+0.13\eta20\%+0.1\eta30\%+0.48\eta50\%+0.2\eta100\%$$

可以看到，六个系数的和是 1，每个系数反映了欧洲光照条件下逆变器在各自功率点工作的概率，总体反映了逆变器的效率。

逆变器的最大效率是指逆变器能达到的最大效率。

6. 过载能力

过载能力是指要求逆变器在特定的输出功率下能持续工作一定的时间，其标准规定如下。

（1）输入电压与输出功率为额定值时，逆变器应能连续可靠工作 4h 以上。

（2）输入电压与输出功率为额定值的 125%时，逆变器应能连续可靠工作 1min 以上。

（3）输入电压与输出功率为额定值的 150%时，逆变器应能连续可靠工作 10s 以上。

7. 额定直流输入电压

额定直流输入电压是指光伏发电系统中输入逆变器的额定直流电压，小功率逆变器输入电压一般为 12V、24V 和 48V，中、大功率逆变器输入电压有 48V、150V、300V、500V 等。

8. 额定直流输入电流

额定直流输入电流是指光伏方阵向逆变器提供的额定直流工作电流。

9. 直流电压输入范围

对于离网光伏逆变器，直流输入电压允许在额定直流输入电压的 90%～120%范围内变化，且应该不影响输出电压的变化。对于并网逆变器来说，一般直流电压输入范围都比较宽，如 160～800V、200～1000V 等，还有一个 MPPT 工作电压范围一般也在 120～600V、450～

800V 等。

10. 使用环境条件

（1）工作温度。逆变器功率器件的工作温度直接影响逆变器的输出电压、波形、频率、相位等许多重要特性，而工作温度又与环境温度、海拔高度、相对湿度以及工作状态有关。

（2）工作环境。对于高频高压型逆变器，其工作特性与工作环境、工作状态有关。在高海拔地区，空气稀薄，容易出现电路极间放电，影响工作。在高湿度地区则容易结露，造成局部短路。因此逆变器都规定了适用的工作范围。

光伏逆变器的正常使用条件为：环境温度–20～＋50℃，海拔≤5500m，相对湿度≤93%，且无凝露。当工作环境和工作温度超出上述范围时，要考虑降低容量使用或重新设计定制。

11. 电磁干扰和噪声

逆变器中的开关电路极容易产生电磁干扰，容易在铁芯变压器上产生噪声。因而在设计和制造中必须控制电磁干扰和噪声指标，使之满足有关标准和用户的要求。其噪声要求为：当输入电压为额定值时，在设备高度的 1/2、正面距离为 3m 处用声级计分别测量 50%额定负载和满载时的噪声，噪声值应小于等于 65db。

12. 保护功能

光伏发电系统应该具有较高的可靠性和安全性，作为光伏发电系统重要组成部分的逆变器应具有如下保护功能。

（1）输入欠电压保护。当输入电压低于规定的欠电压断开（LVD）值时，即低于额定电压的 85%时，逆变器应能自动关机保护并作出相应的显示。

（2）输入过电压保护。当输入电压高于规定的过电压断开（HVD）值时，即高于额定电压的 130%时，逆变器应能自动关机保护并作出相应的显示。

（3）过电流保护。逆变器的过电流保护，应能保证在负载发生短路或电流超过允许值时及时动作，使其免受浪涌电流的损伤。当工作电流超过额定值的 150%时，逆变器应能自动保护。当电流恢复正常后，设备又能正常工作。

（4）短路保护。当逆变器输出短路时，应具有短路保护措施。逆变器短路保护动作时间应不超过 0.5s。短路故障排除后，设备应能正常工作。

（5）极性反接保护。逆变器的正极输入端与负极输入端接反时，逆变器应能自动保护。待极性正接后，设备应能正常工作。

（6）防雷保护。逆变器应具有防雷保护功能，其防雷器件的技术指标应能保证吸收预期的冲击能量。

13. 安全性能要求

（1）绝缘电阻。逆变器直流输入与机壳间的绝缘电阻应大于等于 50MΩ，逆变器交流输出与机壳间的绝缘电阻也应大于等于 50MΩ。

（2）绝缘强度。逆变器的直流输入与机壳间应能承受频率为 50Hz、交流电压为 500V 正

弦波、历时 1min 的绝缘强度试验，试验中应无击穿或飞弧现象。逆变器交流输出与机壳间应能承受频率为 50Hz、交流电压为 1500V 正弦波、历时 1min 的绝缘强度试验，试验中应无击穿或飞弧现象。

|3.4 光伏逆变器的选型|

3.4.1 离网光伏逆变器的选型

离网光伏逆变器是离网光伏发电系统的主要部件和重要组成部分，为了保证光伏发电系统的长期正常运行，除了根据光伏发电系统的各项技术指标并参考生产厂家的产品手册数据确定外，离网逆变器的选型还要重点考虑下列几项技术指标。

1. 额定输出功率

额定输出功率表示逆变器向负载供电的能力。额定输出功率高的逆变器可以带更多的用电负载。选用逆变器时应首先考虑具有足够的额定输出功率，以满足最大负荷下设备对电功率的要求，以及系统扩容及一些临时负载接入。当用电设备以纯电阻性负载为主或功率因数大于 0.9 时，一般选取额定输出功率比用电设备总功率大 10%～15%的逆变器。同时逆变器还应具有抗容性和感性负载冲击的能力。对一般电感性负载，如电动机、电冰箱、空调器、洗衣机、水泵等，在启动时，其瞬时功率可能是其额定功率的 5～6 倍，此时，逆变器将承受很大的瞬时浪涌电流。针对此类系统，逆变器的额定输出功率要留有充分的余量，以保证负载能可靠启动。

2. 输出电压的调整性能

输出电压的调整性能表示逆变器输出的稳压能力。一般逆变器都给出了直流输入电压在允许范围变动时，该逆变器输出电压的波动偏差百分率，通常称为电压调整率。高性能的逆变器应同时给出负载由 0 向 100%变化时，该逆变器输出电压的偏差百分率，通常称为负载调整率。性能优良的逆变器的电压调整率应小于等于±3%，负载调整率应小于等于±6%。

3. 整机效率

整机效率表示逆变器自身功率损耗的大小。容量较大的逆变器还要给出满负荷工作和低负荷工作下的效率值。一般千瓦级以下的逆变器的效率应为 85%～95%，10kW 级的效率应为 95%～97%，更大功率的效率必须在 98%～99%。逆变器的效率对提高光伏发电系统有效发电量和降低发电成本有重要影响，因此选用逆变器要尽量选择整机效率高一些的产品。

4. 启动性能

逆变器应保证在额定负载下可靠启动。高性能的逆变器可以做到连续多次满负荷启动而不损坏功率开关器件及其他电路。小型逆变器为了自身安全，有时采用软启动或限流启动措施或电路。

以上几条是离网逆变器设计和选购的主要依据，也是评价离网逆变器技术性能的重要指标。

离网系统一般根据光伏发电系统设计确定的直流电压来选择逆变器的直流输入电压，根据负载的类型确定逆变器的功率和相数，根据负载的冲击性决定逆变器的功率余量。逆变器的持续功率应该大于负载的功率，负载的启动功率要小于逆变器的最大冲击功率。在选型时还要为光伏发电系统将来的扩容留有一定的余量，具体可参考下列公式确定：

逆变器的功率＝阻性负载功率×（1.2～1.5）＋感性负载功率×（5～7）

在离网光伏发电系统中，系统电压的选择应根据负载的要求而定。负载电压要求越高，系统电压也应尽量高，当系统中没有 12V、24V 直流负载时，系统电压最好选择 48V、96V、144V、192V 等，这样可以使系统直流电路部分的电流变小。系统电压越高，系统电流就越小，从而可以使系统及线路损耗变小。

光伏发电系统中使用的逆变器性能涉及许多方面。逆变器在将光伏电能从直流转换至交流时需要具有较高的效率，需要在不同的环境和工作状态下，都能够准确地追踪光伏发电系统的最大功率点，同时在运行当中应能满足不同地区电网的要求。所有的功能都必须保障多年长时间的稳定运行，所需维护越少越好。在很多情况下，逆变器需要在极为严酷的环境中运行，如沙漠地区的高温和沙尘环境、大海边的高湿和盐雾环境等。要求逆变器在整个产品寿命周期内保证能源产出最大化和成本最小化，以获得最大的经济回报。

3.4.2 并网光伏逆变器的选型与应用

1. 并网逆变器的应用特点

在并网光伏发电系统中，根据光伏组件或方阵接入方式的不同，将并网逆变器大致分为集中式逆变器、组串式逆变器（含双向储能型逆变器）和微型（组件式）逆变器 3 类。图 3-38 是各种并网逆变器的接入方式示意图。

（1）集中式逆变器

集中式逆变器的特点如其名字一样，是把多路电池组件串构成的方阵集中接入到一台大型的逆变器中。一般先把若干个电池组件串联在一起构成一个组串，然后再把所有组串通过直流汇流箱汇流，集中输出一路或几路后输入到集中式逆变器中，如图 3-38（a）所示。当一次汇流达不到逆变器的输入特性和输入路数要求时，还要通过直流配电柜进行二次汇流。这类并网逆变器容量一般为 300～2500kW。

集中式逆变器的主要特点如下。

① 由于光伏方阵要经过一次或二次汇流后输入到并网逆变器，该逆变器的最大功率跟踪（MPPT）系统不可能监控到每一路光伏组串的工作状态和运行情况，也就是说不可能使每一组串同时达到各自的 MPPT 模式。当光伏方阵因照射不均匀、部分遮挡等原因使部分组串工作状况不良时，会影响到所有组串及整个系统的逆变效率。

② 集中式逆变器系统无冗余能力，整个系统的可靠性完全受限于逆变器本身，如其出现

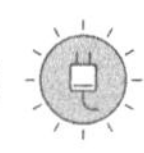

故障将导致整个系统瘫痪，并且系统修复只能在现场进行，修复时间较长。

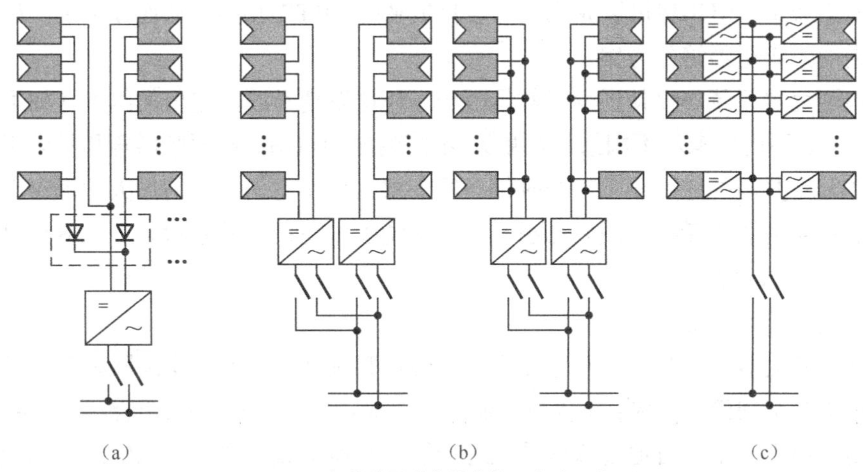

图3-38 各种并网逆变器的接入方式示意图

③ 集中式逆变器通常为大功率逆变器，其相关安全技术花费较大。

④ 集中式逆变器一般体积较大，重量较重，安装时需要动用专用工具、专业机械和吊装设备，逆变器也需要安装在专门的配电室内。

⑤ 集中式逆变器直流侧需要较多的直流线缆，其线缆成本和线缆电能损耗相对较大。

⑥ 采用集中式逆变器的发电系统可以集中并网，便于管理。在理想状态下，集中式逆变器还能在相对较低的投入成本下提供较高的效率。

（2）组串式逆变器

组串式逆变器基于模块化的概念，把光伏方阵中每个光伏组串输入到一台指定的逆变器中，多个光伏组串和逆变器模块化地组合在一起，所有逆变器在交流输出端并联并网，如图 3-38（b）所示。这类逆变器容量一般为 1～10kW。组串式逆变器的主要特点如下。

① 每路组串的逆变器都有各自的 MPPT 功能和孤岛保护电路，不受组串间电池组件性能差异和局部遮影的影响，可以处理不同朝向和不同型号的电池组件，提高了发电系统的整体效率，非常适合在分布式光伏发电系统中应用。

② 组串式逆变器系统具有一定的冗余运行功能，即使某个光伏组串或某台逆变器出现故障也只会使系统容量减小，可有效减小局部故障导致整个系统停电所造成的电量损失，提高了系统的稳定性。

③ 组串式逆变器系统可以分散就近并网，减少了直流电缆的使用，从而减少了系统线缆成本及线缆电能损耗。

④ 组串式逆变器体积小、重量轻，搬运和安装方便，不需要专业工具和设备，也不需要专门的配电室。直流线路连接不需要直流汇流箱和直流配电柜等。

⑤ 组串式逆变器分散于光伏系统中，对信息通讯技术提出了相对较高的要求，但随着通信技术的不断发展，新型通信技术和方式的不断出现，这个问题已经基本解决。

（3）多组串式逆变器

多组串式逆变器是为了同时获得组串式逆变器和集中式逆变器的优点，在组串式逆变器基础上，形成多组串输入方式，系统使与其相关联的几组组串共同参与工作且互不影响，从而生产更多的电能。这种形式的多组串逆变器借助DC-DC变换器把多个组串连接在一个共有的逆变器系统上，但仍然可以完成组串各自单独的MPPT功能，从而提供了一种完整的比普通组串逆变系统更经济的方案。

多组串逆变器系统不仅使逆变器数量减少，还可以使不同额定值的组串（如不同额定功率、不同尺寸、不同厂家和不同组件数量）、不同朝向的组串、不同倾斜角和不同阴影遮挡的组串连接在一个共同的逆变器上，同时每一组串都工作在它们各自的最大功率点上，使因组串间差异而引起的发电量损失减到最小，整个系统工作在最佳效率状态上。多组串式逆变器容量一般在10～80kW。

（4）双向储能逆变器

双向储能逆变器又叫双向并网逆变器或双模式变流器。既能实现离网和并网发电功能，又能实现电能的双向流动控制；可以将交流电变换成直流电，也可以将直流电变换成交流电。白天光伏组件所发的电力可通过双向储能逆变器给本地负载供电或并入电网，或给储能系统充电；晚上可以根据需要把储能系统中的电能释放出来供负载使用。此外电网也可通过逆变器给储能设备充电。双向储能逆变器可以应用到有电能存储要求的并网发电系统中，也可以和组串式逆变器结合构成独立运行的光伏发电系统，原理如图3-39所示。

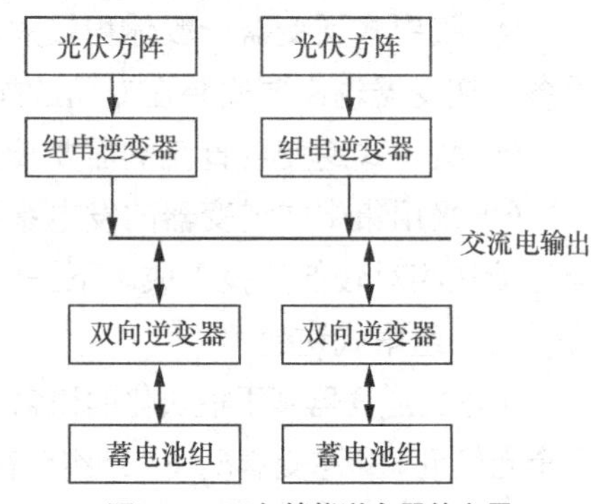

图3-39　双向储能逆变器的应用

双向储能逆变器由蓄电池组供电，将直流电变换为交流电，在交流总线上建立起电网。组串式逆变器自动检测光伏方阵是否有足够能量，检测交流电网是否满足并网发电条件，当条件满足后进入并网发电模式，向交流总线馈电，系统启动完成。系统正常工作后，双向储能逆变器检测负载用电情况，组串式逆变器馈入电网的电能首先供负载使用。如果有剩余的电能，双向储能逆变器将其变换为直流电给蓄电池组充电；如果组串式逆变器馈入的电能不够负载使用，双向储能逆变器又将蓄电池组供给的直流电变换为交流电馈入交流总线供负载使用。以此为基本单元组成的模块化分散式独立供电系统还可与其他电网并网。

在无光伏发电补贴及实行峰谷电价的地区，利用双向储能逆变器可以把光伏发电的多余电能存储在蓄电系统中，供晚上使用，最大化地提高光伏发电系统的自发自用量，也可以利用便宜的夜间谷价电力给蓄电系统充电。用光伏发电满足白天的用电，存储的电力在傍晚至夜间用电高峰时使用，从而减少用户电费支出。

双向储能逆变器作为储能系统、微电网系统的关键设备，将广泛地应用到分布式光伏发电系统中。

（5）微型逆变器

微型逆变器也叫组件式逆变器，其外形如图3-14所示。微型逆变器可以直接固定在组件背后，每一块光伏组件都对应一个具有独立DC-AC逆变功能和MPPT功能的微型逆变器。目前一台微型逆变器可连接两块或4块光伏组件，形成两路或4路独立MPPT输入，最大输出功率可达1200W，可广泛应用在各种分布式光伏发电系统中。用微型逆变器构成的光伏发电系统更为高效、可靠、智能，在寿命周期内，与应用其他逆变器的光伏发电系统相比，微

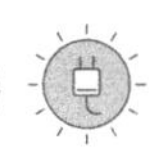

型逆变器系统发电量最高可提高 25%。

微型逆变器有效地克服了集中式逆变器及组串式逆变器的不足，具有下列一些特点。

① 发电量最大化。微型逆变器针对每个单独组件做 MPPT，可以从各组件分别获得最高功率，发电总量最多可提高 25%。

② 对应用环境适应性强。微型逆变器对光伏组件的一致性要求较低，实际应用中出现诸如阴影遮挡、云雾变化、污垢积累、组件温度不一致、组件安装倾斜角度不一致、组件安装方位不一致、组件细小裂缝和组件效率衰减不均等内外部不理想条件时，问题组件不会影响其它组件，从而不会显著降低系统的整体发电效率。

③ 能快速诊断和解决问题。采用电力载波技术，微型逆变器光伏系统可以实时监控系统中每一块组件的工作状况和发电性能。

④ 几乎不用直流电缆，但交流侧需要较多的布线成本和费用。

⑤ 避免单点故障。传统集中式逆变器是整个光伏发电系统的薄弱环节和故障高发单元，微型逆变器的使用不但消除了这一薄弱环节，而且其分布式架构确保了不会因单点故障导致整个系统停止工作。

⑥ 施工安装快捷、简便、安全。微型逆变器的应用使光伏发电系统摆脱了危险的高压直流电路，安装时组件性能不必完全一致，因而不用对光伏组件挑选匹配，使安装时间和成本都降低 15%～25%，还可以随时对系统做灵活变更和扩容。

⑦ 微型逆变器内部主电路采用谐振式软开关技术，开关频率最高达几百千赫，开关损耗小，变换效率高。同时采用体积小、重量轻的高频变压器实现电气隔离及功率变换，功率密度高。实现了高效率、高功率密度和高可靠性的应用。

2. 并网光伏逆变器的选型

太阳能光伏发电应用的快速发展，光伏发电系统及光伏电站类型的日益多样化，对光伏发电系统的设计选型提出了更高的要求，所以光伏逆变器的选型应当体现“因地制宜、科学设计”的基本原则。

从宏观上讲，光伏逆变器的选型，要结合光伏发电工程建设实践经验，根据光伏电站建设的实际情况（如建设现场的使用环境、电站的分布情况、当地的气候条件等因素）来选用不同类型的逆变器。结合工程建设的实际情况选择合适的逆变器，不仅可以节省工程建设成本，简化安装条件，缩短安装时耗，而且可以有效地提高系统发电效率。具体地说，对于地面光伏电站、沙漠光伏电站等，集中式并网逆变器一直是主流解决方案。集中式逆变器安装数量少，便于管理，逆变器设备投入也相对较少。因此更低的初始投资，更友好的电网接入，更低的后期运行维护成本是选择集中式逆变器的主要依据。组串式逆变器则大多应用在中小型光伏电站中，特别是分布式光伏电站及与建筑结合的光伏建筑一体化发电系统。而组件式并网逆变器则更适用于几千瓦以内的小型光伏发电系统，如光伏车棚、光伏玻璃幕墙等。

随着并网逆变器种类和应用技术的不断丰富和提高，并网逆变器的选型和应用也要与时俱进，灵活应用。例如，在平坦无遮挡的应用场合，集中式逆变器和组串式逆变器的发电量基本持平，所以可以采用集中式逆变器为主、组串式逆变器补充的组合方式；而对于较大规模的分布式屋顶电站、渔光互补、水上漂浮电站等，如果安装面平坦，无不同朝向，没有局部遮挡，考虑到安装和维护的便利性，也可以首选集中式逆变器；而组串式逆变器由于单机容量小，MPPT 数量多，配置灵活，主要用于复杂的小型山丘电站、农业大棚、复杂的屋顶等应用场合。根据逆变器的特点，一般 8kW 以下的系统宜选用单相组串式逆变器，8～500kW 的系统选用三相组串式逆变器，500kW 以上的系统，可以根据实际情况选用组串式逆变器或集中式逆变器，表 3-3 为根据不同系统容量并网逆变器选型的推荐方案，以供参考。

表 3-3　　不同容量系统并网逆变器的选择

系统容量	逆变器选择	选择说明
400kW 以下	组串式逆变器	400kW 以下系统，组串式逆变器与集中式逆变器成本相差不大，但组串式逆变器发电量能提高 5%到 10%
400kW 到 2MW	组串式逆变器	这个容量区间的系统，选用组串式逆变器比集中式逆变器成本高 5%，但组串式逆变器发电量要高 5%到 10%，系统总体收益好
2MW 到 6MW	日照均匀的地面电站用集中式逆变器，屋顶类等用组串式	根据实际安装场地选择
6MW 以上	集中式逆变器	集中式逆变器能更好地适应电网的要求

图 3-40 和图 3-41 分别是用集中式逆变器和组串式逆变器构成的光伏发电系统电气原理图，从图中可以更直观地看出光伏方阵并网逆变器的不同接法。在此从几个方面对这两类逆变器的优缺点进行具体比较，并列举选型实例供读者参考。

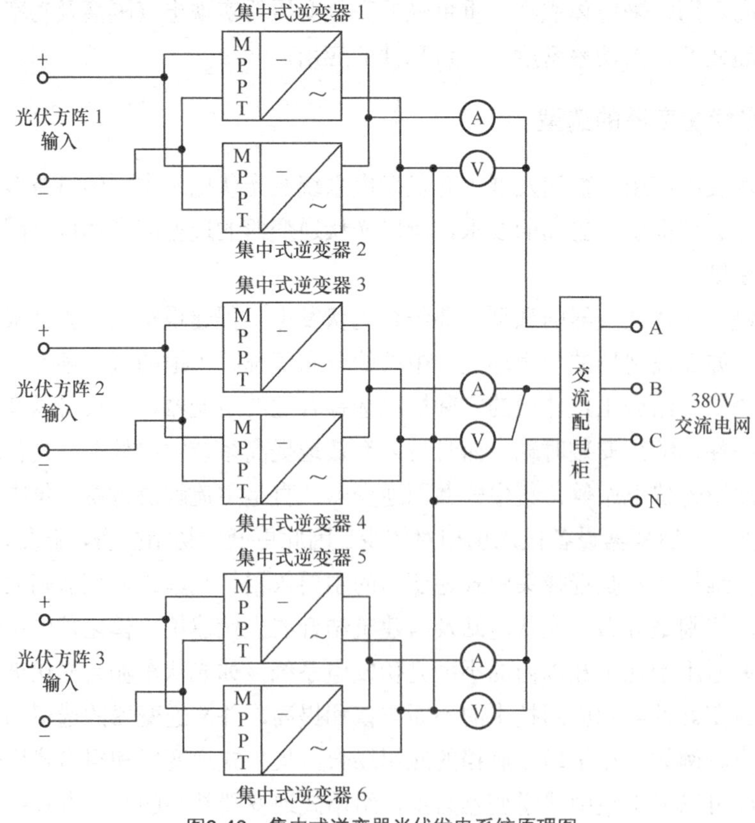

图3-40　集中式逆变器光伏发电系统原理图

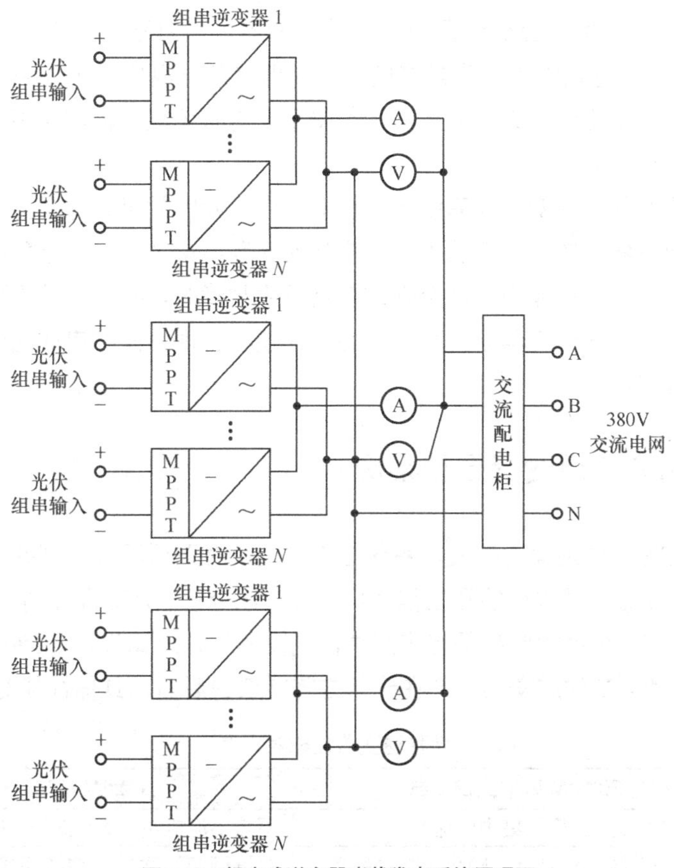

图3-41　组串式逆变器光伏发电系统原理图

（1）系统成本方面

组串式逆变器体积小、重量轻，搬运和安装都非常方便，不需要专业工具和设备，也不需要专门的配电室，直流线路连接也不需要直流汇流箱、直流配电柜等。

集中式和组串式逆变器光伏发电系统的配电方式和设备的不同也导致了整个发电系统铺设线缆数量不同。集中式逆变器要使用直流汇流箱进行一次汇流，而直流汇流箱一般都安装在光伏方阵旁边，所以这部分线缆的使用量比组串式逆变器系统相对要少很多。但集中式逆变器系统要从直流汇流箱到直流配电柜进行二次汇流，这部分使用的线缆相对较粗，而组串式逆变器系统则不需要这部分线缆，所以组串式逆变器系统这部分成本相对较低。

对逆变器输出的交流侧线缆来说，集中式逆变器系统使用线缆相对较少，而组串式逆变器系统使用线缆相对较多。

（2）系统效率方面

目前，就并网逆变器本身的效率而言已经达到了比较高的水平，且集中式和组串式并网逆变器的效率基本相当，都可以达到98%以上。系统效率的主要差别在系统优化和线路损耗等方面。在集中式逆变器系统中，由于光伏方阵经过两次汇流才输入到逆变器，所以逆变器的最大功率点跟踪（MPPT）系统无法监控到每一路光伏组串的运行情况，因此不可能使每一路光伏组串都达到 MPPT 状态，只能对整个光伏方阵进行跟踪调控。而组串式逆变器每组或每几组光伏组串输入到一台逆变器中，并且逆变器可以单独对输入的光伏组串分别进行MPPT，确保每组串或每几组串产生最多的电量，即使某一组串由于太阳辐射不足或因故障断开，其他组串也不受影响继续正常发电，使整个发电系统能量输出实现最大化。

（3）系统运行特性方面

采用不同类型的并网逆变器使系统运行性能产生不同的效果。除了上面所说的运行效率不同外，集中式逆变器系统无冗余能力，如有任何问题，整个系统将全部停止发电。而组串式逆变器系统则有冗余运行能力，当个别逆变器发生故障时，整个系统不受其影响，依然可以正常发电。另外集中式逆变器系统可集中并网，便于管理；而组串式逆变器系统则可以分散就近并网，系统损耗小。

3.4.3 并网光伏逆变器选型案例

下面以一个1MW的地面光伏发电系统工程为例，对采用两种不同并网逆变器的发电系统进行对比设计，并对其基本性能和工程造价进行对比分析。该工程分别采用2台500kW的集中式并网逆变器和25台40kW的组串式并网逆变器进行对比设计，500kW的逆变器安装在专用配电室内，40kW的逆变器安装在光伏方阵支架的后面，具体性能对比如表3-4所示。

表3-4　两种逆变器性能对比表

比较项目	500kW集中式逆变器	40kW组串式逆变器
汇流箱	需要12台汇流箱，集中汇流	不需要汇流箱，直流输入细分到每1串
直流线缆	直流侧布线相对复杂，距离长，用线多，可能需要二级汇流，成本较高	直流侧布线简单，线缆连接距离短，用线少，成本较低
交流线缆	交流输出离变压器近，用线少，损耗小，交流布线简单，成本低	交流输出线缆连接距离长，可直接就近并网或通过交流汇流后并网
防护等级	防护等级低，IP20，需要专用配电室或室外箱式变电站	防护等级IP65，可直接在组件方阵背后就近户外安装
冷却方式	强制风冷，需要大流量风道	智能风冷
输入电压	MPPT电压范围500～820V，工作电压范围较窄	MPPT电压范围200～800V，工作电压范围宽，在阴雨天等低照度情况下也能发电
输出电压	输出三相交流315V，需要加400V隔离变压器并网	输出三相交流400V，可以直接低压并网，不需要隔离变压器
逆变效率	不带隔离变压器，最高效率98.0%，综合效率97.5%，带隔离变压器最高效率97.0%，综合效率96.5%	最高效率99%，中国效率98.5%
电能质量	单台*THD*<3%，2台并联约为3%，加隔离变压器后没有直流分量	单台*THD*<3%，25台在一起的总*THD*超过5%，没有隔离变压器，直流分量大
电网调节	有低电压穿越功能，电网可以调节功率因数，有功和无功等功能较弱	没有低电压穿越功能，电网调节功率因数等功能较弱
安全性能	有直流、交流断路器，能根据故障的不同情况同时断开，安全性好	没有直流断路器和交流断路器，安全性稍差

采用不同类型的并网逆变器，光伏方阵的容量和面积是一样的，但是不同类型并网逆变器系统布线方式和线缆数量的差别会造成系统成本的差异。经过计算，集中式逆变器比组串式逆变器直流侧线缆多投资5万元左右，而交流侧线缆又少投资3万元左右，具体费用对比

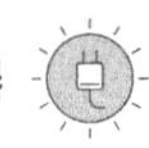

如表 3-5 所示。

表 3-5 两种并网逆变器费用概算对比表

序号	项目	集中式并网系统	组串式并网系统	增加费用（元）
1	砖混或箱式配电房	需要	不需要	约 5 万
2	直流汇流箱	需要	不需要	约 6 万
3	直流防雷配电柜	需要	不需要	约 3 万
4	直流侧线缆	多	少	约 5 万
5	交流侧线缆	少	多	约–3 万
6	安装过程	工程量大，需专用工具、设备	不需要	约 0.1 万
7	逆变器成本	低	略高	约–4 万
8	合计增加			12.1 万

从表 3-5 中可以看出，同样一个工程，采用组串式逆变器系统要比采用集中式逆变器系统节省 12 万元左右，这还不包括由于组串式逆变器的维护费用低而节省的费用，以及组串式逆变器可以最大效率地跟踪输入每一路的 MPPT，从而提高的系统发电量。目前组串式逆变器与集中式逆变器的价格已经基本相当，所以在光伏发电工程设计选型中，选择组串式逆变器构成发电系统的优势越来越明显。

上述案例侧重于逆变器选型对光伏发电系统一次性投资成本的对比分析。随着国家和各级政府对光伏发电补贴政策的不断深化，目前的补贴方式已经由过去的对光伏发电工程投资进行补贴逐步改变为对光伏发电系统或电站的发电量进行补贴，俗称“度电补贴”。因此，选择什么结构形式的逆变器应用于光伏发电系统，不仅要考虑光伏发电系统建设的一次性投资成本，更要考虑如何提高整个光伏发电系统的最大发电量和投资回报率。下面介绍一个选用组串式逆变器提高光伏电站投资回报率的分析案例。

这是一个 70MW 的地面光伏电站，其中 50MW 采用了单体功率为 20kW 的组串式逆变器，另外 20MW 采用了单体功率为 333kW 的集中式逆变器，整个电站看不到给逆变器盖的房子（配电室）。这个电站采用了德国某品牌防护等级为 IP65 的逆变器，单体 20kW 的逆变器为壁挂安装方式，单体 333kW 的逆变器为箱式地面安装方式，两种逆变器全部安装在电池板的下面。

首先从产品和系统方面进行分析：以单体 20kW 的三相组串式逆变器为例，虽然单台仅为 20kW，但是其相比更高功率的逆变器具有更多的优势。比如其紧凑的外形可以便捷地安装于光伏方阵的背后，节省了空间和安装成本。在宽泛的 480～850V 输入电压范围内，实现了光伏方阵的最大效率输出。即使在较低的太阳照射水平下，也能达到 98.2%的峰值效率。体积小、重量轻和直接插拔设计，使维护方便成为这款逆变器的一个更明显的优点。此外，由于功率较小，所以即使发生故障，它所影响的光伏阵列的范围也很小，因此大大提高了电站的发电效率。

其次从投资成本和长期投资回报率方面分析：20kW 组串式逆变器构成的逆变系统初期投入相对略高一些，但是从系统成本及长期运营角度看，总成本低，投资回报率高。333kW 集中式逆变系统无论从初期硬件投入还是从长期运营维护费用来看，都适中。假设选用 500kW 的逆变系统，初期硬件投入费用较少，但系统整体成本和后期维护成本较高。

目前在国内市场上，集中式逆变器占了绝大多数，而从全球市场来看，由于组串式逆变器的诸多优点，组串式逆变器在全球市场占主导地位。随着国内光伏市场的发展，投资商和运营商对逆变转换效率和可靠性及整个逆变系统可靠性的要求会越来越高，组串式逆变器会得到越来越多的选择。表3-6是分别以20kW、333kW和500kW逆变器为例构建1MW光伏发电系统的性能特点对比分析，供读者选型参考。

表3-6　不同逆变器构成光伏发电系统性能特点对比表

20kW	333kW	500kW
组串式逆变器（无隔离变压器）	集中式逆变器	集中式逆变器
不需要汇流箱，直流输入细分到每一串	需要汇流箱，集中汇流，可节约直流线缆	需要汇流箱，集中汇流必要时需要分级汇流以节约直流线缆
直流侧布线简单，分布式就地并网，直流线缆短，成本低	直流侧输入电压最高可达1500V，每串可连接更多组件，直流线损小，成本低	直流侧布线相对复杂且距离长，必要时需要配置多级汇流，成本相对较高
交流侧电缆连接距离长，每个逆变器需要一个交流断路器，可就地并网或交流汇流并网	交流侧输出电压达690V，交流电缆线损较小，到变压器距离较短，交流布线成本低。相同电缆截面输送690V比输送400V交流电，传输损失降低了66%	交流侧到变压器距离很短，线损小，交流布线简单，成本较低
输出三相交流400V，可以直接低压并网，不需要隔离变压器	输出三相交流690V，可多台逆变器共用一台隔离变压器	输出三相交流315V，两台逆变器共用一台隔离变压器
防护等级IP65不需要另建配电室，就地安装在电池板背后，提高了土地利用率，也节省了基建成本和空调费用	防护等级IP65不需要另建配电室，就地安装在电池板背后，提高了土地利用率，也节省了基建成本和空调费用	防护等级IP54，需要置于配电室内。
免维护，自然冷却	简单维护，强制风冷	需定期维护，液体冷却+风冷双冷却系统
宽泛的直流电压输入范围和MPPT运行电压范围，最高效率98.2%	采用最新的拓扑电路，效率最高可以达到98.5%	最高效率98.2%
维护方便，需要时直接更换整个逆变器，安装简单	常规维护	需专业维护
50个MPPT追踪精度非常高	3个MPPT追踪精度高	2个MPPT追踪精度一般
尺寸：宽535mm/高601mm/深277mm，重量：41.5kg	尺寸：宽230mm/高1610mm/深810mm，重量：850kg	尺寸：宽1100mm/高2000mm/深600mm，重量：1700kg

3.4.4　并网光伏逆变器发展趋势

新技术、新产品的应用，促进了光伏逆变器技术的进步，使光伏电站的设计更加精细化、系统集成度进一步提高。光伏逆变器的发展趋势主要体现在大功率、高效率、智能化以及适应性等方面，产品形式也更加多样化，以适应不同应用场景的需求。对于大型地面电站，集中式逆变器一直是主流解决方案，更低的初始投资，更友好的电网接入，更低成本的后期运维是选择集中式逆变器的主要依据。多项实际运行数据表明，在平坦无遮挡的应用场合，集中式逆变器与组串式逆变器发电量基本持平。集中式逆变器的单机容量在不断增大，1MW以上的系统单元会越来越多，组串式逆变器作为补充，40～100kW等更大功率的组串式逆变器

将逐步取代 20～40kW 的组串式逆变器。而对于分布式光伏发电系统，组串式逆变器由于单机容量小、MPPT 数量多、配置灵活，依然是应用主流。

光伏逆变器的发展趋势，主要表现在下列几个方面。

（1）逆变器硬件技术快速提高

SiC、CAN、性能优异的 DSP 等新型器件和新型拓扑的应用，促使逆变器的效率不断提高，目前逆变器的最大效率已经达到 99%，下一个目标是 99.5%。

（2）集中式逆变器功率加大，效率提高，电压等级升高

目前已经开发出单机容量 2.5MW 的逆变器，2MW、2.5MW 逆变器将被广泛应用，成为主流。与 1MW 单元系统相比，2.5MW 的单元系统应用可降低成本约 0.1 元/W，即 100MW 的电站可降低 1000 万元的初始投资。同时 1500V 系统电压也是今后大型电站的发展趋势。

（3）组串式逆变器单机功率不断提高，功率密度加大

组串式逆变器的功率不断加大，目前最大功率已经做到 80kW，功率密度也在不断提高，重量不断降低，以适应安装维护困难的复杂应用环境。40kW 逆变器的最低重量已经做到 39kg。高功率、高效率、高功率密度是逆变器未来发展的方向。

（4）电网适应性不断增高，各种保护功能更加完善

随着技术的发展，逆变器对电网的适应能力进一步提高，漏电流保护、SVG 无功补偿功能、LVRT 低（零）电压穿越功能、直流分量保护、绝缘电阻检测保护、PID 保护、防雷保护、光伏组件正负极接反保护等保护功能，使光伏系统的运行更加安全可靠。

（5）逆变器的环境适应能力不断提高。

随着沿海、沙漠、高原等恶劣环境下的光伏电站应用的增多，逆变器的抗腐蚀性、抗风沙等环境适应性能不断提高，确保了恶劣环境下的高可靠性。

（6）“光伏＋互联网”实现光伏系统数字化

在今后的光伏发电系统中，基于云存储和计算的电站管理平台将成为主流。通过云计算、大数据平台对光伏电站进行实时全面掌控、自动化运维、持续优化，实现了光伏电站的智慧化运营和管理，提升了电站的资产价值。

（7）“光伏＋储能”的组合将成为解决弃光、平滑输出以及构建智慧微电网系统的重要环节

随着分布式光伏发电如火如荼的发展，储能技术也开始微风渐起。储能技术的应用，除了存储能量、解决弃光弃风问题以外，还可以用于电网的调峰调频、微电网的建立、用户系统余电的存储等，其应用前景非常广阔。

第4章 太阳能光伏发电储能电池及器件

光伏发电储能电池与储能器件是离网光伏发电系统和带储能并网光伏发电系统不可缺少的存储电能的部件。其主要功能是存储光伏发电系统的电能，并在日照量不足、夜间以及应急状态时为负载供电，或在并网系统中利用存储电能避谷调峰、减少对电网冲击等。大规模的储能可以把电能像水库里的水一样储存起来，让大家随心所欲地使用。储存电能的方式有很多，主要方式之一是利用各类储能电池和器件来完成储能的任务。在光伏发电系统中，常用的储能电池及器件有铅酸类蓄电池、锂离子电池和磷酸铁锂电池、镍氢电池，以及具有前沿性的液流电池、钠硫电池、超级电容器等，它们分别应用于太阳能光伏发电的不同场合或产品中。由于技术、性能及成本的原因，目前在太阳能光伏发电系统中应用最多、最广泛的还是铅酸蓄电池和磷酸铁锂电池。

本章主要介绍在光伏发电系统中常用的几种储能电池及器件，重点介绍在光伏发电系统中大量使用的储能型免维护铅酸蓄电池。

光伏发电系统对储能电池及器件的基本要求：①自放电率低；②使用寿命长；③深放电能力强；④充电效率高；⑤少维护或免维护；⑥工作温度范围宽；⑦价格低廉。

|4.1 铅酸蓄电池|

铅酸蓄电池的储能方式是将电能转换为化学能，需要时再将化学能转换为电能。由于组成蓄电池正极的材料是氧化铅，负极是铅，而电解液主要是稀硫酸，所以称为铅酸蓄电池。铅酸蓄电池具有电能转换效率高、循环寿命长、端电压高、安全性强、性价比高、安装维护简单等特点，是目前各类储能、应急供电和电力启动等装置中应用最多的化学电池。

4.1.1 铅酸蓄电池的分类、结构与原理

1. 铅酸蓄电池的分类

按产品的结构形式不同，铅酸蓄电池可分为开口式、阀控密封免维护式、阀控密封胶体

式等几种；按使用环境及场合不同，可分为移动式和固定式两种。在光伏发电系统中应用最多的是固定式阀控密封免维护铅酸蓄电池和阀控密封胶体蓄电池。表 4-1 是常用于光伏发电系统的几种储能铅酸蓄电池的技术特性表。

表 4-1　　光伏发电系统常用储能铅酸蓄电池技术特性表

种类	技术特性	寿命	应用场合
固定式铅酸蓄电池（2V 系列）	◇ 允许深度放电（80%） ◇ 寿命相对较长，80%深度放电循环寿命＞2000 次，浮充寿命＞10 年 ◇ 耐过充过放能力强 ◇ 自放电：每个月 5% ◇ 容量范围：200～3000Ah ◇ 有酸雾，需要隔离安放 ◇ 需要补充蒸馏水或去离子水，维护工作量大 ◇ 安装和运输不方便	10～15 年	有补充蒸馏水条件的通信系统和大型光伏电站系统，也用于大型风光互补电站系统
工业型阀控密封免维护铅酸蓄电池（2V 系列）	◇ 不允许过充电和过放电，娇气 ◇ 寿命较短，80%深度放电循环寿命为 400 次，20%深度放电循环寿命为 1500 次，浮充寿命 7～8 年 ◇ 自放电：每个月 5% ◇ 容量范围：200～3000Ah ◇ 无酸雾溢出，不需要隔离安放 ◇ 免维护，不用补充蒸馏水 ◇ 安装和运输方便	7～8 年	主要用于通信领域，也用于 200Wp 以上的太阳能光伏发电系统或电站
小型阀控密封免维护铅酸蓄电池（6V、12V 系列）	◇ 不允许过充电和过放电，娇气 ◇ 寿命短，浮充寿命只有 3～5 年 ◇ 自放电：每个月 5% ◇ 容量范围：200Ah 以下 ◇ 无酸雾溢出，不需要隔离安放 ◇ 免维护，不用补充蒸馏水 ◇ 安装和运输方便	3～5 年	主要用于小于 200W 的太阳能路灯及用户电源等光伏发电系统
汽车用启动蓄电池	◇ 不允许超过 20%的深度放电 ◇ 寿命短，浮充寿命＜5 年 ◇ 自放电：每个月 8% ◇ 容量范围：40～200Ah ◇ 有酸雾溢出，需要隔离安放 ◇ 需要补充蒸馏水或去离子水，维护工作量大 ◇ 安装和运输不方便	＜5 年	不适合用于光伏发电系统，常常用于小型风力发电系统

2. 酸蓄电池的基本结构

铅酸蓄电池主要由正极板、负极板、电解质、隔板、电池槽、电池盖、跨桥、安全阀、接线端子等组成，如图 4-1 所示。电池可组装成 2V、6V、12V，电池每 2V 为一个单位。

（1）正极板

正极板是铅酸蓄电池的阳极板，是发生氧化反应的电极。它是以结晶紧密、疏松多孔的二氧化铅作为存储电能的活性物质，正常颜色为红褐色，铅酸蓄电池的每个单元也分为正极和负极，阳极是放电时的负极，充电时的正极。

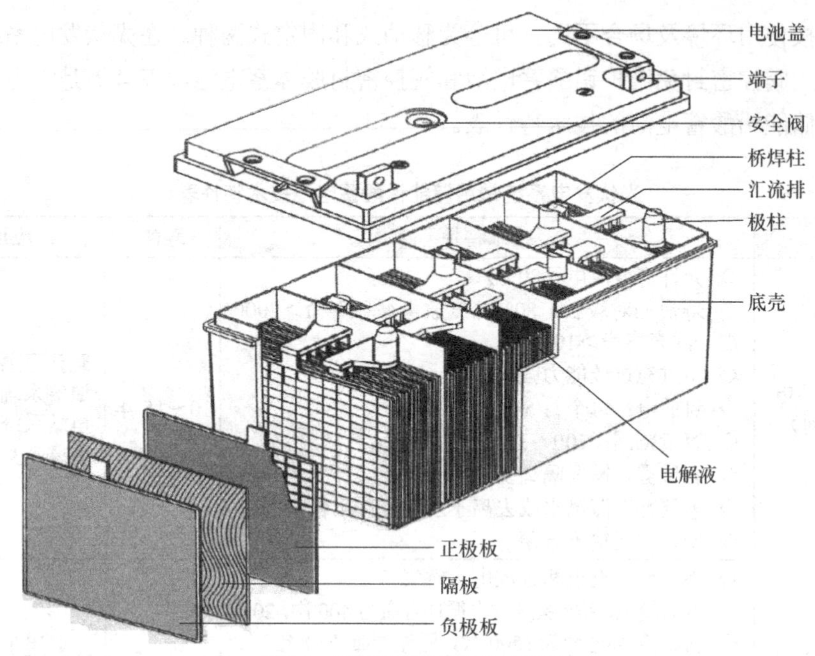

图4-1　铅酸蓄电池的结构示意图

（2）负极板

负极板是铅酸蓄电池的阴极板，是发生还原反应的电极。它是以海绵状的金属铅作为存储电能的物质，正常颜色为深灰色。阴极板是放电时的正极，充电时的负极。

（3）电解质

铅酸蓄电池的电解液是稀硫酸溶液，胶体蓄电池的电解质是一定浓度的硫酸和硅凝胶的胶体电解质。电解质在铅酸蓄电池中的作用是，参加电化学反应，传导溶液的正负离子，扩散极板在反应时产生的温度。电解质是影响电池容量和使用寿命的主要因素。

（4）隔板

隔板有塑料隔板、橡胶隔板、玻璃纤维（AGM）隔板、高分子微孔（PE）隔板等。隔板的作用是吸收电解液，并将正负极板隔开而互不短路。隔板可以防止极板的弯曲和变形，防止活性物质的脱落，降低电池的内阻。因此，隔板材料要有足够的机械强度和多孔性，还要有良好的绝缘性能和耐酸性、亲水性。

（5）电池底壳、盖

电池底壳、盖就是蓄电池的外壳。它为整体结构，壳内由隔壁分成三个或六个互不相通的单格，格子底部有突起的筋条，用来搁置极板组。筋条间的空隙用来堆放从极板上脱落下来的活性物质，以防止极板短路。外壳材料要保证电池密封，有优良的耐腐蚀、耐热和耐机械力性能。一般选用硬橡胶或ABS工程塑料。

（6）汇流排、桥焊柱

汇流排的作用是并联电池单体的所有正负极板，以确保电池的容量并传导电流。汇流排的材料是耐腐蚀铅合金。

（7）安全阀

安全阀的作用是维持正常的电池内部压力，防止外界空气和杂质进入。安全阀一般用三

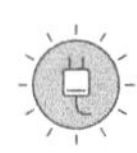

元乙丙橡胶制作。

（8）接线端子或引出线

接线端子或引出线的作用是实现电池与外界的连接，传导电流。接线端子的材质一般是铜材镀银，引出线一般用多股纯铜线。

3. 酸蓄电池的工作原理

铅酸蓄电池的工作过程是通过电化学反应将电能转化为化学能，再将化学能转化为电能的过程，其电化学反应过程如下：

正极　电解液　负极　正极　　水　　负极

放电过程：$PbO_2 + 2H_2SO_4 + Pb \dashrightarrow PbSO_4 + 2H_2O + PbSO_4$

充电过程：$PbO_2 + 2H_2SO_4 + Pb \dashleftarrow PbSO_4 + 2H_2O + PbSO_4$

铅酸蓄电池充电和放电过程中的可逆反应比较复杂，目前公认的是“双硫酸化理论”。该理论的含义为铅酸电池在放电后，两电极的活性物质和硫酸发生作用，均转变为硫酸化合物——硫酸铅，充电时又恢复为原来的铅和二氧化铅。

由于铅酸蓄电池技术的发展，后期有了阀控和密封型铅酸蓄电池，其基本原理与上面的化学反应相同。蓄电池充电后期，在正极板产生氧气，在负极板产生氢气，为了解决充电后期水的电解，阀控蓄电池将原有的栅板进行了改进，采用了铅钙合金栅板，这样提高了释放氢气的电位，抑制了氢气的产生，从而减少了气体释放量，使自放电率降低。同时，利用负极活性物质海绵状铅的特性，与氧气快速反应，使负极吸收氧气，抑制水的减少。充电最终阶段或过充电时，充电能量消耗在分解电解液的水上，使正极板产生氧气，此氧气与负极板的海绵状铅以及硫酸起反应，使氧气再化合为水。同时，一部分负极板变成放电状态，因此也抑制了负极板氢气的产生。与氧气反应变成放电状态的负极物质经过充电又恢复到原来的海绵状铅，由此导致电池在浮充过程中产生的气体90%以上被消除，少量气体通过可闭的阀控制排放，借此实现了有条件的密封，即阀控密封蓄电池。铅酸蓄电池内部的详细电化学反应原理和过程请参考相关资料，在此不详细叙述。

4.1.2　铅酸蓄电池的基本概念与技术术语

1. 酸蓄电池的基本概念

（1）蓄电池充电

蓄电池充电是指通过外电路给蓄电池供电，使电池内发生化学反应，从而把电能转化成化学能存储起来的操作过程。

（2）过充电

过充电的意思是指对已经充满电的蓄电池或蓄电池组继续充电。

（3）放电

放电是指在规定的条件下，蓄电池向外电路输出电能的过程。

（4）自放电

蓄电池的能量未通过外电路放电而自行减少，这种能量损失的现象叫自放电。

（5）活性物质

在蓄电池放电时发生化学反应从而产生电能的物质，或者说是正极和负极存储电能的物质统称为活性物质。

（6）放电深度

放电深度是指蓄电池在某一放电速率下，电池放电到终止电压时实际放出的有效容量与电池该放电速率的额定容量的百分比。放电深度和电池循环使用次数关系很大，放电深度越大，循环使用次数越少；放电深度越小，循环使用次数越多。经常使电池深度放电，会缩短电池的使用寿命。

（7）极板硫化

在使用铅酸蓄电池时要特别注意的是，电池放电后要及时充电，如果蓄电池长时期处于亏电状态，极板就会形成 $PbSO_4$ 晶体，这种大块晶体很难溶解，无法恢复原来的状态，导致极板硫化就无法充电了。

（8）相对密度

相对密度是指电解液与水的密度的比值。相对密度与温度变化有关，25℃时，充满电的电池电解液相对密度值为 $1.265g/cm^3$，完全放电后降至 $1.120g/cm^3$。每个电池的电解液相对密度都不相同，同一个电池在不同的季节，电解液相对密度也不一样。大部分铅酸蓄电池的电解液相对密度在 $1.1\sim1.3g/cm^3$ 范围内，充满电之后一般为 $1.23\sim1.3g/cm^3$。

2. 酸蓄电池的常用技术术语

（1）蓄电池的容量

处于完全充电状态下的铅酸蓄电池在一定的放电条件下，放电到规定的终止电压时所能给出的电量称为电池容量，以符号 C 表示，常用单位是安时（Ah）。通常在 C 的下角处标明放电时率，如 C_{10} 表示是 10 小时率的额定容量；C_3 表示是 3 小时率的额定容量，数值为 0.75 C_{10}；C_1 表示是 1 小时率的额定容量，数值为 0.55 C_{10}；C_{60} 表示是 60 小时率的额定容量；C_T 表示是当环境温度为 t 时的蓄电池实测容量；C_a 表示在基准温度（25℃）时的蓄电池容量。

蓄电池容量分为实际容量和额定容量。实际容量是指电池在一定放电条件下所能输出的电量。额定容量（标称容量）是按照国家或有关部门颁布的标准，在电池设计时要求电池在一定的放电条件下（如在25℃环境下以 10 小时率电流放电到终止电压），应该放出的最低限度的电量值。例如，国家标准规定，对于启动型蓄电池，其额定容量以 20 小时率标定，表示为 C_{20}；对于固定型蓄电池，其额定容量以 10 小时率标定，表示为 C_{10}。例如，100Ah 的蓄电池，如果是启动型电池，表示其以 20h 率放电，可放出 100Ah 的容量。若不是以 20 小时率放电，则放出的容量就不是 100Ah；如果是固定型蓄电池，则表示其以 10 小时率放电，可放出 100Ah 的容量，若不是 10 小时率放电，则放出的容量就不是 100Ah。

蓄电池的容量不是固定不变的常数，它与充电的程度、放电电流大小、放电时间长短、电解液密度、环境温度、蓄电池效率及新旧程度等有关。通常在使用过程中，蓄电池的放电率和电解液温度是影响容量的最主要因素。电解液温度高或浓度高时，容量增大，电解液温度低或浓度低时，容量减小。

（2）放电率

根据蓄电池放电电流的大小，放电率分为时间率和电流率。时间率是以放电时间表示的放电速率，是指在某电流放电条件下，使蓄电池放电到规定终止电压时所经历的时间长短，常用时率和倍率表示。根据 IEC 标准，放电的时间率有 20 小时率、10 小时率、5 小时率、3 小时率、1 小时率、0.5 小时率，分别标示为 20h、10h、5h、3h、1h、0.5h。电池的容量与放电率有关，电池的放电倍率越高，放电电流越大，放电时间就越短，放出的相应容量就越少。例如，一个容量 C=100Ah 的蓄电池的 20h 放电率，表示电池以 100Ah/20h=5A 电流放电，放电时间为 20h，简称 20h 率。

电流率一般用字母 I 表示，如 I_{10} 表示是 10 小时率的放电电流（A），数值为 $0.1C_{10}$；I_3 表示是 3 小时率的放电电流（A），数值为 $0.25C_{10}$；I_1 表示是 1 小时率的放电电流（A），数值为 $0.55C_{10}$。

不同放电率对蓄电池容量的影响如表 4-2 所示。

表 4-2　不同放电率对蓄电池容量的影响

电池规格	各小时率容量（Ah）				
	20h（10.8V）	10h（10.8V）	5h（10.5V）	3h（10.5V）	1h（10.02V）
12V/40Ah	43.4	40	36	32.7	25.6
12V/50Ah	54	50	45	41.1	32
12V/65Ah	70.5	65	58.5	53.3	41.6
12V/75Ah	82	75	67.5	61.5	48.5
12V/90Ah	98	90	80	73.8	57.6
12V/100Ah	108	100	90	83.1	65
12V/150Ah	162	150	135	123	97.5
12V/200Ah	216	200	180	165	130

（3）放电终止电压

放电终止电压是指在蓄电池放电过程中，电压下降到不宜再放电时（非损伤放电）的最低工作电压。为了防止电池不因过放电而损害极板，在各种标准中都规定了在不同放电倍率和温度下放电时电池的终止电压。一般 10 小时率和 3 小时率放电的终止电压为每单体 1.8V，1 小时率的终止电压为每单体 1.75V。由于铅酸蓄电池本身的特性，即使放电的终止电压继续降低，电池也不会放出太多的容量，但终止电压过低对电池的损伤极大，尤其当放电达到 0V 而又不能及时充电时将大大缩短蓄电池的寿命。对于光伏发电系统用的蓄电池，针对不同型号和用途，放电终止电压设计也不一样。终止电压视放电速率和需要而规定。通常，小于 10h 的小电流放电，终止电压取值稍高一些；大于 10h 的大电流放电，终止电压取值稍低一些。

（4）电池电动势

蓄电池的电动势在数值上等于蓄电池达到稳定时的开路电压。电池的开路电压是无电流状态时的电池电压。当有电流通过电池时所测量的电池端电压的大小是变化的，其电压值既与电池的电流有关，又与电池的内阻有关。

（5）浮充寿命

蓄电池的浮充寿命指蓄电池在规定的浮充电压和环境温度下，蓄电池寿命终止时浮充运行的总时间。

（6）循环寿命

蓄电池经历一次充电和放电，称为一个循环（一个周期）。在一定的放电条件下，电池使用至某一规定容量值之前，电池所能承受的循环次数，称为循环寿命。影响蓄电池循环寿命的因素是多样的，不仅与产品的性能和质量有关，而且与放电倍率和深度、使用环境和温度及使用维护状况等外在因素有关。

（7）过充电寿命

过充电寿命是指采用一定的充电电流对蓄电池进行连续过充电，一直到蓄电池寿命终止时所能承受的过充电总时间。其寿命终止条件一般设定在容量低于 10 小时率额定容量的 80%。

（8）自放电率

在开路状态下的储存期内，蓄电池由于自放电而引起活性物质损耗，每天或每月容量降低的百分数称为自放电率。自放电率可衡量蓄电池的储存性能。

（9）电池内阻

电池的内阻不是常数，而是一个变化的量，它在充放电的过程中随着时间不断地变化，这是因为活性物质的组成、电解液的浓度和温度都在不断变化。铅酸蓄电池的内阻很小，在小电流放电时可以忽略，但在大电流放电时，会有数百毫伏的电压降损失，必须引起重视。

蓄电池的内阻分为欧姆内阻和极化内阻两部分。欧姆内阻主要由电极材料、隔膜、电解液、接线柱等构成，也与电池尺寸、结构及装配因素有关。极化内阻是由电化学极化和浓差极化引起的，是电池放电或充电过程中两电极进行化学反应时发生极化产生的内阻。极化电阻除与电池制造工艺、电极结构及活性物质的活性有关外，还与电池工作电流大小和温度等因素有关。电池内阻严重影响电池的工作电压、工作电流和输出能量，内阻愈小的电池性能愈好。

（10）比能量

比能量是指电池单位质量或单位体积所能输出的电能，单位分别是 Wh/kg 或 Wh/L。比能量有理论比能量和实际比能量之分，前者指 1kg 电池反应物质完全放电时理论上所能输出的能量，实际比能量为 1kg 电池反应物质所能输出的实际能量。由于各种因素的影响，电池的实际比能量远小于理论比能量。比能量是综合性指标，它反映了蓄电池的质量水平，也表明了生产厂家的技术和管理水平，常用比能量来比较不同厂家生产的蓄电池。该参数对于光伏发电系统的设计非常重要。

4.1.3 铅酸蓄电池的型号识别

根据部颁标准 JB2599-1993 的有关规定，铅酸蓄电池的名称由单体蓄电池的格数、型号、额定容量、电池功能、形状等组成。通常分为 3 段表示（如图 4-2 所示）。第 1 段为数字，表示单体电池的串联数。每个单体蓄电池的标称电压为 2V，当单体蓄电池串联数（格数）为 1 时，第 1 段可省略，6V、12V 蓄电池分别用 3 和 6 表示。第 2 段为 2～4 个汉语拼音字母，表示蓄电池的类型、功能和用途等。第 3 段表示电池的额定

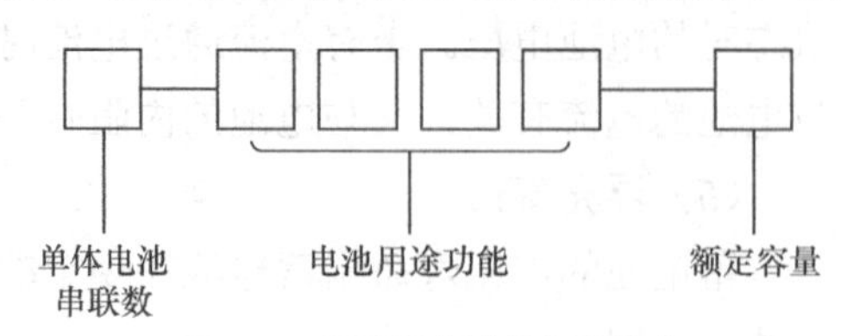

图4-2 铅酸蓄电池的名称组成

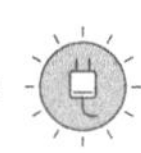

容量。蓄电池常用汉语拼音字母的含义如表 4-3 所示。

表 4-3　　蓄电池常用汉语拼音字母含义

第 1 个字母	含义	第 2、3、4 个字母	含义
Q	启动用	A	干荷电式
G	固定用	F	防酸式
D	电瓶车	FM	阀控式密封
N	内燃机车	W	无需维护
T	铁路客车	J	胶体
M	摩托车用	D	带液式
KS	矿灯酸性	J	激活式
JC	舰船用	Q	气密式
B	航标灯	H	湿荷式
TK	坦克用	B	半密闭式
S	闪光灯	Y	液密式
CN	储能用		

例如，6QA-120 表示 6 个单体电池串联、标称电压为 12V 的启动用蓄电池，装有干荷电式极板，20 小时率额定容量为 120Ah；GFM-800 表示 1 个单体电池、标称电压为 2V 的固定式阀控密封型蓄电池，20 小时率额定容量为 800Ah；6-GFMJ-120 表示 6 个单体电池串联、标称电压为 12V 的固定式阀控密封型胶体蓄电池，20 小时率额定容量为 120Ah。

虽然各蓄电池生产厂家的产品型号有不同的解释，但产品型号的基本含义不会改变，通常都是用上述方法表示。

4.1.4　其他类型铅酸蓄电池

1．胶体型铅酸蓄电池

（1）胶体型铅酸蓄电池的工作原理

胶体型铅酸蓄电池是对液体电解质铅酸蓄电池的改进，实际上是将铅酸蓄电池中的硫酸电解液换成胶体电解液，其工作原理仍与铅酸蓄电池相似。胶体电解液是用 SiO_2 凝胶和一定浓度的硫酸，按照适当的比例混合在一起，形成一个多孔、多通道的高分子聚合物。胶体电解液进入蓄电池内部或充电若干小时后，会逐渐发生胶凝，使液态电解质转变为胶状物，胶体中添加有多种表面活性剂，有助于灌装蓄电池前抗胶凝，而且还有助于防止极板硫酸盐化，减小对隔板的腐蚀，提高极板活性物质的反应利用率。通常胶体型铅酸蓄电池采用富液设计，比普通铅酸蓄电池多加了 20%的酸液。

（2）胶体型铅酸蓄电池的特点

① 结构密封，电解液凝胶状，无渗漏；充放电无酸雾、无污染，安全、对环境友好。

② 自放电极小，在 25℃条件下，平均自放电每 3 个月不高于 1.3%。出厂充足电的蓄电池，在正常温度下，连续存放 12 个月不需充电即可投入使用。

③ 使用寿命长。由于凝胶电解液有效地防止了电解液的分层，极板活化反应均匀，延长了极板的活化反应循环次数，提高了电池的使用寿命，其正常使用寿命可达 10～15 年。

④ 深度放电循环性能优良，放电至0V能正常恢复。

⑤ 优良的抗高低温性能，适用环境范围广，可在–45～70℃的高低温环境下使用。

⑥ 容量高，充电接受能力强；浮充电流小，电池发热量少；可任意位置放置。

（3）胶体型铅酸蓄电池与铅酸蓄电池的性能比较

表4-4是胶体型铅酸蓄电池与铅酸蓄电池的性能比较，供读者对比参考。

表4-4　胶体蓄电池与铅酸蓄电池性能比较表

比较项目	胶体蓄电池	铅酸蓄电池
自放电（正常室内存放时间）	存放1年不需要充电可正常使用，存放2年后，恒压14.4V充电24h后，静置12h，其电池容量可恢复到95%以上	每存放3～6个月须充电一次，容量最多能恢复到70%
电池在20℃的正常使用寿命	12V电池设计寿命10年以上，2V电池设计寿命15年以上	3～5年的寿命
深度放电循环性能（过放电至0V后接受充电能力）	容量可恢复至100%	恢复状态较差
耐过充电能力（充电完毕后继续以$0.3C_{10}$A充电）	在过充电16h后，没有液体泄漏，外壳没有变形	不允许过充电，否则会引起过热而导致电池损坏
使用温度范围	–45～70℃	–20～50℃
高低温使用性能	–40℃时电池容量可保持在60%以上，70℃时仍然可以使用	以25℃为基准，温度每升高10℃，寿命缩短一半，温度降低时，容量将减少
20℃时的浮充电流	每单元2.25～2.28V时浮充电流为0.25mA/Ah	每单元2.25～2.28V时浮充电流为0.6～0.8mA/Ah
外壳损坏后，腐蚀性液体的渗漏	不会有液体的泄露，可继续使用	液体泄漏后不可再使用
制造成本	高	低

2. 铅碳电池

铅碳电池也属于铅酸蓄电池类的改进产品，铅碳电池是将高比表面积碳材料（如活性炭、活性炭纤维、碳气凝胶、碳纳米管等）掺入铅负极中，使高导电性碳材料与活性物质紧密结合，发挥高比表面积碳材料的高导电性和对铅基活性物质的分散性，提高铅活性物质的利用率，构建了三维导电网络，显著降低电池内阻，使电池的功率密度高、恢复性能好。

碳纳米材料能够有效地保护负极板，限制硫酸铅结晶的长大和富集，抑制负极硫酸盐化，电池不易失水。铅碳电池具有铅酸蓄电池和超级电容器的优势，是一种新型的超级电池。

铅碳电池具有以下技术特点和优势。

（1）改善极板导电性，减少电池内阻，提高电池大倍率放电性能，有利于电池大电流放电。

（2）负极碳的加入，可抑制负极硫酸铅的产生，电池使用过程中无负极硫酸盐化，大大延长了电池的使用寿命。电池设计使用寿命15年，循环使用寿命≥2000次（70%DOD）。

（3）降低负极平均孔径，提高活性物质负载量，增加电池能量密度。增加负极比表面积，提高活性物质反应效率。

（4）促使硫酸铅在负极板均匀分布，延长电池使用寿命。

（5）降低极化，提高电池充放电性能，减少析氢。

（6）双电层电容效应，兼具铅酸电池和超级电容器的特性。

（7）适合于高功率部分荷电态循环，更适用于储能系统及循环使用系统。

（8）高功率密度，可快速充电。传统铅酸电池最高只能以 0.2*C* 充电，铅碳电池可接受最大 0.6*C* 的充电。

（9）工作温度范围宽，可在-40～60℃环境温度范围正常运行。铅碳电池中加入碳元素，由于碳有良好的导热性能，所以铅碳电池适合高温工作。另外，铅碳电池还有较好的低温放电性能。

4.1.5　铅酸蓄电池的安装使用要点

蓄电池是光伏发电系统中的重要部件，蓄电池的使用寿命也是整个系统中最短的。而投资比重在整个系统中不小于 25%，且在整个光伏发电系统的运行寿命周期内，更换维护的费用也很高，因此合理的设计，正确的使用和维护，可以有效地延长蓄电池的使用寿命和更换周期，降低整个光伏发电系统的运行成本。

1．蓄电池的储运

（1）蓄电池应贮存在低温、干燥、通风、清洁的环境中，贮存温度为 0～35℃，最好在 20±5℃。蓄电池的自放电率与贮存温度有关，温度低自放电率小，温度高自放电率大。要避免热源、火源、阳光直射和雨淋。

（2）蓄电池需充足电存放，并且在常温下每 3～6 个月进行一次补充电。

（3）蓄电池放电后应立即充电，不可将放电后的蓄电池长期搁置。长期不用的蓄电池搁置一段时间后要进行补充充电，直至容量恢复到贮存前的水平。补充充电间隔为 3 个月，最多 6 个月。

（4）当容量仅为或低于额定容量的 40%时（在 25℃时蓄电池的开路电压分别低于 2.1V、6.3V 或 12.6V 时），应均衡充电以使容量恢复后继续贮存或投入使用。

（5）蓄电池运输和搬运时，要小心轻放，避免电池破损。搬运时不得触动端子极柱和排气阀，严禁投掷和翻滚，避免机械冲击和重压。

2．蓄电池的安装使用

（1）蓄电池在安装前应检查外观有无破裂、漏酸。检查接线端子极柱是否有弯曲和损坏。弯曲和损坏的端子极柱会造成安装困难或无法安装，并有可能使端子密封失效，产生爬酸、渗酸现象，严重时还会产生高的接触电阻，甚至有熔断的危险。

（2）用铜刷轻轻处理电池端子，使端子的接线部位露出金属光泽，并用软布擦拭电池表面的铅屑和灰尘。

（3）在电池连接过程中，请戴好防护手套。使用扳手等金属工具时，请将金属工具进行绝缘包装，以防触电；绝对避免将金属工具同时接触到电池的正、负极端子，造成电池短路。

（4）蓄电池在多只并联使用时，按电池标识正、负极性依次排列，且连接点要拧紧，以防产生火花或接触不良。

（5）电池柜或架要放在预先确定的位置，注意电池柜与电池柜、墙壁及其他设备之间要留有50～70cm的维修距离，并注意地板的承重能力是否能满足要求。

（6）电池间的安装距离通常为10～15mm，以便对流冷却。

（7）蓄电池应放在远离热源和容易产生火花的地方（如变压器、电源开关或熔丝等），安全距离为0.5m以上，不能在电池系统附近吸烟或使用明火。

（8）将蓄电池（组）和外部设备连接之前，要使设备处于关断状态，并再次检查蓄电池的连接极性是否正确，然后再将蓄电池（组）的正极连接设备的正极端，蓄电池（组）的负极连接设备的负极端，并紧固好连接线。

（9）蓄电池或电池组若需要并联使用，一般不能超过4只（组）并联。

（10）不要单独增加电池组中某几个单体电池的负载，否则将造成单体电池间容量的不平衡。

（11）蓄电池间连接电缆应尽可能短，不能仅考虑输出容量来选择电缆的大小规格，电缆的选择还应考虑不能产生过大的电压降。

（12）特别提示：不同容量、不同厂家或不同新旧程度的蓄电池严禁连接在一起使用。

（13）不准拆开或重新装配蓄电池，也不能拆卸电池排气阀或向电池中加入任何物质。

（14）如遇火灾不能用二氧化碳灭火器，可用干粉灭火器和1211灭火器。

（15）条件许可的较大型光伏发电场（站），蓄电池室最好配备空调和净化通风设备，使环境温度维持在20～25℃。

3. 影响蓄电池寿命的几个因素

（1）深度放电

放电深度对蓄电池的循环寿命影响很大，蓄电池如果经常深度放电，循环寿命将缩短。因为同一额定容量的蓄电池深度放电就意味着经常采用大电流充电和放电，在大电流放电或经常处于欠充状态又不能及时进行再充电时，产生的硫酸盐颗粒大，极板活性物质不能被充分利用，长此下去蓄电池的实际容量将逐渐减小，影响蓄电池的正常工作。由于光伏发电系统一般不太容易产生过充电的情况，所以，长期处于亏电状态是光伏发电系统中蓄电池失效和寿命缩短的主要原因。

（2）放电速率

一般规定20h放电率的容量为蓄电池的额定容量。若使用低于规定小时的放电率，则可得到高于额定值的电池容量；若使用高于规定小时的放电率，所放出的容量要比蓄电池的额定容量小，同时放电速率也影响蓄电池的端电压值。蓄电池在放电时，电化学反应电流优先分布在离主体溶液最近的表面上，导致在电极表面形成硫酸铅而堵住多孔电极内部。在大电流放电时，上述问题更加突出，所以放电电流越大，蓄电池给出的容量也就越小，端电压值下降速度加快，即放电终了电压值随着放电电流的增大而降低。但另一方面，放电速率也并非越低越好。有研究表明，长期过低的放电速率会使硫酸铅分子生成量显著增加，进而产生应力造成极板弯曲和活性物质脱落，也会降低蓄电池的使用寿命。

（3）外界温度过高

蓄电池的额定容量是指蓄电池在25℃时的数值，一般认为阀控密封式铅酸蓄电池的工作温度在20～30℃范围内较为理想。当电池温度过低时，表现为蓄电池的容量减小，因为在低

温条件下电解液不能很好地与极板的活性物质充分反应。容量减少将不能够满足预期的后备使用时间且不能维持在规定的放电深度内，很容易造成蓄电池的过放电。从蓄电池的外部参数来看，电压与温度有很大关系，温度每升高 1℃，单格电池的电压将下降 3mV。也就是说，铅酸蓄电池的电压具有负温度系数，其值为–3mV/℃。由此可知，在环境温度为 25℃时，一只工作理想的充电控制器可以使蓄电池充足电，但当环境温度降到 0℃时，使用同一个控制器给蓄电池充电，不能使蓄电池充足电；同样的道理，当环境温度升高时，将容易造成蓄电池过充电，电解液升温，会加快正极板的腐蚀速度，蓄电池的工作温度升高严重时，会产生沸腾，上下翻滚的电解液冲刷着极板，使其铅粉脱落；时间久了，脱落的铅粉越积越高，等高到触碰铅板时，可产生极板短路，从而使蓄电池报废。高温还会带来蓄电池失水、热失控现象。所以，温度是影响蓄电池正常工作的一个主要因素。在太阳能光伏系统中，要求控制器具有相应的温度自动补偿功能。在使用时，也应尽可能保持放置蓄电池组的场所环境温度不要过高和过低。

（4）局部放电

铅酸蓄电池无论是在放电时还是在静止状态下，其内部都有自放电现象，称为局部放电。产生局部放电的主要原因是电池内部有杂质。尽管电解液是由纯净浓硫酸和纯水配制而成，但还是含有少量的杂质，而且随着蓄电池使用时间的增长，电解液中的杂质缓慢增加。这些杂质在极板上构成无数微形电池，产生局部放电，因此无谓地消耗着蓄电池的电能。局部放电还与蓄电池的使用温度有关，温度越高，局部放电越严重。从这个意义上来讲，也要尽量避免蓄电池在过高温度下运行。

（5）高温储存

充好电的电池在高温环境下长期搁置也是影响蓄电池寿命的重要因素。

综上所述，蓄电池在光伏发电系统中起着非常重要的作用。但是，目前无论是从理论上还是在实际使用中，蓄电池寿命短的问题都是光伏发电系统中的薄弱环节。由于光伏发电系统的特殊性，作为储能单元的蓄电池必须具有良好的循环放电和深度放电性能。在对蓄电池容量的设计上，要有重点地综合考虑使用地辐射条件、适合的备用时间、蓄电池的允许放电深度、充放电效率、温度补偿系数等多种因素。

4.1.6　铅酸蓄电池的外观及质量检验

铅酸蓄电池的各项性能检验测试，一般依据 GB/T 19064-2003《家用太阳能光伏电源系统技术条件和试验方法》、YD/T799-2010《通信用阀控式密封铅酸蓄电池》、YD/T799-2010《通信用阀控式密封铅酸蓄电池技术要求和检验方法》、YD/T1360-2005《通信用阀控式密封胶体蓄电池》、GB/T19638.2-2005《固定型阀控密封式铅酸蓄电池》、GB/T22473-2008《储能用铅酸蓄电池》和 IEC61427-2005《光伏能源系统（PVES）用蓄电池和蓄电池组：一般要求和试验方法》等相关标准中的要求和方法进行。了解和掌握铅酸蓄电池检验测试的一些内容和方法，有利于铅酸蓄电池的选型、应用及质量辨别与控制。铅酸蓄电池的检验项目有外观检验、极性检验、规格尺寸检验、重量检验、气密性检验、容量性能检验、连接电压降检验、再充电性能检验、热失控敏感性检验、低温敏感性检验、大电流耐受能力检验、耐过充电能力检验、荷电保持能力检验、密封反应效率检验、安全阀检验、过充电寿命检验、防爆性能检验、防酸雾性能检验、耐接地短路能力检验、材料的阻燃能力检验、抗机械破损能力检验、端电压均衡性能检验等20多项，在此主要介绍蓄电池外观及质量等项目的检验，这些检验不需要专业测试设备和条件，适合在采购和应用场合现场检验。

1. 外观检验

用目视的方法检查蓄电池外观质量。蓄电池外观不应有裂纹、裂痕、漏液、明显变形及污迹，标志应清晰，各部分器件应完好。目测蓄电池的正负极，然后用万用表选择适合的直流电压档，将其正负引线与蓄电池对应的正负极相连，万用表显示正数说明蓄电池正负极极性标注正确；万用表显示负数或指针表指针反打说明蓄电池正负极极性标注错误。

2. 文件资料检验

目测检查蓄电池产品型号或规格、标牌、生产制造日期、产品执行标准以及产品合格证、质量检验报告、使用说明书等相关文件是否符合要求。

3. 尺寸及重量检验

用符合精度的量具测量蓄电池的外形尺寸和重量。蓄电池的外形尺寸应符合制造厂家的产品图样或文件规定，外形尺寸误差为±2mm。蓄电池的重量应符合表4-5的要求，表中的蓄电池重量为标称值。以1000Ah为界：1000Ah以下的重量上偏差不超过标称值的8%，1000Ah以上的（包括1000Ah）的重量上偏差不超过标称值的5%，重量下偏差不限。未标出重量标称值的蓄电池采用插入法，方法为取插入容量相邻的上、下两个蓄电池重量和的1/2。检验外形尺寸的计量尺要求分度值不大于1mm，检验重量的磅秤要求精度在±1%以内。

表4-5　铅酸蓄电池重量标称值表

额定容量（Ah）	质量（kg）：12V	质量（kg）：6V	质量（kg）：2V
17	5～6		
24	8.5～9.8		
38	12.8～15.8		
50	18～23		
65	23.5～27.8		
80	29.5～33		
100	36～40	19～21	7.5～9
120	45～49		8.5～10.5
150	52～62		9～11.8
200	65～75	35～39	15～18
300	125		21～24
400			28～31
500			34～38
600			41～44
800			58～64

续表

额定容量（Ah）	质量（kg）：12V	质量（kg）：6V	质量（kg）：2V
1000			69～75
1200			76～86
1500			104～114
2000			135～150
3000			198～220

4.2 其他储能电池及器件

在光伏发电系统中，常用的储能电池及器件除了铅酸蓄电池以外，还有锂离子蓄电池、磷酸铁锂蓄电池、镍氢蓄电池、超级电容器等。

4.2.1 锂离子和磷酸铁锂蓄电池

锂离子电池的正极材料有钴酸锂、锰酸锂或镍钴锰酸三元锂及磷酸亚铁锂等，以 MnO_2 等材料为负极。锂电池作为优质的储能电池，在光伏发电、光伏储能及微电网系统中得到广泛应用。

1. 锂离子电池的结构原理

锂离子电池的结构原理如图 4-3 所示。锂离子电池作为一种化学电源，正极材料通常由锂的活性化合物组成，负极则是特殊分子结构的石墨，常见的正极材料主要成分为 $LiCoO_2$。充电时，加在电池两极的电动势迫使正极的化合物释放出锂离子，穿过隔膜进入负极分子呈片层结构排列的石墨中；放电时，锂离子则从片层结构的石墨中脱离出来，穿过隔膜重新和正极的化合物结合。随着充放电的进行，锂离子不断地在正极和负极中分离与结合。锂离子的移动产生了电流。锂离子电池具有高容量、重量轻、无记忆等优点，但其主要缺点是成本高，价格贵。单体的锂离子电池外形如图 4-4 所示。

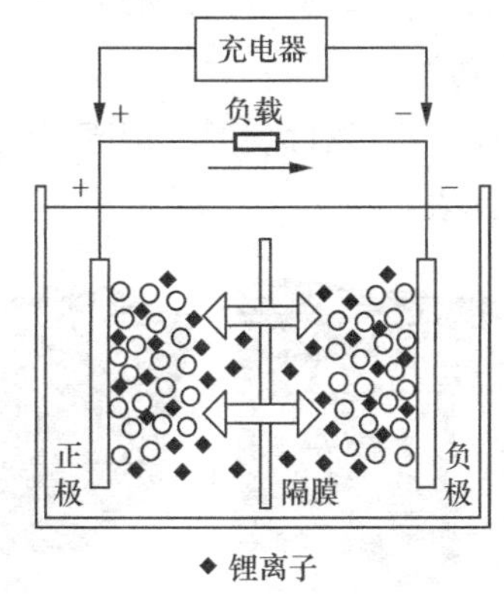

图4-3 锂离子电池的结构原理图

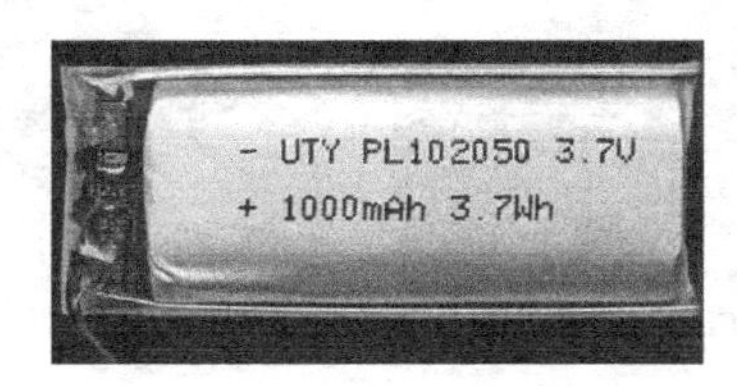

图4-4 单体锂离子电池的外形

2. 锂离子电池的性能特点

锂离子电池具有优异的性能，其主要特点如下。

（1）单体工作电压高。锂离子电池单体电压高达3.7V，是镍镉电池、镍氢电池的3倍，是铅酸电池的近2倍，这也是锂电池比能量大的一个重要原因。因此，组成相同容量（相同电压）的电池组时，锂离子电池使用的串联数目大大少于铅酸、镍氢电池，使得电池的一致性能够做得很好，寿命更长。例如，36V的锂离子电池只需要10个电池单体，而36V的铅酸电池需要18个电池单体，即3个12V的电池组、每个12V的铅酸电池内由6个2V单格组成。

（2）能量密度大。锂离子电池的能量密度为190Wh/kg，是镍氢电池的2倍，铅酸蓄电池的4倍，因此重量是相同能量的铅酸蓄电池的四分之一。

（3）体积小。锂离子电池的体积比高达500Wh/L，体积是铅酸蓄电池的1/3。

（4）锂离子电池的循环寿命长，循环次数可达2000次。

（5）自放电率低，每月小于3%，充电速度快。

（6）工作温度范围宽。锂离子电池可在−20～60℃工作，尤其适合低温使用。

（7）无记忆效应。锂离子电池因为没有记忆效应，所以不用像镍镉电池一样需要在充电前放电，它可以随时随地地进行充电，而且充放电深度不影响电池的容量和寿命。

（8）保护功能完善。锂离子电池组的保护电路能够对单体电池进行高精度的监测，低功耗智能管理，具有完善的过充电、过放电、温度、过电流、短路保护以及可靠的均衡充电功能。

3. 磷酸铁锂电池

磷酸铁锂电池是一种以磷酸铁锂为正极材料的新型锂离子电池。它具有超长寿命、使用安全、耐高温等特点，完全符合现代动力电池和储能电池的发展需要。目前磷酸铁锂电池已经广泛应用于电动自行车、电动汽车、电动工具、汽车启动、UPS电源、通信基站、新能源储能、智能微电网等领域。磷酸铁锂电池输出电压为3.2V，具有良好的电化学性能，充电放电性能十分平稳，在充放电过程中电池结构稳定、无毒、无污染、安全性能好、材料来源广泛。

磷酸铁锂电池相对于铅酸电池具有比能量高、重量轻、体积小、环保、无污染、免维护、寿命长、高低温适应性能好、无记忆效应、100%安全等优点，可高倍率放电，可接受大电流快速充电。在80%深度放电条件下，循环寿命大于2000次（能量型的磷酸铁锂电池循环次数可以达到6000次），在深度放电状态下，仍能提供高功率输出。

常见的单体磷酸铁锂电池外形分为圆柱型、软包型、塑料壳封装型、铝壳封装型等，外形如图4-5所示，表4-6是常用锂离子电池性能参数对比表。

图4-5　磷酸铁锂电池单体及电池组的外形

表 4-6　　常用锂离子电池性能参数对比表

性能参数	磷酸铁锂电池	三元锂电池	锰酸锂电池
标称电压（V）	3.2	3.6	3.7
充放电电压范围（V）	2.5～3.6	3.0～4.2	2.5～4.2
功率密度（mAh/g）	130	160～190	110
能量密度（Wh/L）	140～160	330～380	210～250
比能量密度（Wh/kg）	150	198	160
循环性能（80%）	>2000 次	>2000 次	>800 次
工作温度（℃）	–30～+60	–30～+65	–20～+60
价格	一般	较高	低廉
大功率能力	一般	较低	很好
材料来源	锂、氧化铁、磷酸盐储量丰富	钴元素缺乏	

尽管磷酸铁锂电池在制造成本上还不能与铅酸蓄电池抗衡，但磷酸铁锂电池的优异性能是铅酸蓄电池无法比拟的，其质量为同容量铅酸蓄电池的三分之一左右，使用寿命是铅酸蓄电池的 5 倍以上，且安装方便，施工和维护成本低，长期使用的综合效益显著。常见磷酸铁锂电池的规格尺寸及技术参数可参看附录 3 中有关内容。磷酸铁锂电池与铅酸蓄电池的性能对比如表 4-7 所示。

表 4-7　　磷酸铁锂电池与铅酸蓄电池的性能对比表

项目	磷酸铁锂电池	铅酸蓄电池
寿命（循环次数）	10*C* 充放电 80% DOD 循环 2000 次	80% DOD 放电 300 次，100% DOD 放电 150 次，需经常维护
温度耐受性	正常工作温度为–20～75℃	正常工作温度为 25℃，0℃以下容量锐减
自放电率	每 3 个月小于 2%	高
充放电性能	支持大倍率充放电，无记忆效应	大倍率充放电性能差，有记忆效应
安全性	不爆炸、不起火、不冒烟	高温会变形涨裂
体积	同容量磷酸铁锂蓄电池是铅酸蓄电池体积的 65%	
重量	同容量磷酸铁锂蓄电池是铅酸蓄电池重量的 1/3	
长期使用成本	完全免维护，最经济	需维护，全寿命使用成本高于磷酸铁锂电池
环保	绝对无污染，不含重金属和稀有金属	严重污染

4. 蓄电池组的管理与应用

蓄电池组在实际应用中，需要配置 BMS（Battery Management System）电池管理系统，BMS 系统是由微处理器技术、检测技术和控制技术等共同构成的蓄电池管理装置，其功能不只是对电池进行充放电保护，还要对单体电池及蓄电池组电压、电流、SOC、温度等信号进行高精度的测量及采集，对电池组进行均衡管理及对单体电池进行均衡充电等。

（1）保护电池组的安全。在蓄电池充放电过程中，BMS 系统实时采集蓄电池组中每只电池的端电压及工作温度、充放电电流及电池组总电压，防止电池发生过充电和过放电现象。

（2）准确估测电池组的剩余电量，随时预报电池组的剩余能量和荷电状态。蓄电池组的电量和端电压有一定关系，但不是线性关系，不能依靠检测端电压来估算剩余电量，需要通过 BMS 系统来检测和报告。

（3）保证单体电池间的电量均衡。BMS 系统要检测和控制对单体电池的均衡充电，使电池组中的每一只单体电池都达到均衡一致的状态。

目前，以磷酸铁锂电池为基础构成的模块化家庭光伏储能系统和高压直流储能系统，已经逐步应用到有储能需求的并网光伏发电系统及智能微电网系统中。这种储能系统以磷酸铁锂电池构成的 48V/50Ah 模块化电池组为基本单元，配置定制化电池管理系统，通过可靠的电池管理技术和高性能的电池充放电均衡技术，使整个系统具有配置灵活、操作简单和可靠性高的特点，既可以代替传统蓄电池用于离网光伏系统储能，也可以通过电池组模块的串联，在 150～800V 的并网光伏发电系统中做储能应用。这种储能系统的外形如图 4-6 所示，技术参数与特性如表 4-8 所示。

图4-6 磷酸铁锂电池储能系统

表 4-8 磷酸铁锂电池储能系统技术参数与特性

家庭光伏储能系统	高压直流储能系统
标称电压（V）：48	系统电压（V）：384
标称容量（Ah）：50	系统容量（Ah）：50
外形尺寸（mm）：440×410×89	系统能量（kWh）：19
重量（kg）：24	外形尺寸（mm）：600×600×1600
放电电压（V）：45～54	重量（kg）：280
充电电压（V）：52.5～54	放电电压（V）：420～432
最大放电电流（A）：100（2*C*）@ 1Min	充电电压（V）：432～360
最大充电电流（A）：100（2*C*）@ 1Min	额定放电电流（A）：25
通信接口：RS232，RS485，CAN	额定充电电流（A）：25
工作温度（℃）：0～50	最大放电电流（A）：100（2*C*）@ 1Min
储存温度（℃）：–40～80	最大充电电流（A）：100（2*C*）@ 1Min
使用寿命：＞10 年	通信接口：RS232，RS485，CAN
循环次数：6000 次	工作温度（℃）：0～50
—	储存温度（℃）：–40～80
—	使用寿命：＞10 年
—	循环次数：3500 次
产品特性： 1．多台电池可并联扩大储能容量，最大可支持 1000Ah，多台并机地址自动获取。 2. 电池组可安装在配套的机柜内，落地或挂墙安装，比铅酸电池节省 50%占用空间。 3．采用多级能耗管理，电池充放电管理、保护、告警等均为自动实现，无需人工操作。 4．高兼容性，与主流储能逆变器均能友好对接	产品特性： 1．系统由 1 个主控模块和多个电池模块组成，通过 48V 电池模块串联组成 150～800V 不同电压等级系统，系统适应电压范围宽。 2．通过多个机柜并联，可以在同一电压平台上扩展容量，可以通过串并联组成 MW 级的储能系统。 3．定制化产品，系统电压、容量按需配置

光伏发电＋储能系统的应用有利于电网调节负荷、削峰填谷、弥补线路损失、提高电能质量、实现局部区域独立供电运行等。储能系统就像一个储电的“水库”，可以把用电低谷期富余的电能存储起来，在用电高峰的时候拿出来使用，减少了电能的浪费，改善了电能质量，

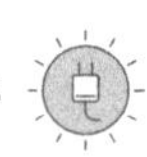

使电网系统布局得到优化。

4.2.2　镍氢电池

1. 氢电池简介

镍氢电池的外形如图 4-7 所示。镍氢电池主要由氢氧化镍正极、储氢合金负极、隔膜纸、电解液、钢壳、顶盖、密封圈等组成。在圆柱形电池中，正负极由隔膜纸分开后卷绕在一起，然后密封在钢壳中。在方形电池中，正负极由隔膜纸分开后叠成层状密封在钢壳中。镍氢电池具有功率大、重量轻、寿命长等优点，其能量密度比镍镉电池大 2 倍，工作电压与镍镉电池相同。镍氢电池具有良好的过充电和过放电性能，且基本消除了“记忆效应”。镍氢电池的缺点是随着容量的增加，自放电效应也在不断加剧。在放置两个月后许多镍氢电池的电量减少到原有容量的 50%以下。过高的环境温度也会加速它的自放电。

图4-7　圆柱形镍氢电池的外形

镍氢电池一般在小型光伏发电系统或产品中使用。

2. 镍氢电池的使用与保养

正确使用镍氢电池是延长其使用寿命的可靠保证，在充电和使用中要注意以下几个方面。

（1）镍氢电池出厂时都会带有少量的电，使用时应先将电池中的余电耗完再充电，这样反复 3～4 次，可以有效激活电池，使电池达到最佳状态，延长使用寿命。

（2）镍氢电池有多种容量规格，如 1500mAh、2000mAh、2600mAh 等，不要将不同容量的电池混在一起充电或使用，不同厂家，不同型号的电池也是如此，即便是容量相同也不宜混在一起使用。另外新旧电池也不可以混搭使用。

（3）使用中要防止将镍氢电池正负极短路，一旦短路将会对电池造成极大的伤害，严重时可能会使电池发热引起自燃；还要防止给电池反向充电，因为反向充电等于放电，会使电池内部紊乱，严重损伤电池。

（4）镍氢电池尽管基本没有“记忆效应”，但还是应该尽量遵循“用尽充满”的原则。

（5）长期不用的镍氢电池，在存放几个月后，会自然进入一种“休眠”状态，电池寿命大大降低。因此在使用和装配产品时，如果电池已经存放了一段时间，要先对电池进行激活和充电，以恢复其性能，保证其在产品中的使用效果。

（6）当需要把几节镍氢电池串联组合成电池组使用时，应尽量保持每节电池的平衡；否则，因为一节电池的问题，会影响整个电池组的工作。因此要挑选电池容量、电压参数相近的电池串联成一组电池组。应尽量选择相同品牌、相同型号同时出厂的电池，有条件的话还可以测一下电池充满电的电压和放完电后的电压，二者相近就可以了。

4.2.3 超级电容器

1. 超级电容器简介

超级电容器是一种介于传统电容器和蓄电池之间的一种新型储能器件，它通过极化电解质来储能，其外形如图4-8所示。它是一种电化学元件，但在其储能的过程中并不发生化学反应，这种储能过程是可逆的，也正因为如此，超级电容器可以反复充放电数十万次。超级电容器可以被视为悬浮在电解质中的两个无反应活性的多孔电极板，在极板上加电，正极板吸引电解质中的负离子，负极板吸引正离子。实际上形成两个容性存储层，被分离开的正离子在负极板附近，负离子在正极板附近。超级电容器具有充电速度快、功率密度大、容量大、使用寿命长、免维护、经济环保等优点，它的存储容量是普通电容器的20～1000倍，同时又保持了传统电容器释放能量速度快的优点，超级电容器与电解电容器及铅酸蓄电池的性能对比如表4-9所示。近年来随着碳纳米技术的发展，超级电容器的制造成本不断降低，而功率密度和能量密度不断提高。

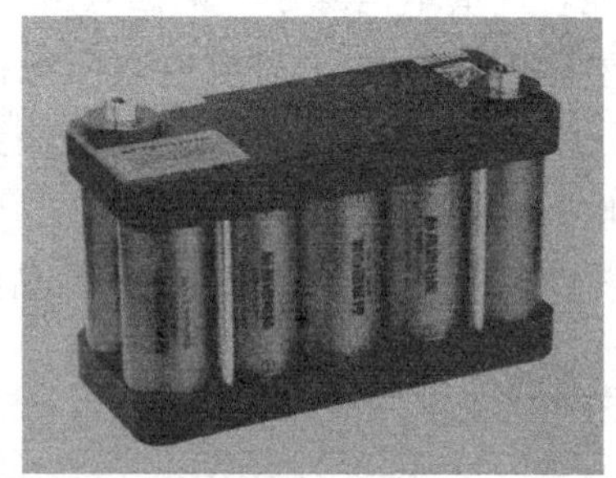

图4-8 超级电容器单体及模组的外形

表4-9 3种储能装置的性能对比

项目	单位	电解电容器	超级电容器	蓄电池
放电时间		10^{-6}～10^{-3}s	1s～几分钟	0.3～3h
充电时间		10^{-6}～10^{-3}s	1s～几分钟	1～5h
能量密度	Wh/kg	＜0.1	3～15	20～100
功率密度	W/kg	10000	1000～2500	50～200
充放电效率	%	≈100	＞95	70～85
循环寿命	次	$>10^6$	$>10^5$	300～1000

2. 超级电容器的工作原理

超级电容器所用电极材料包括活性碳、金属氧化物、导电高分子等；电解质分为水溶性和非水溶性两类，前者导电性能好，后者可利用电压范围大。超级电容器的结构原理如图4-9所示。当外加电压加到超级电容器的两个极板上时，与普通电容器一样，正极板存储正电荷，负极板存储负电荷，在超级电容器的两极板上电荷产生的电场作用下，在电解液与电极间的界面上形成相反的电荷，以平衡电解液的内电场，这种正电荷与负电荷在两个不同相之间的接触面上，以正负电荷之间极短间隙排列在相反的位置上，这个电荷分布层叫做双电层，因此电容量非常大。当两极板间电势低于电解液的氧化还原电极电位时，电解液界面上电荷不会脱离电解液，超级电容器为正常工作状态（通常为3V以下）；当电容器两端电压超过电解

液的氧化还原电极电位时，电解液将分解，为非正常状态。随着超级电容器放电，正、负极板上的电荷被外电路泄放，电解液界面上的电荷相应减少。由此其可以看出：超级电容器的充放电过程始终是物理过程，没有化学反应。因此其性能是稳定的，与利用化学反应的蓄电池是不同的。

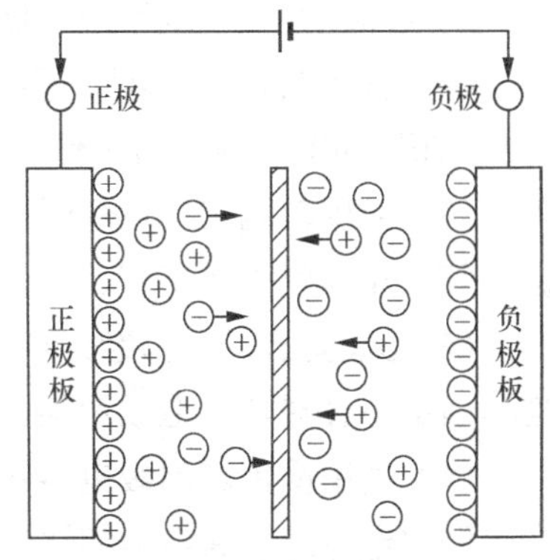

图4-9 超级电容器结构原理图

3. 超级电容器的应用领域：

（1）税控机、税控加油机、真空开关、智能表、远程抄表系统、仪器仪表、数码相机、掌上电脑、电子门锁、程控交换机、无绳电话等的时钟芯片、静态随机存储器、数据传输系统等微小电流供电的后备电源。

（2）智能表（智能电表、智能水表、智能煤气表、智能热量表）作电磁阀的启动电源。

（3）太阳能警示灯，航标灯、草坪灯等太阳能光伏产品中代替充电电池。

（4）手摇发电手电筒等小型充电产品中代替充电电池。

（5）电动玩具电动机、语音 IC、LED 发光器等小功率电器的驱动电源。

4. 超级电容器与传统电容器的不同

超级电容器在分离出的电荷中存储能量，用于存储电荷的面积越大、分离出的电荷越密集，其电容量越大。

传统电容器的面积是导体的平板面积，为了获得较大的容量，导体材料卷制得很长，有时用特殊的组织结构来增加它的表面积。传统电容器是用绝缘材料分离它的两极板，一般为塑料薄膜、纸等，这些材料通常要求尽可能的薄。

超级电容器的面积是基于多孔炭材料，该材料的多孔结构允许其面积达到 $2000m^2/g$，通过一些措施可实现更大的表面积。超级电容器电荷分离开的距离是由被吸引到带电电极的电解质离子尺寸决定的。该距离比传统电容器薄膜材料所能实现的距离更小。这种庞大的表面积再加上非常小的电荷分离距离使得超级电容器较传统电容器而言有大得惊人的静电容量，这也是其所谓“超级”的原因。

5. 超级电容器充放电时间

超级电容器可以快速充放电，峰值电流仅受其内阻限制，甚至短路也不是致命的。实际上决定于电容器单体大小，对于匹配负载，小单体可放 10A，大单体可放 1000A。另一放电率的限制条件是热，反复地以剧烈的速率放电将使电容器温度升高，最终导致断路。

超级电容器的电阻阻碍其快速放电，超级电容器的时间常数 τ 为 1～2s，完全给阻-容式电路放电大约需要 5τ，也就是说如果短路放电需要 5～10s。由于电极的特殊结构，实际上得花上数小时才能将残留的电荷完全放掉。

6. 超级电容的优缺点

（1）免维护。由于超级电容器对使用条件没有严格的限制和要求，因此采用超级电容器的太阳能光伏发电系统在寿命期内，不需要对储能系统进行维护。

（2）使用寿命长。由于超级电容器的循环寿命可以达到10万次以上，因此采用超级电容器作为太阳能光伏发电系统的储能装置具有20年以上的超长使用寿命。

（3）超宽的工作温度。超级电容器的使用温度区间远宽于现有的各类蓄电池，可以在–40～70℃的范围内正常工作。

（4）应用范围广。可广泛应用于太阳能航标灯、路灯、草坪灯、围墙灯、交通信号灯、道钉灯、建筑物亮化工程、户外广告灯箱等。

（5）无污染。制造超级电容器所使用的材料无重金属和有毒有害物质，在使用过程中和使用后都不会对环境造成污染。

（6）使用简单。超级电容器在很小的体积下达到法拉级的电容量，无须特别的充电电路和控制放电电路，和电池相比过充、过放都不会对其寿命构成负面影响。

（7）绿色环保。从环保的角度考虑，超级电容器是一种绿色能源。

（8）缺点。如果使用不当会造成电解质泄漏等现象；和铝电解电容器相比，它内阻较大，因而不可以用于交流电路。

7. 超级电容器与电池的比较

超级电容器不同于电池，在某些应用领域，它可能优于电池。有时将两者结合起来，将电容器的功率特性和电池的高能量存储结合起来，不失为一种更好的途径。

（1）超级电容器在其额定电压范围内可以被充电至任意电位，且可以完全放出。而电池则受自身化学反应限制工作在较窄的电压范围，如果过放可能造成永久性破坏。

（2）超级电容器的荷电状态（SOC）与电压构成简单的函数，而电池的荷电状态则包括多个复杂的换算。

（3）超级电容器与其体积相当的传统电容器相比可以存储更多的能量，电池与其体积相当的超级电容器相比可以存储更多的能量。在一些功率决定能量存储器件尺寸的应用中，超级电容器是一种更好的选择。

（4）超级电容器可以反复传输能量脉冲而无任何不利影响，相反如果电池反复传输高功率脉冲其寿命将大打折扣。

（5）超级电容器可以快速充电，而电池快速充电则会受到损害。

（6）超级电容器可以反复循环数十万次，而电池寿命仅几百个循环。

8. 超级电容器的使用注意事项

（1）超级电容器具有固定的极性。在使用前，应确认极性。

（2）超级电容器应在标称电压下使用。当电容器电压超过标称电压时，将会导致电解液分解，同时电容器会发热，容量下降，而且内阻增加，寿命缩短，在某些情况下，可导致电容器损坏。

（3）超级电容器不可应用于高频率充放电的电路中，高频率的快速充放电会导致电容器内部发热，容量衰减，内阻增加，在某些情况下会导致电容器损坏。

（4）超级电容器的寿命。外界环境温度对于超级电容器的寿命有着重要的影响，电容器

应尽量远离热源。

（5）当超级电容器被用做后备电源时的电压降。由于超级电容器具有内阻较大的特点，在放电的瞬间存在电压降，$\Delta V=IR$。

（6）使用中环境气体。超级电容器不可处于相对湿度大于 85%或含有有毒气体的场所，这些环境下会导致引线及电容器壳体腐蚀，造成断路。

（7）超级电容器的存放。超级电容器不能置于高温、高湿的环境中，应在温度–30～+50℃、相对湿度小于 60%的环境下储存，避免温度骤升骤降，否则会导致产品损坏。

（8）超级电容器在双面电路板上的使用。当超级电容器用于双面电路板上，需要注意连接处不可经过电容器可触及的地方，由于超级电容器的安装方式不当，会导致短路现象。

（9）当把电容器焊接在电路板上时，不可将电容器壳体接触到电路板上，不然焊接物会渗入至电容器穿线孔内，对电容器性能产生影响。

（10）安装超级电容器后，不可强行倾斜或扭动电容器，否则会导致电容器引线松动，造成性能劣化。

（11）在焊接过程中避免使电容器过热。若在焊接中电容器出现过热现象，会降低电容器的使用寿命。

（12）焊接后的清洗。在电容器经过焊接后，电路板及电容器需要经过清洗，因为某些杂质可能会导致电容器短路。

（13）当超级电容器进行串联使用时，存在单体间的电压均衡问题，单纯的串联会导致某个或几个单体电容器过电压，从而损坏这些电容器，整体性能受到影响，故在电容器进行串联使用时，需并联高阻值的电阻器，以平衡电压。

9. 超级电容器的容量和放电时间的计算

在超级电容器的应用中，计算一定容量的超级电容器在以一定电流放电时的放电时间，或者根据放电电流及放电时间，选择超级电容器的容量，可根据下面给出的简单计算公式进行。根据这些公式，可以简单地进行电容容量、放电电流、放电时间的推算，十分方便。

（1）各计算单位及含义

C（F）：超级电容器的标称容量；

U_1（V）：超级电容器的正常工作电压

U_0（V）：超级电容器的截止工作电压；

t（s）：在电路中的持续工作时间；

I（A）：负载电流。

（2）超级电容器容量的近似计算公式

保持所需能量=超级电容器减少的能量；

保持期间所需能量=$0.5I(U_1+U_0)t$；

超级电容器减少能量=$0.5C(U_1^2-U_0^2)$。

因而，可得其容量（忽略由内阻引起的压降）为

$$C=(U_1+U_0)I\times t/(U_1^2-U_0^2)$$

计算举例如下：

一个太阳能草坪灯电路，应用超级电容作为储能蓄电元件，草坪灯的工作电流为 15mA，工作时间为每天 3h，草坪灯正常工作电压为 1.7V，截止工作电压为 0.8V，求需要多大容量的超级电容器能够保证草坪灯正常工作？

由以上公式可知：

正常工作电压 $U_1=1.7\text{V}$；

截止工作电压 $U_0=0.8\text{V}$；

工作时间 $t=10800\text{s}$；

工作电流 $I=0.015\text{A}$。

那么所需的电容器容量为

$$C=(U_1+U_0)I\times t/(U_1^2-U_0^2)$$
$$=(1.7+0.8)\times 0.015\times 10800/(1.7^2-0.8^2)\ \text{F}$$
$$=180\text{F}$$

根据计算结果，选择耐压 2.5V、180～200F 的超级电容器就可以满足工作需要了。

4.2.4 液流电池与钠硫电池

1. 液流电池

液流电池全称为全钒氧化还原液流电池（Vanadium Redox Battery，缩写为 VRB），是一种活性物质呈循环流动液态的氧化还原电池。液流电池具有大功率、大容量、高效率、低成本、绿色环保、运行维护费用低的特点，是高效、大规模并网发电储能、调节装置的首选之一，可用于电能质量改善、可靠性提高、备用电源与能量管理等方面。液流储能技术是世界各国新能源发展关注的热点，在美国、德国、日本、英国等发达国家已有示范项目，我国目前还处于研究开发阶段。液流电池生产所需要的钒矿等原材料价格高昂，使得液流电池的价格一直居高不下，因而对目前的液流电池来讲，降低储能成本是首要的问题。

2. 钠硫电池

钠硫电池，是一种以金属钠为负极、硫为正极、陶瓷管为电解质隔膜的二次电池。在一定的工作温度下，钠离子透过电解质隔膜与硫之间发生的可逆反应，形成能量的释放和储存。

电池通常都是由正极、负极、电解质、隔膜、外壳等几部分组成。一般常规二次电池如铅酸电池、镉镍电池等都是由固体电极和液体电解质构成，而钠硫电池则与之相反，它是由熔融液态电极和固体电解质组成的，构成其负极的活性物质是熔融金属钠，正极的活性物质是硫和多硫化钠熔盐。由于硫是绝缘体，所以硫一般是填充在导电的多孔的炭或石墨毡里。固体电解质兼隔膜的是一种专门传导钠离子被称为 Al_2O_3 的陶瓷材料，外壳则一般用不锈钢等金属材料。

钠硫电池是新型化学电源家族中的一个新成员。早在 1966 年，美国福特公司的 Kummer 和 Webber 就首次提出了钠硫电池系统。钠硫电池具有很长的循环使用寿命，高质量的一般

能达到 20000 次以上。它还具有高能量、高功率密度、无自放电现象、80%以上的充放电转换效率、便于现场安装、材料来源容易、价格适当等优势，在大容量储能领域获得广泛应用。钠硫电池是在各种成熟的二次电池中最成熟和最具有潜力的先进储能电池。目前，钠硫电池产业化应用的条件日趋成熟，我国储能用钠硫电池已进入产业化的前期准备阶段。表 4-10 是铅酸蓄电池、磷酸铁锂蓄电池、液流电池和钠硫电池的特性对比。

表 4-10　　铅酸蓄电池、磷酸铁锂蓄电池、液流电池和钠硫电池特性对比

类型	主要特性	缺点	产业化
铅酸蓄电池	1．价格低廉，原材料易获得 2．使用可靠性强 3．适用于大电广泛的环境温度	1．体积大 2．不便安装维护 3．存在漏液污染环境的风险	是
磷酸铁锂电池	1．体积、重量小，无污染 2．充放电效率达到 95% 3．安装方便	1．不适合大容量存储 2．成本高	是
液流电池（VRB）	1．容量大（适用于千瓦级和兆瓦级电站）、适应性强 2．充放电性能好、充放电次数极大 3．能量效率高、使用寿命极长 4．环保、容易维护	1．能量密度低 2．高成本	5 年以后
钠硫电池	1．能量是铅酸的 3～4 倍 2．大电流，高功率放电 3．充放电效率高，80%以上 4．使用寿命极长、安装方便	高成本	是

4.2.5　蓄电池的选型

蓄电池的选型一般是根据光伏发电系统设计和计算出的结果，来确定蓄电池或蓄电池组的电压和容量，选择合适的蓄电池种类及规格型号，再确定其数量、串并联连接方式等。为了使逆变器能够正常工作，同时为了给负载提供足够的能量，必须选择容量合适的蓄电池组，使其能够提供足够大的冲击电流来满足逆变器的需要，以应付一些冲击性负载如电冰箱、冷柜、水泵、电动机等在启动瞬间产生的很大电流。

利用下面的公式可以验证我们前面设计计算出的蓄电池容量是否能够满足冲击性负载功率的需要。

蓄电池容量≥5h×逆变器额定功率/蓄电池（组）额定电压

其中蓄电池容量单位是 Ah，逆变器功率单位是 W，蓄电池电压是 V。蓄电池选型举例如表 4-11 所示。

表 4-11　　蓄电池选型举例表

逆变器额定功率（W）	蓄电池（组）额定电压（V）	蓄电池（组）容量（Ah）
200	12	＞100
500	12	＞200
1000	12	＞400
2000	12	＞800

续表

逆变器额定功率（W）	蓄电池（组）额定电压（V）	蓄电池（组）容量（Ah）
2000	24	＞400
3500	24	＞700
3500	48	＞350
5000	48	＞500
7000	48	＞700

附录 3 提供了光伏发电系统常用储能电池及器件的规格尺寸和技术参数，可供选型时参考。

第5章 太阳能光伏发电配电、升压与监测装置

太阳能光伏发电系统的配电、升压与监测装置主要有直流汇流箱、直流配电柜、交流汇流箱、交流配电柜、并网配电箱、升压变压器、箱式变电站、光伏线缆及交直流输配电线路、系统监测装置等。

|5.1　直流汇流箱与直流配电柜|

5.1.1　直流汇流箱

小型光伏发电系统一般不用直流汇流箱，电池组件的输出线直接接到了控制器或者逆变器的输入端子上。直流汇流箱主要用在中、大型光伏发电系统中，用于把电池组件方阵的多路输出电缆集中输入、分组连接，不仅使连线井然有序，而且便于分组检查、维护。当电池组件方阵局部发生故障时，可以局部分离检修，不影响整体发电系统的连续工作。再大型的光伏发电系统，除了采用许多个直流汇流箱外，还要用若干个直流配电柜作为光伏发电系统中二、三级汇流之用。直流配电柜一般安装在配电室内，主要是将各个直流汇流箱输出的直流电缆接入后再次进行汇流，然后再与控制器或并网逆变器连接，方便安装、操作和维护。

图 5-1 所示为直流汇流箱的电路原理图，它们由光伏直流熔断器、直流断路器、直流防雷器件、接线端子等构成，有些直流汇流箱还把防反充二极管、智能监测模块、数据无线传输扩展模块等也放在其中，形成各种配置的系列产品供用户选择。图 5-2 所示为一款 16 路输入直流汇流箱的内部结构图和元器件排列图，图 5-3 所示为光伏发电系统直流配电柜的局部连接实体图，供读者选型和自行设计时参考。

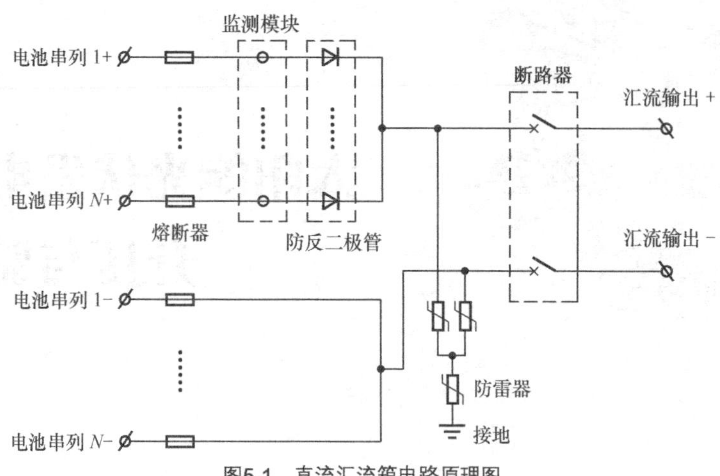

图5-1　直流汇流箱电路原理图

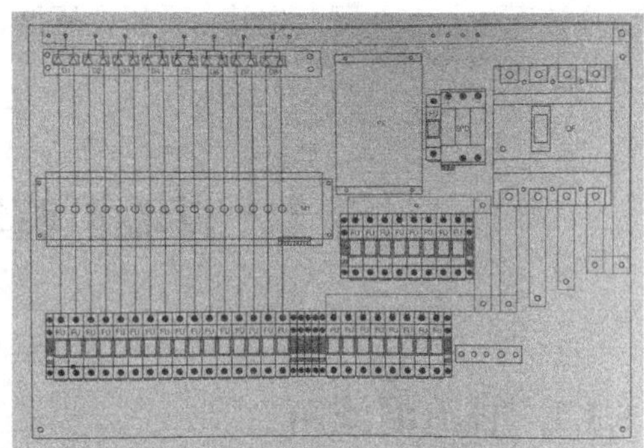

图5-2　16路直流汇流箱内部结构和元器件排列图

图5-3　直流配电柜局部连接实体图

5.1.2　直流配电柜

直流配电柜与直流汇流箱一样，也配备分路断路器、主断路器、避雷防雷器件、接线端子、直流熔断器等，面板上还有显示各直流回路电压、电流的指示表、显示屏等，其电路原

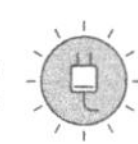

理如图 5-4 所示。

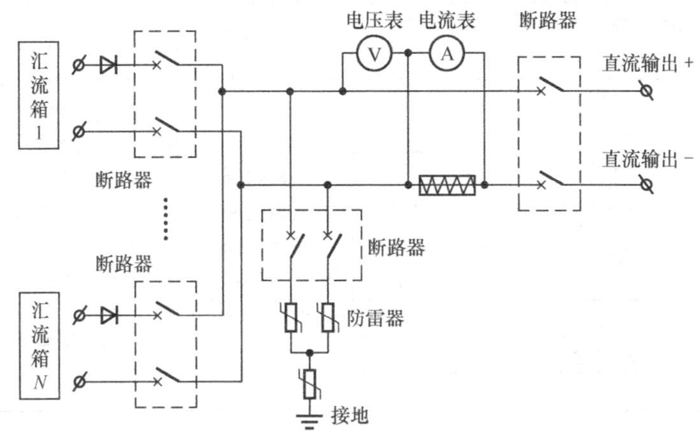

图5-4　直流配电柜电路原理图

直流配电柜可根据需要在每个输入端或输出端配置直流电流传感器，用于监视和测量输入输出端电流；汇流输出端配置电压变送器，可监测光伏输出电压，还能监视输入输出断路器的工作状况。可配置绝缘监视模块，监测输入输出回路的绝缘情况，确保系统安全稳定运行。上述所有监视和测量的数据可通过 RS485 通信接口传至后台监控系统。

5.1.3　直流汇流箱和直流配电柜的选型

直流汇流箱和直流配电柜一般由逆变器生产厂家或专业厂家生产并提供成型产品。选用时主要根据光伏方阵的输出路数、最大工作电流和最大输出功率等参数以及系统需要配置，当没有成型产品或成品不符合系统要求时，还可以根据实际需要自己设计制作。无论是选择成品还是自己设计制作，对直流汇流箱主要技术参数和性能要求如下。

（1）机箱的防护等级达到 IP65，要具有防水、防灰、防锈、防晒、防盐雾等性能，满足室外安装使用的要求。

（2）可同时接入 4～24 路的电池组串，每路电池组串的最大允许输入电流不小于 20A。

（3）接入的每路电池组串的最大开路电压可达到 1000V。

（4）每路电池组串的正负极都配有光伏专用熔断器，出现故障时对组件串进行保护，熔断器配有配套的底座，方便维修人员检修，有效保护维修人员的人身安全。

（5）直流输入端要配置输入直流断路器、直流输出端要配置直流输出断路器。

（6）采用专用光伏高压防雷器对汇流后的母线正极地、负极进行对地保护，持续工作电压（U_c）要达到 DC 1000V。

（7）对于智能型直流汇流箱，内部装有汇流检测模块，能监测每路电池组串输入的电流、汇总输出的电压、箱体内的温度、防雷器状态、断路器状态等。

（8）智能型直流汇流箱还具备 RS485/MODBUS-RTU 等数据通信串口。

（9）组件串列回路数、各种功能单元模块可根据客户需要灵活配置。

直流配电柜的设计制作也可以参考上述要求进行。表 5-1 和表 5-2 分别是某品牌直流汇流箱和直流配电柜的规格参数表，供选型时参考。

表 5-1　　直流汇流箱规格参数表

规格型号	输入电压范围（V）	输入路数	单路最大电流（A）	最大输出电流（A）	标准配置	可选配置	防护等级	环境条件
KBT-PVX4	DC 24～1000	4 回路	1～20	63	◎ 正极熔断器 ◎ 负极熔断器 ◎ 输出断路器 ◎ 防雷模块 ◎ 电缆防水锁头	◇ 防反二极管 ◇ 电流检测 ◇ 电压检测 ◇ 断路器状态检测 ◇ 防雷器状态检测 ◇ 无线路由扩展	IP65	温度： −25～+70℃ 湿度： 0%～99%
KBT-PVX6		6 回路		80				
KBT-PVX8		8 回路		100				
KBT-PVX10		10 回路		125				
KBT-PVX12		12 回路		160				
KBT-PVX16		16 回路		200				
KBT-PVX18		18 回路		250				
KBT-PVX20		20 回路		250				
KBT-PVX24		24 回路		250				

表 5-2　　直流配电柜规格参数表

型号	规格	额定电压（V）	额定电流（A）	防护等级	环境温度	空气湿度	防反装置	智能监控	绝缘监测
KBT-PVG	Z63	DC 250/500/750/1000	DC 63	IP30	−25～45℃	小于95%	选配	选配	选配
	Z100		DC 100						
	Z250		DC 250						
	Z400		DC 400						
	Z630		DC 630						
	Z1000		DC 1000						
	Z1250		DC 1250						
	Z1600		DC 1600						
	Z2000		DC 2000						

5.1.4　直流汇流箱的设计

直流汇流箱由箱体、分路断路器、总断路器、防雷器件、防逆流二极管、端子板、直流熔断器等构成。下面以图 5-5 所示电路为例，介绍直流汇流箱的设计及部件选用。

1. 机箱箱体

机箱箱体的大小根据所有内部器件数量及排列所占用的位置来确定，还要考虑布线排列整齐规范、开关操作方便、不宜太拥挤等因素。根据使用场合的不同箱体分为室内型和室外型，根据材料的不同分为铁制、不锈钢制和工程塑料制作。金属制机箱使用板材厚度一般为1.0～1.6mm。机箱可以根据需要定制，也可以直接购买尺寸合适的机箱产品。

2. 分路断路器和总断路器

设置在光伏方阵输入端的各分路断路器是为了在光伏方阵组件局部发生异常时，或维护检修时，从回路中把该路方阵组件切断，实现与方阵分离。

总断路器安装在直流汇流箱的输出端与交流逆变器输入端之间。对于输入路数较少的系统或功率较小的系统，分路断路器和总断路器可以合二为一，只设置一种断路器，但必要的

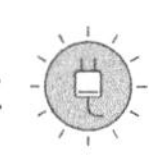

熔断器等依然需要保留。当汇流箱要安装到有些不容易靠近的场合时，可以考虑把总断路器与汇流箱分离另行安装。

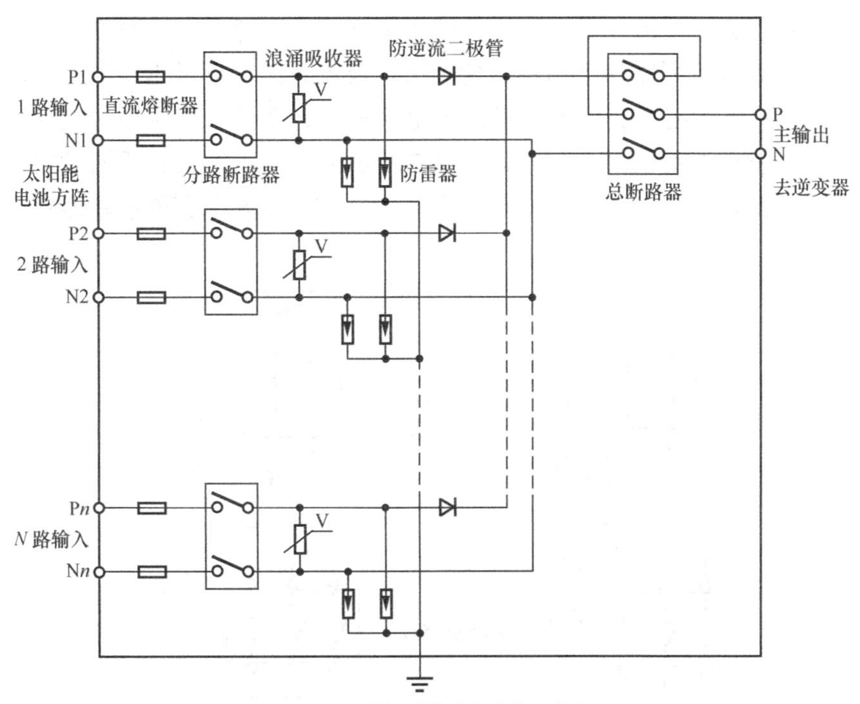

图5-5　直流汇流箱内部电路示意图

无论是分路断路器还是总断路器，都要采用能满足各自光伏方阵最大直流工作电压和通过电流的断路器。所选断路器的额定工作电流要大于等于回路的最大工作电流，额定工作电压要大于等于回路的最高工作电压。

市场上常见的各种断路器件多是为交流电路设计的，当把这些断路器用在直流电路中时，断路器触点所能承受的工作电流为在交流电路中的 1/2～1/3。也就是说，在同样工作电流状态下，断路器能承受的直流电压是交流电压的 1/2～1/3。例如，某断路器的技术参数里，标明额定工作电流为 5A，额定工作电压为 AC 220V/DC 110V。因此，当系统直流工作电压较高时，应选用直流工作电压满足电路要求的断路器，如没有参数合适的断路器，也可以多用 1～2 组断路器，将其按照如图 5-6 所示方法串联连接，这样连接后的断路器将可以分别承受 450V 和 800V 的直流工作电压。

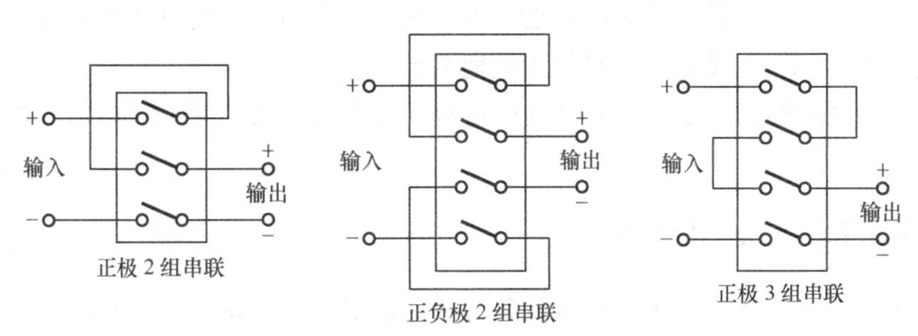

图5-6　交流断路器直流应用串联接法示意图

目前已经有部分电气元件生产厂家开始生产光伏系统专用的各种直流电气开关产品。如光伏专用小型直流断路器、塑壳直流断路器、直流隔离开关、直流转换开关等，这些光伏专用直流断路器的额定工作电压可达到DC 500V、DC 750V、DC 1000V、DC 1200V等，具有直流逆电流保护、交流反馈电流保护、直流负荷隔离开关、远程脱扣和报警等功能。这类直流断路器采用特殊的灭弧、限流系统，可以迅速断开直流配电系统的故障电流，保护光伏组件免受高直流反向电流和因逆变器故障导致的交流反馈电流的危害，保证光伏发电系统的可靠运行。图5-7所示为直流断路器在不同额定直流电压下应用的接线示意图，从图中可以看出，其接线方式与图5-6中交流断路器直流应用的串联接法很相似。

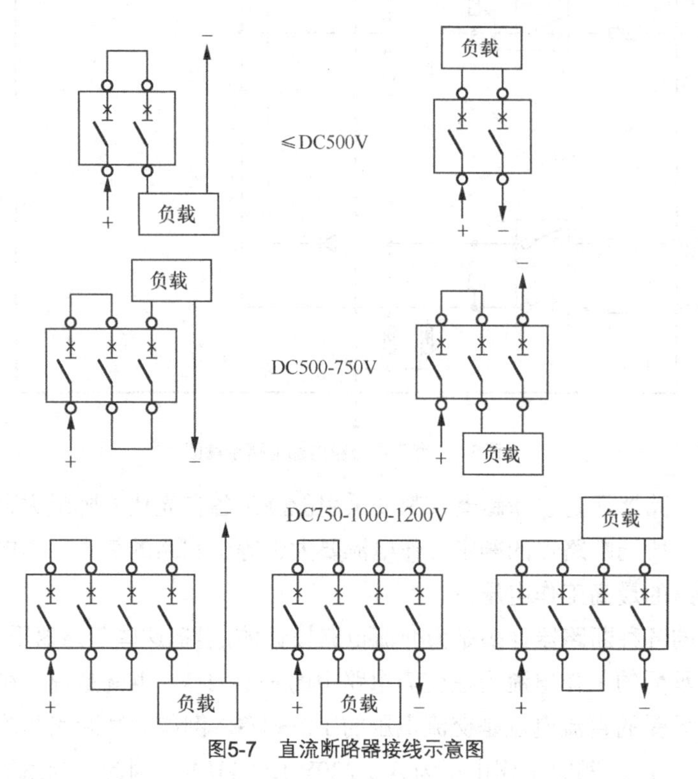

图5-7　直流断路器接线示意图

3. 浪涌保护器件

浪涌保护器件是防止雷电浪涌侵入到光伏方阵或交流逆变器及交流负载或电网的保护装置。在直流汇流箱内，为了保护光伏方阵，每一个组件串中都要安装浪涌保护器件。对于输入路数较少的系统或功率较小的系统，也可以在光伏方阵的总输出电路中安装。浪涌保护器件接地侧的接线可以一并接到汇流箱的主接地端子上。

关于浪涌保护器件及安装使用的具体内容，将在第6章防雷接地系统的设计中详细介绍。

4. 端子板和防反充二极管器件

端子板可根据需要选用，输入路数较多时考虑使用，输入路数较少时，则可将引线直接接入开关器件的接线端子上。端子板要选用符合国标要求的产品。

防反充二极管有时会装在电池组件的接线盒中，当组件接线盒中没有安装时，可以考虑在直流汇流箱中加装。防反充二极管的性能参数已经在前面介绍过，可根据实际需要选用。为方便二极管与电路的可靠连接，建议安装前在二极管两端的引线上焊接两个铜焊片或小线鼻子，也可以直接使用一些厂家生产的用于直流汇流箱的防反充二极管模块。

5. 直流熔断器

直流熔断器主要用于汇流箱中，对可能产生的光伏组串及逆变器电流反馈所产生的线路过载或短路电流起分断保护。直流熔断器的外形分圆管和方管，如图5-8所示，内部是由银带或纯铜带制成的变截面导体，封装于耐高温、高强度的陶瓷管中，瓷管中有足够的高硅石英砂作为填料，起灭弧作用。直流熔断器的规格参数：额定电压为DC 1000V和DC 1500V，额定电流为1～630A。

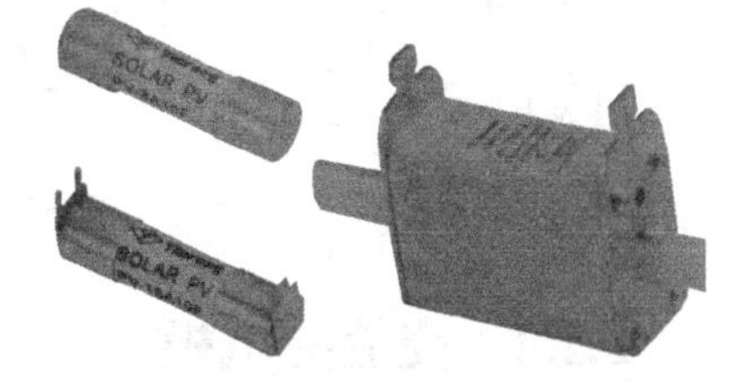

图5-8　直流熔断器的外形

选用直流熔断器时，不能简单的照搬交流熔断器的电气规格和结构尺寸，因为两者之间有许多不同的技术规范要求和设计理念，这些都关乎到能否安全可靠分断故障电流和保证不发生意外事故。具体原因如下。

（1）由于直流电流没有过零点，因此在开断故障电流时，只能依靠石英砂填料强迫冷却的作用，使电弧自行迅速熄灭进行关断，比关断交流电弧要困难许多。熔片的合理设计与焊接方式，石英砂的纯度与粒度配比、熔点高低、固化方式等因素，都决定着强迫熄灭直流电弧的效能和作用。

（2）在相同的额定电压下，直流电弧产生的燃弧能量是交流电燃弧能量的2倍以上，为了保证每一段电弧都能够被限制在可控制的距离之内并同时迅速熄火，直流熔断器的管体一般要比交流熔断器长。根据国际熔断器技术组织的推荐数据，直流电压每增加150V，熔断器的管体长度即应增加10mm，以此类推，直流电压为1000V的熔断器，管体长度至少应为70mm。

5.2　交流汇流箱、配电柜与并网配电箱

5.2.1　交流汇流箱

交流汇流箱一般用于使用组串式逆变器的光伏发电系统中，它是承接组串逆变器与交流配电柜或升压变压器的重要组成部分，可以把多路逆变器输出的交流电汇集后再输出，大大简化组串式逆变器与交流配电柜或升压变压器之间的连接线，其电路原理及内部结构如图5-9所示。交流汇流箱一般为4～8路输入，每路输入都通过断路器控制，经母线汇流和二级防雷保护后，通过断路器或隔离开关输出。系统额定电压最高为AC 690V，防护等级为IP65，可满足防水、防尘、防紫外线、防盐雾腐蚀等室外安装要求。

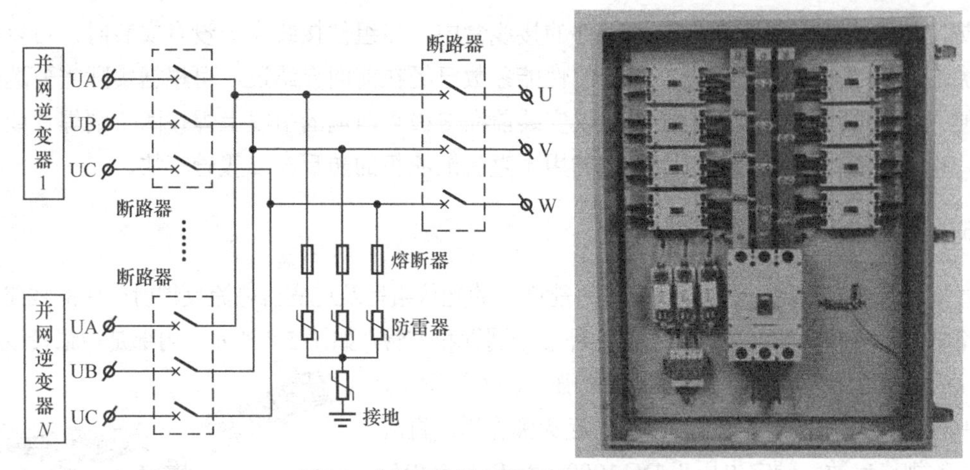

图5-9　交流汇流箱电路原理及内部结构图

5.2.2　交流配电柜

交流配电柜是光伏发电系统中连接在逆变器与交流负载或升压变压器之间的接受、调度和分配电能的电力设备，它的主要功能如下。

（1）电能调度。在离网光伏发电系统中，往往还要采用光伏/市电互补、光伏/风力互补和光伏/柴油机互补等形式作为光伏发电系统发电量不足的补充或者应急使用，因此交流配电柜需要有适时根据需要对各种电力资源进行调度的功能。

（2）电能分配。在离网光伏发电系统中，配电柜要对不同的负载线路设置专用开关进行切换，以控制不同负载和用户的用电量和用电时间。例如，当日照很充足、蓄电池组充满电时，可以向全部用户供电；当阴雨天或蓄电池未充满电时，可以切断部分次要负载和用户，仅向重要负载和用户供电。

（3）保证供电安全。配电柜内设有防止线路短路和过载、防止线路漏电和过电压的保护开关和器件，如断路器、熔断器、漏电保护器、过电压继电器等，线路一旦发生故障，能立即切断供电，保证供电线路及人身安全。

（4）显示参数和监测故障。配电柜要具有三相或单相交流电压、电流、功率和频率及电能消耗等参数的显示功能，以及故障指示信号灯、声光报警器等装置。

交流配电柜主要由开关类电器（如断路器、切换开关、交流接触器等）、保护类电器（如熔断器、防雷器、漏电保护器等）、测量类电器（如电压表、电流表、电度表、交流互感器等）以及指示灯、母线排等组成。交流配电柜按照负载功率大小，分为大型配电柜和小型配电柜；按照使用场所的不同，分为户内型配电柜和户外型配电柜；按照电压等级不同，分为低压配电柜和高压配电柜。

中小型光伏发电系统一般采用低压供电和输送方式，选用低压配电柜就可以满足电力输送和分配的需要。大型光伏发电系统大都采用高压配供电装置和设施输送电力、并入电网，因此要选用符合大型发电系统需要的高压配电柜和升、降压变压器等配电设施。

交流配电柜一般由专业生产厂家设计生产并提供成型产品。当没有成型产品或成品不符合系统要求时，还可以根据实际需要自己设计制作。图 5-10 所示为一款光伏交流配电柜的电

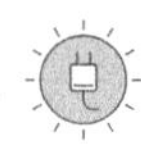

路原理图。

5.2.3 交流配电柜的设计

光伏发电系统的交流配电柜与普通交流配电柜大同小异，也要配置总电源开关，并根据交流负载设置分路开关，面板上要配置电压表、电流表，用于检测逆变器输出的单相或三相交流电的工作电压和工作电流等，电路结构可参看图5-10。对于相同部分完全可以按照普通配电柜的模式进行设计，无论是选购或者设计生产光伏发电系统用交流配电柜，都要符合下列各项要求。

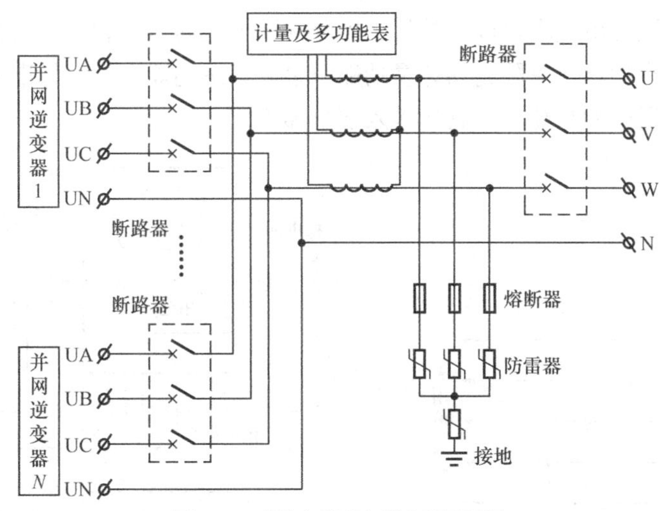

图5-10 光伏交流配电柜电路原理图

（1）选型和制造都要符合国家标准要求，配电和控制回路要采用成熟可靠的电子线路和电力电子器件。

（2）要求操作方便、运行可靠、双路输入时切换动作准确。

（3）发生故障时能够准确、迅速切断事故电流，防止故障扩大。

（4）在满足需要、保证安全性能的前提下，尽量做到体积小、重量轻、工艺好、制造成本低。

（5）当在高海拔地区或较恶劣的环境条件下使用时，要注意加强机箱的散热性能，并在设计时对低压电气元器件的选用留有一定余量，以确保系统的可靠性。

（6）交流配电柜的结构应为单面或双面门开启结构，以方便维护、检修及更换电气元器件。

（7）配电柜要有良好的保护接地系统。主接地点一般焊接在机柜下方的箱体骨架上，前后柜门和仪表盘等都应有接地点与柜体相连，以构成完整的接地保护，保证操作及维护检修人员的安全。

（8）交流配电柜还要具有过载或短路的保护功能。当电路有短路或过载等故障发生时，相应的断路器应能自动跳闸或熔断器熔断，断开输出。

在此主要介绍光伏发电系统交流配电柜与普通配电柜不同部分的设计，供设计时参考。

1. 接有浪涌保护器装置

光伏交流配电柜中一般都接有浪涌保护器装置，用来保护交流负载或交流电网免遭雷电破坏。浪涌保护器一般接在总开关之后，具体接法如图5-11所示。

2. 接有发电和用电双向计量的电度表

在可逆流的并网光伏发电系统中，除了正常用电计量的电度表之外，为了准确的计量发电系统馈入电网的电量（卖出的电量）和电网向系统内补充的电量（买入的电量），需要在交流配电柜内另外安装两块电度表进行用电量和发电量的计量，其连接方法如图5-12所示。目前，在并网光伏发电系统中已经逐步使用具有双向计量功能的智能电度表来替代两块电度表分别计量的方式，这种电度表可以通过显示屏分别读出正向电量和反向电量并将电量数据存储起来。具有双向有功和四象限无功计量功能、事件记录功能，配有标准通信协议接口，具备本地通信和远程通信的功能。其具体接入要求如下。

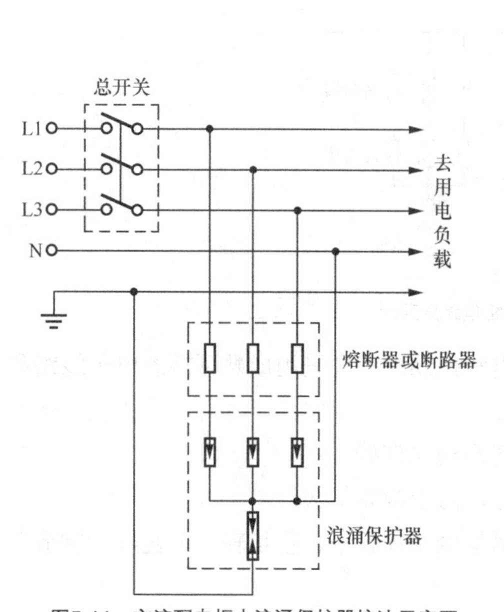

图5-11　交流配电柜中浪涌保护器接法示意图

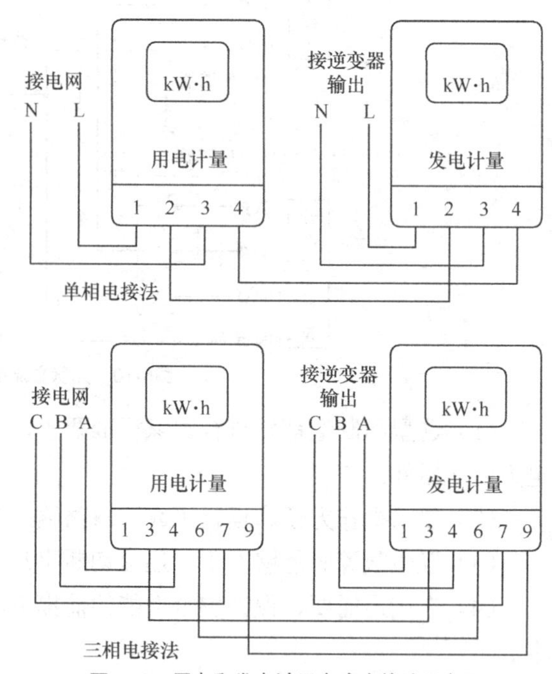

图5-12　用电和发电计量电度表接法示意图

（1）对于低压供电，负荷电流为50A及以下时，宜采用直接接入式电能表；负荷电流为50A以上时，宜采用经电流互感器接入的接线方式。

（2）对三相三线制接线的电能计量装置，其两台电流互感器二次绕组与电能表之间宜采用四线连接。对三相四线制连接的电能计量装置，其三台电流互感器二次绕组与电能表之间宜采用六线连接。

更多发电和用电计量电表的接入方法在第8章中有详细介绍。

3. 接有防逆流检测保护装置

对于有些用户侧并网的光伏发电系统，原则上不允许逆流向电网送电，因此在交流配电

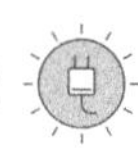

柜中还要接入一个叫“防逆流检测保护装置”的设备，如图5-13所示。其作用是当检测到光伏发电系统有多余的电能送向电网时，立即切断给电网的供电；当光伏发电系统发电量不够负载使用时，电网的电能可以向负载补充供电；其电路原理如图5-14所示。其工作原理如下。

图5-13 防逆流检测保护装置的外形

（1）逆流检测装置检测交流电网（AC 380V 50Hz）供电回路的三相电压、电流，判断功率流向和功率大小。如果电网供电回路出现逆功率现象，逆流检测装置输出信号驱动三相复合开关断开。

（2）当逆功率现象消失，并且检测到负荷功率大于某一设定值时，逆流检测装置将输出信号，驱动三相复合开关闭合。

（3）当检测点出现电压过高、电压过低、电流过大等情况时，逆流检测装置液晶屏将显示报警信息，并可以通过通信系统将报警信息上传。

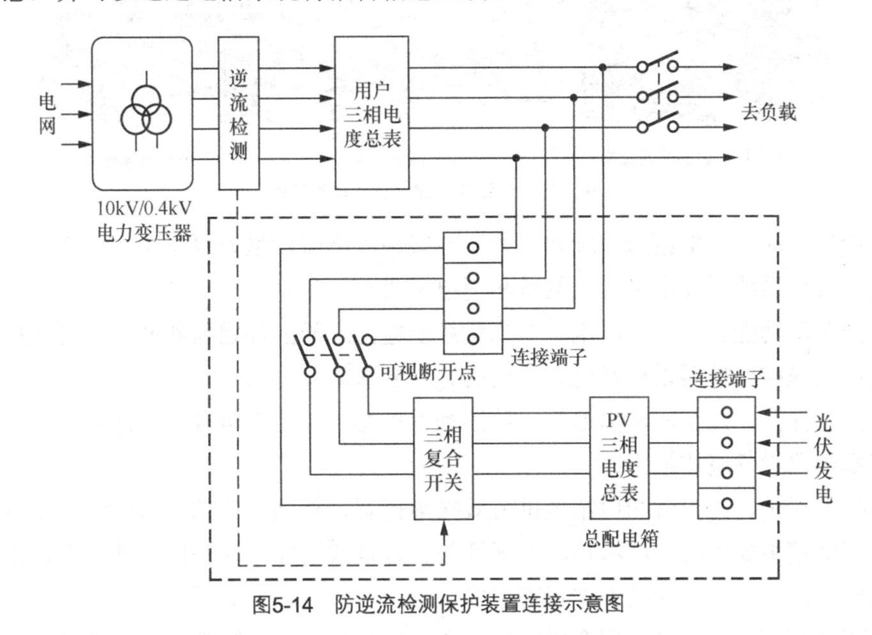

图5-14 防逆流检测保护装置连接示意图

在AC 220V 50Hz交流供电电路中使用的防逆流检测装置工作原理与上述电路相同。

5.2.4 并网配电箱

并网配电箱也是一种小型的交流配电箱，主要用于100kW以下的分布式光伏发电系统与交流电网的并网连接和控制，满足光伏发电系统对并网断路点的如下要求。

（1）分布式电源并网点应安装易操作、具有明显开断指示、具备开断故障电流能力的断路器。断路器可选用微型、塑壳型或万能断路器，要根据短路电流水平选择设备开断能力，并应留有一定余量。

（2）分布式电源以380V/220V电压等级接入电网时，并网点和公共连接点的断路器应具备短路速断、延时保护功能和分励脱扣、失压跳闸及低压闭锁合闸等功能，同时应配置剩余电流保护功能。

并网配电箱一般有两类，一类是带电能表位置的配电箱，电力公司只需要在并网时直接将电能表安装在已有的配电箱内，进行并网连接，如图 5-15（a）所示；另一类配电箱是没有电能计量表位置的，如图 5-15（b）、（c）所示。电力公司在并网时还要安装一个包含计量电能表及必要的互感器、断路器等装置的配电箱与现有配电箱连接并网。配电箱与计量表放在一起的好处是，接线距离短，线损比较少，还节省一个箱子，检查和维修方便，适合 10kW 以下的系统。并网配电箱的主要功能如下。

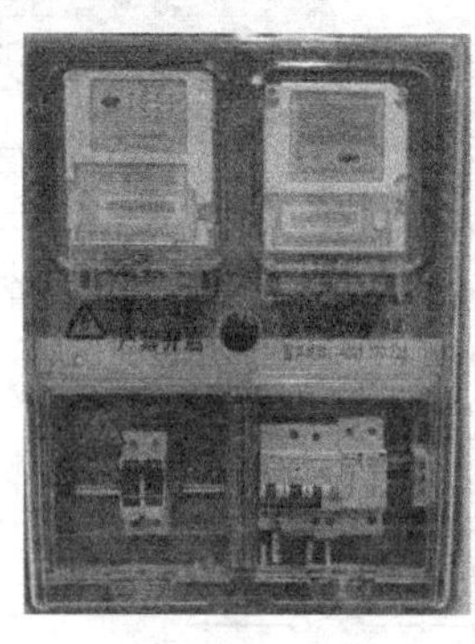

（a）带计量电表的并网配电箱

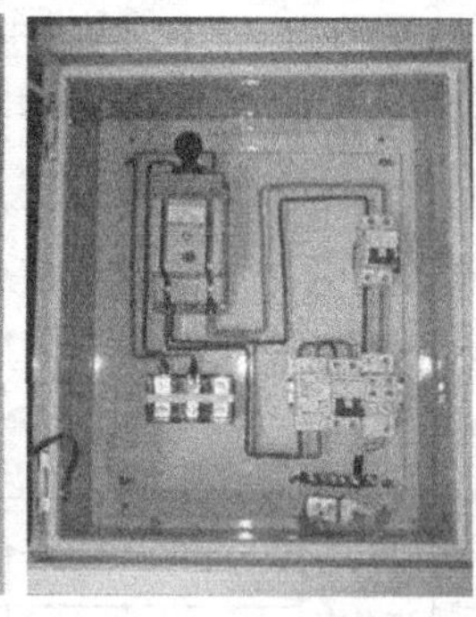

（b）单相并网配电箱

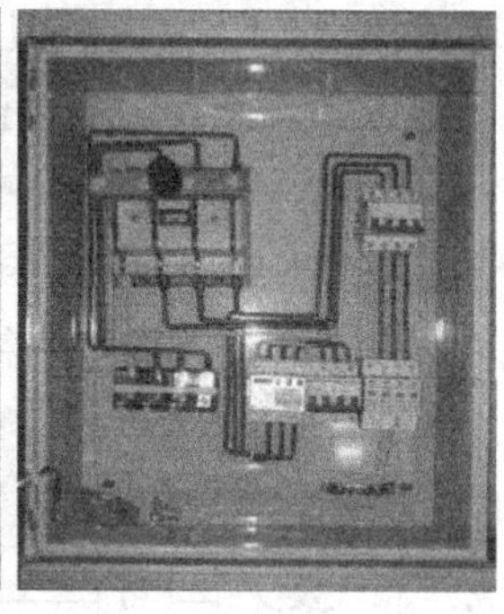

（c）三相并网配电箱

图5-15　几款并网配电箱实体构造图

（1）计量功能。配电箱为系统并网所需要安装的电能计量表提供 1 个或 2 个标准安装位置，对光伏发电系统的发电量、上网量和用电量进行计量。

（2）分合闸功能。用于电网电源与光伏系统电源之间的连通与断开，并可根据并网要求配置过欠电压脱扣保护器以满足电力公司的并网要求。

（3）浪涌保护。在交流输出端口安装浪涌保护器，防止雷电及过电压对光伏系统和家用电器等家庭电器设备造成损害。

（4）接地保护。对交流配电箱提供有效接地位置，提高系统的可靠性和安全性。

并网配电箱主要由配电箱箱体、刀闸开关、自复式过欠压保护器、断路器、浪涌保护器后备断路器、浪涌保护器和接地端子等组成。

（1）配电箱箱体。尽量选用金属箱体。在金属箱体中，镀锌板喷塑箱体性价比较高，喷塑有二次防腐的功能，不锈钢箱体性能最好。光伏配电箱户外安装要达到 IP65 等级，室内安装要达到 IP21 等级，如果是在海边或者盐雾环境比较恶劣的地区，最好选用不锈钢箱体。

（2）刀闸开关。刀闸开关主要作为手动接通和分断交、直流电路或作隔离开关用，以形成一个明显的断开点，起到安全提示的作用。一般刀闸开关选型的额定电流≥回路主断路器额定电流，常见规格型号有 16A，32A、63A、100A 等。

根据并网相关要求，并网配电箱内必须要有一个物理隔离器件，使电路有明显断开点，以便在检修和维护的情况下，保证操作人员的安全。这个器件叫隔离开关，一般选用刀闸开关。断路器（空气开关）虽然也能起到隔离作用，但由于结构的原因有可能被击穿或失灵，因此不宜在此使用。只有刀闸开关，才能实现明显直观的彻底断开回路。

（3）自复式过欠压保护器。自复式过欠压保护器是常用的一种保护开关，主要应用于低压配电系统中，当线路中过电压和欠电压超过规定值时能自动断开，并能自动检测线路电压，当线路中电压恢复正常时能自动闭合。自复式过欠压保护器和逆变器自动过欠电压保护功能形成双层保护，常见型号规格有 20A、25A、32A、40A、50A、63A 等，选型时要求自复式过欠压保护器额定电流≥主断路器额定电流。

（4）断路器。断路器（俗称空开或微型断路器），在线路中主要起到过载、短路保护作用，同时起到正常情况下不频繁开断线路的作用。主要技术参数是额定电流和额定电压，额定电流取逆变器交流侧最大输出电流的 1.2～1.5 倍，常见规格有 16A、25A、32A、40A、50A、63A 等。额定电压有单相 230V、三相 400V 等。

（5）浪涌保护器。又称防雷器，当电气回路或者通信线路中因为外界的干扰突然产生尖峰电流或者电压时，浪涌保护器能在极短的时间内导通分流，从而避免浪涌对回路中其他设备的损害。选型规则是，最大运行电压 $U_c>1.15U_0$，U_0 是低压系统相线对中性线的标称电压，即相电压 220V。单相一般选择 275V，三相一般选择 440V，标称放电电流选 I_n=20kA（I_{max}=40kA）。

（6）浪涌保护断路器。当通过浪涌保护器的涌流大于其 I_{max} 时，浪涌保护器将被击穿失效，从而造成回路的短路故障，为切断短路故障，需要在浪涌保护器上端加装断路器或熔断器。断路器或熔断器的电流根据浪涌保护器的最大电流选择，一般 I_{max}<40kA 的宜选 20～32A 的，I_{max}>40kA 的宜选 40～63A 的。

浪涌保护器上端的保护器件可选用熔断器和断路器。熔断器的特点是有反时限特性的长延时和瞬时电流两段保护功能，分别作为过载和短路防护用，但是因雷击保护熔断后必须更换熔断体。用断路器的特点是有瞬时电流保护和过载热保护，因雷击保护断开后，可以手动复位，不必更换器件。

5.3　升压变压器与箱式变电站

小容量的并网光伏发电系统一般都是采用用户侧直接并网的方式，接入电压等级为 0.4kV 的低压电网，以自发自用为主，不向中高压电网馈电。容量几百千瓦以上的并网光伏发电系统（站）往往都需要并入中高压电网，光伏逆变器输出的电压必须升高到与所并电网的电压一致，才能实现并网和电能的远距离传输。实现这一功能的升压设备主要是升压变压器以及由升压变压器和高低压配电系统组合而成的箱式变电站。

5.3.1　升压变压器

光伏电站使用的升压变压器从相数上可分为单相和三相变压器；从结构上可分为双绕组、三绕组和多绕组变压器；从容量大小上可分为小型（630kVA 及以下）、中型（800～6300kVA）、大型（8000～63000kVA）和特大型（90000kVA 及以上）变压器；从冷却方式上可分为干式和油浸式变压器，也就是说两者的冷却介质不同，后者是以变压器油作为冷却及绝缘介质，前者是以空气作为冷却介质。油浸式变压器是把由铁芯及绕组组成的器身置于一个盛满变压器油的油箱中。干式变压器是把铁芯和绕组用环氧树脂浇注包封起来，也有一种现在用得多的是非包封式的，绕组用特殊的绝缘纸再浸渍专用绝缘漆等，起到防止绕组或铁芯受潮的作用。

干式变压器因为没有变压器油，大多应用在需要防火防爆的场所，如大型建筑、高层建筑等场所，可安装在负荷中心区，以减少电压损失和电能损耗。但干式变压器价格高，体积大，防潮防尘性差，而且噪音大。而油浸式变压器造价低、维护方便，但是可燃、可爆，万一发生事故会造成变压器油泄露、着火等，大多应用在室外场合。干式变压器具有轻便，易搬运的特点，油浸式变压器具有容量大、负载能力强和输出稳定的优势。

油浸式升压变压器一般为整体密封结构，没有储油柜。变压器在封装时采用真空注油工艺，完全去除了变压器中的潮气，运行时变压器油不与大气接触，有效地防止空气和水分浸入变压器而使变压器绝缘性能下降或变压器油老化，变压器箱体具有良好的防腐能力，能有效地防止风沙和沿海盐雾的侵蚀。

变压器器身与冷却油箱紧密配合，并有固定装置。高低压引线全部采用软连接，分接引线与无载分接开关之间采用冷压焊接并用螺栓紧固，其他所有连接（线圈与后备熔断器、插入式熔断器、负荷开关等）都采用冷压焊接，紧固部分带有自锁防松措施，变压器能够承受长途运输的震动和颠簸，到用户安装现场后无需进行常规的吊芯检查。

升压变压器低压侧一般采用断路器自带保护，高压侧一般采用负荷开关加熔断器，作为过载及短路保护。图5-16是一台35kV变110kV的升压变压器外形图。

在并网光伏发电工程中，往往采用低压侧双分裂或双绕组升压变压器来实现两台光伏逆变器的并联运行，如图5-17所示，这两个低压绕组具有相同容量、连接级别和电压等级，在电路上不相连而在磁路上有耦合关系，分裂绕组的每一支路可以单独运行，也可以在额定电压相同时并联运行，每个绕组可以接一台逆变器。双分裂变压器虽然成本较高，但由于结构优势，实现了两台逆变器之间的电气隔离，减小了两支路间的电磁干扰和环流影响，解决了两台并网逆变器直接并联升压而带来的寄生环流现象。逆变器的交流输出分别经变压器滤波，输出电流谐波小，提高了输出的电能质量。

图5-16 35kV变110kV升压变压器外形图

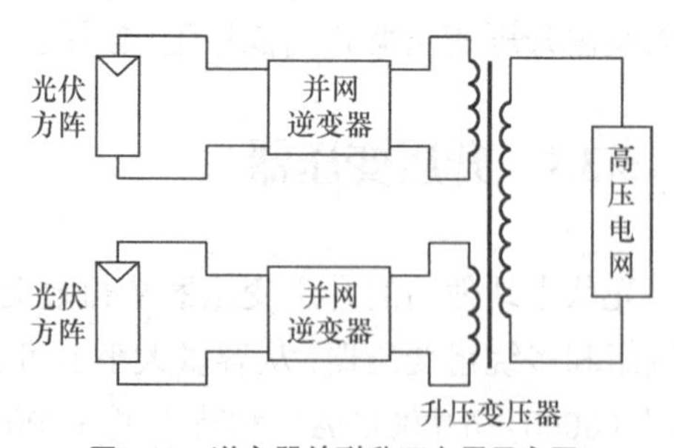

图5-17 逆变器并联升压应用示意图

选择使用双分裂变压器还是双绕组变压器，主要看前级所连接的光伏逆变器输出滤波电路设计方案。一般来说，使用 LC 滤波电路方案的逆变器，如果是两台并联，推荐使用双分裂变压器，因为是电容并联，容易在两个支路间产生较大的环流，影响逆变器的正常输出；如果使用 LCL 滤波电路方案的逆变器，为了降低成本，可以考虑使用双绕组变压器。

5.3.2 高压配电系统与箱式变电站

高压配电系统是指在高压电网中，用来接受电力和分配电力的电气设备的总称，是变电站电气主线路中的开关电器、保护电器、测量电器、母线装置和辅助设备按主线路要求构成的配电总体。其作用一是在正常情况下用来交换功率和接受、分配电能，发生事故时迅速切除故障部分，恢复正常运行；二是在个别设备检修时隔离被检修设备，不影响其他设备的运行。其中开关电器包括断路器、负荷开关、隔离开关等；保护电器包括熔断器、继电器、避雷器等；测量电器包括互感器、电压表、电流表等。

箱式变电站也叫组合式变电站、预装式变电站和落地式变电站等，主要由高压配电室、升压变压器室和操作室（低压配电室）三部分组成，是一种把高压开关设备、配电变压器、低压开关设备、电能计量设备、无功补偿装置等按一定的接线方案组合在一个或几个箱体内的紧凑型成套配电装置，结构如图 5-18 所示，具有低压配电、变压器升压、高压输出的功能，一般可安装 2000kVA 及以下容量的变压器。箱式变电站有无焊接拼装式、集装箱式结构、框架焊接式结构等，具有占地面积小、选址灵活、施工周期短、能深入场站中心等优点。图 5-19 是某品牌 10kV 箱式变电站实体图。

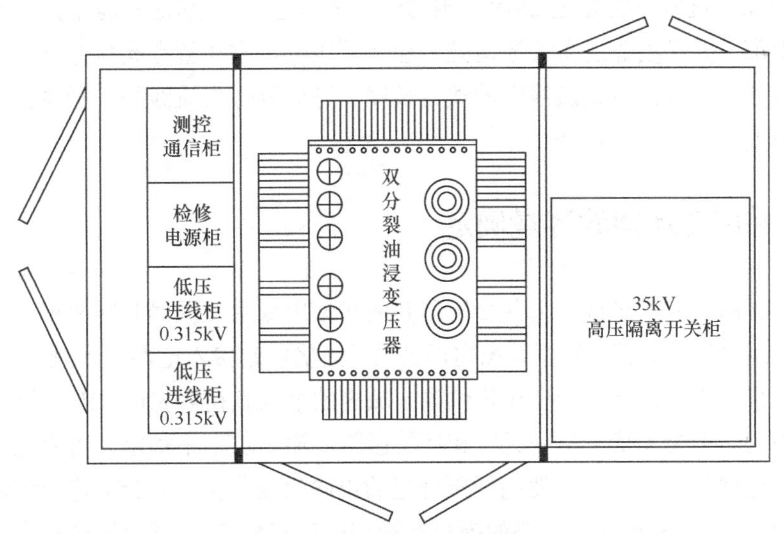

图5-18 箱式变电站结构示意图

图 5-20 是一款逆变升压一体箱式变电站结构示意图，供选型或设计时参考。这种逆变升压一体变电站方式，将逆变升压、中压配电及监控系统高度集成，采用集装箱形式设计，方便运输安装和维护，可缩短施工周期，降低施工费用，提高系统效率，单台系统容量最大可达 2.5MW。

图5-19　10kV箱式变电站实体图

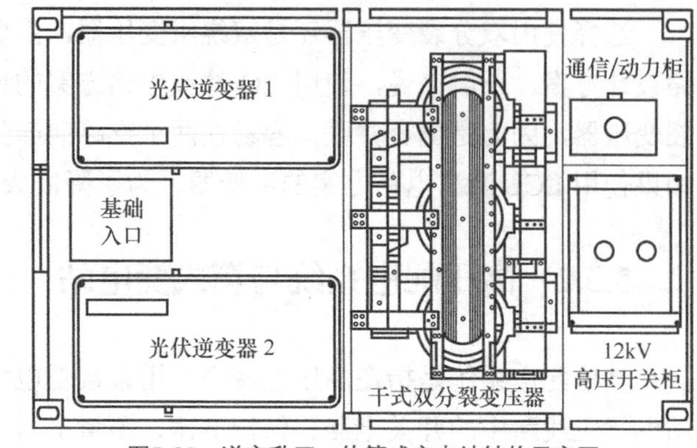

图5-20　逆变升压一体箱式变电站结构示意图

5.3.3　配电室的结构设计

光伏电站的配电室要合理布局，安排好控制器和逆变器及交、直流配电柜的位置，做到布局合理、接线可靠、测量方便。如果是并网系统，还要考虑电网连接位置及进出线方式等。

有储能蓄电池的光伏发电系统还要考虑控制器、逆变器尽量与蓄电池靠近，又要与蓄电池相互隔离，蓄电池组最好在配电室单独隔离房间安装，根据蓄电池的数量和尺寸大小，设计蓄电池的支架和结构，要做到连接线路尽量短，要排列整齐、干燥通风、维护操作方便。

对于重要的和比较复杂的光伏发电系统，应当画出系统结构的平面或立体布置图。MW级以上的分布式发电系统一般都采用分单元、模块化的布置方式，单元模块的容量需结合逆变器和升压变压器的配置选取，一般选择 1MW（2 个 500kW 逆变器+1 个分裂升压变压器）为一个模块单元，最多不宜超过 2MW。逆变升压配电室一般都是就地布置在整个光伏方阵单元模块的中部，并且要靠近主要通道处。逆变升压配电室布置在光伏方阵单元模块中部是为了尽量缩短光伏方阵汇流直流线缆的敷设长度，进而降低直流线损、减少投资。靠近主要通道是为了方便设备安装及检修。

5.3.4　并网变压器的容量确定

光伏发电并网，有通过现有公共变压器并网和使用专用变压器并网两种方案。如果通过现有的公共降压变压器并网，根据国家电网公司《光伏电站接入电网技术规定》中相关要求，光伏电站总容量不宜超过上一级变压器供电区域内的最大负荷容量的 25%，这主要是从电网安全角度考虑的。因为光伏发电受天气和环境影响，输出功率不稳定，需要电网提供强大的平衡能量，而这些能量需要变压器高低压绕组的电磁交换来提供，25%这个比例是一个比较保守的安全值。在 2018 年 3 月实施的国家标准 GB/T33342-2016《户用分布式光伏发电并网接口技术规范》中，取消了不高于接入变压器容量 25%的规定。新标准虽然放宽了对接入变压器容量的限制，但不等于可以无限制的接入，为保证电网安全稳定运行，建议不超过变压器容量的 70%。另外在农村地区，单相并网比较多，要尽量均衡每一相的并网功率容量，保持三相平衡。

如果通过光伏专用变压器并网，变压器没有别的负载，主要考虑的因素应是逆变器的最

大输出功率不能超过变压器的容量。而逆变器最大输出功率又与光伏方阵的容量、安装倾角和方位角、天气条件、逆变器安装场所等多种因素有关，光伏逆变器最大输出功率一般是光伏方阵容量的 90%左右，变压器的功率因数一般在 0.9 左右，所以确定变压器容量时，一般要求变压器容量与相对应的光伏方阵容量按 1:1 配置，或者变压器容量稍大于光伏方阵容量。

5.4　光伏线缆

在太阳能光伏发电系统中，除主要设备如电池组件、逆变器、升压变压器等外，配套连接的光伏线缆材料对光伏发电系统运行的安全性、高效性及整体盈利的能力，同样起着至关重要的作用。所以我们称光伏线缆为输送能量的管道。

5.4.1　光伏线缆的使用分类及电气连接要点

1. 光伏线缆的分类

光伏线缆按照在光伏发电系统中的不同部位及用途可分为直流线缆和交流线缆。

直流线缆主要用于：组件与组件之间的串联连接；组串之间及组串至直流配电箱（汇流箱）之间的并联连接；直流配电箱至逆变器之间的连接。直流线缆基本都在户外使用，需要具有防潮、防曝晒、耐热、耐寒、抗紫外线等功能，某些特殊的环境下还需要防酸碱等化学物质。

交流线缆主要用于：逆变器至升压变压器之间的连接；升压变压器至配电装置之间的连接；配电装置至电网或用户之间的连接。交流线缆与一般电力线缆的使用要求基本一致。

2. 光伏线缆电气连接要点

在光伏发电系统的设计、施工中，光伏线缆的电气连接要根据光伏方阵中电池组件的串并联要求，确定电池组件的连接方式，合理安排组件连接线路的走向，确定直流汇流箱各分箱和总箱的位置及连接方式，尽量采用最经济、最合理的连接途径。

在光伏线缆选型上，要根据光伏发电系统各部分的工作电压和工作电流，选择合适的连接电缆电线及附件。

对于比较重要的或大型的工程，要画出电气连接原理与结构示意图，以便在安装施工及以后的运行维护和故障检修时参考。

5.4.2　光伏线缆和连接器的选型

1. 认识直流线缆

直流线缆是专为光伏发电直流配电系统设计的单芯多股软电缆。由于光伏发电系统的发电效率不是很高，在实际应用时又会有不少的电能损耗在输电线路上，不能使光伏发电得到最大化的利用，因此，光伏线缆的合理选用对提高光伏发电利用率，减少线路损耗至关重要。光伏线缆使用双层绝缘外皮，其绝缘层及护套均使用辐照交联聚烯烃材料，导体采用多股绞合镀锡软铜线，外形如图 5-21 所示，要求能承载超强的机械负荷，具有良好的耐磨、耐高温、耐候特征，具有超常的使用寿命。光伏线缆的基本特性有：①使用温度–40℃～+90℃；②参考短路允许温度可达 5s+200℃；③绝缘及护套交联材料高温下使用不融化、不流动；④耐热、耐寒、耐磨、抗紫外线、耐臭氧、耐水解；⑤有较高的机械强度，防水、耐油、耐化学药品；⑥柔软易脱皮、高阻燃。此外，选用的光伏线缆还应通过 TUV、UL 等的产品质量认证。

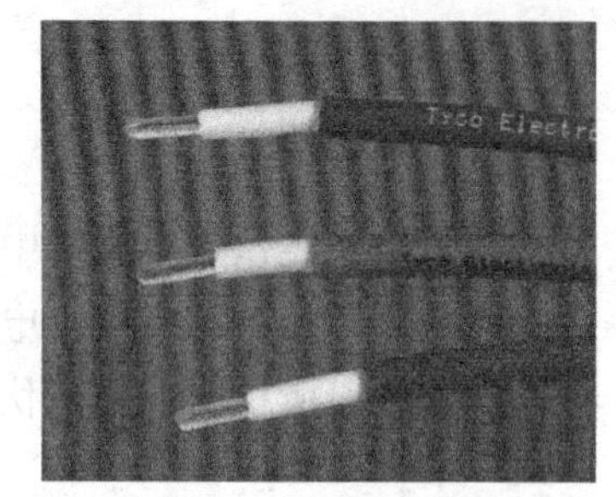

图5-21　光伏线缆外形图

2. 光伏线缆的选型

光伏发电系统中使用的线缆，因为使用环境和技术要求的不同，对不同部件的连接有不同的要求，总体要考虑的因素有线缆的导电性能、绝缘性能、耐热阻燃性能、抗老化抗辐射性能、线径规格（截面积）、线路损耗等。同时在系统设计安装过程中，还应优化设计，采用合理的电路分布结构，使线缆走向尽量短且直，最大限度的降低线路损耗电压，实现光伏发电电能的最大利用率，具体要求如下。

（1）首先，线缆的耐压值要大于系统的最高电压。如 380V 输出的交流线缆，就要选择 450/750V 耐压值的线缆。直流系统一般要选择耐压 1000V 的线缆。

（2）组件与组件之间的连接线缆，一般使用组件接线盒附带的连接线缆直接连接，长度不够时还可以使用延长线缆连接，如图 5-22 所示，延长线缆的截面积一般与组件自带线缆的截面积相同即可。依据组件功率大小（最大短路电流）的不同，该类连接线缆截面积有 2.5mm^2、4.0mm^2、6.0mm^2 3 种规格。

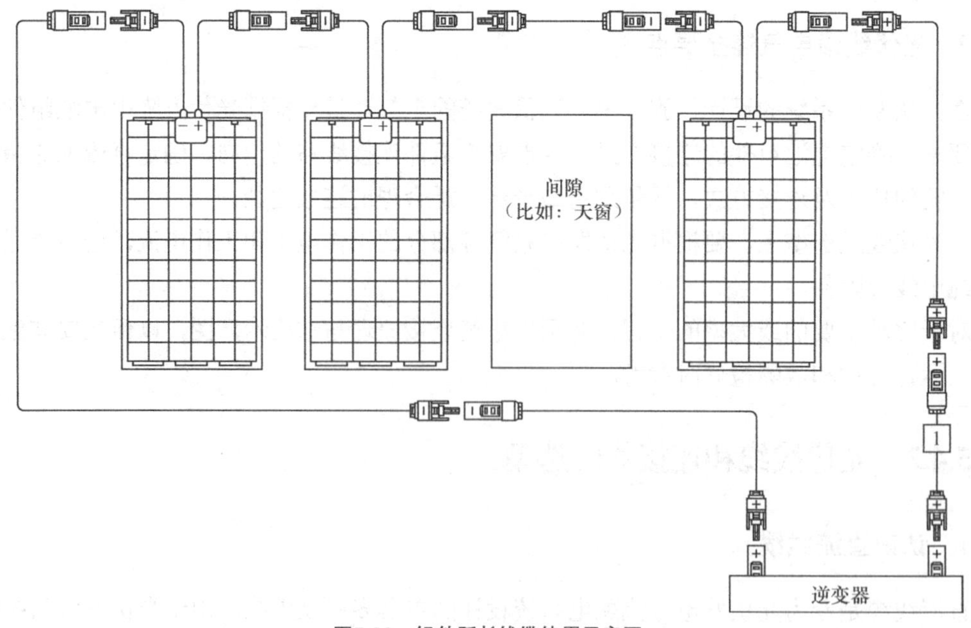

图5-22　组件延长线缆使用示意图

（3）光伏组串或方阵与控制器或直流汇流箱之间的连接线缆，也要使用通过 UL 测试或 TUV 认证的光伏线缆，截面积将根据方阵输出的最大短路电流而定。

（4）在有二次汇流的光伏发电系统中，直流汇流箱到直流配电柜之间的光伏线缆，其截面积一般根据直流汇流箱的汇集路数和每一路的最大短路电流乘积的 1.25 倍确定。

（5）在有储能蓄电池的系统中，蓄电池与控制器或逆变器之间的连接线缆，要求使用通过 UL 测试或 TUV 认证的多股软线，尽量就近连接。选择短而粗的线缆可使系统减小损耗、提高效率、增强可靠性。

（6）交流线缆可按照一般交流电力线缆的选型要求选择。

选择光伏线缆既要考虑经济性，又要考虑安全性。线缆截面积偏大，线损就偏小，但会增加线路投资；线缆截面积偏小，线损就偏大，满足不了载流需要，而且安全系数也小。在光伏线缆的选型中，最好的办法就是按照线缆的经济电流密度来选择电缆的截面积。

各部位光伏线缆截面积依据下列原则和计算方法确定。

组件与组件之间的连接线缆、蓄电池与蓄电池之间的连接线缆、交流负载的连接线缆，一般选取的线缆额定电流为各线缆中最大连续工作电流的 1.25 倍；电池方阵与方阵之间的连接线缆、蓄电池（组）与逆变器之间的连接线缆，一般选取的线缆额定电流为各线缆中最大连续工作电流的 1.5 倍。另外，考虑温度对线缆性能的影响，线缆工作温度不宜超过 30℃，线路的电压降不宜超过 2%。线缆的截面积一般可用以下方法计算：

$$S=\rho LI/0.02U$$

其中，S 为线缆截面积，单位是 m^2；ρ 为电阻率，铜的电阻率$=0.0176\times10^{-6}\Omega\cdot m/m^2$（20℃）；$L$ 为线缆的长度，单位是 m；I 为通过线缆的最大额定电流，单位是 A；$0.02U$ 为线缆的电压降，U 为额定工作电压。

为方便线缆截面积的选取，表 5-3 列出了额定电压为 12V 光伏发电系统线缆选取计算值，供选型计算时参考。

表 5-3　　12V 光伏发电系统线缆选取计算表

截面积（mm^2）	线缆长度（m）							
电流（A）	1	2	5	10	20	50	100	200
0.1	0.1	0.1	0.1	0.1	0.1	0.24	0.49	0.98
0.2	0.1	0.1	0.1	0.1	0.2	0.49	0.98	1.96
0.5	0.25	0.25	0.25	0.25	0.49	1.22	2.44	4.89
1	0.25	0.25	0.25	0.49	0.98	2.44	4.89	
2	0.5	0.5	0.5	0.98	1.96	4.89		
5	1.25	1.25	1.25	2.44	4.89			
8	2.0	2.0	2.0	3.91				
10	2.5	2.5	2.5	4.89				
20	5.0	5.0	5.0					
50	5.0							

注：截面积超过 5 mm^2 的数据未列出。

通过表 5-3 可知，当额定电流为 10A、线缆长度为 10m 时，导线的截面积为 $4.89mm^2$。如果线缆长度超过 10m，则要选用截面积为 $10mm^2$ 的线缆。

表 5-4 是符合 TUV 和 UL 认证要求的光伏线缆性能参数表。

表 5-4　　符合 TUV 和 UL 认证的光伏线缆性能参数表

性能参数	TUV	UL
额定电压	U_0/U＝600/1000V AC, 1800V DC	U＝600，1000 及 2000V AC
成品电压测试	6.5kV AC，15kV DC，5min	U=600V 18～10 AWG　U_0=3000V，50Hz，1min 8～2 AWG　U_0=3500V，50Hz，1min 1～4/0 AWG　U_0=4000V，50Hz，1min U=1000V，2000V 18～10 AWG　U_0=6000V，50Hz，1min 8～2 AWG　U_0=7500V，50Hz，1min 1～4/0 AWG　U_0=9000V，50Hz，1min
环境温度	–40～+90℃	–40～+90℃
导体最高温度	+120℃	/
使用寿命	≥25 年（–40～＋90℃）	/
参考短路允许温度	200℃　5s	/
耐酸碱测试	EN60811-2-1	UL854
冷弯实验	EN60811-1-4	UL854
耐日光测试	HD605/A1	UL2556
成品耐臭氧测试	EN50396	/
阻燃测试	EN60332-1-2	UL1581VW-1

表 5-5 是某品牌光伏线缆产品的技术参数与规格尺寸，供线缆选型时参考。

表 5-5　　光伏线缆产品技术参数与规格尺寸

TUV 认证产品						
产品编号	导线截面积（mm^2）	导体结构（n/mm）	导体绞合外径（mm）	成品外径（mm）	导体直流电阻 AT20℃（Ω/km）	载流量 AT60℃（A）
TUV150	1.5	30/0.25	1.58	4.90	13.7	30
TUV250	2.5	49/0.25	2.02	5.45	8.21	41
TUV400	4.0	56/0.30	2.60	6.10	5.09	55
TUA400	4.0	52/0.30	2.50	4.60	5.09	55
TUV600	6.0	84/0.30	3.20	7.20	3.39	70
TUVA10	10	84/0.40	4.60	9.00	1.95	98
TUVA16	16	128/0.40	5.60	10.20	1.24	132
TUVA25	25	192/0.40	6.95	12.00	0.795	176
TUVA35	35	276/0.40	8.30	13.80	0.565	218

UL 认证产品					
线规 AWG	标称截面（mm^2）	导体结构（n/mm）	600V 成品线缆外径（mm）	1000V 及 2000V 线缆外径（mm）	导体直流电阻 AT20℃（Ω/km）
18	0.823	16/0.254	4.25	5.00	23.2
16	1.31	26/0.254	4.55	5.30	14.6
14	2.08	41/0.254	4.95	5.70	8.96
12	3.31	65/0.254	5.40	6.20	5.64
10	5.261	105/0.254	6.20	6.90	3.546
8	8.367	168/0.254	7.90	8.40	2.23
6	13.3	266/0.254	9.80	10.30	1.403
4	21.15	420/0.254	11.70	11.70	0.882

续表

UL 认证产品					
线规 AWG	标称截面（mm^2）	导体结构（n/mm）	600V 成品线缆外径（mm）	1000V 及 2000V 线缆外径（mm）	导体直流电阻 AT20℃（Ω/km）
2	33.62	665/0.254	13.30	13.40	0.5548
1	42.41	836/0.254	15.20	16.10	0.4398
1/0	53.49	1045/0.254	17.00	17.10	0.3487
2/0	67.43	1330/0.254	18.30	18.80	0.2766
3/0	85.01	1672/0.254	19.80	20.40	0.2194
4/0	107.20	2109/0.254	21.50	22.10	0.1722

表 5-6 是光伏系统接地专用线的技术参数与规格尺寸。

表 5-6　光伏接地专用线技术参数与规格尺寸

导线截面积（mm^2）	外皮颜色	导体结构（n/d）	成品外径（mm）	导体直流电阻 AT20℃（Ω/km）	载流量 AT60℃（A）	重量（kg/km）
0.5	黄绿	1/0.8	2.0	36.0	12	8.3
0.75	黄绿	1/0.97	2.17	24.5	15	10.87
1.0	黄绿	1/1.13	2.53	18.1	19	14.76
1.5	黄绿	1/1.38	2.78	12.1	22	19.94
2.5	黄绿	1/1.78	3.38	7.41	30	31.55
4.0	黄绿	1/2.25	3.85	4.61	39	46.50
6.0	黄绿	1/2.75	4.35	3.08	50	65.80
10	黄绿	7/1.34	6.05	1.83	70	116.77
16	黄绿	7/1.68	7.10	1.15	94	175.77
25	黄绿	7/2.14	8.85	0.727	124	281.25
35	黄绿	7/2.52	9.96	0.524	154	379.29

3. 光伏连接器

光伏连接器是光伏方阵线路连接的一个很重要的部件，这种连接器不仅应用到接线盒上，在光伏电站中很多需要接口的地方都会大量使用到连接器，如组件接线盒输出引线接口、延长电缆接口、汇流箱输入输出接口、逆变器直流输入接口等。每个接线盒用一对连接器，每个汇流箱根据设计一般用 8～16 对连接器，而逆变器也会用到 2～4 对或者更多，组件方阵组合用延长电缆也会用到一定数量的连接器。

光伏连接器的主要特性有：①简单、安全的安装方式；②良好的抗机械冲击性能；③大电流、高电压承载能力；④较低的接触电阻；⑤卓越的高低温、防火、防紫外线等性能；⑥强力的自锁功能，满足拔脱力的要求；⑦优异的密封设计，防尘防水等级达到 IP67；⑧选用优良的树脂材料，能满足 UL94-V0 阻燃等级。

在光伏组件生产过程中，连接器是一个很小的部件，成本占比也很小，特别是在整个光伏电站建设中，连接器更是一个不引人关注的小细节，甚至大家都认为，连接器就是一对插头插座，能通电就行。但在近几年的电站建设中却因为连接器引发了很多问题，如：接触电阻变大、连接器发热、寿命缩短、接头起火、连接器烧断、组件串断电、接线盒失效、组件漏电等，轻则影响发电效率、增加维护工作量，重则造成工程返工、组件更换，甚至酿成火灾。

为此在光伏组件的制造过程中和光伏电站的设计施工过程中，要重视接线盒及连接器的选择，优先选用国内外知名品牌和有各种检测认证的产品，并要考虑和其他设备连接器的兼容问题，最好都统一使用同一品牌型号的连接器产品，以免造成隐患。瑞士公司 Multi-Contact 是光伏连接器的开拓者之一，其产品 MC3 和 MC4 光伏连接器几乎成为了国内企业模仿的样板。而该公司连接器真正的核心技术是使用 Multilam 技术对连接器中的公针和母针之间进行气密性连接。铜合金接触带由无数个 Multilam 叶片组成，可通过一系列导电触点实现电接触。每个 Multilam 叶片形成一个独立、弹簧式功率桥，并且所有的叶片都并行排放以减少接触电阻，形成良好稳定的连接。

劣质的连接器一是缺乏抗紫外线能力，使用寿命不能和光伏组件相辅相成；二是接触电阻大，会降低发电效率，消耗电能。过高的接触电阻可能导致连接器过热而融化、燃烧甚至引发火灾。

典型的光伏连接器主要技术参数如下。

额定电压：1000V DC　　额定电流：30A

接触电阻：≤1mΩ　　安全等级：class Ⅱ

温度范围：–40～+85℃　　防护等级：IP67

线缆范围：$2.5mm^2$～$4mm^2$　　主要材料：PPE、PC/PA

导体材料：紫铜镀锡　　阻燃等级：UL94-V0

5.5　光伏发电系统的监测装置

光伏发电系统的监控测量系统是各相关企业针对光伏发电系统开发的管理平台。小型并网光伏发电系统可配合逆变器对系统进行实时持续的监视记录和控制、系统故障记录与报警以及各种参数的设置，还可通过网络进行远程监控和数据传输。中大型并网光伏发电系统的管理平台则要通过现代化物联网技术、人工智能及云端大数据分析技术等实现光伏发电系统的智能化数据监测和运维管理。

这类管理平台一般都配备光伏电站环境检测系统，用于检测电站环境温度、环境湿度、超声波风向风速、组件温度、太阳辐射等参数，并可通过局域网、光纤、GPRS 通信等多种数据传输方式传递数据，实时采集、实时监测。

监控测量系统运行界面一般可以显示当前发电功率、日发电量累计、月发电量累计、年发电量累计、总发电量累计、累计减少 CO_2 排放量等相关参数，还可以显示日照辐射强度、组件温度、环境温度等气象数据，其显示界面如图 5-23 所示。逆变器各种运行数据通过 RS485 接口及 RS485-232 转换器（如图 5-24 所示）与监控测量系统主机中的数据采集器（如图 5-25 所示）连接。

图5-23　光伏发电监控测量系统显示界面

目前，光伏发电系统的并网逆变器也都自带了监控测量系统，以监控棒或监控盒的形式直接连接到逆变器主机上，并可通过 CAN、RS485、Wi-Fi、GPRS

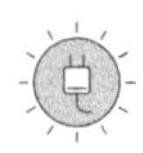

等多种通信方式进行数据传输，其中 Wi-Fi 及 GPRS 监控软件可通过电脑软件，也可在手机 App 中下载。通过电脑或手机就可以随时随地查看光伏发电系统的发电状况，进行实时监控。

图 5-26 是一种能直接插接到逆变器的 Wi-Fi 或 GPRS 数据采集及无线通信模块外形图。

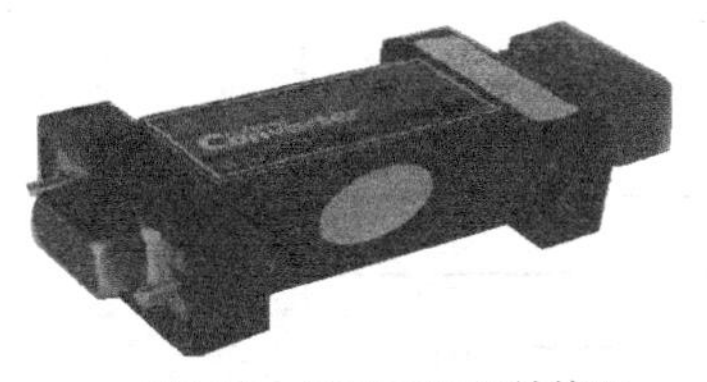

图5-24 RS485/232转换器

图5-25 数据采集器

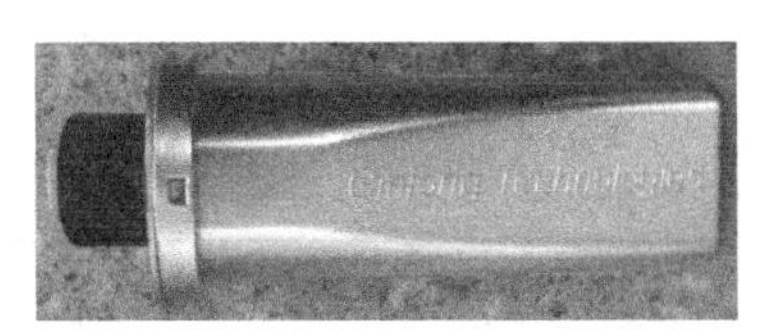

图5-26 监控数据采集及无线通信模块外形图

图 5-27 是家庭分布式光伏电站的几种监控方式示意图。其中以太网监控方式就是通过网线将逆变器和路由器连接起来，逆变器通过路由器所连接的互联网络数据上传到服务器，然后通过电脑或者手机查看逆变器的运行状态，读取发电数据。Wi-Fi 监控方式是通过无线网络将逆变器和无线路由器连接起来，逆变器通过路由器所连接的互联网将数据上传到服务器。GPRS 监控方式就是通过 GPRS 模块内置的 GSM 卡，连接移动或联通的通信基站，通过基站网络将数据上传到服务器，实现实时地监控逆变器运行状态。

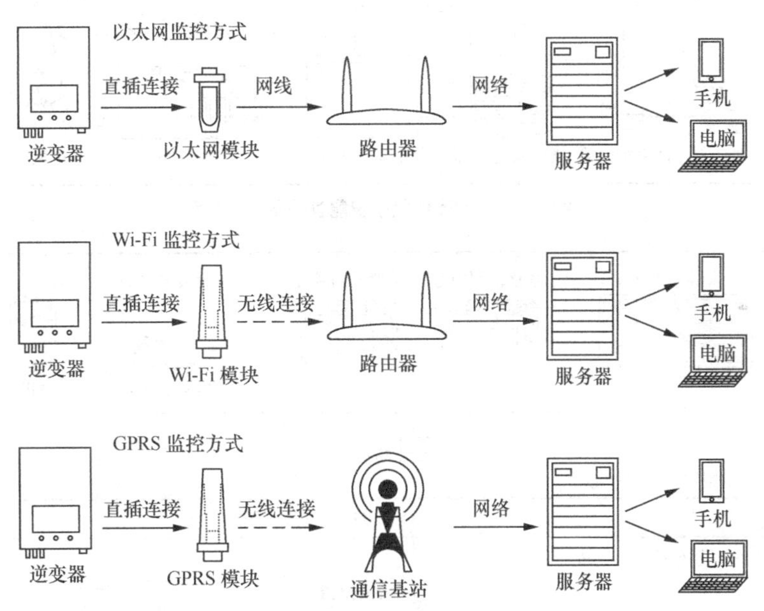

图5-27 家庭分布式光伏电站几种监控方式示意图

在这几种监控方式中，以太网方式需要铺设网线，增加施工内容；Wi-Fi 方式虽然采用无线连接，但距离较远或者隔墙时网络信号会不稳定，甚至短时间中断，不仅影响监测，还会造成一些虚假故障，给经销商的售后运维带来麻烦。GPRS 方式是在只要有 2G 以上手机信号覆盖的地方，GPRS 模块就能通过手机信号上传逆变器数据。GPRS 通信仅仅依靠 2G 网络就可以实现，应用场合基本不受限制，但 GPRS 每个月会产生少量的流量费用。在实际使用中，究竟采用哪一种监控方式，要根据现场实际环境和设施，因地制宜，合理选择。

在一些较大容量的分布式光伏电站、农村乡镇光伏扶贫电站及大型地面电站等场合，将通过如图 5-28 和图 5-29 所示的智能管理平台进行系统的监测和运维管理。

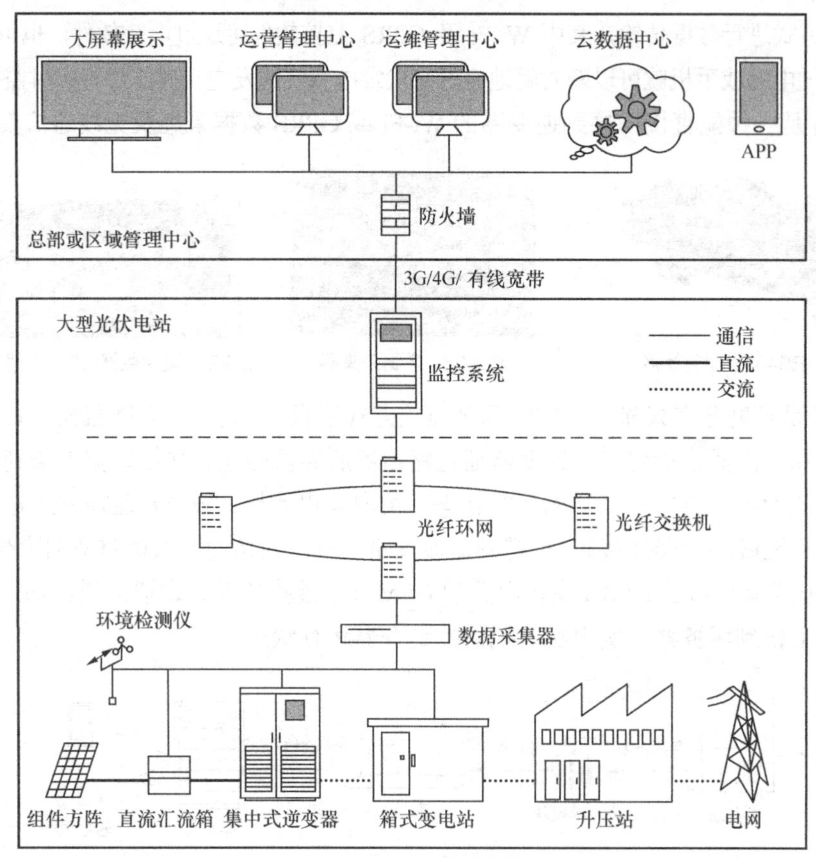

图5-28　大型光伏电站智能管理平台示意图

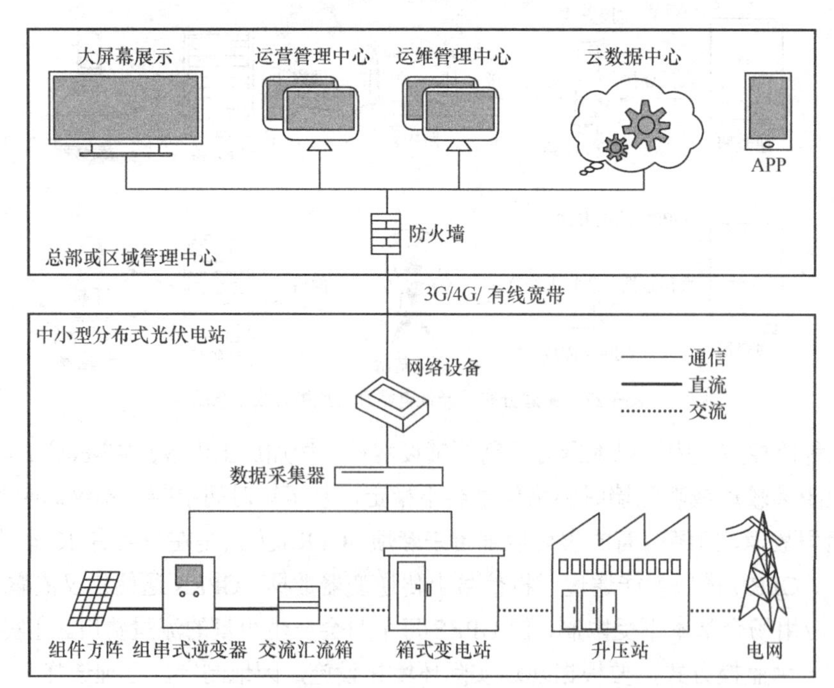

图5-29　中小型分布式光伏电站智能管理平台示意图

第6章 光伏系统基础、支架与防雷接地

光伏发电系统的基础、支架及防雷接地装置是光伏发电系统的主要附属设施，认识和了解这些附属设施并正确选择、设计和使用，对保证光伏发电系统的收益大、寿命长和性价比高有着积极的作用。

|6.1 光伏方阵基础|

6.1.1 方阵基础类型

光伏方阵基础主要有混凝土预埋件基础、混凝土配重块基础、螺旋地桩基础、直接埋入式基础、混凝土预制桩基础、地锚式基础等几类，如图 6-1 所示。这几种基础都具有稳固、可靠的优点，可以根据电站设计安装要求及建设场地地质土壤情况及房屋顶结构类型等选择应用，图 6-2 是几种光伏方阵基础的实体应用图。

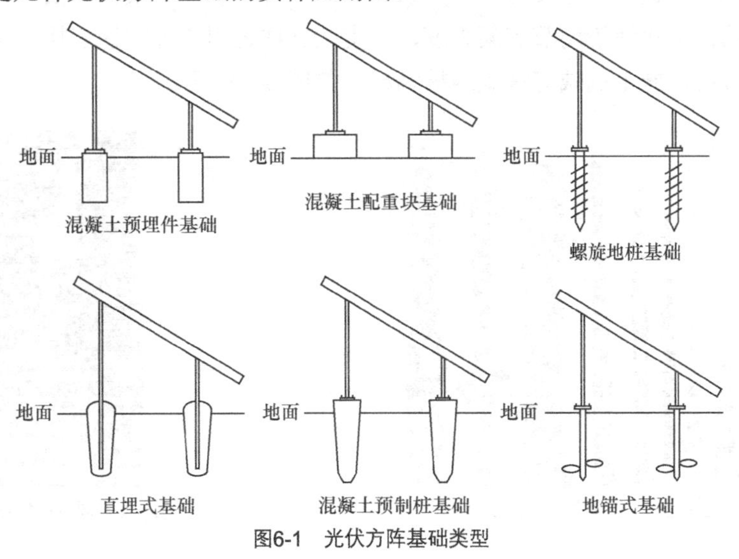

图6-1 光伏方阵基础类型

预埋件基础　　螺旋地桩基础　　直埋式基础

图6-2　几种方阵基础实体应用图

1. 混凝土预埋件基础

混凝土预埋件基础是适用范围较广的一种基础形式，也是光伏方阵最早采用的传统基础形式，它是在光伏支架前后固定立柱下分别设置的独立基础，通过用混凝土现场浇筑，将预埋件钢板或预埋螺栓浇筑在其中。这种基础的横断面可以做成正方形、圆形等。有时为了解决电站场地表层土承载力低的问题，还可以做成前后立柱基础连为一体的长条形基础，如图 6-2 中左图所示。

混凝土预埋件基础的优点是适用范围广，受力可靠，无需专用机械施工等，缺点是土方开挖和回填工程量大，施工周期长，破坏周围环境，未来在土地中会留下大量的废弃物和建筑垃圾。

2. 混凝土配重块基础

混凝土配重块基础经常与预埋件基础一起用于屋顶光伏发电系统建设或改造中，这样可以有效地避免或减少破坏屋顶防水层等结构。

3. 螺旋地桩基础

螺旋地桩基础是近年来日益广泛使用的光伏支架基础形式，螺旋地桩采用带有螺旋状叶片的热镀锌钢管造成，其叶片可大可小，可连续可间断，螺旋叶片与钢管之间采用连续焊接。常见的螺旋地桩如图 6-3 所示，其长度有 0.55m、0.7m、1.0m、1.2m、1.6m、1.8m、2.0m、2.7m 等多种规格，直径有 60mm、65mm、76mm、89mm、114mm、168mm、219mm 等规格，顶部有管状、法兰盘状、U 形叉状、方筒状、圆筒状等形状，可根据需要选择。螺旋地桩基础上部露出地面，可随地势调节支架高度，与支架立柱之间通过螺栓连接。螺旋地桩的施工工具有电动打桩机，施工机械有螺旋地桩钻机，如图 6-4 所示。

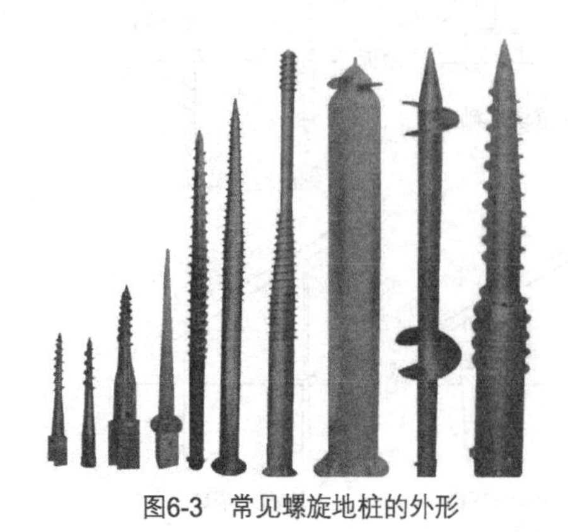

图6-3　常见螺旋地桩的外形

图6-4　螺旋地桩钻机的外形

螺旋地桩是一种新型的基础施工方法。该方法无需挖掘土地和预制灌注混凝土，只需要用专用工具或专用机械直接夯入或钻入地下，相比传统的混凝土基础，具有安装简单、方便快捷，省时省力省料的特点，使基础安装时间缩短、施工费用降低，并且可以随时随地移动和循环使用，能最大限度地保护场地植被，对土地和环境无污染，系统寿命期满拆除后，基础可一并快速拆除，土地中无弃留物，场地易恢复原貌。

4. 直埋式基础

直埋式基础也叫灌注桩基础，直埋式基础施工最简便，通过现场挖坑浇筑施工，只需要使用开孔机在现场开孔并灌注混凝土，在混凝土未凝固之前将槽钢或钢管预制件直接插入孔中即可。在夯实混凝土的同时，根据需要调整好基础预制件平面的高度。直埋式基础虽然施工过程简单，但与螺旋地桩相比施工速度慢，施工周期较长。由于直埋式基础对混凝土强度等级要求不高，所以造价较低。

直埋式基础桩柱对周边土壤无挤压作用，对现场土壤的自立性要求较高，所以是否采用直埋式基础需要进行前期的地质勘测试验，松散的沙性土层和土质坚硬的碎石、卵石土层都不适用于直埋式基础施工。松散的沙性土层容易造成塌孔，土质坚硬的碎石、卵石土层会造成开孔困难。

5. 混凝土预制桩基础

混凝土预制桩基础一般由专业厂家制作，其截面尺寸一般为 200mm×200mm 的方形或 ϕ300mm 的圆形，顶部预留了钢板或螺栓，方便与支架立柱连接，底部一般做成尖形，方便施工时打入或压入土层中。混凝土预制桩具有桩体规整，桩身质量好，抗腐蚀能力强，施工简单、快捷的优点，造价比直埋式基础略高一点。

相比螺旋地桩而言，混凝土预制桩基础由于底面积与侧面积相对较大，在相同的地质条件下容易获得较大的结构抗力，且成本也略低于螺旋桩基础。只是在施工过程中，桩顶标高不容易控制，对施工技术要求较高。

6. 地锚式基础

地锚式基础的工作原理与螺旋桩基础类似，在国外应用较多。其结构是在锚杆中下部安装有 2～3 个可以向上收起的叶片，当锚杆被压入或旋入土层时，叶片会向上收起，锚杆到位后，轻轻向上提起锚杆或反方向旋转锚杆，收起的叶片就会水平打开，使锚杆牢固的植入土层中。根据国外的施工经验，地锚式基础最为牢固，安全性也最高。但是地锚与支架连接部位需要特别定做，造价很高。

6.1.2　方阵基础相关设计

1. 混凝土基础的设计

常见的混凝土预埋件基础的尺寸示意如图 6-5 所示，分为单螺栓预埋件基础和钢板预埋件基础两类。单螺栓预埋件基础一般用于几千瓦到几百千瓦以内的小型光伏电站，对于一般土质，每个基础地面以下部分根据方阵大小一般选择 200mm×200mm、250mm×250mm、300mm×300mm、350mm×350mm（长×宽）等几种规格的方形基础或ϕ200～350mm 的圆形基础，高度根据方阵大小及土质情况在 400～900mm 选择。对于钢板预埋件基础可根据方阵大小及土质情况在表 6-1 中选择。

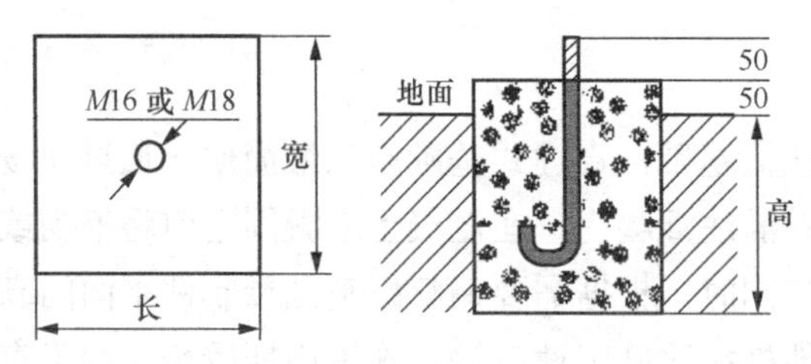

（a）单螺栓预埋件基础

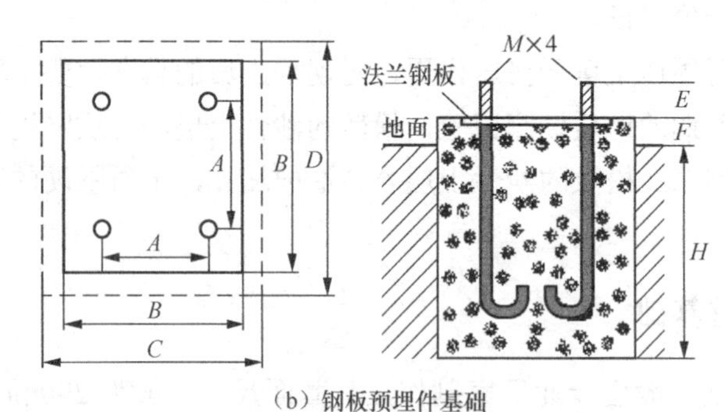

（b）钢板预埋件基础

图6-5　混凝土预埋件基础尺寸示意图

表 6-1　　钢板预埋件基础尺寸表

螺距尺寸 A×A（mm）	法兰盘尺寸 B×B（mm）	基础尺寸 C×D（mm）	E（mm）	F（mm）	H（mm）	M（mm）
160×160	200×200	300×300	40	50～400	≥400	14
180×180	250×250	350×350	40		≥600	16
210×210	300×300	400×400	50		≥700	18
250×250	350×350	450×450	60		≥800	20
300×300	400×400	500×500	80		≥1000	22

注：A 为预埋件螺杆中心距离；B 为法兰盘边缘尺寸；C、D 为基础平面尺寸；E 为露出基础面的螺纹高度；F 为基础高出地面高度；H 为基础深度；M 为螺纹直径。

对于在比较松散的土质地面做基础时，基础部分的长宽尺寸要适当放大，高度要加高，或者制作成长条型基础，由于长条形基础可以通过较大的基础底面积获得足够的抗水平载荷的能力，一般选择埋深为 200～300mm，不需要埋的太深。对于大型分布式光伏发电系统的混凝土基础要根据 GB5007-2011《建筑地基基础设计规范》中的相关要求进行勘察设计。

2. 混凝土基础制作的基本技术要求

（1）基础混凝土水泥、砂石混合比例一般为 1∶2。

（2）基础上表面要平整光滑，同一支架的所有基础上表面要在同一水平面上。

（3）基础预埋螺杆要保证垂直并在正确位置，单螺杆或预埋件要位于基础中央，不要倾斜。

（4）基础预埋件螺杆高出混凝土基础表面部分的螺纹在施工时要进行保护，防止受损。施工后要保持螺纹部分干净，如粘有混凝土要及时擦干净。

（5）在土质松散的沙土、软土等位置做基础时，要适当加大基础尺寸。对于太松软的土质，要先进行土质处理或重新选择位置。

3. 螺旋地桩基础的应用设计要求

螺旋地桩可根据施工现场地质条件选用图 6-3 中的多种形式，其应用设计应满足下列要求。

（1）依据 GB50797-2012《光伏发电站设计规范》附录 C 的要求，螺旋地桩基础应满足光伏发电站 25 年的设计使用年限要求。

（2）螺旋地桩钢管壁厚不应小于 4mm；螺旋叶片外伸宽度≥20mm 时，叶片厚度应＞5mm；螺旋叶片外伸宽度＜20mm 时，叶片厚度应＞2mm；螺旋叶片与钢管之间应采用连续焊接，焊接高度不应小于焊接工件的最小壁厚。

（3）螺旋叶片的外伸宽度与叶片厚度之比不应＞30。

（4）螺旋地桩基础与支架连接节点在保证满足设计要求的承载力基础上，在高度方向上应具有可调节功能。

（5）螺旋地桩的防腐设计应满足电站使用年限的要求。由于螺旋地桩埋入地下，腐蚀性相对较大，而且在打桩过程中，热镀锌层会有一定的破坏，因此要求螺旋地桩的外表热镀锌层厚度应≥100μm。

（6）带法兰盘的螺旋地桩可用于单柱安装或双柱安装，而不带法兰盘的螺旋地桩一般只用于双柱安装。

（7）宽叶片间隔形螺旋地桩的抗拉拔性要好于连续窄叶片型螺旋地桩，在风力较大的地区应优先考虑选用宽叶片间隔形螺旋地桩。

不同的土壤级别对螺旋地桩施工的要求如表 6-2 所示。

表 6-2　土壤级别对螺旋地桩施工的要求

土壤等级	土壤性质	土壤成分	螺旋地桩施工
1 等	表层土壤	砂土、沙砾、泥沙	可行
2 等	流质土壤	液体和糊状地下水	可行，但土壤缺乏强度
3 等	松散土壤	松散砂土、沙砾，或者两者混合物	可行，有少许阻力
4 等	有粘度的松散土壤	砂土、沙砾、泥沙和粘土，至少有 15%粒度＜0.06mm；直径＜63mm（2.5 英寸）、体积＜0.01m^3 的岩石少于 30%	可行，有少许阻力
5 等	有石块的土壤	直径＞63mm（2.5 英寸）、体积为 0.01m^3 的岩石多于 30%	可行，阻力大
6 等	可移动的石质土	带岩石、紧密连接、易碎、板岩、经风化的土壤	需要预先钻锤螺旋洞
7 等	可移动的硬质岩石	具有结构强度的小岩石、风化泥岩、矿渣、铁矿石等	需要预先钻锤螺旋洞

6.2 光伏支架

6.2.1 光伏支架分类

光伏支架可分为固定式、倾角可调式和自动跟踪式3类，其连接方式一般有焊接和组装两种形式。其中固定式支架又可分为屋顶类支架、地面类支架和水面类支架；自动跟踪式支架分为单轴跟踪支架和双轴跟踪支架。光伏支架的具体分类如图6-6所示。

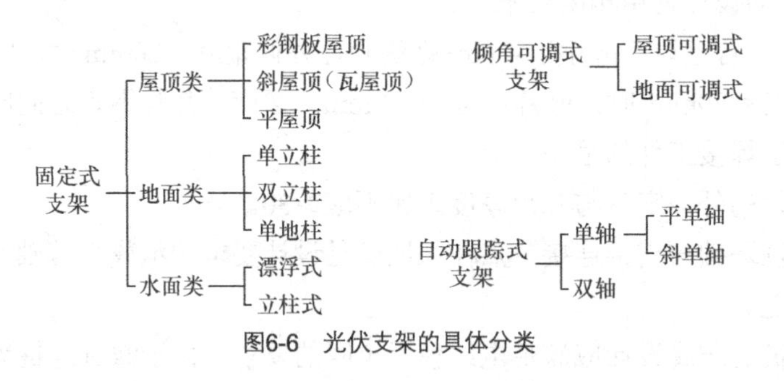

图6-6　光伏支架的具体分类

1. 固定式支架

固定式支架也叫固定倾角支架，支架安装完成后组件倾角和方位都不能调整。固定式支架分为屋顶类、地面类、水面类等几种。

（1）屋顶类支架。屋顶类支架一般分为彩钢板屋顶支架、斜屋顶（瓦屋顶）支架和平屋顶支架3类。

彩钢板屋顶支架主要由彩钢板夹具或固定件、导轨（横梁）、组件压块、导轨连接件、螺栓垫圈、滑块螺母等组成，如图6-7所示。

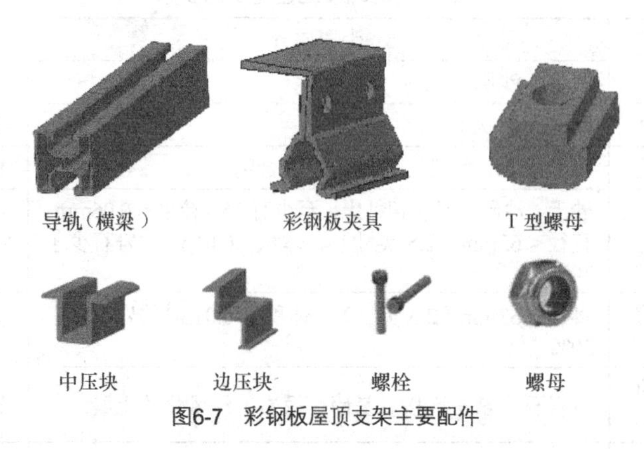

图6-7　彩钢板屋顶支架主要配件

斜屋顶支架主要由屋顶固定挂钩、导轨（横梁）、组件压块、导轨连接件、螺栓垫圈、螺母滑块等组成。图6-8所示是屋顶支架常用固定件的外形结构。

上述两种支架一般以成品 C 型钢或铝合金做为主要支撑结构件，具有拼装、拆卸速度快、无需焊接、防腐涂层均匀、耐久性好、安装速度快、外形美观等优点。

图6-8　屋顶支架常用固定件的外形

平屋顶支架与地面类支架结构类似，一般以混凝土配重块做为支架基础，尽量不破坏屋顶面防水层，具有结构灵活、安装便捷的特点。

（2）地面类支架。地面类支架分为单立柱支架、双立柱支架和单地柱支架 3 类。

单立柱支架也就是支架靠单排立柱支撑，每个单元只有单排支架基础。单立柱支架主要由立柱、斜支撑、导轨（横梁）、组件压块、导轨连接件、螺栓垫圈、螺母滑块等组成，立柱采用 C 型钢、H 型钢、方钢管等材料。单立柱支架可以减少土地施工量，适用于地形地势复杂的地区。

双立柱支架为前后立柱形式，主要由前立柱、后立柱、斜支撑、导轨（横梁）、后支撑、组件压块、导轨连接件、螺栓垫圈、螺母滑块等组成，立柱根据方阵大小采用 C 型钢、H 型钢、方钢管、圆钢管等材料制作，其他部件根据需要采用 C 型钢、铝合金、不锈钢等材料。双立柱支架受力均匀、加工制作简单，适用于地势较为平坦的地区。

单地柱支架就是指一个方阵单元支架只有一个立柱的支架形式。由于整个方阵只有一个立柱，单套支架上可以布置的电池组件数量有限，一般有 8 块、12 块、16 块等。单地柱支架主要由立柱、纵梁、导轨（横梁）、组件压块、导轨连接件、螺栓垫圈、螺母滑块等组成，立柱可采用钢管、预制水泥管等，由于悬挑较多，纵梁、横梁一般采用方钢管，导轨采用 C 型钢或铝合金。这种支架适用于地下水位较高和地面植被较丰富的地区。

（3）水面类支架。随着分布式光伏发电项目的不断推进，充分利用海面、湖泊、河流等水面资源安装分布式光伏电站，实施渔光互补等新的光伏农业形式，是解决光伏发电受限于土地资源的又一途径。水面类支架一般有漂浮式和立柱式两种，漂浮式支架由浮筒和支架两部分组成，如图 6-9 所示，浮筒采用高强度材料制作并进行连体设计，稳定性好，抗冲击能力强，可有效地防止各种水流和大风造成对光伏组件造成的损坏。支架一般采用不锈钢、铝合金等抗腐蚀能力强的材料制作。

立柱式支架和地面类支架的结构大同小异，只是立柱更长，保证支架露出水面，同时立柱材料要选择能承受长期在水中浸泡的抗腐蚀能力。

（4）杆柱类支架。在太阳能发电系统中，有一些系统如太阳能监控系统、太阳能道路灯等需要用金属杆柱或灯杆进行安装和固定，对于这些金属类杆柱或灯杆，一般都要符合国家标准的相关要求。太阳能发电系统常用的是钢质锥形灯杆，其特点是美观、坚固、耐用，且便于做成各种造型，加工工艺简单、机械强度高。常用锥形灯杆的截面形状有圆形、六边形、八边形等，锥度多为 1∶90、1∶100，壁厚根据灯杆的受力情况一般选在 3～5mm。

图6-9 水面漂浮式支架

由于灯杆的工作环境一般都在室外，为了防止灯杆生锈腐蚀而降低结构强度，必须对灯杆进行防腐蚀处理。防腐蚀主要是针对锈蚀原因采取预防措施。防腐蚀能避免或减缓潮湿、高温、氧化、氯化物等因素的影响，常用的方法是热镀锌和喷塑。灯杆类的主要技术要求如下。

① 主体杆要采用一次成型，钢杆（Q235）焊缝须平整光滑，整根杆体焊缝凸起的部分与本杆体平整部分的误差应不大于±1mm。灯杆焊接方式为自动氩弧焊接，着色探伤检验达到焊接 GB/T3323-2005 标准要求。灯杆套接方式采用穿钉加顶丝固定。

② 灯杆防腐处理为热镀锌。热镀锌是将经过前期处理的制件浸入熔融的锌液中，在其表面形成锌和锌铁合金镀层的工艺过程和方法，锌层厚度一般在 65～90um。镀锌件的锌层表面应美观、均匀、光滑、光泽一致，不剥离、不凸起、无毛刺、无皱皮、无斑点、无流坠及锌瘤。锌层应与钢杆结合牢固，镀锌层附着力应符合 GB/T2694-2010 标准，保证 8 年不褪色。灯杆的抗风能力按 36.9m/s 设计。灯杆防腐寿命大于 20 年。

③ 喷塑处理。热镀锌后再进行喷塑处理，喷塑粉末应选用室外专用全聚酯塑粉粉末，涂层不得有剥落、龟裂现象。喷塑处理可以更高地提高钢杆的防腐性能，且大大提高灯杆的美观装饰性，颜色也可以有多种选择。灯杆表面喷塑厚度≥100μm，附着力达到 GB/T9286-1998 级，表面光滑，硬度≥2H。

④ 灯杆工艺和验收标准按国家标准执行，设计系数 1.8。灯杆的设计寿命大于 20 年。

⑤ 灯杆设计应便于导线穿接，手孔门采用背包门形式。杆门必须平整光滑，与本杆平整部分的误差不大于±1mm，相同灯杆门与门的互换性要好，达到防盗防雨要求，防止雨水进入灯杆内造成电气故障；维护门避免采用常规的工具就能打开（如内六角螺栓、钳子等），防止人为进行破坏或盗窃。杆门切割后局部做加强处理，基本达到原整体杆的强度。

灯杆类的主要技术参数是如下。

①锥度：12∶1000；②直线度偏差：＜0.2%；③长度偏差：＜+5mm；④对边距偏差：+2mm；⑤灯体扭曲度：＜5°；⑥杆体直线度：＜1mm；⑦弯臂扭曲度：＜2°；⑧弯臂部分对边距偏差：＜15°；⑨法兰盘与杆体垂直度偏差：＜1°；⑩法兰焊接位置偏差：＜2mm。

表 6-3 是常用的 6～12m 灯杆尺寸参数表，供设计和选型时参考。

表 6-3　　6～12m 灯杆尺寸参数表

灯杆长度（m）	上/下口直径（mm）	材料厚度（mm）	圆锥杆锥度比	法兰盘尺寸及孔距（mm）	基础架尺寸（mm）
6	ϕ60/ϕ126	2.75	11‰	250×250×10--180（孔距）	180×180-ϕ12
7	ϕ60/ϕ137	3.0		300×300×12--210（孔距）	210×210-ϕ16
8	ϕ60/ϕ148	3.0		300×300×14--210（孔距）	210×210-ϕ16
10	ϕ70/ϕ180	3.75		350×350×16--250（孔距）	250×250-ϕ18
12	ϕ70/ϕ202	3.75		400×400×18--300（孔距）	300×300-ϕ18

2. 倾角可调式支架

倾角可调式支架的结构与固定式支架类似，比固定式支架多了一个调节机构，使支架的倾角可以通过手动进行调节，可调节机构有分档式和连续可调式。分档式一般设为 2～3 档，一年按季节调整 2～3 次；连续可调式则可以根据需要经常调整。为了便于倾角调整，单个支架上安装的组件不宜太多，通常安装的组件数量要正好构成一个或两个组串。倾角可调式支架有推拉杆式、圆弧式、千斤顶式、液压杆式等，图 6-10 所示是几种倾角调节支架调节机构的实体图。

图6-10　几种倾角调节机构实体图

3. 自动跟踪式支架

光伏方阵采用固定式支架安装时，光伏方阵不能随着太阳位置的变化而移动，无法提高光伏系统的发电效率。为提高光伏系统的发电效率和光伏方阵的有效发电量，自动跟踪式支架在国内外光伏发电系统中逐步得到了认可和推广应用。

自动跟踪支架可以使电池组件始终保持与太阳光线垂直，消除固定电站的余弦损失，使电池组件接受到更多的光能量，从而提高发电量。自动跟踪支架分为单轴式跟踪和双轴式跟踪，其共同点是使光伏方阵表面法线依照太阳的运动规律做相应的运动，使太阳光的入射角减小。通过自动跟踪，一方面可以提高太阳辐射能的利用率，使发电系统转换效率提高；另一方面在获取相同的发电量时可以减少光伏组件的使用量，使系统的建造成本降低。同等条件下，采用自动跟踪支架的发电量要比用固定式支架的发电量提高 15%～30%（单轴跟踪）和 25%～40%（双轴跟踪），这是经过多次工程验证得出的结论，也是被光伏业界普遍认可的数据。

（1）自动跟踪式支架的分类和适用范围

自动跟踪支架一般分为单轴跟踪支架和双轴跟踪支架两大类，其中，单轴跟踪支架又分为水平单轴和斜单轴跟踪，水平单轴跟踪适用于小于 30° 的低纬度地区，斜单轴跟踪适用于 30° 以上的中、高纬度地区；双轴跟踪适用于任何纬度地区和聚光光伏系统。

水平单轴跟踪就是让支架围绕一根水平方向的轴跟踪太阳进行旋转，通过跟踪太阳的高度角来提高太阳光线在光伏组件面板的垂直分量，提高发电量，具体应用如图 6-11 所示。

图6-11　水平单轴自动跟踪支架

斜单轴跟踪就是让支架围绕一根南北方向倾斜的轴跟踪太阳进行旋转，通过转轴的倾斜角补偿纬度角，然后在转轴方向跟踪太阳高度角，更好地增大光伏发电量，具体应用如图 6-12 所示。

图6-12　斜单轴自动跟踪支架

双轴自动跟踪系统可以使支架同时沿两个独立的轴进行旋转，一个轴可以使支架沿方位角方向自由旋转，另一个轴可以使支架沿倾角方向自由旋转，使光伏方阵平面始终与太阳光线保持垂直，以获得最大的发电量。双轴自动跟踪系统的应用如图 6-13 所示。

图6-13　双轴自动跟踪支架系统

（2）自动跟踪系统的工作原理与技术

① 光控跟踪技术。光控太阳能跟踪技术纯粹利用太阳光线制导，这种跟踪技术一般通过温度适应性强、工作较为可靠的晶体硅光敏器件和砷化镓光敏器件做为传感器件实现信号采集。

光控太阳能跟踪的工作原理有以下两种，一种是受光面平行法，依靠阴影遮挡使布置在方阵上的若干个光敏元件出现电压或电流的差异为电路提供信号，这种方法探测太阳光线范围广，性能稳定，工作可靠；另外一种方法是利用暗合投影的原理，当太阳出现偏离时，激发传感器件输出差异信号进行工作，这种传感方法的显

著优点是跟踪精度高，缺点是探知太阳光线偏离位置的角度范围太有限，无法实现大角度搜索跟踪。

光控太阳能主控制电路最好选用数字电路，因为模拟电路的待机损耗太大，且故障率较高。光控太阳能跟踪技术的缺点是完全依赖太阳光，一旦出现阴雨天，系统就无法实现跟踪，而一旦天气忽阴忽晴，系统会忽跟忽停或者直接放弃跟踪。

② 时控跟踪技术。时控太阳能跟踪技术就是利用数字化单片机时间控制电路，定时跟踪。这种跟踪方法技术可靠，性能稳定，跟踪精度可达 0.5°，其优点是不受阴雨天影响，跟踪可靠、性能稳定，缺点是没有光控跟踪方法的跟踪精度高。

③ 光控和时控复合跟踪技术。光控和时控复合跟踪技术是针对天气忽阴忽晴变化莫测的特点研发的。当上半天阴天时，纯光控太阳能跟踪系统就会出现上半天不跟踪的现象。当下半天晴天时，对于探测范围较广的太阳能跟踪探测器，系统可以实现跟踪，但由于太阳能跟踪传动系数比较大，所以跟踪到位需要相当长的时间，这段时间内太阳能无法收集利用。而对于探测范围较窄的太阳能跟踪器，由于其根本探测不到，所以无法跟踪。这样，尽管下半天有太阳，但系统无法采集利用。

光控和时控复合跟踪技术的跟踪方式：当天空有太阳时，系统会自动转入光控跟踪，跟踪精度不大于 0.1°；当天空阴天时，跟踪系统自动转入时控跟踪，跟踪精度不大于 0.5°。这样，天气在由阴转晴的瞬间，跟踪控制系统仅仅在 0.5°～0.1° 的跟踪精度范围内调整。这就大大缩短了系统跟踪到位的所需时间，最大限度地提高了太阳能的采集利用率。光控和时控复合跟踪系统是比较理想的跟踪方式，值得推广。

④ 跟踪系统用电动机及减速机。用于太阳能跟踪系统的电动机可以是直流电动机也可以是交流电动机，可以是步进电动机或伺服电动机。无论是那种电动机都要满足跟踪精度的要求。都必须满足防水、防尘、耐曝晒、抗严冬等室外环境要求。对于高寒地区，可以考虑采用冷库专用电动机，以满足其特殊低温环境的要求。

跟踪用减速机的传动间隙不能过大，以免因间隙过大使系统较大幅度地抖动。一般的跟踪系统减速机，要求其末级输出必须是较为精密的蜗轮蜗杆减速装置，以承受较大的脉冲负荷的冲击。

（3）简易跟踪系统电路设计

为便于大家进一步学习和了解太阳能自动跟踪技术，这里介绍一个基于 AT89C52 单片机的太阳电池板方位角自动跟踪控制器的电路与制作。

① 硬件电路

该自动跟踪控制器电路如图 6-14 所示，该电路主要由单片机 AT89C52 和具有串行接口的 ADC0832 A/D 转换器组成。ADC0832 的 1 脚是片选端，接单片机的 P1.0 端口；2 脚、3 脚是模拟输入通道 0 端和 1 端，分别接电位器 RV1 和 RV2 作模拟信号调试用；4 脚是接地端；5 脚是数据信号输入端和选择通道控制端，6 脚是数据信号输出端和转换数据输出端，两脚都接 P1.2 口；7 脚是时钟输入端，接 P1.1 口；8 脚是电源输入端。S1 为模拟电动机逆时针旋转限位开关，S2 为模拟电动机顺时针旋转限位开关，分别接单片机的 P1.6 和 P1.7 口。LCD1 显示屏主要用来仿真。电动机为直流电动机，用桥式电路驱动，两个输入端分别通过电阻 R1、R2 接 P3.1 和 P3.0 口。

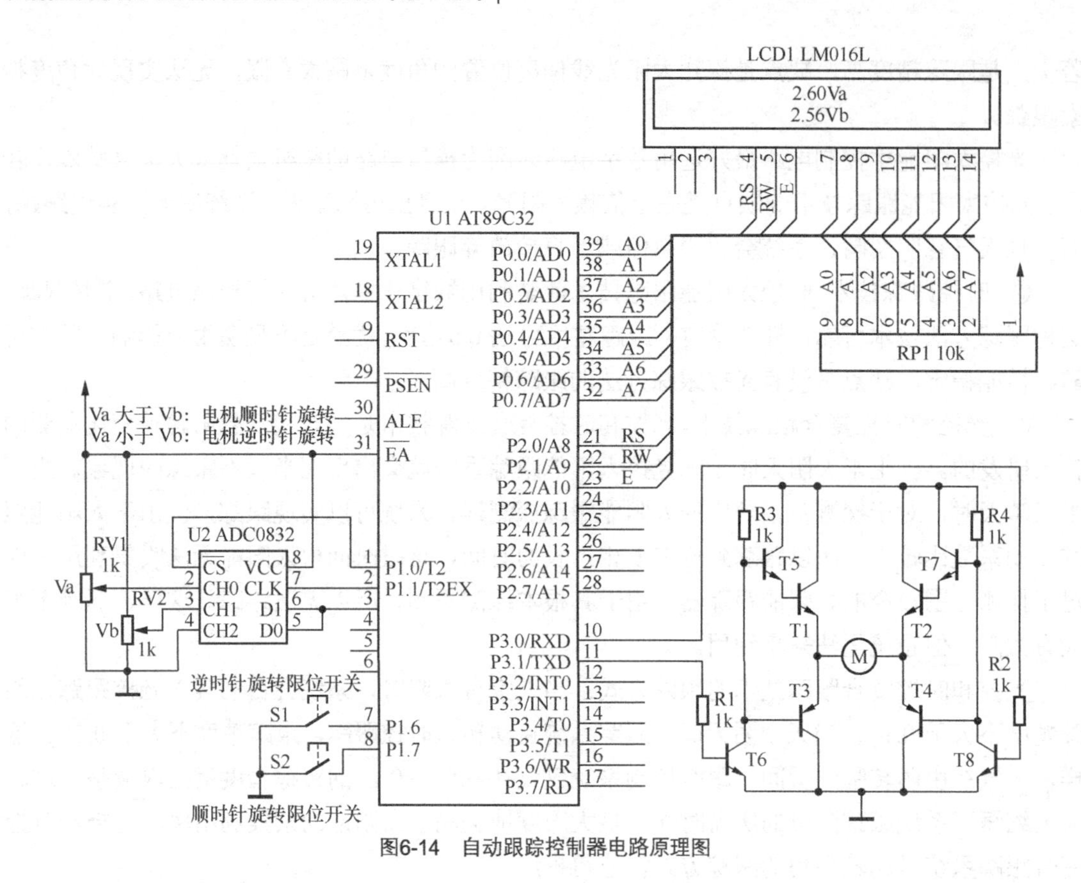

图6-14　自动跟踪控制器电路原理图

② 工作原理

ADC0832将0通道和1通道的两路0～5V模拟电压信号转换成对应的数字量0～255送给单片机，单片机将数字量0～255转换成对应的数字0.0～5.0，通过LCD显示出来，如图10-4中显示的Va和Vb。将Va和Vb值进行比较，如果Va大于Vb，置P3.0口为高电平，P3.1口为低电平，使电动机桥式驱动电路中的T5、T1、T4导通，电动机顺时针旋转；如果Va小于Vb，则置P3.0口为低电平、P3.1口为高电平，使电动机桥式驱动电路中的T7、T2、T3导通，电动机逆时针旋转；如果Va等于Vb，则置P3.0口和P3.1口为高电平，电动机停止旋转。当电动机顺时针旋转到设置的极限方位角时，S2闭合，将P1.7口拉到低电平，单片机检测到此信号后，强行停止电动机顺时针旋转。同理，电动机逆时针旋转到设置的极限方位角时，S1闭合，将P1.6口拉到低电平，则单片机强行停止电动机逆时针旋转。

③光传感器

制作太阳能自动跟踪系统的关键是制作光传感器，根据D/A转换的原理，用光传感器与电阻组成电压采集电路代替图6-14中的电位器RV1和RV2。光传感器可以采用太阳电池或其他光敏器件制作。注意制作好的光传感器输出的最大电压不要超过5V。

6.2.2　光伏支架的选型

虽然光伏支架成本在整个光伏发电系统总成本中占比不大，只有百分之几，但选型却很重要，主要考虑因素之一是耐候性。光伏支架在25年的寿命周期内必须保证结构牢固可靠，

能承受环境侵蚀和风、雪载荷。还要考虑安装的安全可靠，能以最小的安装成本达到最大的使用效果。另外，后期是否能够免维护，有没有可靠的维修保证以及支架寿命周期结束以后是否可回收等等都是需要考虑的重要因素。在设计和建设光伏电站时，选择固定式支架、倾角可调式支架还是自动跟踪式支架，需要因地制宜综合考虑。各种方式各有利弊，不同类型光伏支架的特点如表 6-4 所示。

表 6-4　　不同类型光伏支架的特点

类型 项目	固定式	倾角可调式	平单轴跟踪	斜单轴跟踪	双轴跟踪
适用纬度	任何纬度		低纬度	中高纬度	任何纬度
发电量增益	无	固定式的 1.1～1.15 倍	固定式的 1.1～1.2 倍	固定式的 1.2～1.25 倍	固定式的 1.3～1.4 倍
占地面积	最少	固定式的 1～1.05 倍	固定式的 1.1～1.2 倍	固定式的 1.4～1.5 倍	固定式的 1.8～2.5 倍
太阳能资源条件	无限制		更适合直接辐射较强地区		
参考成本	0.4～0.5 元/W	0.5～0.7 元/W	1.4～1.8 元/W	1.5～2.1 元/W	2.8～3.5 元/W
可靠性	好		较好	较差	差

在大多数场合下固定倾角支架是最经常使用的结构，安装简单，成本低，安全性较高，可以承受高风速和地震状况。支架在整个寿命周期内几乎无需维护，运维费用低，唯一的不足是在高纬度地区使用时输出功率偏低。

与固定支架相比，倾角可调式支架将全年分成几个时间段，使方阵在每个时间段都能获得平均最佳倾角条件，以此来获得优于固定支架的全年太阳能辐射量，其发电量可比固定支架提高 5%左右。与自动跟踪式支架的技术不完善、投资成本高、故障率高、运维费用高等缺点相比，优势也很明显，是一种具有实际应用意义和经济价值的方式。

单轴跟踪支架具有更好的产能表现，与固定式支架相比，在低纬度地区使用时可提高发电量 20%～25%，在其他地区使用时，也可提高发电量 12%～15%。斜单轴支架在不同地区使用则可提高发电量 20%～30%。

双轴跟踪支架理论上具有最高的产能率，凭借双轴跟踪来调整支架倾角和方位，可以准确捕捉光照方向，比固定支架可提高发电量 30%～40%。但是复杂的跟踪控制和伺服系统，较高的基础设施成本，以及频繁的维护工作和较高故障率，往往使发电量的提高不尽如人意，甚至得不偿失。

在支架选型时首先要考虑电站的地理位置、气候条件、当地日照时间、建设成本、工程质量和提高发电效率等。例如，在我国的西北沙漠地区，由于光照充足、地域宽广，比较适合应用自动跟踪式支架，可以有效地提高发电效率。原则上讲，在高纬度地区和光照较强地区，自动跟踪支架带来的收益会比较大。

表 6-5 介绍了光伏电站采用自动跟踪支架的优缺点。当确定使用自动跟踪类支架时，应选择高质量的产品和供应商，不仅要考虑跟踪支架的硬件参数和价格，还要考察软件结构和可靠性等因素。尽管双轴跟踪系统比单轴跟踪系统具有性能上的优势，但如果选择不好，较高的故障风险足以抵消其所带来的额外收益。就长期来看，简单的支架结构或许才是更佳的选择。

表 6-5　　自动跟踪式支架的优缺点

优点	缺点
1．可以大幅提高光伏电池组件的发电效率，采用双轴跟踪，同等规模的光伏电站，年平均发电量最大可以提高 35%～40%以上，甚至更高（纬度较高地区）	1．电站建设投入成本更高。相对于固定安装的支架，跟踪由于需要传动、驱动和控制系统，单轴跟踪其成本要高出 2～3 倍，双轴跟踪更高达 5 倍以上。另外电缆需要量更大，线路布置更复杂，基础投入也更高
2．减小对电网的冲击。跟踪技术的采用，可以使日发电高峰值的曲线更宽平，峰值时间段更长，减小了对电网的冲击	2．电站运行风险加大。跟踪系统活动的结构，使得支架抗风性能降低；驱动电机和控制系统的采用，增加了机械和电子系统的故障风险
3．地形适应性更强。由于跟踪系统采用的是独立支撑，无需对地面进行平整，无论是山地、洼地，都可以直接安装	3．电站维护费用增加，需要增加专业技术人员进行管理维护
4．具有更强的抗震性。独立支撑对强烈地震产生的纵波和横波的抵抗性较好，保证跟踪支架不产生扭曲，电池组件不受损坏	4．绝对意义上土地的占有量增加。跟踪由于要适时进行角度调整，在东西方向会产生巨大的阴影遮挡，需留有更大的间隔空间。一般情况下，在低纬度地区，如果从太阳高度角 30°时开始跟踪，电站的土地占有量约是固定电站的 2 倍以上；纬度越高，由于采用跟踪在南北方向的阴影区会得到充分利用，土地占有量将越节省。通过菱形布阵，综合土地占有量也会逐渐减少。该问题需要结合采用跟踪支架后提高的发电量综合计算
5．更好的防雪功能。暴雪时跟踪支架可以直立放置，避免电池组件表面积雪，晴天后可及时跟踪发电，避免了电池组件被积雪压损，减少了清除积雪的人工投入，延长了发电时间	
6．减少电池组件表面灰尘。因为跟踪支架始终处于动态运行，并有大角度倾斜角，在西北沙漠地区，可以有效减少组件表面沙尘积累，减少清洁频率，间接提高电池组件发电效率	
7．能更充分利用电站现有资源。跟踪技术的采用，峰值时间段的延长，使得汇流箱和逆变器的最大功率得到更充分的利用，基建投入也无需增加	

另外，要优先选择使用具有高耐磨、强载荷、抗腐蚀、抗 UV 老化性能的阳极氧化铝合金、超厚热镀锌、不锈钢等材料生产的支架。

铝合金支架一般用在民用建筑屋顶上，铝合金支架具有耐腐蚀、质量轻、美观耐用的特点，但其承载力低，无法应用在大型光伏电站上，且价格稍高于热镀锌钢材。

热镀锌钢材支架具有性能稳定，制造工艺成熟，承载力强，安装简便的特点，可广泛应用于民用、工商业等各种光伏电站中。

铝合金支架与热镀锌钢材支架的性能对比如表 6-6 所示。

表 6-6　　铝合金支架与热镀锌钢材支架性能对比表

支架性能	铝合金支架	热镀锌钢支架
防腐性能	一般采用阳极氧化（>15μm），后期使用中不需要防腐维护，防腐性能好	一般采用热浸镀锌（>65μm），后期使用中需要防腐维护，防腐性能较差
机械强度	铝合金型材的变形量约是钢材的 2.9 倍	钢材强度约是铝合金的 1.5 倍
材料重量	2.70～2.72t/m³	7.8～7.85t/m³
材料价格	约为热镀锌钢材价格的 3 倍	
适用项目	对承重有要求的家庭屋顶电站；对抗腐蚀性有要求的工业厂房屋顶电站	强风地区，跨度比较大等对强度有要求的电站

6.2.3　光伏支架的设计

根据光伏发电系统容量设计得出的光伏组件数量和尺寸大小以及方阵最佳倾角，光伏组件安装位置、安装方式等内容，进行光伏支架的选择和设计。设计光伏支架时要求支架牢固可靠，并充分考虑承重、抗风、抗震、抗腐蚀等因素。

1．屋顶类光伏支架的设计

屋顶类光伏支架的设计要根据不同的屋顶结构分别进行，对于斜面屋顶可设计与屋顶斜面平行的支架，支架的高度离屋顶面 10cm 左右，以利于光伏组件的通风散热。也可以根据最佳倾斜角设计成前低后高的屋顶倾角支架，以满足光伏组件的太阳能最大接收量。平面屋顶一般要设计成三角形支架，支架倾斜面角度为光伏组件的最佳接收倾斜角，3 种支架设计示意图如图 6-15 所示。

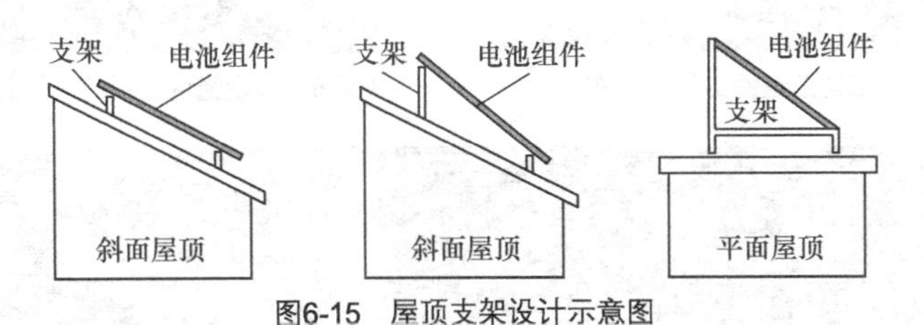

图6-15　屋顶支架设计示意图

屋顶类光伏支架必须与建筑物的主体结构相连接，而不能连接在屋顶材料上。如果在屋顶采用混凝土水泥基础固定支架的方式，需要将屋顶的防水层揭开一部分，抠开混凝土表面，最好找到屋顶混凝土中的钢筋，然后和基础中的预埋件螺栓焊接在一起。不能焊接钢筋时，要在屋顶打眼预埋钢筋，或者将做基础部分的屋顶表面处理的凸凹不平，增加屋顶表面与混凝土基础的附着力，然后对屋顶防水层破坏部分做二次防水处理。

对于不能做混凝土基础的屋顶一般直接用角钢支架固定光伏组件，支架的固定需要采用钢丝绳（或铁丝）拉紧法、支架延长固定法等、如图 6-16 所示。三角形支架光伏组件的下边缘离屋顶面的间隙要大于 15cm 以上，以防下雨时屋顶面泥水溅到光伏组件玻璃表面，使组件玻璃脏污。

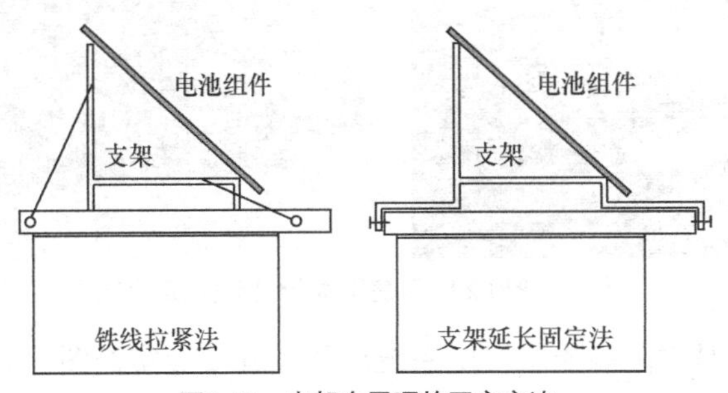

图6-16　支架在屋顶的固定方法

屋顶光伏支架可以用角钢和槽钢等镀锡钢材加工焊接，也可以直接选择专业支架厂家生产的专用 C 型钢冲压支架或铝合金支架。这些屋顶专用光伏支架包括有平屋顶钢支架和铝合金支架、倾角可调式屋顶钢支架和铝合金支架、彩钢瓦屋顶钢支架和铝合金支架、琉璃瓦屋顶铝合金支架等。设计和选用专业支架时、所需要的具体规格尺寸和技术参数可参考各支架生产厂家提供的技术资料手册。图 6-17 是用角钢制作的三角形组件支架实体图。图 6-18 是大型光伏屋顶电站的组件支架结构实体图。图 6-19 是彩钢板屋顶用钢制冲压结构件和铝合金结构件固定光伏组件的结构和方法示意图。图 6-20 是瓦房屋顶用钢制冲压结构件和铝合金结构件固定电池组件的结构和方法示意图。

图6-17　三角形组件支架实体图

图6-18　大型光伏屋顶电站组件支架结构实体图

图6-19　彩钢板屋顶光伏组件固定示意图

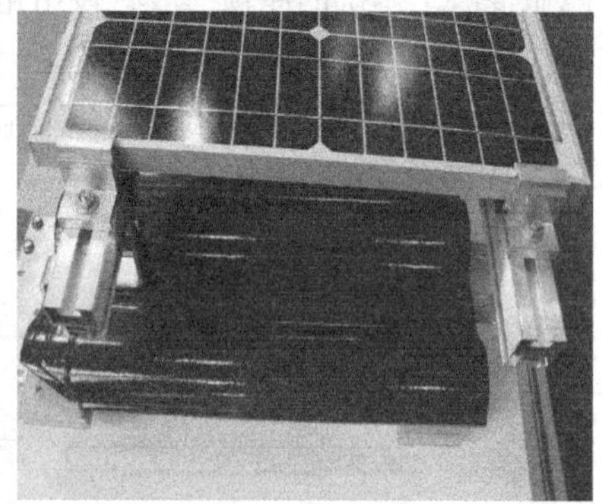

图6-20　瓦房屋顶光伏组件固定示意图

图 6-21 和图 6-22 是太阳能光伏发电系统屋顶工程安装实例图片。

2. 地面光伏方阵支架的设计

地面用光伏方阵支架可分为固定式、可调式和自动跟踪式等。地面安装的光伏支架要有足够的强度，满足光伏方阵静载荷（如积雪重量）和动载荷（如台风）的要求，保证方阵安

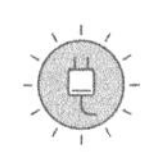

装安全、牢固、可靠。应保证组件与支架连接牢固可靠，支架与基础连接牢固，要能抵抗120km/h（33.3m/s）的风力而不被破坏。组件下边缘离地面距离最小不低于0.5m，主要考虑下面几个因素：①要考虑当地最大积雪深度；②高于当地发生洪水时的水位高度；③防止下雨时泥沙溅到光伏组件表面；④防止小动物的破坏。

图6-21　屋顶工程安装实例1

图6-22　屋顶工程安装实例2

方阵支架应保证可靠接地，钢结构支架应经过防锈涂镀处理，以满足长期野外使用的要求，使用的紧固件应采用不锈钢件或经过表面处理的金属件。同屋顶光伏方阵支架一样，地面光伏方阵支架可以用角钢和槽钢等镀锌钢材进行加工焊接，也可选择光伏支架专业厂家生产的地面专用钢制冲压支架或铝合金支架。地面用光伏支架主要有单立柱钢支架和铝合金支架、双立柱钢支架和铝合金支架、倾斜角可调钢支架等，具体使用安装方法、规格尺寸等技术参数可参考支架生产厂家的相关产品手册。

另外，在屋顶和地面支架设计时还要考虑前后支架之间阴影的遮挡。当几组光伏组件方阵需要前后放置时，如果前后两组方阵之间的距离太小，前边的光伏方阵的阴影会把后面的光伏方阵部分遮挡。因此设计时要计算前后方阵之间的合理距离。假设光伏方阵的上边缘高度为L_1，其南北方向的阴影长度为L_2，太阳高度角为A，方位角为B，则阴影的倍率R为

$$R=L_2/L_1=\cot A\times\cos B$$

这个倍率最好按冬至那一天的数据进行计算，因为冬至这一天的阴影最长。例如，光伏方阵的上边缘的高度为H_1，下边缘的高度为H_2，则方阵之间的距离M为$M=(H_1+H_2)\times R$。

当纬度较高时，光伏方阵之间的距离应加大，相应地安装场所的面积也会增加。对于有防积雪措施的光伏方阵来说，其倾斜角度大，造成光伏方阵的高度增加，为避免阴影的影响，相应地也会使光伏方阵之间的距离加大。通常在排布光伏方阵时，为减少光伏方阵占地面积或可用面积有限时，可分别选取每个光伏方阵中光伏组件的拼装组合数量使其高度尺寸成阶梯型，也可以考虑方阵基础制作成阶梯型安装光伏方阵。具体方法如图6-23所示。

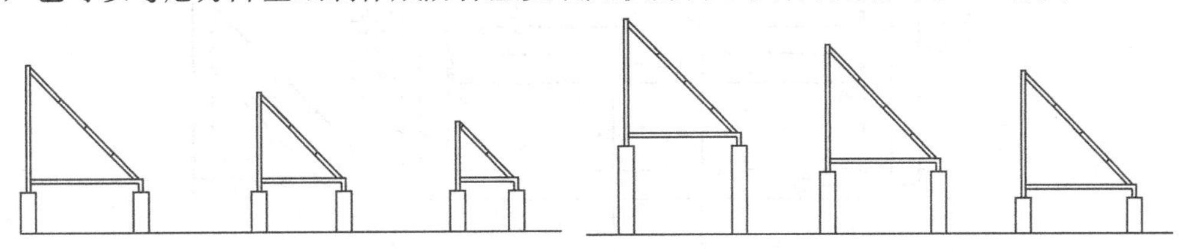

（a）电池板组合成阶梯型　　（b）基础制作成阶梯型

图6-23　光伏方阵阶梯型安装示意图

方阵中光伏组件有横向排列和纵向排列两种方式，如图6-24所示，横向排列一般每列放置3～5块电池组件，纵向排列每列放置2～4块电池组件。支架具体尺寸要根据所选用的光伏组件规格尺寸和排列方式确定。图6-25是两个地面方阵固定安装的应用实例，供读者参考。

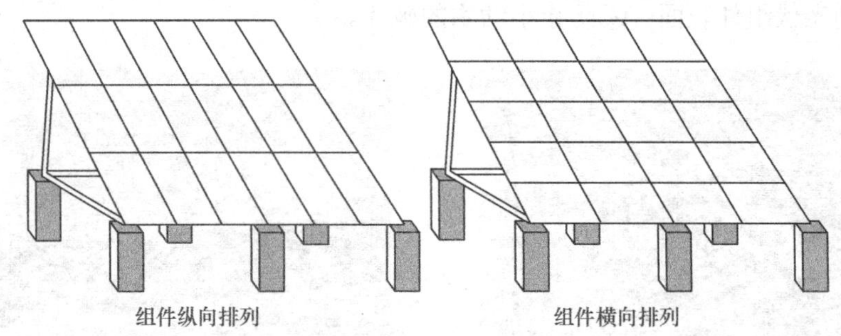

图6-24　光伏组件方阵排列示意图

图6-25　光伏方阵地面固定安装应用实例

3. 杆柱安装类支架的设计

杆柱安装类支架一般应用于各种太阳能路灯、庭院灯、高速公路摄像机太阳能供电等，设计时需要有太阳电池组件的长宽尺寸及电池组件背面固定孔的位置、孔距等尺寸，还要了解使用地的太阳电池组件最佳倾斜角或者在系统设计中确定的经过修正的最佳倾斜角等。设计支架时可以根据需要设计成倾斜角固定、方位角可调、倾斜角和方位角都可调等。基本设计原理示意图如图6-26所示。

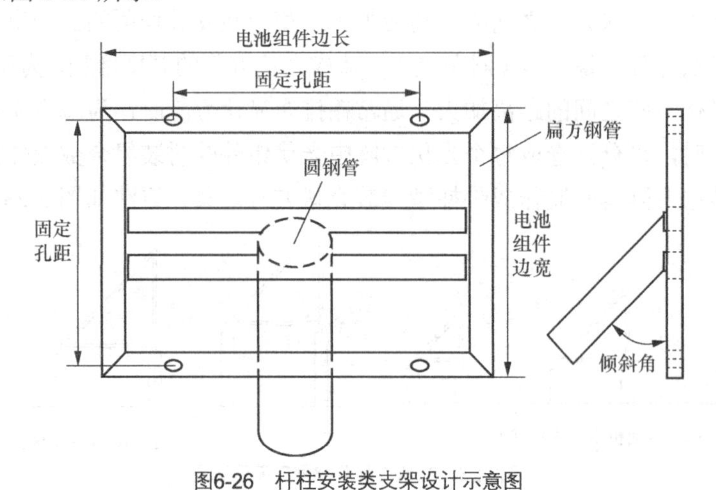

图6-26　杆柱安装类支架设计示意图

支架的框架一般选用扁方钢管或角钢制作，立柱选用圆钢管。材料的规格大小和厚薄要根据电池板的尺寸和质量来确定，表面要进行喷塑或电镀处理。图 6-27～图 6-33 是部分太阳电池组件杆柱安装支架的实例图片，供读者设计制作时参考。

图6-27　杆柱安装支架实例1（方位角可调）

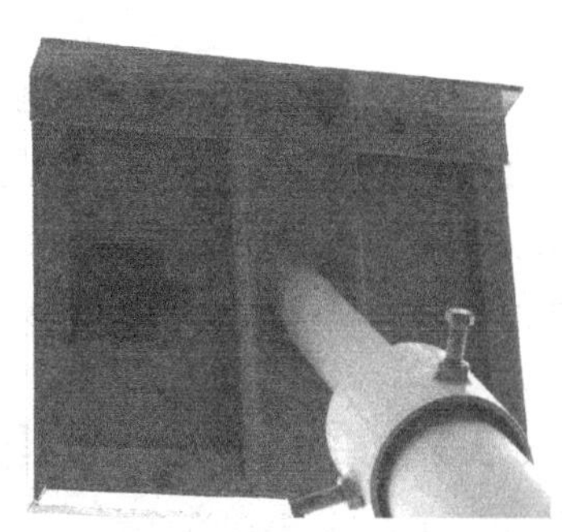

图6-28　杆柱安装支架实例2（方位角可调）

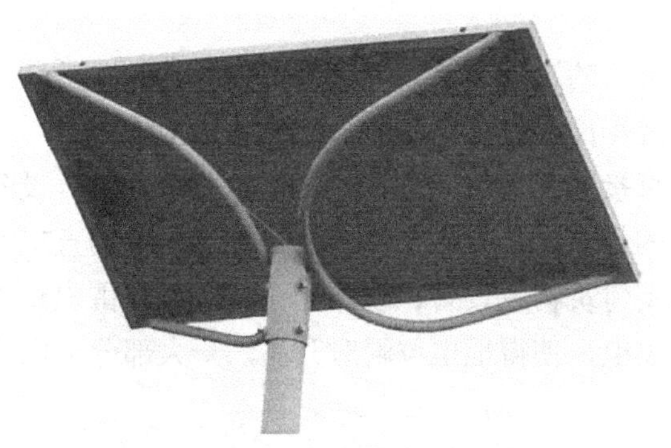

图6-29　杆柱安装支架实例3（方位角可调）

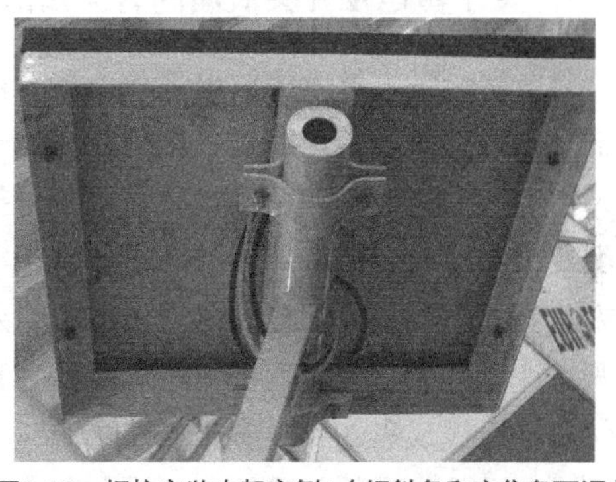

图6-30　杆柱安装支架实例4（倾斜角和方位角可调）

图6-31　杆柱安装支架实例5（倾斜角和方位角可调）

图6-32　杆柱安装支架实例6（方位角可调）

图6-33　杆柱安装支架实例7

6.3 光伏发电的防雷接地系统

由于光伏发电系统的主要部分安装在露天状态下，且分布的面积较大，因此存在着受直接和间接雷击的风险。同时，光伏发电系统与相关电气设备及建筑物有着直接的连接，因此对光伏系统的雷击还会波及到相关的设备和建筑物及用电负载等。为了避免雷击对光伏发电系统的损害，需要设置防雷与接地系统进行防护。

6.3.1 雷电对光伏发电系统的危害

1. 关于雷电及开关浪涌的有关知识

雷电是一种大气中的放电现象。在云雨形成的过程中，它的某些部分积聚起正电荷，另一部分积聚起负电荷，当这些电荷积聚到一定程度时，就会产生放电现象，形成雷电。

雷电分为直击雷和感应雷。直击雷是指直接落到光伏方阵、直流配电系统、电气设备及其配线等处，以及近旁周围的雷击。直击雷的侵入途径有两条：一条是上述所说的直接对光伏方阵等放电，使大部分高能雷电流被引入到建筑物或设备、线路上；另一条是雷电直接通过避雷针等可以直接传输雷电流入地的装置放电，使得地电位瞬时升高，一大部分雷电流通过保护接地线反串入到设备、线路上。

感应雷是指在相关建筑物、设备和线路的附近及更远的地方产生的雷击，引起相关建筑物、设备和线路的过电压，这个浪涌过电压通过静电感应或电磁感应的形式串入到相关电子设备和线路上，对设备、线路造成危害。

除了雷电能够产生浪涌电压和电流外，在大功率电路闭合与断开的瞬间、感性负载和容性负载接通或断开的瞬间、大型用电系统或变压器等断开等也都会产生较大的开关浪涌电压和电流，对相关设备、线路等造成危害。在并网系统中，电网的瞬间电压波动也能够在光伏发电系统内部产生过电压，同样会对相关设备、线路等造成危害。

对于较大型的或安装在空旷田野、高山上的光伏发电系统，特别是雷电多发地区，必须配备防雷接地装置。

2. 雷击对光伏发电系统的危害

（1）对电池组件的危害。电池组件是光伏发电系统中的核心部分，其所在位置极易遭受直击雷（具有强大的脉冲电流、炽热的高温、猛烈的电动力）的冲击而导致整个系统瘫痪。

（2）对光伏控制器的危害。当光伏控制器遭受到雷击或是过电压损坏时会出现以下情况。

① 充电系统一直充电，放电系统无放电，导致蓄电池一直处于充电状态，充电过饱轻则缩短蓄电池使用寿命、降低容量、重则导致蓄电池爆炸，造成整个系统的损坏和人员伤亡。

② 充电系统无充电，放电系统一直处于放电状态，蓄电池无法将电能储存起来，导致有太阳光时设备可正常工作、无太阳光或光线不强时设备无法工作。

（3）对蓄电池的危害。当系统遭受到雷击使过电压入侵到蓄电池时，轻则损害蓄电池，缩短电池的使用寿命，重则导致电池爆炸，引起严重的系统故障和人员伤亡。

（4）对逆变器的危害。如果逆变器遭受雷击损坏将会出现以下情况。

① 用户负载无电压输入，用电设备无法工作。

② 逆变器无法将电压逆变，光伏组件产生的直流电压直接供负载使用，如果光伏组件串电压过高将直接烧毁用电设备。

3. 雷电侵入光伏发电系统的途径

（1）地电位反击电压通过接地体入侵。雷电击中避雷针时，在避雷针接地体附近将产生放射状的电位分布，对靠近它的电子设备接地体的地电位进行反击，入侵电压可高达数万伏。

（2）由光伏方阵的直流输入线路入侵。这种入侵分为以下两种情况。

①当光伏方阵遭到直击雷打击时，强雷电电压将邻近土壤击穿或直流输入线路电缆外皮击穿，使雷电脉冲侵入光伏系统。

②带电荷的云对地面放电时，整个光伏方阵像一个大型环行天线一样感应出上千伏的过电压，通过直流输入线路引入，击坏与线路相连的光伏系统设备。

（3）由光伏系统的输出供电线路入侵。供电设备及供电线路遭受雷击时，在电源线上出现的雷电过电压平均可达上万伏，并且输出线还是引入远处感应雷电的主要因素。雷电脉冲沿电源线侵入光伏微电子设备及系统，可对系统设备造成毁灭性的打击。

6.3.2　防雷接地系统的设计

防雷工作是一个系统工程，一套完整的防雷体系包括直击雷防护、等电位连接措施、屏蔽措施、规范的综合布线、电涌保护器防护和完善合理的共用接地系统 6 个部分组成，这是现代防雷新理念，叫综合防雷。在防雷接地系统的设计中，一个环节考虑不周，不但起不到防雷作用，还有可能引雷入室而损坏设备。

1. 光伏发电系统的防雷措施和设计要求

（1）光伏发电系统或发电站建设地址的选择，要尽量避免容易遭受雷击的位置和场合。

（2）尽量避免避雷针的投影落在光伏方阵组件上。

（3）根据现场状况，可采用避雷针、避雷带和避雷网等不同防护措施对直击雷进行防护，减少雷击概率。并应尽量采用多根均匀布置的引下线将雷击电流引入地下。多根引下线的分流作用可降低引下线的引线压降，减少侧击的危险，并使引下线泄流产生的磁场强度减小。

（4）为防止雷电感应，要将整个光伏发电系统的所有金属物，包括光伏组件外框、设备、机箱/机柜外壳、金属线管等与联合接地体等电位连接，并且做到各自独立接地。图 6-34 是光伏发电系统等电位连接示意图。

（5）在系统回路上逐级加装防雷器件（浪涌保护器），实行多级保护，使雷击或开关浪涌电流经过多级防雷器件泄流。一般在光伏发电系统直流线路部分采用直流防雷器，在逆变后的交流线路部分，使用交流防雷器。防雷器在光伏发电系统中的基本应用如图 6-35 所示。

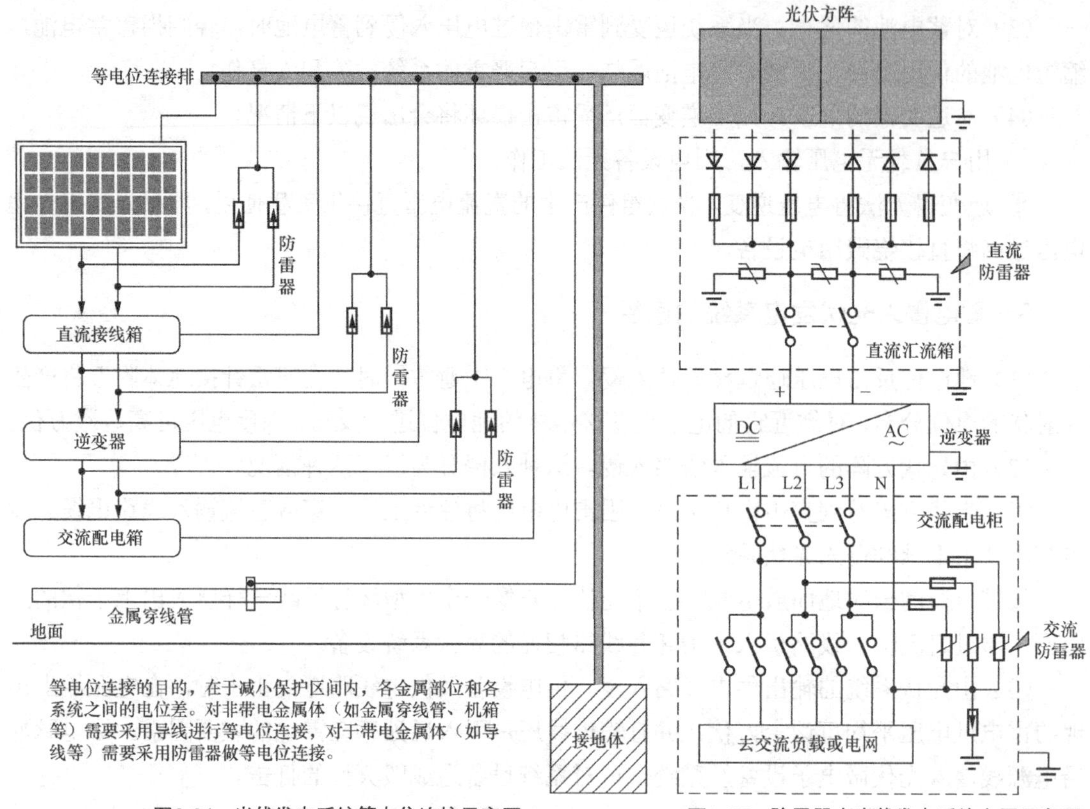

图6-34　光伏发电系统等电位连接示意图

图6-35　防雷器在光伏发电系统应用示意图

（6）光伏发电系统的接地类型和要求主要包括以下几个方面。

① 防雷接地。包括避雷针（带）、引下线、接地体等，要求接地电阻小于 10Ω，并最好考虑单独设置接地体。

② 安全保护接地、工作接地、屏蔽接地。包括光伏组件外框、支架，控制器、逆变器、配电柜外壳，蓄电池支架、金属穿线管外皮及蓄电池、逆变器的中性点等，要求接地电阻小于等于 4Ω。

③ 当安全保护接地、工作接地、屏蔽接地和防雷接地 4 种接地共用一组接地装置时，其接地电阻按其中最小值确定；若防雷已单独设置接地装置时，其余 3 种接地宜共用一组接地装置，其接地电阻不应大于其中最小值。

④ 条件许可时，防雷接地系统应尽量单独设置，不与其他接地系统共用，并保证防雷接地系统的接地体与公用接地体在地下的距离在 3m 以上。

光伏发电系统中常用的接地方法示意如图 6-36 所示。其中无接地就是光伏发电系统没有接地装置。

设备接地是指将系统所有的金属箱体、盒、支架和设备外壳连接到接地基准点上，如果箱体带电时（电路漏电）可以将电流分流到大地。

系统接地是指将光伏发电系统中的一路导线（例如光伏组串负极输出引线）连接到设备接地端的接地方式。系统接地的重要作用是当系统工作正常时，它能够稳定电气系统对地的电压，还能在发生故障时，使过电流装置更容易运行。

系统中点接地是指在直流输出为三线输出时，将中性线或中心抽头接地。

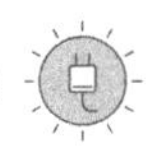

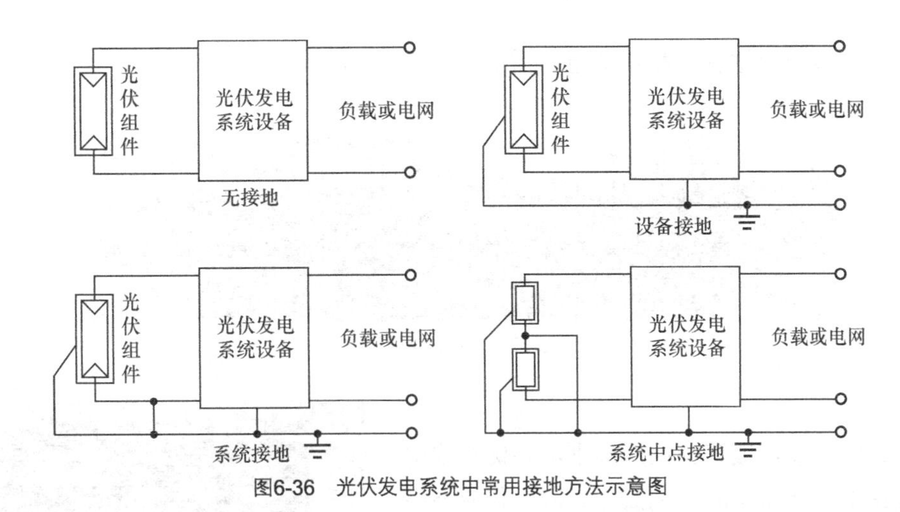

图6-36　光伏发电系统中常用接地方法示意图

当实际施工中采用系统接地时，二线系统中的一根导线，或三线系统中的中性线要按照下列方法牢固接地。

① 直流电路可以在光伏方阵输出电路的任意一点上接地，但接地点要尽可能靠近光伏组件前端，在开关、熔断器、保护二极管等之前，以更好地保护系统免遭雷击引起的电压冲击。

② 当从组串或方阵中拆去任何一块组件时，系统接地、设备接地都不应该被切断。

③ 直流电路的地线和设备的地线应共用同一接地电极。如果是中性接地，要把此地线与供电设施干线的中性地线连接。直流系统与交流系统的所有地线应该是共同的。

2. 接地系统的材料选用

（1）避雷针

避雷针一般选用直径 12～16mm 的圆钢，如果采用避雷带，则使用直径 8mm 的圆钢或厚度 4mm 的扁钢。避雷针高出被保护物的高度应大于等于避雷针到被保护物的水平距离，避雷针越高保护范围越大。

（2）接地体

接地体宜采用热镀锌钢材，其规格一般为：直径 50mm 钢管，壁厚不小于 3.5mm 或 50mm×50mm×5mm 角钢，长度一般为 2～2.5m。接地体的埋设深度为上端离地面 0.7m 以上，接地体与引下线的连接可以用螺栓连接也可以焊接，如果是焊接连接，焊接过的部位要重新做防腐防锈处理。

为提高接地效果，也可以使用专用金属接地体（如图 6-37 所示）或非金属石墨接地体模块（如图 6-38 所示），这种模块是一种以非金属材料为主的接地体，它由导电性、稳定性较好的非金属矿物和电解物质组成，这种接地体克服了金属接地体在酸性和碱性土壤里亲和力差且易发生金属体表面锈蚀而使接地电阻变化的缺点，尤其是当土壤中有机物质过多时，容易出现金属体表面被油墨包裹的现象，导致金属接地体的导电性和泄流能力减弱。非金属接地体增大了本身的散流面积，减少了接地体与土壤之间的接触电阻。具有强吸湿保湿能力，使其周围附近的土壤电阻率降低、介电常数增大、层间接触电阻减小、耐腐蚀性增强，因而能获得较小的接地电阻和较长的使用寿命。非金属接地体模块外形为方形，规格尺寸一般为 500mm×400mm×60mm，引线电极采用 90mm×40mm×4mm 的镀锌扁钢。重量 20kg 左右。

接地体可根据地质土壤状况和接地电阻需要埋入 1～5 块。

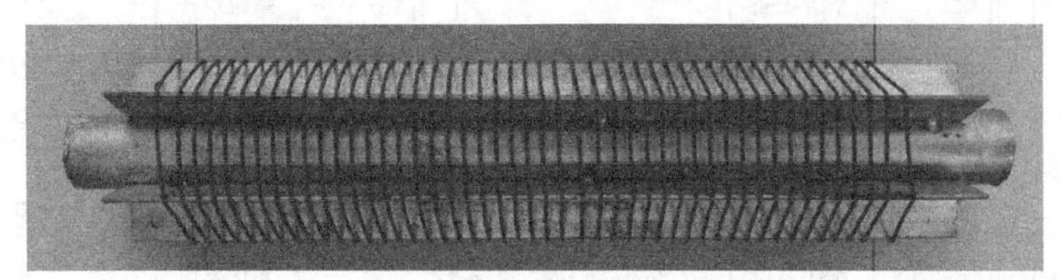

图6-37 专用金属接地体

（3）引下线

引下线一般使用镀锌圆钢或扁钢，要优先选用圆钢，直径不小于 8mm；如用扁钢，截面积应不小于 $40mm^2$；要求较高的要使用截面积 $35mm^2$ 的双层绝缘多股铜线。

图6-38 非金属石墨接地体模块外形图

（4）专用降阻剂

接地系统专用降阻剂属于物理性长效防腐环保降阻剂，是由高分子吸水材料、电子导电材料、碳基复合材料结合而成的树脂类共生物，具有无毒、无异味、无腐蚀、无污染等优点，符合国家优质土壤环境标准的要求。其导电能力不受酸、碱、盐、温度等变化的影响，具有良好的吸湿、保湿、防冻能力，不会因地下水的存在而产生流失，对土壤电阻率有长期改良作用。在接地系统中使用专用降阻剂可节约工程成本，降低土壤电阻率，使接地电阻稳定，接地系统寿命长久。

（5）接地模块与降阻剂的用量计算。

根据地网土层的土壤电阻率，采用下列公式计算接地模块用量，接地模块水平埋置，单个模块接地电阻 $R=0.068\rho/\sqrt{a\times b}$，并联后的总接地电阻 $R_n=R/(n\eta)$。

其中，ρ 为土壤电阻率，单位是 Ω • m；a、b 为接地模块的长、宽，单位是 m；R 为单个模块的接地电阻，单位是 Ω；R_n 为总接地电阻，单位是 Ω；n 为接地模块个数；η 为模块调整系数，一般取 0.6～0.9。

降阻剂的用量根据土壤的不同，在接地体上的敷设厚度应为 5～15cm，接地体水平放置，按每 0.5 米 6 公斤左右的用量使用。

图6-39 光伏发电系统常用防雷器的外形

3. 防雷器的选型

防雷器也叫浪涌保护器或电涌保护器（Surge Protection Device，SPD）。光伏发电系统常用防雷器的外形如图 6-39 所示。防雷器内部主要由热感断路器和金属氧化物压敏电阻组成，另外还可以根据需要同 NPE 火花放电间隙模块配合使用。其结构示意图如图 6-40 所示。

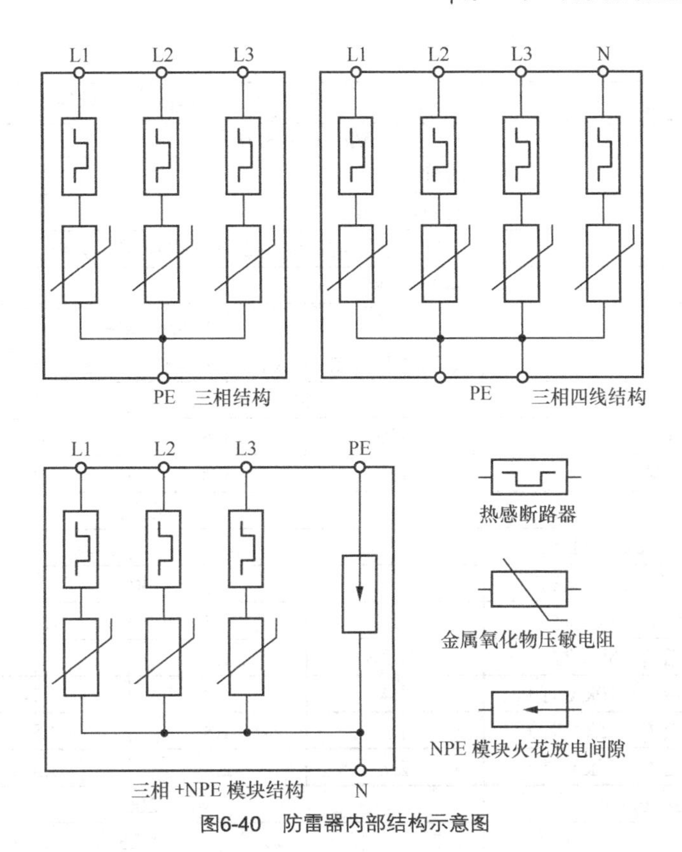

图6-40　防雷器内部结构示意图

光伏发电系统常用防雷器品牌有 OBO、DEHN（德和盛）、CITEL（西岱尔）、WEIDMULLER（魏德米勒）及国内的环宇电气、新驰电气等。

其中常用的型号为 OBO 的 V25-B+C/3、V25-B+C/4、V25-B+C/3+NPE、V20-C/3、V20-C/3+NPE 交流电源防雷器和 V20-C/3-PH 直流电源防雷器；DEHN 的 DLG PV 1000、DG PV 500 SCP、DG PV 500 SCP FM、DG MTN275 和 DV M TNC 255；环宇电气的 HUDY1-PV-40-600DC、HUDY1-PV-40-1000DC；新驰电气的 SUP4-PV 等。表 6-7 是 OBO 的 V25-B+C 和 V20-C 防雷器模块的技术参数，表 6-8 是环宇电气和新驰电气光伏专用浪涌保护器的主要技术参数，供选型时参考。

表 6-7　　OBO 公司 V25-B+C 和 V20-C 防雷器单模块技术参数

模块名称	V25-B+C 单模块	
	V25-B/0-320	V25-B/0-385
标称电压（交流）（V）	230	
最大交流工作电压（V）	320	385
最大直流工作电压（V）	410	505
防雷等级	B 级	
最大放电电流 I_n（8/20μs）（kA）	60	
残压 U_{res}（kV）（当 I_s=20kA 时）	<1.3	<1.4
残压 U_{res}（kV）（当 I_s=60kA 时）	<1.6	<2.0
响应时间 t（ns）	<25	
连接线截面积（mm^2）	10～25（单芯或多芯线）	
安装	防雷器底座安装于 35mm 导轨上，模块与底座间为热插拔方式	

续表

模块名称	V25-B+C 单模块	
	V25-B/0-320	V25-B/0-385
颜色	橘黄色，RAL203	
材料	聚酰亚胺 6	
模块窗口显示	绿色代表正常，红色表示已损坏需要更换	
工作温度范围（℃）	–40～＋85	

模块名称	V20-C 单模块			
	V20-C/0-320	V20-C/0-385	V20-C/0-550	V20-C/0
标称电压（交流）（V）	230		500	75
最大交流工作电压（V）	320	385	550	75
最大直流工作电压（V）	420	505	745	100
防雷等级	C 级			
额定放电电流 I_n（8/20μs）（kA）	15			
最大放电电流 I_n（8/20μs）（kA）	40			
残压 U_{res}（kV）（当 I_s＝1kA 时）	1	1.2	1.7	0.24
残压 U_{res}（kV）（当 I_s＝5kA 时）	1.2	1.4	2	0.3
残压 U_{res}（kV）（当 I_s＝10kA 时）	1.4	1.7	2.3	0.35
残压 U_{res}（kV）（当 I_s＝15kA 时）	1.5	1.8	2.5	0.4
残压 U_{res}（kV）（当 I_s＝40kA 时）	2.1	2.3	3.5	0.55
长时间放电电流（2000μs）（A）	200			
响应时间 t（ns）	＜25			
连接线截面积（mm^2）	4～16（单芯或多芯线）			
安装	防雷器底座安装于 35mm 导轨上，模块与底座间为热插拔方式			
颜色	灰色，RAL7035			
材料	聚酰亚胺 6			
模块窗口显示	绿色代表正常，红色表示已损坏需要更换			
工作温度范围（℃）	–40～＋85			

表 6-8　　光伏专用浪涌保护器主要技术参数

型号技术参数	环宇电气		新驰电气		
	HUDY1-PV-40	HUDY1-PV-40	SUP4-PV	SUP4-PV	SUP4-PV
额定工作电压 U_n	600 VDC	1000 VDC	500 VDC	800 VDC	1000 VDC
最大持续运行电压 U_c	670 DC	1000 VDC	530 VDC	840 VDC	1060 VDC
标称放电电流（I_n）（8/20μs）	15kA	15kA	5kA	20kA	30kA
最大放电电流（I_{max}）（8/20μs）	40kA	40kA	10kA	40kA	60kA
保护水平（I_n）U_p	2.8kV	4.0kV	≤1.5kV	≤3.0kV	≤3.2kV
响应时间 t_a	≤25μs	≤25μs	—	—	—
工作温度	–40～+85℃				
相对湿度	≤95%（25℃）				
工作窗口指示	正常时：绿色；失效时：红色				
防护等级	IP20				
安装方式	35mm 标准导轨				
建议接线（多股）	16～25mm^2				

 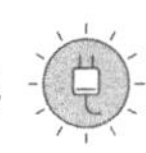

下面是光伏发电系统常用防雷器主要技术参数的具体说明。

（1）最大持续工作电压（U_c）：该电压值表示可允许加在防雷器两端的最大工频交流电压有效值。在这个电压下，防雷器必须能够正常工作，不可出现故障。同时该电压连续加载在防雷器上，不会改变防雷器的工作特性。

（2）额定电压（U_n）：防雷器正常工作下的电压。这个电压可以用直流电压表示，也可以用正弦交流电压的有效值来表示。

（3）最大冲击通流量（I_{max}）：防雷器在不发生实质性破坏的前提下，每线或单模块对地通过规定次数、规定波形的最大限度的电流峰值数。最大冲击通流量一般大于额定放电电流的2.5倍。

（4）额定放电电流（I_n）：也叫标称放电电流，是指防雷器所能承受的8/20μs雷电流波形的电流峰值。

（5）脉冲冲击电流（I_{imp}）：在模拟自然界直接雷击的波形电流（标准的10/350μs雷电流模拟波形）下，防雷器能承受的雷电流的多次冲击而不发生损坏的数值。

（6）残压（U_{res}）：雷电放电电流通过防雷器时，其端子间呈现出的电压值。

（7）额定频率（f_n）：防雷器的正常工作频率。

在防雷器的具体选型时，除了各项技术参数要符合设计要求外，还要特别考虑下列几个参数和功能的选择。

（1）最大持续工作电压（U_c）的选择

氧化锌压敏电阻防雷器的最大持续工作电压值（U_c）是关系到防雷器运行稳定性的关键参数。在选择防雷器的最大持续工作电压值时，除了符合相关标准要求外，还应考虑到安装电网可能出现的正常波动及可能出现的最高持续故障电压。例如，在三相交流电源系统中，相线对地线的最高持续故障电压有可能达到额定交流工作电压220V的1.5倍，即有可能达到330V。因此在电流不稳定的地方，建议选择的最大持续工作电压值大于330V的电源防雷器模块。

在直流电源系统中，最大持续工作电压值与正常工作电压的比例，根据经验一般取1.5～2。

（2）残压（U_{res}）的选择

在确定防雷器的残压时，单纯考虑残压值越低越好并不全面，并且容易引起误导。首先不同产品标注的残压数值，必须注明测试电流的大小和波形，才能有一个共同比较的基础。一般都是以20kA（8/20μs）的测试电流条件下记录的残压值作为防雷器的标注值，并进行比较。其次压敏电阻防雷器的残压越低，意味着最大持续工作电压也越低。因此，过分强调低残压，需要付出降低最大持续工作电压的代价，其后果是在电压不稳定地区，防雷器容易因长时间持续过电压而频繁损坏。

在压敏电阻型防雷器中，选择最合适的最大持续工作电压和最合适的残压值，就如同天平的两侧，不可倾向任何一边。根据经验，残压在2kV以下（20kA、8/20μs），就能对用户设备提供足够的保护。

（3）报警功能的选择

为了监测防雷器的运行状态，当防雷器出现损坏时，能够通知用户及时更换损坏的防雷器模块，防雷器一般都附带各种方式的损坏指示和报警功能，以适应不同环境的不同要求。

① 窗口色块指示功能：该功能适合有人值守且天天巡查的场所。所谓窗口色块指示功能就是在每组防雷器上都有一个指示窗口，防雷器正常时，该窗口是绿色；当防雷器损坏时，该窗口变为红色，提示用户及时更换。

② 声光信号报警功能：该功能适合在有人值守的环境中使用。声光信号报警装置检查防雷模块工作状况，并通过声光信号显示其状态。装有声光报警装置的防雷器始终处于自检测状态，防雷器模块一旦损坏，控制模块立刻发出一个高音高频报警声，监控模块上的状态显示灯由绿色变为闪烁的红灯。当将损坏的模块更换后，状态显示灯显示为绿色，表示防雷模块正常工作，同时报警声音关闭。

③ 遥信报警功能：遥信报警装置主要用于对安装在无人值守或难以检查位置的防雷器进行集中监控。带遥信功能的防雷器都装有一个监控模块，持续不断检查所有被连接的防雷模块的工作状况，如果某个防雷器模块出现故障，机械装置将向监控模块发出指令，使监控模块内的常开和常闭触点分别转换为常闭和常开，并将此故障开关信息发送到相应的远程显示或声音装置上，触发这些装置工作。

④ 遥信及电压监控报警功能：遥信及电压监控报警装置除了具有上述遥信报警功能外，还能在防雷器运行中对加在防雷器上的电压进行监控，当系统有任意的电源电压下降或防雷器后备保护断路器（或熔断器）动作以及防雷器模块损坏时，远距离信号系统均会立即记录并报告。该装置主要用于三相电源供电系统。

第7章 离网光伏发电系统容量设计

太阳能光伏发电系统的整体设计一般有两部分内容，一是系统的容量设计，主要是对光伏组件发电容量（发电功率）和蓄电池的电能存储容量进行设计与计算，目的是要通过设计计算出整个系统能够满足用户用电或并网发电所需要的最大容量；二是对系统的整体构成进行设计与配置选型等。与集中式大型地面光伏电站相比，中小型太阳能光伏发电系统的单体容量较小，安装场所和环境各异，不宜采用相同的设计和施工模式，而应该结合不同光伏发电系统的特点，根据具体情况分门别类，采用“准标准化设计＋根据现场条件适度调整”的模式，因地制宜进行设计、配置与选型。

太阳能光伏发电系统的整体配置主要是根据需要合理地配置整个系统的构成，对系统中的电力电子设备、部件、材料进行配置选型和局部设计，对相关附属设施也要进行设计与计算，目的是根据实际情况选配合适的设备、部件、材料等，与系统容量设计的结果相匹配。

另外，整体配置还要根据实际需要和系统容量的大小决定相关附属设施的取舍。例如，有些小型光伏发电系统由于容量或者环境的因素，就可以不考虑配置防雷接地系统和监控测量系统等。

图 7-1 是典型离网光伏发电系统的配置构成，图 7-2 是典型并网光伏发电系统的配置构成。本章首先介绍一些光伏发电系统容量设计基本知识，然后主要介绍离网光伏发电系统的容量设计与计算方法以及一些计算实例。关于并网光伏发电系统的容量设计与发电量计算将在第 8 章中予以介绍，关于系统的配置选型与相关设计可参看第 2～6 章中的相关内容。

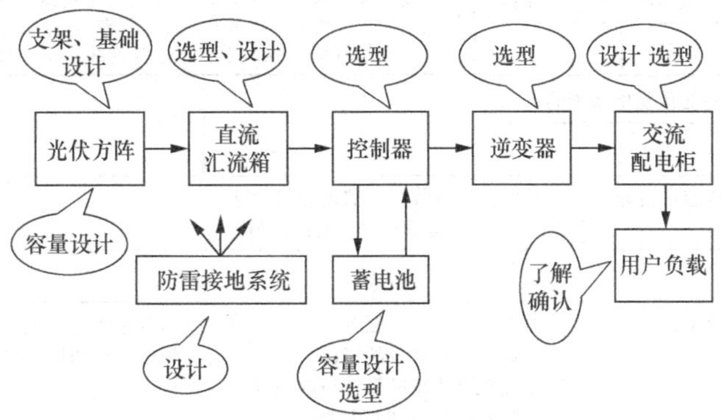

图7-1 离网光伏发电系统配置构成示意图

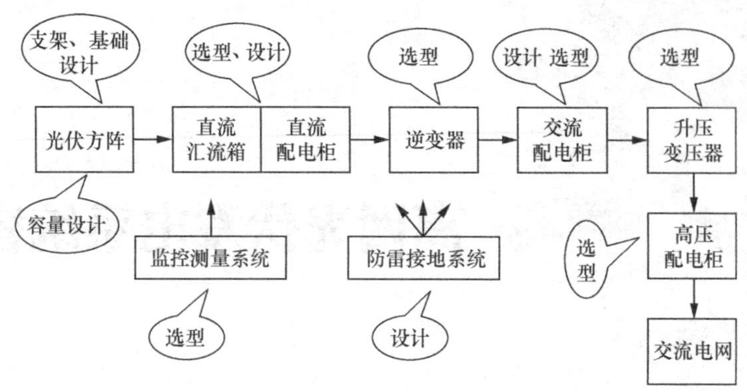

图7-2 并网光伏发电系统配置构成示意图

7.1 系统的设计原则、步骤和内容

7.1.1 系统设计原则

太阳能光伏发电系统有离网、并网之分，负载大小有别，用途各异，发电系统所处的地理位置、气象条件等因素也各不相同，而且许多数据在不断变化着，这就使得光伏发电系统的容量设计较为复杂。光伏发电系统的设计要本着合理、实用、高可靠和高性价比（低成本）的原则。既能保证光伏发电系统的长期可靠运行，充分满足并入电网或用户负载的用电要求，同时又能使系统的配置最合理、最经济，特别是在满足正常使用条件下确定最小的光伏发电容量和蓄电储能容量。同时还要协调整个系统工作的最大可靠性和系统成本之间的关系，在满足需要保证质量的前提下节省投资，达到最好的投资收益效果。

7.1.2 系统设计的步骤和内容

光伏发电系统的设计步骤和内容如图7-3所示。

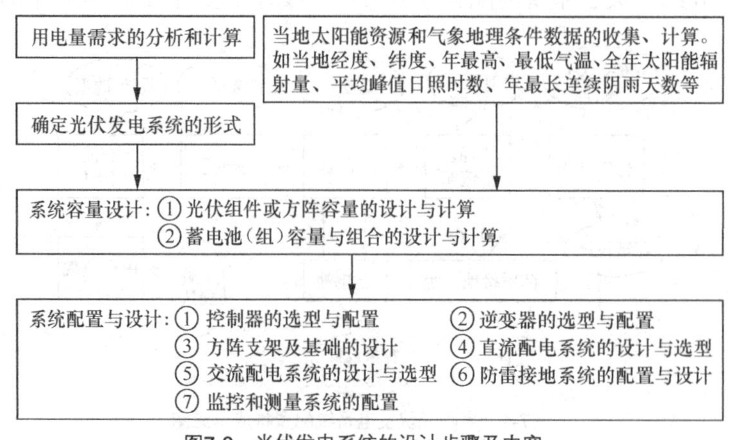

图7-3 光伏发电系统的设计步骤及内容

7.2 与设计相关的因素和技术条件

在设计光伏发电系统时，应当根据负载的要求和当地太阳能资源及气象地理条件，依照能量守恒的原则，综合考虑下列各种因素和技术条件。

7.2.1 系统用电负载的特性

在设计太阳能光伏发电系统和进行系统设备的配置、选型之前，对于离网系统来说，要充分了解用电负载的特性。如负载是直流负载还是交流负载，负载的工作电压是多少，额定功率是多大，是冲击性负载还是非冲击性负载，是电阻性负载、电感性负载还是电力电子类负载等。其中，电阻性负载如白炽灯泡、电子节能灯、电熨斗、电热水器等在使用中无冲击电流；而电感性负载和电力电子类负载如日光灯、电动机、电冰箱、电视机、水泵等启动时有冲击电流，且冲击电流往往是其额定工作电流的 5～10 倍。因此，在容量设计和设备选型时，往往要留有合理余量。

从全天使用时间上分，可分为仅白天使用的负载，仅晚上使用的负载及白天和晚上连续使用的负载。对于仅在白天使用的负载，多数可以由光伏电池板直接供电，不需要考虑或仅少量考虑蓄电池的配备。另外，系统每天需要供电的时间有多长，要求系统能正常供电几个阴雨天，是否有其他辅助供电方式等，都是需要在设计前了解的问题和数据。

7.2.2 当地的太阳能辐射资源及气象地理条件

由于太阳能光伏发电系统的发电量与太阳光的辐射强度、大气层厚度（即大气质量）、所在地的地理位置、所在地的气候和气象、地形地物等因素和条件有着直接的关系，因此在设计光伏发电系统时应考虑的太阳能辐射资源及气象地理条件有太阳辐射的方位角和倾斜角、峰值日照时数、全年辐射总量、连续阴雨天数及最低气温等。

1. 电池组件（方阵）的方位角与倾斜角

电池组件（方阵）方位角与倾斜角的选定是光伏发电系统设计时最重要的因素之一。所谓方位角一般是指东西南北方向的角度。对于光伏发电系统来说，方位角以正南为 0°，由南向东向北为负角度，由南向西向北为正角度，如太阳在正东方时，方位角为–90°，在正西方时方位角为 90°。方位角决定了阳光的入射方向，决定了各个方向的山坡或不同朝向建筑物的采光状况。倾斜角是地平面（水平面）与太阳电池组件之间的夹角。倾斜角为 0° 时表示太阳电池组件为水平设置，倾斜角为 90° 时表示太阳电池组件为垂直设置。

（1）电池组件方位角的选择

电池组件的方位角一般都选择正南方向，以使电池组件单位面积的发电量最大。如果受电池组件设置场所如屋顶、土坡、山地、建筑物结构及阴影等因素的限制时，则应考虑与它们的方位角一致，以求充分利用现有地形和有效面积，并尽量避开周围建、构筑物或树木等产生的阴影。只要在正南±20°之内，都不会对发电量有太大影响。条件允许的话，应尽可能偏西南20°之内，使太阳能发电量的峰值出现在中午稍过后某时，这样有利用冬季多发电。有些太阳能光伏建筑一体化发电系统，在设计时其正南方向电池组件铺设面积不够，则可将电池组件铺设在正东、正西方向。

（2）电池组件倾斜角的确定

最理想的倾斜角是电池组件全年发电量尽可能大，而冬季和夏季发电量差异尽可能小的倾斜角。在离网光伏发电系统中，一般取当地纬度或当地纬度加上几度做为当地电池组件安装的倾斜角。如果能够采用计算机辅助设计软件进行电池组件倾斜角的优化计算，使两者能够兼顾，则效果更好，这对于高纬度地区尤为重要。高纬度地区冬季和夏季的水平面太阳辐射量差异非常大，如我国黑龙江省相差约5倍。如果按照水平面辐射量参数进行设计，则蓄电池冬季存储量过大，造成蓄电池的设计容量和投资加大。选择了最佳倾斜角，电池组件面上冬季和夏季辐射量之差变小，蓄电池的容量也可以减少，求得一个均衡，使系统造价降低，设计更为合理。

如果没有条件对倾斜角进行计算机优化设计，也可以根据当地纬度粗略确定电池组件的倾斜角。

纬度为0°～25°时，倾斜角等于纬度；

纬度为26°～40°时，倾斜角等于纬度加5°～10°；

纬度为41°～55°时，倾斜角等于纬度加10°～15°；

纬度为55°以上时，倾斜角等于纬度加15°～20°。

但不同类型的太阳能光伏发电系统，其最佳安装倾斜角有所不同。在离网光伏发电系统中，例如为太阳能路灯等季节性负载供电的光伏发电系统，这类系统负载的工作时间随着季节而变化，其特点是以自然光线的强弱来决定负载每天工作时间的长短。冬天时白天日照时间短，太阳能辐射能量小，而夜间负载工作时间长，耗电量大。因此系统设计时要考虑照顾冬天，按冬天时能得到最大发电量的倾斜角确定，其倾斜角应该比当地纬度的角度大一些。而对于主要为光伏水泵、制冷空调等夏季负载供电的离网光伏发电系统，则应考虑夏季为负载提供最大发电量，其倾斜角应该比当地纬度的角度小一些。而对于并网光伏发电系统，则要根据全年发电量的最大化来确定电池组件或方阵的倾斜角度。

2. 平均日照时数和峰值日照时数

要了解平均日照时数和峰值日照时数，首先要知道日照时间和日照时数的概念。

日照时间是指太阳光在一天当中从日出到日落实际的照射小时数。

日照时数是指在某个地点，一天当中从太阳光达到一定的幅照度（一般以气象台测定的120W/m^{2}为标准）起一直到小于此幅照度止，所经过的小时数。日照时数小于日照时间。

平均日照时数是指某地一年或若干年的日照时数总和的平均值。例如，某地2005年到2015年实际测量的年平均日照时数是2053.6h，日平均日照时数就是5.63h。

峰值日照时数是将当地的太阳辐射量，折算成标准测试条件（幅照度 1000W/m^2）下的小时数，如图7-4所示。例如，某地某天的日照时间是8.5h，但不可能在这8.5h中太阳的幅

照度都是 1000W/m²，而是从弱到强再从强到弱变化的，若测得这天累计的太阳辐射量是 3600Wh/ m²，则这天的峰值日照时数就是 3.6h。因此，在计算光伏发电系统的发电量时一般都采用平均峰值日照时数作为参考值。表 7-1 是年总辐射量与日平均峰值日照时数间的对应关系表。

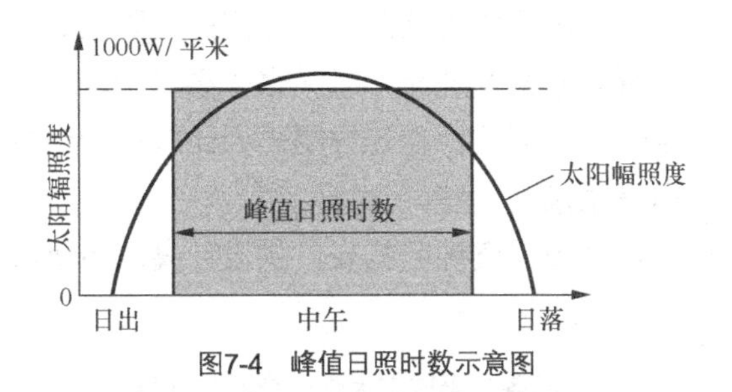

图7-4 峰值日照时数示意图

表 7-1 年水平面总辐射量与日平均峰值日照时数间的对应关系表

年总辐射量（kJ/cm²）	740	700	660	620	580	540	500	460	420
年总辐射量（kWh/m²）	2055	1945	1833	1722	1611	1500	1389	1278	1167
日平均峰值日照时数（h）	5.75	5.42	5.10	4.78	4.46	4.14	3.82	3.50	3.19

3. 全年太阳能辐射总量

在设计太阳能光伏发电系统容量时，当地全年太阳能辐射总量也是一个重要的参考数据。应通过气象部门了解当地近几年甚至 8～10 年的太阳能辐射总量年平均值。通常气象部门提供的是水平面上的太阳辐射量，而电池组件一般都是倾斜安装的，因此还需要将水平面上的太阳能辐射量换算成倾斜面上的辐射量。

还有一种表示方法是把全国太阳能资源的分布划分为 4 类地区或者叫 4 个等级，如表 7-2 所示。

表 7-2 中国太阳能资源分布表

资源丰富程度	符号	年总辐射量		平均日辐射量	涵盖地区
		MJ/m²·a	kWh/m²·a	kWh/m²·d	
最丰富	I	≥6300	≥1750	≥4.8	西藏大部分、新疆南部以及青海、甘肃和内蒙古的西部
很丰富	II	5040～6300	1400～1750	3.8～4.8	新疆大部、青海和甘肃东部、宁夏、陕西、山西、河北、山东东北部、内蒙古东部、东北西南部、云南、四川西部
较丰富	III	3780～5040	1050～1400	2.9～3.8	黑龙江、吉林、辽宁、安徽、江西、陕西南部、内蒙古东北部、河南、山东、江苏、浙江、湖北、湖南、福建、广东、广西、海南东部、四川、贵州、西藏东南角、台湾地区
一般	IV	<3780	<1050	<2.9	四川中部、贵州北部、湖南西北部

4. 最长连续阴雨天数

最长连续阴雨天数是设计离网光伏发电系统必须考虑的一个参数。所谓最长连续阴雨天数也就是需要蓄电池向负载维持供电的天数，从发电系统本身的角度说，也叫“系统自给天数”。也就是说，如果有几天连续阴雨天，太阳电池方阵就几乎不能发电，只能靠蓄电池来供电，而蓄电池深度放电后又需尽快地将其补充好。连续阴雨天数可参考当地年平均连续阴雨天数的数据。对于不太重要的负载如太阳能路灯等也可根据经验或需要在 3～7 天内选取。在考虑连续阴雨天因素时，还要考虑两段连续阴雨天之间的间隔天数，以防止第一个连续阴雨天到来使蓄电池放电后，还没有来得及补充，就又来了第二个连续阴雨天，使系统在第二个连续阴雨天内根本无法正常供电。因此，在连续阴雨天比较多的南方地区，设计时要把电池组件和蓄电池的容量都考虑得稍微大一些。

表 7-3 是全国各主要城市太阳能资源数据表，供设计离网系统时参考。其他地区设计时可参考就近城市的数据。

表 7-3　　全国各主要城市太阳能资源数据表

城市	纬度	最佳倾角	平均峰值日照时数（h）	水平面年平均辐射量		斜面年辐射量	斜面修正系数 K_{op}
				kWh/m²	kJ/cm²	kWh/m²（平均）	
北京	39.80°	纬度+4°	5.01	1547.31	557.03	1828．55	1.0976
天津	39.10°	纬度+5°	4.65	1455.54	523.99	1695．43	1.0692
哈尔滨	45.68°	纬度+3°	4.39	1287．94	463.66	1605．80	1.1400
沈阳	41.77°	纬度+1°	4.60	1398.46	503.44	1679．31	1.0671
长春	43.90°	纬度+1°	4.75	1376.05	495.38	1736．49	1.1548
呼和浩特	40.78°	纬度+3°	5.57	1680.42	604.95	2035．38	1.1468
太原	37.78°	纬度+5°	4.83	1527.02	549.73	1763．56	1.1005
乌鲁木齐	43.78°	纬度+12°	4.60	1466.49	527.94	1682．45	1.0092
西宁	36.75°	纬度+1°	5.45	1701.01	612.36	1988．95	1.1360
兰州	36.05°	纬度+8°	4.40	1517.39	546.26	1606．21	0.9489
银川	38.48°	纬度+2°	5.45	1678.29	604.19	1988．74	1.1559
西安	34.30°	纬度+14°	3.59	1295.85	466.51	1313．19	0.9275
上海	31.17°	纬度+3°	3.80	1293.72	465.74	1388．12	0.9900
南京	32.00°	纬度+5°	3.94	1328.09	478.12	1440．43	1.0249
合肥	31.85°	纬度+9°	3.69	1269.90	457.16	1348．37	0.9988
杭州	30.23°	纬度+3°	3.43	1183.01	425.88	1254．38	0.9362
南昌	28.67°	纬度+2°	3.80	1327.59	477.93	1390．45	0.8640
福州	26.08°	纬度+4°	3.45	1216.77	438.04	1262．39	0.8978
济南	36.68°	纬度+6°	4.44	1423.81	512.57	1621．62	1.0630
郑州	34.72°	纬度+7°	4.04	1351.72	486.62	1476．02	1.0476
武汉	30.63°	纬度+7°	3.80	1338.43	481.84	1389．74	0.9036
长沙	28.20°	纬度+6°	3.21	1153.51	415.26	1175．00	0.8028
广州	23.13°	纬度−7°	3.52	1227.82	442.02	1287．84	0.8850
海口	20.03°	纬度+12°	3.84	1402.72	504.98	1369．76	0.8761
南宁	22.82°	纬度+5°	3.53	1268.88	456.80	1291．09	0.8231
成都	30.67°	纬度+2°	2.88	1053.63	379.31	1044．71	0.7553
贵阳	26.58°	纬度+8°	2.86	1047.05	376.94	1037．72	0.8135
昆明	25.02°	纬度−8°	4.25	1439.12	518.08	1554．60	0.9216
拉萨	29.70°	纬度−8°	6.71	2159.68	777.49	2448．64	1.0964

附录 5 是全国各城市并网光伏电站最佳安装倾角和发电量速查表，可供并网光伏系统设计时参考。

7.2.3　有关太阳能辐射能量的换算

1. 太阳能辐射能量不同单位之间的换算

在计算光伏发电系统的容量时，有时会遇到用不同计量单位表示的太阳能辐射能量，如焦、卡、千瓦等，为设计和计算方便，需要进行单位换算。它们之间的换算关系如下。

1 卡（cal）＝4.1868 焦（J）=1.16278 毫瓦时（mWh）

1 千瓦时（kWh）=3.6 兆焦（MJ）

1 千瓦时/米 ^{2}（kWh/m^2）=3.6 兆焦/米 ^{2}（MJ/m^2）=0.36 千焦/厘米 ^{2}（kJ/cm^2）

100 毫瓦时/厘米 ^{2}（mWh/cm^2）=85.98 卡/厘米 ^{2}（cal/cm^2）

1 兆焦/米 ^{2}（MJ/m^2）=23.889 卡/厘米 ^{2}（cal/cm^2）=27.8 毫瓦时/厘米 ^{2}（mWh/cm^2）

2. 太阳能辐射能量与峰值日照时数之间的换算

在计算中，有时还需要将辐射能量换算成峰值日照时数，换算公式如下。

（1）当辐射量的单位为卡/厘米 ^{2}（cal/cm^2）时，则：

年峰值日照小时数＝辐射量×0.0116（换算系数）

例如，某地年水平面辐射量为 139kcal/cm^2，电池组件倾斜面上的辐射量为 152.5kcal/cm^2，则年峰值日照小时数为 152500cal/cm^2×0.0116＝1769h，峰值日照时数为 1769h÷365＝4.85h。

（2）当辐射量的单位为兆焦/米 ^{2}（MJ/m^2）时，则：

年峰值日照时数＝辐射量÷3.6（换算系数）

例如，某地年水平面辐射量为 5497.27MJ/m^2，电池组件倾斜面上的辐射量为 6348.82MJ/m^2，则年峰值日照小时数为 6348.82MJ/m^2÷3.6＝1763.56h，峰值日照时数为 1763.56h÷365＝4.83h。

（3）当辐射量的单位为千瓦时/米 ^{2}（kWh/m^2）时，则：

峰值日照时数＝辐射量÷365 天

例如，北京年水平面辐射量为 1547.31kwh/m^2，电池组件倾斜面上的辐射量为 1828.55kwh/m^2，则峰值日照小时数为 1828.55kWh/m^2÷365＝5.01h。

（4）当辐射量的单位为千焦/厘米 ^{2}（kJ/cm^2）时，则：

年峰值日照小时数＝辐射量÷0.36（换算系数）

例如，拉萨年水平面辐射量为 777.49kJ/cm^2，电池组件倾斜面上的辐射量为 881.51kJ/cm^2，则年峰值日照小时数为 881.51kJ/cm^2÷0.36＝2448.64h，峰值日照时数为 2448.64h÷365＝6.71h。

7.2.4　发电系统的安装场所和方式

发电系统的安装主要是指电池组件或光伏方阵的安装，其安装场所和方式可分为杆柱安装、地面安装、屋顶安装、山坡安装、建筑物墙壁安装、建材一体化安装等。

1. 杆柱安装

杆柱安装是将光伏发电系统安装在由金属、混凝土以及木制的杆、柱子、塔上等，如太阳能路灯、高速公路监控摄像装置等，如图 7-5 所示。

2. 地面安装

地面安装就是在地面打好基础，然后在基础上安装倾斜支架，再将电池组件固定到支架上。有时也可利用山坡等的斜面直接做基础和支架安装电池组件。如图 7-6 所示。

图7-5 杆柱安装实例

图7-6 地面安装实例

3. 屋顶安装

屋顶安装大致分为两种：一种是以屋顶为支撑物，在屋顶上通过支架或专用构件将电池组件固定组成方阵，组件与屋顶间留有一定间隙用于通风散热；另一种是将电池组件直接与屋顶结合形成整体，也叫光伏方阵与屋顶的集成，如光伏瓦、光伏采光顶等，如图 7-7 所示。

图7-7 屋顶安装实例

4. 墙壁安装

与屋顶安装一样，墙壁安装也大致分为两种：一种是以墙壁为支撑物，在墙壁上通过支架或专用构件将电池组件固定组成方阵，就是把电池组件方阵外挂到建筑物不采光部分的墙壁上；另一种是将电池组件直接做成光伏幕墙玻璃和光伏采光玻璃窗等光伏建材一体化材料，做为建筑物外墙和采光窗户材料，直接应用到建筑物墙壁上，形成电池组件与建筑物墙壁的集成，如图 7-8 所示。

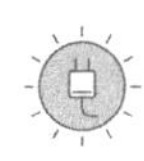

图7-8　墙壁安装实例

7.3　离网系统的容量设计与计算

太阳能离网光伏发电系统容量设计与计算的主要内容：①电池组件功率和方阵构成的设计与计算；②蓄电池的容量与蓄电池组合的设计与计算。由于离网光伏发电系统容量设计对带储能的并网光伏发电系统容量设计有借鉴作用，所以在遇到带储能并网光伏发电系统容量设计时，可以参考这部分内容。

下面就介绍离网系统电池组件与蓄电池的设计与计算方法，并提供几种计算公式，以不同的太阳能辐射资源参数为依据进行计算。

7.3.1　设计的基本思路

对离网光伏发电系统来说，电池组件的设计原则是要满足平均天气条件（太阳辐射量）下负载每日用电量的需求。也就是说，电池组件的全年发电量要略大于或等于负载全年用电量。因为天气条件有低于和高于平均值的情况，所以设计电池组件容量要满足光照最差、太阳能辐射量最小季节的需要。如果只按平均值去设计，势必造成光照最差季节（大于全年时间的 1/3）电池组件发电量不足，造成蓄电池的连续亏电。蓄电池长时间处于亏电状态将造成蓄电池的极板硫酸盐化，使蓄电池的使用寿命和性能受到很大影响，整个系统的后续运行费用也将大幅度增加。设计时也不能为了给蓄电池尽可能快地充满电而将电池组件容量设计得过大，否则在一年中的绝大部分时间里电池组件的发电量会远远大于负载的用电量，造成电池组件的浪费和系统整体成本的过高。因此，电池组件设计的最佳容量是使电池组件发电功率能基本满足光照最差季节的用电需要，是在光照最差的季节蓄电池也能够基本上天天充满电。

在有些地区，光照最差季节的光照度远远低于全年平均值，如果还按最差季节情况设计电池组件的功率，那么在一年中的其他时候发电量会远远超过实际所需，造成浪费。这时只能考虑适当加大蓄电池的设计容量，增加储存电能，使蓄电池处于浅放电状态，弥补光照最差季节发电量不足对蓄电池造成的伤害。有条件的地方还可以考虑采取风力发电与太阳能发电互相补充（简称风光互补）及市电互补等措施，使系统综合成本效益最佳。

7.3.2 电池组件及方阵的容量设计

上面已经说过，电池组件的容量设计要满足负载年平均日用电量的需求。所以，设计和计算电池组件容量的基本方法是以负载平均每天所需要的用电量（单位为Wh或Ah）为基本数据，以当地太阳能辐射资源参数如峰值日照时数、年辐射总量等为参照数据，并结合一些相关因素或系数进行综合计算。

在设计和计算电池组件或组件方阵容量时，一般有两种方法。一种方法是根据上述各种数据直接计算出电池组件或方阵的功率，根据计算结果选配或定制相应功率的电池组件，进而得到电池组件的外形尺寸和安装尺寸等。这种方法一般适用于中小型光伏发电系统的设计。另一种方法是先选定尺寸符合要求的电池组件，根据该组件的峰值功率、峰值工作电流和日发电量等数据，结合上述数据进行设计计算，在计算中确定电池组件的串、并联数及总发电功率。这种方法适用于中大型光伏发电系统的设计。下面以第二种方法为例介绍一种常用的电池组件设计计算公式和方法，其他计算公式和方法将在下一节中分别介绍。

1. 基本计算方法

电池组件计算的基本方法是用负载平均每天所消耗的电量（Ah）除以选定的电池组件在一天中的平均发电量（Ah），得出整个系统需要并联的电池组件数量。这些组件的并联输出电流就是系统负载所需要的电流。具体公式为：

电池组件的并联数＝负载日平均用电量（Ah）/组件日平均发电量（Ah）

其中：组件日平均发电量＝组件峰值工作电流（A）×峰值日照时数（h）

然后，将系统的工作电压除以电池组件的峰值工作电压，算出电池组件的串联数量。这些电池组件串联后就可以产生系统负载所需要的工作电压或蓄电池组的充电电压。具体公式为：

电池组件的串联数＝系统工作电压（V）×系数1.43/组件峰值工作电压（V）

系数1.43是电池组件峰值工作电压与系统工作电压的比值。例如，为12V系统供电或充电的电池组件的峰值电压是17～17.5V，为24V系统供电或充电的峰值电压为34～34.5V等。因此为方便计算，用系统工作电压乘以1.43就是该组件或整个方阵的峰值输出电压近似值。例如，假设某光伏发电系统工作电压为48V，选择了峰值工作电压为17.0V的电池组件，计算电池组件的串联数＝48V×1.43/17.0V＝4.03≈4（块）。

有了电池组件的并联数和串联数后，可以很方便地计算出这个电池组件或方阵的总发电功率，计算公式是：

电池组件（方阵）总功率（W）＝组件并联数×组件串联数×选定组件的峰值输出功率（W）

2. 相关因素的考虑

上面的计算公式完全是在理想状态下的计算。根据上述计算公式计算出的电池组件容量，在实际应用当中不能满足光伏发电系统负载的用电需求。为了得到更准确的数据，就要把一些影响发电量的相关因素和数据纳入到计算中。

与电池组件发电量相关的主要因素如下。

（1）电池组件的功率衰降。在光伏发电系统的实际应用中，电池组件的输出功率（发电

量）会因为各种内外因素的影响而衰减或降低。例如，灰尘的覆盖、组件自身功率的衰降、线路的损耗等各种不可量化的因素，在交流系统中还要考虑交流逆变器的转换效率等因素。因此，设计时要将造成电池组件功率衰降的各种因素按 10%的损耗计算，如果是交流光伏发电系统，还要考虑交流逆变器转换效率的损失（按小功率逆变器 10%～15%，大功率逆变器 2%～5%计算）。这些实际上都是光伏发电系统容量设计时需要考虑的安全系数。设计时为电池组件留有合理余量，是系统年复一年长期正常运行的保证。

（2）蓄电池的充放电损耗。在蓄电池的充放电过程中，电池组件产生的电流在转化储存的过程中会因为发热、电解水蒸发等产生一定的损耗，也就是说根据蓄电池的不同蓄电池的充电效率一般只有 90%～95%。因此在设计时也要根据蓄电池的不同将电池组件的功率增加 5%～10%，以抵消蓄电池充放电过程中的耗散损失。

3. 实用的计算公式

上面的公式只是一个理论的计算，考虑到各种因素的影响，将相关系数纳入到上述公式中，才是一个设计和计算电池组件容量的完整公式。

将负载日平均用电量除以蓄电池的充电效率，实际上给出了电池组件需要负担的真正负载量；将电池组件的损耗系数乘以组件的日平均发电量，即考虑了环境因素和组件自身衰降造成的组件发电量的减少，得到一个符合实际应用情况的电池组件发电量的保守估算值。综合考虑以上因素的计算公式如下所示。

电池组件的并联数＝负载日平均用电量（Ah）/组件日平均发电量（Ah）/充电效率系数/组件损耗系数/逆变器效率系数

电池组件的串联数＝系统工作电压（V）×系数 1.43/组件峰值工作电压（V）

电池组件（方阵）总功率（W）＝组件并联数×组件串联数×选定组件的峰值输出功率（W）

在进行电池组件容量的设计与计算时，还要考虑季节变化对系统发电量的影响。在设计和计算组件容量时，一般以当地太阳能辐射资源的参数如峰值日照时数、年辐射总量等数据为参照数据。这些数据都是全年平均数据，参照这些数据计算出的结果，在春、夏、秋季一般没有问题，冬季可能会出现容量不足的情况。因此在有条件时或设计比较重要的光伏发电系统时，最好以当地全年每个月的太阳能辐射资源参数分别计算各个月的发电量，其中算得的最大组件数量就是一年中所需要的电池组件的数量。例如，某地计算出冬季需要的电池组件数量是 8 块，但在夏季可能有 5 块就够了，为了保证该系统全年的正常运行，就只好按照冬季的数量确定系统的容量。

计算举例：某地建设一个为移动通讯基站供电的太阳能光伏发电系统，该系统采用直流负载，负载工作电压 48V，用电量为每天 150Ah，该地区最低的光照辐射是 1 月份，其倾斜面峰值日照时数是 3.5h，选定 125W 电池组件，其主要参数：峰值功率 125W、峰值工作电压 34.2V、峰值工作电流 3.65A，计算电池组件使用数量及组件方阵的组合设计。

根据上述条件，并确定组件损耗系数为 0.9，充电效率系数也为 0.9。因该系统是直流系统，所以不考虑逆变器的转换效率系数。

计算如下：

电池组件并联数=150Ah/（3.65A×3.5h）/0.9/0.9=14.49

电池组件串联数=48V×1.43/34.2V=2

根据以上计算数据，采用就高不就低的原则，确定电池组件并联数是 15 块，串联数是 2 块。也就是说，每 2 块电池组件串联连接，15 串电池组件再并联连接，共需要 125W 电池组件 30 块构成电池方阵，连接示意如图 7-9 所示。该电池方阵总功率＝15×2×125W＝3750W。

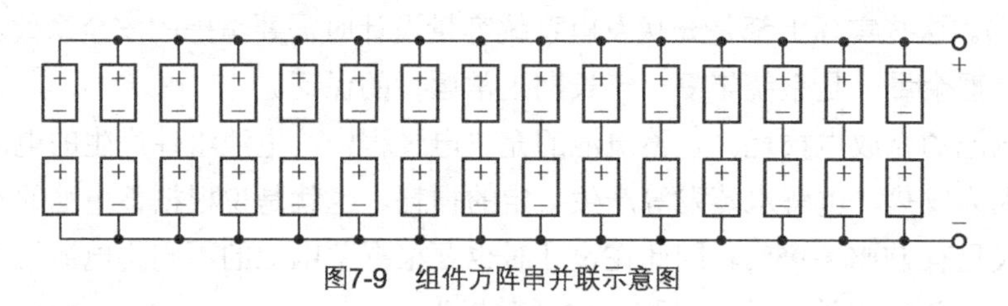

图7-9 组件方阵串并联示意图

7.3.3 蓄电池和蓄电池组的容量设计

蓄电池的任务是在太阳能辐射量不足时，保证系统负载的正常用电。为了确定蓄电池能在几天内保证系统的正常工作，需要在设计时引入一个气象条件参数：连续阴雨天数。这个参数在前面已经做了介绍，一般计算时以当地最大连续阴雨天数为设计参数，同时综合考虑负载对电源的要求。对于不太重要的负载如太阳能路灯等可根据经验或需要在 3～7 天内选取，对于重要的负载如通信、导航、医院救治等则在 7～15 天内选取。另外还要考虑光伏发电系统的安装地点，如果在偏远的地方，蓄电池容量要设计的较大些，因为维护人员到达现场就需要很长时间。实际应用中，由于山高路远，有的移动通信基站去一次很不方便，除了配置正常蓄电池组外，还要配备一组备用蓄电池组，以备不时之需。这种发电系统把可靠性放在了第一位，不再单纯考虑经济性。

蓄电池的设计主要包括蓄电池容量的设计计算和蓄电池组串并联组合的设计。在光伏发电系统中，考虑到技术成熟和成本等因素，目前使用的大部分是铅酸蓄电池，也有少量锂电池，因此下面介绍的设计和计算方法是以铅酸蓄电池为例。

1. 基本的计算方法

将负载每天需要的用电量乘以根据当地气象资料或实际情况确定的连续阴雨天数就可以得到初步的蓄电池容量。然后将得到的蓄电池容量数除以蓄电池容许的最大放电深度系数。由于铅酸蓄电池的特性，在确定的连续阴雨天内绝对不能 100%的放电而把电用光，否则蓄电池会在很短的时间内寿终正寝，大大缩短使用寿命。因此需要除以最大放电深度系数，得到所需要的蓄电池容量。最大放电深度的选择需要参考蓄电池生产厂家提供的性能参数资料。一般情况下，浅循环型蓄电池选用 50%的放电深度，深循环型蓄电池选用 75%的放电深度。计算蓄电池容量的基本公式为：

蓄电池容量＝负载日平均用电量（Ah）×连续阴雨天数/最大放电深度

2. 相关因素的考虑

上面的计算公式只是对蓄电池容量的基本估算，在实际应用中还有一些性能参数会对蓄电池的容量和使用寿命产生影响，其中主要的两个因素是蓄电池的放电率和使用环境温度。

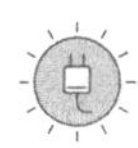

（1）放电率对蓄电池容量的影响。在此先对蓄电池的放电率概念做个简单回顾。所谓放电率就是放电时间和放电电流与蓄电池容量的比率，一般分为 20 小时率（20h）、10 小时率（10h）、5 小时率（5h）、3 小时率（3h）、1 小时率（1h）、0.5 小时率（0.5h）等。大电流放电时，放电时间短，蓄电池容量会比标称容量“缩水”；小电流放电时，放电时间长，实际放电容量会比标称容量增加。比如，容量 100Ah 的蓄电池用 2A 的电流放电能放 50h，但要用 50A 的电流放电则放电时间达不到 2h，实际放电容量就不足 100Ah。蓄电池的容量随着放电率的改变而改变，会对容量设计产生影响。当系统负载放电电流大时，蓄电池的实际容量会比设计容量小，造成系统供电量不足；而系统负载工作电流小时，蓄电池的实际容量就会比设计容量大，造成系统成本的无谓增加。特别是在光伏发电系统中应用的蓄电池，放电率一般都较慢，差不多都在 50 小时率以上，而生产厂家提供的蓄电池标称容量是 10h 放电率下的容量。因此在设计时要考虑到光伏发电系统中蓄电池放电率对容量的影响，并计算光伏发电系统的实际平均放电率，根据生产厂家提供的该型号蓄电池在不同放电速率下的容量，对蓄电池的容量进行校对和修正。当手头没有详细的容量-放电速率资料时，也可对慢放电率 50～200h（小时率）光伏系统蓄电池的容量进行估算，一般相对应的比蓄电池的标准容量提高 5%～20%，相应的放电率修正系数为 0.8～0.95。光伏发电系统的平均放电率计算公式为：

平均放电率（h）＝连续阴雨天数×负载工作时间/最大放电深度

对于有多路不同负载的光伏发电系统，负载工作时间需要用加权平均法进行计算，加权平均负载工作时间的计算方法为：

负载工作时间＝Σ负载功率×负载工作时间/Σ负载功率

根据上面两个公式可以计算出光伏发电系统的实际平均放电率，根据蓄电池生产厂商提供的该型号蓄电池在不同放电速率下的蓄电池容量，就可以对蓄电池的容量进行修正。

（2）环境温度对蓄电池容量的影响。蓄电池的容量会随着蓄电池温度的变化而变化，当蓄电池的温度下降时，蓄电池的容量会下降，温度低于 0℃时，蓄电池容量会急剧下降；当温度升高时，蓄电池的容量略有升高。蓄电池的标称容量一般是在环境温度 25℃时标定的，随着温度的降低，0℃时的容量下降到标称容量的 90%～95%，−10℃时下降到标称容量的 80%～90%，−20℃时下降到标称容量的 70%～80%，所以必须考虑蓄电池的使用环境温度对其容量的影响。当最低气温过低时，还要对蓄电池采取相应的保温措施，如地埋、移入房间，或者改用价格更高的胶体型铅酸蓄电池、锂离子蓄电池等。

当光伏系统安装地点的最低气温很低时，设计的蓄电池容量就要比正常温度范围的容量大，这样才能保证光伏系统在最低气温时也能提供所需的能量。在设计时可参考蓄电池生产厂家提供的蓄电池温度-容量修正曲线图，从该图上可以查到对应温度下蓄电池容量的修正系数，将此修正系数纳入计算公式，可对蓄电池容量的初步计算结果进行修正。如果没有相应的蓄电池温度-容量修正曲线图，也可根据经验确定温度修正系数，一般 0℃时修正系数可在 0.9～0.95 选取；−10℃时可在 0.8～0.9 选取；−20℃时可在 0.7～0.8 选取。

另外，过低的环境气温还会对最大放电深度产生影响，具体原理在蓄电池一章中已经详细叙述。当环境气温在−10℃以下时，浅循环型蓄电池的最大放电深度可由常温时的 50%调整为 35%～40%，深循环型蓄电池的最大放电深度可由常温时的 75%调整到 60%。这样既可以提高蓄电池的使用寿命，减少蓄电池系统的维护更换费用，又可保证系统成本不会太高。

3. 实用的蓄电池容量计算公式

上面介绍的计算公式只是一个理论的计算，考虑到各种因素的影响，将相关系数纳入到上述公式中，得到一个设计和计算蓄电池容量的实用完整公式。即：

蓄电池容量＝负载日平均用电量（Ah）×连续阴雨天数×放电率修正系数/最大放电深度×低温修正系数

确定了所需的蓄电池容量后，还需进行蓄电池组的串并联设计。下面介绍蓄电池组串并联组合的计算方法。蓄电池都有标称电压和标称容量，如2V、6V、12V、50Ah、300Ah、1200Ah等。为了达到系统的工作电压和容量，需要把蓄电池串联起来给系统和负载供电，需要串联的蓄电池个数等于系统的工作电压除以所选蓄电池的标称电压。需要并联的蓄电池数等于蓄电池组的总容量除以所选定蓄电池单体的标称容量。蓄电池单体的标称容量可以有多种选择，例如，若计算出来的蓄电池容量为600Ah，那么可以选择1个600Ah的单体蓄电池，也可以选择2个300Ah的蓄电池并联，还可以选择3个200Ah或6个100Ah的蓄电池并联。从理论上讲，这些选择都没有问题，但是在实际应用中，要尽量选择大容量的蓄电池以减少并联的数目。这样做的目的是尽量减少蓄电池之间不平衡所造成的影响。并联的组数越多，发生蓄电池不平衡的可能性就越大。一般要求并联的蓄电池数量不得超过4组。蓄电池串并联数的计算公式为：

蓄电池串联数＝系统工作电压/蓄电池标称电压

蓄电池并联数＝蓄电池总容量/蓄电池标称容量

计算举例：某地建设一个移动通信基站的太阳能光伏供电系统，该系统采用直流负载，负载工作电压为48V。该系统有两套设备负载：一套设备工作电流为1.5A，每天工作24h；另一套设备工作电流为4.5A，每天工作12h。该地区的最低气温是－20℃，最大连续阴雨天数为6天，选用深循环型蓄电池，计算蓄电池组的容量和串并联数量并设计连接方式。

根据上述条件，确定最大放电深度系数为0.6，低温修正系数为0.7。

计算：为求得放电率修正系数，先计算该系统的平均放电率。

加权平均负载工作时间＝1.5A×24h＋4.5A×12h/（1.5A＋4.5A）＝15h

平均放电率＝6（天）×15h/0.6＝150小时率

150小时率属于慢放电率，在此可以根据蓄电池生产厂商提供的资料查出该型号蓄电池在150h放电率下的蓄电池容量进行修正；也可以按照经验进行估算，150h放电率下的蓄电池容量会比标称容量增加15%左右，在此确定放电率修正系数为0.85。将数据代入公式计算，先计算负载日平均用电量为：

负载日平均用电量＝1.5A×24h＋4.5A×12h＝90Ah

再计算蓄电池（组）容量为：

蓄电池（组）容量＝90Ah×6（天）×0.85/0.6×0.7＝1092.86Ah

根据计算结果和蓄电池手册参数资料，可选择2V/600Ah蓄电池或2V/1200Ah蓄电池，这里选择2V/600Ah型。

蓄电池串联数＝48V/2V＝24块

蓄电池并联数＝1092.86Ah/600Ah＝1.82块≈2块

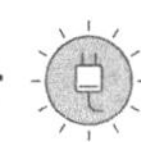

蓄电池组总块数＝24 块×2＝48 块

根据以上计算结果，共需要 2V/600Ah 蓄电池 48 块构成蓄电池组，其中每 24 块串联后，再 2 串并联，如图 7-10 所示。

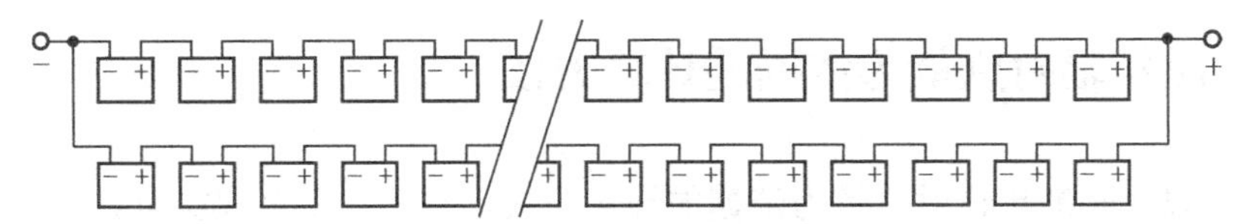

图7-10　蓄电池组串并联示意图

和本例一样，目前很多光伏发电系统都采用两组蓄电池并联模式，目的是当有一组蓄电池故障不能正常工作时，可以将该组蓄电池断开进行维修，而另一组蓄电池还能维持系统正常工作一段时间。总之，蓄电池组的并联设计需要根据不同的实际情况做选择。

|7.4　其他几种计算公式和设计方法|

除了上面介绍的计算公式和设计方法外，在实际应用中还有几种常用的计算公式和方法，这几个公式有简有繁，在此分别介绍，供读者根据实际情况参考选用。

7.4.1　以峰值日照时数为依据的简易计算方法

这是一个常用的简单计算公式，常用于小型离网太阳能光伏发电系统的快速设计与计算，也可以用于对其他计算方法的验算。其主要参照的太阳能辐射参数是当地峰值日照时数。

电池组件功率＝（用电器功率×用电时间/当地峰值日照时数）×损耗系数

蓄电池容量＝（用电器功率×用电时间/系统电压）×连续阴雨天数×系统安全系数

在本公式中，电池组件功率、用电器功率的单位是瓦（W）；用电时间和当地峰值日照时数的单位是小时（h）；蓄电池容量单位是安时（Ah）；系统电压是指蓄电池或蓄电池组的工作电压，单位是伏（V）。

损耗系数主要包括线路损耗、控制器接入损耗、电池组件玻璃表面脏污及安装倾角不能兼顾冬季和夏季等因素，可根据需要在 1.6～2 选取。

系统安全系数主要是为蓄电池放电深度（剩余电量）、冬天时蓄电池放电容量减小、逆变器转换效率等因素所加的系数，计算时可根据需要在 1.6～2 选取。

设计实例：某地安装一套太阳能庭院灯，使用两只 9W/12V 节能灯做光源，每日工作 4h，要求能连续工作 3 个阴雨天。已知当地的峰值日照时数是 4.46h，求电池组件总功率和蓄电池容量。

计算：将数据代入公式求电池组件功率 P 为：

$$P=（18W×4h/4.46h）×2=32.28W$$

因为当地环境污染比较严重，损耗系数选 2，考虑选用一块 35W 的电池组件。

求蓄电池容量 B 为：

$$B=（18W×4h/12V）×3×2=36Ah$$

本实例是直流供电系统，虽然没有交流逆变过程和损耗，但因为当地在冬季时最低温度可达到–10℃左右，会造成蓄电池容量减小，再加上当地环境污染的因素，系统安全系数也取了最高值 2，考虑选用一只 38Ah/12V 蓄电池。

7.4.2 以年辐射总量为依据的计算方法

这是一个以太阳能年辐射总量为依据的计算公式，与上一个公式类似。

电池组件（方阵）功率＝K×（用电器工作电压×用电器工作电流×用电时间）/当地年辐射总量

蓄电池（组）容量＝蓄电池放电容量修正系数、安全系数×用电器工作电流×用电时间×连续阴雨天数×低温系数

在本公式中，电池组件功率的单位是瓦（W），用电器工作电压单位是伏（V），用电器工作电流单位是安（A），用电时间单位是小时（h），蓄电池容量的单位是安时（Ah），年辐射总量的单位是千焦/厘米^2（kJ/cm^2）。

公式中 K 为辐射量修正系数，单位是千焦/厘米^2×小时（kJ/ cm^2×h）。对于不同的运行情况，K 可以适当调整。当光伏发电系统处于有人维护和一般使用状态时，K 取 230；当系统处于无人维护且要求可靠时，K 取 251；当系统处于无法维护、环境恶劣、要求非常可靠时，K 取 276。

蓄电池放电容量修正系数和安全系数，采用磷酸铁锂蓄电池时取 1.3、采用铅酸蓄电池时取 1.8。若蓄电池放置地点的最低温度可达到–10℃时，低温度系数取 1.1，可达到–20℃时取 1.2。

为对比两种计算公式的区别，还用上一个设计实例进行计算。

设计实例 1：某地安装一套太阳能庭院灯，使用两只 9W/12V 节能灯做光源，每日工作 4h，要求能连续工作 3 个阴雨天。已知当地的全年辐射总量是 580kJ/cm^2，求电池组件总功率和蓄电池容量。

计算：先计算用电器工作电流＝18W/12V＝1.5A。

将数据代入公式求电池组件功率 P 为：

$$P=(18\text{W}\times 4\text{h}/580\text{kJ/cm}^2)\times 276=34.26\text{W}$$

因为当地环境污染比较严重，辐射量修正系数选 276，考虑选用一块 35W 的电池组件。

求蓄电池容量 B 为

$$B=1.8\times 1.5\text{A}\times 4\text{h}\times 3\text{（天）}\times 1.1=35.64\text{Ah}$$

因为当地在冬季时最低温度可达到–10℃左右，所以又乘以低温系数 1.1。考虑选用一只 38Ah/12V 铅酸蓄电池。

设计实例 2：某移动基站设备负载功率为 125W，工作电压为 48V，工作电流为 2.6A，24h 全天候工作，该地区年辐射总量为 640 kJ/cm^2，蓄电池放置地点温度为–20℃，最长连续阴雨天数为 7 天。该基站无人值守维护，环境条件恶劣，要求不间断供电。

计算：求电池组件功率 P 为：

$$P=(48\text{V}\times 2.6\text{A}\times 24\text{h}/640\text{KJ/cm}^2)\times 276\approx 1292\text{W}$$

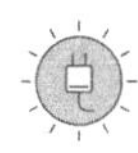

选用 130W/24V 电池组件 10 块，二串五并共 1300W 构成电池方阵。

求蓄电池容量 B 为：

$$B=1.8\times2.6\text{A}\times24\text{h}\times7\text{（天）}\times1.2=943\text{Ah}$$

选用 2V/1000Ah 铅酸蓄电池 24 块串联构成蓄电池组。

7.4.3 以年辐射总量和斜面修正系数为依据的计算方法

这也是一个常用的简单计算公式，常用于离网太阳能光伏发电系统的快速设计与计算，也可以用于对其他计算方法的验算。其主要参照的太阳能辐射参数是当地年辐射总量和斜面修正系数。

首先根据各用电器的额定功率和每日平均工作的小时数，计算出总用电量为：

负载总用电量（Wh）＝Σ用电器功率×日平均工作时间

然后计算出电池组件（方阵）的功率为

电池组件（方阵）的功率（W）＝系数 5618×安全系数×负载总用电量/（斜面修正系数×水平面年平均辐射量）

为方便计算，5618 是将充放电效率系数、电池组件衰降系数等因素，经过单位换算及简化处理后，得出的系数。安全系数根据使用环境、有无备用电源、是否有人值守等因素确定，一般在 1.1～1.3 选取。水平面年平均辐射量的单位是 $\text{kJ/m}^2\cdot\text{d}$。

电池方阵组件串并联数的计算与其他计算方法相同，在此不重复叙述。下面介绍蓄电池容量的计算方法。

蓄电池容量的计算与当地连续阴雨天数关系很大，一般遇到的连续阴雨天为 3～5 天，恶劣的可能达到 7 天以上。这个期间的平均日照量只能达到正常日照天气的 15%左右，既缺少 85%的日照量所能储存的电能。照此计算无日照系数为 7 天×85%＝5.95 天，也就是说实实在在的阴雨天数也有 6 天。在其他公式里，一般都是按照当地最大连续阴雨天数计算蓄电池容量，较少考虑系统的正常运行及蓄电池的运行寿命。如果考虑延长蓄电池的使用寿命，那么按实际连续阴雨天数来设计蓄电池容量存在不足。因为蓄电池的放电深度越浅其寿命越长，根据蓄电池放电深度与寿命的关系曲线可以看出，放电深度 100%与 30%的蓄电池寿命将相差 6 倍。

蓄电池容量大则放电深度浅，寿命将延长。为了延长蓄电池的使用寿命，设计中可适当增大设计容量。假设以 20 天无日照来设计蓄电池容量，理论上讲，蓄电池的寿命可以达到 10 年甚至更长。但在实际设计中，又不得不综合考虑初期投资和后期追加维护费用的关系，因此，综合考虑两方面情况，得出一个计算蓄电池容量的简单实用的经验公式：

蓄电池容量＝10×负载总用电量/系统工作电压

公式中的 10 是无日照系数，该公式对于连续阴雨天数超不过 5 天的地区都适用。

设计实例：北京地区一套太阳能庭院灯带有两个灯头，一个是 11W/12V 节能灯，每天工作 5h；另一个是 3W/12V 的 LED 球泡灯，每天工作 12h。试计算电池组件功率和蓄电池容量。

通过参数表查得北京的斜面修正系数为 1.0976，水平面年平均日辐射量为 $15261\text{kJ/m}^2\cdot\text{d}$，安全系数取 1.2。

负载总用电量＝11W×5h＋3W×12h＝91Wh

组件功率＝5618×1.2×91/（1.0976×15261）＝36.6W

蓄电池容量＝10×91Wh/12V＝75.8Ah

根据计算结果，选用峰值功率38W电池组件和80Ah/12V蓄电池配置该庭院灯系统。

7.4.4 以峰值日照时数为依据的多路负载计算方法

当太阳能发电系统要为多路不同的负载供电时，需要先把各路负载的日耗电量计算出来并合计出总耗电量，然后再以当地峰值日照时数为参数进行计算。表7-4是一个负载耗电量统计表。统计总耗电量时要对临时负载的接入及预期负载的增长有预测，留出10%～20%的余量。

表7-4 负载耗电量统计表

序号	负载名称	直流/交流	负载功率（W）	数量	合计功率（W）	每日工作时间（h）	每日耗电量（Wh）
1	负载1						
2	负载2						
3	负载3						
4	预期负载余量						
5	合计						

（1）根据日总耗电量，利用公式计算出电池组件（方阵）需要提供的发电电流：

电池组件（方阵）发电电流（A）＝负载日耗电量（Wh）/系统直流电压（V）/峰值日照时数（h）/系统效率系数

公式中系统直流电压是指蓄电池或蓄电池组串联后的总电压。系统直流电压要根据负载功率的大小和交流逆变器的选型来确定。确定的原则是：①在条件允许的情况下，尽量采用高电压，以减少线路损失，减少逆变器转换损耗，提高转换效率；②系统直流电压的选择要符合我国直流电压的标准等级，即12V、24V、48V、110V、220V、500V等。

系统效率系数包括：蓄电池的充电效率，一般取0.9；交流逆变器的转换效率，一般取0.85；电池组件功率衰降、线路损耗、尘埃遮挡等的综合系数，一般取0.9。这些系数可以根据实际情况进行调整。

（2）根据电池组件（方阵）的发电电流，用下列公式计算其总功率：

电池组件（方阵）总功率＝电池组件（方阵）发电电流×系统直流电压×系数1.43

系数1.43是电池组件峰值工作电压与系统工作电压的比值。例如，为12V系统充电的电池组件的峰值电压是17～17.5V，为24V系统充电的峰值电压为34～35V。电池组件功率＝组件峰值电流×组件峰值电压，因此为方便计算用系统工作电压乘以1.43得出该组件或整个方阵的峰值电压近似值。

（3）蓄电池组容量＝负载日耗电量（Wh）/系统直流电压（V）×连续阴雨天数/逆变器效率/蓄电池放电深度

式中，逆变器效率可根据设备选型在80%～93%选择，蓄电池放电深度可根据其性能参

 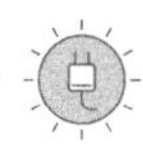

数和可靠性要求等在 50%～75%选择。

根据计算出的电池组件或方阵的电流、电压、总功率及蓄电池组容量等参数，参照电池组件和蓄电池生产厂家提供的规格尺寸和技术参数，结合电池组件（方阵）设置安装位置的实际情况，就可以确定构成方阵所需电池组件的规格尺寸和构成蓄电池组的容量及串联、并联块数。

设计实例：某地一个大气环境监测站有 220V 交流设备及照明灯等（如表 7-5 所示），当地年辐射量为 670 kJ/cm^2，平均峰值日照时数为 5.17h，连续阴雨天数为 5 天，求太阳电池组件和蓄电池组的容量。

表 7-5　　大气环境监测站设备耗电量情况统计

序号	负载名称	直流/交流	负载功率（W）	数量	合计功率（W）	每日工作时间（h）	每日耗电量（Wh）
1	气象遥测仪	交流	35	1 台	35	24	840
2	计算机	交流	320	1 台	320	5	1600
3	GSM 通讯设备	交流	120	1 台	120	12	1440
4	照明灯	交流	18	4 只	72	6	432
5	大气质量分析仪	交流	30	1 台	30	2	60
6	空气净化器	交流	28	2 台	56	4	224
7	合计	—	—	—	633	—	4596

根据表 7-5 统计的日耗电量，考虑增加 10%的预期负载余量，并确定使用直流工作电压为 48V 的逆变器，计算步骤如下。

① 电池组件方阵的发电电流 I 为：

$$I = 4596\text{Wh} \times 1.1/48\text{V}/5.17\text{h}/(0.9 \times 0.85 \times 0.9) = 29.59\text{A}$$

② 求电池组件方阵的总功率 P 为：

$$P = 29.59\text{A} \times 48\text{V} \times 1.43 = 2031\text{W}$$

根据计算结果拟选用峰值功率 100W、峰值电压 34.5V（为 24V 蓄电池充电的电压）、峰值电流 2.89A 的电池组件 20 块，2 块串联 10 串并联组成电池组件方阵，总功率为 2000W。

③ 计算蓄电池组的容量 B 为：

$$B = 4596\text{Wh} \times 1.1/48\text{V} \times 5\text{（天）}/0.85/0.5 = 1239\text{Ah}$$

根据计算结果拟选用 2V/600Ah 铅酸蓄电池 48 块，24 块串联 2 串并联组成电池组，总电压 48V，总容量 1200Ah。

7.4.5　以峰值日照时数和两段阴雨天间隔天数为依据的计算方法

前面说过，在考虑连续阴雨天因素时，还要考虑两段连续阴雨天之间的间隔天数，以防止第一个连续阴雨天使蓄电池放电后，电量还没有来得及补足，就又迎来第二个连续阴雨天的情况发生，在连续阴雨天比较多的南方地区，设计时电池组件和蓄电池的容量要取得稍微大一些。现在介绍的这个计算方法就把两段阴雨天之间的最短间隔天数也纳入了计算公式中。这种计算方法也是先选定尺寸符合要求的电池组件，根据该组件峰值功率、峰值工作电流和日发电量等数据，结合上述数据进行设计计算，在计算中确定蓄电池组的容量和电池组件方阵的串并联数及总功率等。其计算步骤如下。

1. 系统蓄电池组容量的计算

蓄电池组容量（Ah）＝安全系数×负载日平均耗电量（Ah）×最大连续阴雨天数×低温修正系数/蓄电池最大放电深度系数

式中安全系数根据情况在1.1～1.4选取；低温修正系数在环境温度为 0℃以上时取 1，–10℃以上时取1.1，–20℃以上时取1.2；蓄电池最大放电深度系数，浅循环蓄电池取0.5，深度循环蓄电池取0.75，磷酸铁锂蓄电池取0.85。蓄电池组的组合设计和串并联计算等按照前面介绍的方法和公式计算即可。

2. 电池组件方阵的设计与计算

（1）电池组件串联数的计算

电池组件的串联数＝系统工作电压（V）×系数1.43/选定组件峰值工作电压（V）

（2）电池组件平均日发电量的计算

组件平均日发电量（Ah）＝选定组件峰值工作电流（A）×峰值日照时数（h）×倾斜面修正系数×组件衰降损耗修正系数

式中，峰值日照时数和倾斜面修正系数是指光伏发电系统安装地的实际数据，无法获得实际数据时也可参照表7-3选择接近地区的数据参考计算；组件衰降损耗修正系数主要指因组件组合、组件功率衰减、组件灰尘遮盖、充电效率等造成的损失，一般取0.8。

（3）两段连续阴雨天之间的最短间隔天数需要补充的蓄电池容量的计算

补充的蓄电池容量（Ah）＝安全系数×负载日平均耗电量（Ah）×最大连续阴雨天数

（4）电池组件并联数的计算

在这个并联计算公式中，纳入了两段连续阴雨天之间的最短间隔天数，这是本方法与其他计算方法的不同之处，具体公式为：

电池组件的并联数＝（补充的蓄电池容量＋负载日平均耗电量×最短间隔天数）/（组件平均日发电量×最短间隔天数）

其中，负载日平均耗电量＝负载功率/负载工作电压×每天工作小时数

这个公式的含义：并联电池组件的组数，在两段连续阴雨天之间最短间隔天数内所发电量，不仅要提供负载所需正常用电量，还要补足蓄电池在最大连续阴雨天内所亏损的电量。两段连续阴雨天之间的最短间隔天数越短，需要提供的发电量就越大，并联的电池组件数就越多。

（5）电池组件方阵功率的计算

组件方阵功率＝选定电池组件的峰值输出功率×电池组件的串联数×电池组件的并联数

设计实例：广州某气象监测站监测设备，工作电压24V，功率55W，每天工作18h，当地最大连续阴雨天数为15天，两段最大连续阴雨天之间的最短间隔天数为32天。选用深循环放电型蓄电池，选用峰值输出功率为50W的电池组件，其峰值工作电压为17.3V，峰值工作电流为2.89A，计算蓄电池组容量及组件方阵功率。

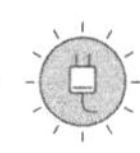

计算：查有关数据，广州地区的平均峰值日照时数为 3.52h，斜面修正系数 K_{op} 为 0.885。

① 计算蓄电池组容量

蓄电池组容量＝1.2×（55W/24V）×18h×15×1/0.75＝990Ah

② 计算电池组件串联数

电池组件串联数＝24V×1.43/17.3V＝2

③ 计算电池组件平均日发电量

组件平均日发电量＝2.89A×3.52h×0.885×0.8＝7.2Ah

④ 计算两段连续阴雨天之间的最短间隔天数需要补充的蓄电池容量

补充的蓄电池容量＝1.2×（55W/24V）×18h×15＝742.5Ah

⑤ 计算电池组件的并联数

电池组件的并联数＝（742.5Ah＋41.3Ah×32）/（7.2Ah×32）

＝2064.2/230.4＝8.99≈9

⑥ 计算电池组件方阵的总功率

电池组件方阵总功率＝50W×2×9＝900W

根据计算结果拟选用 2V/500Ah 铅酸蓄电池 24 块，12 块串联 2 串并联组成电池组，总电压 24V，总容量 1000Ah。

选用峰值功率 50W 电池组件 18 块，2 块串联 9 串并联构成组件方阵，总功率 900W。

7.4.6　太阳能道路灯的容量设计与计算

太阳能道路灯是一种利用太阳能作为能源的照明装置，因其具有不受市电供电影响、不用开沟埋线或架空电线、不消耗常规电能、只要阳光充足就可以就地安装等特点而受到人们的广泛关注。

1．太阳能道路灯的布局及灯具高度确定

根据道路的宽度、照明要求的不同，一般选择下列 3 种安装布灯方式，如图 7-11 所示。

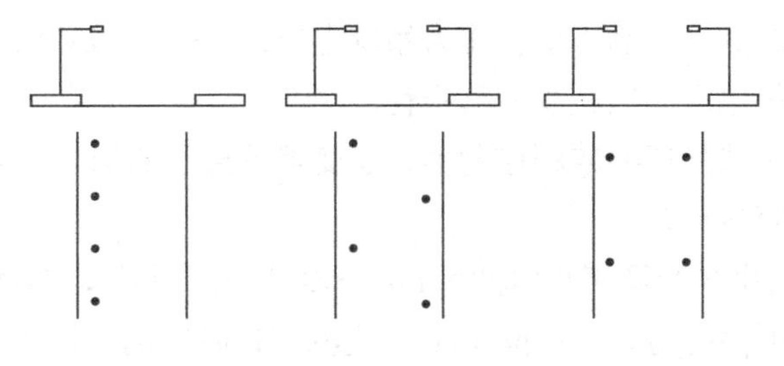

（a）单侧布置　（b）双侧交错布置　（c）双侧对称布置

图7-11　太阳能道路灯的路面布局

灯具的悬臂长度不宜超过安装高度的 1/4，灯具的仰角不宜超过 15°。

灯具的安装高度（H）、间距（S）与路宽（W）和布置方式间的关系如表 7-6 所示。

表 7-6　灯具的安装高度（H）、间距（S）与路宽（W）和布置方式间的关系

灯具布置方式	安装高度（H）	间距（S）
单侧布置	（0.8～1）W	（4～5）H
双侧对称布置	（0.4～0.5）W	（4～5）H
双侧交错布置	（0.6～0.7）W	（4～5）H

道路灯灯杆的安装高度要根据灯具的高度、道路周围树木和建筑物高度以及电池组件的形状、尺寸等确定，一般要比灯具的高度高 1～1.5m。

2. 光源种类选择及功率确定

太阳能道路灯要选择适合环境要求、光效高、寿命长的光源。同时为了提高太阳能发电的使用效率，尽量选择直流输入光源，避免由于接入逆变器而带来功率损失。太阳能道路灯常用的光源有：三基色节能灯、低压钠灯、LED 灯、陶瓷金卤灯、无极灯等。

光源功率要根据道路照明照度要求及光源效率确定。光源照度的计算，一般情况下可以采用道路照明设计软件或照明计算表进行，也可以根据灯具的配光曲线进行简单的计算。下面给出常用道路的平均照度计算公式，读者可以进行照度计算，也可以根据照度利用该公式计算路灯间距及光源功率等参数。计算公式为：

$$E = \Phi UKN / WS$$

其中，E 为光源平均照度；Φ为光源的总光通量，单位是 lm；U 为利用系数（由灯具利用系数曲线查出）；K 为维护系数；W 为道路宽度，单位是 m；S 为路灯安装间距，单位是 m；N 为与排列方式有关的数值，当路灯单侧排列或双侧交错排列时 N=1，双侧对称排列时 N=2。

3. 太阳能道路灯的配置计算

太阳能道路灯的容量配置计算一般可以按照独立光伏系统的设计方法进行，前面介绍的方法和公式都可以直接运用，当然也可以采用专用的设计软件来进行设计。

下面再介绍一种太阳能道路灯配置的简单估算方法。

（1）系统电压的确定

太阳能道路灯光源的直流输入电压作为系统电压，一般为 12V 或 24V，在条件允许的情况下，要尽量提高系统电压，以减少线路损耗。

系统直流输入电压选择还要兼顾控制器、逆变器等部件的选型。

（2）电池组件的容量计算

$$P= \text{光源功率}\times\text{光源工作时间}\times 1.43\div\text{峰值日照时数}\div(0.85\times 0.85)$$

其中，P 为电池组件的功率，单位为 W；光源工作时间的单位为 h；峰值日照时数的单位为 h；两个系数 0.85 分别为蓄电池的库仑效率和光伏组件衰减、方阵组合损失、尘埃遮挡等的综合系数。

例如，光源功率为 18W，每天工作 8h，当地的年日照时数为 4.0h，则需要的电池组件功率为 18W×8h×1.43÷4h÷（0.85×0.85）=71.25W。具体功率选择要根据光伏组件的规格进行，如选择 75W。

（3）蓄电池容量的计算

首先根据当地的阴雨天情况确定选用的蓄电池类型和蓄电池的存储天数，一般北方选择的存储天数在 3～5 天，西部少雨地区可以选择 2 天，南方的多雨地区存储天数可以适当增加。容量计算公式如下：

蓄电池容量=负载功率×日工作时间×（存储天数+1）÷放电深度÷系统电压

其中：蓄电池容量的单位为 Ah；负载功率的单位为 W；日工作时间的单位为 h；存储天数的单位为 d（天）；放电深度根据蓄电池种类的不同，一般取 0.5～0.7；系统电压的单位为 V。

例如：光源功率为 18W，每天工作 8h，蓄电池存储天数为 3 天，则需要的蓄电池容量为 18W×8h×4÷0.7÷12V=68Ah。

然后根据系统电压和容量的要求选配蓄电池，如选择 12V/65Ah 或 12V/75Ah 蓄电池。以上计算没有考虑温度的影响，若蓄电池的最低工作环境温度低于 0℃时，应按照前面介绍的方法对蓄电池的放电深度加以修正。

7.4.7　离网光伏发电系统相关设计速查表

表 7-7 是离网光伏发电系统的发电功率与所带负载情况速查表，可供设计时参考。

表 7-7　发电功率与负载配置速查表

发电功率（W）	额定负载（W）	峰值负载（W）	输出电压（V）	输出电流（A）	照明	彩电	台式电脑	电冰箱	洗衣机	空调器	厨房电器
50	50	75	DC12	DC4.1	●	△	△	△	△	△	△
50	50	75	AC220	AC0.2	●	△	△	△	△	△	△
100	100	150	AC220	AC0.5	●	△	△	△	△	△	△
150	150	225	AC220	AC0.7	●	△	△	△	△	△	△
200	200	300	AC220	AC0.9	●	△	△	△	△	△	△
300	300	450	AC220	AC1.4	●	◎	◎	△	△	△	△
500	500	750	AC220	AC2.3	●	◎	◎	△	△	△	△
600	600	800	AC220	AC2.7	●	◎	◎	◎	△	△	△
800	800	1200	AC220	AC3.6	●	●	◎	◎	△	△	△
1000	1000	1500	AC220	AC4.5	●	●	●	●	◎	△	△
1500	1500	2250	AC220	AC6.8	●	●	●	●	◎	△	△
2000	2000	3000	AC220	AC9.1	●	●	●	●	◎	◎	◎
3000	3000	4500	AC220	AC13.6	●	●	●	●	●	◎	◎
4000	4000	6000	AC220	AC18.2	●	●	●	●	●	●	◎
5000	5000	7500	AC220	AC22.7	●	●	●	●	●	●	●
7500	7500	11250	AC220	AC34.1	●	●	●	●	●	●	●
10000	10000	15000	AC220	AC45.5	●	●	●	●	●	●	●

备注：●为可持续使用，◎为须交替使用，△为不能使用。

表 7-8 是常用电器的额定功率和用电量表，供设计时参考。

表 7-8　　常用电器额定功率和用电量表

电器名称	一般额定功率（W）	估计用电量（kWh）
窗式空调器	800～1300	每小时最高 0.8～1.3
分体式空调器	900～1500	每小时最高 0.9～1.5
白炽灯泡	60～100	每小时最高 0.06～0.1
家用电冰箱	65～180	每天 0.85～1.7
家用单缸洗衣机	230	每小时最高 0.23
家用双缸洗衣机	380	每小时最高 0.38
家用滚筒洗衣机（加热）	850～1750	每小时最高 0.85～1.75
微波炉	950	每 10min 0.16
电热水器	1200～1500	每小时最高 1.2～1.5
电水壶	1500～2000	每小时 1.5～2.0
电饭煲	800～1200	每小时 0.8～1.2
电熨斗	750	每 20min 0.25
理发吹风机	450	每 5min 0.04
台式电脑	300	每小时 0.3
笔记本电脑	100	每小时 0.1
吸尘器	600	每 10min 0.1
电风扇、小型吊扇	80	每小时 0.08
大型吊扇	150	每小时 0.15
21 英寸彩色电视机	70	每小时 0.07
25、29 英寸彩色电视机	100～120	每小时 0.1～0.12
42 英寸液晶电视	180	每小时 0.18
VCD、DVD 影碟机	30	每小时 0.03
卫星接收机	20	每小时 0.02
音响器材	100	每小时 0.1
抽油烟机	180	每 10min 0.03
浴霸（两灯）	550	每小时 0.55

第8章 并网光伏发电系统的容量计算及并网接入设计

太阳能并网光伏发电系统以电网储存电能，一般没有蓄电池容量的限制，即使有备用蓄电池组，一般也仅是为应急、防灾、储能等情况而配备。因此并网光伏发电系统的容量计算没有离网光伏发电系统那样严格，重点考虑的是在电池组件方阵有效的占用面积里，怎样实现全年发电量最大化。条件允许的情况下，电池组件方阵的安装倾斜角应该是全年能接收到最大太阳辐射量所对应的角度。

8.1 并网系统的容量设计与发电量计算

8.1.1 电池组件的串并联匹配

1. 电池组件的串联匹配

在离网光伏发电系统中，电池组件的串联匹配主要依据系统工作电压，也就是系统中蓄电池组的工作电压来确定。在并网光伏发电系统中，电池组件的串联匹配主要依据所配逆变器的最大直流输入电压和逆变器正常工作电压输入范围（MPPT 电压输入范围）来确定。匹配的组件串最大开路电压不能超过逆变器的最大直流输入电压，组件串的最大工作电压范围不能超出逆变器的 MPPT 电压的输入范围。组件串的最大工作电压不仅会随着太阳能辐射强度实时变化，而且还随着环境温度的高低实时变化，因此，电池组件串的串联匹配要综合这两个因素进行计算。

（1）电池组件的温度系数

在 25℃的标准条件下，电池组件的开路电压温度系数是–0.34%/℃，短路电流温度系数是+0.055%/℃，也就是说环境温度低于 25℃时，开路电压会升高，短路电流会减小；当环境温度高于 25℃时，开路电压会降低，短路电流会增大。所以在进行组件串的匹配时，要考虑开路电压温度系数，防止环境温度过低时，组串开路电压超过自身的最大系统电压和逆变器的最大直流输入电压。目前电池组件和逆变器的最大系统电压均为 DC 1000V。

（2）组件串联电压与逆变器的匹配

在并网系统容量设计时，组件串的串联电压一定要小于电池组件能耐受的最大系统电压。同时，必须兼顾考虑系统所在地的最低环境温度。组件串在最低温度时的开路电压，一定要小于所匹配逆变器可以接受的最大直流输入电压，并且都要留有10～20%的余量。例如，对于最大直流输入电压为500V的逆变器，光伏组串的匹配电压应该在400V，最大不超过450V；对于最大直流输入电压为1000V的逆变器，光伏组串的匹配电压应该在800V，最大不超过900V。其计算公式为：

逆变器最大直流输入电压（V）≥组件标称开路电压（V）×组件串联数×
[1＋组件开路电压温度系数×（使用环境最低温度–25℃）]

（3）MPPT工作电压范围匹配

组件串联后的最大工作电压必须在逆变器的MPPT工作电压范围之内。即：

MPPT最大输入电压≤组串最大工作电压≤MPPT最小输入电压

组串最大工作电压＝组件最大工作电压（V）×组件串联数×
[1＋组件开路电压温度系数×（使用环境温度–25℃）]

2. 光伏组串的并联匹配

电池组件的串联数量确定以后，光伏组串的并联匹配主要依据所配逆变器的最大直流输入电流和逆变器的最大输入功率来确定的。

（1）光伏组串并联电流与逆变器的匹配

光伏发电系统在实际运行中，由于环境温度对光伏组件输出电流的影响不是很大，所以在计算时，可以不考虑温度系数对输出电流的影响，直接利用标准测试条件下的电池组件最大工作电流数据进行计算，使经过串并联构成的光伏方阵输出的最大工作电流不超过逆变器容许的最大直流输入电流即可。计算公式为：

光伏组串并联数＝逆变器最大直流输入电流/光伏组件串最大工作电流

（2）组件方阵安装容量与逆变器的功率匹配

有了电池组件的串联数量和光伏组串的并联数量，就可以计算出光伏方阵的总容量，并和逆变器的最大输入功率进行匹配。

光伏方阵总容量功率（W）＝电池组件串联数×光伏组串并联数×
选定组件的最大输出功率（W）

理论上讲，光伏方阵总容量与逆变器的最大输入功率相等，就算是匹配，但实际上逆变器的最大输入功率并不一定是建议的最大光伏方阵的功率，逆变器在MPPT工作状态下，理想状态应该是工作在光伏方阵的最大功率峰值上，但由于太阳光辐照度和环境温度等因素的变化，使逆变器在一整天内最大功率峰值是不同的，因此逆变器功率与光伏方阵容量的配比可以根据实际环境情况在一定范围内确定，即：

95%＜逆变器最大输入功率/光伏方阵总容量功率＜115%

以某单相3kW逆变器为例，逆变器额定输入电压为380V，配270W组件，工作电压为31.2V，配12块串联工作电压为374.4V，功率为3.24kW，配比最佳。又如三相30kW逆变器，逆变器额定输入电压为650V，允许最大光伏输入功率为35kW，配270W组件，工作电

压 31.2V，每路 21 块串联，组串电压为 655.2V，共分 6 路输入，合计 126 块组件，总功率为 34.02kW，配比最佳。

（3）计算举例。

下面以用 265W 多晶硅电池组件设计一套 6kW 并网光伏发电系统为例，进行以下匹配设计。所选电池组件和光伏逆变器的技术参数如表 8-1 和表 8-2 所示，使用地环境最低温度为−16℃，最高温度为 65℃。

表 8-1　　多晶硅电池组件技术参数

电池组件规格	最大功率（P_{max}）	最大工作电压（U_{mp}）	最大工作电流（I_{mp}）	开路电压（U_{oc}）	短路电流（I_{sc}）	最大系统电压（V）
156×156 60 片	265W	30.8V	8.61A	38.3V	9.10A	DC　1000 （IEC）
标准测试条件	幅照度：1000W/m^2；组件温度：25℃；AM：1.5。					

表 8-2　　锦浪光伏逆变器技术参数

逆变器型号	GCI-1P6K-4G
最大输入功率（kW）	6.9
最大直流输入电压（V）	600
MPPT 电压范围（V）	100～500
启动电压（V）	120
最大直流电流（A）	11/11
MPPT 路数	2
额定输出功率（kW）	6
最大输出电流（A）	27.3
额定电网电压（V）	220

① 用逆变器最大直流输入电压/电池组件开路电压估算组件串联块数：600V÷38.3V≈15.7 块，暂时确定每串组件为 15 块。考虑到过低的环境工作温度，结合温度系数后反复计算，确定组件串由 13 块组件构成：

$$38.3\text{V}\times13\times[1+(-0.34\%)(-16-25)]=567.3\text{V}<600\text{V}$$

② 计算 13 块组件串的工作电压是否符合逆变器的 MPPT 工作电压范围。当温度在−16℃时，组串输出的工作电压为：

$$30.8\text{V}\times13\times[1+(-0.34\%)(-16-25)]=456.2\text{V}<500\text{V}$$

当温度在−16℃时，组串输出的工作电压为：

$$30.8\text{V}\times13\times[1+(-0.34\%)(65-25)]=345.95\text{V}>100\text{V}$$

③ 计算光伏组串并联数为：

22A÷8.61A≈2.56 串，确定选择 2 串。

④ 光伏方阵总容量为：

$$13\times2\times265\text{W}=6890\text{W}=6.89\text{kW}<6.9\text{kW}$$

表 8-3 提供了 3kW、6kW、10kW、30kW 等几款并网光伏发电系统主要设备材料配置表，供设计时参考。

表 8-3　　几款并网光伏发电系统主要材料设备配置表

3kW 并网光伏发电系统				
序号	名称	型号、规格	单位	数量
1	电池组件	265W	块	12
2	光伏逆变器	3kW	台	1
3	出口断路器	C20A/2P、30mA 具有短路、过载、漏电保护功能	个	1
4	浪涌保护器	U_c=460V　U_p=1.8kV	个	1
5	新增电度表（单向）	由电力公司免费提供	个	1
6	原用户电度表改双向表	由电力公司免费提供	个	1
7	交流电力线缆	ZR-YJV-1kV 3×4mm^2	米	按需要
8	光伏直流线缆	PFG1169-1×4mm^2	米	按需要
6kW 并网光伏发电系统				
序号	名称	型号、规格	单位	数量
1	电池组件	265W	块	24
2	光伏逆变器	6kW	台	1
3	出口断路器	C40A/2P、30mA 具有短路、过载、漏电保护功能	个	1
4	浪涌保护器	U_c=460V　U_p=1.8kV	个	1
5	新增电度表（单向）	由电力公司免费提供	个	1
6	原用户电度表改双向表	由电力公司免费提供	个	1
7	交流电力线缆	ZR-YJV-1kV 3×6mm^2	米	按需要
8	光伏直流线缆	PFG1169-1×4mm^2	米	按需要
10kW 并网光伏发电系统				
序号	名称	型号、规格	单位	数量
1	电池组件	265W	块	40
2	光伏逆变器	10kW	台	1
3	出口断路器	C25A/4P、30mA 具有短路、过载、漏电保护功能	个	1
4	浪涌保护器	U_c=460V　U_p=1.8kV	个	1
5	新增电度表（单向）	由电力公司免费提供	个	1
6	原用户电度表改双向表	由电力公司免费提供	个	1
7	交流电力线缆	ZR-YJV-1kV 5×6mm^2	米	按需要
8	光伏直流线缆	PFG1169-1×4mm^2	米	按需要
30kW 并网光伏发电系统				
序号	名称	型号、规格	单位	数量
1	电池组件	265W	块	110
2	光伏逆变器	30kW	台	1
3	出口断路器	C63A/4P、30mA 具有短路、过载、漏电保护功能	个	1
4	浪涌保护器	U_c=460V　U_p=1.8kV	个	1
5	新增电度表（单向）	由电力公司免费提供	个	1
6	原用户电度表改双向表	由电力公司免费提供	个	1
7	交流电力线缆	ZR-YJV-1kV 5×16mm^2	米	按需要
8	光伏直流线缆	PFG1169-1×4mm^2	米	按需要

表 8-4 是 10～400kW 并网光伏发电系统系统配置表，供设计时参考。

表 8-4　　10～400kW 并网光伏发电系统系统配置表

系统容量	组件功率、数量	组件连接方式	逆变器功率、数量	交流电缆	交流开关
10kW	270W、40 块	20 块串，2 串并	10kW、1 台	2.5mm^2	20A
12kW	270W、48 块	16 块串，3 串并	12kW、1 台	2.5mm^2	20A
15kW	270W、60 块	20 块串，3 串并	15kW、1 台	2.5mm^2	25A
20kW	270W、80 块	20 块串，4 串并	20kW、1 台	4mm^2	32A
25kW	270W、100 块	20 块串，5 串并	25kW、1 台	6mm^2	40A
30kW	270w、120 块	20 块串，6 串并	30kW、1 台	10mm^2	50A
33kW	270W、132 块	22 块串，6 串并	33kW、1 台	10mm^2	63A
40kW	270W、160 块	20 块串，8 串并	40kW、1 台	16mm^2	80A
50kW	270W、200 块	20 块串，10 串并	50kW、1 台	25mm^2	100A
60kW	270W、240 块	20 块串，12 串并	60kW、1 台	35mm^2	100A
70kW	270W、264 块	22 块串，12 串并	70kW、1 台	50mm^2	120A
80kW（一）	270W、320 块	20 块串，各 8 串并	40kW、2 台	50mm^2	160A
80kW（二）	340W、240 块	20 块串，12 串并	80kW、1 台	50mm^2	160A
100kW	270W、378 块	21 块串，各 6 串并	33kW、3 台	50mm^2	200A
160kW（一）	270W、640 块	20 块串，各 8 串并	40kW、4 台	120mm^2	315A
160kW（二）	340W、480 块	20 块串，各 12 串并	80kW、2 台	120mm^2	315A
200kW（一）	270W、800 块	20 块串，各 8 串并	40kW、5 台	150mm^2	350A
200kW（二）	340W、590 块		70kW/2 台+60kW/1 台	150mm^2	350A
240kW	340W、720 块	20 块串，各 12 串并	80kW、3 台	70mm^2×2	400A
300kW（一）	270W、1120 块	20 块串，各 8 串并	40kW、7 台	120mm^2×2	500A
300kW（二）	340W、890 块		80kW/3 台+60kW/1 台	120mm^2×2	500A
400kW（一）	270W、1600 块	20 块串，各 8 串并	40kW、10 台	150mm^2×2	630A
400kW（二）	340W、1200 块	20 块串，各 12 串并	80kW、5 台	150mm^2×2	630A

8.1.2　光伏系统发电量的计算

并网光伏发电系统的发电量计算要根据系统所在地的太阳能资源情况，系统设计、电池组件转换效率、光伏方阵布置和各种环境条件和因素等确定后，按照下面介绍的方法计算。一是通过光伏方阵的计划占用面积计算系统的年发电量；二是通过电池组件的安装容量计算系统的发电量，共有下列 3 个公式供参考。

1. 利用光伏方阵面积计算年发电量

年发电量（kWh）＝当地水平面年总辐射能（kWh/m^2）×光伏方阵面积（m^2）×光伏组件转换效率×修正系数

即 $E_p = HA\eta K$。

式中，光伏方阵面积不仅仅是指占地面积，也包括光伏建筑一体化并网发电系统占用的屋顶、外墙立面等。

组件转换效率 η，根据生产厂家提供的电池组件参数选取，一般单晶硅组件取 15.5%～16.5%，多晶硅组件取 14.5%～15.5%。

2. 利用光伏方阵安装容量计算年发电量

年发电量（kWh）＝当地水平面年总辐射能（kWh/m^2）×
光伏方阵安装容量（kW）×修正系数

即 $E_p = HPK$。

3. 利用峰值日照时数计算年发电量

年发电量（kWh）＝当地年峰值日照小时数（h）×
光伏方阵安装容量（kW）×修正系数

即 $E_p = tPK$。

4. 修正系数确定

上述 3 个公式，可以采用同样的修正系数，并根据具体情况进行选择。修正系数 $K = K_1K_2K_3K_4K_5K_6K_7K_8$。

K_1 为电池组件类型修正系数。不同类型电池组件的转换效率在不同辐照度、不同波长时会不同，该修正系数应根据电池组件类型和技术参数确定，一般晶体硅电池组件在不同的光照强度下，转换效率是个定值，所以系数一般取 1。

K_2 为灰尘遮挡玻璃及温度升高造成组件功率下降修正系数，一般取 0.9～0.95，该系数的取值与环境的清洁度、环境温度及组件的清洗方案等有关。

K_3 为电池组件长期运行性能衰降修正系数，一般取 0.9。

K_4 为光伏方阵朝向及倾斜角修正系数，具体参数可参看表 8-5 选择。同一系统有不同方向和倾斜角的光伏方阵时，要根据各自条件分别计算发电量。

表 8-5　光伏方阵朝向与倾斜角的修正系数

组件朝向	电池组件（方阵）与地面的倾斜角			
	0°	30°	60°	90°
东	93%	90%	78%	55%
东南	93%	96%	88%	66%
南	93%	100%	91%	68%
西南	93%	96%	88%	66%
西	93%	90%	78%	55%

K_5 为光照利用率系数。有些光伏发电系统由于环境或地理条件因素，光伏方阵不可避免的会受到障碍物对太阳光的遮挡，或者光伏方阵之间的互相遮挡，造成对太阳能资源的充分利用有影响，因此光照利用率系数取值范围小于等于 1。当系统确保全年完全没有遮挡时，系数取 1；当系统能保证全年 9～16 点时段内无遮挡时，系数取 0.99。

K_6 为光伏发电系统可用率系数。光伏发电系统可利用系数是指光伏发电系统因故障停机及检修所影响的时间与正常使用时间的比值，即 K_6＝[8760－（停机小时＋检修小时）]/8760，因光伏发电系统结构简单，设备部件可靠性高，一般很少出故障且维修方便，因此该系数一般取 0.99 以上。

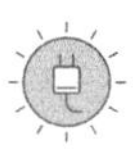

K_7 为线路损耗修正系数，一般取 0.96～0.99。线路损耗包括光伏方阵至逆变器之间的直流线缆损耗、逆变器至配电柜、变压器或并网计量点的交流电缆损耗、升压变压器的空载和负载损耗。

K_8 为逆变器效率修正系数，一般取 0.95～0.98。也可根据逆变器生产商提供的欧洲效率参数确定。这里说的逆变器效率是指逆变器将输入的直流电能转换为交流电能在不同功率段下的加权评价效率。

8.1.3　光伏系统的组件容量超配设计

电池组件容量与逆变器的容量比，被称为容配比。在电池组件与逆变器的配置设计中，我们一直按照光伏方阵容量与逆变器容量以 1∶1 的容配比进行设计，但在实际应用中，由于光伏系统组件功率的衰减、灰尘遮挡以及线路损耗的存在，再加上不同地区的光照条件差异，为了最优化系统收益，有经验的设计工程师会把电池组件的总容量配得比逆变器容量大一些，使系统的容配比大于 1∶1，这种情况被称为超配设计。适当的超配设计，将有利于提高系统的发电量，有利于提升系统的整体经济收益。

1. 影响系统容配比的主要因素

合理的容配比设计，需要结合具体项目的情况综合考虑，其主要影响因素包括辐照度、系统损耗、组件安装角度等方面。

（1）不同区域辐照度不同

我国太阳能资源分为四类地区，不同区域辐照度差异很大。即使在同一资源地区，不同的地方全年辐射量也有较大差异。例如，同是一类资源区的西藏噶尔地区和青海格尔木地区，噶尔地区的全年辐射量为 7998MJ/m^2，比格尔木地区的 6815MJ/m^2 高 17%，意味着相同的系统配置，即相同的容配比下，噶尔地区的发电量比格尔木高 17%。若要达到相同的发电量，可以通过改变容配比来实现。

（2）系统损耗

在光伏发电系统中，能量从太阳辐射到电池组件，经过直流电缆、汇流箱、直流配电箱等到达逆变器，当中各个环节都有损耗。如图 8-1 所示，直流侧损耗通常在 7%～12%，逆变器损耗约 1%，总损耗约为 8%～13%（此处所说的系统损耗不包括逆变器后面的变压器及线路损耗部分）。也就是说，在组件容量和逆变器容量相等的情况下，由于客观存在的各种损耗，逆变器实际输出最大容量只有逆变器额定容量的 90%左右，即使在光照最好的时候，逆变器也没有满载工作。降低了逆变器和系统的利用率。

（3）组件安装角度

不同倾斜角安装的组件所接收到的辐照度不同，如某些分布式屋顶多采用平铺的方式，则在使用相同容量的组件时，实际输出容量比有一定倾斜角的要低一些。

2. 组件超配设计的方式

组件超配设计分为补偿超配和主动超配两种方式，补偿超配就是通过提高组件容量，补偿各种原因引起的系统损耗，使光伏方阵的实际输出最大容量能满足逆变器按最大输入功率满负荷工作的需要。主动超配就是在进行了补偿超配的基础上，进一步提高光伏方阵的容量，提高光伏系统满载工作的时间。当然主动超配时，逆变器系统在中午光照较好时段可能会发生一定时间内的限功率运行，但整个光伏系统在寿命周期运行中可使 LCOE（电力供应平准化成本）达到最低值，即收益最大化。

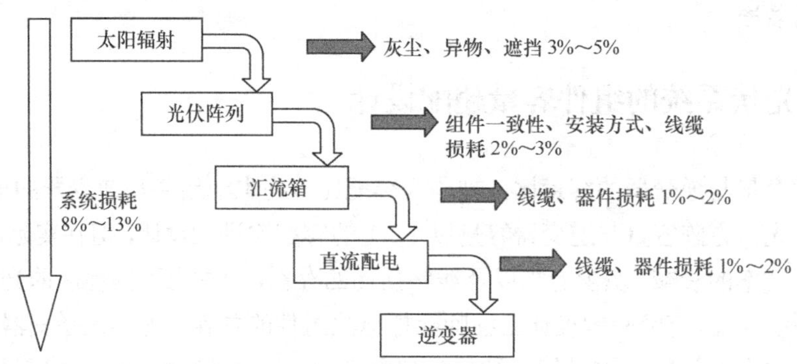

图8-1　光伏系统各环节损耗构成示意图

（1）补偿超配

由于光伏系统中的系统损耗客观存在，通过适当提升组件配比，补偿能量在传输过程中的系统损耗，使得逆变器可达到满功率工作的状态，这就是光伏系统补偿超配方案的设计思路。

（2）主动超配

在补偿超配使得逆变器部分时间段达到满载工作后，继续增加光伏组件容量，通过主动延长逆变器满载工作时间，在增加的组件投入成本和系统发电收益之间寻找平衡点，实现 LCOE 最小，这就是光伏系统主动超配方案设计思路。

在主动超配的情况下，由于受到逆变器额定功率的影响，在组件实际功率高于逆变器额定功率的时段内，系统将以逆变器额定功率工作；在组件实际功率小于逆变器额定功率的时段内，系统将以组件实际功率工作。最终所产生的系统实际发电量曲线将出现“削顶”现象。

主动超配方案设计，系统会存在部分时间段内处于限发工作，此段时间内逆变器控制组件工作偏离实际最大功率点。但是，在合适的容配比值下，系统整体的 LCOE 是最低的，即收益是最大的。

补偿超配、主动超配与 LCOE 的关系是这样的：LCOE 随着容配比的提高不断下降，在补偿超配点，系统 LCOE 没有到达最低值，进一步提高容配比到主动超配点，系统的 LCOE 达到最低。再继续提高容配比后，LCOE 则会升高。因此，主动超配点是系统最佳容配比值。

3. 超配设计对逆变器的要求

（1）超配设计中除了需要考虑当地光照条件、系统损耗、铺设倾斜角度等因素的影响外，逆变器的性能和选型也十分重要。集中式逆变器由于单机容量大、过载能力强，比组串式逆变器更适于超配。此外，超配后由于接入逆变器的组件容量提高，是否超过逆变器的运行范

围、造成逆变器长期过载运行而影响逆变器安全，限功率运行时，直流电压是否超过逆变器的直流电压允许范围等都是超配设计过程中要考虑的问题。

（2）超配设计是光伏发电系统的组件容量相对交流侧容量而言的。对于一个光伏发电系统，其容量应该以交流功率侧容量来标定。例如，一个 6MW 的电站，通常是指其交流侧输出功率可以达到 6MW，而不是直流侧组件功率是 6MW。对于逆变器来讲，也是同样的，首先要关注其交流额定功率参数，然后分析其“实际可用交流侧功率”，逆变器的“实际可用交流侧功率”才是对超配真正有意义的。如某个组串式逆变器，其交流侧额定功率参数是 36kW，但其直流侧真实最大可配置到的功率只有 34kWp，考虑逆变器自身损耗，其“实际可用交流侧额定功率”一定是小于 34kW，从超配系数 1.1 的角度看，现实版“实际可用交流侧额定功率”可能仅仅是 30kW。因此，“实际可用交流侧功率”是系统进行超配设计的前提条件。

（3）逆变器需要有良好的散热能力。由于组串逆变器主要应用于小型屋顶、小型山丘等地的复杂分布式电站，环境温度高，散热条件相对较差，如在天气较为炎热的夏天，由于屋顶彩钢瓦或水泥屋顶受光照后热辐射导致屋顶环境温度比地面电站至少要高 10℃以上。在这样的场景下，系统超配后，逆变器满载及过载的运行时间会加长，对于逆变器的散热能力提出了挑战。因此高效的散热能力是逆变器稳定、不降额运行的保障。在选择逆变器时，散热方式的选取上也需要慎重，实际测试表明，对于几十千瓦的电力电子设备，长期工作在满载状态下，智能风扇散热效果更优。

（4）直流输入端子数量必须足够多。为了实现超配设计，组串式逆变器需要足够的端子数量。目前国内常使用组件功率分别是 265W、270W、275W，通常每个组串由 22 块组件串联组成，以当前常见的交流额定功率为 40kW 的组串式逆变器为例，针对常见的 275W 及以下的组件，40kW 组串式逆变器至少需要配置 8 串才能满足 1.1 以上的超配设计要求。不同于集中式逆变器方案，组串式逆变器是直接连接组件，中间没有直流汇流环节，所能连接的组件串数受限于自身的输入端子数，因此，足够的输入端子数量是实现超配设计的必要保证。

（5）逆变器需要有较强的过载能力，一方面，当组件可输出能量在扣除直流侧线损之后，仍然大于逆变器的额定功率，具备过载能力的逆变器，可以尽可能地减少限发时间，减少发电量损失。另一方面，随着越来越多的用户使用逆变器替代电站的 SVG 功能，具备过载能力的逆变器可以在响应无功调度的同时，输出超过额定容量的有功功率。

通过超配设计，可以把逆变器的性能和光伏发电系统的整体效率发挥到最佳。根据光照条件的不同，组件和逆变器可以有不同的配比。在一类光照地区，平均峰值日照时间超过 5 小时，发电时间按每天 10 小时计算，建议组件和逆变器按 1∶1 配置，组件全天平均功率在 50%左右；在二类光照地区，平均峰值日照时间为 4 小时左右，发电时间按每天 9 小时计算，建议组件和逆变器按 1.1∶1 配置（4 小时*1.1/9 小时），组件全天平均功率在 49%左右；在三类光照地区，平均峰值日照时间为 3.5 小时左右，发电时间按每天 8.5 小时计算，建议组件和逆变器按 1.2∶1 配置（3.5 小时*1.2/8.5 小时），组件全天平均功率在 49.4%左右；在四类光照地区，平均峰值日照时间将低于 3 小时，发电时间按每天 8 小时计算，建议组件和逆变器按 1.3∶1 配置（3 小时*1.3/8 小时），组件全天平均功率在 48.75%。

对于组件方阵朝向各异的山地光伏电站，以及屋顶情况复杂的分布式光伏电站，当有些组件方阵不朝向正南、倾斜角度不是最佳倾角时，可以结合实际情况灵活进行超配设计。

8.2 并网系统的电网接入设计

8.2.1 并网要求及接入方式

1. 并网要求

（1）对并网点的要求。光伏发电系统根据容量及并网电压等级要求，可以实施单点并网或多点并网，并网点要设置在易于操作、可闭锁且具有明显开断点的位置，以确保电力设施检修维护人员的人身安全。

（2）系统接入功率。应根据接入电压等级、接入点实际情况对光伏系统接入电网的功率进行控制。具体能够接入多大功率要根据电网实际运行情况、电能质量控制、防孤岛保护等进行多方面论证。一般接入功率的总容量要控制在所接主变、配变接入侧线圈额定容量的30%以内。T接方式接入10/20kV公用线路的光伏系统，其总容量宜控制在该线路最大输送容量的10%～30%范围内。

2. 电压等级

光伏电站内连接各发电单元就地升压后变成高压侧的母线称为光伏电站母线，母线电压等级的确定，既要满足地区电力网络的需要，也要根据光伏电站的容量、规划、一次性投资和长期运营费用等因素综合考虑。

光伏电站母线电压可有380V、10kV、20kV和35kV 4种标称电压等级。光伏发电母线电压应根据接入电网的要求和光伏发电站的安装容量，经过技术经济比较后，按下列条件选择确定。

（1）光伏发电系统安装总容量小于等于1MW时，可采用0.4kV电压等级，不能就地消纳时，也可采用10kV等级。总容量小于等于1MW的光伏系统，大多数是分布式电站，自发自用能就地消纳、并网电量基本不上网时，为降低造价和运营费用，优先采用0.4kV等级。不能就地消纳时，可以采用10kV等级。

（2）光伏系统安装总容量大于1MW，在30MW以内时，可以根据情况采用10～35kV电压等级。在10kV、20kV和35kV 3种等级中的选择，主要取决于其综合技术经济效益和光伏系统周边电网的实际情况。

3. 并网接入方式

光伏发电系统的并网接入，一般有专线接入方式、T接方式和用户侧接入方式三种，如图8-2所示。

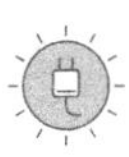

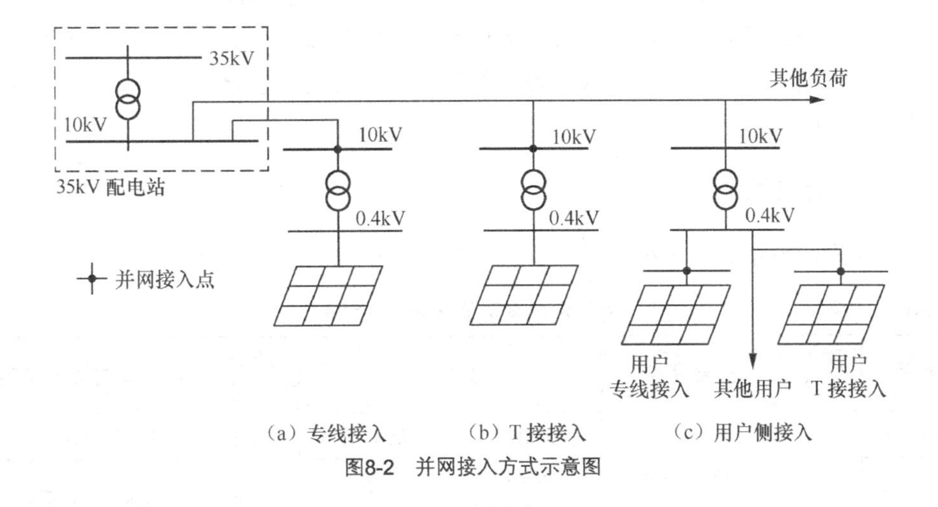

图8-2　并网接入方式示意图

8.2.2　典型接入方案

国家电网公司针对 10kV 及以下电压等级接入电网、且单个并网点总装机容量小于 6MW 的分布式光伏发电系统，推出了《分布式光伏发电接入系统典型设计》方案。该方案根据接入电压等级、运营模式和接入点不同，共划分 8 个单点接入系统方案，5 个多点接入系统方案。每个典型设计方案内容包括接入系统一次、系统继电保护及安全自动装置、系统调度自动化、系统通信、计量与结算等的相关方案设计。

1. 接入方案分类及要求

（1）单点接入方案。按照接入电压等级，分为接入 10kV、380/220V 两类；按照接入位置，分为接入变电站/配电室/箱变、开闭站/配电箱、环网柜和线路四类；按照接入方式，分为专线接入和 T 接两类；按照接入产权，分为接入用户电网和接入公共电网两类。

（2）多点接入方案。考虑单个项目多点接入用户电网，或多个项目汇集接入公共电网情况，设计多点接入组合方案。按照接入电压等级，分为多点接入 380V 组合方案、多点接入 10kV 组合方案、多点接入 10kV/380V 组合方案三类。按照接入产权，分为接入单一用户组合方案、接入公共电网组合方案两类。

（3）计量点设置。对于接入用户电网，计量点设置分为两类，一是装设双向关口计量电能表，用户上、下网电量分别计量；另一类装设发电量计量电能表，用于发电量和电价补贴计量。对于接入公共电网，计量点设置在产权分界点处，装设发电量计量电能表，用于电量计量和电价补偿。

（4）防孤岛检测和保护。分布式光伏发电系统逆变器必须具备快速主动检测孤岛、检测到孤岛后立即断开与电网连接的功能。接入 10kV 的分布式光伏发电项目，形成双重检测和保护策略。380V 电压等级由逆变器实现防孤岛检测和保护功能，但在并网点应安装易操作、具有明显开断指示的开断设备。

（5）通信方式。根据配电网区域发展差异，按照降低接入系统投资和满足配网智能化发展的要求考虑通信方式。优先利用现有配网自动化系统和营销集抄系统通信。

（6）发电系统信息采集。接入 10kV 的项目，采集电源并网状态、电流、电压、有功、无功、发电量等电气运行工况。接入 380V 的项目，暂只采集电能信息，预留并网点断路器工位等信息采集的能力。

2. 接入设计方案

单点接入设计方案如表 8-6 所示。多点接入设计方案如表 8-7 所示。

表 8-6　　光伏发电系统单点接入方案表

方案标号	接入电压	运营模式	接入点	送出回路数	单并点参考容量
XGF10-T-1	10kV	全额上网模式（接入公共电网）	专线接入变电站 10kV 母线	1 回	1MW～6MW
XGF10-T-2			专线接入 10kV 开关站、配电室或箱变	1 回	400kW～6MW
XGF10-T-3			T 接 10kV 线路	1 回	400kW～1MW
XGF10-Z-1		自发自用/余量上网（接入用户电网）	专线接入用户 10kV 母线	1 回	400kW～6MW
XGF380-T-1	380V	全额上网模式（接入公共电网）	配电箱/线路	1 回	≤100kW，8kW 及以下可单相接入
XGF380-T-2			箱变或配电室低压母线	1 回	20kW～400kW
XGF380-Z-1		自发自用/余量上网（接入用户电网）	用户配电箱/线路	1 回	≤400kW，8kW 及以下可单相接入
XGF380-Z-2			用户箱变或配电室低压母线	1 回	20kW～400kW

表 8-7　　光伏发电系统多点接入方案表

方案标号	接入电压	运营模式	接入点
XGF380-Z-Z1	380V/220	自发自用/余量上网（接入用户电网）	多点接入配电箱/线路、箱变或配电室低压母线（用户）
XGF10-Z-Z1	10kV		多点接入用户 10kV 母线、用户箱变或配电室（用户）
XGF380/10-Z-Z1	10kV/380V		以 380V 一点或多点接入配电箱/线路、箱变或配电室低压母线（用户），以 10kV 一点或多点接入用户 10kV 母线、用户箱变或配电室（用户）
XGF380-T-Z1	380V/220	全额上网模式（接入公共电网）	多点接入配电箱/线路、箱变或配电室低压母线（公用）
XGF380/10-T-Z1	10kV/380V		以 380V 一点或多点接入配电箱/线路、箱变或配电室低压母线（公用），以 10kV 一点或多点接入 10kV 配电室或箱变开关站变电站 10kV 母线、T 接 10kV 线路（公用）

这 13 个典型接入方案的具体连接示意图请参看国家电网《分布式光伏发电接入系统典型设计》中的有关内容，在此不再详细介绍。

图 8-3 和图 8-4 是单相、三相余电上网和单相、三相全额上网系统接入示意图，供设计时参考。

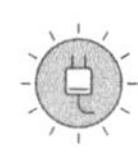

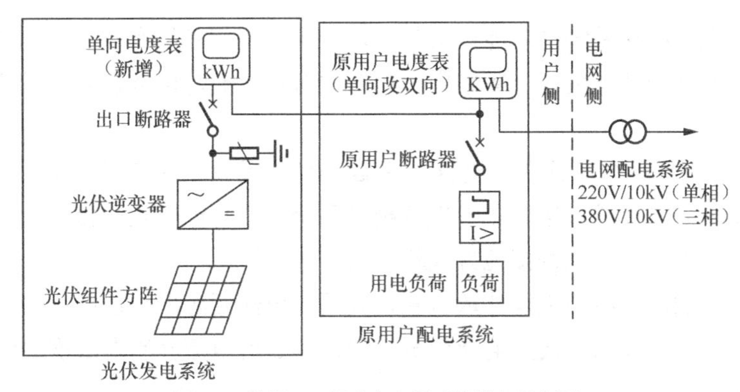

图8-3　单相、三相余电上网系统接入示意图

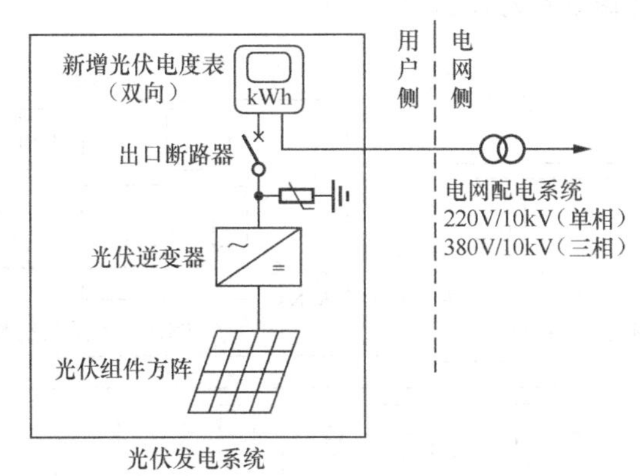

图8-4　单相、三相全额上网系统接入示意图

8.2.3　并网计量电表的接入

1．电能计量接入要求

光伏发电系统要在发电侧和电能计量点分别配置、安装专用电能计量装置，电能计量装置要校验合格，并通过电力公司认可或发放投入使用。光伏电站接入电网前，应明确上网电量和使用电网电量的计量点，计量点原则上设置在产权分界的光伏电站并网点。每个计量点都要装设电能计量装置，其设备配置和技术要求要符合 DL/T448-2000《电能计量装置技术管理规程》以及相关标准和规范等。

中型以上光伏电站的同一计量点应安装同型号、同规格、同精确度的主、副电能表各一套，主、副表应有明确的标识。

电能表一般采用静止式多功能电能表，技术性能符合 DL/T614-2007《多功能电能表》的要求，至少应具备双向有功和四象限无功计量功能、事件记录功能、要配置有标准通信接口，具备本地通信和通过电能信息采集终端远程通信的功能。

2．电能表接线方式

（1）对于低压供电，负荷电流在 50A 及以下时，宜采用直接接入式电能表；负荷电流在 50A 以上时，宜采用经电流互感器接入的接线方式。

（2）接入中性点绝缘系统的电能计量装置，应采用三相三线有功、无功电能表。接入非中性点绝缘系统的电能计量装置，应采用三相四线有功、无功电能表或3只感应式无止逆单相电能表。

（3）接入中性点绝缘系统的3台电压互感器，35kV及以上的宜采用Y/y方式接线；35kV以下的宜采用V/v方式接线。接入非中性点绝缘系统的3台电压互感器，宜采用Y0/y0方式接线，其一次侧接地方式和系统接地方式相一致。

（4）对三相三线制接线的电能计量装置，其两台电流互感器二次绕组与电能表之间宜采用四线连接。对三相四线制连接的电能计量装置，其3台电流互感器二次绕组与电能表之间宜采用六线连接。

图8-5是几种电能表内部接线图。

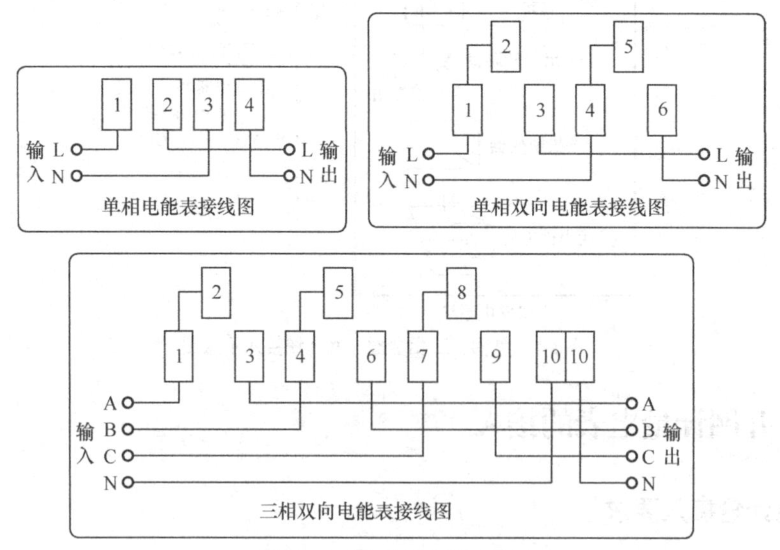

图8-5　几种电能表内部接线图

3. 电能表在并网电路中的几种接法

（1）单相并网接法一（1个双向电能表+1个单相电能表）

这种接法利用1个单相电能表计量光伏发电系统的总发电量，利用双向电能表计量光伏余电上网电量和用户的市电实际用电量，具体接线如图8-6所示。

（2）单相并网接法二（1个双向电能表+1个单相电能表）

这种接法利用1个单相电能表计量用户的总用电量，利用双向电能表计量光伏余电上网电量和用户市电实际用电量，具体接线如图8-7所示。这种接法适合用在“完全自发自用”的场合，要计量光伏系统总发电量需要通过各个电能表计量数字的加减计算，不是很方便。

（3）单相并网接法三（1个双向电能表+2个单相电能表）

这种接法利用1个单相电能表计量光伏发电系统的总发电量，利用另一个单相电能表计量用户的总用电量，利用双向电能表计量光伏余电上网电量和用户的市电实际用电量，具体接线如图8-8所示。

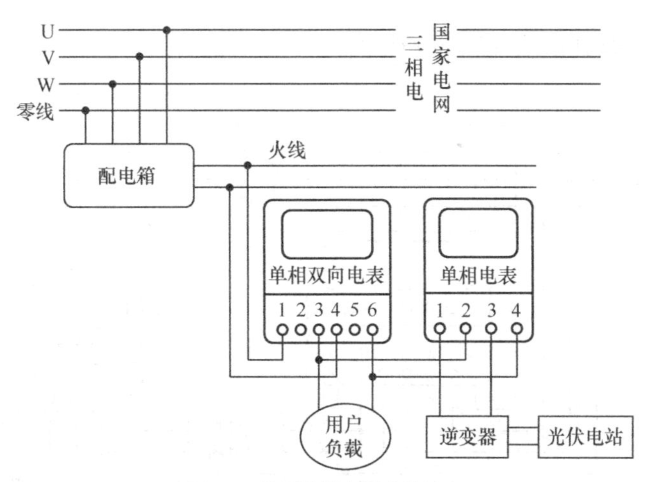

图8-6　单相并网电能表接法一

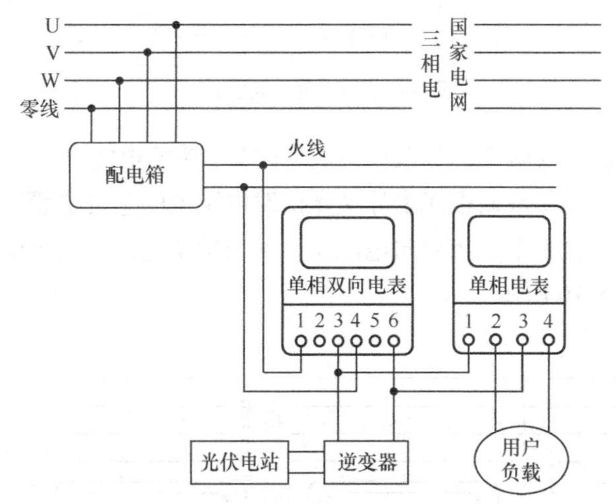

图8-7　单相并网电能表接法二

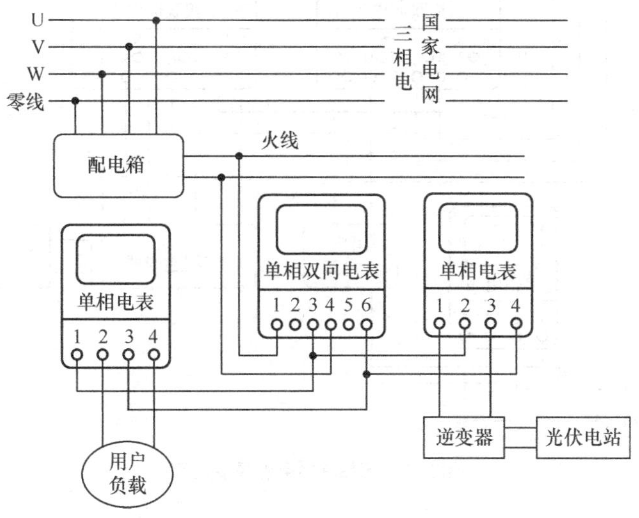

图8-8　单相并网电能表接法三

（4）三相并网接法一（1 个三相双向电能表+1 个单相电能表）。

这种接法利用 1 个三相双向电能表计量光伏发电系统的总发电量，利用单相电能表计量

用户的实际用电量，具体接线如图 8-9 所示。

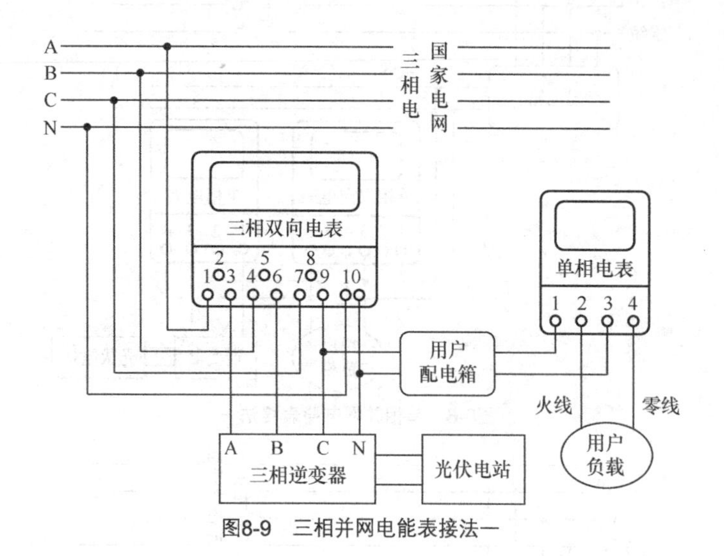

图8-9　三相并网电能表接法一

（5）三相并网接法二（两个三相双向电能表＋1 个单相电能表）

这种接法利用 1 个三相双向电能表计量光伏发电系统的总发电量，利用单相电能表计量用户的实际总用电量，另 1 个三相双向电能表计量光伏发电系统的余电上网量和用户市电使用量，具体接线如图 8-10 所示。

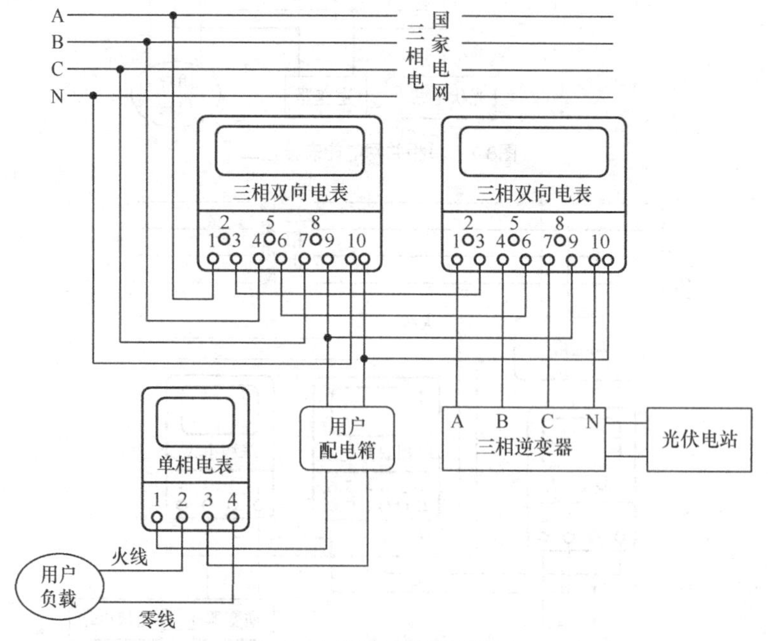

图8-10　三相并网电能表接法二

（6）三相并网接法三（两个三相双向电能表）

这种接法利用 1 个三相双向电能表计量光伏发电系统的总发电量，另 1 个三相双向电能表计量光伏发电系统的余电上网量和用户市电使用量，具体接线如图 8-11 所示。

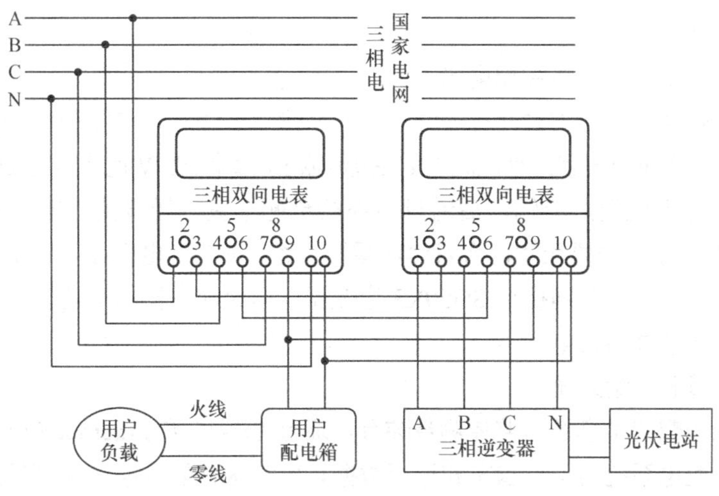

图8-11　三相并网电能表接法三

8.3　并网光伏发电系统配置设计实例

这一节主要以实例形式介绍并网光伏发电系统整体配置设计的技术方案、一些设计要点以及相关资料，供读者设计、选型和配置时参考。

8.3.1　100kW 并网光伏发电系统设计方案

1. 系统的主要构成

100kW 并网光伏发电系统的主要构成如下。

（1）电池组件方阵。

（2）电池方阵支架及基础。

（3）直流汇流箱及直流防雷配电箱。

（4）光伏并网逆变器。

（5）交流防雷配电系统（配电柜、配电室）。

（6）监控测量和计量系统。

（7）整个系统的连接线以及防雷接地装置等。

2. 系统的主要配置说明

（1）电池组件

系统选用功率为 180W 的电池组件，其峰值输出电压为 34.5V，开路电压为 42V，共配置 576 块。采用 16 块电池组件一组串联为一个光伏方阵，共配置 36 个光伏方阵（要求方阵朝向一致），电池组件总功率为 103.68kW。

（2）光伏并网逆变器

系统设计分成 2 个 50kW 并网发电单元，总设计功率 100kW。选用合肥阳光电源有限公司 SG50K3 并网逆变器两台。

（3）直流汇流箱及直流防雷配电箱

为了减少电池组件与逆变器之间连接线，以及日后的维护方便，在直流侧配直流汇流箱，该汇流箱为6进1出，即将6路光伏阵列汇流成1路直流输出，每个50kW逆变器需要配置汇流箱3台。

光伏阵列经过汇流箱汇流输出后通过电缆接至配电室，经直流防雷配电柜分别输入到SG50k3逆变器中，系统需要配置两台直流防雷配电柜，每个配电柜按照1个50kW直流配电系统进行设计，直流输出分别接至SG50K3逆变器。两台逆变器的交流输出再经交流开关配电柜接至电网，实现并网发电功能。

（4）监控测量和计量系统

此外，该系统配置1套通信监控测量装置，通过RS485或Ethernet（以太网）通信接口可实时监测并网发电系统的工作状态和运行数据，内部保存的数据记录可供给专业技术人员进行系统的分析。

（5）防雷接地装置

根据整个系统情况合理设计接地装置及防雷措施。

3. 系统设计说明

（1）电池组件的串并联设计

根据并网逆变器的MPPT电压范围，经过计算，逆变器的串并联数量设计如表8-8所示。

表8-8　逆变器的串并联数量

逆变器		每台逆变器对应的电池组件	
型号	数量	串并联	数量
SG50K3	两台	16串18并	288块

逆变器每个电池串按照16块电池组件串联设计而成，如图8-12所示。

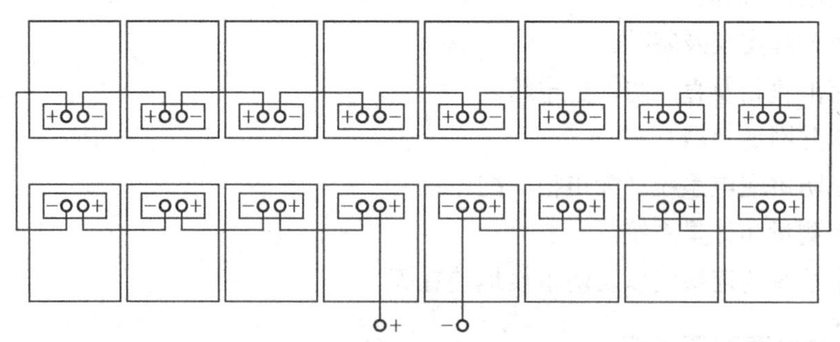

图8-12　串联组件方阵连接示意图

（2）光伏并网系统电气设计框图

光伏并网系统电气设计框图，如图8-13所示。

（3）直流汇流箱

直流汇流箱的主要性能特点如下。

① 户外壁挂式安装，防水、防锈、防晒，能够满足户外安装使用要求。

② 可同时接入6路光伏阵列，每路光伏方阵的最大允许电流为10A。

③ 光伏方阵的最大允许开路电压值为 900V。

④ 每路电池组件串配有光伏专用高压直流熔断器，其耐压值不小于 1000V。

⑤ 直流输出母线的正极对地、负极对地，正负极之间配有光伏专用高压防雷器。

⑥ 直流输出母线端配有可分断的直流断路器，光伏方阵防雷汇流箱的电气原理如图 8-14 所示。

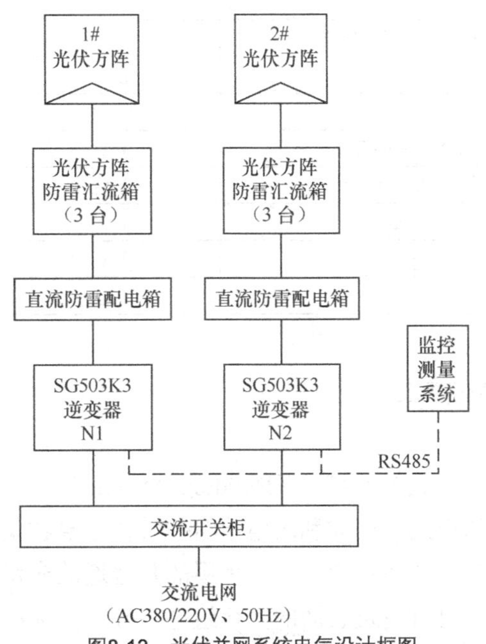

图8-13　光伏并网系统电气设计框图

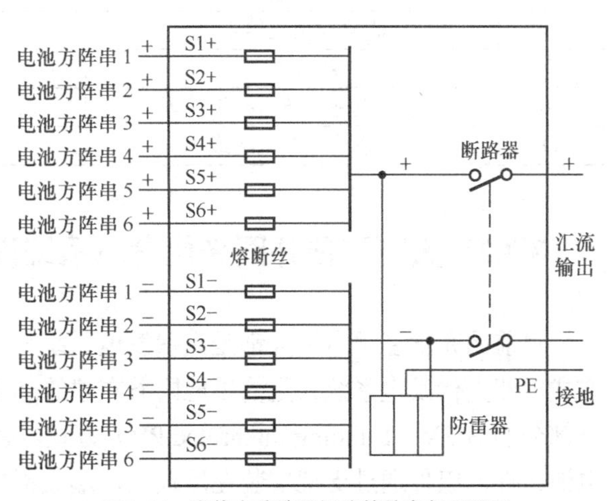

图8-14　光伏方阵防雷汇流箱的电气原理图

（4）监控测量和计量系统

采用高性能工业控制 PC 作为系统的监控主机，配置光伏并网系统多机版监控软件，采用 RS485 通信方式，连续每天 24h 不间断对所有并网逆变器的运行状态和数据进行监测。

性能特点及技术参数等略。

（5）系统防雷接地装置

为了保证本工程光伏并网发电系统安全可靠，防止因雷击、浪涌等外在因素导致系统器件损坏等情况发生，系统的防雷接地装置必不可少。系统的防雷接地措施有多种，主要有以下几个方面供参考。

① 地线是避雷、防雷的关键，在进行配电室基础建设和电池方阵基础建设的同时，选择电厂附近土层较厚、潮湿的地点，挖 1～2m 深地线坑，采用 40mm 扁钢，添加降阻剂并引出地线，引出线采用截面积为 35mm^2 铜芯电缆，接地电阻应小于 4Ω。

② 在配电室附近建一避雷针，高 15m，并单独做一地线，方法同上。

③ 直流侧防雷措施：组件支架应保证良好的接地，组件方阵连接电缆接入直流汇流箱，汇流箱内含高压防雷器保护装置，组件方阵汇流后再接入直流防雷配电柜，经过多级防雷装置可有效地避免雷击导致设备的损坏。

④ 交流侧防雷措施：每台逆变器的交流输出分别经低压交流防雷装置接入电网，可有效地避免雷击和电网浪涌导致设备的损坏，所有的机柜要有良好的接地。

（6）系统的主要配置清单如表8-9所示。

表8-9　系统的主要配置清单

序号	设备名称	规格型号	数量
1	电池组件	180W	576块
2	组件安装支架	—	1套
3	直流汇流箱	SPVMB-6	6台
4	直流防雷配电柜	50kW直流防雷配电柜	2台
5	光伏并网逆变器	SG50K3	2台
6	交流开关柜	—	1台
7	监控软件	SPS－PVNET	1套
8	监控测试工控主机	EBOX746-EFL	1台
9	液晶电视	32英寸	1台
10	基础设施及防雷接地装置	—	1套
11	系统连接电缆线	—	1套

8.3.2　大型屋顶并网光伏发电系统设计要点

目前的光伏屋顶电站大都是光伏发电系统与建筑集成的BAPV（Building Attached PV）方式，即光伏发电系统只是简单地附着在建筑之上的形式，而非利用电池组件替代建筑物某一部分的BIPV（Building Integrated PV）方式。在BAPV系统中，一般采用的是普通的光伏电池组件，组件通过支架安装在屋顶上，形成覆盖在已有建筑表面的光伏组件方阵，如大型办公楼、厂房建筑等。

BAPV并网光伏发电系统设计与地面光伏发电系统设计有所不同，地面光伏发电站一般是根据供电覆盖范围的负载或耗电功率要求来设计光伏方阵的容量及其配套系统的，BAPV则是根据建筑安装面积能容纳的光伏方阵容量大小来确定发电容量及配套系统。

BAPV光伏发电系统设计时需要考虑建筑的整体效果，并要考虑方阵的受光条件，如方阵的朝向与安装倾角等。其主要设计内容有工艺设计、电气设计、土建设计等几个方面，具体如光伏电池组件方阵排布、支架基础设计、电气线路连接、电缆敷设、设备选型、防雷接地设计、监控检测系统设计等。

1. 方阵倾角设计

从发电角度看，将光伏组件方阵以合适的角度安装在水平屋面上具有较好的经济型，原因如下。

（1）它可以根据不同地理位置接受太阳光的高度角和方位角，进行针对性的最佳角度安装，从而获得最大的发电量。

（2）由于组件布置形式比较规整，所以可以采用常规标准电池组件，成本减少，性能稳定。

（3）屋顶为最不影响视觉的部位，在水平屋顶安装组件，能把对建筑物外观和功能的影响降到最低。

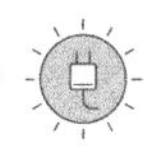

图 8-15 是前后两排组件间距与倾角关系示意图。图中 D 是组件前后排间距（即遮挡物阴影的长度），$D=L\times\sin\theta\times\cos\beta/\tan\alpha$，其中，$L$ 为组件长度，θ 为安装倾角，α 为太阳高度角，β 为太阳方位角。从公式中可以看出，组件的前后间距正比于安装倾角的正弦值。

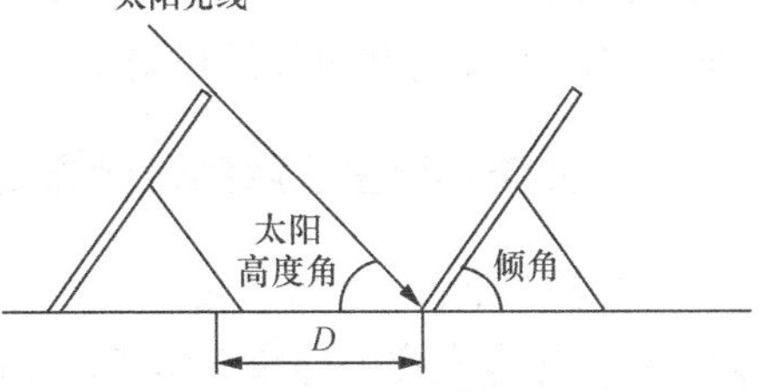

图8-15　组件间距与倾角关系示意图

由于一般建筑屋面的可利用面积相对较小，而且在最佳倾角附近倾斜面上接收到的太阳能辐射量相差不大，所以设计时可以考虑适当降低光伏方阵安装倾角来减少组件方阵前后排间距。这样虽然损失了少量的太阳能辐射，但增加了较大的装机容量，可充分利用建筑屋面的宝贵面积。同时，适当降低的方阵倾角，对建筑物的整体美观性及降低风载荷都是有利的。

2. 组串设计

一般屋顶光伏发电系统的组串设计与地面项目略有不同，主要原因是屋顶面的可利用面积有限，屋面资源宝贵，尺寸限制性也大，要在满足固定倾角无阴影遮挡的情况下尽量增加装机容量，所以 BAPV 电池组串设计需要考虑的因素包括组串输出电压要在逆变器的 MPPT 跟踪范围之内、组串输出功率要小于或等于逆变器的最大支流功率、组串数量要与屋面排布组件数量相匹配等。

3. 逆变器的选型设计

由于建筑的多样化，电池组件安装需要因地制宜采用多种方式。为了使电池组件的转换效率最高，同时兼顾建筑的外形美观，实现最大发电量，要根据不同场合选择逆变器。

光伏并网逆变器主要分为集中式逆变器、组串式逆变器、多组串式逆变器、组件式逆变器等。集中式逆变器一般运用于大型光伏发电站系统中，其特点是功率大、电能质量高，成本低，能提高整个光伏系统的效率和发电量。集中式逆变器适合大型厂房类屋顶发电项目，要求建筑物屋顶形状规整、无遮挡物。

组串式逆变器适用于小型的屋顶光伏发电系统，组串式逆变器采用模块化设计，每个光伏组串（1～5kW）对应一个逆变器，在直流端具有最大功率跟踪功能，在交流端并联并网。其优点是不受组串间模块差异和阴影遮挡的影响，同时减少了光伏电池组件最佳工作点与逆变器不匹配的情况，最大程度增加了发电量。

多组串式逆变器集合了集中式逆变器和组串式逆变器的优点，避免了其缺点，可应用于单路逆变器 50kW 以内的场合。多组串式逆变器系统不仅使逆变器应用数量减少，还可以使不同额定值的光伏组串（如不同的额定功率、不同的尺寸、不同厂家和每组串不同的组件数量）、不同朝向的组串、不同倾斜角和不同阴影遮挡的组串连接在一个共同的逆变器上，同时每一组串都工作在它们各自的最大功率峰值点上，使因组串间差异而引起的发电量损失减到最小，整个系统工作在最佳效率状态上。

逆变器选型设计时，其最小输入电压应当与电池组件在标准光照强度（1000W/m^2）下、组件最高温度 75℃时，光伏组串输出的最大峰值电压相符；最高输入电压应当与电池组件在标准光照条件下、环境温度最低时，光伏组串输出的最大开路电压相符。对于追求全年最大发电量的光伏电站设计，逆变器的最大功率与光伏方阵的峰值功率比值宜在大约 110%。如果要设计比较经济的光伏电站，应避免使用过大容量的逆变器，逆变器的最大功率应为光伏峰值功率的 90%左右。假如光伏组件没有安装在最理想的光照朝向时，应适当减少逆变器的容量。

4. 交流输出主线路的设计原则

大型屋顶光伏电站的交流输出主线路应根据建筑物间距离、区域内各电压等级、线路走向、集中配电室位置等综合考虑。一般宜在光伏并网集中逆变器旁就地升压至 10kV 或 35kV 进行电能的传输，以节约投资，降低输电损耗。

5. 防雷接地系统设计

屋顶光伏发电系统的防雷等级依据所在建筑物的防雷等级确定，防雷接地系统设计参考 GB50057-2004《建筑防雷设计规范》。在工程设计中注意以下几点。

（1）尽量避免避雷针的投影落在电池组件上。

（2）防止雷电感应。配电控制机房内全部金属物（包括设备、机架、金属管道、电缆）的金属外皮都要可靠接地，每件金属物品都要单独接到接地干线，不允许串联后再接到接地干线。

（3）屋顶光伏发电系统中一般以每栋建筑物为一个单元，可以分别与其建筑物原有的接地系统共用一个接地网。接地电阻要满足其中的最小值要求。

8.3.3 光伏发电系统设计相关资料

1. 太阳能光伏发电系统电价的确定

太阳能光伏发电电价确定的主要依据是设备初投资、回收年限及设备使用寿命这几个因素。从初投资看，设太阳光强度为 $1kW/m^2$，平均一天发电 5h，则设备利用率为 5/24≈21%，系统变换效率为 0.8。例如，标准的家庭户用太阳能光伏发电装置的容量一般为 5～10kW，目前国内市场平均价格为人民币 7～8 元/W（按 2017 年平均市场价格），10kW 的设备初投资为 7～8 万元。假设设备寿命为 20 年，每天发电 5h，则总共发电量为

$$10kW \times 5h \times 365 \times 20 = 365000kWh$$（度）

以此推算，假设电费为 0.8 元/度，则投资回收年限为 4.8～5.5 年，电费为 0.6 元时，投资回收年限为 6.3～7.3 年。因此，可以推算出光伏发电的电费目前为 0.6～0.8 元/度较为合理。

2. 火力发电能耗及排放数据

我国火力发电厂每发电 1kWh，需要消耗标准煤 305g；

二氧化碳（CO_2）排放指数为 0.814kg/kWh（国际能源署《世界能源展望 2007》数据）；

硫氧化物（SO_x）排放指数为 6.2g/kWh（脱硫前统计数据）；

氮氧化物（NO_x）排放指数为 2.1g/kWh（脱氮前统计数据）。

第9章 太阳能光伏发电系统的安装施工与检测调试

太阳能光伏发电系统是涉及多个专业领域的高科技发电系统，不仅要进行合理可靠、经济实用的优化设计，选用高质量的设备、部件，还必须进行认真、规范的安装施工和检测调试。系统容量越大，电流电压越高，安装调试工作越重要。否则，轻则会影响光伏发电系统的发电效率、造成资源浪费，重则会频繁发生故障，甚至损坏设备。另外还要特别注意安装施工和检测全过程中的人身安全、设备安全、电气安全、结构安全、工程安全等问题，做到规范施工、安全作业。安装施工人员要通过专业技术培训合格，并在专业工程技术人员的现场指导和参与下进行作业。

9.1 太阳能光伏发电系统的安装施工

太阳能光伏发电系统的安装施工分为两大类：一是太阳电池方阵在屋顶或地面的安装，及汇流箱、配电柜、逆变器、避雷系统等电气设备的安装；二是电池组件间连线及各设备之间连接线路的敷设施工，以及连接用电负载（用电户）和连接电网的高低压配电线路的敷设施工。光伏发电系统安装施工的主要内容如图 9-1 所示。

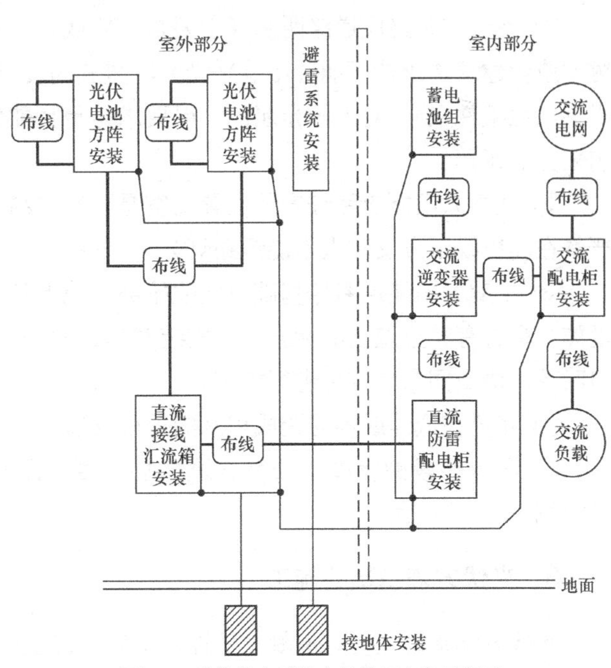

图9-1　光伏发电系统安装施工内容示意图

9.1.1 电池组件及方阵的安装施工

1. 安装位置的确定

在进行光伏发电系统设计时，要在计划施工的现场进行勘测，确定安装方式和位置，测量安装场地的尺寸，确定电池组件方阵的朝向方位角和倾斜角。电池组件方阵的安装地点不能有建筑物或树木等的遮挡，如实在无法避免，也要保证光伏方阵在上午9时到下午16时能接收到阳光。光伏方阵与方阵的间距等应严格按照设计要求确定，确保前排方阵对后排方阵无阴影遮挡。按照行业规范，在我国北方地区，以冬至日当天下午15:00点前不被遮挡为设计原则；在南方地区，以冬至日当天下午16:00点前不被遮挡为设计原则。

2. 对安装现场的基本要求

（1）对太阳能光伏电站安装现场的基本要求

① 现场土地或屋顶面积要能满足整个电站所用面积的需要，一般每10kW光伏电站占地面积约70～100m^2。要尽可能利用空地、荒地、劣地及空闲屋顶，不能占用耕地。

② 现场地形要尽可能平坦，要选择地质结构及水文条件好的地段，尽可能远离有断层、滑坡、泥石流及容易被水淹没的地段。

③ 安装现场要尽可能处于供电中心，以利于输电线路的架设和传输，使输电线路距离最短，施工容易，维护管理方便。

④ 若施工现场地处山区，要尽可能选择开阔地带，并尽量避开东面和南面高山对太阳的遮挡。若屋顶施工，也要尽量避开四周的树木、高楼、烟囱等障碍物的遮挡。

（2）对太阳能道路灯安装现场的基本要求

① 察看安装路段道路两侧（主要是南侧或东、西两侧）是否有树木、建筑等遮挡，（有树木或者建筑物遮挡可能会影响采光）测量其高度以及与安装地点的距离，计算确定其是否影响电池组件采光。对太阳光照的一般要求是至少能保证上午9时至下午15时之间不能有影响采光的遮挡。

② 观察太阳能道路灯安装位置上空是否有电缆、电线或其他影响路灯安装的设施（注意：严禁在高压线下方安装太阳能道路灯）。

③ 了解太阳能道路灯基础及电池舱部位地下是否有电缆、光缆、管道或其他影响施工的设施，是否有禁止施工的标志等。安装时尽量避开以上设施，确实无法避开时，请与相关部门联系，协商同意后方可进行施工。

④ 避免在低洼或容易造成积水的地段安装。

⑤ 测量路段的宽度、长度、遮挡物高度、距离等参数，作为设计路灯系统的基本参考数据。

3. 光伏方阵基础的施工

光伏方阵基础主要有混凝土预埋件基础、混凝土配重块基础、螺旋地桩基础、直接埋入式基础、混凝土预制桩基础和地锚式基础等几类，可以根据设计安装要求及地质土壤情况等

对几种基础进行选择。其中混凝土块配重基础、混凝土预埋件基础经常应用于屋顶光伏发电系统建设或改造中，可以有效地避免破坏屋顶防水层等结构；预埋件基础、螺旋地桩基础、直接埋入式基础、混凝土预制桩基础和地锚式基础可以应用到任何地面光伏电站中，具有稳固、可靠性高的优点。

（1）场地平整。基础施工前首先进行场地平整，平整面积除光伏电站本身占地面积外还应留有余地，平地四周应预留 0.5m 以上，靠山面应预留 0.5m 以上，沿坡面应预留 1m 以上，靠山面的坡度应在 60° 以下，且应做好防护工作。

（2）定位放线。在平整过的场地上，按设计施工要求的方法和位置进行定位，主要根据光伏电站现场方位、各项工程施工图、水平基准点及坐标控制点确定基础位置。具体方法是利用指南针确定正南方的平行线，配合角尺，按照电站设计图纸要求找出横向和纵向的水平线，确定基础开挖线。

（3）基坑开挖。采用预埋件法基础或直埋法基础时，施工过程中要控制基坑的开挖深度，以免造成混凝土材料的浪费，开挖尺寸应符合施工图纸要求，遇沙土或碎石土质挖深超过 1m 时，应采取相应的防护措施。

预埋件法要按设计要求的位置浇注光伏方阵的支架基础，基础预埋件要平整牢固。将预埋件放入基坑中心，用 C20 混凝土进行浇注，浇注到与地平面一致时，用振动棒夯实。在振动过程中要不断地浇注混凝土，保证振实后的水平面高度一样。完成后的基础要保证预埋件螺丝的高度符合图纸要求。浇筑前要用保护套或胶带对预埋件螺栓进行包裹保护。

4. 光伏支架的地面安装

光伏支架有角度固定的钢结构支架、自动跟踪支架及铝合金支架等，其中，铝合金支架一般用在小规模屋顶光伏发电系统中和大型钢结构支架中固定电池组件的部分支架，具有耐腐蚀、重量轻、美观耐用的特点，但承载能力低，且价格偏高；自动跟踪支架由于成本、效率等原因，应用还不普遍；钢结构支架性能稳定，制造工艺成熟，承载力高，安装简便，可以广泛应用于各类光伏电站中。

光伏支架按照连接方式不同，可分为焊接和拼装式两种。焊接支架对型钢（槽钢和角钢）生产工艺要求低，连接强度较好，价格低廉，但焊接支架也有一些缺点，如连接点防腐难度大。如果涂刷油漆，则每 1～2 年油漆层就会发生剥落，需要重新涂刷，后续维护费用较高。焊接支架一般采用热镀锌钢材或普通角钢制作，沿海地区可考虑采用不锈钢等耐腐蚀钢材制作。热镀锌钢材镀锌层平均厚度应大于 50μm，最小厚度要大于 45μm。支架的焊接制作质量要符合国家标准《钢结构工程施工质量验收规范》（GB 50205—2001）的要求。普通钢材支架的全部及热镀锌钢材支架的焊接部位，要进行涂防锈漆等防腐处理。

拼装式支架以成品型钢或铝合金做为主要支撑结构件，具有拼装、拆卸方便，无需焊接，防腐涂层均匀，耐久性好，施工速度快，外形美观等优点，是目前普遍采用的支架连接方式。

光伏支架的安装顺序如下。

（1）安装前后立柱，立柱要与基础垂直，拧上预埋件螺母，吃上劲即可，先不要拧紧。如果有槽钢底框，先将槽钢底框与基础调平固定或焊接牢固，再把前后立柱固定在槽钢底框上的相应位置。

（2）安装立柱连接杆。安装立柱连接杆时应将连接杆的表面放在立柱外侧，并把固定螺栓拧至6分紧。

（3）安装前后横梁。将前后横梁放置于钢支柱上，与钢支柱固定，用水平仪将横梁调平调直，再次紧固螺栓，用水平仪对前后梁进行再次校验，没有问题后，将螺栓彻底拧紧。

不同类型的支架其结构及连接件款式虽然有差异，但安装顺序基本相同，具体安装方法可参考设计图纸或支架厂家提供的技术资料。

光伏支架与基础之间应焊接或安装牢固，立柱底面与混凝土基础接触面要用水泥浆添灌，使其紧密结合。支架及光伏组件边框要与保护接地系统可靠连接。

5. 光伏支架的屋顶安装

当在平面屋顶安装光伏支架时，要使基础预埋件与屋顶主体结构的钢筋牢固焊接或连接，如果受到结构限制无法进行焊接和连接，应采取混凝土块配重基础，加大基础与屋顶的附着力，并可采用前面介绍的铁线拉紧法或支架延长固定法等进一步加以固定。特别是在东南沿海台风多发地，配重基础直接关系到光伏发电系统的安全，影响光伏方阵抗台风能力，存在被大风掀翻的安全隐患，所以，配重块基础的设计施工要再增加负重，并进一步加固。另外，负重不足的配重基础还有被局部移动的风险，可能会导致支架变形，组件损坏等。屋顶基础制作完成后，要对屋顶破坏或涉及部分按照国家标准《屋面工程质量验收规范》（GB50207—2002）的要求做防水处理，防止渗水、漏雨现象发生。

当在彩钢板屋顶安装光伏方阵时，光伏组件可沿屋顶面坡度平行铺设安装，也可以设计成一定倾角的方式布置。组件支架可通过不同的连接件、紧固件与屋顶承重结构连接。目前的彩钢板屋顶多为坡面形，常见的坡度为5%和10%，屋面板为压型钢板或压型夹芯板，下部为檩条，檩条搭设在门式三角形钢架等支撑结构上。常见的彩钢板屋顶主要形式有直立锁边型、角驰型、卡口型、明钉型等。

在彩钢板屋顶安装光伏组件方阵时，其安装方式与支撑彩钢板屋顶的钢架结构、屋顶架结构、檩条强度与数量及屋面板形式等有着直接的关系，对于不同承重结构的彩钢板屋顶将采取不同的安装方式。

（1）钢架、屋顶支架、檩条的承重强度和屋顶板刚性强度都能满足安装要求。

这种情况是最合理的安装条件，光伏支架及方阵可以直接进行安装。采用连接件把光伏支架与屋顶板连接，尽可能靠近檩条位置进行固定。

（2）钢架、屋顶支架、檩条的承重强度能满足安装要求，但屋顶板刚性强度较小，变形较大。

这种类型的彩钢屋顶主要应用在简易车间、车棚、公共侯车厅、养殖场等一些要求不太高的场所。光伏支架可以采用连接件直接与檩条处的屋顶板直接连接，也可以将连接件穿透屋顶板与檩条进行连接。

（3）仅钢架和屋顶支架能满足安装要求，檩条和屋顶板承载能力小。

这种情况，只能将连接件直接与钢架或屋顶支架连接，具体连接安装方式也是采用将连接件穿透屋顶板的方式进行。还有一种方式是将固定支架位置的屋顶板割开，用角钢槽钢等做支柱焊接到钢架或屋顶支架上。

在上述几种方式中，凡是涉及到穿透屋顶的连接方式，必须带有防水垫片或采用密封结构胶进行处理，保证防水能力。若钢架、屋顶支架、檀条和屋顶板强度均不能满足安装要求时，是不能进行光伏方阵安装的。如果非要安装，需要先对彩钢屋顶的整个钢结构重新进行加固。

在光伏方阵基础与支架的施工过程中，要杜绝出现支架基础没有对齐，支架前后立柱不在一条线上以及组件方阵横梁不在一个水平线上，出现弧形或波浪形的现象。还应尽量避免对相关建筑物及附属设施的破坏，如因施工需要不得已造成局部破损，应在施工结束后及时修复。

6. 电池组件的安装

（1）电池组件在存放、搬运、安装等过程中，不得碰撞或受损，特别注意要防止组件玻璃表面及背面的背板材料受到硬物的直接冲击。禁止抓住接线盒搬运和举起组件。

（2）组件安装前应根据组件生产厂家提供的出厂实测技术参数和曲线，对电池组件进行分组，将峰值工作电流相近的组件串联在一起，将峰值工作电压相近的组件并联在一起，以充分发挥电池组串的整体效能。电池组件的测量最好在正午日照最强的条件下进行。如组件厂商提供的是经过生产线测试调配好的组件，可直接进行安装。

（3）电池组件的安装应自下而上逐块进行，螺杆的安装方向为自内向外，将分好组的组件依次摆放到支架上，并用螺杆穿过支架和组件边框的固定孔，将组件与支架固定。固定时要保持组件间的缝隙均匀，横平竖直，组件接线盒方向一致。组件固定螺栓应有弹簧垫圈和平垫圈，紧固后应将螺栓露出部分及螺母涂刷防锈漆，做防松动处理。

（4）按照光伏方阵组件串并联的设计要求，用电缆将组件的正负极进行连接，在进行作业时需按照操作规范进行，先串联后并联。对于接线盒直接带有连接线和连接器的组件，在连接器上标注有正负极性，只要将连接器接插件直接插接即可。电缆连接完毕，要用绑带、钢丝卡等将电缆固定在支架上，以免长期风吹造成电缆磨损或接触不良。

（5）安装中要注意方阵的正负极不能短路，否则可能造成人身事故或火灾。在阳光下安装时，最好用黑塑料薄膜、包装纸片等不透光材料将电池组件遮盖起来，以免输出电压过高影响连接操作或造成施工人员触电。

（6）安装斜坡屋顶的建材一体化电池组件时，组件间的上下左右防雨结构必须严格施工，严禁漏雨、漏水，外表必须整齐美观，避免电池组件扭曲受力。屋顶坡度超过 10° 时，要设置施工脚踏板，防止人员或工具物品滑落。严禁下雨天在屋顶面施工。

（7）电池组件安装完毕之后要先测量各组串总的电流和电压，如果不合乎设计要求，应该对各个支路分别测量。为了避免各个支路互相影响，在测量各个支路的电流与电压时，各个支路要相互断开。

（8）光伏方阵中所有光伏组件的铝边框之间都要用专用的接地线进行连接，光伏方阵的所有金属件都应可靠接地，防止雷击可能带来的危害，同时为工作人员提供安全保证。光伏方阵仅通过组件的铝边框和支架的接触间接接地时，接地电阻大且不可靠，铝边框有漏电的危险。在实际工程中，多数光伏系统的负极都接到设备的公共地极上。系统其它的绝缘及接地要求参考相应的设计方案和国家标准中有关内容。

9.1.2 光伏控制器和逆变器等电气设备的安装

1. 控制器的安装

（1）控制器安装前，应先开箱检查，按照装箱单和技术手册进行逐项检查，检查外观有无损坏，内部连接线和螺钉有无松动，还要核对设备型号是否符合实际要求，零部件和辅助线材是否齐全等。

（2）安装控制器时，要将光伏电池方阵用塑料布进行遮挡，或在早晚太阳光较弱时进行，或断开光伏组串相应断路器，以免高压拉弧放电。断开负载以保护设备及人员安全，按照要求连接线路。

（3）控制器接线时要将工作开关放在关的位置，接线步骤是先连接蓄电池，再连接逆变器，然后对系统进行检查和试运行，具备通电使用条件后，最后连接光伏组串或方阵。

（4）控制器应尽量安装在阴凉通风的地方，中功率控制器可固定在墙壁或者摆放在工作台上，大功率控制器可直接在配电室内地面安装。控制器若需要在室外安装时，必须符合密封防潮要求。

（5）不同类型的蓄电池对充放电电压的要求不同，安装连接后需要对预置电压进行核对或调整。

2. 逆变器的安装

（1）逆变器在安装前同样要进行外观及内部线路的检查，检查无误后先将逆变器的输入开关断开，然后进行接线连接。接线时要注意分清正负极极性，并保证连接牢固。接线内容包括，直流侧接线、交流侧接线、接地连接、通讯线连接等。

（2）接线完毕，可接通逆变器的输入开关，待逆变器自检测正常后，如果输出无短路现象，则可以打开输出开关，检查温升情况和运行情况，使逆变器处于试运行状态。

（3）逆变器的安装位置可根据其体积、重量大小分别放置在工作台面、地面等位置上，若需要在室外安装时，要考虑周围环境对逆变器是否有影响，应避免阳光直接照射，并符合通风密封防潮的要求。过高的温度和大量的灰尘会引起逆变器故障和缩短使用寿命。同时要确保周围没有其它电力电子设备干扰。

（4）逆变器的安装应与其周围保持一定的间隙，方便逆变器散热，及后期逆变器的维护操作。如果逆变器本身无防雷功能，要在直流输入侧配置防雷系统，并且保持良好接地。

（5）在大功率离网光伏系统中，逆变器安装要尽量靠近蓄电池组，但又不能和蓄电池组同处一室，一是防止蓄电池散发的腐蚀性气体对逆变器等设备的侵蚀，二是防止逆变器开关动作产生的电火花引起腐蚀性气体爆炸。

（6）逆变器安装要合理选择并网点，在某一区域安装3台以上逆变器时，要选择接入不同相位的火线并网，防止用电低峰时因电网电压高造成逆变器过压保护而停止工作。在农村电网末端严禁安装大容量光伏发电系统。

（7）安装中所使用线缆的质量必须合格，连接要牢固，直流光伏线缆连接器必须用专用压线钳压制，以避免后期因接触不良引起故障或着火事故。

根据光伏系统的不同要求，各厂家生产的控制器、逆变器的功能和特性都有差别。因此为了解控制器、逆变器的具体接线和调试方法，要详细阅读随机附带的技术说明文件。

3. 直流汇流箱的安装

（1）直流汇流箱安装前也应开箱检查，首先按照装箱清单检查汇流箱所带的产品使用手册、合格证、保修卡、箱门钥匙等资料、配件是否齐全。检查汇流箱内元器件应完好，连接线应无松动，所有开关和熔断器应处于断开状态。

（2）汇流箱的安装位置应符合设计要求，安装支架及紧固螺丝等都应为防锈件。汇流箱防护等级虽然能满足户外安装的要求，但也要尽量安装在干燥、通风和阴凉的地方，避免安装在阳光直射和环境温度过高的区域。

9.1.3　防雷与接地系统的安装施工

1. 防雷器的安装

（1）安装方法

防雷器的安装比较简单，防雷器模块、火花放电间隙模块及报警模块等，都可以非常方便地组合并直接安装到配电箱中标准的 35mm 导轨上。

（2）安装位置的确定

一般来说，防雷器要安装在根据分区防雷理论要求确定的分区交界处。B 级（Ⅲ级）防雷器一般安装在电缆进入建筑物的入口处，如安装在电源的主配电柜中；C 级（Ⅱ级）防雷器一般安装在分配电柜中，作为基本保护的补充；D 级（Ⅰ级）防雷器属于精细保护级防雷装置，要尽可能地靠近被保护设备端进行安装。防雷分区理论及防雷器等级是根据 DIN VDE0185 和 IEC61312-1 等相关标准确定的。

（3）电气连接

防雷器的连接导线必须尽可能短，以避免导线阻抗和感抗产生附加的残压降。如果现场安装的连接线长度无法小于 0.5m 时，则防雷器必须使用 V 字型方式连接，如图 9-2 所示。同时，布线时必须将防雷器的输入线和输出线尽可能地保持较远距离排布。

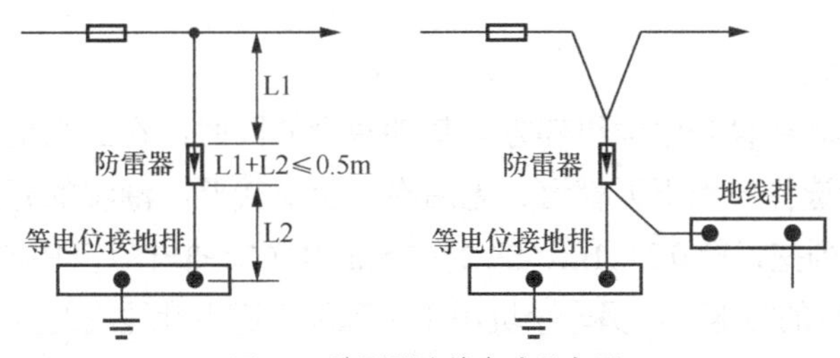

图9-2　防雷器连接方式示意图

另外，布线时要注意已经保护的线路和未保护的线路（包括接地线）不能近距离平行排布，二者必须有一定空间距离或通过屏蔽装置进行隔离，以防止未保护线路向已经保护线路感应雷电浪涌电流。

防雷器连接线的截面积应和配电系统的相线及零线（L1、L2、L3、N）的截面积相同或按照表9-1选取。

表9-1　　防雷器连接线截面积选取对照表

	导线截面积 mm^2（材质：铜）		
主电路导线截面积	≤35	50	≥70
防雷器接地线截面积	≥16	25	≥35
防雷器连接线截面积	10	16	25

（4）零线和地线的连接

零线的连接可以分流相当可观的雷电流，在主配电柜中，零线的连接线截面积应不小于 $16mm^2$，当用在一些用电量较小的系统中，零线的截面积可以相应选择得较小些。防雷器接地线的截面积一般取主电路导线截面积的一半，或按照表9-1选取。

（5）接地和等电位连接

防雷器的接地线必须和设备的接地线或系统保护接地可靠连接。如果系统存在雷击保护等电位连接系统，防雷器的接地线最终也必须和等电位连接系统可靠连接。系统中每个局部的等电位排也都必须和主等电位连接排可靠连接，连接线截面积必须满足接地线的最小截面积要求，如图9-3所示。

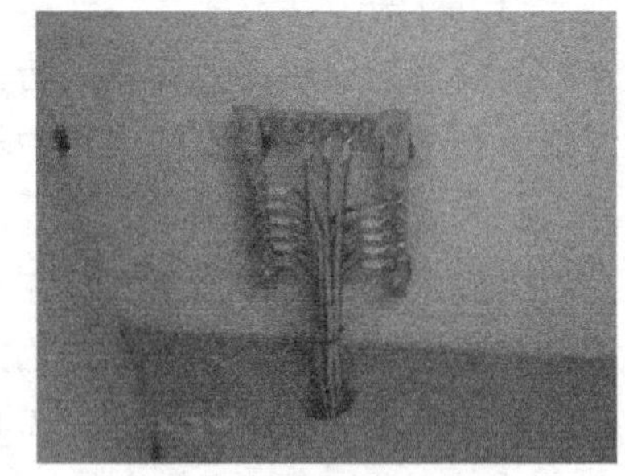
图9-3　等电位连接示意图

（6）防雷器的失效保护方法

基于电气安全的原因，任何并联安装在市电电源相对零或相对地之间的电气元件，必须在该电气元件前安装短路保护器件，如断路器或熔断器。防雷器也不例外，在防雷器的入线处，也必须加装断路器或熔断器，目的是当防雷器因雷击保护击穿或因电源故障损坏时，能够及时切断损坏的防雷器与电源之间的联系。待故障防雷器修复或更换后，再将保护断路器复位或将熔断的熔丝更换，防雷器恢复保护待命状态。

为保证短路保护器件的可靠起效，一般C级防雷器前选取安装额定电流值为32A（C类脱扣曲线）的断路器，B级防雷器前可选择额定电流值约为63A的断路器。

2. 接地系统的安装施工

（1）接地体的埋设

在进行配电室基础建设和电池组件方阵基础建设的同时，在配电机房或要安装光伏发电系统的居民住宅附近选择一地下无管道、无阴沟、土层较厚、潮湿的开阔地面，根据接地体的形状和尺寸一字排列挖直径0.3～1m、深2～2.5m的坑2～3个（其中的1或2个坑用于埋设电器、设备保护等地线的接地体，另一个坑用于单独埋设避雷针地线的接地体），坑与坑的间距应为3～5m，如图9-4所示。坑内放入专用接地体或按照第6章中内容设计制作的接地体，接地体应根据要求垂直或水平放置在坑的中央，其上端离地面的最小高度应大于等于0.7m，放置前要先将引下线与接地体可靠连接。引下线与接地体的连接部分必须使用电焊或气焊，不能使用锡焊。现场无法焊接时，可采取铆接或螺栓连接，确保有不少于 $10cm^2$ 的接触面。

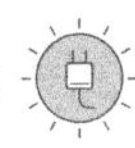

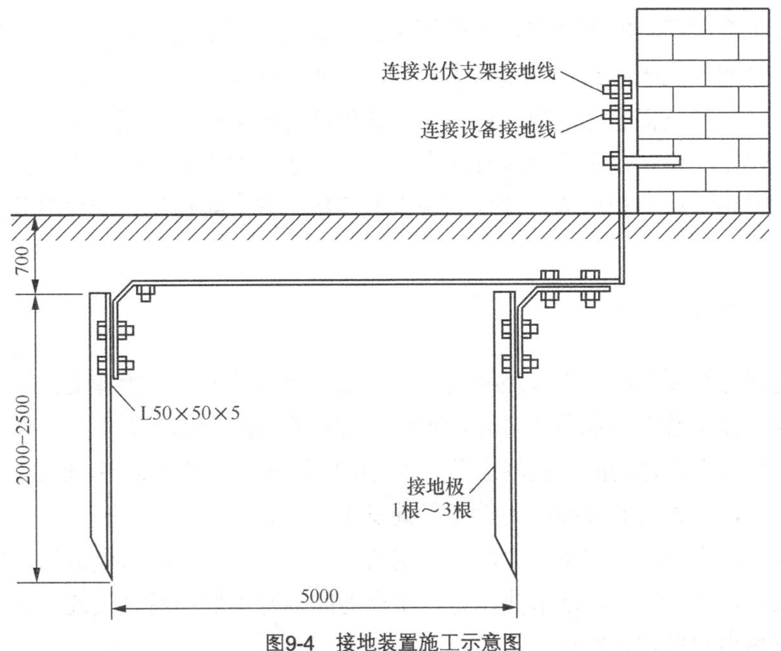

图9-4 接地装置施工示意图

引下线和接地体应尽量埋设在人们不走或很少走过的地方，避免受到跨步电压的危害，还应注意使接地体与周围金属体或电缆之间保持一定的距离。

将接地体放入坑中后，在其周围填充接地专用降阻剂，直至基本将接地体掩埋。填充过程中应同时向坑内注入一定的清水，以使降阻剂充分起效。最后用原土将坑填满整实。电器、设备保护等接地线的引下线最好采用截面积为 35mm^2 的接地专用多股铜芯电缆连接，避雷针的引下线可用直径为 8mm 的圆钢连接。

（2）避雷针的安装

避雷针的安装最好依附在配电室等建筑物旁边，以利于安装固定，并尽量在接地体的埋设地点附近。避雷针的高度根据要保护的范围而定，条件允许时尽量单独做地线。

9.1.4 蓄电池组的安装

蓄电池的安装质量直接影响蓄电池组运行的可靠性。蓄电池安装总的原则是：在小型光伏发电系统中，蓄电池的安装位置应尽可能靠近电池组件和控制器。在中大型光伏发电系统中，蓄电池最好与控制器、逆变器、交流配电柜等分室而放。蓄电池的安装位置要保证通风良好，排水方便，防止高温，防止阳光直射，远离加热器或其他辐射热源，环境温度应尽量保持在 10～25℃，最大不超过 0～35℃范围。

1. 安装前的检测

（1）安装前应首先对蓄电池的外观进行检查，防止因生产和运输过程中搬运不当造成对蓄电池外壳及内部结构的影响和伤害。应检查外观有无破裂、漏酸。检查接线端子极柱是否有弯曲和损坏，弯曲和损坏的端子极柱会造成安装困难或无法安装，并有可能使端子密封失效，产生爬酸、渗酸现象，严重时还会产生高的接触电阻，甚至有熔断的危险。在检查过程中，如果外壳上有湿润状的可疑点，可用万用表一端连接蓄电池极柱，另一端接触湿润处，若电压为零，说明外壳未破损；若电压大于零，说明该处存在酸液，应进一步仔细检查。

（2）安装前要检查蓄电池的出厂时间，验证生产与安装使用之间的时间间隔，逐只测量蓄电池的开路电压，确定是否需要进行充电。新蓄电池一般要在3个月以内投入使用。如搁置时间较长，开路电压将会很低，这样的蓄电池不能直接安装使用，应先对其进行充电后才能进行安装。

2. 安装注意事项

（1）蓄电池与地面之间应采取绝缘措施，一般可垫木板或其他绝缘物，以免蓄电池与地面短路而放电。如果蓄电池数量较多时，可以安装在蓄电池专用支架上，支架要可靠接地。

在安装多组蓄电池之间的连接器之前，必须将单体蓄电池排列整齐，使连接器安装顺畅，不要吃力扭紧，以免蓄电池极柱受力使密封处发生泄漏。

（2）蓄电池在充放电过程中，会产生一定的热量，所以安装时蓄电池与蓄电池的间距一般要大于50mm，以保证蓄电池散热良好。蓄电池间要有良好的通风设施，以免因蓄电池损坏产生可燃气体引起爆炸及燃烧。

（3）置于室外的蓄电池组要设置防雨水措施，当环境温度低于0℃或高于35℃时，蓄电池组应设置防冻、防晒和隔热措施。

（4）蓄电池间的连接线应符合放电电流的要求，对于并联的蓄电池组连接线，其阻抗要相等。蓄电池与充电装置及负载之间的连接线不能过细过长，以免电流传输过程中在线路上产生过大的电压降和由于电能损耗产生热量，给安全运行造成隐患。

（5）蓄电池串联连接的回路组中应设有断路器以便维护。并联组最好每组有一个断路器，以方便日后维护。

（6）一个蓄电池组不能采用新老结合的组合方式，而应全部采用新蓄电池或全部采用原来为同一组的旧蓄电池，以免新老蓄电池工作状态之间不平衡，影响所有蓄电池的使用寿命和效能。对于不同容量的蓄电池，也绝对不能在同一组中串联使用，否则在大电流充放电工作状态时有不安全隐患存在。

（7）蓄电池极柱与接线之间必须保证紧密接触，安装前要用铜丝刷去极柱表面的氧化层，使极柱的接线部位露出金属光泽，并用软布擦拭电池表面的铅屑和灰尘。在极柱与连接点涂一层凡士林油膜，以防腐蚀生锈造成接触不良。

3. 蓄电池支架的安装

（1）电池柜或架要放在预先确定的位置并找平，要求水平度误差小于1mm/m，垂直度误差不大于1.5mm/m。，注意电池柜与电池柜、墙壁及其它设备之间要留有50～70cm的维修距离，并注意地板的承重能力是否能满足要求。

（2）先将支架侧框架平稳放置在地面，然后将搁梁摆放在侧框架上，对好两侧安装螺孔，拧上螺丝但先不要拧紧。

（3）用连接板分别将左右侧梁和侧框架连接，拧上固定螺丝但不拧紧。

（4）调整好各零部件相互间的配合，若无错位现象，将各处螺丝拧紧。

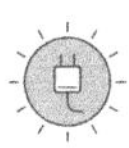

（5）若电池支架需要与地面固定时，将电池支架就位，做好固定孔标记，挪开支架在标记处钻孔，并清理现场。

（6）在孔中放入膨胀螺栓，然后挪回支架就位，将支架固定。

4. 蓄电池的安装

（1）安装时需要人工将蓄电池搬抬到支架上摆放整齐，同排同列的蓄电池应摆放一致、排列整齐，符合连接顺序。蓄电池的连接要参照设计图纸和出厂说明。

（2）使用蓄电池附带的专用连接器或连接线，按设计要求连接蓄电池的正负极，串联、并联成蓄电池组。连接时严禁造成极柱短路，工具也要进行绝缘处理，以免发生电池短路和人员伤害。

（3）蓄电池连接好后应将极柱端盖扣好或者用凡士林油、耐高温油脂涂抹，以防止端子被酸液侵蚀。

（4）当蓄电池组输出电压较高时，存在触电危险，拆装接线时要注意防护，并使用绝缘工具。

（5）蓄电池在多只并联使用时，按电池标识正、负极性依次排列，且连接点要拧紧，以防产生火花和接触不良。

（6）电池间的安装距离通常为 10～15mm，以便对流冷却。

（7）蓄电池应放在远离热源和容易产生火花的地方（如变压器、电源开关或熔丝等），安全距离为 0.5m 以上，不能在电池系统附近吸烟或使用明火。

（8）将蓄电池（组）和外部设备连接之前，要使设备处于关断状态，并再次检查蓄电池的连接极性是否正确，然后再将蓄电池（组）的正极连接设备的正极端，蓄电池（组）的负极连接设备的负极端，并紧固好连接线。

（9）蓄电池或电池组若需要并联使用，一般不能超过 4 只（组）并联。

（10）不要单独增加电池组中某几个单体电池的负载，否则将造成单体电池间容量的不平衡。

（11）蓄电池间连接电缆应尽可能短，不能仅考虑容量输出来选择电缆的大小规格，电缆的选择还应考虑不能产生过大的电压降。

（12）特别提示：不同容量、不同厂家或不同新旧程度的蓄电池严禁连接在一起使用。

（13）条件许可的较大型光伏发电场（站），蓄电池室最好配备空调和净化通风设备，使环境温度维持在 20～25℃。

5. 安装后的检测

蓄电池安装结束后的检测项目包括安装质量检查、容量测试、内阻测试等几个方面。

（1）安装质量检查：首先要根据上述注意事项逐项检查安装是否符合要求，保证接线质量；其次测量蓄电池的总电压和单只电压，单只电压大小要相等。

（2）容量测试：用安装完好的蓄电池组对负载在规定的时间内放电，以确定其容量是否合理。新安装的系统必须将容量测试作为验收测试的一项内容。

（3）负载测试：用实际在线负载来测试蓄电池系统，通过测试的结果，可以计算出一个客观准确的蓄电池容量及大电流放电特性。要求测试时，尽可能接近或满足实际负载放电电流和放电时间的要求。

（4）内阻测试：蓄电池内部电阻大小是反映蓄电池工作状态的最佳标志，测量内阻的方法虽然没有负载测试那样绝对，但通过测试内阻至少能检测出 80%～90%有问题的蓄电池。

9.1.5 线缆的敷设与连接

光伏发电系统工程的线缆工程建设费用较大，线缆敷设方式直接影响着建设费用。合理规划、正确选择线缆的敷设方式，是光伏线缆设计选型的重要环节。

光伏发电系统的线缆敷设方式要根据工程条件、环境特点和线缆类型、数量等因素综合考虑，并且要按照满足可靠运行、便于维护的要求和技术经济合理的原则来选择。光伏发电系统直流线缆的敷设方式主要有直埋敷设、穿管敷设、桥架内敷设、线缆沟敷设等。交流线缆的敷设与一般电力电气工程施工方式相仿。无论哪种敷设在整体布线前都应事先考虑好走线方向，然后开始放线。当地下管线沿道路布置时，要注意将管线敷设在道路行车部分以外。

1. 光伏发电系统连接线缆敷设注意事项

（1）在建筑物表面敷设光伏线缆时，要考虑建筑的整体美观。明线走线时要穿管敷设，线管要做到横平竖直，应为线缆提供足够的支撑和固定，防止风吹等对线缆造成机械损伤。不得在墙和支架的锐角边缘敷设线缆，以免切割、磨损伤害线缆绝缘层引起短路，或切断导线引起断路。

（2）线缆敷设布线的松紧度要均匀适当，过于张紧会因四季温度变化及昼夜温差造成线缆断裂。

（3）考虑环境因素影响，线缆绝缘层应能耐受风吹、日晒、雨淋、腐蚀等。

（4）线缆接头要特殊处理，要防止氧化和接触不良，必要时要镀锡或锡焊处理。同一电路馈线和回线应尽可能绞合在一起。

（5）线缆外皮颜色选择要规范，如相线、零线、地线等颜色要加以区分。敷设在柜体内部的线缆要用色带包裹为一个整体，做到整齐美观。

（6）线缆的截面积要与其工作电流相匹配。截面积过小，可能使导线发热，造成线路损耗过大，甚至使绝缘外皮熔化，产生短路甚至火灾。特别是在低电压直流电路中，线路损耗尤其明显。截面积过大，又会造成不必要的浪费。因此，系统各部分线缆要根据各自通过电流的大小进行选择确定。

2. 线缆的铺设与连接

光伏发电系统的线缆铺设与连接主要以直流布线工程为主，而且串联、并联接线场合较多，因此施工时要特别注意正负极性。

（1）在进行光伏方阵与直流汇流箱之间的线路连接时，所使用线缆的截面积要满足最大短路电流的需要。各组件方阵串的输出引线要做编号和正负极性的标记，然后引入直流汇流箱。

（2）线缆在进入接线箱或房屋穿线孔时，要做如图 9-5 所示的防水弯，以防积水顺线缆

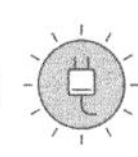

进入屋内或机箱内。当线缆铺设需要穿过楼面、屋面或墙面时，其防水套管与建筑主体之间的缝隙必须做好防水密封处理，建筑表面要处理光洁。

（3）对于组件之间的连接电缆及组串与汇流箱之间的连接电缆，一般利用专用连接器连接，线缆截面积小、数量大，通常情况下敷设时尽可能利用组件支架作为线缆敷设的通道支撑与固定依靠。

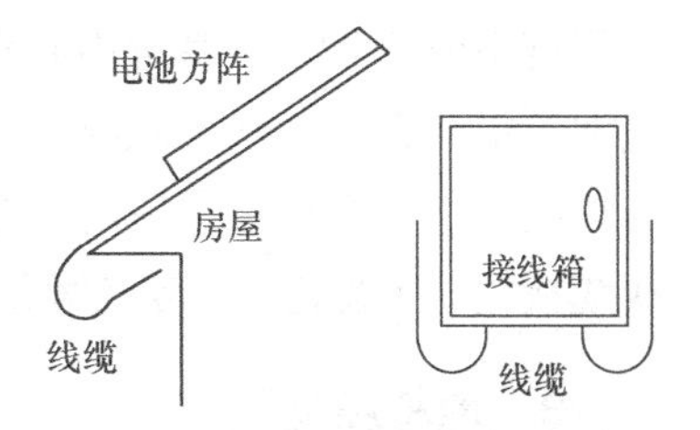

图9-5　线缆防水弯示意图

（4）当光伏方阵在地面安装时要采用地下布线方式，地下布线时要对导线套线管进行保护，掩埋深度距离地面 0.5m 以上。

（5）交流逆变器的输出有单相二线制、单相三线制、三相三线制、三相四线制等，要注意相线和零线的正确连接，具体连接方式与一般电力系统连接方式相仿。

（6）线缆敷设施工中要合理规划线缆敷设路径，减少交叉，尽可能地合并敷设以减少项目施工过程中的土方开挖量以及线缆用量。

9.1.6　太阳能道路灯的安装施工

1. 太阳能道路灯的构成

太阳能道路灯主要由太阳电池组件、智能控制器、免维护蓄电池、光源、灯杆、结构件等组成，其结构如图 9-6 所示。

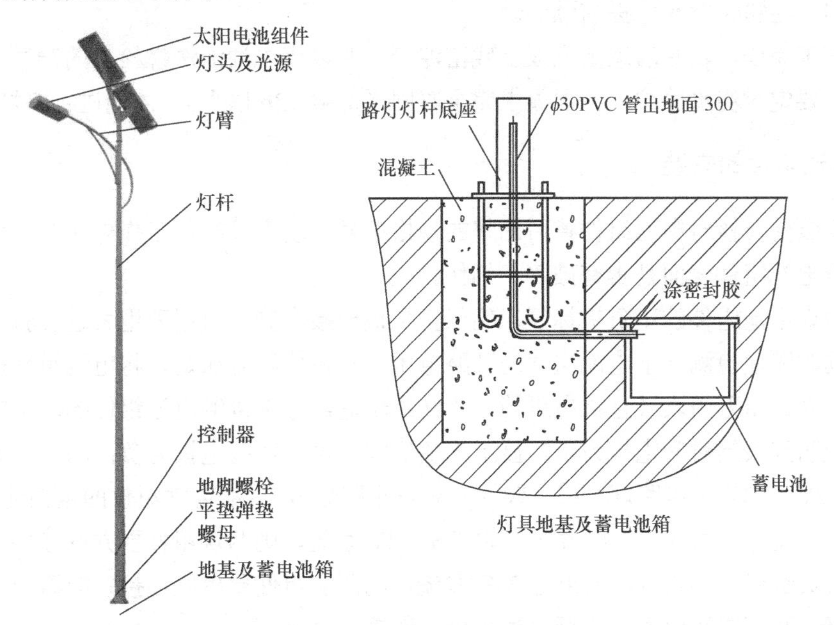

图9-6　太阳能道路灯的结构

2. 路灯安装技术规定

太阳能道路灯在同一街道、同一条路段、同一桥梁安装时，路灯的安装高度（从光源到地面）、灯头的仰角、灯具的朝向要保持一致；基础坑的开挖尺寸要符合设计要求，基础混凝土强度不低于 C20，基础中心电线管应超出基础平面 150～300mm，另一端要一直延伸到蓄电池箱中并露出 80～150mm；灯具安装纵向中心线和灯臂中心线应一致，灯具横向水平线应与地面平行，灯杆紧固后两个方向目测都应无歪斜；灯臂、灯杆内的穿线宜用整根，不能用线缆接头，穿线孔、口应光滑无毛刺，孔口部位的线缆最好用绝缘绑带包扎或套上绝缘套管。

3. 地基浇筑

（1）以根据施工图纸和技术方案确定的灯位间距为基准确定立灯位置，勘察现场地质情况。如果地表 $1m^2$ 皆是松软土质，那么开挖深度应加深；同时要确认开挖位置地下有没有其他设施（如电缆、管道等），路灯顶部有没有妨碍路灯安装的架空电线电缆，路灯东、南、西三个方向有没有高出路灯顶部的房屋、树木等遮挡物，否则要适当更换位置。灯杆位置确定后，确认电池箱埋地位置，以距灯杆约 0.5m 为宜，电池箱埋地深度要根据当地冬天最低气温确定，一般地区为电池箱上表面离地面 0.6m 以上，东北、内蒙东部等特别寒冷地区，要做到电池箱上表面离地面 1～1.5m。

（2）在立灯具的位置预留（开挖）符合标准的 $1m^3$ 坑，进行预埋件定位浇注。预埋件放置在方坑正中，PVC 穿线管一端放在预埋件正中间，另一端放在蓄电池箱处（如图 9-6 所示）。注意保持预埋件、地基与原地面在同一水平面上（或高于地面 50mm，可根据场地需要而定），地基有一边要与道路平行，这样方可保证灯杆竖立后端正而不偏斜。然后以 C20 混凝土浇注固定，浇注过程中要不停用振动棒振动，保证整体的密实性、牢固性。

（3）电池箱可以用立砖铺底和砌墙，内部抹水泥砂浆，也可以用模板进行浇筑，电池箱盖板要根据电池箱长宽尺寸提前预制。

（4）施工完毕，及时清理定位板上残留泥渣，并以废机油清洗螺栓上的杂质。混凝土凝固过程中，要定时浇水养护；待混凝土完全凝固（一般 72h 以上），才能进行路灯吊装作业。

4. 电池组件的安装

（1）安装前要核对电池组件背后铭牌的规格型号、功率及峰值工作电压等参数是否符合要求，检查电池组件表面是否有破碎、划伤。

（2）检查电池组件的正负极标识，确保正负极连接准确。可用万用表进行验证，以防标识错误，同时顺便检测一下电池组件的开路电压。具体检测方法是，将电池组件抬起立于地面，面向阳光，用万用表（直流电压档）的红黑表笔，分别接触电池组件的两个电极，显示为正值则说明红表笔对应电极为正，显示为负值则红表笔对应电极为负；同时，观察开路电压应大于 19V（12V 电压路灯）或 38V（24V 电压路灯），说明电池组件的电性能基本正常。

（3）当一盏灯有两块以上组件时，如果是 12V 系统，则两块组件要并联连接，即两块组件的正正、负负极对应连接；如果是 24V 系统，则两块组件要串联连接，即第一块组件的正极（或负极）和第二块组件的负极（或正极）连接。

（4）电池组件接线时，将组件接线盒打开，将电源线焊接或压接到接线盒的接线端子上，如图 9-7 所示。线接好后将接线盒出线端的防水螺母锁紧，然后扣上接线盒盖，并保证扣紧。

（5）把电池板安装到组件支架上，如图 9-8 所示，电池组件和组件支架用相应规格的螺栓、螺母、垫圈等紧固，安装时应将螺栓由外向里安装，然后套上垫圈并用螺母紧固。

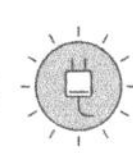

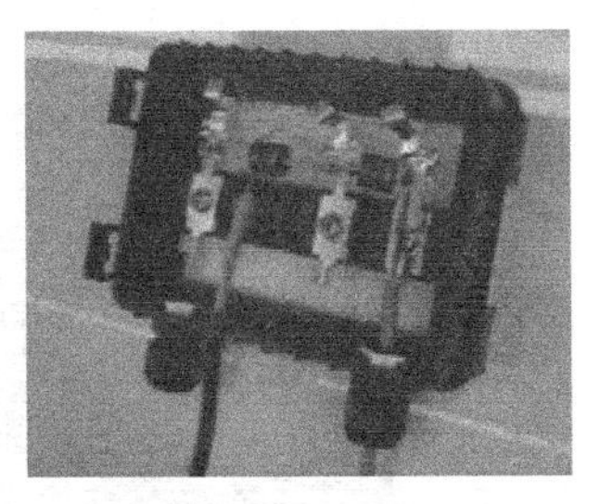
图9-7 组件接线盒的连接线

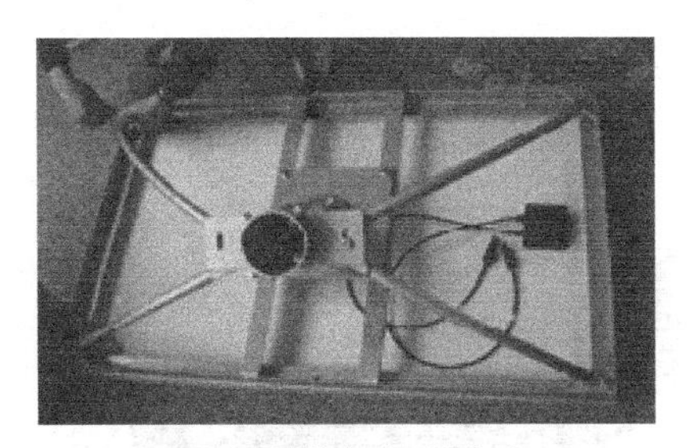
图9-8 组件安装到支架上

5. 蓄电池的安装

（1）蓄电池在放入水泥电池箱之前，要先放进塑料地埋箱内，放入时须轻拿轻放，防止砸坏塑料地埋箱。地埋箱四周橡胶垫要放平整，四周螺栓要对称均匀用力紧固，如图 9-9 所示。

（2）大部分路灯蓄电池都是引线直接输出，对于极柱输出的蓄电池，连接线必须用螺栓压在蓄电池的接线柱上并使用铜垫片以增强导电性。蓄电池的正负极引线在任何情况下都禁止短接，避免损坏蓄电池。

（3）蓄电池的输出线在穿过预留的穿线管时，要将正负极线头分别包好，防止穿线过程中短路。

6. 灯具的安装

（1）首先进行各部件组装固定。将电池组件及支架固定到灯杆上，固定前要注意电池组件朝向，保证灯杆按要求方向吊起固定后，电池组件受光面朝向正南。将灯头固定到灯臂上，再将灯臂固定到主杆上（有些灯杆的灯臂是和灯杆焊接在一起的），并将灯头连接线穿引到灯杆下部控制箱门处。

（2）灯杆起吊之前，再次检查各部位紧固件是否牢固，太阳电池组件朝向是否正确，灯头安装是否端正，光源工作是否正常。可将光源正负极引出线和蓄电池两端正负极相接，光源能点亮，则说明光源和线路正常。一切都正常后，方可起吊安装。

（3）起吊灯杆时，注意把吊绳捆在灯杆的合适位置，当灯杆起吊到基础正上方时，缓慢放下灯杆，同时一人左右旋转灯杆，调整灯头正对路面，另一人左右移动使灯杆法兰孔对准基础地脚螺栓，法兰盘落在基座上之后，依次给地脚螺栓套上平垫、弹簧垫和螺母，将螺母用扳手对角均匀拧紧。

（4）灯杆安装后，通过垫薄的开口垫片将灯杆垂直找平，彻底锁紧基础法兰紧固螺母，打开灯杆下部控制箱门，将电池组件、光源和蓄电池引出线从控制箱门引出，如图 9-10 所示，然后按要求连接控制器。

（5）连接控制器时，先接蓄电池，再接负载，然后接电池组件；接线操作时一定要注意各路接线与控制器上标明的接线端子不能接错，正负两极性不能触碰，不能接反，否则控制器将损坏。

（6）调试系统工作是否正常。松开控制器上的电池组件连接线一端时灯点亮，接上电池组件连接线时灯熄灭，说明系统工作正常，同时仔细观察控制器上各指示灯的变化，并按照要求调试控制器的定时时间等，一切正常后，将控制器挂在灯杆内适当位置，用灯杆所附螺栓固定好控制箱门。

图9-9 安装好蓄电池的地埋箱

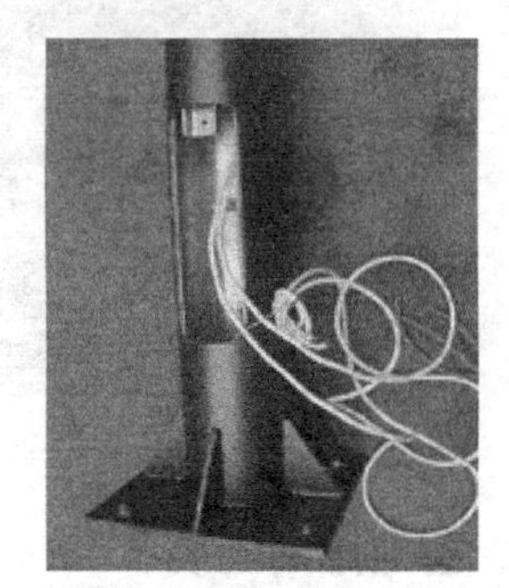

图9-10 引线从控制箱门引出

7. **安装中常见故障处理**

安装中经常遇到的故障及解决方法如表 9-2 所示。

表 9-2 道路灯安装常见故障处理

故障现象	常见原因	排除方法
光源不亮	环境光线较强	光线低于一定的照度时，光源会自动启动
	光源损坏	更换同型号的新光源
	输出开路、短路或接地	检查输出线路连接处是否可靠
	蓄电池开路	检查蓄电池连接线是否可靠
	熔丝烧断	更换同型号新熔丝
	蓄电池电压低于 11V	① 连续阴雨天超过设计天数造成蓄电池欠电压，晴天可自动恢复 ② 电池组件连接线开路或短路造成蓄电池欠电压 ③ 蓄电池短路造成欠电压或损坏
	控制器损坏	更换同型号新控制器或进行维修
光源不适当时间亮	太阳电池组件表面有遮挡物或脏污	清洗或清洁太阳电池组件表面

9.2 太阳能光伏发电系统的检查测试与工程验收

太阳能光伏发电系统安装完毕后，需要对整个系统进行直观检查和必要的测试，使系统能够长期稳定的正常运行，并履行工程验收和交接手续。

9.2.1 光伏发电系统的检查

光伏发电系统的检查主要是对各个电气设备、部件等进行外观检查，内容包括对电池组件方阵、基础支架、直流汇流箱、直流配电柜、交流配电柜、控制器、逆变器、系统并网装置、接地系统等的检查。

1. **电池组件及方阵的检查**

检查组件的电池片有无裂纹、缺角和变色，表面玻璃有无破损、脏物和油污，边框有无

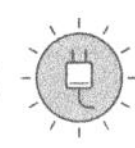

损伤、变形等。

检查方阵外观是否平整、美观，组件是否安装牢固，连接引线是否接触良好，引线外皮有否破损等。

检查组件或方阵支架是否有腐蚀生锈和螺栓松动之处。

检查方阵接地线是否有破损，连接是否可靠。

2. 直流汇流箱和直流、交流配电柜的检查

检查箱体表面有无腐蚀、生锈、变形、破损，内部接线有无错误，接线端子有无松动，外部接线有无损伤，各断路器开关是否灵活，防雷模块是否正常，接地线缆有无破损，端子连接是否可靠。

3. 控制器、逆变器、箱式变压器的检查

检查箱体表面有无腐蚀、生锈、变形、破损，接线端子是否松动，输入、输出等接线是否正确，接地线有无破损、接地端子是否牢固，辅助电源连接是否正确，逆变器自检是否正常，各断路器开关是否灵活，防雷模块是否正常。

变压器表面有无破损，温度、过载保护等动作是否正常，绝缘是否正常。

4. 接地系统的检查

检查接地系统是否连接良好，有无松动。连接线是否有损伤；所有接地是否为等电位连接，电缆铠甲是否接地。

5. 配电线缆的检查

光伏发电系统中的线缆在施工过程中，很可能出现碰伤和扭曲等情况，这会导致绝缘被破坏以及绝缘电阻下降。因此在工程结束后，在做上述各项检查的过程中，同时对相关配电线缆进行外观检查，通过检查确认线缆有无损伤。

重点检查：电缆与连接端是否采用连接端头，是否有抗氧化措施；连接紧固无松动，电缆绝缘良好，标示标牌齐全完整；高压电缆经过了高压测试并合格，电缆铠甲接地和防火措施良好。

9.2.2　光伏发电系统的测试

1. 光伏方阵的测试

一般情况下，方阵组件串中电池组件的规格和型号是相同的，可根据组件生产厂商提供的技术参数，查出单块组件的开路电压，将其乘以串联的数目，应基本等于组件串两端的开路电压。

通常由 36 片、60 片或 72 片电池片制造的电池组件，其开路电压约为 21～22V、38～39V 或 44～46V。如有若干块电池组件串联，则其组件串两端的开路电压应约为上述电压的整数倍。测量电池组件串两端的开路电压，看是否基本符合上述要求，若相差太大，则很可能有

组件损坏、极性接反或是连接处接触不良等问题，可逐个检查组件的开路电压及连接状况，找出故障。

测量电池组件串两端的短路电流，应基本符合设计要求，若相差较大，则可能有的组件性能不良，应予以更换。

若电池组件串联的数目较多时，开路电压将达到 600～700V 甚至更高，测量时要注意安全。

所有电池组件串都检查合格后，进行电池组件串并联的检查。在确认所有的电池组件串的开路电压基本上都相同后，方可进行各串的并联。并联后电压基本不变，总的短路电流应大体等于各个组件串的短路电流之和。在测量短路电流时，也要注意安全，电流太大时可能跳火花，会造成设备或人身事故。

若有多个子方阵，均按照以上方法检查合格后，方可将各个方阵输出的正负极接入汇流箱或控制器，然后测量方阵总的工作电流和电压等参数。

2. 绝缘电阻的测试

为了了解光伏发电系统各部分的绝缘状态，判断是否可以通电，需要进行绝缘电阻测试。绝缘电阻的测试一般是在光伏发电系统施工安装完毕准备开始运行前、运行过程中定期检查时以及确定出现故障时进行。绝缘电阻测试主要包括对光伏方阵、直流汇流箱、直流配电柜、交流配电柜以及逆变器系统电路的测试。

由于光伏方阵在白天始终有较高电压存在，在进行光伏方阵电路的绝缘电阻测试时，要准备一个能够承受光伏方阵短路电流的开关，先用短路开关将光伏方阵的输出端短路，根据需要选用 500V 或 1000V 的绝缘电阻表（俗称兆欧表或摇表），然后测量光伏方阵的各输出端子对地间的绝缘电阻，绝缘电阻值应不小于 10 MΩ，具体测试方法如图 9-11 所示。当光伏方阵输出端装有防雷器时，测试前要将防雷器的接地线从电路中脱开，测试完毕后再恢复原状。

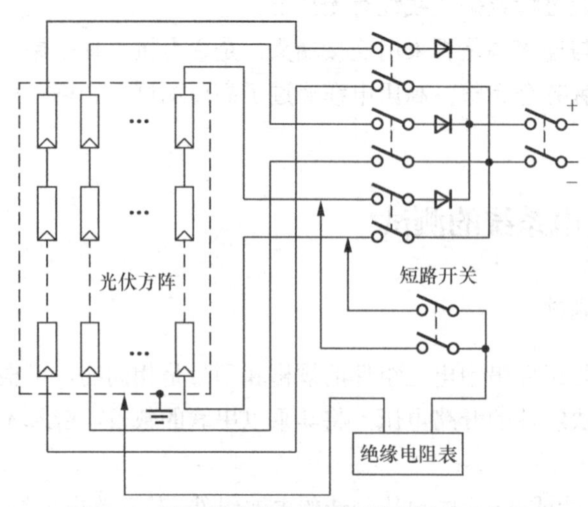

图9-11　光伏组件方阵绝缘电阻的测试方法示意图

逆变器电路的绝缘电阻测试方法如图 9-12 所示。根据逆变器额定工作电压的不同选择

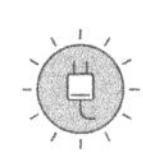

500V 或 1000V 的绝缘电阻表进行测试。逆变器绝缘电阻测试内容主要包括输入电路的绝缘电阻测试和输出电路的绝缘电阻测试。在进行输入和输出电路的绝缘电阻测试时，首先将电池组件与汇流箱分离，并分别短路直流输入电路的所有输入端子和交流输出电路的所有输出端子，然后分别测量输入电路与地线间的绝缘电阻和输出电路与地线间的绝缘电阻。逆变器的输入、输出绝缘电阻值应不小于 2MΩ。

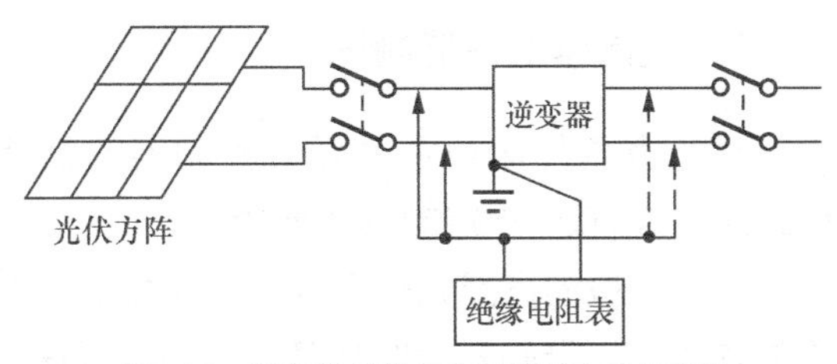

图9-12 逆变器的绝缘电阻测试方法示意图

直流汇流箱、直流配电柜、交流配电柜的绝缘电阻测试方法与逆变器的测试基本相同，其输入、输出引线与箱体外壳的绝缘电阻都应不小于 10MΩ。

3. 绝缘耐压的测试

对于光伏方阵和逆变器，根据要求有时需要进行绝缘耐压测试，测量光伏方阵电路和逆变器电路的绝缘耐压值。测量的条件和方法与上面的绝缘电阻测试相同。

在进行光伏方阵电路的绝缘耐压测试时，将标准光伏方阵的开路电压作为最大使用电压，对光伏方阵电路加上最大使用电压的 1.5 倍的直流电压或 1 倍的交流电压，测试时间为 10min 左右，检查是否出现绝缘破坏。绝缘耐压测试时一般要将防雷器等避雷装置取下或者从电路中脱开，然后进行测试。

在对逆变器电路进行绝缘耐压测试时，测试电压与光伏方阵电路的测试电压相同，测试时间也为 10min，检查逆变器电路是否出现绝缘破坏。

4. 接地电阻的测试

接地电阻一般使用接地电阻计进行测量，接地电阻计还包括一个接地电极引线以及两个辅助电极。接地电阻的测试方法如图 9-13 所示。测试时要使接地电极与两个辅助电极的间隔各为 20m 左右，并成直线排列。将接地电极接在接地电阻计的 E 端子上，辅助电极接在电阻计的 P 端子和 C 端子，即可测出接地电阻值。接地电阻计有手摇式、数字式、钳型式等几种，详细使用方法可参考具体机型的使用说明书。

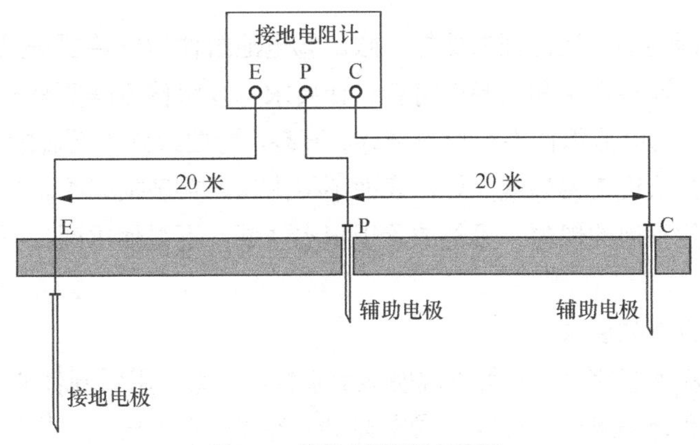

图9-13 接地电阻测试示意图

5. 控制器的性能测试

对于有条件的场合最好对控制器的性能也进行全面检测，验证其是否符合国家标准 GB/T19064-2003 规定的具体要求。

对于一般的离网光伏系统，控制器的主要功能是防止蓄电池过充电和过放电。在与光伏系统连接前，最好先对控制器单独进行测试。可使用合适的直流稳压电源，为控制器的输入端提供稳定的工作电压，并调节电压大小，验证其充满断开、恢复连接及低压断开时的电压是否符合要求。有些控制器具有输出稳压功能，可在适当范围内改变输入电压，测量输出是否保持稳定。另外还要测试控制器的最大自身耗电是否满足不超过其额定工作电流 1%的要求。控制器的具体测试方法可参看第 3 章中相关内容。若控制器还具备智能控制、设备保护、数据采集、状态显示、故障报警等功能，也可进行适当的检测。

对于小型光伏系统或确认控制器在出厂前已经调试合格，并且在运输和安装过程中并无任何损坏时，在现场也可不再进行这些测试。

9.2.3 光伏发电系统的工程验收

1. 光伏支架基础的验收

光伏支架的混凝土基础、屋顶混凝土结构块或配重块及砌体应符合下列要求。

①基础外表应无严重的裂缝、蜂窝麻面、孔洞、露筋等情况。②所用混凝土的强度要符合设计规范要求。③砌筑整齐平整，无明显歪斜、前后错位和高底错位。④与地面或原建（构）筑物的连接应牢固可靠，连接处已经做好防腐和防水处理，屋顶防水结构未见明显受损。⑤配电箱、逆变器等设备壁挂安装于墙体时，墙体结构荷载需满足要求。⑥如采用结构胶粘结地脚螺栓，连接处应牢固无松动。⑦预埋地脚螺栓和预埋件螺母、垫圈三者要匹配配套，预埋地脚螺栓的螺纹和螺母完好无损，安装平整、牢固、无松动，防腐处理要符合规范。⑧屋面施工要保持清洁完整，无积水、油污、杂物，有通道、楼梯的平台处无杂物阻塞。

2. 电池组件与方阵支架的验收

①电池组件的标签要与认证证书保持一致。②电池组件的安装要按照设计图纸进行，组件方阵与方阵位置、连接数量和路径应符合设计要求。③组件方阵要平整美观，整个方阵平面和边缘无波浪形。④电池组件不得出现破碎、开裂、弯曲或外表面脱附，包括上层、下层、边框和接线盒。⑤光伏连接器外观完好，表面不得出现严重破损裂纹。接头压接规范，固定牢固，不得出现自然垂地的现象，不得放置于积水区域。不得使用两种不同厂家的光伏连接器进行连接。

方阵支架应符合下列要求。

①外观及防腐涂镀层完好，不得出现明显受损情况。②采用紧固件的支架，紧固应牢固，不得出现抱箍松动和弹垫未压平现象。③支架安装整齐，不得出现明显错位、偏移和歪斜。④支架及紧固件材料防腐处理符合规范要求。

3. 线缆连接铺设的验收

①光伏线缆要外观完好，表面无破损，重要标识无模糊脱落现象。②连接电缆两端应设置规格统一的标识牌，字迹清晰、不褪色。③线缆铺设应排列整齐和固定牢固，采取保护措施，不得出现自然下垂现象；电缆原则上不应直接暴露在阳光下，应采取桥架、管线等防护措施或使用耐辐射型线缆。④单芯交流电缆的敷设应严格符合相关规范要求，以避免产生涡流现象，严禁单独敷设在金属管或桥架内。⑤双拼和多拼电缆的敷设应严格保证路径同程、电气参数一致。⑥电缆穿越隔墙的孔洞间隙处，均应采用防火材料封堵。各类配电设备进出口处均应保证密封性好。⑦使用桥架与线管时要做到布置整齐美观，转弯半径符合规范要求。桥架、管线与支撑架连接牢固无松动，支撑件排列均匀、连接牢固稳定。⑧屋顶和引下桥架盖板应采取加固措施。桥架与管线及连接固定位置的防腐处理符合规范要求，不得出现明显锈蚀情况。⑨屋顶管线不得采用普通 PVC 管做线管。

4. 汇流箱的验收

①汇流箱箱体外观完好，无变形、破损迹象。箱门表面标志清晰，无明显划痕、掉漆等现象。②应在箱体显要位置设置铭牌、编号、高压警告标识，不得出现脱落和褪色。③箱体门内侧应有接线示意图，接线处应有明显的规格统一的标识牌，字迹清晰、不褪色。④箱体安装应牢固可靠，且不得遮挡组件，不得安装在易积水处或易燃易爆环境中。⑤箱内接线应牢固可靠，压接导线不得出现裸露部分。⑥箱门及电缆孔洞密封严密，雨水不得进入箱体内；未使用的穿线孔洞应用防火泥封堵。⑦有阳光照射位置，箱体外要有遮阳棚等防晒措施。

5. 光伏逆变器的验收

①逆变器应外观完好，不得出现外观变形和损坏，无明显划痕、掉漆等现象。②应在箱体显要位置设置铭牌，型号与设计一致，清晰标明负载的连接点和直流侧极性；应有安全警示标志。③有独立风道的逆变器，进风口与出风口不得有物体堵塞，散热风扇工作应正常。④所接线缆应有规格统一的标识牌，字迹清晰、不褪色。⑤逆变器的安装位置应在通风处，附近无发热源，且不得安装在易积水处和易燃易爆环境中。⑥落地现场安装要牢固可靠，安装固定处无裂痕。壁挂安装要与安装支架的连接牢固可靠，不得出现明显歪斜，不得影响墙体自身结构和功能。⑦逆变器连接接线应牢固可靠。接头端子应完好无破损，未接的端子应安装密封盖。

6. 防雷与接地装置的验收

①接地干线应在不同的两点及以上与接地网连接或与原有建筑屋顶防雷接地网连接。②接地干线（网）连接、接地干线（网）与屋顶建筑防雷接地网的连接应牢固可靠。铝型材连接需刺破外层氧化膜；当采用焊接连接时，焊接质量要符合要求，不应出现错位、平行和扭曲等现象，焊接点应做好防腐处理。③带边框的组件、所有支架、电缆的金属外皮、金属保护管线、桥架、电气设备箱体导电部分应与接地干线（网）牢固连接，并对连接处做好防腐处理措施。④接地线不应做其他用途。

7. 环境监控装置的验收

①环境监控仪安装无遮挡并可靠接地，牢固无松动。②敷设线缆整齐美观，外皮无损伤，线扣间距均匀。③终端数据与逆变器、汇流箱数据一致，参数显示清晰，数据不得出现明显异常。④数据采集装置和电参数监测设备宜有防护装置。

8. 巡检通道与水清洁系统的验收

①屋顶应设置安全便利的上下屋面检修通道。光伏阵列区应有设置合理的日常巡检通道，便于组件更换和冲洗。②巡检通道部位要设置屋面保护措施，以防止巡检人员由于频繁踩踏而破坏屋面。③光伏方阵的水清洁系统用水接自市政自来水管网时，应采取防倒流污染隔断措施。④清洁系统管道安装牢固，标示明显，无漏水、渗水等现象发生，水压符合要求。⑤保温层安装正确，外层清洁整齐，无破损。⑥出水阀门安装牢固，启闭灵活，无漏水渗水现象发生。

9. 电气配电室的验收

①配电室室内应整洁干净并有通风或空调设施，室内环境应满足设备正常运行和运检要求。②室内应挂设值班制度、运维制度和光伏系统一次模拟图。③室内应在明显位置设置灭火器等消防用具且标识正确、清晰。④柜、台、箱、盘应合理布置，并设有安全间距。⑤室内安装的逆变器应保持干燥，通风散热良好，并做好防鼠措施。逆变器散热风道应具有防雨防虫措施，不得有物体遮挡封堵。⑥柜、台、箱、盘的电缆进出口应采用防火封堵措施。⑦室内要设置接地干线，电气设备外壳、基础槽钢和需接地的装置应与接地干线可靠连接。⑧装有电器的可开启门和金属框架的接地端子间，应选用截面积不小于4m^{2}的黄绿色绝缘铜芯软导线连接，导线应有标识。⑨电缆沟盖板应安装平整，并网开关柜应设双电源标识。

对预装式配电室还应符合下列要求。

①预装式配电室原则上应安装在室外地面，其防护等级要满足室外运行要求和当地环境要求。②预装式配电室基础应高于室外地坪，周围排水要通畅。③预装式配电室表面要设置统一的标识牌，字迹清晰、不褪色，外观完好，无形变破损。④预装式配电室内部若带有高压设施和设备，均应有高压警告标识。⑤预装式配电室或箱体的井门盖、窗和通风口需有完善的防尘、防虫、通风设施，以及防小动物进入和防渗漏雨水设施。⑥预装式配电室和门应可完全打开，灭火器应放置在门附近，并方便拿取。⑦配电室室内设备应安装完好，检测报警系统完善，内门上附电气接线图、出厂试验报告等。⑧配电室外壳及内部的设施和电气设备中的屏蔽线应可靠接地。

10. 光伏电站集中监控室的验收

①电站运行状态及发电数据应具备远程可视功能，可通过网页或手机远程查看电站运行状态及发电数据。②能显示电站当日发电量、累计发电量和发电功率等信息，并支持历史数据查询和报表生成功能。③显示信息还应包含汇流箱直流电流、直流电压、逆变器直流侧、交流侧电压电流，配电柜交流电流、交流电压和电气一次图。④显示信息还应包含太阳辐射、

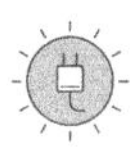

环境温度、组件温度、风速、风向等，并支持历史数据查询、报表生成等功能。⑤监控室内设备通风良好，并挂设运维制度和光伏系统一次模拟图。⑥室内监控设备运行正常，并有日常巡检记录。⑦监控室要设有专职运维作业人员，熟悉项目每日发电情况，并佩戴上岗证。

9.3　太阳能光伏发电系统的调试运行

太阳能光伏发电系统经过检查和测试后，就可以进入分段调试和试运行环节，在调试运行的过程中一定要严格按照相关的规范和设计要求，仔细检查和测试运行各个环节，确保在系统送电前排除所有隐藏的问题，调试过程中要注意安全，做到井然有序。下面以一个 MW 级并网光伏电站的运行调试过程为例，介绍光伏发电系统的调试运行过程。

9.3.1　太阳能光伏发电系统并网调试

1. 供电操作顺序

（1）合闸顺序

合上方阵汇流箱开关→检查直流配电柜所有直流输入电压→检测 35kV 电压供电是否输入→合上箱变低压侧开关→合上逆变器辅助电源开关→合上逆变器直流输入开关→合上直流配电柜输出开关→合上逆变器输出交流开关。

（2）断电顺序

分断逆变器输出交流开关→分断逆变器直流输入开关→分断直流配电柜输出开关→分断逆变器辅助电源开关→分断箱变低压侧开关。

2. 送电调试

（1）35kV 高压送电调试（此处省略，不作详细介绍）

（2）向变压器送电并做冲击试验

当外线高压送至光伏电站高压开关柜且一切正常后，开始向箱式变压器送电，做变压器冲击试验。变压器冲击试验做 3 次，第 1 次送电 3min，停 2min，待现场确认一切正常后进行第 2 次冲击试验；第 2 次送电 5min，停 5min，待现场确认正常后做第 3 次冲击试验；第 3 次送电后在现场观察 10min，无异常情况后不再断电，该线路试验完毕。保持变压器空载运行 24h，运行期间变压器应声音均匀、无杂音、无异味、无弧光。

3. 直流系统和逆变系统并网调试

在变压器空载运行 24h 正常后，可以开始直流系统和逆变系统的调试。直流系统和逆变系统的调试按 500kW 一个单元进行，直流系统和逆变系统的送电顺序为：合上该区域所有直流汇流箱的输出断路器→在直流配电柜上依次检查每路汇流箱的直流电压是否正常→合上变压器低压侧断路器→合上逆变器辅助电源开关→合上逆变器直流输入开关→送入一路直流电源对逆变器进行送电测试，试验逆变器直流输入端是否正常→每两路一组送入全部直流电→

合上逆变器交流输出开关→逆变器并网送电。

并网运行后，要对逆变器各功能进行检测。

（1）自动开关机功能检测

检测逆变器在早晨和晚上的自动启动运行和自动停止运行功能，检查逆变器自动功率（MPPT）跟踪范围。

（2）防孤岛保护检测

逆变器并网发电，断开交流开关，模拟电网停电，查看逆变器当前告警中是否有“孤岛”告警，是否自动启动孤岛保护功能。

（3）输出直流分量测试

光伏电站并网运行时，并网逆变器向电网馈送的直流分量不应超过其交流额定值的0.5%。

（4）手动开关机功能检测

通过逆变器“启动/停止”控制开关，检查逆变器手动开关机功能。

（5）远程开关机功能检测

通过监控上位机“启动/停止”按钮，检查逆变器远程开关机功能，看是否能通过监控上位机的“启动/停止”按钮控制逆变器的开关机。

逆变器的转换效率、温度保护功能、并网谐波、输出电压、电压不平衡度、工作噪声、待机功耗等反映逆变器本身质量优劣的各项性能指标可根据需要和现场条件进行测试，在此不再详细叙述。

4. 监控系统的调试

（1）检查监控的信息量正常。

（2）遥信遥测直流配电柜上每路直流输入的电流和电压参数。

（3）遥信遥测逆变器上直流电流、电压，交流电流、电压，实时功率，日发电量，累计发电量、频率等参数。

（4）遥信遥测箱式变压器的超温报警、超温跳闸、高压刀开关、高压熔断器、低压断路器位置等信号；遥控箱式变压器低压侧低压断路器等有电控操作功能的开关进行远程合、分操作；遥测箱式变压器低压侧三相电流、三相电压、频率、功率因数、有功功率、无功功率等参数。

（5）遥测电站环境的温度、风速、风向、辐照度等参数。

9.3.2 并网试运行中各系统的检查

1．检查关口电能表、35kV进线柜电能表工作是否正常。

2．检查监控系统数据采集是否正常。

3．检查箱式变压器、逆变器、直流汇流箱、直流配电柜等运行温度，以及电缆连接处、出线隔离开关触头等关键部位的温度。

4．检查35kV开关柜、110kV变压器、出线设备运行是否正常。

5．在带最大负荷发电条件下，观察设备是否有异常告警、动作等现象。再次检测箱式变压器、逆变器、直流汇流箱、直流配电柜运行温度，以及电缆连接处、出线隔离开关触头等关键部位的温度。

6．检查电站电能质量状况。

（1）电压偏差：三相电压的允许偏差为额定电压的±7%，单相电压的允许偏差为额定电压的+7%、–10%。

（2）电压不平衡度：不应超过 2%，短时间不得超过 4%。

（3）频率偏差：电网额定频率为 50Hz，允许偏差值为±0.5Hz。

（4）功率因数：逆变器输出大于额定值的 50%时，平均功率因数应不小于 0.9。

（5）直流分量：逆变器向电网馈送的直流电流分量不应超过其交流额定值的 1%。

7．全面核查电站各电压互感器（PT）、电流互感器（CT）的幅值和相位。

8．全面检查各自动装置、保护装置、测量装置、计量装置、仪表、控制电源系统等装置的工作状况。

9．全面检查监控系统与各子系统、装置的上传数据。

10．检查调度通信、传送数据等是否正常。

9.4　太阳能光伏发电系统施工案例

在此介绍一个兆瓦级的屋顶太阳能光伏电站的施工工程案例，整个工程可分为屋顶基础制作工程、支架结构制作工程、电池组件安装工程、直流侧电气工程、配电室电气工程等几个部分。

9.4.1　屋顶基础制作工程

屋顶基础制作工程分为测量定位、钢板预埋、打孔植筋、基础找平、基础浇注与养护、基础防水处理等几个步骤。

1．测量定位

根据屋顶结构，屋顶光伏电站的基础施工，要采取预埋件法和混凝土配重块法相结合的基础制作方式，基本原则是在有房梁的部位进行基础钢板预埋，无房梁的部位制作可移动的混凝土配重块。测量定位是要结合屋顶结构图纸，通过测量确定房梁位置，划出基础预埋件位置，并对施工部位的防水层进行切割，具体步骤如图 9-14 和图 9-15 所示。

2．钢板预埋件制作

钢板预埋件有两种，如图 9-16 和图 9-17 所示。一种是用于屋顶固定基础的钢板预埋件，其钢筋要植入房梁上提前打好的植入孔中；另一种是要预埋到屋顶移动基础的钢筋混凝土基础块中。用于制作基础的钢筋网片如图 9-18 所示。

图9-14　基础中心确定

图9-15　屋顶防水层切割

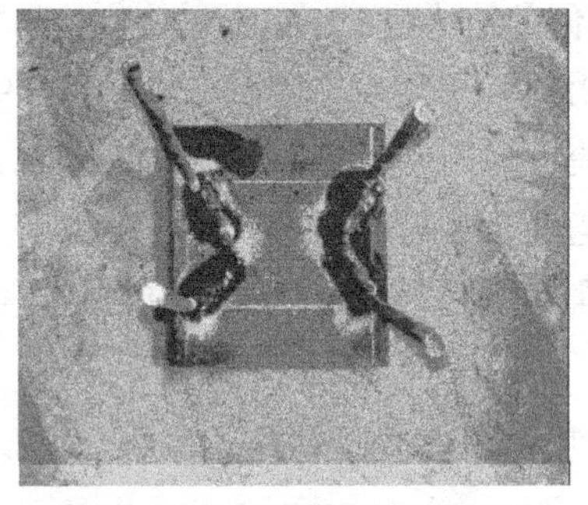

图9-16　固定基础用钢板预埋件

图9-17　移动基础用钢板预埋件

3. 打孔植筋

打孔植筋就是在切割了防水层的部位，按照要求间距和深度，打 4 个略大于预埋件钢筋直径的孔，如ϕ8mm 钢筋，可以打ϕ10mm 的孔。打好的孔要用气泵把孔里的灰尘吹干净，如图 9-19 所示。

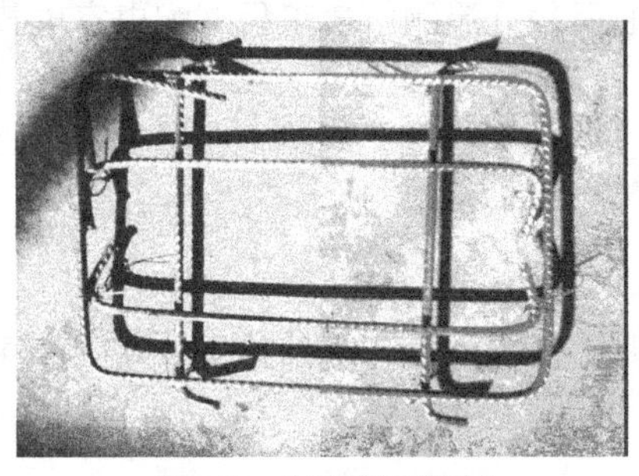

图9-18　基础用钢筋网片

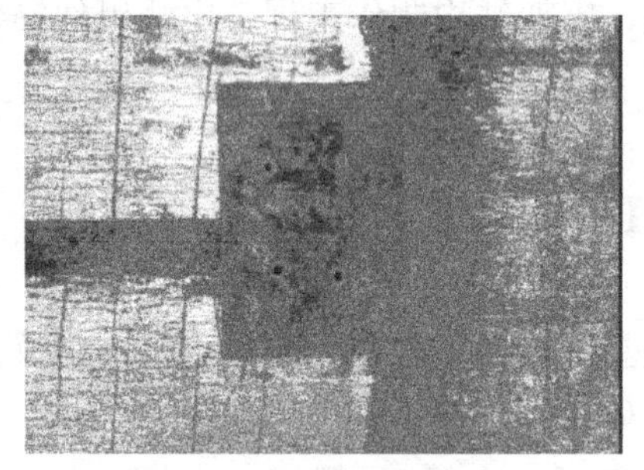

图9-19　打好的植筋孔

用植筋枪把植筋胶注入植筋孔内，如图 9-20 所示，注入量和洞口平齐。植筋前需将要植入的钢筋用钢丝刷除锈，待预埋件植入后，在孔洞口再补注一定量的胶，以保证植筋强度，如图 9-21 所示。植筋后的钢板钢筋要按要求进行养护，养护期间不要进行其他作业。

4. 基础找平

基础预埋钢板养护结束后，要进行基础找平，使各基础统一与屋面平行，对地标高一致。东西、南北方向所有基础钢板都要矫正在同一平面上。

5. 基础浇注

基础浇注的工艺流程分为架设模板、制作混凝土、基础浇注、基础表面处理、基础养护

几个步骤。

图9-20　把植筋胶注入植筋孔中

图9-21　植入钢筋的预埋件

首先按照基础预定规格尺寸做好浇注用模板，将做好的模板架设于植筋好的预埋件外围，如图 9-22 所示，保证每排模板上下边都在一条直线上。

图9-22　架设好的基础模板

图9-23　浇注完成的基础

浇注用混凝土按要求比例配置成 C25 混凝土，基础浇注前，在植筋好的基础屋面处用水泥浆均匀刷一遍。将搅拌均匀的混凝土用小桶运至架设好的模板处，将其用小泥铲先铲入少量混凝土在屋面上捣平，加一层钢筋网片再加入混凝土后，用小振荡器将混凝土捣实，然后再加一层钢筋网片后倒入混凝土捣实，直至与预埋铁板平齐为止。浇筑好的基础表面用泥铲抹平，将预埋钢板上的泥浆铲干净，浇筑完成的基础如图 9-23 所示。基础浇注完成后要进行基础表面处理，待拆模后将基础表面用水泥和固化胶配制好涂刷一遍，保证基础表面平整、光滑、美观，制作好的基础如图 9-24 和图 9-25 所示。

图9-24　制作好的固定基础

图9-25　制作好的移动基础

6. 基础防水处理

（1）清洁基础表面及四周。用小泥铲将基础表面及四周多余的混凝土铲除，同时用毛刷将基础表面及四周扫干净。

（2）进行基础表面找平。用水泥与黏合剂配合（3:0.6）搅匀，将基础表面涂刷找平，经找平后的基础表面光滑、整洁，为后续涂刮防水涂料做好准备，经过找平处理的基础如图9-26所示。

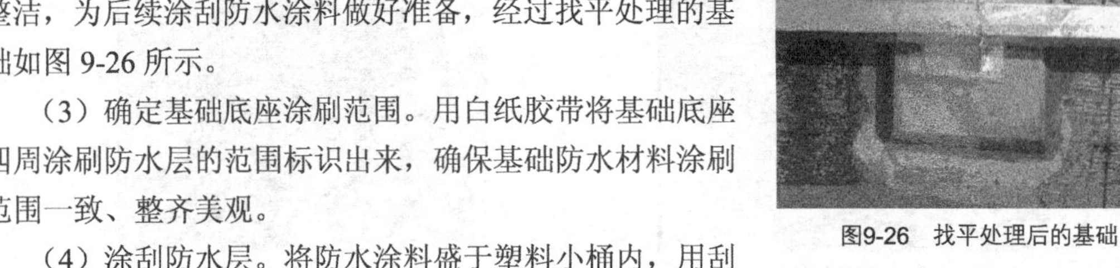

图9-26　找平处理后的基础

（3）确定基础底座涂刷范围。用白纸胶带将基础底座四周涂刷防水层的范围标识出来，确保基础防水材料涂刷范围一致、整齐美观。

（4）涂刮防水层。将防水涂料盛于塑料小桶内，用刮板将其均匀的涂刮到基础表面及四周，与屋面原有防水卷材搭接处涂刷要满足设计要求，涂层厚度为3mm。经过防水处理的基础如图9-27所示。

图9-27　经过防水处理后的基础

9.4.2　支架结构制作工程

支架结构制作的主要内容有槽钢、角钢、角支撑定位与焊接，焊缝防锈处理，结构件拼装。

1. 槽钢、角钢定位

根据施工图将槽钢、角钢的具体位置用油性笔标出，并确定其开口方向。先使槽钢与基础钢板焊接定位，如图9-28所示。

2. 槽钢、角钢、加强肋焊接

依据施工图要求，对槽钢、角钢、加强肋进行焊接固定，如图9-29所示。焊缝的长度与堆焊厚度满足设计要求和施工规范。

图9-28　槽钢与基础钢板焊接定位

图9-29　槽钢、角钢等结构件的焊接

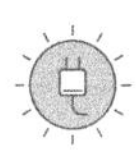

3. 防锈处理

用工具将焊接后的焊缝附近的焊渣敲掉，先涂刷防锈红丹底漆一遍，接着再涂刷一层防锈银粉漆进行美化处理。对在焊接过程中破坏的槽钢、角钢的镀锌防锈层也要涂刷一层银粉漆进行防锈处理，如图 9-30 和 9-31 所示。

图9-30　涂刷红丹底漆防锈处理

图9-31　焊缝涂刷银粉漆防锈处理

4. 结构件拼装

（1）角支撑拼装、紧固

将所有角支撑结构件进行拼装、调平和紧固，如图 9-32 所示。

图9-32　角支撑的拼装紧固

对支撑结构件预紧后检查整个方阵机架是否存在明显变形，对变形处及时进行校正。然后将每列纵向后支撑用水平尺找平，每列角支撑用白线拉直将其调整到一条线上。使整个方阵角支撑、后支撑纵向一条线，横向一个面。

（2）铝横梁的拼装、调平

根据方阵尺寸要求将铝横梁拼装到主支撑上，并用螺栓将其预紧，铝横梁端头连接处用专门的连接片连接，保证方阵一端留齐 5cm，将多余的长度留置方阵另一端，以便后续断齐处理。将拼装好预紧的铝横梁用白线带直，将不平的地方调平。再用水平尺将安装组件的铝横梁面调平至一个平面上，如图 9-33 所示。调平后的铝横梁要再次进行紧固。

图9-33　拼装后的铝横梁

9.4.3 电池组件安装工程

组件安装工程包括：组件装卸、存储、吊装，组件拆箱、搬运、安装、调平、紧固等工序。

准备安装的组件要规整地堆放在施工现场材料成品库指定位置，组件包装托盘在堆放时要留适当间隙，以便装卸并能在托盘间进行巡检和点数作业，如图9-34所示。

吊装组件前需做好吊装方案，吊至施工屋面的组件需将其暂时分散堆放到屋面的结构梁上，在不影响屋面载荷的情况下进行吊装作业，如图9-35所示。

图9-34 组件的存储

图9-35 组件的吊装

组件拆箱后，单块组件搬运、固定时，不得由一人单独操作，应由两人配合进行，防止磕、碰、划伤组件，以确保组件的安全。组件安装前，先将每排固定组件所需的不锈钢螺栓滑进铝横梁凹槽内。将组件放到支架上后，一人扶住组件以防滑落，另一人则由上往下用螺母把组件固定在支架上，预紧螺栓，如图9-36所示。

将组件调平调直，同时应确保组件横向间隙为20mm。使各行各列之间横平竖直。调平时，组件与铝横梁不平的地方应用金属片将其垫平。安装完成后的组件方阵如图9-37所示。

图9-36 组件的搬运、安装

图9-37 安装、调平后的组件方阵

9.4.4 直流侧电气工程

直流侧电气工程包括屋面主桥架安装、汇流箱安装、直流侧电缆铺设、汇流接线、电缆连接器压接、组串电压测试、组件边框接地连接等工序。

1. 屋面主桥架安装、敷设

屋面桥架安装时，需先将桥架安装所需的支架安装固定，根据现场实际情况使用 5#普通小槽钢预制好材料（断料、焊接、刷防锈银粉漆），在屋面支架安装处应先用墨线定位（水平支架间距为 1.5～3m、垂直支架间距小于 2m），使用膨胀螺栓打入支架固定处，将做好的支架固定于墙面上，将固定好的支架调平。

将桥架敷设于已安装好的支架上，桥架连接处用连接板和专用固定螺栓连接固定，跨接处同时应有六角头螺栓用跨接编织带进行接地。将连好的桥架调平调直后用自攻螺钉将其与支架固定，并将桥架内施工时产生的垃圾用扫帚清扫干净。桥架弯头、爬坡和下坡处加工时的切割边要用角磨机打磨平滑，以防划伤线缆。桥架螺栓拧紧后切口须喷防锈镍铬银粉漆做防锈处理，以免切口处生锈。安装后的桥架各部位如图 9-38 所示。

图9-38　安装后的桥架各部位示意图

2. 汇流箱安装

汇流箱的安装位置应严格按照图纸要求选择。汇流箱安装固定时需注意上端与电池组件的间距。

汇流箱安装时，施工人员应戴好干净手套，保证施工结束时箱体的洁净度。安装过程中不应损坏箱体表面及内部结构。汇流箱安装过程如图 9-39 所示。

图9-39　汇流箱的安装

3. 直流侧线缆敷设

线缆敷设前根据线缆盘的尺寸、重量，设置好线缆架，将放盘的中轴处抹上一定量的黄油润滑，以便于转动。直流侧线缆为小线，盘不大，可多人一起用力将线缆盘架设至线缆架上。线缆盘架设示意如图 9-40 所示。

线缆敷设前，应将桥架内清扫干净。在桥架端口处垫上一层布料防止线缆划伤。放线缆时，线缆盘处应有一人松盘，其余人应随松盘人的节奏拉动线缆至接线处。将放到位的线缆用断线钳断掉，线缆端头用电工胶带包起来，同时在端头处贴好线缆标识牌。将放到位的线缆梳理排列整齐，该绑扎的地方用扎带绑好，倾斜敷设的线缆每隔 2m 处设固定点。水平敷设的线缆，首尾两端、转弯两侧及每隔 5～10m 处设固定点。敷设于垂直桥架内的线缆固定点间距应不大于 2m。敷设整理好的线缆如图 9-41 所示。

图9-40　线缆盘架设

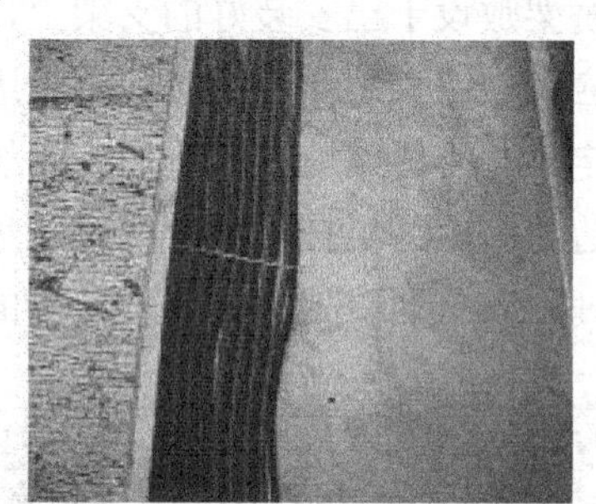

图9-41　桥架内线缆整理

4．汇流接线、线缆连接器压接

接线前，要将线缆头梳理整齐，按照接线需要将线缆切齐。线头剥线时，长度按接线孔的深度进行剥线，不宜剥线过长而露出铜线。

压接线缆连接器线缆线头的剥线长度要与连接器压线护套长度一致，不能过长，剥好的线头要进行上锡处理，如图 9-42 和图 9-43 所示。

图9-42　线缆接头剥线

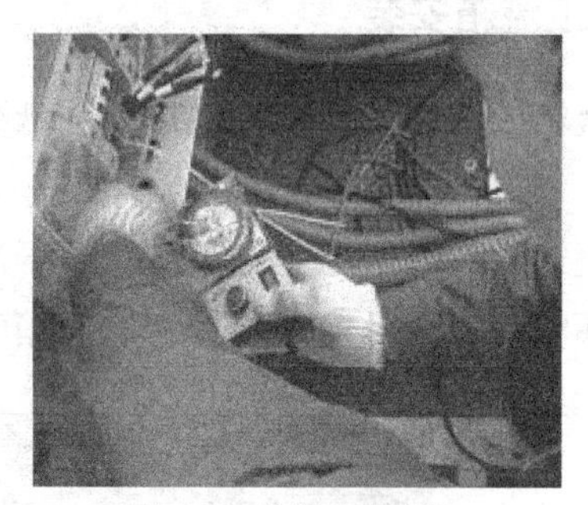

图9-43　线缆接头上锡

压线前将每路线头上好码管，将上好锡的线缆压接到汇流箱端子排上，连接器戴好外护套，如图 9-44 和图 9-45 所示。

图9-44　汇流箱线缆连接固定

图9-45　线缆连接器压接制作

5. 组串电压测试

测试组串电压前，要先对万用表进行检查，看表笔是否完好。由于组串直流电压较高，因此要根据组串整串电压的高低将万用表测试档放在直流电压 500V 或 1000V 挡进行测试。

对汇流箱接线端子逐对进行测试时，表笔正负极一一对应汇流箱相应组串的正负极，如图 9-46 所示。如果某组串测试数据异常，应对该组串各连接器插头进行排查，必要时要逐个检查该组串的各电池组件和线路。故障排除测试完毕后，可将线缆桥架端口封堵，并上好桥架的上盖板。

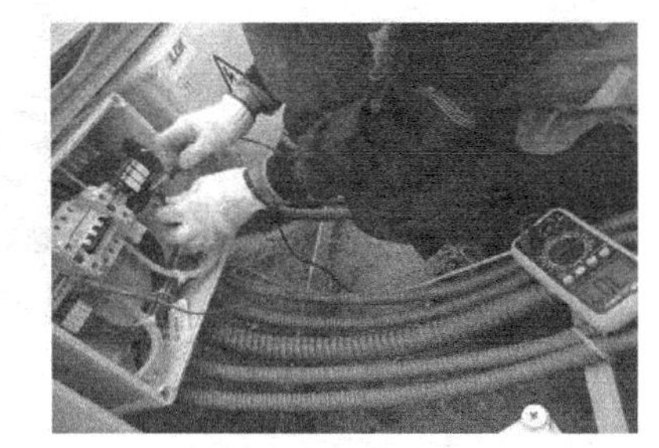

图9-46　组串电压测试

6. 组件边框接地连接

组件边框接地连接用扁铁或专用接地线，组件边框一般都有接地线固定孔。连接时将焊接好的扁铁用自攻螺钉与组件接地孔对接，如图 9-47 所示，施工中要注意电钻力度和方向以免损坏组件。

每排方阵的接地扁铁与组件连接安装结束后，将扁铁两头弯回与支架槽钢焊接在一起，使整个方阵组件和基础结构件成一个整体。

使用扁铁将屋面每个方阵的四角与屋顶避雷网搭接在一起，并牢固焊接，如图 9-48 所示，使屋顶所有方阵与避雷网多点焊接在一起，保证良好的防雷接地效果。图 9-49 是几种支架接地连接方法示意图。

图9-47　组件与接地扁铁连接

图9-48　接地扁铁与避雷网焊接

图9-49　支架接地连接方法示意图

用接地电阻测试仪对选取的测试点进行测试，如图 9-50 所示，以保证接地电阻符合要求。

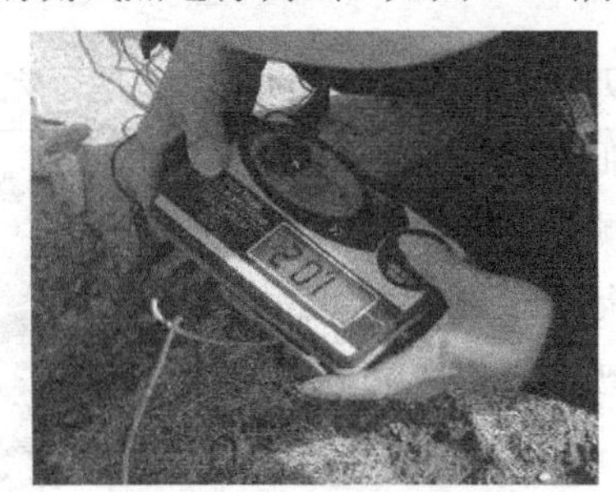

图9-50　接地电阻的测试

9.4.5　配电室电气工程

配电室电气工程包括设备基础制作、设备安装固定和设备接线工程。

1. 设备基础制作

根据配电室设备安装施工图纸要求以及电缆沟实际位置进行设备基础定位。将每个设备具体位置和实际底座尺寸标出，并按照设备底座实际尺寸将做基础用的槽钢用切割机下料。

将下好的材料搬运至设备基础安装标定位置，用电焊机焊接，如图 9-51 所示。焊接中要对每道焊缝进行焊渣清理和打磨平整，并做防锈美化处理。

将做好的基础框架进行调平调直处理，如图 9-52 所示，用水平尺将基础调平，对基础不平处可以垫金属片进行找平，将调平后的基础用膨胀螺栓固定，如图 9-53 所示。

图9-51　基础焊接

图9-52　基础的调平调直

设备基础接地用扁铁接入发电专用接地系统，如图 9-54 所示。设备基础接地不要接到屋面防雷接地系统上。

图9-53　基础的固定

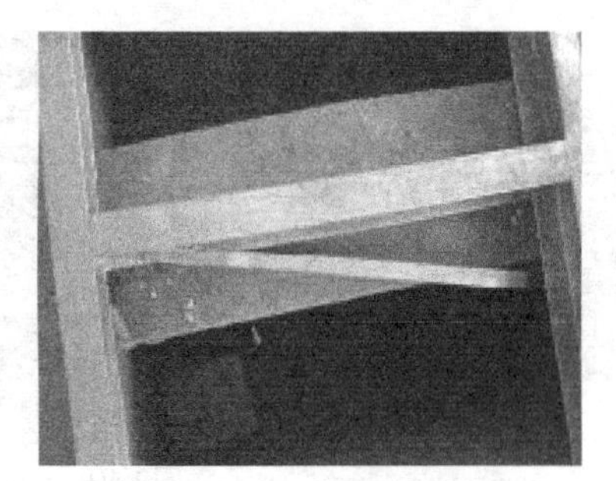

图9-54　基础的接地

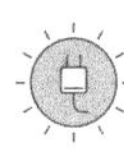

设备基础制作时水平直线定位偏差不能超过 2mm。设备基础必须与地面可靠固定。

2. 设备安装固定

将设备移动至安装位置，将设备顶端用钢丝绳穿好卡住，用小型吊车或手拉葫芦轻轻吊起，在设备下端用液压小叉车将设备向上抬起，将设备底部升到和基础一样高时，再用撬杠慢慢撬动让设备就位。将就位的设备正面底边用水平尺找直，使设备排列整齐，设备与设备之间缝隙间距一致，如图 9-55 所示。最后将就位调整好的设备用螺栓进行固定。

图9-55　设备的安装就位

3. 设备接线工程

（1）柜内穿线、定位

将已放至柜体旁边的线缆从柜底穿入柜内，将每根线缆与其将要接入的开关一一对应，同时使用绑扎带将分组线缆下部绑扎固定，并将每根线缆挂上线缆牌，如图 9-56 所示。

（2）断线、剥线、穿热缩管

将每根线缆留余量后，使用断线钳将缆头断齐，使用电工刀将每根线缆剥线，从缆头剥下约 1m 长处。将分别代表正负极的红蓝热缩管与线缆正负极对应留约 100mm 后用剪刀剪断，将热塑管穿在线缆外层，再用喷枪将其热缩到线缆外表，如图 9-57 所示。

图9-56　柜内穿线、绑扎、整理

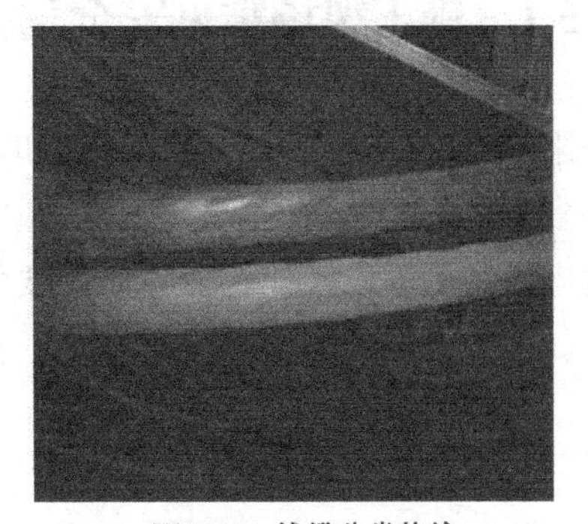

图9-57　线缆分类热缩

（3）压接线缆端头

将线缆端头留出压线端子进线长度后，剥开绝缘表皮，再将相应孔径的压线端子套入缆头用手动液压钳将其压紧，端子线套全部压接压实，最后将端子护套戴好，如图 9-58 所示。

（4）端子固定

将已做好压线端子的线缆沿柜子的一侧排布好用扎带固定，弯曲处应注意勿伤及热塑管和绝缘表皮，最后把压好的线缆端子与开关端子接线排用螺栓连接后紧固，如图 9-59 所示。

（5）交流侧电气接线

交流配电系统线缆连接与普通电力工程施工相似，完工后要将线缆出入的线缆沟、孔、配电柜等进行密封处理，以防灰尘进入、蛇鼠危害。

图9-58　压接接线端子

图9-59　穿端子护套、排线

9.5　太阳能光伏发电系统的安全施工

在太阳能光伏发电系统的安装施工和检查调试全过程中，安全是贯穿始终的工作，真正树立安全第一的思想，确保施工过程中的人身安全，谨防事故发生，是每个施工人员的首要责任。因此，光伏发电系统的安装施工和现场管理人员都要严格遵守安全操作规范和各项规章制度，做到规范施工、安全作业，保持清洁和有序的施工现场，配备必要合理的安全防护用品。对安装施工人员要进行专业技术培训，并在专业工程技术人员的现场指导和参与下进行作业。

9.5.1　施工现场常见安全危害及防护

太阳能光伏发电系统的施工现场和其他工程的施工现场一样，存在着许多的不安全因素，包含许多带电的和非电的危险。光伏系统工程绝大多数是在户外、野外或屋顶施工，当进行光伏发电系统的安装及检测操作时，要随时警惕可能发生的潜在的物理、电气及化学方面的危害，如太阳暴晒、昆虫蛇咬、撞击、扭伤、坠落、灼伤、触电、烫伤等，下面一一列举。

1. 常见安全危害

（1）物理危害

在户外对光伏发电系统进行操作时，通常用手或者电动工具对电气设备进行操作，在有些系统中，还需要对蓄电池进行相关的操作，操作中稍有不慎，就可能对操作者造成灼伤、电击等物理危害。因此，正确安全地使用工具并进行必要的防护措施是非常重要的。

（2）阳光辐射

光伏发电系统都安装在阳光充足、没有阴影的地方，因此长时间在烈日下进行施工作业，一定要戴上遮阳帽，并涂抹防晒霜以保护自己不被烈日灼伤。天气炎热时，要大量饮水，每工作一个小时在阴凉处休息几分钟。

（3）昆虫、蛇及其他动物

马蜂、蜘蛛及其他昆虫经常会在接线箱、光伏方阵的外框及其他光伏系统的保护壳中栖

息，某些偏远的野外，蛇也以常出没。同样，蚂蚁也会在光伏方阵基础或蓄电池箱周围栖息。因此，在打开接线箱或其他设备外壳时，需要做好一定的防备措施。在到光伏方阵下面或背后工作之前，需要仔细观察周围的环境，以免意外状况的发生。

（4）切伤、撞击与扭伤

许多光伏系统的零部件有锋利的边角，稍不注意就有可能发生伤害。这些零部件包括电池组件的铝合金边框、接线箱外壳翻边、螺栓螺母毛刺、支架边缘毛刺等。特别是进行有关金属的钻孔与锯切时，一定要戴上防护手套。另外在低矮的光伏方阵或系统设备下进行作业时，一定要戴好安全帽，以防一不留心撞伤脑袋。

在搬运蓄电池、电池组件及其它光伏设备时，要注意用力均匀，或者两人一起搬运，防止用力过猛而扭伤。

（5）热灼伤

光伏方阵在夏季的阳光下，其玻璃表面、铝合金边框等温度会达到 80℃以上。为确保安全，防止皮肤被灼伤，在夏季对光伏系统进行操作时一定要戴好防护手套，尽量避开发热部位。

（6）电气伤害

电击可以导致人员的烧伤或休克，造成肌肉收缩或外伤，甚至死亡。如果流经人体的电流大于 0.02A，便会对人体造成伤害，电压越高，流经人体的电流越大。因此，不管是直流电还是交流电，光伏电还是电网电，只要有一定的电压，就会造成伤害。虽然单块电池组件的输出电压没有多高，但十几块组件串联起来输出电压往往比逆变器输出的交流电压还要高。操作时为避免电击伤害，一是要确保切断相关电源；二是尽量使用钳形电流表进行线路电流的测试；三是戴上绝缘手套。

（7）化学危害

离网光伏发电系统往往使用蓄电池作为储能系统，最常见的蓄电池是铅酸蓄电池。铅酸蓄电池使用硫酸作为电解液，硫酸具有很强的腐蚀性，在操作过程中可能会发生泄漏或在充电过程中产生喷洒。如果接触到身体裸露的地方，皮肤便会被化学烧伤。另外眼睛也是特别容易被伤害到的，衣服也会被烧出个洞。尽管密封性铅酸蓄电池发生电解液泄漏的事情比较少，但还是要以防万一。

另外，蓄电池在充电过程中会排放出少量氢气，氢气是可燃气体，当氢气积聚到一定浓度时遇明火、电火花时极易发生爆炸或火灾。因此蓄电池放置场所要保持通风良好，避免可燃气体的积聚，避免爆炸或火灾事故对人员造成的伤害。

2. 安全防护

施工现场的安全防护，不仅要保护好自己，还要保护好一起施工和操作的周围伙伴，首先是要各自穿戴好防护用品，还要在工作当中互相关照、提醒、协作，并且每个施工人员都要保持一定的警觉，切不可麻痹大意。需要两个人一起操作的事情，或者需要双人在场的工作，不要单独行事，不要为省时省钱而降低用人成本，安全才是最大的节约。

常用的安全防护用品有安全帽、防护眼镜、手套、鞋子、安全带、防护围裙等。

安全帽保护脑袋不被撞伤或坠落物砸伤。

防护眼镜有两个作用，一个是保护眼睛不受强烈阳光的刺激，二是进行蓄电池系统的安装维护操作时，防止酸液溅入。

手套分好多种，不同的工作内容要选择不同的手套。进行安装操作可以选用线手套；搬动有锐角或毛刺的金属类物件，可以选择帆布手套；进行蓄电池维护操作要选择橡胶耐酸手套；进行电气检测要选择高压绝缘手套等。当然也可以选择优质的全功能手套进行操作。

鞋子的选择取决于工作场合和环境，如果光伏施工现场是新建的工业环境，最好选择穿硬头劳保皮鞋；如果是地面或山地环境，最好选择标准工作鞋或登山鞋；如果是在屋顶作业，最好选择胶底工作鞋。

防护围裙是在对蓄电池进行操作时需要配备的。

安全带是在屋顶、梯子等环境下进行作业需要配备的。

9.5.2 施工现场安全作业指导

1. 工具使用安全

在光伏发电系统施工现场，会使用到很多工具，所以，为了保证操作者本人和现场其他工作人员的安全，一定要保证这些工具得到妥善的保管和正确的使用，有些工具的安全装置绝对不能随意拆掉，例如切割锯的锯片防护罩等。在屋顶（特别是斜面屋顶）操作时，要准备合适的工具包来随时收纳工具或选择一个合适的平台来集中存放工具，防止工具从屋顶滑落发生事故。

梯子是安装屋顶光伏发电系统的重要工具，在使用直梯或伸缩梯上屋顶时，要注意正确安放。如果梯子放的太陡，梯子顶部有从屋顶翻落下来的危险。如果放的太斜，梯子底部又会滑动。因此梯子使用过程中，除了安放角度要合适以外，还要想办法将梯子底部固定，或者在使用时有人在底部将梯子把住。

2. 屋顶作业安全

屋顶是光伏发电系统安装操作最危险的场所，操作人员只要踏上屋顶，就会处于各种可能的危险之中。对于一些轻薄的屋顶，可能存在被踩塌的危险，在屋顶边缘操作有跌落的危险，两个人一起操作（如抬一块大的电池组件），存在顾前不顾后的危险等，所以在屋顶操作要做好跌落防护措施，安全带的使用必不可少。必要时，光伏方阵之间还需要留出50cm左右宽度的步行通道，以方便安装检测和维修操作。

另外在屋顶作业时，还要注意屋顶是否有架空的电源线，特别是安放和使用金属梯子时，或在梯子上操作时，要注意往上看，防止触碰到电线，如果是高压电缆，要注意留有安全距离。

3. 电气作业安全

光伏发电系统的安装操作过程中，存在直流电、交流电等多种电源，有电就会有电击的危险。特别是一些刚开始接触光伏发电系统的操作人员，往往认为电池组件发出的电压不高，不像220V交流电一样会对人体造成伤害。其实单块电池组件的正常输出电压已经在36V安

全电压的边缘了，且输出电流很大，在 5～10A，而 0.1A 的电流就有可能破坏心脏机能，5～10A 的电流足以对人体造成伤害甚至导致死亡。当多块电池组件串联起来后，其直流输出电压往往在几百伏以上，其威力远远超过家庭供电的 220/380V 交流电压，所以在光伏发电系统进行电气设备连接操作时，要时刻注意被电击的可能。

（1）电气操作安全

电池组件安装完毕，只要有阳光，就会输出直流电压，为避免被电击，一定要最后插接组件输出引线到汇流箱，不使汇流箱过早带电，影响汇流箱内的其他作业。当需要在汇流箱内进行电气测量时，一定要带上绝缘手套。在直流配电柜、交流汇流箱、交流配电柜进行接线操作时，如果配电箱带电，会有触碰到线路的风险，所以，操作时一定要切断前端电源，以避免危险。特别是多个逆变器并联输出的交流电路，要保证该回路上所有的逆变器都不输出电流。

（2）遵守连线顺序

在电池组件的安装过程中，通常是十几块组件构成一个组串，组件与组件之间是串联连接，在线缆连接时，正确的顺序应该是，先连接组件与组件之间的连接器插头，例如，第 1 块组件的正极接头与第 2 块组件的负极接头连接，第 2 块组件的正极接头与第 3 块组件的负极接头连接，以此类推。当整个组串连接起来后，第 1 块组件的负极接头和最后一块组件的正极接头要连接到逆变器或者汇流箱，需要铺设一根归巢电缆，这根电缆的一端有快接插头，可以与组件的快接插头连接，另一端是裸露线，需要与逆变器或汇流箱的相应端子连接。这时正确的做法是，先把归巢电缆的裸露端与相应端子连接牢固后，再把另一端的快接插头与组件相连，这样才能保证安全，减少电击危险。现在有一部分逆变器或者汇流箱已经将接线端子改成了快接插头，并将快接插头安装在机箱箱体下端，对于这种结构，要使用两端都有快接插头的归巢电缆，连接线路时，不用讲究连线顺序。

为保证整个系统的无电操作，归巢电缆的连接要放在最后进行。也就是说，当把逆变器、汇流箱等所有设备线路连接完毕，元器件安装到位之后，断开设备隔离开关，最后连接各组串的归巢电缆。

在整个系统的安装连线过程中，同样要遵循这个顺序，首先要进行系统端部不带电部分的接线，然后向系统有电压源的部分作业。对于并网系统，要从逆变器到电网的顺序作业，对于离网系统或带蓄电池的并网系统，要从逆变器向蓄电池组方向作业。作业过程中要保证一直断开逆变器、汇流箱和配电柜等内的断路器、隔离开关等，保证在各种箱体内操作、接线等不会发生危险。

第10章 太阳能光伏发电系统的运行维护与故障排除

太阳能光伏发电系统建成之后，运行维护是一个长期和持续性的工作，运行维护工作对保证光伏发电系统长期稳定安全运行，提高整个寿命周期内发电效率和最大电量产出，以及光伏发电系统投资人投资回报周期和回报率都有着直接的关系。目前，光伏电站的运维也逐渐向着机械化、数据化、智能化的方向发展。

|10.1 光伏发电系统的运行维护|

影响光伏发电系统稳定运行的主要因素有下面几个方面。①故障处理不及时或不到位，造成故障停机过多，发电量减少。②因地理位置或环境的限制，专业运行维护人员的缺乏，以及没有专业的运行维护管理系统等造成运行维护效率低下。③维护检测方式落后，维修检测工具缺乏。④无有效的预防火灾、偷盗、触电等事故的安全防范措施。⑤监测数据采集和分析能力不足、数据误差较大、数据存储空间不足、数据传输丢失、数据采集范围缺失等。

10.1.1 光伏发电系统运行维护的基本要求

1. 光伏发电系统运行维护的基本要求

（1）光伏发电系统的运行维护应保证系统本身安全，保证系统不会对人员造成危害，并保证系统能保持最大的发电量。

（2）系统的主要部件应始终运行在产品标准规定的范围之内，达不到要求的部件应及时维修或更换。

（3）光伏发电系统主要设备和部件周围不得堆积易燃易爆物品，设备本身及周围环境应通风散热良好，设备上的灰尘和污物应及时清理。

（4）整个系统的主要设备与部件的各种警示标识应保持完整，各个接线端子应牢固可靠，设备的进线口处应采取有效措施防止昆虫、小动物进入设备内部。

（5）整个系统的主要设备与部件应运行良好，无异常的温度、声音和气味出现，指示灯

和仪表应正常工作并保持清洁。

（6）系统中作为显示和计量的主要计量设备和器具，要按规定进行定期校验。

（7）系统运行维护人员应具备相应的专业技能，工作中做到安全作业。运行维护前要做好安全准备，断开相应需要断开的开关，确保电容器、电感器完全放电，必要时要穿戴安全防护用品。

（8）系统运行维护和故障检修的全部过程都要进行详细的记录，所有记录要妥善保管，并对每次的故障记录进行分析，提出改进措施意见。

2. 优质高效运维具有的效果

（1）光伏发电系统实时数据的稳定即时采集，可以让业主和投资人随时随地掌握发电数据，对系统运转情况了如指掌。

（2）用预防性运维理念对光伏发电系统的潜在故障进行实时分析和报警，防范潜在风险，及时处理故障，保证资产增值。

（3）通过对光伏发电系统运营数据分析，能够持续优化系统的运营管理，维护和提高发电系统全生命周期的发电效率和电量产出。

（4）精准的发电量预测，可以使电网公司调度系统灵活处理用电峰谷期的电力调配。

（5）光伏发电系统火灾远动预警系统将极大程度降低火灾隐患，全面保护系统安全。

（6）实现平均故障间隔时间（MTBF）的最大化和平均故障恢复时间（MTTR）的最小化。

10.1.2 光伏发电系统的日常检查和定期维护

光伏发电系统的运行维护分为日常检查和定期维护，其运行维护和管理人员都要有一定的专业知识和技能资质、高度的责任心和认真负责的态度，每天检查光伏发电系统的整体运行情况，观察设备仪表、计量检测仪表以及监控检测系统的显示数据，定时巡回检查，做好检查记录。

1. 光伏发电系统的日常检查

在光伏发电系统的正常运行期间，日常检查是必不可少的，一般对于大于 80kW 容量的系统应当配备专人巡检，容量 80kW 以内的系统可由用户自行检查。日常检查一般每天或每班进行一次。

日常检查的主要内容如下。

（1）观察电池方阵表面是否清洁，及时清除灰尘和污垢，可用清水冲洗或用干净抹布擦拭，但不得使用化学试剂清洗。检查了解方阵有无接线脱落等情况。

（2）注意观察所有设备的外观锈蚀、损坏等情况，用手背触碰设备外壳检查有无温度异常，检查外露的导线有无绝缘老化、机械性损坏，箱体内有无进水等情况。检查有无小动物对设备形成侵扰等其他情况。设备运行有无异常声响，运行环境有无异味，如有应找出原因，并立即采取有效措施，予以解决。

若发现严重异常情况，除了立即切断电源，并采取有效措施外，还要报告有关人员，同时做好记录。

（3）观察蓄电池的外壳有无变形或裂纹，有无液体渗漏；充放电状态是否良好，充电电流是否适当；环境温度及通风是否良好，室内是否清洁，蓄电池外部是否有污垢和灰尘等。

2. 光伏发电系统的定期维护

光伏发电系统除了日常巡检以外，还需要专业人员进行定期的检查和维护，定期维护一般每月或每半月进行一次，内容如下。

（1）检查、了解运行记录，分析光伏系统的运行情况，对于光伏发电系统的运行状态做出判断，如发现问题，立即进行专业的维护和指导。

（2）设备外观检查和内部的检查，主要涉及活动和连接部分导线，特别是大电流密度的导线、功率器件、容易锈蚀的地方等。

（3）对于逆变器应定期清洁冷却风扇并检查是否正常，定期清除机内的灰尘，检查各端子螺丝是否紧固，检查有无过热后留下的痕迹及损坏的器件，检查电线是否老化。

（4）定期检查和保持蓄电池电解液的相对密度，及时更换损坏的蓄电池。

（5）有条件时可采用红外探测的方法对光伏发电方阵、线路和电气设备进行检查，找出异常发热原因和故障点，并及时解决。

（6）每年应对光伏发电系统进行一次系统绝缘电阻以及接地电阻的检查测试，每年对逆变控制装置进行一次全项目的电能质量和保护功能的检查和试验。

（7）所有记录特别是专业巡检记录应存档妥善保管。

总之，光伏发电系统的检查、管理和维护是保证系统正常运行的关键，必须对光伏发电系统认真检查，妥善管理，精心维护，规范操作，发现问题及时解决，才能使得光伏发电系统处于长期稳定的正常运行状态。

3. 常用的检查维护工具和资料

“工欲善其事必先利其器”，光伏发电系统的运行维护同样需要配备一些常用的工具、测试仪器和相关文件资料，特别是一些大型光伏电站，更是应该配备齐全。

（1）常用工具和测试仪器

常用工具：光伏发电系统及电站的常用工具主要是指拆装、检修各类设备和元器件时使用的工具。

测试仪器：万用表、示波器、钳形电流表、红外热像仪、温度记录仪、太阳辐射传感器、IU 曲线测试仪、电能质量分析仪、绝缘电阻测试仪、接地电阻测试仪等。

防护用品：安全帽、绝缘手套、绝缘鞋、安全标志牌、安全围栏、灭火器等。

（2）新型运维设备

目前新型的专业运维设备主要有光伏电站清洗设备、光伏电站运维无人机等。

① 光伏电站清洗设备。光伏电站清洗设备主要有便携式光伏电站清洗系统、地面光伏电站清洗机器人、地面光伏电站清洗车、屋顶光伏电站清洗机器人、光伏大棚全自动清洗系统、屋顶光伏电站全自动清洗系统等。

这类清洗设备无论什么形式，基本都是用清水进行清洗。通过水泵、水枪加压，并用毛

刷或滚轮刷对组件表面进行清洗。

② 光伏电站运维无人机。图 10-1 所示是一款运维无人机外形图。光伏电站运维无人机是解决光伏电站系统大面积巡检的有力武器，巡检是光伏电站运维管理中极为重要的环节，光伏电站面积大，地形地势复杂，人工有时无法有效地进行大面积的巡检，且巡检周期长、频率低，电站故障及安全隐患无法及时发现，从而影响电站整体收益。

图10-1　光伏运维无人机外形图

运维无人机具有携带方便、操作简单，管理智能，检测精确的特点。无人机采用“航点巡航”模式，无需专业人员操作控制，只要根据用户输入的关键点位置信息，就可以自动规划出最优的巡检航线，实现“一键巡检”功能。巡检过程实现一键起飞、自动巡航返航、自动规划航线，巡检完毕后能自动返回起飞点。具备断点续航功能，当电池电量不足时，自动返回起飞点，更换电池或充电后自动返回断点处，继续巡航，保证无人机安全稳定地运行。

运维无人机在飞行过程中，通过自身携带的高精度热成像红外相机和高清可视相机，自定义飞行高度和速度，不停机自动拍摄红外及高清照片，实现光伏电站的全覆盖拍摄，同时通过无线图像传输系统，实现 3km 范围内实时视频传输。

高精度热成像红外相机通过检测光伏组件表面温度差，来检测组件是否存在隐患，在巡检过程中定点自动拍摄照片，通过软件准确标注问题组件，并对其进行精确定位。巡检或通过后台处理系统自动生成巡检日志，使维修人员可以很方便地排除故障。

（3）运行维护相关资料

① 光伏发电系统全套技术图纸、电气主接线图、设备巡视路线图等。

② 主要设备说明书、图纸、操作手册、维护手册、检验报告等。

③ 光伏系统停开机操作说明、监控检测系统操作说明。

④ 电池组件及支架、直流汇流箱、配电柜、逆变器、控制器、变压器、断路器、隔离开关、避雷器、电抗器等设备及器件的运行维护作业指导书。

⑤ 巡检维护、运行状态、设备检修、事故处理等故障运行维护检修记录等。

此外，还要根据光伏发电系统的具体情况配备一些常用易损的备品备件。

下面主要介绍光伏发电系统各部位的主要检查和维护内容。

10.1.3　电池组件及光伏方阵的检查维护

1. 电池组件的清洗

（1）电池组件清洁的必要性

光伏发电系统在运行中，要经常保持电池组件采光面的清洁。因为灰尘遮挡是影响光伏发电系统发电能力的第一大因素，其主要影响有：①遮蔽太阳光线，影响发电量；②影响组件散热，从而降低组件转换效率；③带有酸碱性的灰尘长时间沉积在组件表面，侵蚀组件玻璃表面、造成玻璃表面粗糙不平，使灰尘进一步积聚，同时增加玻璃表面对阳光的漫反射，降低组件接受阳光的能力；④组件表面长期积聚的灰尘、树叶、鸟粪等，会造成组件电池片局部发热，造成电池片、背板烧焦炭化，甚至引起火灾。所以，组件需要不定期地进行擦拭清洁。

（2）电池组件的清洁方式

电池组件的清洁可分为：普通清扫和水冲清洗两种方式。如组件积有灰尘，可用干净的线掸子或抹布对组件表面附着的干燥浮尘、树叶等进行清扫。对于紧附在玻璃表面的硬性异物，如泥土、鸟粪、粘稠物体，则可用稍微硬些的塑料或木质刮板进行刮除处理，防止破坏玻璃表面。如有污垢清扫不掉时，可用清水进行冲洗。清洗可使用拖把或柔性毛刷来进行，如遇到油性污物等，可用洗洁精或肥皂水等对污染区域进行单独清洗。清洗完毕后可用干净的抹布将水迹擦干。切勿用有腐蚀性的溶剂清洗或用硬物擦拭。目前，组件清洁方式主要有人工清洁、洒水车、智能机械等方式。

（3）电池组件清洗注意事项

① 电池组件的清洗一般选择在清晨、傍晚、夜间或阴雨天进行。主要考虑以下几个原因：a. 避免在高温和强烈光照下擦拭清洗组件可能造成的对人身的电击伤害以及对组件的破坏；b. 防止清洗过程中因为人为阴影造成光伏方阵发电量的损失，甚至发生热斑效应；c. 中午或光照较好时组件表面温度相当高，防止冷水激在玻璃表面引起玻璃炸裂或组件损坏。同时在早晚清洗时，也需要选择阳光暗弱的时间段进行。也可以考虑利用阴雨天进行清洗，因为有降水的帮助，清洗过程相对高效和彻底。

② 电池组件铝边框及光伏支架或许有锋利的尖角，在清洗过程中需注意清洗人员安全，应穿着佩戴工作服、帽子、绝缘手套等安全用品，防止漏电、碰伤等情况发生。在衣服或工具上不能出现钩子、带子、线头等容易引起牵绊的部件。

③ 在清洗过程中，禁止踩踏或其他方式借力于电池组件、导轨支架、电缆桥架等光伏系统设备。

④ 严禁在大风、大雨、雷雨或大雪天气下清洗电池组件。冬季清洁应避免冲洗，以防止气温过低而结冰，造成污垢堆积；同理也不要在面板很热时用冷水冲洗。

⑤ 严禁使用硬质和尖锐工具或腐蚀性溶剂及碱性有机溶剂擦拭电池组件。禁止将清洗水喷射到组件接线盒、电缆桥架、汇流箱等设备。清洁时水洗设备对组件的水冲击压力必须控制在一定范围内，避免冲击力过大引起组件电池片的隐裂。

2. 电池组件和光伏方阵的检查维护

（1）使用中要定期（如1～2个月）检查电池组件的边框、玻璃、电池片、组件表面、背板、接线盒、线缆及连接器、产品铭牌、带电警告标识、边框和支撑结构等。如发现有下列问题要立即进行检修或更换。

① 电池组件存在玻璃松动、开裂、破碎的情况。

② 电池组件存在封装开胶进水，电池片变色，背板有灼焦、起泡和明显的颜色变化等情况。

③ 电池组件中存在与组件边缘或任何电路之间形成连通的气泡。

④ 电池组件接线盒脱落、变形、扭曲、开裂或烧毁，接线端子因松动、脱线、腐蚀等无法良好连接。

⑤ 中空玻璃幕墙组件结露、进水、失效，影响光伏幕墙工程的视线和保温性能。

（2）使用中要定期（如 1～2 个月）对电池组件及方阵的光电参数、输出功率、绝缘电阻等进行检测，以保证电池组件和方阵的正常运行。

（3）要定期检查光伏方阵的金属支架和结构件的防腐涂层有无剥落、锈蚀现象，并定期对支架进行涂装防腐处理。方阵支架要保持接地良好，各点接地电阻应不大于 4Ω。

（4）光伏方阵的整体结构不应有变形、错位、松动，主要受力构件、连接构件和连接螺栓不应松动、损坏，焊缝不应开裂。

（5）用于固定光伏方阵的植筋或后置螺栓不应松动，采取预制配重块基座安装的光伏方阵，其预制配重块基座应放置平稳、整齐，位置不得移动。

（6）对带有极轴自动跟踪系统的电池方阵支架，要定期检查跟踪系统的机械和电气性能是否正常。

（7）定期检查方阵周边植物的生长情况，查看是否对光伏方阵造成遮挡，如有则应及时清理。

10.1.4　蓄电池（组）的检查维护

在蓄电池的使用管理中，蓄电池的检查维护和测试工作必不可少。无论是人工操作维护，还是自动监控管理，都是为了及时检查和检测出个别电池的异常故障或影响电池充放电性能的设备系统故障，积极采取纠正措施，确保电源系统稳定可靠运行。蓄电池的检查维护分为日常维护、季度维护和年度维护。蓄电池的定期测试分为月度测试、季度测试和年度测试。

1. 日常维护

（1）保持蓄电池室内清洁，防止尘土入内；保持室内干燥和通风，保持光线充足，但不应使阳光直射到蓄电池上。室温要控制在 5～25℃，当室温较低时，要对蓄电池采取适当的保温措施。

（2）蓄电池室内严禁烟火，尤其在蓄电池处于充电状态时。

（3）在维护或更换蓄电池时，维护人员应配戴防护眼镜和身体防护用品，使用绝缘器械和带绝缘套的工具（如扳手等），防止人员触电，防止蓄电池短路和断路。

（4）经常进行蓄电池正常巡视的检查项目。蓄电池表面要保持清洁，如出现腐蚀漏液、凹瘪或鼓胀现象应及时处理，并查找原因。

（5）经常检查蓄电池在线浮充电压和电池组浮充总电压（终端总电压），并与面板显示对照，必要时加以校正。

（6）正常使用蓄电池时，应注意不得使用任何有机溶剂清洗电池，切不可拆卸电池的安全阀或在电池中加入任何物质，电池放电后应尽快充电，以免影响电池容量。

（7）蓄电池单体间连接螺丝应保持紧固。

（8）对停用时间超过 3 个月以上的蓄电池，应补充充电后再投入运行。

（9）更换蓄电池时，最好采用同品牌、同型号的产品，以保证其电压、容量、充放电特性、外形尺寸的一致性。

日常维护以天天巡回检查为主，主要注意蓄电池室的温度，要经常给电池室通风。由于蓄电池的使用寿命与环境温度关系很大，因此蓄电池室的温度要尽量保持在5～30℃，温度过高或过低都会影响电池的性能，使蓄电池的使用寿命严重缩短。严重过热会产生热腐蚀，导致蓄电池破损。而温度过低又有可能冻坏、冻裂，使蓄电池提前报废。蓄电池运行中会产生热量，在巡检过程中，要特别注意电池壳体有无裂缝、渗漏和变形，极柱、安全阀周围是否有酸雾酸液溢出，电池极柱（板）、连接板（条）有无锈蚀氧化。

蓄电池在运行中因化学反应还会产生氢气，氢气浓度过大时有导致爆炸或火灾的危险，所以要时常给电池室通风。

另外需要注意的是，日常巡检以观察为主，出现异常时切勿单人单独操作处理，应该双人配合，避免蓄电池中的稀硫酸烧伤人体。

2. 季度维护

（1）目测检查电池外表面的清洁度、外壳和盖的完好情况、电池外观有无鼓包变形等变化、电池有无过热痕迹。

（2）每季度在电池系统的同一检测点，检测并记录蓄电池系统的环境温度和可代表系统的平均温度。当温度低于15℃或高于25℃时，应调节温度控制系统，如没有安装温控系统，应采取相应的保温或通风降温措施，同时应对浮充电压进行调整。

（3）在电池端测量并记录浮充总电压，与面板电表显示值对照，如有差异及时查找原因并加以纠正。

（4）测量并记录系统中每只电池的浮充电压，正常情况下应该在一定范围内波动，如发现异常，找出原因并加以纠正。

无论是蓄电池组还是单只电池，浮充电压（充电电压）的微小变化，都会造成充电量也就是充电电流的较大变化。充电电压偏低会造成充电不足，充电电压偏高会造成充电过度。充电电压的偏差有电路的原因，也有电压表的指示偏差。因此在维护中要定期用经过校验的标准电压表检测充电电压，有偏差的要及时调整。

在进行蓄电池的定期清洁时，要先将操作者身体上的静电放掉后再进行。日常对蓄电池清扫时不要使用干布、掸子等，以防产生静电引起爆炸；也不要使用汽油、香蕉水、挥发油等有机溶剂或洗涤剂，防止蓄电池外壳与有机溶剂发生反应而溶解，使蓄电池外壳损坏。

3. 年度维护

一般日常维护以看为主，年度维护以动手为主。年度维护注意事项如下。

（1）重复季度所有维护内容。

（2）检查所有电池极柱端子及电池间的连接点，并确保其连接紧固可靠；发现松动要紧固，发现锈蚀要清洁后再用凡士林涂抹保护。

（3）随意抽取几只电池进行内阻测试。由于电池的内阻与其容量无线性关系，因此电池

的内阻不能用来直接表示电池的准确容量，但电池内阻可作为电池“健康”与否的指示信号。

（4）做“恢复性”放电试验，用假负载或实际负载放电，即切断供电电源，用蓄电池供电。发现个别电池容量偏低后，将电池均衡充电，经均衡充电后仍不能恢复容量的，要将容量过低的电池换掉。

4. 定期测试

定期测试分为月度测试、季度测试和年度测试。

（1）月度测试主要检测蓄电池组的浮充总电流和总电压，以标称值 12V 蓄电池组为例，基准分别为：浮充总电流≤$0.03C_{10}$A；浮充总电压为（13.85V±0.1V）/块×总块数。在检测中，若发现浮充总电流高于 $0.03C_{10}$A，需要对电池组进行均衡充电。例如，以（14.2V±0.1V）/块×总块数的电压对电池组恒压充电 8～16h，然后再转为浮充电状态观察。若浮充总电压超标，调整到基准值即可。

（2）季度测试主要是检测蓄电池组每块电池的浮充电压。每块电池的浮充电压为：一年内的新电池为 13～15V，一年以后的电池为 13.2～14V。当单块电池浮充电压超标时，需要对电池组进行均衡充电（方法同月度检测），然后再转为浮充电进行观察。

（3）年度测试主要是对蓄电池组进行放电检查，其基准为：以 10HR 放电率电流（$0.1C_{10}$A）放电 3h，每块电池的放电终止电压大于 11.4V。当放电终止电压低于基准值时，可对电池组进行均衡充电（方法同月度检测），然后再转为浮充电进行观察。

10.1.5　光伏控制器和逆变器的检查维护

光伏控制器和逆变器的操作使用要严格按照使用说明书的要求和规定进行，机器上的警示标识应完整清晰。开机前要检查输入电压是否正常；操作时要注意开关机的顺序是否正确，各表头和指示灯的指示是否正常。控制器的过充电电压、过放电电压的设置应符合设计要求。

控制器和逆变器在发生断路、过电流、过电压、过热等故障时，一般都会进入自动保护状态而停止工作。这些设备一旦停机，不要马上开机，要查明原因并修复后再开机。

逆变器机箱或机柜内有高压，操作人员一般不得打开机箱或机柜，柜门平时要锁死。

当环境温度超过 30℃时，应采取降温散热措施，防止设备发生故障，延长设备使用寿命。

经常检查机内温度、声音和气味等是否异常。逆变器中模块、电抗器、变压器的散热器风扇根据温度自行启动和停止的功能应正常，散热风扇运行时不应有较大振动和异常噪音，如有异常情况应断电检修。

检查直流母线的正极对地、负极对地、正负极之间的绝缘电阻，阻值应大于 2MΩ。

控制器和逆变器的维护检修：严格定期查看控制器和逆变器各部分的接线和接线端子有无松动和锈蚀现象（如熔断器、风扇、功率模块、输入和输出端子、接地等），发现接线有松动时要立即修复。

定期将交流电网输出侧（网侧）断路器断开一次，逆变器应能立即停止向电网馈电。

10.1.6 直流汇流箱、配电柜及输电线路的检查维护

1. 直流汇流箱的检查维护

（1）直流汇流箱不得存在变形、锈蚀、漏水、积灰现象，箱体外表面的安全警示标识应完整无破损，箱体上的防水锁启闭应灵活。

（2）要定期（如1～2个月）检查直流汇流箱内的各个电气元件有无接头松动、脱线、腐蚀等现象。

（3）在雷雨季节，还要特别注意汇流箱内的防雷器模块是否失效，如已失效，应及时更换。

2. 直流、交流配电柜的检查维护

（1）维护配电柜时应停电后验电，确保在配电柜不带电的情况下维护。

（2）检查配电柜的仪表、开关和熔断器有无损坏，各部件接点有无松动、发热和烧损现象，漏电保护器动作是否灵敏可靠，接触开关的触点是否有损伤。

（3）配电柜的维护检修内容主要有定期清扫配电柜，修理更换损坏的部件和仪表；更换和紧固各部件接线端子；箱体锈蚀部位要及时清理并涂刷防锈漆。

3. 输电线路的检查维护

（1）定期检查输电线路的干线和支线，不得有掉线、搭线、垂线、搭墙等现象。

（2）线缆在进出设备处的部位应封堵完好，不应存在直径大于10mm的孔洞，如发现孔洞要立即用防火堵泥封堵。

（3）要及时清理线缆沟或井里面的垃圾、堆积物，如发现线缆外皮损坏，要及时进行处理。

（4）定期检查进户线和用户电表，不得有私拉偷电现象。

10.1.7 防雷接地系统的检查维护

（1）每年雷雨季节前应对接地系统进行检查和维护。主要检查连接处是否紧固、接触是否良好、接地体附近地面有无异常，必要时挖开地面抽查地下隐蔽部分锈蚀情况，如果发现问题应及时处理。

（2）接地网的接地电阻应每年进行一次测量。

（3）每年雷雨季节前，应利用防雷器元件老化测试仪对运行中的防雷器进行一次检测。雷雨季节中要加强外观巡视，发现防雷器模块显示窗口出现红色应及时更换处理。

10.1.8 监控检测与数据通信系统的检查

光伏电站都有完善的监控检测系统，所有跟电站运行相关的参数都会通过各种通信方式

汇总并通过显示系统实时显示。

通过显示系统可看到实时显示的累计发电量、方阵电压、方阵电流、方阵功率、电网电压、电网频率、实际输出功率、实际输出电流等参数信息。在检查过程中可以通过比对存档在微机上的历史记录以及相关操作手册上的数据来发现电站当前运行状况是否正常，并进行一系列重点检查。

（1）监控检测与数据传输系统的设备应保持外观完好，螺栓和密封件齐全，操作按键接触良好，显示读数清晰。

（2）对于无人值守的数据传输系统，每天至少检查 1 次系统的终端显示器有无故障报警，如果有故障报警，应及时通知维修。

（3）每年至少对数据传输系统中的检测传感器进行一次校验，同时对系统 A/D 转换器的精度进行检验。

（4）数据传输系统中的主要部件，凡是超过使用年限的，均应该及时更换。

当发现电站运行异常时要及时找出异常原因并加以排除，如无法解决则应及时上报。

10.2　太阳能光伏发电系统的故障排除

在光伏发电系统的长期运行中，直流侧和交流侧都会产生故障，只是有些部位和设备故障率低，有些故障率高。其中逆变器、升压站和汇集线缆这些部位，发生故障的频率虽然较少，但是一旦发生故障，基本上就是系统瘫痪，对发电量影响很大，这些故障应可以从后台监控的实时运行状态看到。对于直流侧光伏方阵组串，由于组串数量较多，发生故障不太容易被发现，且发生故障的频次较多，对系统发电量的影响也占重要位置。

在整个光伏发电系统中，电池组件、直流汇流箱和逆变器合计发生故障的频次占总故障比例的 90%左右，而线缆、箱变、土建、支架、升压站等方面的故障占比较小。

10.2.1　电池组件与方阵常见故障

电池组件和方阵的常见故障有组件外电极开路、内部焊带脱焊或断裂、旁路二极管短路、旁路二极管反接、接线盒脱落、背板起泡或开裂、EVA 老化黄变、EVA 与玻璃分层进水、铝边框开裂、组件玻璃破碎、电池片或电极发黄、电池栅线断裂、组件效率衰减、组件热斑效应、导线老化、导线短路、组件被遮挡、组件安装角度和方位偏离、组件固定松动等。可根据具体情况检查修理、调整或更换。

典型故障及解决办法如下文所述。

故障现象：系统输出功率偏小，达不到正常的输出功率。

原因分析：影响光伏发电系统输出功率的因素很多，包括太阳辐射量，电池组件安装方位和倾斜角度，灰尘和阴影遮挡，组件的温度特性等，这里主要针对因系统配置安装不当造成系统输出功率偏小的故障。

解决办法：①安装前，要逐块检查或抽查电池组件的标称功率是否足够。②检查或者调整组件或方阵的安装角度和朝向。③检查组件或方阵是否有灰尘或阴影遮挡。④检测组件串的串联电压是否在正常电压范围内。⑤多路组串安装前，先检查各路组串的开路电压是否一致，要求电压差不超过5V，如果发现电压不对，要检查线路和接头有没有接触不良现象。⑥安装时，可以分批接入，每一组接入时，记录每一组的功率，组串之间功率相差不要超过 2%。⑦应避免安装地点通风不良，逆变器的热量没有及时散发出去，或者逆变器直接在阳光下曝晒，使逆变器温度过高，效率降低。⑧系统线缆接头不能有接触不良，应避免线缆线径选择过细、线缆敷设太长、造成输出功率损耗的情况。⑨并网交流开关容量不能过小，达不到逆变器输出要求。⑩当选用具有双路MPPT输入的逆变器时，每一路输入功率只有总功率的50%。原则上每一路设计安装功率应该相等，如果只接在一路MPPT输入端，逆变器输出功率将减半。

10.2.2 蓄电池常见故障及解决方法

阀控密封蓄电池常见故障有外壳开裂、极柱断裂、螺丝断裂、失水、漏液、胀气、不可逆硫酸盐化、电池内部短路、气阀质量不好、自放电率高等，可归纳为如下几个方面。

1. 蓄电池外观方面故障

蓄电池外观方面故障及解决方法如表10-1所示。

表10-1　蓄电池外观故障及解决方法

故障现象	故障原因	故障后果	解决方法
电池壳裂纹或碎裂	运输或撞击损坏	电池液干涸或接地故障	更换损坏的蓄电池
电池爆炸，壳盖碎裂	电池内短路，产生火花点燃电池内部或外在原因累积的气体	不能支持负载，严重时易造成设备损坏	更换损坏的蓄电池
	超期服役和维护不良的蓄电池都有爆炸的隐患		不使用超期服役的电池
电池端子上有腐蚀	制造过程残留的电解液或电池端子密封不严渗漏的电解液腐蚀了端子	增加了接触电阻，连接部位发热并加大电压降	拆下连接线，清洁连接面再安装，并涂保护油脂，渗漏严重时必须更换蓄电池
电池端子上有熔化的油脂痕迹	因为连接松动或接触面有污物造成接触不良，使连接处发热	输出电压下降，使用时间缩短，端子损坏	重新拧紧松动连接，清除连接处污物后再连接
电池壳发热膨胀	因为高温环境、过大浮充电压或充电电流，或上述故障的组合，造成热失控	电池失水严重，缩短使用寿命，严重时电池外壳熔化，释放臭鸡蛋味的硫化氢气体	改善环境条件；纠正导致热失控的项目，换掉膨胀严重的电池
	蓄电池超期服役	电池内阻增大，有爆炸危险	更换超期服役的电池

2. 蓄电池温度升高故障

蓄电池温度升高故障及解决方法如表10-2所示。

表 10-2　　蓄电池温度升高故障及解决方法

故障现象	故障原因	故障后果	解决办法
电池温度升高	环境温度升高	缩短电池使用寿命	降低环境温度
	未安装空调		安装空调
	电池柜通风不良		改善通风条件
	浮充电压过高		纠正充电系统
	浮充电流过大		更换短路电池
	电池内部短路		更换短路电池

3. 蓄电池组浮充总电压过高或过低故障

蓄电池组浮充总电压过高或过低故障及解决方法如表 10-3 所示。

表 10-3　　蓄电池组浮充总电压过高或过低故障及解决方法

故障现象	故障原因	故障后果	解决办法
25℃时，系统浮充电压平均大于每只 13.8V，即电池单体>2.3V	电池板输出设计不正确，控制器输出设置不正确，控制器内部电路或元器件故障	过度充电会导致蓄电池析出气体过多和电解液干涸及发生热失控的危险	重新核实电池板输出电压，调整控制器的输出设置，检修或更换控制器
25℃时，系统浮充电压平均小于每只 13.5V，即电池单体<2.25V	电池板输出设计不正确，控制器输出设置不正确，控制器内部电路或元器件故障	充电不足会缩短负载工作时间或使蓄电池容量逐步丧失，严重时会造成电池失效	重新核实电池板输出电压，调整控制器的输出设置，检修或更换控制器
	个别电池单格短路	故障电池发热并影响该电池组的充电电压	更换故障电池

4. 单只蓄电池浮充电压过高或过低故障

单只蓄电池浮充电压过高或过低故障及解决方法如表 10-4 所示。

表 10-4　　单只蓄电池浮充电压过高或过低故障及解决方法

故障现象	故障原因	故障后果	解决办法
电池浮充电压小于 13.2V，即电池单体<2.2V	该电池可能有单格短路的现象	缩短负载工作时间。浮充电流增大，放电时单格发热，发生潜在的热失控危险	更换故障电池
电池浮充电压大于 14.5V，即电池单体>2.42V	该电池存在没有完全断路的单体，使电池虚连接	无法为负载正常供电，并可能产生引爆电池内部气体的电弧	更换故障电池

10.2.3　光伏控制器常见故障

光伏控制器的常见故障有因电压过高造成的损坏、蓄电池极性反接损坏、雷击损坏、工作点设置不对或漂移造成的充放电控制错误、断路器或继电器触点拉弧、功率开关晶体管器件损坏、温度补偿失控等。可根据具体情况维修或更换控制器系统。

10.2.4 光伏逆变器常见故障

逆变器的常见故障有因运输不当造成的损坏、因极性反接造成的损坏、内部电源失效损坏、雷击损坏、因散热不良造成的功率开关模块或主板损坏、输入电压不正常损坏、输出熔断器损坏、散热风扇损坏、烟感器损坏、断路器跳闸、接地故障等。可根据具体情况检修或更换逆变器系统。

1. 检修注意事项

（1）检修前，首先要断开逆变器与电网的电气连接，然后断开直流侧电气连接。要等待至少5min以上，让逆变器内部大容量电容器等元件充分放电后，才能进行维修工作。

（2）在维修操作时，先初步目测检查设备有无损坏或其他危险状况，具体操作时要注意防静电，最好佩戴防静电手环。要注意设备上的警告标示，注意逆变器表面是否冷却下来。同时要避免身体与电路板间不必要的接触。

（3）维修完成后，要确保任何影响逆变器安全性能的故障已经解决，才能再次开启逆变器。

2. 典型故障及解决办法

（1）故障现象：逆变器屏幕没有显示。

原因分析：逆变器直流电压输入不正常或逆变器损坏。常见原因有：①组件或组串的输出电压低于逆变器的最低工作电压。②组串输入极性接反。③直流输入开关没有合上。④组串中某一接头没有接好。⑤某一组件短路，造成其他组串也不能正常工作。

解决办法：用万用表直流电压档测量逆变器直流输入电压，电压正常时，总电压是各串中组件电压之和。如果没有电压，依次检测直流断路器、接线端子、线缆连接器、组件接线盒等是否正常。如果有多路组串，要分别断开单独接入测试。如果外部组件或线路没有故障，说明逆变器内部硬件电路发生故障，可联系生产厂家检修或更换。

（2）故障现象：逆变器不能并网发电，显示故障信息“No grid”或“No Utility”。

原因分析：逆变器和电网没有连接。常见原因有：①逆变器输出交流断路器没有合上。②逆变器交流输出端子没有接好。③接线时，造成逆变器输出端子上排松动。

解决办法：用万用表交流电压档测量逆变器交流输出电压，正常情况下，输出端子应该有AC 220V或AC 380V电压；如果没有，依次检测接线端子是否有松动，交流断路器是否闭合，漏电保护开关是否断开等。

（3）故障现象：逆变器显示电网错误，显示故障信息为电压错误“Grid Volt Fault”或频率错误“Grid Freq Fault”“Grid Fault”。

原因分析：交流电网电压和频率超出正常范围。

解决办法：用万用表相关档位测量交流电网的电压和频率，如果确实不正常，等待电网恢复正常。如果电网电压和频率正常，说明逆变器检测电路发生故障。检查时先把逆变器的直流输入端和交流输出端全部断开，让逆变器断电30min以上，看电路能否自行恢复，如能自行恢复可继续使用，若不能恢复，可联系生产厂家检修或更换。逆变器的其他电路如逆变器主板电路、检测电路、通信电路、逆变电路等发生的一些软故障，都可以先用上述方法试

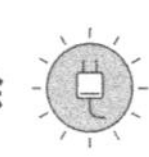

一试能否自行恢复，不能自行恢复的再进行检修或更换。

（4）故障现象：交流侧输出电压过高，造成逆变器保护关机或降额运行。

原因分析：主要是因为电网阻抗过大，当光伏发电用户侧用电量太小，输送出去时又因阻抗过高，造成逆变器交流侧输出电压过高。

解决办法：①加大输出线缆的线径，线缆越粗，阻抗越低。②逆变器尽量靠近并网点，线缆越短，阻抗越低。例如，以 5kW 并网逆变器为例，交流输出线缆长度在 50m 之内时，可以选用截面积为 2.5mm^2 的线缆；长度在 50～100m 时，要选用截面积为 4 mm^2 的线缆；长度大于 100m 时，要选用截面积为 6 mm^2 的线缆。

（5）故障现象：直流侧输入电压过高报警，显示故障信息“Vin over voltage”或者“PV Over Voltage”。

原因分析：组件串联数量过多，造成直流侧输入电压超过逆变器最大工作电压。

解决办法：根据光伏组件的温度特性，环境温度越低，输出电压越高。一般单相组串式逆变器输入电压范围在 80～500V，建议设计组串电压在 350～400V。三相组串式逆变器的输入电压范围在 200～800V，建议设计组串电压范围在 600～650V。在这个电压区间，逆变器效率较高，早晚辐照度低时逆变器还可以保持启动发电状态，又不至于使直流侧电压超出逆变器电压上限，引起报警停机。

（6）故障现象：光伏系统绝缘性能下降，对地绝缘电阻小于 2MΩ，显示故障信息“Isolation error”和“Isolation Fault”。

原因分析：一般都是光伏组件、接线盒、直流线缆、逆变器、交流电缆、接线端子等部位有线路对地短路或者绝缘层破坏，组串连接器松动进水等。

解决办法：断开电网、逆变器，依次检查各部件线缆对地的绝缘电阻，找出问题点，更换相应线缆或接插件。

（7）故障现象：逆变器本身硬件故障。

原因分析：这类故障一般是逆变器内部的逆变电路、检测电路、功率回路、通讯电路等电路或零部件发生故障。

解决办法：逆变器出现上述故障，要先把逆变器直流侧和交流侧电路全部断开，让逆变器停电 30min 以上，然后通电试机，如果机器恢复正常就继续观察使用，如果不能恢复，就需要进行现场或返厂检修。

这些硬件故障的显示信息如下。

“Consistent Fault”一致性错误；

“Over Temp Fault”内部温度异常；

“Relay Fault”继电器故障；

“REEPROM Fail”EEPROM 错误；

“Com Lost”、“Com failure”通讯故障；

“Bus Over Voltage，Bus Low Voltage”直流母线过压或欠压；

“Boost Fault”升压故障；

“GFCI Device Fault”漏电保护器装置故障；

“Inv Curr Over”变频器电路过电流故障；

"Fan Lock"风扇故障；

"RTC Fail"实时时钟失败；

"SCI Fault"串行通信接口故障。

10.2.5 直流汇流箱常见故障

直流汇流箱常见故障有：熔断器频繁烧毁故障（主要熔断器质量问题或熔断器额定电流选型是否偏小）、断路器故障（主要是断路器发热、跳闸）、通讯异常故障（信息采集器、包括汇流箱通讯采集模块损坏等）、接线端子发热故障（端子松动、接触电阻过大）、某一组串支路故障（接地绝缘不良、过电流）、直流拉弧故障等。

在光伏发电系统的长期运行期间，发生故障在所难免，上述各类故障在运行期间可能会重复发生，或者还会暴露出新的问题。我们需要做的就是通过分析、统计和对比，定期对各种故障进行分析和分类整理，做到对故障频发区和故障部位心中有数；发生故障后能够第一时间及时处理，并且在日常的巡检过程中，对故障频发区域加强巡检，尽量将故障处理在萌芽状态，将故障损失减少到最小。另一方面，对各类故障的发现、分析、处理和解决，也是迅速提高运维人员自身水平和能力的主要途径。

10.2.6 太阳能灯具常见故障及解决方法

太阳能灯具主要包括太阳能道路灯、太阳能景观灯、太阳能庭院灯、太阳能草坪灯、太阳能灭虫灯、太阳能航标灯和太阳能交通信号灯等。太阳能灯具的常见故障及解决方法如表10-5所示。

表10-5　太阳能灯具常见故障及解决方法

故障现象		故障原因	解决方法
光源不工作（不亮）	线路故障	线路有短路、断路或极性反接等现象	正确连接导线，保证接线良好
	蓄电池欠压	电池组件接线盒有虚接或线路极性反接等现象	消除线路虚接、反接等问题，正确连接线路
		电池组件对蓄电池无充电电流	更换控制器
		连续阴雨天，蓄电池充电不足	晴天充电至恢复点，自动恢复工作
		电池组件角度问题，影响充电	正确调整电池组件角度，保证接收阳光最佳
		电池组件附近有遮挡物，导致充电不足	清除遮挡物，保证接收阳光最佳
		电池组件常年有灰尘，影响发电	清洗电池组件
	光源损坏	光源内部线路或器件损坏	更换光源
	控制器模式设定有误		按照说明书正确设定控制器模式
光源工作时间短	蓄电池电量不足	连续阴雨天，充电不足	晴天充电至恢复点，自动恢复工作
		电池组件附近有遮挡物，导致充电不足	清除遮挡物，保证接收阳光最佳
	控制器模式设定有误		按照说明书正确设定控制器模式

续表

故障现象	故障原因		解决方法
光源长时间工作	控制器模式设定有误		按照说明书正确设定控制器模式
	控制器坏	内部线路、器件损坏或程序混乱	更换控制器
光源频繁闪烁	控制器模式设定有误		按照说明书正确设定控制器模式
	光源坏	光源内部线路故障	检修或更换光源
	线路故障	线路有虚接或短路现象	检查线路虚接、短路之处
节能灯光源发红	室外温度低	启动电流小	室外温度上升，故障自然排除

10.2.7　太阳能用户系统（移动电源）常见故障及解决方法

太阳能用户系统常见故障及解决方法如表 10-6 所示。

表 10-6　太阳能用户系统常见故障及解决方法

故障现象	故障原因	解决方法
连接好充电插头充电，充电指示灯不亮	充电插头未完全插好	重插，保持良好接触
	控制器线路脱焊或断开	重新焊接或连接
	电池板接线盒内或充电插头内接线脱焊、螺钉松动	拧紧螺钉、接好连线
	充电电缆线内部断开	更换电缆线
	充电指示灯或防反充二极管损坏	更换指示灯、二极管
	电池板本身不发电或内部短路、开路	更换电池板
充电指示灯亮但充不上电	蓄电池极柱螺钉松动、连线脱开	拧紧螺钉，接好连线
	蓄电池损坏	更换蓄电池
电源无输出	熔断器熔断	更换熔断器
	输出回路线路断开	找出断点接好
照明节能灯不亮	灯口内簧片连接不好或簧片短路	分开簧片，拧紧螺钉
	灯线插头内短路或开路	检查并处理或更换插头
	灯管坏	更换灯管（分体式）
	灯线路损坏	更换线路板或灯具
反复烧熔断器	负载用电器连线或用电器短路	更换熔断器，逐一接用电器连线和用电器，直至找出短路连线或用电器
用电器使用时间过短，达不到规定要求	充电不足或用电过多	充电 2～3 日后再用电或减小用电量
	蓄电池不良	修复蓄电池或更换蓄电池

第 11 章 太阳能光伏发电系统设计应用实例

本章主要介绍太阳能光伏发电系统的具体设计与应用实例，内容涉及户用光伏发电系统、太阳能系列灯具、离网光伏发电系统、并网光伏发电系统等各个方面。

11.1 户用光伏发电系统的设计与应用

户用光伏发电系统是指主要供给无电或缺电的家庭、小单位以及野外流动工作场所使用的小型离网独立光伏发电系统。在行业内和市场中，根据其发电功率和应用对象的不同约定俗成的叫法还有“太阳能移动电源”“太阳能照明系统”“便携式光伏电源”“太阳能家用电源”“太阳能户用系统”“家用光伏供电系统”等。发电功率在 30W 以下的家用光伏电源系统一般输出直流电压，主要用于野外流动作业、家庭移动照明、办公应急照明，以及为收音机、收录机、手机、笔记本式计算机、MP3、MP4 等小电器供电和充电等；发电功率在 50～300W 的用户光伏电源系统一般既有直流电源输出，又有交流电源输出，主要可供野外流动作业、流动性农牧民、渔民家庭照明和最基本的生活用电需要；发电功率在 300W 以上的光伏电源系统，基本上都是在远离电网的村落、牧区、边防哨所、野外气象站、野外卫星接收站、森林防火检查站、野生动物保护检查站等相对固定的家庭或场所应用。

11.1.1 10W 家用太阳能照明系统

10W 家用太阳能照明系统的外形如图 11-1 所示，它采用太阳电池板直接吸收光能，然后通过光电转换原理将其转化成电能并储存在蓄电池中。该系统适用于电网无法覆盖地区、经常停电地区、西部偏远地区、野外夜间作业、荒山、果林、养蜂夜间值守等不方便使用市电用户的夜间照明。还可为在公园锻炼身体、休闲娱乐的人们提供音乐伴奏的供电电源。该系统可以为其配套的 LED 照明灯（3W×2 只）连续照明 6～10h。系统还设计了 USB 输出插座，可直接为手机、MP3、MP4 等小电器充电。

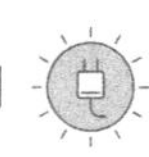

1. 电路原理

本系统由太阳电池板、控制器、蓄电池、照明灯等构成，其工作原理示意图如图 11-2 所示。

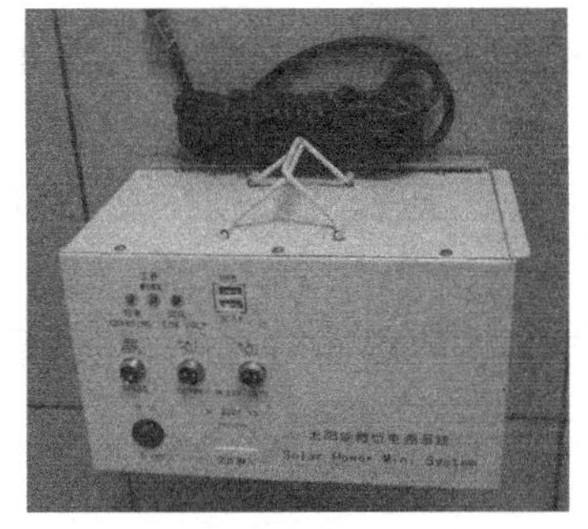

图11-1　10W家用太阳能照明系统的外形

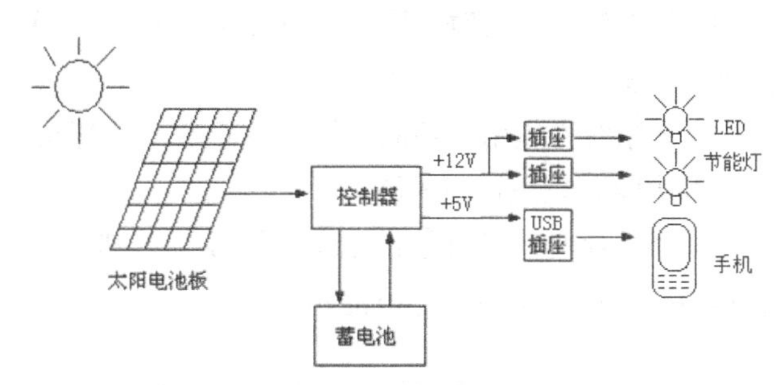

图11-2　10W家用太阳能照明系统电路原理示意图

太阳电池板经一定能量阳光照射后，将光能转换成电能，并通过控制器把太阳电池产生的电能存储于蓄电池中。当负载用电时，蓄电池中的电能通过控制器合理地分配到各个负载上。控制器的功能主要是蓄电池过充电保护、蓄电池过放电保护、系统短路电子熔断器保护、系统极性反接保护、蓄电池防反充保护等。系统内部构成如图 11-3 所示。

图11-3　10W家用太阳能照明系统的内部构成

2. 技术参数

额定工作电压：12V DC；额定充电电流：1A；额定负载电流：1A；过放电压：断开 10.5V ±0.2V，恢复：12.6V±0.2V；过载、短路保护：电子熔断器；空载电流：4mA；电池板峰值功率：10W；蓄电池容量：12Ah/12V；使用环境温度：–10～+50℃；使用环境湿度：≤90%。

3. 使用方法

充电或使用时，先打开电源开关，将太阳电池板置于户外正南方向（为提高效率也可根据阳光照射时段人工移动电池板方向，如上午置东南方向，中午置正南方向，下午置西南方向等）。电池板与地面呈大约 45° 角放置，并将电池板输出插头接入系统的电池板输入插座上。当阳光照射正常时，充电指示灯（黄色）亮即表示充电正常。

打开电源开关后，蓄电池电压指示灯亮（绿色）表示蓄电池电压充足，可以正常使用。当蓄电池欠电压指示灯（红色）亮时，表示系统蓄电池处于欠电压（亏电）状态，系统将自动关断负载不能使用，待充电到一定程度该灯熄灭后，系统可自动恢复正常供电。

系统附带照明灯口线，可将所附带的直流 LED 灯旋入灯口，另一端插头插入系统上直流 12V 灯泡插座，打开电源开关，即可正常使用。

系统附带的 5V USB 输出插座，可通过数据线为手机等小电器进行充电。

4. 使用注意事项

（1）太阳电池板切勿重压或重击，并经常用软布擦拭电池板表面灰层，保持清洁。切勿在其上覆盖塑料膜，玻璃物品等。

（2）电源初次使用时，务必在较强的日光下连续充电 3 天后再使用，以延长蓄电池的使用寿命。

（3）如电源系统暂时不用，则每月需充电 1～2 次，否则会使蓄电池因自放电导致亏电而缩短使用寿命。

（4）本系统必须用配备的专用高效直流节能灯具，不可用其他灯具。灯具损坏或更换时，必须断开电源，以免造成短路。

（5）不可擅自加长灯线或用其他连线，否则会缩短使用时间，降低输出功率，操作不当造成短路时将损坏蓄电池并可能引起火灾。

11.1.2　100W 家用太阳能光伏供电系统

100W 家用太阳能光伏供电系统的外形及内部构造如图 11-4 所示。系统上半部分为控制器、逆变器和输入/输出部分，下面机箱内放置蓄电池，搁板上放置随机配置的灯口线、照明灯和使用说明书等。面板上安装有 7 个交流输出插座，每个插座都带有一个控制开关，控制插座输出交流电与否。

图11-4　100W家用太阳能光伏供电系统的外形及内部构造

1. 电路原理

本系统由太阳电池板、控制器、蓄电池、交流逆变器、照明灯等构成。其工作原理示意图如图 11-5 所示。

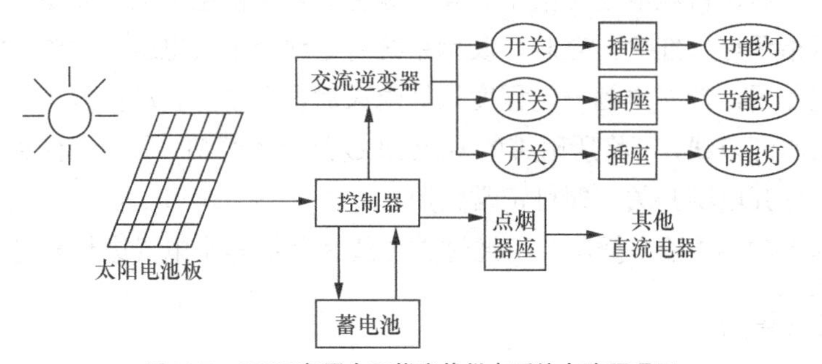

图11-5　100W家用太阳能光伏供电系统电路原理图

太阳电池板经一定能量阳光照射后，将光能转换成电能，并通过控制器把太阳电池产生的电能存储于蓄电池中。当负载用电时，蓄电池中的电能通过控制器合理地分配到各个负载上。逆变器的作用是将 12V 直流电转换为 220V 交流电供交流负载使用。

2. 技术参数

（1）额定工作电压：AC 220V/50Hz（DC 12V）；

（2）额定负载功率：≤200W；

（3）额定充电电流：5.7A；

（4）过放电压：断开 10.5V±0.2V，恢复 12.6V±0.2V；

（5）电池板峰值功率：100W；

（6）蓄电池容量：120Ah/12V；

（7）使用环境温度：–10～+50℃；

（8）使用环境湿度：≤90%。

3. 使用方法

本系统面板布局如图 11-6 所示。

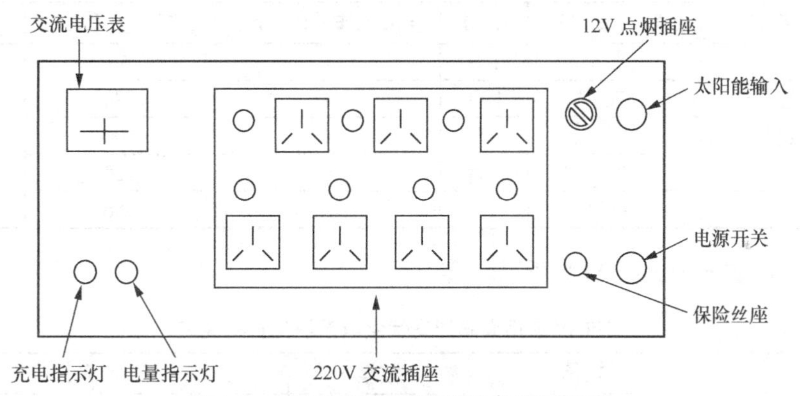

图11-6　100W家用太阳能光伏供电系统的面板

（1）将太阳电池板置于户外正南方向（为提高效率也可根据阳光照射时段人工移动电池板方向。如上午置东南方向，中午置正南方向，下午置西南方向等），打开支架，与地面呈大约 45° 角放置，并将电池板输出插头接入系统的电池板输入插座上。当阳光照射正常时，充电指示灯（黄色）亮即表示充电正常。

（2）打开电源开关，交流电压表应有 195V 左右的电压指示。蓄电池电压指示灯亮（绿色）表示蓄电池电压充足，可以正常使用。当蓄电池电量指示灯变红时，表示系统蓄电池处于欠电压（亏电）状态，系统将自动关断负载不能使用。待充电到一定程度该灯变绿时，系统可自动恢复正常供电。

（3）系统附带 5 条照明灯口线，可将所附带的 5W 交流节能灯旋入灯口，另一端插头插入系统上交流 220V 输出插座，打开插座旁的电源开关，即可正常使用。每个插座旁附带开关，可供用户单独控制各自照明灯的亮灭，不必频繁拔插插头。

（4）系统上有一个点烟器插座，可输出 12V 直流电压，可通过转换为各种直流电器供电。

4. 系统内部构造如图 11-7 所示。

图11-7　100W家用太阳能光伏供电系统内部构造图

11.1.3　家用太阳能光伏供电系统配置实例

1. 180W 家用太阳能光伏供电系统

（1）用户负载情况及全天用电情况如表 11-1 所示。

表 11-1　　用户负载及全天用电情况表

负载电器名称	负载功率（W）	数量	全天工作时间（h）	日耗电量（Wh）	连续阴雨天
节能灯	7	2 盏	4	56	4 天
21 英寸彩色电视机	70	1 台	4	280	
卫星电视接收机	25	1 台	4	100	
DVD 影碟机	30	1 台	4	120	
合计	139			556	

（2）具体配置构成如表 11-2 所示。

表 11-2　　180W 家用太阳能光伏供电系统配置构成表

名称	规格	数量	备注
太阳能电池组件	90W	2 块	设计寿命 20～25 年
太阳能电池支架		1 套	防腐
铅酸蓄电池	150Ah/12V	2 只	阀控、免维护。设计寿命 3～5 年
光伏控制器	24V/8A	1 台	设计寿命 5～8 年
交流逆变器	24V/220V、500W	1 台	设计寿命 5～8 年、正弦波输出
电池组件输出导线	15m	1 套	防腐、防紫外线

2. 500W 家用/办公太阳能光伏供电系统

（1）用户负载情况及全天用电情况如表 11-3 所示。

表 11-3　　用户负载及全天用电情况表

负载电器名称	负载功率（W）	数量	全天工作时间（h）	日耗电量（Wh）	连续阴雨天
节能灯	11	5 盏	4	220	3～4 天
21 英寸彩色电视机	70	1 台	6	420	

续表

负载电器名称	负载功率（W）	数量	全天工作时间（h）	日耗电量（Wh）	连续阴雨天
卫星电视接收机	25	1 台	6	150	3～4 天
液晶显示电脑	120	1 台	5	600	
喷墨打印传真一体机	15	1 台	1	15	
光伏水泵	200	1 台	0.5	100	
合计	441			1505	

（2）具体配置构成如表 11-4 所示。

表 11-4　　500W 家用/办公太阳能光伏供电系统配置实例

名称	规格	数量	备注
太阳能电池组件	125W	4 块	设计寿命 20～25 年
太阳能电池支架		1 套	防腐
铅酸蓄电池	200Ah/12V	2 只	阀控、免维护，设计寿命 3～5 年
光伏控制器	24V/20A	1 台	设计寿命 5～8 年
交流逆变器	24V/220V、1000W	1 台	设计寿命 5～8 年、正弦波输出

3. 800W 家用/办公太阳能光伏供电系统

（1）用户负载情况及全天用电情况如表 11-5 所示。

表 11-5　　用户负载及全天用电情况表

负载电器名称	负载功率（W）	数量	全天工作时间（h）	日耗电量（Wh）	连续阴雨天
节能灯	11	6 盏	4	264	3～4 天
21 英寸彩色电视机	70	1 台	6	420	
卫星电视接收机	25	1 台	6	150	
液晶显示电脑	120	1 台	5	600	
喷墨打印传真一体机	15	1 台	1	15	
光伏水泵	200	1 台	0.5	100	
120L 电冰箱	95	1 台	24	950	
双桶洗衣机	110	1 台	1	110	
合计	646			2609	

（2）具体配置构成如表 11-6 所示。

表 11-6　　家用/办公太阳能光伏供电系统配置实例

名称	规格	数量	备注
太阳能电池组件	200W	4 块	设计寿命 20～25 年
太阳能电池支架		1 套	防腐
铅酸蓄电池	200Ah/12V	6 只	阀控、免维护，设计寿命 3～5 年
光伏控制器	24V/30A	1 台	设计寿命 5～8 年
交流逆变器	24V/220V、2000W	1 台	设计寿命 5～8 年、正弦波输出

4. 1600W 家用/办公太阳能光伏供电系统

（1）用户负载情况及全天用电情况如表 11-7 所示。

表 11-7　　用户负载及全天用电情况表

负载电器名称	负载功率（W）	数量	全天工作时间（h）	日耗电量（Wh）	连续阴雨天
节能灯	11	8 盏	6	528	3～4 天
21 英寸彩色电视机	70	1 台	6	420	
卫星电视接收机	25	1 台	6	150	
液晶显示电脑	120	2 台	5	1200	
激光打印传真一体机	35	1 台	1	35	
光伏水泵	400	1 台	0.5	200	
120L 电冰箱	95	1 台	24	950	
双桶洗衣机	110	1 台	1	110	
微波炉	900	1 台	0.5	450	
合计	1766			4043	

（2）具体配置构成如表 11-8 所示。

表 11-8　　1600W 家用/办公太阳能光伏供电系统配置实例

名称	规格	数量	备注
太阳能电池组件	200W	8 块	设计寿命 20～25 年
太阳能电池支架		1 套	防腐
铅酸蓄电池	500～600Ah/2V	24 只	阀控、免维护，设计寿命 3～5 年
光伏控制器	48V/30A	1 台	设计寿命 5～8 年
交流逆变器	48V/220V、3000W	1 台	设计寿命 5～8 年、正弦波输出

5. 2600W 家用/办公太阳能光伏供电系统

（1）用户负载情况及全天用电情况如表 11-9 所示。

表 11-9　　用户负载及全天用电情况表

负载电器名称	负载功率（W）	数量	全天工作时间（h）	日耗电量（Wh）	连续阴雨天
节能灯	11	8 盏	6	528	3～4 天
21 英寸彩色电视机	70	1 台	6	420	
卫星电视接收机	25	1 台	6	150	
电饭锅	800	1 台	0.5	400	
液晶显示电脑	120	2 台	5	1200	
激光打印传真一体机	35	1 台	1	35	
光伏水泵	400	1 台	0.5	200	
120L 电冰箱	95	1 台	24	950	
双桶洗衣机	110	1 台	1	110	
微波炉	900	1 台	0.5	450	
1.5 匹空调器	1200	1 台	5	3000	
合计	3766			7443	

（2）具体配置构成如表 11-10 所示。

表 11-10　　2600W 家用/办公太阳能光伏供电系统配置实例

名称	规格	数量	备注
太阳能电池组件	185W	14 块	设计寿命 20～25 年
太阳能电池支架		1 套	防腐
铅酸蓄电池	800～1000Ah/2V	24 只	阀控、免维护，设计寿命 3～5 年
光伏控制器	48V/60A	1 台	设计寿命 5～8 年
交流逆变器	48V/220V、5000W	1 台	设计寿命 5～8 年、正弦波输出

6. 家用风光互补供电系统配置实例

由于地域间的太阳能资源和风力资源不平衡，采用太阳能光伏发电还是风力发电，或者风力和光伏互补发电，要根据当地的具体太阳能和风力资源的情况来定。一般情况下，风力发电供电系统要比太阳能发电系统初期投资成本低。但风力发电系统由于风力发电机本身属于旋转运动部件，造成整个系统可靠性较低、维护成本较高。从系统的优化角度考虑，风光互补系统更符合节省和实用的原则。但对于偏远和交通不便地区、系统维护不方便地区，则更适合选择几乎不需要维护的太阳能光伏发电系统。

（1）用户负载情况：10W 节能灯 3 盏，21 英寸彩色电视机 1 台，DVD 影碟机 1 台，普通电冰箱 1 台。

（2）全天用电情况：节能灯、彩色电视机、DVD 影碟机每天用电 5h，电冰箱全天供电，全天用电量约为 2kWh，考虑连续 3 个阴雨、无风天能连续正常供电。

（3）具体配置如表 11-11 所示。

表 11-11　　家用风光互补发电系统配置实例

名称	规格	数量	备注
风力发电机	600W	1 台	设计寿命 15 年
风机控制器	24V/40A	1 台	设计寿命 15 年
风机塔架	高度 9m	1 套	斜拉塔架、防腐
太阳能电池组件	90W	2 块	设计寿命 20～25 年
太阳能电池支架		1 套	防腐
铅酸蓄电池	150Ah/12V	4 只	阀控、免维护，设计寿命 3～5 年
光伏控制器	24V/8A	1 台	设计寿命 5～8 年
交流逆变器	24V/220V、2kW	1 台	设计寿命 5～8 年、正弦波输出
电池组件输出导线	20m	1 套	防腐、防紫外线

11.1.4　家用太阳能光伏发电系统典型配置

表 11-12 列出了 5～3000W 各种家用太阳能光伏发电系统的典型配置参数，供读者参考。

表 11-12　　5～3000W 家用太阳能光伏发电系统典型配置

系统功率	5W	10W	20W	30W	40W	50W
电池组件功率（W）	5	10	20	30	40	50
系统工作电压（V）	DC 12	DC 12	DC 12	DC 12	DC 12	DC 12
蓄电池容量	7Ah/12V	12Ah/12V 18Ah/12V	20Ah/12V 33Ah/12V	33Ah/12V 38Ah/12V	38Ah/12V 50Ah/12V	50Ah/12V 65Ah/12V
逆变器	—	—	—	100W/12V	150W/12V	150W/12V
输出电压（V）	DC 12	DC 12	DC 12	DC 12 AC 220	DC 12 AC 220	DC 12 AC 220
控制器	1A/12V	1A/12V	3A/12V	3A/12V	5A/12V	5A/12V
状态显示	LED	LED	LED	LED、表头	LED、表头	LED、表头
可带负载	5W 节能灯具 1 只，收录机 1 台	5W 节能灯具 2 只，收录机 1 台	7W 节能灯 2 只，收录机、小型黑白电视机各 1 台	7～9W 节能灯 3～4 只，其余同前	9W 节能灯 4 只，DVD、卫星接收机、小型液晶彩色电视机各 1 台	9W 节能灯 4 只，DVD、卫星接收机、小型液晶彩色电视机各 1 台
使用时间（h）	4	4～5	5～8	5～8	4～8	5～10

系统功率	60W	80W	100W	200W	300W	400W
电池组件功率（W）	60	80	100	100×2	150×2	200×2
系统工作电压（V）	DC 12	DC 12	DC 12 DC 24	DC 24	DC 24	DC 24
蓄电池容量	65Ah/12V 80Ah/12V	80Ah/12V 100Ah/12V	120Ah/12V 65Ah/12V×2 块	100Ah/12V 120Ah/12V ×2 块	120Ah/12V 150Ah/12V ×2 块	150Ah/12V 200Ah/12V ×2 块
逆变器	200W/12V	200W/12V	300W/12V 300W/24V	300W/24V	500W/24V	500W/24V
输出电压（V）	DC 12 AC 220	DC 12 AC 220	AC 220	AC 220	AC 220	AC 220
控制器	5A/12V	8A/12V	8A/12V 或 5A/24V	8A/24V	10A/24V	20A/24V
状态显示	LED、表头	LED、表头	LED、表头	LED、表头	LED、表头	LED、表头
可带负载	9W 节能灯 4 只，DVD、卫星接收机、小型液晶彩色电视机各 1 台	9W 节能灯 4 只，DVD、卫星接收机、17 英寸液晶彩色电视机各 1 台	9W 节能灯 4 只，DVD、卫星接收机、17 英寸液晶彩色电视机各 1 台等	9W 节能灯多只，DVD、卫星接收机、21 英寸彩色电视机各 1 台及其他用电器	9W 节能灯多只，DVD、卫星接收机、21 英寸彩色电视机各 1 台及其他用电器	9W 节能灯多只，DVD、卫星接收机、21 英寸彩色电视机各 1 台及其他用电器
使用时间（h）	6～10	4～10	4～10	4～10	6～12	8～15

系统功率	500W	800W	1000W	1500W	2000W	3000W
电池组件功率（W）	250×2 或 125×4	200×4 135×6	250×4 125×8	185×8 135×12	250×8 125×16	185×16 135×24

续表

系统功率	500W	800W	1000W	1500W	2000W	3000W
系统工作电压（V）	DC 24	DC 24	DC 24 DC 48	DC 48	DC 48	DC 48
蓄电池容量	120Ah/12V 150Ah/12V ×4 块	150Ah/12V ×4 块或 120Ah/12V ×6 块	150Ah/12V ×6 块或 120Ah/12V ×8 块	150Ah/12V ×8 块或 120Ah/12V ×12 块	200Ah/12V ×8 块或 400Ah/2V ×24 块	200Ah/12V ×16 块或 800Ah/2V ×24 块
逆变器	800W/24V	1000W/24V	1500W/24V 1500W/48V	1500W/48V 2000W/48V	1500W/48V 2000W/48V	3000W/48V 5000W/48V
输出电压（V）	AC 220	AC 220	AC 220	AC 220	AC 220	AC 220
控制器	20A/24V	30A/24V	40A/24V 20A/48V	30A/48V	40A/48V	50A/48V 80A/48V
状态显示	LED、表头	LED、表头	LED、表头	LED、表头	LED、表头	LED、表头
可带负载	可满足家庭基本用电需求，部分用电器间歇使用	可满足家庭基本用电需求，部分用电器间歇使用	可满足家庭基本用电需求，大功率电器间歇使用	可满足家庭基本用电需求，大功率电器间歇使用	可满足家庭基本用电需求，大功率电器间歇使用	可满足家庭基本用电需求，大功率电器间歇使用
使用时间	全天 24h	全天 24h	全天 24h	全天 24h	全天 24h	全天 24h

11.2 太阳能系列灯具的设计与应用

太阳能灯具由太阳电池组件、光伏控制器、蓄电池、照明光源及灯体、灯杆等组成。白天当有阳光照射时，通过太阳电池板将光能转换为电能，并通过光伏控制器把太阳电池产生的电能存储于蓄电池中。当临近傍晚，环境光照度低于 2～5lx 时，蓄电池中的电能通过控制器给照明光源送电，使光源点亮。光源点亮后，可以按预先设定好的时间自动关闭，也可以等天亮后受光控自动关闭，由用户根据需要选择。对太阳能交通信号灯等白天也需要点亮的灯具，则不受时间和阳光的控制，将根据需要昼夜点亮。常见的太阳能灯具有太阳能草坪灯、太阳能庭院灯、太阳能景观灯、太阳能道路灯、太阳能交通信号灯、太阳能楼宇照明系统等。

太阳能灯具具有以下一些特点。

（1）节能环保：通过太阳能光电转换提供电能，取之不尽、用之不竭，无污染，无噪音，无辐射。

（2）高效率、长寿命：太阳能灯具科技含量高，充放电控制及太阳电池最大发电量跟踪控制，均采用智能化设计，质量可靠。

（3）安全可靠：太阳能灯具属于低压直流运行装置，对人畜无伤害，无触电、火灾等意外事故发生。

（4）施工快捷：安装施工不需要挖沟敷设电缆，即安即用。

（5）无需管理：照明系统通过微电脑控制，无人值守，自动运行；一次性投资，长期受用；无停电、限电的顾虑。

（6）应用广泛：太阳能源于自然，凡是有日照的地方都可应用，特别适合于绿地景观、别墅住宅、旅游景点、海岸景观、工业开发区、工矿企业、大专院校、机关医院、农村街道等夜间照明及点缀使用。

11.2.1 太阳能草坪灯

太阳能草坪灯主要用于公园、住宅小区、工业园区绿化带、旅游风景区、景观绿地、广场绿地、家庭院落等任何需要照明和亮化点缀的草坪、小河边及崎岖小路等，具有安全、节能、环保、造型美观、安装方便等特点。它白天利用太阳电池的能源为草坪灯存储电能，天黑后，蓄电池中的电能通过控制电路为草坪灯的光源供电。第二天早晨天亮时，蓄电池停止为光源供电，草坪灯熄灭，太阳电池继续为蓄电池充电，周而复始、循环工作。通过不同的控制电路可以实现草坪灯的光控开/光控关、时控开/时控关、全功率开/半功率关等各种控制方式。

太阳能草坪灯高度一般为 0.6～1m，灯体材料有不锈钢、压铸铝、塑料、铁件等。太阳能草坪灯虽然灯体式样各异，但其内部控制电路、光源及蓄电池容量等配置却大同小异。照明光源一般都选择 2～15 颗超高亮度 LED 构成 0.1～0.9W 不等的光源，太阳电池板的发电功率一般都为 0.8～3W，蓄电池一般都选择 3.6V、1～2Ah 的镍氢电池、锂电池，或者 6V、1.2～4Ah 的铅酸蓄电池等。太阳能草坪灯的照明时间一般能达到每天 8h 以上，且根据配置不同能保证 3～5 个阴雨天的连续工作。太阳能草坪灯的典型配置如表 11-13 所示。

表 11-13　　太阳能草坪灯典型配置

序号	照明光源	电池组件	蓄电池	控制器	光照度（lx）	全天照明时间	连续阴雨天
1	LED/0.13W	0.5W	3.6V/1Ah	4V/0.2A	2	8～10h	2天
2	LED/0.3W	0.9W	3.6V/2Ah	4V/0.6A	5	6～10h 可控	2天
3	LED/0.7W	2.2W	6V/4Ah	6V/0.8A	10	6～10h 可控	3天
4	LED/0.7W	2.8W	6V/4Ah	6V/0.8A	10	6～10h 可控	5天
5	LED/0.85W	3.5W	6V/7Ah	6V/0.8A	14	6～10h 可控	5天

11.2.2 太阳能庭院灯

太阳能庭院灯主要用于城市道路小街小巷、花园、住宅小区道路、公园及文化广场、步行街、健身休闲广场、紧急避难所等场所的亮化照明。太阳能庭院灯以太阳能做为电能供给，白天储能夜晚使用，可根据不同地区的光照情况，进行多种控制模式的设置，光控开/光控关、时控开/时控关等，照明时间可在每天 4～8h 范围调整，可连续工作 3～5 个阴雨天。

太阳能庭院灯安装简单，无需预埋管网布线，灯体高度一般为 3～4m，灯体材料有铸铝、不锈钢、钢件热镀锌喷塑等，造型美观，具有耐腐蚀、节能、环保等特点。

太阳能庭院灯适配光源为高效节能灯或超高亮 LED 灯，太阳电池板功率一般为 25～60W，蓄电池容量一般为 30～65Ah。太阳能庭院灯典型配置如表 11-14 所示。

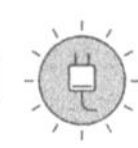

表 11-14　　　　　　　　　　　　太阳能庭院灯典型配置

序号	照明光源功率	电池组件	蓄电池	控制器	光照度	照明时间	连续阴雨天
1	LED/3W，1 只	18～25W	12V/18～24Ah	12V/3A	10lx	6～10 小时/天	3～5
2	LED/3W，2 只	20～30W	12V/24～38Ah	12V/3A	10lx	6～10 小时/天	3～5
3	5W，1 只	20～30W	12V/24～38Ah	12V/3A	12lx	6～10 小时/天	3～5
4	5W，2 只	35～50W	12V/38～50Ah	12V/5A	12lx	6～10 小时/天	3～5
5	7W，2 只	45～60W	12V/38～80Ah	12V/5A	15lx	6～10 小时/天	3～5

11.2.3　太阳能道路灯

太阳能道路灯主要用于城市道路、住宅小区道路、公园及文化广场、旅游风景区、工业园区、学校校园、健身休闲广场、紧急避难所等道路和场所的照明。太阳能道路灯通过太阳能（或太阳能＋风能）供电，白天储能夜晚使用，可根据不同地区的光照情况，进行多种控制模式的设置，如光控开/光控关、时控开/时控关以及光控开/时控半功率运行/光控关等，照明时间可在每天 6～10h 范围调整，可连续工作 3～5 个阴雨天。

太阳能道路灯安装简单，无需预埋管网布线，灯体高度一般为 5m、6m、8m、10m、12m 等，灯体材料为钢管热镀锌喷塑，造型美观，具有耐腐蚀、节能、环保等特点。

太阳能道路灯适配光源为高光效低功耗光源，较常使用的有节能灯、无极灯、低压钠灯、超高亮 LED 灯等，其典型配置如表 11-15 所示。表 11-16 和表 11-17 分别是太阳能 LED 双头路灯和风光互补太阳能道路灯的典型配置方案和实例。

表 11-15　　　　　　　　　　　　太阳能道路灯典型配置

序号	照明光源功率	电池组件	蓄电池（12V）	控制器	灯杆高度（m）	全天照明时间（h）	连续阴雨天
1	LED 灯 10W	35W	65Ah	12V/5A	4	6～8	2～3 天
2	LED 灯 18W	60W	100Ah	12V/5A	5	6～8	2～3 天
3	LED 灯 20W	75W	120Ah	12V/10A	6	6～8	2～3 天
4	无极灯 23W	90～110W	100～120Ah	12V/10A	6	6～8	3～5 天
5	LED 灯 25W	100W	120Ah	12V/10A	6	6～8	2～3 天
6	低压钠灯 26W	80～140W	100～120Ah	12V/10A	6	6～8	3～5 天
7	LED 灯 30W	120W	130Ah	12V/10A	6	6～8	2～3 天
8	LED 灯 35W	150W	200Ah	12V/10A	8	6～8	2～3 天
9	LED 灯 35W	140W	150Ah	12V/10A	6	8	5 天
10	金卤灯 35W	120～170W	180～200Ah	12V/15A	8	6～10	3～5 天
11	LED 灯 40W	160W	200Ah	12V/15A	10	6～8	2～3 天
12	LED 灯 45W	190W	150Ah×2	12V/15A	6	8	7 天
13	LED 灯 50W	100W×2	120Ah×2	24V/10A	10	6～8	2～3 天
14	LED 灯 60W	120W×2	150Ah×2	24V/10A	10	6～8	2～3 天
15	LED 灯 80W	150W×2	150Ah×2	24V/15A	10	6～8	2～3 天
16	LED 灯 100W	85W×4	200Ah×2	24V/15A	12	6～8	2～3 天

表 11-16　　太阳能 LED 双头道路灯典型配置

序号	LED 光源功率	电池组件功率	蓄电池容量	路灯控制器	灯杆高度（m）
1	20W+11W（12V）	60W×2	150Ah/12V	12V/10A 双路控制	6
2	20W+11W（12V）	120W	150Ah/12V	12V/10A 双路控制	6
3	15W+15W（12V）	60W×2	150Ah/12V	12V/10A 双路控制	6
4	20W+15W（12V）	120W	150Ah/12V	12V/10A 双路控制	6
5	25W+11W（12V）	60W×2	150Ah/12V	12V/10A 双路控制	8
6	18W+18W（24V）	80W×2	100Ah/12V×2	24V/8A 双路控制	8
7	25W+15W（12V）	70W×2	150Ah/12V	12V/10A 双路控制	6
8	30W+15W（12V）	80W×2	200Ah/12V	12V/15A 双路控制	8
9	30W+15W（12V）	160W	200Ah/12V	12V/15A 双路控制	8
10	35W+10W（12V）	80W×2	200Ah/12V	12V/15A 双路控制	8
11	55W+10W（24V）	130W×2	120Ah/12V×2	24V/10A 双路控制	8
12	35W+35W（12V）	140W×2	150Ah/12V×2	12V/20A 双路控制	8～10

表 11-17　　风光互补太阳能道路灯典型配置

序号	光源功率	电池组件功率	蓄电池容量	风力发电机功率（W）	控制器	灯杆高度（m）
1	LED40W	60W×2	100Ah/12V×2	300	24V5A	7
2	LED60W	100W×2	120Ah/12V×2	300	24V10A	9
3	LED90W	180W×2	200Ah/12V×2	300	24V15A	11
4	低压钠灯 18W	60～80W	65～80Ah/12V	250～300	12V10A	6
5	高压钠灯 50W	90～110W	180～200Ah/12V	250～300	12V10A	8

11.2.4　太阳能交通信号灯

太阳能交通信号灯主要用于公路沿线平交、岔道、沿河、沿山事故多发危险地段，城市内不适宜安装普通交通信号灯的地段或道口，高速公路匝道进出口处等。太阳能交通信号灯以太阳电池做为电能供给，无需市电支持，不受地域限制，无需开凿铺设电缆。采用高光效、低损耗、超高亮度 LED 光源，全天自动闪烁发光，造型美观，安装简便，对提高道路交通安全具有良好的警示作用。

太阳能交通信号灯工作电压为 12V，功率一般都小于 10W，外壳材料一般采用聚碳酯注塑、铝合金压铸或铝合金板材加工成型，可在–40～+70℃的环境温度范围内正常工作，还可每天 24h 不间断工作，连续工作 7～15 个阴雨天。表 11-18 是部分太阳能交通信号灯的典型配置表。

表 11-18　　太阳能交通信号灯典型配置

灯具类型	电池组件	蓄电池	控制器	光源	闪烁频率	可视距离
黄闪	8～11W	10～12Ah/12V	5A/12V	LED 黄光	40 次/分	正常环境下≥500m
慢、黄闪	8～11W	12～17Ah/12V	5A/12V	LED 红黄光	40 次/分	
慢、让闪	8～11W	12～17Ah/12V	5A/12V	LED 红黄光	40 次/分	
爆闪	10～13W	12～17Ah/12V	5A/12V	LED 红蓝光	交替频闪	

续表

灯具类型	电池组件	蓄电池	控制器	光源	闪烁频率	可视距离
闪光警告标志牌	8～11W	24～34Ah/12V	5A/12V	LED 黄色	40 次/分	正常环境下≥500m
其他指示类标志牌	8～11W	24～34Ah/12V	5A/12V	LED 黄白色	40 次/分	
闪光限速标志牌	7～10W	17～24Ah/12V	5A/12V	LED 红黄色	40 次/分	
其他禁止类标志牌	7～10W	17～24Ah/12V	5A/12V	LED 红黄色	40 次/分	

11.2.5　太阳能楼宇照明系统

太阳能楼宇照明系统采用太阳电池组件发电为楼道及楼门口的照明灯供电，每个单元配置一套系统，如图 11-8 所示。该系统具有节能、寿命长、不受停电影响、住户无共摊电费等优点。该照明系统还可以和单元的楼宇对讲系统及紧急通道指示灯等进行合并供电使用，实行一个单元一套系统，实现单元楼道公共用电的太阳能供电化。

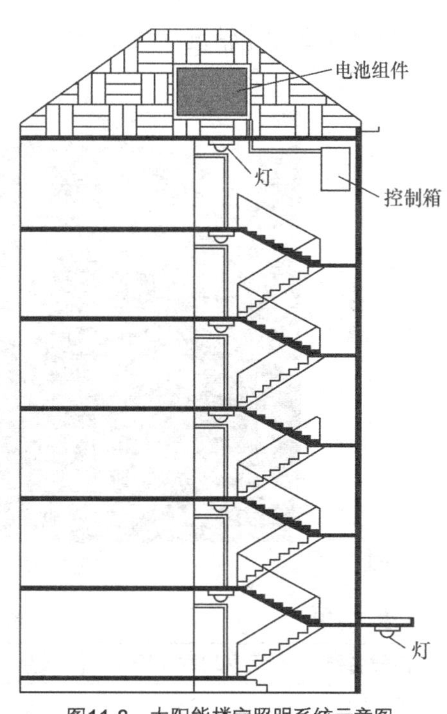

图11-8　太阳能楼宇照明系统示意图

1. 设计方案

（1）每层单元楼道灯安装一只 1W 的 LED 灯，采用声光控开关，以 6 层楼为例，共安装 7 只 LED 灯。

（2）每盏灯每次点亮后，会延时 1～2min 熄灭，由于用电很省，所配蓄电池可以提供 10～15 个阴雨天的正常供电。

（3）为防止长时间连续阴雨天，蓄电池得不到太阳能的能量补充，系统具备采用交流市电补充充电的功能。当蓄电池电量不足时，系统将自动切换到交流电充电模式，蓄电池充满后自动关断，系统又返回到太阳能充电模式。

（4）太阳电池组件安装在楼顶，面向正南向阳处。

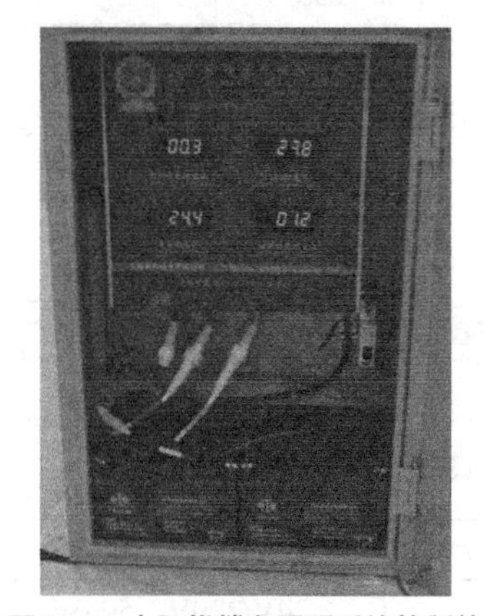

图11-9　太阳能楼宇照明系统控制箱

2. 系统配置

（1）太阳电池组件选用一块峰值发电功率 30W、峰值工作电压 34V 左右的晶体硅组件。

（2）蓄电池选用 12V/24Ah 储能型铅酸蓄电池 2 块。

（3）照明灯为 1W/24V 超高亮度 LED 灯 7 只。

（4）控制箱部分如图 11-9 所示，包括充放电控制器、直流稳压器、蓄电池、交流充电器及工作状态显示数字表头等。

11.3 太阳能离网光伏发电系统设计与应用

11.3.1 公园科普橱窗太阳能光伏供电方案

某公园科普橱窗因市电无法供应，故采用太阳能光伏发电系统供电。每个橱窗都有LED背景灯和LED滚动字幕显示屏，每套供电系统要为两个橱窗供电，如图11-10所示，单个橱窗负载及全天用电情况如表11-19所示。

图11-10 科普橱窗太阳能光伏供电系统

表11-19 橱窗负载及全天用电情况表

负载名称	负载功率（W）	数量	全天工作时间（h）	日耗电量（Wh）	连续阴雨天
LED背景灯	25	1套	2～3	50～75	4天
LED显示屏	40	1套	3.5～4	140～160	
合计	65			190～235	

根据橱窗负载用电情况，经计算，为其设计的太阳能光伏供电系统具体配置构成如表11-20所示。

表11-20 科普橱窗太阳能光伏供电系统配置

名称	规格	数量	容量
太阳电池组件	90W、1200mm×550mm	4块	360W
胶体铅酸蓄电池	120Ah/12V 长350mm/宽166mm/高175mm	2只	120Ah/24V
光伏控制器	24V/20A	1台	24V/20A
交流逆变器	24V/220V、500W	1台	24V/220V、500W
组件支架	不锈钢	1套	

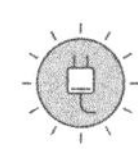

11.3.2　某大厦采光廊架光伏发电系统设计与应用

1. 项目简介

太阳能光伏建筑一体化 （Building Integrated Photovoltaic，BIPV）是应用太阳能发电的一种新形式，简单地讲就是将太阳能光伏发电系统和建筑的围护结构外表面如建筑幕墙、屋顶等有机地结合成一个整体结构，不但具有围护结构的功能，同时又能产生电能供本建筑及周围用电负载使用。还可通过建筑物输电线路并网发电，向电网提供电力。由于太阳能光伏方阵与建筑的结合不占用额外的地面空间，是光伏发电系统在城市中广泛应用的最佳安装方式，因而备受关注。

某大厦采光廊架离网光伏发电系统就是太阳能光伏建筑一体化（BIPV）和太阳能光伏发电的具体示范和应用。该采光廊架屋顶由 36 块 1200mm×1200mm 的玻璃构成，总面积约为 52 ㎡，拟全部采用双玻太阳能光伏组件构成，形成光伏采光屋顶，达到即可以采光又能进行光伏发电的目的。

根据甲方要求，系统模式为带蓄电池储能的离网型光伏发电系统，所发电量主要供地下停车场及大厦周围夜间照明使用。

2. 方案设计原则及依据

（1）设计原则

本光伏发电系统设计以先进性、合理性、可靠性和高性价比为原则。大功率控制器、光伏逆变器、蓄电池组等均选用国产优质产品，电池组件采用优质原材料及晶体硅电池片定制生产。

（2）设计依据

① 甲方提供的技术要求、图纸及施工现场考察情况。

②《民用建筑太阳能光伏系统应用技术规范》JGJ203-2010。

③《电气装置安装工程施工及验收规范》GB 50254-1996。

④《建筑玻璃应用技术规程》JGJ113-2015。

⑤《玻璃幕墙工程技术规范》JGJ102-2003。

⑥《地面用晶体硅光伏组件设计鉴定与定型》GB/T9535-1998。

⑦《光伏发电站设计规范》GB50797-2012。

3. 系统配置及设计选型说明

该系统由定制双玻电池组件、蓄电池组、大功率光伏控制器及离网光伏逆变器等组成。

（1）双玻电池组件的设计

本项目电池组件容量的确定不是根据计划用电量来计算的，而是根据现有玻璃屋顶的面积，在不影响采光的前提下，看看能排布多少电池片，然后根据排布的电池片数量及其转换效率来确定整个电池方阵的总容量(功率)。排布电池片时还要考虑图案的美观和整体的协调，电池片的遮盖面积不能超过总面积的 50%。经过设计和计算，决定采用定制双玻电池组件，由厚度5mm的低铁超白钢化玻璃和厚度8mm的普通钢化玻璃及125mm×125mm单晶硅太阳电池片采用特殊工艺压合制作而成，其中5mm玻璃放在电池片的受光面。这种组件具有强度高、抗老化、寿命长、功率衰减小等特点。根据甲方要求设计了太阳电池片排布方式，每块组件排布36片电池片，具体排布如图11-11所示。每块组件的设计功率约为80W；峰值输出电压8.5V。设计36块组件18块串联、2串并联连接组成方阵，计算最大输出功率为80W×36（块）=2880W，因采光屋顶与地平面平行，倾斜角为零，故实际最大输出功率为2880W×0.93≈2.68kW。方阵峰值输出电压为8.5V×18（块）=153V，基本满足直流110V逆变器允许的输入电压范围要求。当这个电压不符合逆变器允许的输入电压范围要求时，要重新考虑方阵组件的串并联方式，或重新选择输出功率合适的24V、48V逆变器进行设计计算。方阵峰值输出电流为2680W/153V≈17.5A。

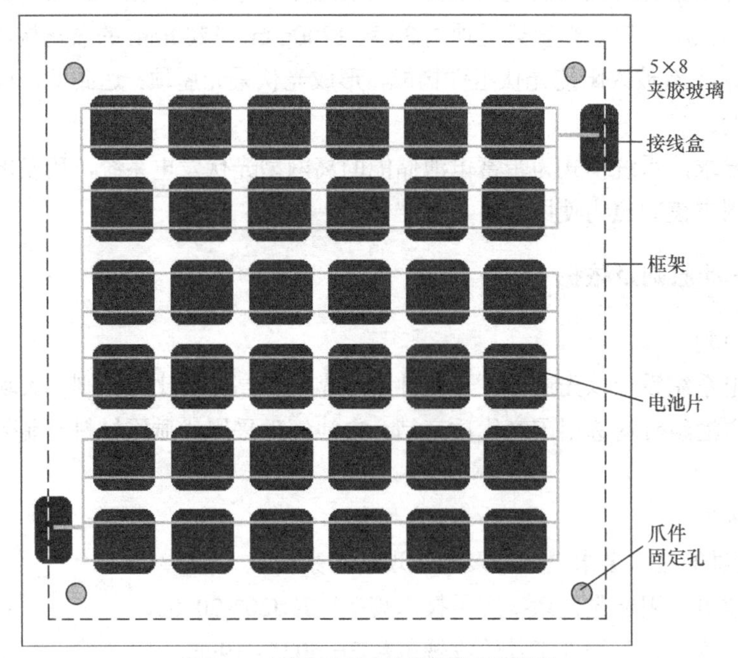

图11-11　定制双玻电池组件排布示意图

（2）大功率光伏控制器的选型

根据光伏电池方阵的技术参数，需要选择一款额定直流工作电压为110V、额定输入电流大于17.5A、且电池方阵输入路数大于等于2的光伏控制器，在这里选用了合肥阳光电源有限公司的大功率控制器SD11050，该控制器额定工作电压为110V，额定输入电流为50A，电池方阵有6路输入，符合使用要求。

（3）离网型光伏逆变器的选型

离网型光伏逆变器需要选择一款额定直流输入电压110V、额定输入电流大于17.5A、交流额定容量大于组件最大发电容量（大于2.68kW）的逆变器。根据产品手册提供的参数，选用合肥阳光电源有限公司的SN1103KS型离网逆变器，其符合设计要求。该逆变器额定直流输入电压为110V，额定直流输入电流为30A，允许输入电压范围为99V～150V，交流输出额定容量为3kVA，交流额定输出功率为2.4kW。

（4）蓄电池组的容量计算及组合

根据光伏方阵的实际最大输出功率和建设地的峰值日照时数可以计算出光伏方阵的日平均发电量。以峰值日照时数为 4.8h 为例，该系统日平均发电量为 2.68kW×4.8h＝12.86kWh（度），可以供 500W 负载连续工作 24h，1000W 的负载连续工作 12h 或 2000W 的负载连续工作 6h。考虑到该系统主要是为地下停车场及大厦周围夜间照明使用，按照 1000W 负载连续工作 12h，并保证连续 3 个阴雨天正常工作来计算蓄电池容量。应用第 7 章中介绍的蓄电池容量计算公式计算：

蓄电池容量＝负载日平均用电量（Ah）×连续阴雨天数×放电率修正系数/（最大放电深度×低温修正系数）

在此选用放电深度 50%的铅酸蓄电池，放电率修正系数选 0.95，由于蓄电池使用环境温度最低为 0℃，所以低温修正系数也选 0.95，计算：

负载日平均用电量（Ah）＝（1000W×12h）/110V＝109Ah

蓄电池容量＝109×3×0.95/（0.5×0.95）＝654Ah

根据计算结果，直接选用 2V/600Ah 蓄电池 55 块，串联后得到 110V/600Ah 蓄电池组，可以基本满足系统要求。

（5）系统的主要配置见表 11-21。

表 11-21　　系统的主要配置一览表

序号	名称	规格或技术参数	数量
1	夹胶玻璃太阳电池组件	80W/8.5V 发电功率 2.68kW	36 块（18 块×2 串）
2	蓄电池组	2V/600Ah 免维护铅酸蓄电池	55 块（55 块×1 串）
3	大功率光伏控制器	110V/50A	1 台
4	光伏交流逆变器	110V 直流变 220V 交流，功率 3kW	1 台
5	专用连接线、配电箱等		1 套

因为这个光伏发电系统功率较小，配置和连接都不复杂，可以免去直流汇流箱，将两路输入直接接到光伏控制器上。交流配电柜也很简单，可以考虑加装一级交流防雷器。因该采光廊架紧靠大厦，所以不需要考虑避雷的问题。

11.4　太阳能并网发电系统的设计与应用

下面介绍几个太阳能并网发电系统设计应用的实例，内容涉及家庭屋顶、工商业屋顶、光伏车棚、荒山荒坡等不同规模容量的并网光伏发电系统（电站）。以期帮助大家对各个实例的设计思路、技术应用等有一个系统的了解，达到学习和借鉴的目的。

11.4.1　3kW 和 5kW 家庭屋顶光伏电站典型设计

3kW 和 5kW 并网光伏发电系统是家庭用户屋顶最常用的系统配置，3kW 系统配置的光伏组件一般选用最大发电功率 265W、270W 或 275W 的多晶硅光伏组件 12 块串联构成一串光伏组串，送入光伏逆变器两个端口中的任意一对端口。所以 3kW 光伏发电系统实际容量根据所选用光伏组件最大发电功率的不同分为3.18kW、3.24kW或3.30kW。

5kW系统配置的光伏组件一般选用最大发电功率265W、270W或275W的多晶硅光伏组件20块，每10块一串构成光伏组串两串，然后分两路送入光伏逆变器相应端口。5kW光伏发电系统的实际容量根据所选用光伏组件最大发电功率的不同分为5.3kW、5.4kW或5.5kW。

1. 系统配置及线路连接

3kW和5kW光伏发电系统设备、材料配置一览如表11-22所示。

表11-22　　3kW、5kW光伏发电系统设备、材料配置表

序号	名称	规格型号	单位	系统规格	
				3kW	5kW
1	光伏组件	多晶硅组件（265W、270W、275W）	块	12	20
2	组串逆变器	与系统容量配套（3kW、5kW）	台	1	1
3	并网配电箱	含：小型空开32A 2P　2只；过欠压保护器220V　1只；浪涌保护器20KA 2P　1只；刀闸开关60A　1只	台	1	1
4	支架	与屋顶结构配套	套	1	1
5	光伏直流线缆	PV1-F $1\times4mm^2$	米	40	80
6	组串连接器	MC4	对	4	8
7	数据采集棒	直插式Wi-Fi或GPRS传输	只	1	1
8	交流线缆	ZR-YJVR $3\times4mm^2$	米	20	20
9	接地线缆	BVR $1\times4mm^2$	米	10	10
10	接地线缆	BVR $1\times16mm^2$	米	40	40
11	接地扁钢	镀锌扁钢，40×4（mm），长6m	根	4	4
12	接地极	镀锌角铁，L50×50×5（mm），长2.5m	根	2	2
13	线缆槽	50mm*25mm，铝合金线槽	米	20	20
14	PVC管	ϕ25/30mm	米	40	40
15	其他辅材	膨胀螺栓、扎带、管槽固定件、铜鼻子等	按需配置		

3kW和5kW光伏发电系统的线路连接如图11-12和图11-13所示。

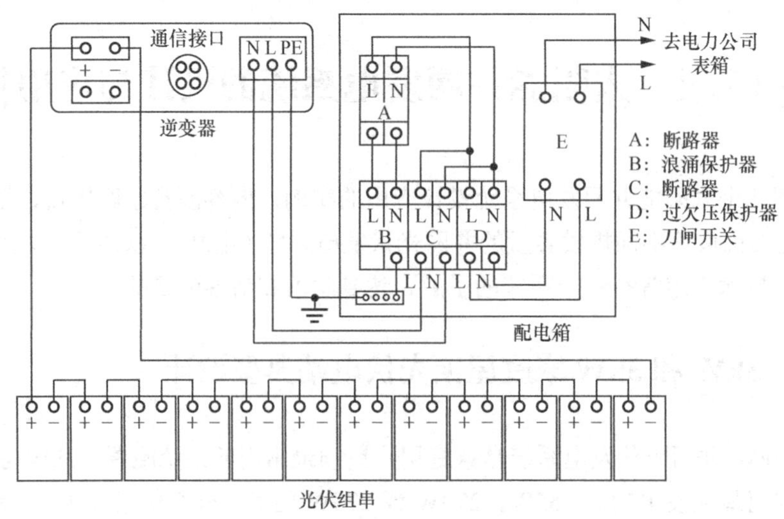

图11-12　3kW光伏发电系统线路连接示意图

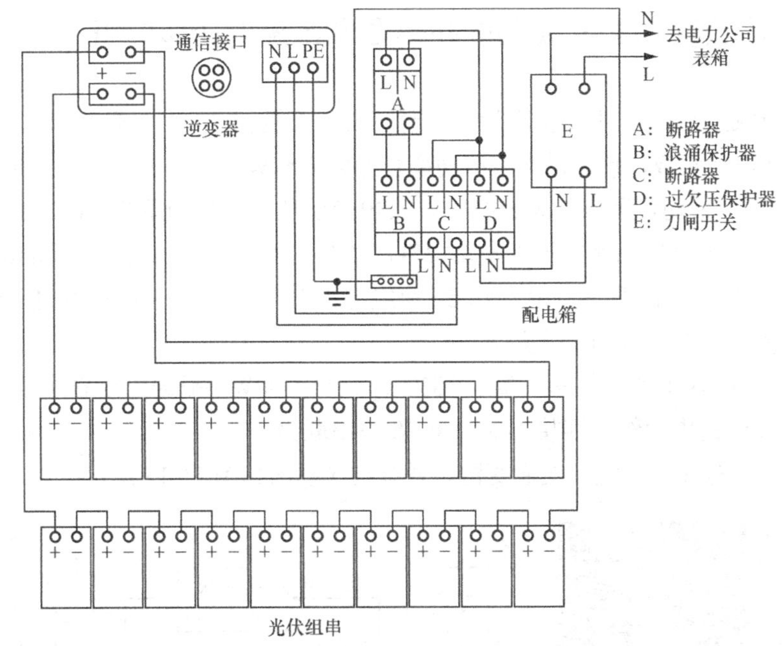

图11-13　5kW光伏发电系统线路连接示意图

2. 系统计量方案

家庭分布式光伏发电以自发自用、余电上网的方式为主，其电能计量要求设置两套电能计量装置，实现光伏发电量、上网电量和用户用电量的分别计量，其计量接线方式如图 11-14 所示。其中电能表 2 需要支持正反向计量功能，具备电流、电压、功率、功率因数的测量和显示功能。光伏系统总发电量由电能表 1 进行计量，用户使用电量和余电上网电量由电能表 2 进行计量，那么用户自发自用电量＝总发电量－余电上网电量。

3. 并网配电箱配置

并网光伏发电系统都需要配置一套并网配电箱，并网配电箱一般由刀开关、自复式过欠压保护器、断路器、浪涌保护器后备断路器和浪涌保护器组成，如图 11-15 所示。

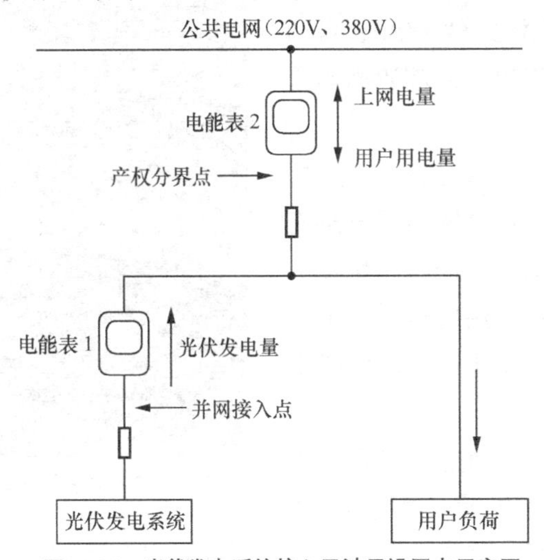

图11-14　光伏发电系统接入及计量设置点示意图

图11-15　并网配电箱实体图

11.4.2 办公区10kW太阳能并网发电系统设计与应用

该办公区地处大连市，主要负载为10台台式计算机和1台3匹空调，合计功率大约5.5kW，还有些附加负载，预计最大负载功率合计为6.5kW。负载使用时间为正常上班时间，每天白天工作8h，平均日用电量为50kWh，市电及负载电源均为单相AC 220V/50Hz。

办公区屋顶有一个采光棚，可以安装规格尺寸为1580mm×808mm×40mm的185W电池组件54块，如图11-16所示。利用这54块组件为办公区供电，实现太阳能光伏发电与建筑结合，基本实现办公用电自给自足。

设计安装的54块电池组件总容量为185W×54=9990W，根据选定的并网逆变器输入电压要求，确定安装的电池组件连接方式为每18块串联为1串，对应一台3kW的组串式逆变器，3个光伏组串对应3台组串式逆变器。系统构成框图如图11-17所示。

图11-16 10kW太阳能光伏方阵

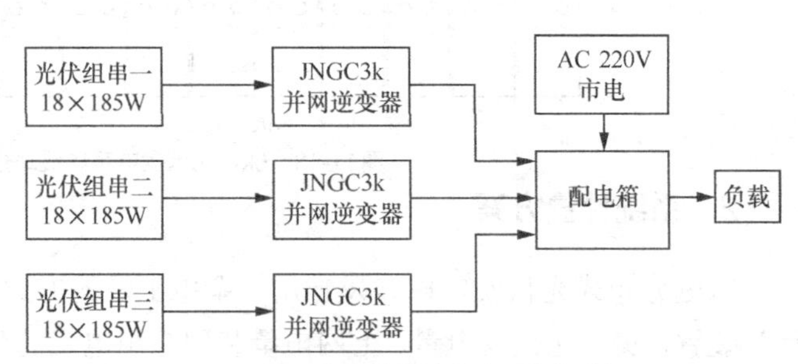

图11-17 10kW太阳能并网发电系统构成框图

本系统设计时没有直接选用1台10kW的并网逆变器，而是选用了3台3kW的并网逆变器，主要原因如下。

其一，10kW并网逆变器通常为三相逆变器，考虑用户负载不具备三相均衡分配条件，因此不宜选用单台10kW逆变器。

其二，选用3台3kW并网逆变器可并联使用，可以满足不同容量负载使用的要求，不存在均衡分配问题，可以满足用户空调容量使用要求。

另外选用3kW组串式逆变器，有利于电池组件MPPT自动调节，使发电量最大化，并且可以减少光伏组串因局部遮挡等原因带来的损失和组串间的相互影响。

本方案选用的JNGC3K型并网逆变器采用挂壁安装方式，如图11-18所示。它可以像普通用电设备一样，通过断路器直接连接到交流220V市电回路中。由于本地负载用电时间与光伏发电的有效时间基本重合，扣除发电系统的损耗后，用电量略大于发电量，基本上做到全部自发自用，所以光伏逆变所产生的电能不会逆向流入电网。

图11-18 并网逆变器挂壁安装

实际运行中，当日照条件较好时，光伏逆变的电能完全可以满足本地负载使用，这时本系统几乎不从电网吸取能量；而当日照条件较差时，本系统会部分或全部从电网获取能量。这些状态的变化是连续的、不间断的，若从负

载侧来看，就像普通市电供电的系统一样，唯一的区别只在于进线处的电度表转得很慢很慢。

本方案在设计初期，也曾经考虑过采用离网运行方案，经过对比最终选择了并网运行方案。离、并网运行方案对比如下。

（1）适用性方面：两种方案都能充分发挥 9990W 电池组件的发电作用，都能满足对所列负载的保障供电。

（2）实用性方面：并网方案结构简单，安装方便；而离网方案环节较多，系统自损耗较大，需要占用超过 20 ㎡的室内空间。

（3）经济性方面：从一次性投入来看，离网方案多出一个蓄电池设备，且蓄电池容量不能设计得太小。因为大电流充放电（相对于小容量蓄电池来说）及频繁深度充放电将严重影响蓄电池的寿命，所以如果蓄电池设计容量偏小，一般深充深放 200 次左右就可能损坏；为了延长蓄电池使用寿命又将导致投入较大。从长期运行来看，离网方案中的蓄电池毕竟存在使用寿命问题，运行中还得再投入，并网方案则不存在这个问题；而且由于离网方案环节较多，各个环节的效率的乘积等于系统总效率，所以并网方案的系统总效率明显高于离网方案。通常，离网方案的优势在于有储能环节，可以将光伏能量储存起来，使得日照条件不好时（比如夜间）也能向负载供电，但是这个优势在本系统中却不能体现。因此，并网系统发电运行与用电基本同步的优势则体现非常明显。

11.4.3　10kW 农村住宅屋顶光伏电站设计与应用

1. 工程概况

吕梁市文水县××村住户，建设地位于北纬 37.42°，东经 111.97°。该地区年最高气温 39℃，最低气温–25℃，属于太阳能资源三类地区。经勘查屋顶可安装面积约 81 平方米。拟建设 10kW 屋顶光伏电站，采用单点 380V 低压并网全额上网模式。

整个光伏系统拟采用 260W 多晶硅电池组件 40 块构成光伏方阵，通过逆变器及并网配电箱后并入低压电网，光伏系统整体配置要保证系统安全、稳定可靠的运行，并通过逆变器监控系统实时监测光伏系统运行状况及数据。

2. 系统设计原则和依据

（1）系统设计原则

① 美观性。光伏方阵与建筑的结合，要协调统一，美观大方。要在不改变原有建筑风格和外观的前提下，设计光伏方阵的布局。

② 高效性。优化设计方案，在给定的安装面积内，尽可能地提高光伏组件的利用效率，达到充分利用太阳能、提高最大发电量的目的。

③ 安全性。设计的光伏系统要安全可靠，不能给建筑物内的其他用电设备和人员带来安全隐患。施工过程中要保证绝对安全，不能从屋顶掉下任何设备和器具。尽可能地减少运行中的维修维护费用，同时应考虑到方便施工和利于维护。

④ 经济性。在满足光伏发电系统外观效果和各项性能指标的前提下，最大限度地优化设计方案，合理选用各种材料，把不必要的浪费消除在设计阶段，降低工程造价，为业主节约投资。

（2）系统设计依据

① 现场勘察技术参数及业主提供的技术要求；

②《光伏发电站设计规范》GB50797-2012；

③《光伏发电站施工规范》GB50794-2012；

④《太阳能光伏电站设计与施工规范》DB44/T1508-2014；

⑤《光伏发电工程验收规范》GB/T50796-2012；

⑥《光伏发电站防雷技术要求》GB32512-2016；

⑦《光伏发电站接入电力系统设计规范》GB/T50866-2013；

⑧《光伏发电工程施工组织设计规范》GB/T50795-2012；

⑨《民用建筑太阳能光伏系统应用技术规范》JGJ203-2010。

3. 系统构成及配置选型

（1）系统构成概况

本方案屋顶有效面积约 81m^2，根据屋顶状况，整个系统采用“三晋阳光”品牌 260W 多晶硅电池组件 40 块组成 1 个方阵，设计总容量为 10.4kW，其中每 20 块电池组件串联连接构成一个组串，两个光伏组串接入一台 10kW 逆变器中。逆变器选用“锦浪科技”生产的 GCI-10K 三相组串式逆变器，逆变器将电池组件产生的直流电转化为 380V 三相交流电，通过交流并网配电柜连接后完美地并入住户附近 380V 三相交流电网中。

数据采集器通过 RS485 接口从逆变器获取运行状态信息，包括：光伏阵列的直流电压、直流电流、直流功率、并网逆变器内部温度、交流输出电压、交流输出电流、交流输出功率、当日发电量、总发电量等数据信息。数据信息通过 GPRS/Wi-Fi/网线等方式传到网上，通过电脑或者手机进行查看。

组件方阵布局于住户瓦房房顶的朝阳面，考虑到光伏支架强度、系统成本、屋顶面积利用率等因素，组件方阵倾角按照屋顶坡度倾角进行安装，布局时充分考虑电池组件之间及与周围物体的距离，保证不存在阴影遮挡现象。图 11-19 是电池组件及光伏支架施工排布图。

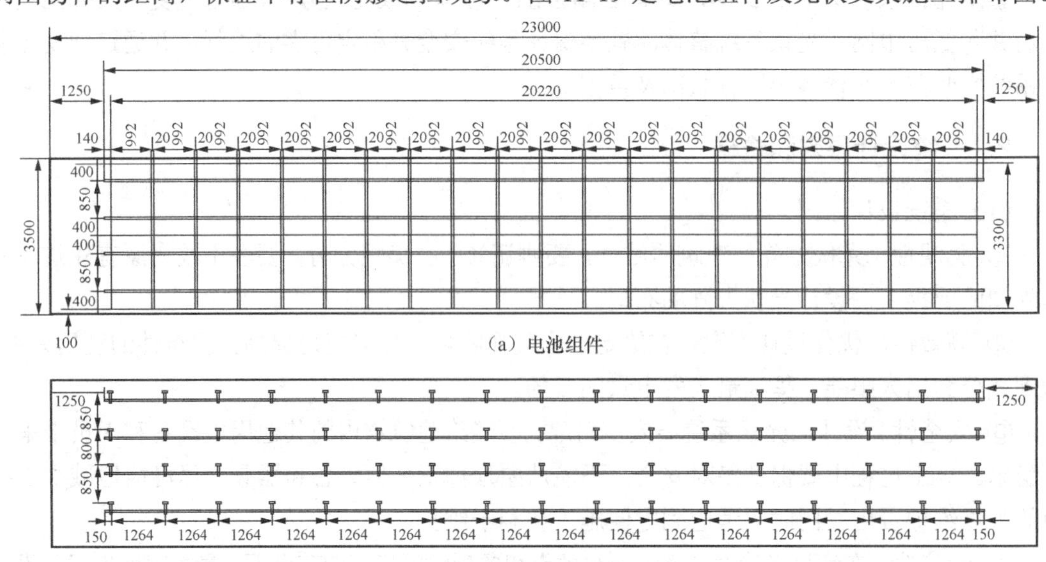

（a）电池组件

（b）支架

图11-19　电池组件及支架施工排布图

（2）系统设计与设备选型

本方案系统由电池组件、并网逆变器、并网配电柜、逆变器监控系统等组成。

① 电池组件。本系统选用山西“三晋阳光”260W 多晶硅电池组件，主要性能参数如表 11-23 所示。

表 11-23　“三晋阳光”电池组件主要性能参数

太阳能电池类型	多晶硅电池
最大功率 P_{max}（W）	260
最佳工作电压 U_{mp}（V）	30.6
开路电压 V_{oc}（V）	38.2
最佳工作电流 I_{mp}（A）	8.5
短路电流 I_{sc}（A）	9.03
最大系统电压（V）	1000
适用温度范围	–40℃～85℃
长（mm）	1640
宽（mm）	992
重量（kg）	18

② 光伏逆变器。选用宁波“锦浪”GCI-10K 三相组串式逆变器。该逆变器的主要性能特点：a. 独立的最大功率跟踪，确的 MPPT 算法，适合连接不同的电池组件；b. 输入电压范围广，输入电流大，适用于大功率电池组件连接；c. 在小功率状态能高效运行，符合太阳能运行特点；d. 适合户外安装运行，IP65 防护等级；e. 环境温度范围：–25～+60℃；f. 支持 RS485、Wi-Fi、GPRS 等多种通信方式，Wi-Fi 和 GPRS 监控软件可在手机 APP 中下载；g. 内置多种电网保护功能，能够自动断开电网连接。主要性能参数如表 11-24 所示。

表 11-24　“锦浪”10kW 并网逆变器主要性能参数

逆变器型号	GCI-10K
最大直流输入功率（kW）	11.5
最大直流输入电压（V）	1000
MPPT 工作电压范围（V）	200～800
最大输入电流（A）	18+18
输入连接端数	2/4
额定交流输出功率（kW）	10
最大交流输出功率（kW）	11
交流输出电压范围（V）	313～470
额定交流电压（V）	380/400
额定交流频率（Hz）	50
工作频率范围（Hz）	47～52
直流绝缘阻抗监测	有
集成直流开关	可选
漏电流监控模块	内部集成
电网监控及保护	有
孤岛保护	有
尺寸（宽/高/厚）（mm）	430W×613H×269D
重量（kg）	29

③ 并网配电箱。配电箱外壳采用厚度 1.5mm 的冷轧钢板制作，并做喷塑防腐处理，防护等级不低于 IP20。箱内电气元件采用知名品牌产品，使配电箱具备防雷接地、隔离、防逆流、过载保护等功能。

本配电箱逆变器输出并网开关选用 DZ47S-32A 型空气断路器；配电箱内配置一组浪涌保护系统，用于防止电网雷电感应过电压对逆变器造成的伤害，其中保护开关采用 DZ47S-25A 型空气断路器，浪涌保护器采用 ADM5-4P/40kA 型；逆变器输出回路串接一只自复式过欠电压保护器，用于同逆变器一起（逆变器本身自带孤岛保护功能）实现双重孤岛保护和过欠压保护；配电箱输出并网侧要安装一台 HDF-11/100A 型刀闸，用于在光伏发电系统和公共电网系统之间设置明显的并网断开点。该并网配电箱内部结构如图 11-20 所示，电气连接如图 11-21 所示。

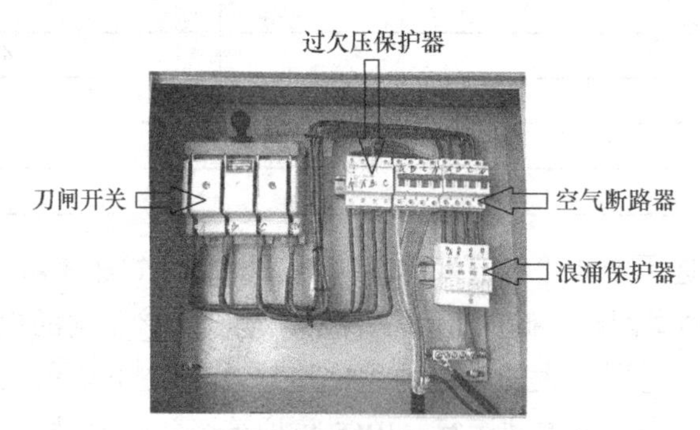

图11-20　并网配电箱内部结构图

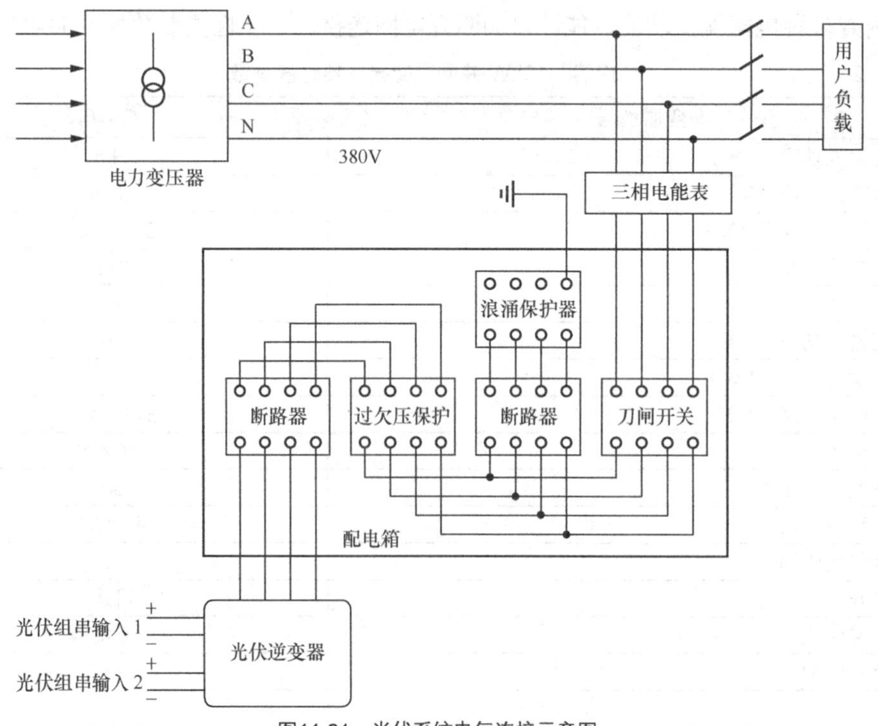

图11-21　光伏系统电气连接示意图

④ 光伏线缆。本系统选用通过 TUV、CE 等认证的专业光伏线缆产品。该线缆有以下特点：阻燃，极低的烟释放量；耐化学腐蚀；最高长期工作温度可达 90℃；低温条件下的柔性保持，敷设时的环境温度在–40℃及以上；敷设时的最小弯曲半径不小于 4 倍直径。

⑤ 光伏支架及施工安装。光伏支架材料采用热镀锌型钢材料，钢种、牌号和质量等级符合现行国家标准和行业标准的规定；所用螺栓等五金件符合现行国家标准和行业标准的。本系统支架基础采用专用 Z 型连接件（Z 型钩）和房屋木椽固定，恢复原瓦片状态后，安装组件固定檩条。

光伏支架安装步骤：根据组件支架排布图的尺寸要求做 Z 型钩定位，掀开相应位置的瓦片，安装固定 Z 型钩，每个 Z 型钩用 4 个需要长度的自攻螺钉固定到屋顶的檀条上，然后根据需要做防水处理，并把瓦片复原扣好。所有 Z 型钩固定后，开始安装 U 型钢横梁，之后把光伏组件依次用压块安装固定在横梁上。安装施工时要注意作业安全，所有设备、钢材、组件轻拿轻放，小心滑落伤人，小心损坏瓦片。光伏方阵安装效果如图 11-22 所示。

图11-22 光伏方阵安装效果图

⑥ 防雷接地系统。严格按照《光伏发电站防雷技术要求》GB32512-2016 的规定要求设计施工，主要内容为：光伏组件金属框架或夹件应接地良好，光伏方阵的接地网应根据不同的发电站类型采取相应的接地网形式，工作接地与保护接地应统一规划。共用地网电阻应满足设备最小工频接地电阻值的要求；光伏发电站接地装置，采用 L50×5×2000（mm）的镀锌角钢接地极垂直打入土质较好的地中，距地面距离不小于 800mm，多根接地极间距离不小于 5m。接地装置通过 40×4（mm）镀锌扁钢与组件方阵支架连接，通过 BVV-1×16 导线与配电箱地排连接，配电箱、逆变器电气设备均应可靠接地。接地装置接地电阻不大于 4Ω。

本方案在整个系统都设有安全可靠的防雷装置，光伏支架安装有避雷针，可有效防止直击雷。配电箱配用浪涌保护系统，能有效防止系统过电压（感应雷入侵），所有支架均采用等电位连接接触，电池组件边框也全部接地。接地装置使用了一个接地极，实测接地电阻小于 4Ω，保证系统与设备正常运行，确保人身安全。

农村住宅屋顶光伏发电系统根据院落和房屋建筑结构不同，其发电容量可以根据用户投资多少和屋顶面积大小来确定选择，从 3kW、5kW 到 20kW、30kW 都可以实施，特别是一些尖顶瓦房、四合院的农户，为了充分利用屋顶面积，要求采用钢结构支架的形式进行安装，实例如图 11-23 所示，实现了尖顶瓦房全覆盖、四合院屋顶全利用。虽然支架成本费用略有提高，但总的投资收益还是很划算的。

图11-23　农村屋顶钢结构支架形式实例图

11.4.4　84kW光伏车棚发电系统设计与应用

光伏车棚，顾名思义就是把光伏和车棚顶结合起来，既能解决车子寒冬酷暑的风吹日晒问题，又能通过光伏发电自发自用或上网获得收益，一举两得，会逐步被大力推广。光伏车棚一般采用钢结构支架，可通过模块化组合灵活布置车位。少则几个车位，多则几百个车位。

1. 工程概况

这是一个山西某工业园区的光伏车棚，经前期踏勘本项目，车棚顶共有可安装面积约538m^2。经设计计算可铺设260W光伏组件324块，安装容量约84kW，项目通过单点380V低压并网，并采用自发自用为主、余电上网的模式。建成的光伏车棚发电系统如图11-24所示。

图11-24　光伏车棚发电系统

2. 系统设计原则和依据

（1）系统设计原则

① 美观性。光伏方阵与建筑的结合，要协调统一，美观大方。要在不改变原有建筑风格和外观的前提下，设计光伏方阵的布局。

② 高效性。优化设计方案，在给定的安装面积内，尽可能地提高电池组件的利用效率，达到充分利用太阳能，提高最大发电量的目的。

③ 安全性。设计的光伏系统要安全可靠，不能给建筑物内的其他用电设备和人员带来安全隐患。施工过程中要保证绝对安全，不能从屋顶掉下任何设备和器具。尽可能地减少运行中的维修维护费用，同时应考虑到方便施工和利于维护。

④ 经济性。在满足光伏发电系统外观效果和各项性能指标的前提下，最大限度地优化设计方案，合理选用各种材料，把不必要的浪费消除在设计阶段，降低工程造价，为业主节约投资。

（2）系统设计依据

① 现场勘察技术参数及业主提供技术要求；

②《光伏发电站设计规范》GB50797-2012；

③《光伏发电站施工规范》GB50794-2012；

④《太阳能光伏电站设计与施工规范》DB44/T1508-2014；

⑤《光伏发电工程验收规范》GB/T50796-2012；

⑥《光伏发电站防雷技术要求》GB32512-2016；

⑦《光伏发电站接入电力系统设计规范》GB/T50866-2013；

⑧《光伏发电工程施工组织设计规范》GB/T50795-2012；

⑨《民用建筑太阳能光伏系统应用技术规范》JGJ203-2010。

3. 系统构成概况

该光伏车棚发电项目设计总功率为 84.24kW，整个系统在车棚顶构成 1 个方阵，方阵由 324 块 260W 多晶硅电池组件组成。系统使用了 3 台组串式三相并网逆变器，其中 1 台为 20kW，两台为 33kW。光伏方阵产生的直流电通过逆变器变为 380V 的三相交流电，通过交流并网柜并入附近办公大楼内部的 380V 三相交流电网，使光伏方阵发出的电能可就近为办公大楼提供部分电力，余电通过三相交流电网上网。

整个方阵排布设计如图 11-25 所示，用 80 块电池组件，每 20 块串联连接，共构成 4 个组串送入 20kW 的逆变器中；用 120 块电池组件，每 20 块串联连接，共构成 6 个组串送入一台 33kW 的逆变器中；其余 124 块组件中，用每串 21 块组件串联连接，构成 4 个光伏组件，用每串 20 块组件串联连接，构成两个光伏组串，一起接入另一台 33kW 光伏逆变器中。

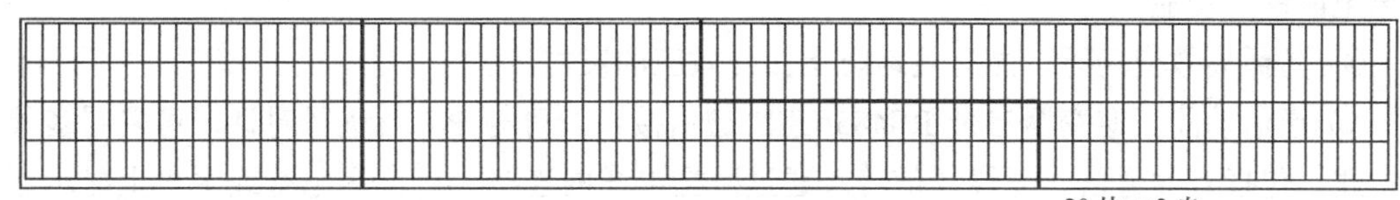
20 块 ×4 串接 20kW 逆变器　　20 块 ×6 串接 33kW 逆变器　　20 块 ×2 串
21 块 ×4 串 接 33kW 逆变器

图11-25　光伏车棚组件排布设计示意图

4. 系统主要配置

本系统主要由电池组件方阵、3 台并网逆变器及监控系统、并网配电柜等组成。

（1）电池组件。本系统选用山西“三晋阳光”260W 多晶硅电池组件，主要性能参数可参看表 11-23 数据内容。

（2）光伏逆变器。选用易事特集团股份有限公司生产的 EA33KTLSI 和 EA20KTL 三相光伏并网逆变器，主要技术参数如表 11-25 所示。

表 11-25　“易事特”三相光伏逆变器主要技术参数

逆变器型号	EA20KTL	EA33KTLSI
最大直流输入功率（kW）	21.2	33.8
最大直流输入电压（V）	1000V	1000
直流工作电压范围 MPPT（V）	400～850	480～800
最大输入电流（A）	22/11	3×23
输入连接端数	2×3	2×6
额定交流输出功率（kW）	20	30
最大交流输出功率（kW）	20	33
最大输出电流（A）	26.0	3×45.9
额定交流电压（V）	240/415	240/415
额定交流频率（Hz）	45～55/55～65	45～55/55～65
直流绝缘阻抗监测	有	有
直流开关	可选	可选
漏电流监控模块	内部集成	内部集成
电网监控及保护	有	有
尺寸（宽/高/厚）（mm）	558×560×182	580×800×260
重量（kg）	44.5	65
防护等级	IP65	IP65
RS485/无线通信	支持	支持

这两款逆变器具有完善的保护功能，包括过压、欠压、过载过流，速断、短路、漏电、防孤岛效应等保护功能；有极高的转换效率：98.7%。主要性能如下。

① 三相平衡能力。设计时根据电池组件布局，将接受太阳能辐射强度的相同的区域内的电池组件所发电通过逆变器均衡匹配并接到外部公共三相电网上，尽量使得每一相上功率匹配，三相平衡。

② 最大功率跟踪功能。逆变器最基本的功能，保证光伏发电逆变输出最大电能。

③ 保护功能。具有过压、欠压、频率失常、过载、过流、漏电、防雷、接地短路、自动隔离电网保护功能。

④ 防孤岛效应功能。能有效地防止孤岛效应的发生。

⑤ 通信功能。逆变器自带 RS485/USB 通信接口，可与 PC 机进行对话，可采用多种通信方式，包括有线通信、无线通信等。通过数据电缆的连接，可以在电脑或手机上显示测量到的光伏系统各种运行参数并统计发电量。

⑥ 安全性能。因为整个光伏发电系统设有安全可靠的防雷装置，同时设有直流防雷、交流防雷，光伏防雷接地，光伏系统与建筑物主体的防雷接地系统连结成一体，能有效防止雷击。

5. 系统连接及接地

光伏车棚电站系统的连接如图 11-26 所示，整个光伏方阵分为三部分接入各自的逆变器

中，3 台逆变器输出的 380V 交流电，通过交流汇流箱汇集成一路后，输入到附近办公楼配电室的 380V 母线排，并在配电室进行过欠压保护和光伏发电计量装置的接入。交流汇流箱各路及总回路都通过相应断路器进行分合控制。

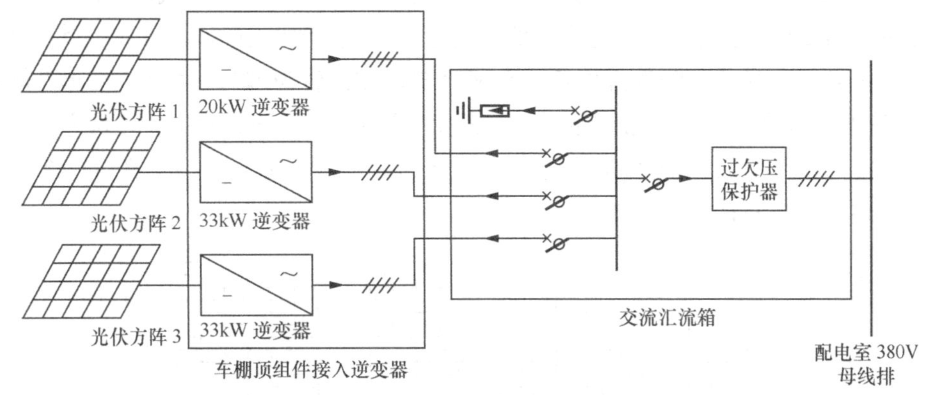

图11-26　光伏车棚电站系统连接示意图

该车棚因为有电动汽车充电桩系统，所以在车棚施工时，已经埋设了接地装置，并敷设接地干线用于电气设备的接地。光伏组件安装在车棚顶部钢结构构架上，整个光伏发电系统施工时不再需要安装新的接地装置，和原车棚的接地装置连接。经测试该车棚的接地电阻为 3.4Ω，小于规范要求 4Ω，完全满足光伏系统的接地要求。

现场施工时，要求用 40mm×4mm 镀锌扁钢把车棚的接地干线和车棚顶构架可靠连接，焊接工艺要满足施工规范要求。配电箱接地端子和车棚接地干线用不小于 16mm^2 的多股软铜线进行连接。光伏车棚棚内状况如图 11-27 所示。

图11-27　光伏车棚棚内实景图

11.4.5　100kW 商业屋顶光伏发电系统设计与应用

这个 100kW 商业屋顶光伏发电项目建设在山西省忻州市五台县时代购物广场屋顶，该地位于北纬 38° 43′、东经 113° 15′，年最高气温 40.6℃，最低气温–21℃。电池组件安装面积约 1625m^2。

1. 工程概况

该项目设计总功率为 104kW，整个系统共用 400 块电池组件分成了 4 个阵列，系统使用了 4 台“锦浪科技”的 GCI-25K 三相组串式逆变器。逆变器将电池组件所生成的直流电转化为 380V 的三相交流电，通过交流并网柜并入大楼内部三相 380V 交流电网，使光伏方阵发出的电能可直接供大楼使用，该项目采用自发自用，余电上网模式。

2. 系统设计原则和依据

具体内容参看其他案例中的相关内容。

3. 系统构成与配置选型

（1）系统构成概况

根据现场实际情况，系统共分为 4 个光伏方阵，布局于五台县时代购物广场楼顶。400 块电池组件，每 20 块连接为一个光伏组串，共分为 20 个光伏组串，每 5 个光伏组串接入 1 台 25kW 逆变器中。光伏方阵的方位角是南偏西 5°，朝向较为理想。4 个方阵组件倾角均按 30°设计，使组串间的功率匹配比较理想，光伏系统平衡稳定、可靠运行。光伏方阵排布时充分考虑了方阵之间及与周围物体的距离，保证完全不存在阴影遮挡现象。图 11-28 是该项目光伏方阵在屋顶的排布情况示意图。

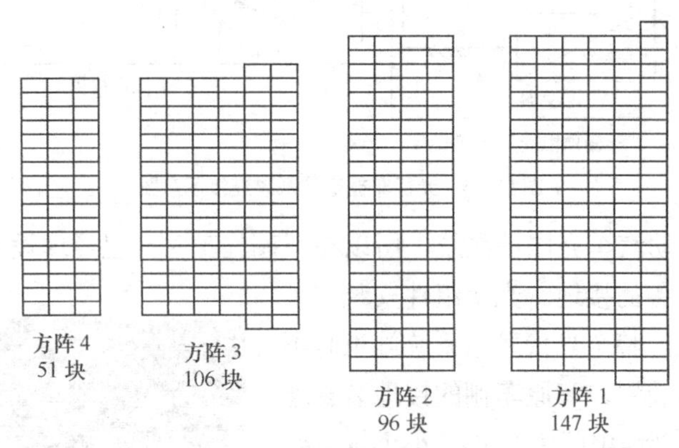

图11-28　光伏方阵排布示意图

（2）系统设计与设备选型

本方案系统由电池组件、并网逆变器、并网配电柜、逆变器监控系统等组成。

① 电池组件。本系统选用山西“三晋阳光”260W 多晶硅电池组件，主要性能参数可参看表 11-23 所示内容。

② 光伏逆变器。选用宁波“锦浪”GCI-25K 三相组串式逆变器。该逆变器的主要性能特点：a. 独立的最大功率跟踪，精确的 MPPT 算法，适合连接不同的电池组件；b. 输入电压范围广，输入电流大，适用于大功率电池组件连接；c. 在小功率状态能高效运行，符合太阳能运行特点；d. 适合户外安装运行，IP65 防护等级；e. 环境温度范围：–25～+60℃；f. 支持 RS485、Wi-Fi、GPRS 等多种通信方式，Wi-Fi 和 GPRS 监控软件可在手机 APP 中下载；g. 内置多种电网保护功能，能够自动断开电网连接。主要性能参数如表 11-26 所示。

表 11-26　“锦浪”25KW 并网逆变器主要性能参数

逆变器型号	GCI-25K
最大直流输入功率（kW）	28
最大直流输入电压（V）	1000
MPPT 工作电压范围　（V）	200～800
最大输入电流（A）	18+18+18+18
输入连接端数	4/8
额定交流输出功率（kW）	25
最大交流输出功率（kW）	27.5
交流输出电压范围（V）	304～460

续表

逆变器型号	GCI-25K
额定交流电压（V）	380
额定交流频率（Hz）	50
工作频率范围（Hz）	47～52
直流绝缘阻抗监测	有
集成直流开关	可选
漏电流监控模块	内部集成
电网监控及保护	有
孤岛保护	有
尺寸（宽/高/厚）（mm）	530×700×356
重量（kg）	58.2

③ 并网配电柜。配电柜外壳采用厚度 1.5mm 的冷轧钢板制作，并做喷塑防腐处理，防护等级不低于 IP20。柜内电气元件采用知名品牌产品，使配电柜具备防雷接地、隔离、防逆流、过载保护等功能。本配电柜逆变器输出并网开关选用 DZ47S-63A 型空气断路器；配电柜内配置一组浪涌保护系统，用于防止电网雷电感应过电压对逆变器造成的伤害，其中保护开关采用 DZ47S-25A 型空气断路器，浪涌保护器采用 ADM5-4P/40kA 型；逆变器输出回路串接一只自复式过欠电压保护器，用于同逆变器一起（逆变器本身自带孤岛保护功能）实现双重孤岛保护；配电柜输出并网侧要安装一台 HDF-11/200A 型刀闸，用于在光伏发电系统和公共电网系统之间设置明显的并网断开点。

4 台逆变器和并网配电箱安装在光伏方阵两支架的背面，并做防雨棚进行保护，如图 11-29 所示。这个工程外观如图 11-30 所示。

图11-29 逆变器与配电箱的安装

图11-30 100kW商业屋顶光伏发电工程外貌

④ 接地装置。该系统的接地装置和该建筑物的现有接地装置连接。经测试该建筑物的接地电阻为 3.25Ω，能够满足光伏发电系统的接地要求。现场施工时，要求使用 40mm×4mm 镀锌扁铁把建筑物的接地干线与光伏组件方阵支架可靠连接，焊接工艺要满足施工规范要求。配电箱接地端子和建筑物接地干线用不小于 16mm^2 的多股软铜线连接。

⑤ 基础与支架。支架基础采用现浇配重基础，支架与基础预埋件焊接。通过对一个阵列配重基础进行模拟计算，得知单个基础配重达到 210.45kg 即可满足阵列在极限风荷载情况下的配重要求，设计选用 500mm×500 mm×400 mm 的混凝土基础，单个基础重量为 250kg。考虑现场施工吊装的难度，基础采用现场浇注混凝土方式。具体计算参数如表 11-27 所示。

表 11-27　　支架配重基础计算参数表

组件自重（kg）	20
组件尺寸（m）	1.64×0.992
组件数量（片）	96
安装倾角（°）	30
基础数量（个）	27
支架自重（kn/m^2）	0.08
基本风压（kn/m^2）	0.57
风振系数 βz	1
风压高度变化系数 μz	0.62
负风压荷载体型系数 μs	–1.3
安全系数	1
单块组件恒载荷（kn）	0.33
作用在组件上逆风载荷（kn/m^2）	–0.46
作用在单块组件上逆风载荷（kn）	–0.75
作用组件上竖向逆风载荷（kn/m^2）	–0.40
作用单块组件上竖向逆风载荷（kn）	–0.65
恒载组合系数	1
风压组合系数	1.4
单块组件组合后荷载（kn）	–0.58
阵列负载荷（kn）	–55.68
单个基础重量（kg）	210.45
混凝土基础尺寸（m）	0.5×0.5×0.4
混凝土密度（2500kg/m^2）	2500
混凝土基础重量（kg）	250

为了最大限度利用光照空间，光伏支架采用方钢焊接的钢结构支架。支架材料全部采用热浸镀锌方钢，主材和立柱采用 50mm×100mm×2.5mm 材料，斜撑及辅材采用 40mm×80mm×2.0mm 材料。支架制作具体尺寸如图 11-31 所示。

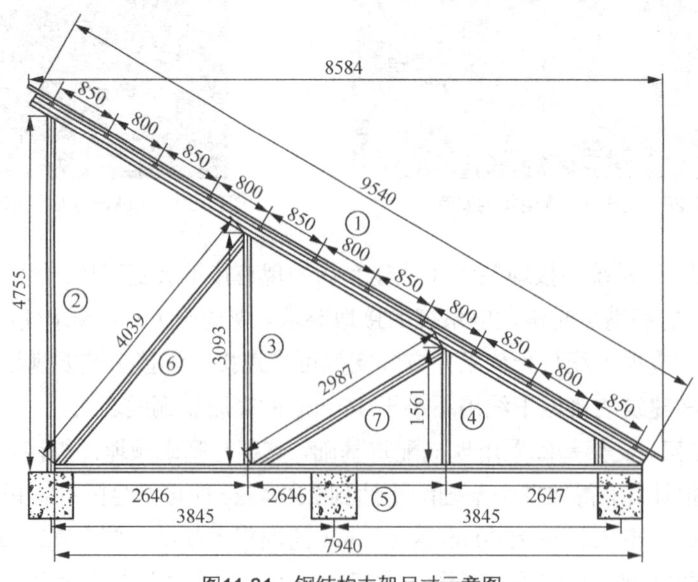

图11-31　钢结构支架尺寸示意图

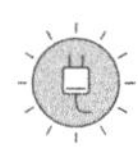

11.4.6　万科中心并网光伏发电系统设计与应用

1. 万科中心及光伏发电工程项目简况

深圳万科中心位于广东省深圳市盐田区大梅沙旅游度假区，是将一系列不同功能建筑的几何形态连贯在一起的城市片段。整个项目为一组集酒店、公寓、办公、娱乐休闲、会展、商业于一体的地标性建筑。其中万科总部是万科集团总部新的办公大楼，总建筑面积为 14400㎡，申报国家可再生能源示范项目示范面积为 14400m^2。结合万科中心节能、生态的设计理念，在万科中心（及总部）屋顶设置太阳电池板，建设太阳能光伏并网发电系统，将清洁、环保的太阳能光伏并网发电技术融入设计。该项目的总目标：将万科总部项目设计成为国家可再生能源规模化利用示范工程项目，向社会推广可再生能源在建筑领域规模化应用的模式。

该项目整个太阳能发电工程分为 3 个部分：主体并网光伏电站、LED 车库独立照明系统、光伏清洁对比系统。设计总峰值功率为 282kW，采用单晶硅电池板共 1567 块，逆变器 32 套，成套电气设备 40 套，具体情况如表 11-28 所示。系统采用 AC 220/380V 三相五线制输出，分 3 个并网点，直接与万科地下总配电室 630kVA 变压器二次端并网运行。光伏发电系统具有逆功率保护、防孤岛、短路过电流、过电压等各种保护功能，确保光伏系统安全、可靠的发电并网运行。该工程已竣工验收全面投入并网运行，且运行稳定，日发电量为 800～1350kWh。

表 11-28　发电工程具体情况

系统名称	发电功率	电池板数量	系统形式	发电量统计（kWh）
主体光伏并网电站	272.7kW	1515 块	并网	297634.5
光伏清洁对比系统	3.6kW（2×1800W）	20 块	并网	3972.2
LED 车库独立照明系统	5.76kW	32 块	独立	5764.3

2. 万科中心太阳能发电工程总体技术要求

（1）系统容量满足 LEED 认证关于“可再生能源不小于总能耗 12.5%”的要求。

（2）年总发电量保证大于 280MWh。

（3）太阳电池板合理排布安装后占屋顶面积小于 3200m^2。

（4）系统采用 AC 220V/400V 低压并网运行。并网输出频率范围为 50Hz±0.2Hz。

（5）系统应具有多点并网特性，具有防对电网倒送电的逆向功率保护功能。

（6）系统效率在额定输出时，不低于 90%。

3. 新颖的设计思路

针对万科中心太阳能发电工程的总体技术要求，通过全面系统的优化设计、分析、计算，从发电量、功率、电池板最优化的组串、系统效率的计算，电池板、逆变器、避雷针的选型，支架系统的设计、布局，电池板朝向、阴影分析，显示控制系统等，确保系统完全满足技术要求，系统效率最高，获得最大的发电量，同时降低了建造成本。现将工程设计思路阐述如下。

（1）电池组件的合理选型

深圳万科中心项目要求太阳能绿色环保可再生能源的年发电量不少于万科总部年电能消

耗总量的12.5%，同时要求太阳电池板安装总占地面积约3200m^2。经发电量的计算和对综合因素的考虑，主体光伏并网电站的设计安装峰值功率为272.7kW；通过电池方阵间距阴影分析，净太阳电池板安装有效面积约为1900m^2，因此要选用高转换率的电池组件。原设计方案选用SANYO HIT（异质结）电池板能满足要求，但成本很高。经优化设计与成本对比分析，改采用TSM-180单晶硅组件，组件转换效率14.1%，性能稳定，完全满足要求，同时成本大大降低。电池组件参数对比如表11-29所示。

表11-29　　电池组件性能参数对比

型号	HIT-210N	TSM-180
尺寸（长×宽×厚）（mm）	1581×789×46	1581×809×40
重量（kg）	16	15.6
标准功率 P_m（W）	210	180
峰值电压 U_m（V）	41.3	36.8
峰值电流 I_m（A）	5.03	4.90
开路电压 U_{oc}（V）	50.9	44.2
短路电流 I_{sc}（A）	5.57	5.35
系统电压（V）	600	1000
电流温度系数	1.95mA/℃	0.05%/℃
电压温度系数	–0.142V/℃	–0.35%/℃
功率温度系数	–0.336%/℃	–0.45%/℃
组件转换效率	16.7%	14.1%

（2）电池板统一朝正南安装

万科中心位于深圳，所处经纬度为东经114.1°、北纬22.5°。原方案电池板设计是顺向建筑物方向的，朝向不是正南。为了在相同安装容量下获得最大年发电量，改为所有电池板安装朝向正南，同时通过对太阳能电站整体效果图模拟，发现电池板朝正南方向安装的效果更美观。朝正南方向发电量增加20%～30%。

（3）可调倾斜角的支架系统设计

项目原方案对太阳能支架系统的设计为25°固定倾斜角。经过对固定倾斜角和可调倾斜角对比分析，采用可调倾斜角方式，每年只要变动两次倾斜角，就可以使系统多发3.6%的电能，整个系统成本并未增加多少，而且变动倾斜角的工作总量并不大。

经计算与分析，支架系统设计为5°与25°可调的两个最优角度。支架系统设计为升降结构，根据季节来调整太阳电池板的倾斜角。

春分日（3月21日）前后（4月1日至9月31日）：电池板倾斜角调为5°。

秋分日（9月23日）前后（10月1日至次年2月28日）：电池板倾斜角调为25°。

通过精确计算，可调倾斜角支架系统全年辐射量比原25°固定倾斜角时增加3.6%。

（4）阴影分析、合理阵列间距

根据建设地的地理位置、太阳运动情况、支架高度等因素及公式计算，可得出屋顶太阳能支架系统前后排之间的距离；本方案太阳电池方阵的间距可设计为1m。此间距可保证在冬至日的上午9时至下午15时之间不会有前后排阴影遮挡的问题。

（5）技术先进、高效逆变器的选型

并网逆变器是光伏并网系统中最关键、最主要的设备。高转换效率是并网逆变器最主要的技术指标。该项目选用目前全球用量最大、技术先进、转换效率高、质量稳定的德国 SMA 逆变器，保证了整个光伏发电系统并网的可靠性，同时使逆变效率最高、输出电能最多。

主体光伏并网电站系统共采用 24 台 SMC 11000TL 和 3 台 SB 5000TL 逆变器，逆变器最高转换效率高达 98.1%，采用 MPPT 最优化跟踪方式，内置光伏输入直流电子开关 ESS，电网孤岛保护和步进式接入等技术。该设备还采用创新的功率平衡功能，能够在不同相上控制并平衡并网输出功率。

（6）合理组串的设计

万科中心太阳能发电站工程采用了多串、并组连接方式，保证了光伏方阵发电的一致性，提高了系统电能输出的平衡度。

电池组串必须考虑全面，无论是低温还是高温，组串电压符合逆变器 MPPT 范围，且最优化，才能保证最大的发电量，这是非常关键的设计参数。深圳 1 月最冷，月平均最低气温为 11.4℃，7 月最热，月平均最高气温 29.5℃，电池板正常工作时本身温度约为 70℃。经过最优化设计与软件计算，SMC 11000TL 逆变器的参数符合要求，电池板 12 块串联为一组，5 组并联，共 60 块电池板，总功率 10.8kW 为最佳配置。

开路电压与环境温度的变化关系成反比。假定组件串联数为 S_n，串联后总开路电压为 U_t，25℃时的组件开路电压为 U_{oc}，开路电压温度系数为 K_{ut}，则在温度 t 下串联组件总开路电压 U_t 为：

$$U_t = S_n \times U_{oc} \times (1+K_{ut})$$

用此公式校验 12 串，为最佳组串。

SB 5000TL 逆变器设计选型过程相同，组串设计过程类同。

（7）逆变器就近安装逆变交流输送

万科中心太阳能发电站分布的区域面积较大，该工程使用了 27 台逆变器，考虑到光伏阵列安装于屋面，远离强电间，设计中优化了逆变器就近电池板位置安装，采用直流汇流箱与逆变器一体柜就近安装的创新做法。就近将直流逆变成交流，减少直流线缆敷设量与长度，适当加大交流输送线缆的截面积，降低了线损，保障了整个系统效率的最大化；同时降低了成本，因为直流光伏专用线缆成本相对交流线缆成本要高很多。

（8）可行的逆功率保护系统

为保证大楼负载较少时，太阳能发电不会回流至主电网，本套光伏并网系统设计了可控制逆变器自动并网运行的自动控制系统。控制分为手动控制与自动控制。自动控制系统采用单片机对并网点侧的变压器二次总输出电流进行闭环监控，根据监控电网各种情况来控制光伏系统各回路的并网运行与停止。自动控制系统具有以下功能。

① 逆功率检测保护控制器功能是用了检测光伏发电系统并网点所连的变压器低压二次侧总出线的总输出功率情况，根据检测到的功率输出情况，给出相应的输出信号控制执行机构动作。

② 逆功率检测保护控制器根据检测到输出功率的大小，控制光伏系统投入或停止并网运行的回路数，当出现倒送电负功率时，光伏发电系统回路全部切断并网运行。

（9）技术先进的防雷措施——提前放电式避雷针

本工程采用了 3 套 SI40（H=5m）提前放电式避雷针，保护整个太阳能发电站不受到雷击。提前放电式避雷针又名“主动式避雷针”，这种避雷针在光伏行业应用较为广泛。它可以在较低的位置保护好更广的范围。在雷电情况下，当雷电下行先导接近地面时，任何导电的表面均会产生一个上行先导，提前放电式避雷针的上行先导的激发时间大大缩短。在雷电放电前的高静态电场特性情况下，提前放电式避雷针在针尖会产生可控幅度和频率的脉冲，这使避雷针产生一个上行先导并向上传播，从而截获雷云里发出的下行先导，提前将雷电流接收引入地下。根据以上参数，选型SI40（H=5m），保护等级为Ⅱ。提前放电式避雷针的优点如下。

① 该避雷针技术先进，在雷电情况下提前截获雷电导入大地，保护功能极强，保护范围大。

② 该避雷针能在较低的位置保护到较广的范围，且避雷针的外径较小，因此避雷针杆本身产生的阴影很小，几乎不影响电站的发电，在光伏行业应用较为广泛。

③ 避雷针利用建筑物原有接地系统进行接地，冲击接地电阻不大于10Ω；避雷针本身全部为不锈钢。

（10）完备监控显示系统

监控显示系统能全面监控整个光伏系统运行状态与参数，包括瞬时光伏方阵直流侧的电压、电流、功率，交流侧的电压、电流、频率、即时发电功率、日发电量、累计发电量、节能减排数据、环境参数、逆功率状态等指标。

4. 万科光伏项目的创新与示范技术

（1）光伏清洁对比系统

万科中心设计了光伏清洁对比系统，为研究电池组件表面附着灰尘对发电量的影响，设计了两个1800W的光伏系统，共3.6kW。一个安装了自动清洁系统，每天定时自动清洁电池组件表面的灰尘；另一个未安装清洁系统。对比两个系统的日发电量、月发电量和年发电量，从中总结出自动清洁系统对提高光伏系统发电量的数据，为以后的光伏系统应用积累宝贵经验与数据。

自动光伏清洁系统通过一整套程序化控制系统，每天定时清洁电池组件上的灰尘，记录发电量，分析自动清洁系统对提高发电量的数据，积累经验。

（2）LED车库太阳能照明系统

万科中心设计了地下车库LED太阳能照明系统，一方面使用了绿色环保的太阳能发电，另一方面使用高效节能的LED照明灯具，节约能量。设计这个小型太阳能LED应用的范例，为以后推广太阳能与LED照明系统提供宝贵的数据、经验及示范，同时它也是倡导建筑节能与可再生绿色能源的先行者。

LED 地下车库照明系统设计光伏系统功率约为5.76kW，包括太阳电池、控制器逆变器一体机、蓄电池、照明灯具等。系统组成示意如图11-32所示。

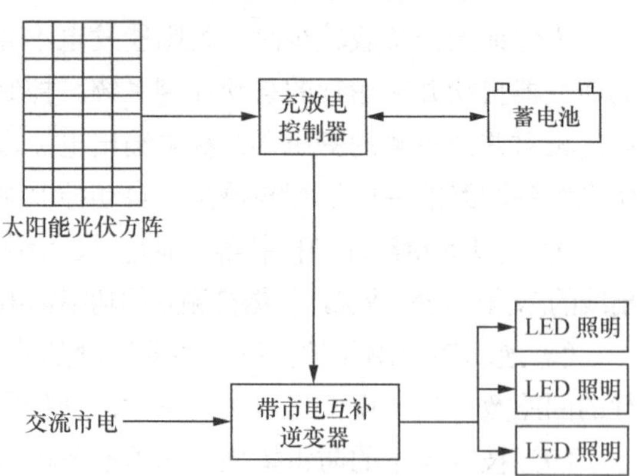

图11-32　LED地下车库太阳能照明系统原理图

11.4.7　3.2MW荒山坡光伏扶贫电站设计与应用

1. 工程概况

该工程位于山西省长治市某县，长治市位于山西东南部，紧邻太行山脉，是著名的革命老区，部分老百姓相对贫困，有很多无法种植的石头山梁山坡，利用这些荒山荒坡建设分布式光伏电站，实施光伏扶贫，为当地老百姓和贫困户提供一份额外收入，是各级政府对贫困县、乡、村实现精准扶贫、快速脱贫的主要措施之一。部分工程外貌如图11-33所示。

图11-33　3.2MW荒山坡电站部分工程外貌图

2. 系统构成概况

根据施工地地形地貌及可利用面积，设计总发电容量为3.256MW，采用分块发电，集中并网方案。整个系统共使用265W多晶硅电池组件12288块，每24块电池组件构成一个方阵，共有512个方阵，方阵固定倾角为34°。系统使用50kW组串式逆变器64台，4进1出交流汇流箱16台，1.6MW/10kV箱式变电站两台。

（1）系统的构成

由于3.2MW的光伏并网电站功率容量较大，同时考虑到受安装现场地形地貌的限制，所有的电池组件很难具有统一的安装倾斜角度和方位，所以，本系统采用以50kW为一个组成单元，4个单元为1个子阵的多组并联的方案，即系统中每24块组件串联连接构成一个组串方阵，每8个方阵汇入一台8路输入逆变器中构成50kW输出容量的1个单元，每4个单元构成1个子阵，输出的三相交流电汇入交流汇流箱并联构成200kW的输出容量，经4台交流汇流箱输出的交流电进入箱式变电站后并联汇流形成800kW的输出容量接入双分裂升压变压器的一个绕组，另一路800kW容量构成相同。进入升压配电站后的1600kW容量经0.5/10kV（1600kVA）变压器升压装置后，实现整个并网发电系统的并入10kV中压交流电网。1.6MW系统构成示意如图11-34所示，整个系统由两个1.6MW的系统组成。

（2）系统的电气线路连接

电池组件之间的接线，主要利用组件自带的正负极引出线缆进行顺序连接，即前一块组件的正极与后一块组件的负极连接，将24块组件串联成一个组件串。串联时要形成U形接线方式，防止组件串的正负极引线从方阵的不同方向引出，具体连接如图11-35所示。组件串到逆变器之间的连线，采用1×4mm^{2}直流光伏线缆。

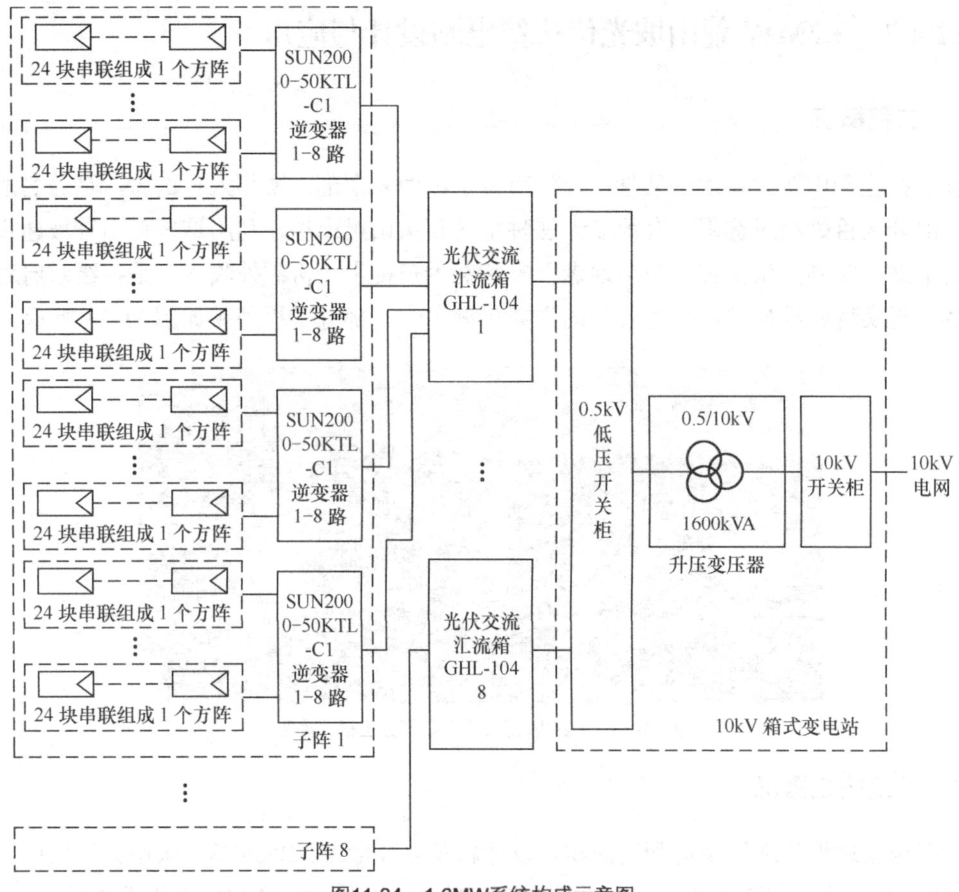

图11-34　1.6MW系统构成示意图

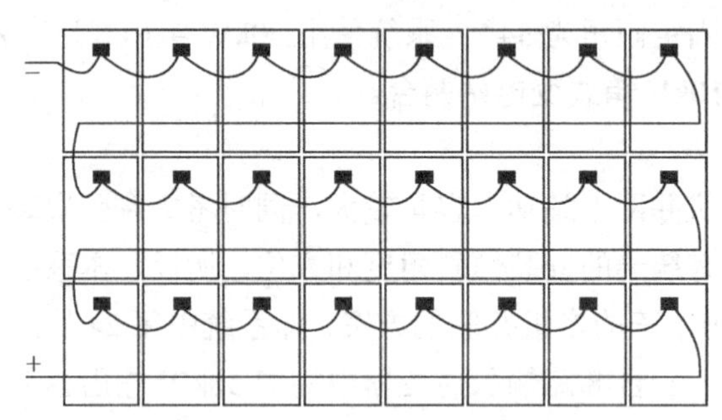

图11-35　光伏方阵出线方向示意图

逆变器输出到交流汇流箱的接线采用 $3\times16mm^2$ 线缆；交流汇流箱输出到箱式变电站低压侧的接线采用 $3\times95mm^2$ 线缆。

（3）系统的防雷接地

本系统在光伏方阵群内没有单独架设直击雷接闪器，而是利用光伏组件边框和方阵支架的等电位连接形成接闪器装置。逆变器、交流汇流箱、箱式升压站等设备均采用金属外壳作为防直击雷接闪器。

这个工程设置了防雷接地、系统接地、保护接地和工作接地共用的接地系统，接地系统由接地引下线和接地极构成。光伏系统所有外露的金属构件（包括电池组件边框、光伏方阵支架、线缆桥架、逆变汇流设备的外壳等）都将通过防雷接地引下线引入地下接地极。接地

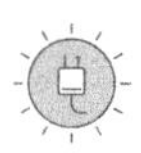

极主要由水平接地极和垂直接地极组成，以水平接地极为主、垂直接地极为辅，形成复合接地网。水平接地极采用 60mm×6mm 热镀锌扁钢，埋深距地面 0.8m，垂直接地极采用 L60mm×60mm×6mm 热镀锌角钢，长度 2.5m 打入地下，顶端距地面 0.8m 的位置。

3. 系统主要配置选型

该系统主要由电池组件、光伏逆变器、交流汇流箱、箱式变电站等构成。

（1）电池组件。本系统选用山西潞安 265W 多晶硅电池组件，组件型号 LA60-6-265P，其主要性能参数如表 11-30 所示。

表 11-30　“潞安”265W 电池组件主要性能参数

太阳能电池类型	多晶硅电池
最大功率 P_{max}（W）	265
最佳工作电压 U_{mp}（V）	31.2
开路电压 V_{oc}（V）	38.0
最佳工作电流 I_{mp}（A）	8.5
短路电流 I_{sc}（A）	9.1
最大系统电压（V）	1000
适用温度范围	–40～85℃
长（mm）	1640
宽　（mm）	992
重量（kg）	18

（2）光伏逆变器。在光伏逆变器的选择上，考虑到施工地的地形起伏较大，光伏组件安装方位角可能不完全一致，方阵朝向一致性较低，其光伏方阵受地形影响相对分散，所以选用组串型光伏逆变器以保证系统技术性能。本项目选用了“华为”SUN2000-50kTL-C1 型 50kW 逆变器，外形如图 11-36 所示。这款逆变器是将直流汇流和逆变器“二合一”的产品，有 8 路输入，其电路框图如图 11-37 所示。该逆变器的主要性能特点：①8 路高精度智能组串检测，减少故障定位时间；②采用 PLC 电力载波通信技术，无需专用通信线缆；③最高效率 99%，平均效率 98.49%；④500V 交流电压输出，比 400V 交流电压输出可减少 36%的线损；⑤交流输出无 N 线，可节省 20%的交流线缆投资；⑥无熔丝设计，避免直流侧故障引起的火灾隐患；⑦自然散热，IP65 防护等级，设计轻便，安装容易；⑧内置交直流防雷模块，全方位防雷保护。主要性能参数如表 11-31 所示。

图11-36　华为50kW组串逆变器外形图

（3）交流汇流箱。交流汇流箱采用单母线接线，4 进 1 出方式，输入侧 4 路各设 1 个 3 极微型断路器，额定电流 63A，额定电压 AC 540V，额定绝缘电压 690V；输出侧为 1 路，设 3 极负荷隔离开关，额定电流 250A，额定电压 AC 540V，额定绝缘电压 690V；主回路并接光伏专用防雷器，额定工作电压 540V，动作电压 1600V，标称放电电流 20kA，最大放电电流 40kA。

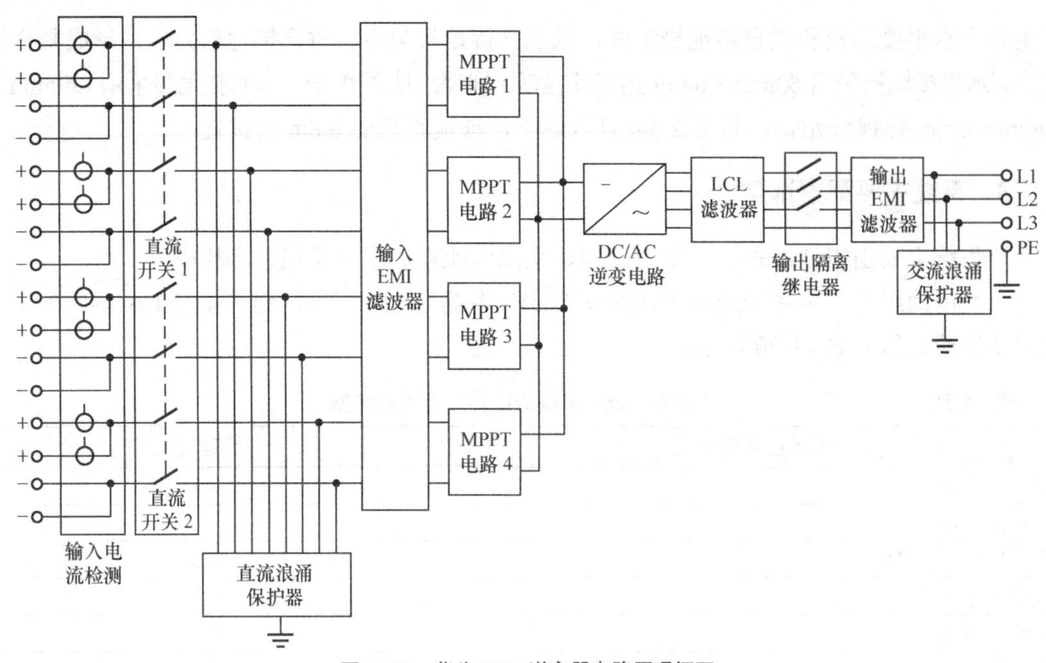

图11-37 华为50kW逆变器电路原理框图

表 11-31 华为 50kW 并网逆变器主要性能参数

逆变器型号	SUN2000-50KTL-C1
最大直流输入功率（kW）	53.5
最大直流输入电压（V）	1100
MPPT 工作电压范围（V）	200～1000
额定输入电压（V）	750
最大输入电流（A）	22+22+22+22
最大输入路数	8
MPPT 数量	4
额定交流输出功率（kW）	47.5
最大视在功率（kVA）	52.5
额定输出电压（V）	3×288/500+PE
额定输出电流（A）	54.9
额定电压频率（Hz）	50
最大输出电流（A）	60.8
功率因数	0.8 超前...0.8 滞后
最大总谐波失真	<3%
输入直流开关	支持
防孤岛保护	支持
输出过流保护	支持
输入反接保护	支持
组串故障检测	支持
直流浪涌保护	TYPE Ⅱ
交流浪涌保护	TYPE Ⅱ
绝缘阻抗监测	支持
RCD 检测	支持

续表

逆变器型号	SUN2000-50KTL-C1
显示	LED 指示灯；蓝牙+APP
RS485、USB、PLC	支持
尺寸（宽/高/厚）（mm）	930×550×260
重量（kg）	55
工作温度（℃）	–25～60
冷却方式	自然对流
最高不降额工作海拔（m）	4000
相对湿度	0%～100%
输入端子	Amphenol H4
输出端子	防水 PG 头+GT 端子
防护等级	IP65
夜间自耗电	＜1W
拓扑	无变压器

汇流箱箱体外壳采用不锈钢加涂防腐漆，防水、防灰、防锈、防晒、防盐雾，防护等级为 IP65，可满足室外安装的要求。汇流箱进出线电缆采用下进下出方式，电缆进入汇流箱处设有防水密封圈。

（4）箱变内交流汇流柜。箱变内交流汇流柜与交流汇流箱原理结构类似，也是采用单母线接线，9 进 1 出方式，输入侧 9 路各设 1 个 3 极塑壳断路器，额定电流 250A，额定电压 AC 540V，额定绝缘电压 690V；输出主回路设 3 极空气断路器（框架开关），额定电流 2000A，额定电压 AC 540V，额定绝缘电压 690V；主回路由箱变低压侧开关柜内部设导体连通至变压器低压侧。

主回路并接光伏专用防雷器，额定工作电压 540V，动作电压 1600V，标称放电电流 40kA，最大放电电流 80kA。

第12章 太阳能光伏发电新技术的应用

本章主要介绍太阳能光伏发电相关新技术应用方面的内容，主要有聚光光伏发电系统应用、分布式光伏发电与微电网技术应用、光伏建筑一体化发电系统应用、光伏储能技术应用、光伏发电系统的智能化应用等。

|12.1　聚光光伏（CPV）发电系统的应用|

在太阳能光伏发电系统中，由于太阳能的辐射密度低，太阳照射到地面上的平均光强只有1000W/m^2，所以增加太阳光的光强是提高辐射效率、降低太阳能发电系统成本的解决办法之一。要想增加太阳能的光强，需要用凸透镜或者菲涅尔透镜或反光板把光聚集起来，如图12-1所示。这样就能大大减少晶体硅、砷化镓等太阳电池材料的使用量，从而降低太阳能发电系统的价格，这就是聚光光伏发电系统的由来。聚光光伏正在引领低成本可再生能源资源向两个方向发展，一是提供更高效率的系统，二是最大可能的降低成本。从20世纪70年代起，一直有科学家提出想法：在光伏系统中使用光学元件，聚焦太阳辐射到电池上以减少电池使用面积，从而降低整个光伏系统的成本。

图12-1　聚光光伏发电系统

在20世纪80年代期间，受各项技术的制约，聚光光伏发电基本处于研究、实验阶段。为了使聚焦后的太阳光能达到最佳效果，要求光伏电池也必须相当高效——要远远高出研究初期实验室达到的20%的最高记录。光伏电池技术制约了高倍数聚光技术。当时最高聚光效

率是 40%，因此光学元件十分简单。基于晶体硅的电池技术，以及其较低的转换效率根本无法大规模减少电池使用面积，并且由于硅不耐高温，导致了系统效率衰减等诸多问题。例如，1980 年由桑地亚实验室（Sandia Labs）在沙特阿拉伯安装的 Soleras 项目，系统效率 6 年内衰减 20%，主要是由于硅在高温下不断剥落；另外采用陈旧的跟踪技术，以及计算规则和控制系统方面的问题，也是造成系统效率衰减的原因。然而尽管存在这些问题，该项目仍然持续运行了 18 年。

1. 聚光光伏发电系统的技术问题

聚光光伏发电系统虽然原理比较简单，且聚光倍数越高造价就越便宜，但一些技术问题确实影响或阻碍了聚光光伏发电技术的快速发展。其技术问题主要有以下几个方面。

（1）单晶硅承受不了高倍聚光

在半导体材料中，虽然砷化镓可以承受 1000 倍的光强，但是砷化镓价格昂贵，不可能大幅度地降低制造成本。另外，砷化镓中的砷是剧毒物质，在以环保为主题的国际环境下也不可能大量使用，所以还是只能在单晶硅上做文章。一般单晶硅只能承受 3～5 倍的光强，而在聚光光伏发电系统中，3～5 倍的聚光几乎不能降低系统成本。要想大幅度降低成本，聚光必须达到 10 倍以上，而要承受 10 倍以上的聚光，必须采用特制的单晶硅或其他新型半导体材料电池片。

（2）电池片的散热

普通的硅光电池板在夏日中午时表面温度能达到 75℃以上，而且在两倍太阳光强下时间一长就会起泡，在 5 倍太阳光强下 10min 就会起泡，在 10 倍太阳光强下 5min 就会起泡。起泡后太阳电池片就会被氧化，并在很短的时间内大幅度降低效率；另外起泡后，电池片受热不均匀，常常有电池片发生炸裂，这样系统就完全不可用了。

如果太阳电池板使用铝或者铜制的散热片进行自然散热，需要大量的散热器，造价特别高，甚至高到比硅电池片还要高。如果使用强制风冷，就要使用大量的电能，得不偿失，并且风扇的寿命和可靠性不高；要想达到高可靠性，系统就必须设置错误检查装置和必要的冗余能力，这样又会使系统造价成倍增加。如果使用水冷，除了要使用电力外，还需要水泵，由于管路多、连接点多，故障点必然多，造价也不低。虽然水冷的效率要高于风冷，但是在故障率一票否决制的太阳能发电系统中却不可用。

（3）反光板

反光板大部分是采用高反射率的薄铝板，但这种铝板不能经受冰雹，也不能擦洗，如果擦洗会产生永久性损伤。这种铝板使用期限为 8 年左右，并且反光率逐年降低，8 年就基本上只有 40%的反光率了，远远达不到太阳能光伏发电系统 25 年的寿命要求。有些反光铝板贴有保护膜，但是保护膜造价高也不防冰雹，不能解决所有问题。另外，为了降低成本，铝板厚度一般只有 0.3mm 左右，这样使加工难度增大，成本很高。

（4）自动跟踪器

光伏电池只有在聚光器的焦点才能工作，因为地球每时每刻都在转动，所以必须使用跟踪器才能保证光伏电池一直处于聚光器的焦点。自动跟踪器是聚光光伏发电系统的主要装置之一，没有跟踪器系统就不能运行。跟踪器除了保证系统能运行外，还能比不带跟踪器的系统平均多发30%～40%的电。但是跟踪器是机械结构，除了要消耗一部分电能之外，长年累月的运行会有磨损，容易出故障。跟踪器一旦出现故障，系统就不能运行。如果有磨损，跟踪精度就会下降，精度下降过多时，跟踪器就不能继续运行，此时需要检修或更新。

2. 聚光光伏发电系统的发展和应用

聚光光伏发电技术的发展和应用取决于高效电池、光学部件和太阳跟踪三大技术的提高。目前每项技术都取得了不同程度的重大突破，直接促使已经商业化的聚光光伏发电系统在光伏发电市场上更具竞争力。

（1）聚光光伏发电系统的高效电池

电池技术不断得到提升，其效率也因而大大提高。接触点在背面的硅基太阳电池的最高效率已经达到27.6%，一些厂商如Amonix和Guascor Foton在低于400倍的聚光系统中采用这种类型的电池。然而，电池技术的最佳提升在于使用复合三五族半导体材料，三五族化学元素如镓与铟、铝、磷的合金，能够大大提高电池的耐温能力。镓的热系数是1.76×10^{-3}℃，而硅是3.21×10^{-3}℃。使用复合三五族半导体技术还可以制成含两个或更多个PN结的多结太阳电池（就是将P型半导体与N型半导体制作在同一块硅基片上，在它们的交界面就形成空间电荷区PN结）。使用这种电池能够更好的吸收太阳光谱，因为每个PN结都能够被优化，接收不同波段的辐射。基于对不同光谱的吸收效果，理论上硅电池的效率极限是40%，而多结电池有可能达到86%。电池的这种高效特性能够减少电池使用面积到$1cm^2$或者$1mm^2$，从而提高热吸收，并且减少部分的阻力。目前几乎所有使用多结电池的系统中聚光效率都超过350倍，甚至超过450倍，有些公司的系统效率甚至达到1000倍，通向更高效率的道路已经铺平。

（2）散热器

散热器也一直是聚光光伏发电系统的一大挑战。目前大多数系统中使用一种热沉或热量分散器进行被动冷却。在大多数系统设计中，采用在铝板上安装电池基座的方法，借助于铝绝缘性好、导热性能佳的特性达到散热的目的。为了提高散热效果，很多设计使用非常简单的小面积铜和铝板，其他部分直接和模组金属基座连接。在大型的抛物镜面系统中，就需要采用主动冷却系统，所有电池都安装在一起，散热区域位于下方。

（3）光学系统

设计出符合高聚光系统苛刻要求的光学部件，对聚光光伏发电技术也是十分关键的。传统系统中，平板菲涅尔透镜或镜子都被采用过。目前，菲涅尔透镜仍然被许多系统所采用，是由于菲涅尔透镜易于设计和模拟以及较低的成本。然而要达到高倍聚焦系统的要求，菲涅尔透镜制造却面临着一系列挑战。目前有多种技术工艺可以制造菲尼尔透镜，从注塑到热压，再到硅薄膜等方式都需要经历非常艰难的工艺调试，有时价格也不够乐观。为了提高整个系统的光线接受角，可以使用二次光学元件。二次光学元件通常是固体玻璃或中空金属棱镜，这两种光学元件都能够提高光能在电池上的分布，从而提高光接受效率。

反射式光学元件是另一种选择，能够以多种方式使用，如在大型抛物镜面系统中，使用电池阵列；或者小型镜面系统，每个电池对应一个抛物镜。另外，其他非成像光学概念如内部全反射（TIR）系统也有公司采用。近年来，一些新的光学概念或系统被开发出来，这种

技术融反射和折射为一体，并且有潜力达到非常高的聚光比，并且入射角也非常宽。

（4）跟踪系统

跟踪系统和光学元件接受角密切相关，因此系统设计应该比较精确，并且要适应每个模组技术。2.5倍以下的聚光系统一般都无需太阳跟踪。中倍聚光（最高40倍）系统可以采用线性跟踪，也就是只在南北轴上自东向西运动。对于高倍聚光系统来说，必须采用高度精确的双轴太阳跟踪。

跟踪系统可以通过开路（太阳运动公式）或闭路（光传感器）控制实现。采用单控制方式能够准确发现跟踪错误位置。开路循环控制如果没有精确安装和定位，整个系统跟踪精确度就会下降。如果乌云遮挡光传感器，闭路系统则不能正常运行。目前，跟踪系统大都采用混合控制方式，包含太阳运动计算和太阳辐射或电力输出感应器等。

（5）标准化测试

2007年12月，聚光光伏发电的第一个标准（IEC62108）获得通过。该标准提出了对聚光光伏发电模组进行稳定性测试。这些测试包括电力测试、耐候性测试、机械性测试和环境条件测试。聚光光伏发电系统在安装之前必须经过标准中这些最重要的测试，并不断改进设计和修改系统以符合标准的要求。

根据现有技术，结合行业标准以及一些示范项目的安装和运行经验，聚光光伏发电技术正在经历着非凡的进步。全世界聚光光伏发电装机容量已经达到了相当可观的规模。但聚光光伏发电系统仍然处在发展的早期阶段，具备快速发展的潜力。随着各国政府支持下的太阳能光伏发电市场的蓬勃发展，聚光光伏发电系统将以其独特的方式快速发展，聚光光伏发电技术的巨大能量，必然对实现低成本利用、提高生产效率、尽快达到与常规能源发电具有同等竞争力起到积极地促进作用。

12.2　分布式光伏发电与微电网技术应用

近年来，以可再生能源为主的分布式发电技术凭借其投资节省、发电方式灵活、与环境兼容等优点而得到了快速发展，主要包括太阳能光伏发电和风力发电，还包括燃料电池发电、微型燃气轮机发电、生物质能发电、小型水力发电等。分布式发电尽管优点突出，但其接入电网所引起的众多问题往往限制了分布式发电的广泛应用。为协调大电网和分布式电源的矛盾，充分挖掘分布式发电为电网和用户带来的价值与效益，微电网的概念应运而生。作为“网中网”，微电网既可以并网运行，也可以在主网发生故障或其他情况下与主网断开而孤岛独立运行。

微电网已成为一些发达国家解决电力系统诸多问题的一个重要辅助手段，它以更具弹性的方式协调分布式电源，从而充分发挥分布式发电的作用。光伏发电系统在与微电网相结合后，将成为电力系统的可靠补充，为电网运行发挥更大的作用。

1. 微电网技术及发展

超大规模电力系统限制了分布式能源的作用，也间接限制了对新能源的利用。在不改变现有配电网络结构的前提下，为了削弱分布式电源对其的冲击和负面影响，世界各国纷纷提出微电网的观点和概念，也就是将分布式发电、用电负载、储能装置及控制装置结合在一起，形成一个单一可控的独立供电系统，也可以看成是管理局部能量关系的基于分布式发电装置的小电网。微电网技术采用了新型电力电子技术，将微型发电系统和储能装置并在一起，直接接在用户侧。对于大电网来说，微电网可被看作是一个可控单元，可以在数秒钟内动作以满足外部输配电网络的需求；对用户来说，微电网可以满足特定的需求，如降低馈线损耗、增加本地可靠性、维持本地自用电，保持本地电压稳定。微电网和配电网之间可以通过公共连接点进行能量交换，双方互为备用，从而提高了供电可靠性。微电网或与配电网并网运行、或孤岛运行，微电网的灵活运行方式使其不但可以避免分布式发电并网所带来的负面影响，还能对配电网起到支撑作用。另外，也使得微电网的结构、模拟、控制、保护、能量管理系统、能量存储技术等与常规分布式发电技术有较大不同。

微电网中一般都包含多个分布式发电单元和储能系统，联合向负载供电，整个微电网对外是一个整体，通过断路器与上级电网相连。微电网中的发电单元可以是多种能源形式（光伏发电、风力发电、柴油发电机、微型燃气轮机等）如图12-2所示，还可以以热电联产或冷热电联产的形式存在，就地向用户提供热能，以进一步提高能源利用效率，如图12-3所示。

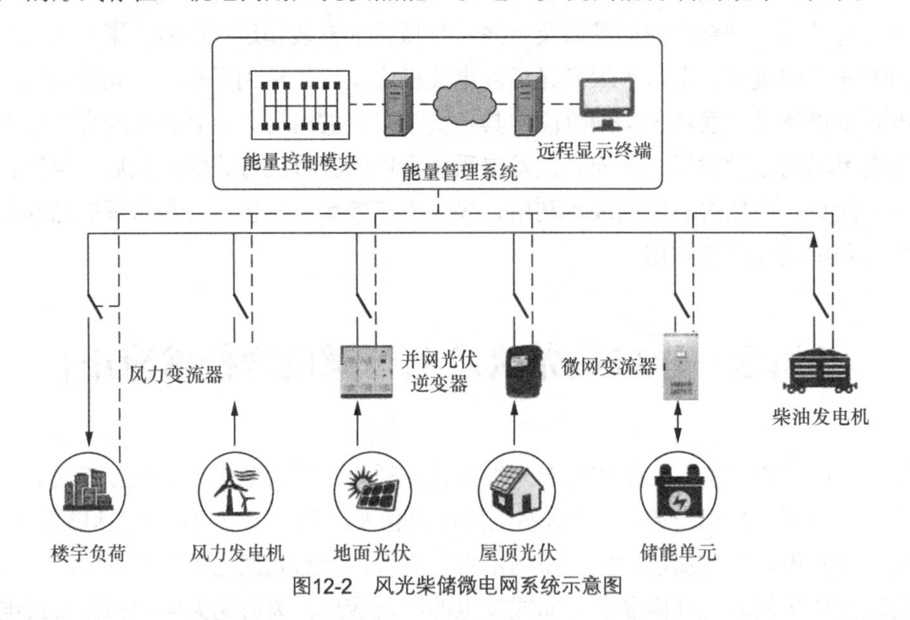

图12-2　风光柴储微电网系统示意图

微电网的具体结构随负载等方面的需求而不同，但是其基本单元应包含微能源、蓄能装置、管理系统以及负载。其中大多数微电网与电网的接口都要求是基于电力电子的，以保证微电网以单个系统方式运行的柔性和可靠性。在智能电网的发展过程中，配电网需要从被动式的网络向主动式的网络转变，这种网络利于分布式发电的参与，能更有效地连接发电侧和用户侧，使得双方都能实时地参与电力系统的优化运行。微电网是一种新型的网络结构，是实现主动式配电网的一种有效方式。

2. 包含光伏发电系统的微电网

根据国家电网公司对光伏电站接入电网技术规定，许多光伏项目大都采用用户侧低压并

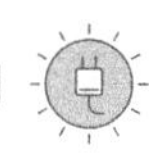

网的方式，这些也成为了目前分布式电源的主要形式。其接线形式如图 12-4 所示。

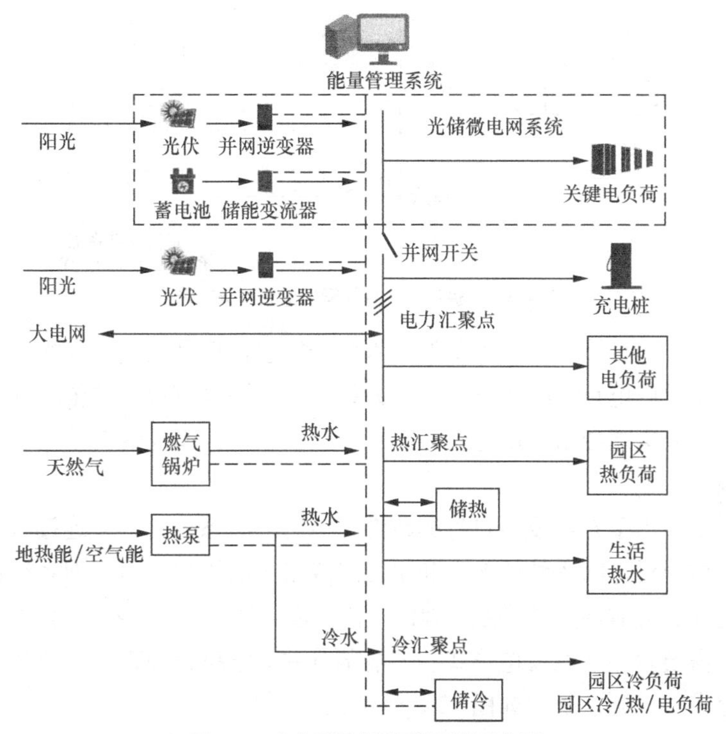

图12-3　产业园区多能互补系统示意图

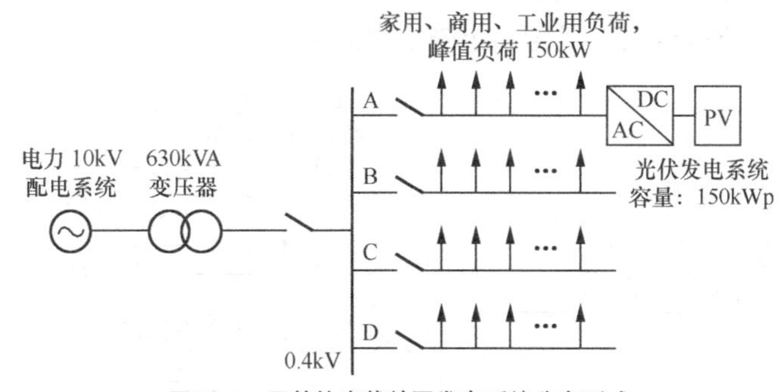

图12-4　目前的光伏并网发电系统分布形式

在正常工作时，电网中支路 A 所接的光伏发电系统除了为本路的负载提供电能外，若有多余的电能也可通过 0.4kV 低压母线送至其他 3 条支路中。为了减小光伏发电系统对系统电网的扰动和频率、电压等指标的影响，并考虑线路之间保护配置等问题，系统均安装有防逆流装置，即剩余的电能不允许倒送到电力 10kV 配电系统，同时对光伏发电的容量限制在上级变压器容量的 25%以内。

这种形式的光伏系统发出的电能只占到系统日常总用电量的很小一部分，大部分的电能还需要从电网中购入，这样由于电网系统需要远距离送电和配置变压器，而造成线损的增加、投资的增加，降低了能效，是一种不经济的运行方式。改进型并网光伏发电系统在上述形式基础上进行了改进，增加了光伏发电的容量，则系统结构形式如图 12-5 所示。

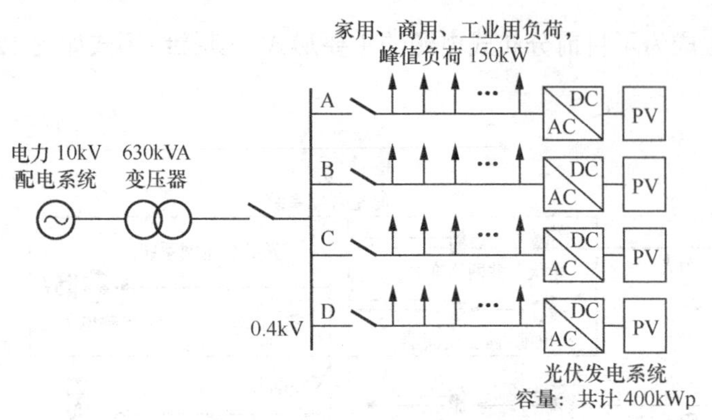

图12-5　改进后的光伏并网发电系统分布形式

改进后的运行方式虽然增加了光伏发电系统的容量，但是仅靠提高光伏发电系统的容量远不能满足一天正常用电负载的需求，而且系统对电力网也有很大的依赖性。同时，白天光伏系统发出的一部分电能会由于用电负荷不足而白白浪费，而且这个浪费与光伏发电系统的容量成正比关系。

在运行过程中，由于光伏发电自身的特性，电网与该系统的公共连接点处的电流会在瞬间增大或减小，这会对电网系统的频率和电压造成很大的影响，为电网系统带来扰动，使得自身系统的稳定性和可靠性无法满足。因此，它也是一种不经济、不合理的运行方式。那么，系统想要稳定就需要增加其他发电形式和储能部分并对它进行补充。这就形成新的以光伏发电系统为主的分布式电源系统。如图 12-6 所示。

图 12-6 所示的电网中除了光伏发电系统外，支路 E 可以是风力发电、沼气发电、生物发电、微型燃气轮机发电等各种发电形式中的一种或多种混合而成；支路 F 为系统储能装置，一般可以为蓄电池、燃料电池、飞轮、压缩空气储能等。

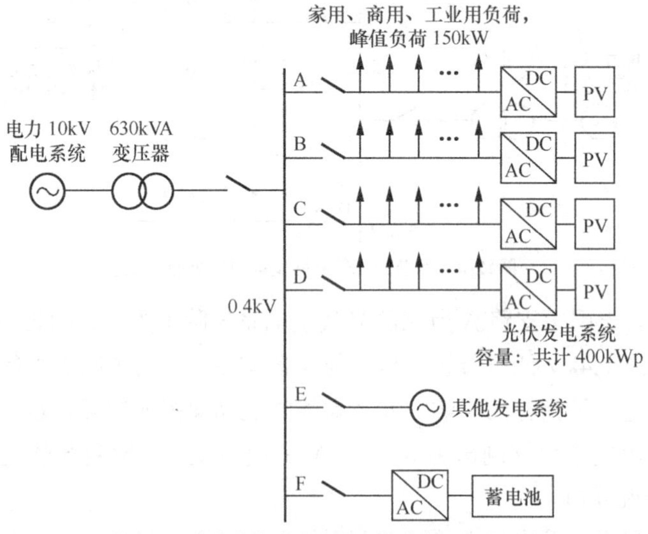

图12-6　含光伏发电系统的分布式电源电网系统

这种分布式电源电网系统在正常运行中满足了电网负载的大部分需求，也降低了对电网系统的影响。但是系统对电网的需求是随着负载的增加和减少而实时变化的，这样就会增加调度运行中对潮流管理的难度，导致线路中损耗增加，造成系统的稳定性和可靠性降低，也

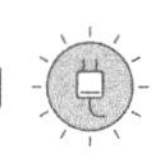

增加了保护设备整定的难度。因此，它还不是最经济的运行方式。

通过对以上 3 种电网形式的分析和改进，提出了基于光伏发电系统的微电网系统，如图 12-7 所示。

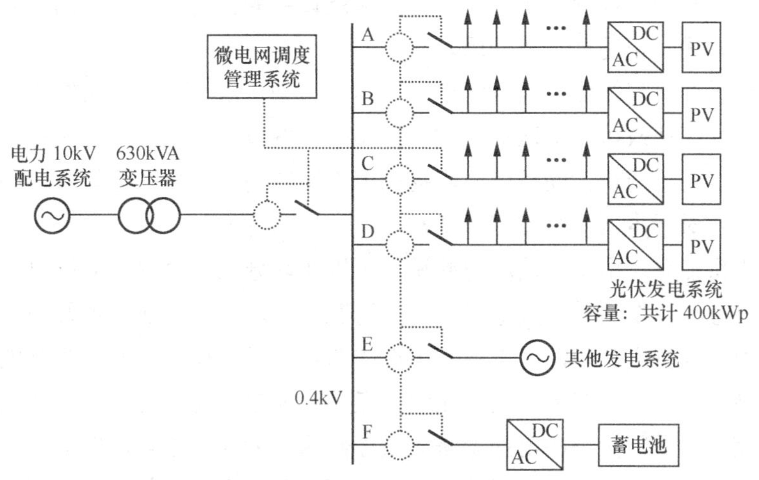

图12-7　光伏发电的微电网系统

正常情况下，整个系统由其中的分布式电源提供电能，并通过微电网的调度管理系统实现微电网内部负载与电源的动态平衡。同时，微电网系统在电网中作为一个稳定的配电单元存在，由 10kV 配电网经变压器为低压母线上的 4 条支路提供部分电源。

从图 12-7 中可以看出，微电网通过增加调度管理系统，利用以太网、无线、电力载波、光纤等通信方式，实现对下层微电网的调度管理，并根据负载需求对各发电系统的出力进行实时控制。通过经济调度和能量优化管理等手段，可以利用微电网内各种分布式电源的互补性，更加充分合理地利用能源。最终实现光伏发电系统及其他发电系统和电网共同为所有负载提供电能，并且与电网之间的功率交换维持恒定。当电网发生故障或受到暂态扰动时，断路器可以很方便地自动切换微电网到孤岛运行模式，各分布式电源及储能装置可以采用各种控制策略来维持微电网的功率平衡。在灾难性事件发生导致大电网瓦解的情况下，还可以保证对重要负载的继续供电，维持微电网自身供需能量平衡，并协助电网快速恢复，降低损失，促进其更加安全高效运行。因此，光伏发电的微电网系统存在两种运行模式，即电网正常状况下的并网运行模式和电网故障状况下的孤岛运行模式。

3. 光伏发电系统在微电网中的应用及特点

未来的电力系统将会是由集中式与分布式发电系统有机结合的功能系统。其主要框架结构是由集中式发电和远距离输电骨干网、地区输配电网及以微型电网为核心的分布式发电系统相结合的统一体，能够节省投资，降低能耗，提高能效，提高电力系统可靠性、灵活性和供电质量。微电网的出现将从根本上改变传统电网应对负荷增长的方式，其在降低能耗、提高电力系统可靠性和灵活性等方面具有巨大潜力。

分布式发电可以将太阳能发电（包括热发电和光伏发电）电源组织起来，并配置一定的储能设备，通过有效的系统控制，提高分布式发电系统的稳定性和电能质量。

在我国青藏、新疆、西北、华北等地区拥有丰富的太阳能资源，当地大部分地区人口密度低，非常适宜于发展分布式发电。分布式发电的规模化接入，只要对现有配电系统进行小改造，就可以实现在低压侧或配电侧并网，满足电力系统潮流分布、继电保护和运行控制等方面的要求。然后利用各种微电源的互补性及储能设备的作用，大大提高太阳能光伏发电的稳定性，促进分布式发电的规模化利用。

在一、二线城市，建筑体量大，配电网发达，自动化水平高，电网结构合理，分布式光伏发电应结合国家产业政策和电网的规划实现集中并网或用户侧并网。大电网与光伏发电供能系统相结合，有助于防止大面积停电，提高电力系统的安全性和可靠性，并增强电网抵御自然灾害的能力，对于电网乃至国家安全都有重大现实意义。

分布式发电供能系统由于采用就地能源，可以实现分区、分片灵活供电。通过合理的规划设计，在灾难性事件发生导致大电网瓦解的情况下，还可以保证对重要用户的供电，并有助于大电网快速恢复供电，降低大电网停电造成的社会经济损失。分布式发电供能技术还可利用天然气、冷、热能易于在用户侧存储的优点，与大电网配合运行，实现电能在用户侧的分布式替代存储，从而间接解决电能无法大量存储这一世界性难题，促进电网更加安全高效运行。分布式发电供能系统与大电网并网运行，还有助于克服一些分布电源的间歇性问题，进而提高系统供电的电能质量。

以最低的发展成本，实现对太阳能、风电等可再生能源的开发和接纳，发展“智能电网”是一个行之有效的选择。

智能电网的核心思想是，在开放和互联的信息模式下，通过加载数字设备和升级电网网络管理系统，实现发电、输电、供电、用电、售电、电网分级调度、综合服务等电力产业全流程的智能化、信息化、分级化互动管理。同时，再造电网的信息回路，构建新型用户的反馈方式，推动电网整体转型为节能基础设施，提高能源效率，降低客户成本，减少温室气体排放，创造电网价值的最大化。

通过分析，可以看到光伏发电系统在微电网的应用中具备其他能源无法比拟的优点。首先，光伏发电可利用的资源非常丰富，基本无枯竭危险，无需消耗燃料，白天可以提供基本稳定的输出功率；在大电网崩溃和意外灾害出现时，由于太阳能光伏系统的稳定输出，可以支撑微电网进行孤网独立运行，保证重要用户供电不间断，并为大电网崩溃后的快速恢复提供电源支持。其次，光伏发电系统安全可靠，无噪声，无污染排放，不受地域的限制，可利用建筑屋面的优势，建设周期短，获取能源花费的时间短。再者，目前逆变器具备调节功能，通过微电网的调度管理系统控制逆变器的功率输出，来维持微电网中各发电系统的输出功率和系统中用电负荷之间的功率平衡。还有，光伏发电系统本身采用就地能源，通过合理的规划设计，可以实现分区分片灵活供电，电源和负载距离近，输配电损耗很低，降低了输配电成本，并且在运行中实现了电能的削峰填谷、舒缓高峰电力需求，解决了电网峰谷供需矛盾。最后，随着光伏发电技术越来越成熟，全球光伏市场价格的不断下跌，安装成本逐年下降，微电网加大了对光伏的利用力度，可以获得更大的经济效益。作为一种清洁能源，光伏发电也非常容易使人接受，能够获得广泛的使用。

微电源与储能技术的结合可以大大提高微电网的稳定性、经济型和能源利用率。它们直接接在用户侧，具有低成本、低电压、低污染等特点。在接入问题上，微电网的入网标准只

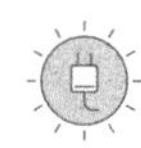

针对微电网和大电网的公共连接点，而不针对各个具体的微电源。这样不仅解决了分布式发电接入的问题，还充分发挥了它们的优势。所以，分布式发电、微电网运行将成为未来大型电网的有力补充和有效支撑。

12.3　光伏建筑一体化发电系统的应用

太阳能光伏建筑一体化是光伏发电在建筑上应用的一种新形式，也是分布式光伏发电在城市应用的主要形式。简单地讲，就是将光伏发电系统和建筑的围护结构外表面如建筑幕墙、屋顶等有机地结合成一个整体结构，不但可以同建筑物友好结合，具有围护结构的功能，同时又能实现光伏发电，产生电能供本建筑及周围用电负载使用。还可通过建筑物输电线路并网发电，向电网提供电能。由于光伏方阵与建筑的结合不占用额外的地面空间，是光伏发电系统在城市中广泛应用的最佳安装方式，因而倍受关注。

1. 光伏建筑一体化的分类及优点

光伏建筑一体化分为 BIPV（Building Integrated Photo Voltaic，集成到建筑物上的光伏发电系统）和 BAPV（Building Attached Photo Voltaic，在现有建筑物上安装的光伏发电系统）两种类型。BIPV 是指与建筑物同时设计、同时施工和安装并与建筑物形成完美结合的光伏发电系统，也称为“构件型”或“建材型”太阳能光伏建筑。它作为建筑物外部结构的一部分，与建筑物同时设计，同时施工和安装，既具有发电功能，又具有建筑构件和建筑材料的功能，甚至还可以提升建筑物的美感，与建筑物形成完美的统一体。其工程示例如图 12-8 所示。

BAPV 是指附着在建筑物上的光伏发电系统，也称为“安装型”太阳能光伏建筑。它的主要功能是发电，与建筑物功能不发生冲突，不破坏或削弱原有建筑物的功能。工程示例如图 12-9 所示。

图12-8　BIPV光伏建筑一体化工程示例

图12-9　BAPV光伏建筑一体化工程示例

光伏建筑一体化主要有下列一些优点。

（1）建筑物能为光伏系统提供足够的面积，不需要另外占用土地面积。符合建设条件的建筑量大，可大规模推广应用。

（2）光伏系统的支撑结构可以与建筑物结构部分结合，可降低光伏系统基础和部分基础结构的费用。

（3）电池组件安装方式较自由，系统效率较高，可实现较大规模装机。

（4）就近并网的运行方式，省去了输电费用。分散发电，减少了电力传输和电力分配的损失，降低了电力传输和分配的投资及维修成本。

（5）光伏方阵可部分代替常规建筑材料，节省材料费用。

（6）安装与建筑施工结合，节省安装成本。

（7）可以使建筑物的外观更具魅力。

光伏发电与建筑相结合，使房屋建筑发展成具有独立电源、自我循环式的新型建筑，是人类进步和社会、科技发展的必然。

2. 光伏建筑一体化的安装结构类型

光伏建筑一体化的安装结构类型主要分为三大安装类型，共 8 种形式，见表 12-1，即建材型安装类型、构件型安装类型和与屋顶、墙面结合安装类型。

表 12-1　光伏建筑一体化安装结构类型

类别	主要形式	光伏组件	建筑要求	结合方式
建材型安装	光伏采光顶（天窗）	透明光伏玻璃组件	建筑效果、结构强度、采光、遮风挡雨	集成（BIPV）
	光伏屋顶	光伏屋面瓦	建筑效果、结构强度、遮风挡雨	集成（BIPV）
	透明光伏幕墙	透明光伏玻璃组件	建筑效果、结构强度、采光、遮风挡雨	集成（BIPV）
	不透明光伏幕墙	不透明光伏玻璃组件	建筑效果、结构强度、遮风挡雨	集成（BIPV）
构件型安装	光伏遮阳板（有采光要求）	透明光伏玻璃组件	建筑效果、结构强度、采光	集成（BIPV）
	光伏遮阳板（无采光要求）	不透明光伏玻璃组件	建筑效果、结构强度	集成（BIPV）
结合型安装	屋顶光伏方阵	普通光伏组件	建筑效果	结合（BAPV）
	墙面光伏方阵	普通光伏组件	建筑效果	结合（BAPV）

（1）建材型安装类型

建材型安装是将太阳电池与瓦、砖、卷材、玻璃等建筑材料复合在一起，成为不可分割的建筑构件或建筑材料，如光伏瓦、光伏砖、光伏屋面卷材、光伏玻璃幕墙、光伏采光顶等。组件作为建筑物的屋面和墙面，与建筑结构浑然一体，结合程度非常高。

（2）构件型安装类型

构件型安装是与建筑构件组合在一起或独立成为建筑构件的光伏构件，如以标准光伏组件或根据建筑要求定制的光伏组件构成雨篷构件或遮阳构件等。

（3）与屋顶、墙面结合安装类型

与屋顶、墙面结合安装是在平屋顶上安装、坡屋面上顺坡架空安装以及与墙面平行安装等形式。电池组件安装在屋面上，安装方式包括屋面平行设置和固定倾斜角设置。

3. 光伏建筑一体化系统设计需要考虑的因素和要求

（1）对光伏方阵或组件的朝向布局要求

对于某一个具体位置的建筑来说，与光伏方阵集成或结合的屋顶和墙面，所能接收的太阳辐射是一定的。为了获得更多的太阳能，光伏方阵的布置应尽可能地朝向太阳光入射的方向，如建筑的屋顶、正南、东南、西南等，若面积有限，正东和正西也可以考虑。另外还要考察建筑物的周边环境，尽量避开或远离遮荫物。

（2）对电池组件的质量要求

把电池组件兼作建筑材料，就必须具备建筑材料所要求的几项条件：坚固耐用、隔热保温、防水防潮、适当的强度和刚度等性能。若是用于窗户、玻璃幕墙和采光屋顶等，还必须考虑透光量，也就是说组件既要发电，又可采光。此外，还要考虑电池组件的颜色与质感要与建筑物协调，尺寸和形状要与建筑物的结构相吻合，还要考虑安全性能、施工简便等方面。

（3）组件数量及排列方式的要求

设计时要根据组件面积的大小，确定每一个屋面可以安装的组件总数量及排列方式。由于每个屋面的朝向不同，一般一个屋面要对应一个或几个逆变器，设计成组串式逆变器结构，以提高逆变器的工作效率。

4. 光伏建筑一体化的设计原则与方法

（1）设计原则

光伏建筑一体化是光伏系统依赖或依附于建筑的一种新能源利用形式，其主体是建筑，客体是光伏系统。因此，光伏建筑一体化设计应以不损害和影响建筑的效果、结构安全、功能和使用寿命为基本原则，任何对建筑本身产生损坏和不良影响的设计都是不合格的设计。

（2）建筑设计

光伏建筑一体化的设计应从建筑设计入手，首先对建筑物所在地的地理气候条件及太阳能的资源情况进行分析，这是决定是否选用光伏建筑一体化的先决条件；其次是考虑建筑物的周边环境条件，即选用建筑部分接受太阳能的具体条件，如被其他建筑物遮挡，则不必考虑选用光伏建筑一体化方式；再者是与建筑物外装饰的协调，光伏组件给建筑设计带来了新的挑战与机遇，画龙点睛的设计会使建筑更富生机，环保绿色的设计理念更能体现建筑与自然的结合；最后是考虑电池组件的吸热对建筑热环境的改变。

（3）发电系统设计

光伏建筑一体化的发电系统设计与地面光伏电站的系统设计不同，地面光伏电站一般是根据负载或功率要求来设计光伏方阵大小并配套系统，光伏建筑一体化则是根据光伏方阵大小与建筑采光要求来确定发电的功率并配套系统。

光伏系统设计包含3个部分，分别为光伏方阵设计、电池组件设计和光伏发电系统设计。

① 光伏方阵设计：在与建筑墙面结合或集成时，一方面要考虑建筑效果，如颜色与板块大小；另一方面要考虑其受光条件，如朝向与倾斜角。

② 电池组件设计：涉及电池片的选型（综合考虑外观色彩与发电量）与布置（结合板块

大小、功率要求、电池片大小进行）、组件的装配设计（组件的密封与安装形式）。

③ 光伏发电系统设计：即确定系统类型为并网系统还是独立系统，控制器、逆变器、蓄电池等的选型，防雷、系统综合布线，感应与显示等环节设计。

（4）结构安全性与构造设计

电池组件与建筑的结合，结构安全性涉及两方面：一是组件本身的结构安全，如高层建筑屋顶的风荷载较地面大很多，普通的电池组件的强度能否承受，受风变形时是否会影响到电池片的正常工作等；二是固定组件的连接方式的安全性。组件的安装固定不是安装空调式的简单固定，而是需对连接件固定点进行相应的结构计算，并充分考虑在使用期内的多种最不利情况。建筑的使用寿命一般在50年以上，电池组件的使用寿命一般在25年以上，所以结构安全性问题不可小视。

构造设计是关系到电池组件工作状况与使用寿命的因素，普通组件的边框构造与固定方式相对单一。与建筑结合时，组件的工作环境与条件有变化，其构造也需要与建筑相结合，如隐框幕墙的无边框、采光顶的排水等普通组件边框已不适用。

5. 光伏建筑一体化不同安装类型的应用

（1）建材型安装类型的应用

作为屋面和墙面使用，组件材料应具有良好的保温、防水、隔断、隔音等功能，使建筑物达到节能、美观等要求，一般需要根据项目特征定制组件。但是在夏季温度较高的情况下，组件散热难度很大。温度过高，电池组件的输出电压将产生随温度变化的负效应，使系统输出功率降低，电池组件的使用寿命也会受到很大的影响。

作为屋面材料，建材型组件的边框材料多为金属材料，我国北方地区年度温差很大，热胀冷缩非常严重，长时间运行将造成防水系统破坏，出现渗漏现象。另外，北方寒冷地区建筑屋面多为平屋面或坡度较小的屋面，在冬季有积雪的情况下，这种小坡度屋面将无法自动清除积雪。有些地区还经常出现沙尘天气，在这种情况下，灰尘容易在组件表面形成堆积，这样将对电池组件的发电效率产生很大影响。

因此，建材型电池组件结构形式不太适合在寒冷地区使用。

（2）构件型安装类型的应用

构件型安装类型适合不同地区，但是作为构件进行设计时，应充分考虑其安全性，因建筑结构的下方都是人们活动的区域，必须采取安全措施保证安全。建筑构件有特定的功能性和美观性要求，而电池组件需要最大程度的吸收太阳能，因此光伏构件在建筑物上只能进行选择性安装，如设置在建筑物可以满足日照的立面，不适合其它立面，所以构件型安装类型应综合考虑建筑物的整体造型和功能性要求，选择合适的建筑构件，如果生搬硬套，必然会影响建筑物的整体效果。

（3）与屋顶、墙面结合安装类型的应用

与屋顶、墙面结合安装类型与建筑物的结合程度不高，可根据用户的需要灵活布置，采用常规电池组件即可实现。对于地处寒冷地带、太阳能资源比较丰富的地域，在建筑物的结构选型方面，可结合建筑物特征优先选择与屋顶、墙面结合安装类型，其次是构件型安装类型，最后是建材型安装类型。

12.4　储能技术在并网光伏发电系统中的应用

光伏发电系统的并网运行，往往会随着日照条件和气象环境变化的影响造成对电网的冲击，给电网的稳定运行和供电质量带来一定的负面影响。特别是随着光伏发电系统规模的不断扩大以及光伏电源在能源结构中的占比越来越大，它对电网产生的冲击和影响就成为一个不可忽视的、必须采取有效技术措施去解决的问题。这个问题不解决，光伏发电在整个能源结构中的占比就极其有限，这将成为光伏发电产业发展和应用的瓶颈。

储能技术在光伏并网发电中的应用是解决上述问题的主要措施，储能的作用涉及发电、输电、配电以及终端电力用户，包括居民用电以及工业和商业用电等。在发电侧，储能系统可以参与快速响应调频服务，提高电网备用容量，保证光伏发电能向用户提供持续供电，扬长避短地利用了光伏、风力等可再生能源清洁发电的优点，也有效的克服了其波动性、间歇性的缺点；在输电中，储能系统可以有效地提高输电系统的可靠性；在配电侧，储能系统可以提高电能的质量；在终端用户侧，分布式储能系统在智能微电网能源管理系统的协调控制下优化用电、降低用电费用，并且保持电能的高质量。总体来说，储能是解决光伏电能消纳、增加电网稳定性、提高配电系统利用效率的最合理解决方案。光伏发电系统引入储能环节后，可以有效的实现需求侧管理、消除昼夜间峰谷差、平抑负荷，有效利用电力设备，降低用电成本，还可以提高系统运行稳定性、参与调频调压、补偿负荷波动。

在此就结合光伏发电系统的特点，分析一下光伏并网发电系统对电网带来的影响，并从电网角度和用户角度介绍储能技术在光伏发电系统，特别是并网光伏发电系统和智能微电网中的应用，并对储能技术的发展需求予以展望。

1. 光伏并网发电系统对电网的冲击与影响

光伏并网发电系统对电网的冲击与影响主要有以下几点。

（1）对线路潮流的影响。在电网未接入光伏发电系统的时候，电网支路潮流一般是单向流动的，并且对于配电网来说，随着距变电站距离的增加，有功潮流单调减少。当光伏电源接入电网后，从根本上改变了系统潮流的模式且潮流变得无法预测。这种潮流的改变使得电压调整很难维持，甚至导致配电网的电压调整设备（如阶跃电压调整器、有载调压变压器、开关电容器组）出现异常响应。同时，也可能造成支路潮流越限、节点电压越限、变压器容量越限等从而影响系统的供电可靠性。

（2）对系统保护的影响。当光照良好，光伏发电系统输出功率较大时，电路短路电流将会增加，可能会导致过流保护配合失误，而且过大的短路电流还会影响熔断器的正常工作。此外，对于配电网来说，未接入光伏发电系统之前支路潮流一般是单向的，其保护不具有方向性，而接入光伏发电系统之后，该配电网变成了多源网络，网络潮流的流向具有不确定性。因此，电网电路必须增加有方向性的保护装置。

（3）对电能质量的影响。受云层遮挡等因素影响，光伏发电系统的输出功率经常会在短时间内大幅度变化，这种变化往往会引起电网电压的波动或闪变以及频率的波动等。此外，光伏发电的逆变器系统也会产生谐波，对电网造成影响。

（4）对运行调度的影响。光伏电源的输出功率直接受天气变化影响而不可控制，使光伏电源的可调度性受到一定的制约，当某个电网系统中光伏电源占到一定比例后，电网电力的安全可靠调度就成了必须解决的问题。

2. 储能在光伏发电系统中的作用

解决光伏发电系统并网对电网的影响，提高光伏发电并网容量的措施有两种，一是从光伏发电系统的角度，为光伏发电系统配置储能装置；二是从电网角度考虑，建设智能微电网系统，以提高电网调度的灵活性、稳定性、可调节性。光伏发电系统储能技术的应用对系统能量管理、稳定运行以及提高系统的安全性和可靠性，解决具有间歇性、波动性和不可准确预测性的可再生能源接入电网，扩大新能源发电在整个能源结构中的占比都具有重要意义。

从电网角度来讲，储能在光伏发电系统中的作用有以下几种。

（1）电力调峰，削峰填谷。储能可与电网调度系统相配合，根据系统负荷的峰谷特性，在负荷低谷期储存多余的发电量，在负荷高峰期释放出蓄电池中储存的能量，从而减少电网负荷的峰谷差，降低电网的供电负担，实现电网的削峰填谷。调峰的目的是为了尽量减少大功率负荷在峰电时段对电能的集中需求，以减少对电网的负荷压力。光伏储能系统可根据需要在负荷低谷时将光伏系统发出的电能储存起来，在负荷高峰时再释放这部分电能为负荷供电，提高电网的功率峰值输出能力和供电可靠性。通过电力调峰，还可以利用峰谷差价，提高电能利用的经济性。

（2）控制电网电能质量、平抑波动。储能系统的加入，可以抑制光伏发电的短期波动和长期波动，大大改善光伏发电系统供电输出的稳定性。通过合适的逆变控制调整，光伏储能系统还可以实现对电能质量的控制，包括稳定电压、调整相位、有源滤波等。还可以根据电网出力计划，控制储能蓄电池的充放电功率，使得光伏发电系统的实际输出功率尽可能地接近出力计划，从而增加可再生能源输出的确定性。

（3）构成微电网系统，实现不间断供电。微电网是未来输配电系统的一个重要发展方向，它可以显著提高供电可靠性。当微电网与系统分离时，微电网可以在孤岛模式下运行，微电网电源将独立承担所辖区域或负荷的供电任务。特别是在以光伏电源为主构成的微电网中，储能系统做为微电网的组成部分，为微电网提供电压和频率的支撑，实现微电网模式切换过程的快速能量缓冲，保证微电网的平滑切换，保证为负荷提供安全稳定的供电。

从用户角度来讲，储能在光伏发电系统的作用有以下几种。

（1）实现负荷转移。从技术角度讲，负荷转移与调峰类似，但它的实现是以光伏并网用户使用市电分时段计费为基础的。许多负荷高峰并不是发生在光伏系统发电充足的白天，而是发生在光伏发电高峰期以后。储能系统可在负荷低谷的时候将光伏系统发出的电能储存起来而不是完全送入电网，待到负荷高峰时再使用。这样，储能系统与光伏系统配合使用可以减少用户在高峰时的用电需求，使用户获得更大的经济利益。

（2）实现负荷响应。为保证在负荷高峰时电网可以安全可靠的运行，电网会选定一些高功率的负荷进行控制，使它们在负荷高峰时段交替工作。当这些电力用户配置了光伏储能系统后，则可以避免负荷响应控制对上述高功率设备的正常运行带来的影响。实现负荷响应控

制，负荷响应控制实施需要在光伏储能电站与电网之间有一条通讯线路。

（3）实现断电保护。光伏储能系统一个重要的好处就是可以为用户提供断电保护，即在用户无法得到正常的市电供应时，可以由光伏系统提供用户所需电能。这种有意实现的电力孤岛对用户和电网来说都是有好处的，它即可以允许电网在用电高峰时切掉部分电力负荷，又可以使电力用户在没有市电供应时还能有正常供电使用。

3. 光伏储能系统的几种类型

根据不同的应用场合，光伏储能系统分为离网储能系统、并离网储能系统、并网储能系统和多种能源混合微电网系统 4 种。

（1）光伏离网储能系统。光伏离网储能系统也就是有储能装置的离网光伏发电系统，是专门针对无电网地区或经常停电地区场所使用的。由于离网光伏发电系统无法依赖电网，所以只有靠储能系统完全自发自用，实现“边储边用”或者“先储后用”的工作模式。

（2）并离网储能系统。并离网储能系统广泛应用于经常停电，或者光伏并网系统自发自用不能余量上网、自用电价比上网电价贵很多、波峰电价比波谷电价贵很多等应用场所。

相对于光伏并网发电系统，并离网系统结合了离网系统和并网系统的优点，使应用范围更宽，用电更灵活。一是可以设定在电价峰值时以额定功率输出，减少电费开支；二是可以利用谷电为储能系统充电，在用电高峰时段使用，利用峰谷差价获得收益；三是当电网停电时，光伏发电及储能系统可做为备用电源切换为离网工作模式继续工作。

（3）并网储能系统。并网储能系统能够存储多余的光伏发电量，提高光伏发电自发自用的比例。当光伏发电系统的发电量小于负载用电量时，负载由光伏发电和电网一起供电；当光伏发电系统发电量大于负载用电量时，光伏发电量一部分给负载供电，另一部分电量储存在储能系统中。

在一些光伏发电系统应用较早的国家和地区，早期安装的光伏发电系统取消光伏补贴后，一般都会再安装一套并网储能系统，让光伏发电完全自发自用。这种“外挂”的并网储能系统可以与原系统的逆变器很好地兼容，原来的系统可以不做任何改动。当储能系统检测到有多余电量流向电网时，储能系统自动启动工作，把多余的电能储存到储能电池中；当储能电池电量也充满后，储能系统还可以接通用户的电热水器，把多余的电能转换为热量存储起来。当傍晚光伏发电系统停止工作后，或用户用电量增加时，可以利用储能系统中存储的电能向负载供电。

（4）微电网储能系统。微电网及储能系统在本章 12.2 中专门进行了介绍，在此就不重复了。微电网可充分有效地发挥各种分布式清洁能源的应用潜力，减少各种分布式清洁能源容量小、发电功率不稳定、独立供电可靠性低等的不利影响，确保电网安全运行，是大电网的有益补充。微电网应用灵活，规模可以从数千瓦直至几十兆瓦，大到厂矿企业、医院学校，小到一座建筑或一个家庭用户都可以实现微电网运行。

4. 光伏储能系统的主要应用模式

（1）配置在光伏系统直流侧的储能系统

配置在光伏系统直流侧的储能系统可在光伏发电系统直流侧进行配接调控，如图 12-10

所示。该系统中的光伏发电系统和蓄电池储能系统共享一个逆变器，但是由于蓄电池的充放电特性和光伏发电阵列的输出特性差异较大，原系统中的光伏并网逆变器中的最大功率跟踪系统（MPPT）是专门为了配合光伏输出特性设计的，无法同时满足储能蓄电池的输出特性曲线。因此，此类系统需要对原系统逆变器进行改造或重新设计制造，不仅需要使逆变器能满足光伏阵列的逆变要求，还需要增加对蓄电池组的充放电控制和能量管理等功能。这类储能系统一般都是单向输出的，也就是说该系统中的储能蓄电池完全依靠光伏发电来补充电量，电网的电力是无法给蓄电池充电的。

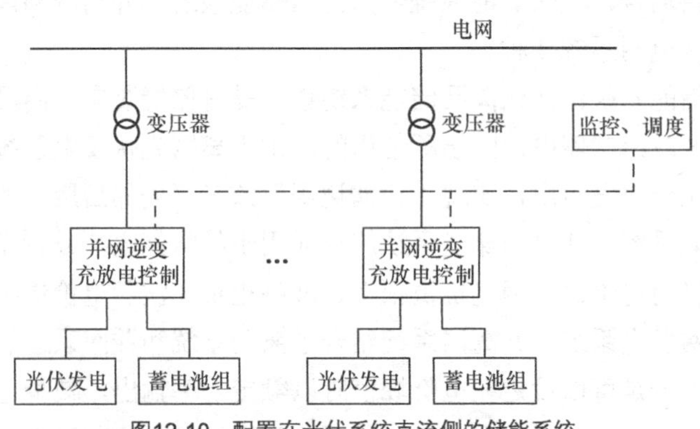

图12-10　配置在光伏系统直流侧的储能系统

这种储能系统即便是电网出现停电，逆变器停止工作时，也不影响光伏方阵向蓄电池的充电，光伏系统发出的多余电力可直接储存在蓄电池内以等待需要的时候释放出来。这种配置的主要特点是系统效率高，设备投资少，可实现光伏发电与储能的无缝连接，可大大提高光伏发电系统输出电能的平滑、稳定和可调控。这种方式的缺点是使用的逆变器需要特殊设计，不适用于对现有已经安装好的光伏发电系统进行升级改造。

（2）配置在光伏系统交流侧的储能系统

配置在光伏系统交流侧的储能系统如图12-11所示，它采用单独的充放电控制器和逆变器（双向逆变器或储能逆变器）来给蓄电池充电或者逆变，这种方案实际上就是给现有光伏发电系统外挂一个储能装置，可在目前任何一种光伏发电系统及风力发电系统或其他新能源发电系统上进行升级改造，形成站内储能系统。

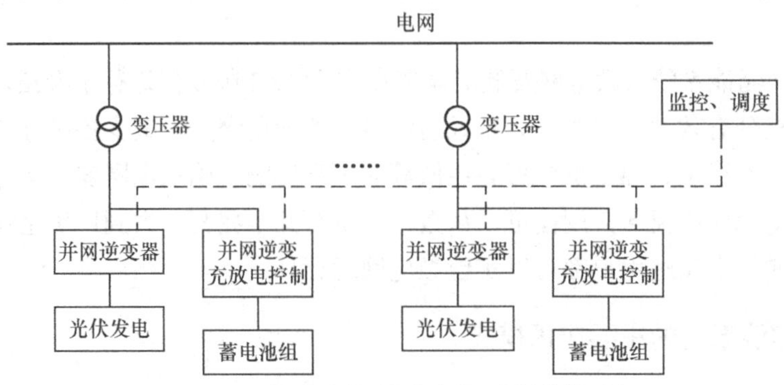

图12-11　配置在光伏系统交流低压侧的储能系统

这种模式克服了直流侧储能系统无法进行多余电力统一调度的问题，该储能系统既可以

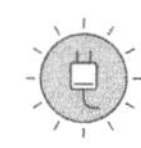

建造在光伏或风力发电系统中与光伏或风电协调输出，也可以根据电网需要建设成为独立运行的储能电站。系统充电还是放电完全受智能化控制系统控制或受电网调度控制，不仅可以集中全站内的多余电力给储能系统快速有效地充电，甚至可以调度站外电网多余的廉价低谷电力，使得系统运行更加方便和有效。

交流侧接入储能系统的另一个模式是将储能系统接入电网端，如图 12-12 所示。显然，这两种储能系统的不同点只是接入点不同，前者是将储能部分接入了交流低压侧，与原光伏电站分享一个变压器，而后者则是将储能系统形成独立的储能电站模式，直接接入高压电网。

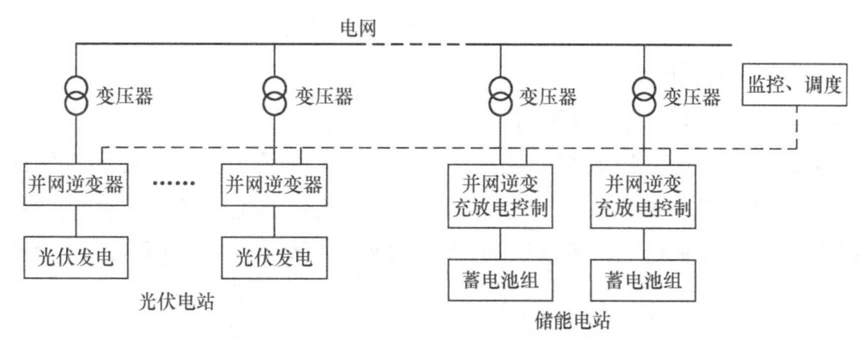

图12-12　配置在光伏系统交流电网端的储能系统

交流侧接入的方案不仅适用于电网储能，还被广泛应用于诸如岛屿等相对孤立的地区，形成相对独立的微电网供电系统。交流侧接入的储能系统不仅可以在新建发电系统上实施，对于已经建成的发电系统也可以很容易地进行改造和附加建设，且电路结构清晰，发电系统和储能系统可分地建设，相互的直接关联性少，因此便于运行控制和维修。缺点是由于发电和储能相互独立，相互之间的协调和控制就需要外加一套专门的智能化控制调度系统，造价相对较高。

5. 光伏储能系统的供用电管理模式

带储能的光伏发电系统往往可以解决对负载的连续供电和提高光伏发电的自发自用量，同时也可起到调峰和减少对电网冲击的作用，其供用电管理模式一般有下列几种。

（1）光伏系统供电管理模式

① 光伏电能首先为蓄电池充电，其次用于供给负载，剩余电力反馈给电网；

② 光伏电能首先为负载供电，其次用于蓄电池充电，剩余电力反馈给电网；

③ 光伏电能首先为负载供电，其次先向电网馈电，剩余电力用于为蓄电池充电。

（2）负载用电管理模式

① 当有光伏供电时，优先由光伏供电，光伏供电不足时由市电补充，市电不可用时，则由电池供电；

② 当有光伏供电时，优先由光伏供电，光伏供电不足时由蓄电池供电，若蓄电池不可用时，则由市电供电；

③ 当没有光伏供电时，优先由蓄电池供电，若蓄电池不可用时，则由市电供电；

④ 当没有光伏供电时，优先由市电供电，当市电不可用时，则由蓄电池供电。

分布式光伏发电在设计和构建储能系统时，整个系统的能源管理模式是系统设计的核心，只有明确整个系统能源管理的使用环境要求及模式特点，才能最终确定系统的设计原则和基本方法。

6. 光伏储能系统的两种架构

（1）MPPT 控制器＋双向逆变器架构

MPPT 控制器＋双向逆变器架构如图 12-13 所示。也就是上面所说的配置在光伏发电系统直流侧的储能系统模式。光伏组件产生的光伏直流电力通过控制器送到储能电池和双向逆变器的直流端，在为蓄电池充电的同时，直流电力通过双向逆变器为交流负载供电，多余的电力通过双向逆变器馈回电网。

（2）并网逆变器＋双向逆变器架构

并网逆变器＋双向逆变器架构如图 12-14 所示。这种架构就是上面所说的配置在光伏发电系统交流侧的储能系统模式。光伏组件产生的光伏直流电力通过并网逆变器输出交流电为负载供电，为蓄电池充电，多余电力馈到电网。具体运行管理模式通过双向逆变器进行设置。

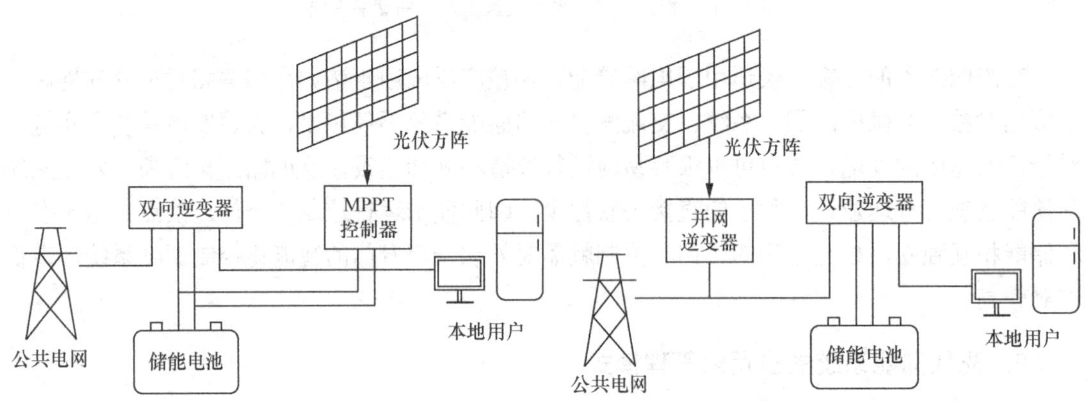

图12-13　MPPT控制器＋双向逆变器架构示意图　　图12-14　并网逆变器＋双向逆变器架构示意图

① 当光伏电力足够供应负载需求时，多余的光伏电力用于对蓄电池充电，不能被蓄电池吸收的电力（电池充满或已用最大电流充电）则反馈回电网。

② 当光伏电力不够负载需求时，不足部分主要由蓄电池提供，电网电力做辅助补充。

③ 当夜晚无光伏电力时，优先由蓄电池向负载供电，直到蓄电池电力不足或光伏电力再次启动。蓄电池电力不足时，由电网向负载供电，但不给蓄电池充电，直到光伏电力启动后，由光伏电力为蓄电池充电。

7. 光伏储能系统的构建与技术要求

目前储能系统基本都采用模块化组件系统方案，构成示意图如图 12-15 所示。为了兼顾分布式电源储能和规模并网储能的应用，储能系统最适宜采用的方式就是模块化组合搭建方式，主要包括电池组（模块）、电池管理系统（BMS）、双向储能逆变器、监控（主机）保护系统四个部分。这个储能系统主要用于平抑光伏、风力等有间歇性分布式发电的波动，改善

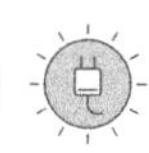

电网对新能源电力的吸纳能力，同时具有对电网的削峰填谷作用。

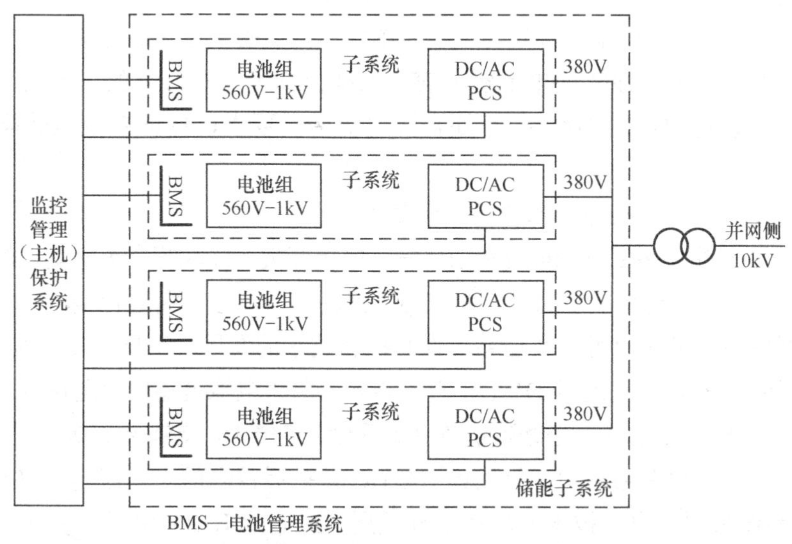

图12-15　储能系统模块化构成示意图

为了实现储能技术在光伏并网发电系统的广泛应用，对储能系统的技术要求主要有以下几个方面。

（1）储能电池

用于光伏并网发电的储能装置往往工作在比较恶劣的环境下，而且，受光伏发电输出不稳定的影响，储能系统的充放电条件也比较差，有时甚至需要频繁的小循环充放电。因此，储能电池必须满足以下要求：①容易实现多方式组合，满足较高的工作电压和较大的工作电流；②电池容量和性能可检测和可诊断，使控制系统能在预知电池容量和性能的情况下实现对电站负荷的调度控制；③具备高安全性、高可靠性，在正常情况下，电池使用寿命不低于15 年。在极限情况下，即使发生故障，电池也应在受控范围内，不应该发生爆炸、燃烧等危及电站安全运行的事故；④具有良好的快速响应和大倍率充放电能力，一般要求达到 5～10 倍的充放电能力；⑤要具有较高的充放电转换效率，易于安装和维护，具有较好的环境适应性，较宽的工作温度范围；⑥符合环境保护的要求，在电池生产、使用、回收过程中不对环境产生破坏和污染。

目前，电化学储能技术的发展进步很大，以锂离子电池、铅炭电池、液硫电池为主导的电化学储能技术在安全性、能量转换效率和经济性等方面均取得了重大突破，并逐步得到推广应用。

（2）电池管理系统（BMS）

为了使储能装置实现最长的使用寿命、最大的能量输出以及最优的使用效率，需要针对储能装置的特点设置适用于分布式光伏发电系统的充放电和均衡保护管理策略。

以目前已经得到推广应用的锂电池储能装置为例，储能电池模块往往由几十串甚至几百串以上的电池组构成。电池在生产和使用过程中，会造成电池内阻、电压、容量等参数的不一致，这种差异表现为电池组充满电或放完电时串联电芯之间的电压不相同，或能量不相同。

这种情况使得部分电芯在充电的过程中会被过充，而在放电过程中电压过低的电芯有可能被过放，从而使电池组的离散性明显增加。局部电芯过充或过放的现象，使电池组整体容量急剧下降，整个电池组表现出来的容量为电池组中性能最差的电池芯的容量，最终导致电池组提前失效。因此，对于磷酸铁锂电池组而言，均衡保护电路是必须的。当然，锂电池的电池管理系统不仅仅是电池的均衡保护，还需满足更多的要求以保证锂电池储能系统稳定可靠运行。

（3）采用大功率 PCS 拓扑技术的双向逆变器

大功率 PCS 拓扑（Pole Changing Switch——换极开关）技术符合大容量电池组的电压等级和功率等级要求，结构简单，稳定可靠，功率损耗小，能够灵活进行整流、逆变的双向切换。随着新型电池技术的应用以及功率器件和拓扑技术的发展，双向逆变器采用 DC/DC＋DC/AC 两极变换结构，首先通过 DC/DC 直流转换电路将电池组输出电压进行升压，再通过 DC/AC 逆变电路输出交流电。逆变部分采用多重化、多电平、交错并联等大功率变流技术，以降低并网谐波，简化并网接口。针对经 DC/DC 转换后较高的电池组电压（5～6kV），换极开关 PCS 系统采用多电平技术，功率器件采用 IGCT 或 IGBT 串联，实现直流→交流和交流→直流的灵活切换。

8. 光伏储能系统的智能化管理

普通的储能系统可以把白天光伏发电的剩余电力存储起来，供本地用户早晚时段使用，实现供电时段的转移和延长，这种功能在离网光伏系统中一直应用。而储能系统智能化管理是通过系统逻辑控制，对未来光伏发电能力和用电需求进行预测，从而实现用电的最经济模式。智能化系统会在晚上就综合考虑第二天光伏发电情况、用户用电模式以及为储能系统充电的优化来决定是否在低谷电价时段用市电储能，以及储能的额度。例如，如果智能管理系统中的光伏发电预测模块给出明天发电功率将低于明天用电需求的提示，系统就会控制在夜间低电价时段对储能电池充满电量，然后第二天储能电池与光伏发电共同出力，以最经济的搭配满足用户的用电需求，这样可以避免第二天用电价格高的时段内对电网电力的需求，实现节约开支的目的。

储能技术的应用是促进微电网发展的重要课题。配置储能系统，将提升光伏发电的电能质量，为负荷及电网提供平稳电力；也可将白天的光伏发电存储起来供晚上使用，利用补助政策和不同时段用电价差，在发电产出不变的情况下获得更优化的投资收益。由于可解决发电时段和用电时段不一致的问题，再加上高低峰用电价格差别较大，储能系统可大幅提升投资回报率，在分布式光伏发电的未来发展中举足轻重，前景广阔。

电力安全是国家能源安全的重要组成，储能是保证电力安全、低碳、高效供给的重要技术，是支撑新能源电力大规模发展的重要技术，也是未来智能电网框架内的关键支撑技术。能源互联网作为未来全球能源的发展方向，将会从根本上改变现在的发电、输电、变电、配电、用电环节和模式，实现智能储能、智能用电、智能交易、智能并网等。这决定了未来电力的潮流控制、分布式电源及微电网模式将被广泛应用，储能技术是协调这些应用的重要环节，也是构成能源互联网的最基础设施。储能技术在分布式光伏发电中的应用将会进入快速发展阶段。

12.5 太阳能光伏电站的智能化技术应用

光伏电站智能化是以光伏逆变器的智能化为核心的技术创新和发展，是光伏发电技术和数字信息技术两大领域的跨界和创新。光伏电站智能化就是从电站建设到运行维护全流程进行优化和创新，将数字信息技术、互联网技术与光伏技术进行融合，实现合理优化初始投资、降低运维成本，提高系统发电量，增加投资回报率，且能够适应包括大型地面电站、山地丘陵、农光互补和鱼光互补等各种场合。

1. 智能化光伏电站的定义

智能化光伏电站是指在光伏电站的整个运行过程中，尽量减少人工的介入、实现全自动化无人运行，实现故障的自动发现、自动诊断和自动修复，从而提升电站发电量，减少维护成本，提高系统收益。

光伏电站智能化必须经历三个阶段：自动化、信息化、智能化。自动化是指电站现场减少人工的工作，系统设计成无易损部件，免维护，无需专家现场进行问题诊断，无需人工现场修复；信息化是指对光伏组串的高精度智能检测，信息的高速、可靠、安全、低成本传输，后台数据的高可靠性存储及监视；智能化则是基于大数据的问题分析，实现主动发现问题并提出运维建议。

（1）自动化

光伏电站的自动化实现，首先是光伏逆变器在自动化方面的技术创新，这些技术创新包括无冷却风扇设计、无熔断器设计以及“铜进硅退”的设计理念等。

目前光伏逆变器散热主要有风冷散热和自然散热两种方式。采用风冷方式时，由于风扇必须与外部环境连通，造成逆变器的防护等级最大只能做到 IP54/IP55，防护等级较低，噪声大、可靠性差。同时风扇常年暴露在沙尘、雨水、阳光、冷热交替等气候条件下，腐蚀、堵塞、停转等现象在电站运行期间屡见不鲜，不仅会大大提高维护成本，而且一旦风扇损坏失效，将极大的减弱逆变器的散热能力，严重时造成逆变器发生故障。无冷却风扇设计是在逆变器中采用先进的拓扑技术和软件控制算法，进一步提高逆变器的逆变效率和过载能力，同时采用热管、均温板等强化方式减小热阻，提升散热器的散热能力，使逆变器做到无风扇自然散热。

无熔断器设计是针对传统逆变器熔断器需要更换而进行的改革。其一是针对一般组串式逆变器本身，在其两路 MPPT 组串输入直流侧都设计有熔断器装置，在光伏电站整个运行期间不可避免的需要维护更换。采用无熔断器设计技术的组串逆变器，一般采用 3 路以上的 MPPT 输入设计，每路输入最多只接两路组串，当组串发生故障、反接等情况时，短路电流不超过 10A，完全可以采用电子熔断器电路实现对逆变器的保护，无需专设熔断器装置。其二是指当采用无熔断器设计的组串式逆变器方案建设分布式光伏电站时，比采用集中式逆变器方案减少了直流汇流箱的使用，因为直流汇流箱中需要大量使用熔断器对组串进行防护，必然带来大量的常规维护。随着熔断器工作时间的增加是会必然发生的，根据资料统计，直流熔断器失效率从电站运行第4年开始将显著升高。

“硅进铜退”是数字信息技术与电力电子技术进行跨领域融合的产品设计理念。硅是指以半导体芯片、软件为代表的数字信息部件，铜是指电容器、电感器等电力电子部件。“硅进铜退”就是增加功率半导体器件和控制芯片的用量，通过多电平等更精确的功率转换和先进的软件控制技术使逆变器的输出交流波形更平顺。同时减少电容、电感等部件的使用数量和容量，使逆变器有更小的体积和重量、更高的转换效率、更优的电能质量，并使其易于通过技术创新和大规模制造降低成本。同时，通过芯片和软件的引入，每台逆变器都变成了一个“电脑”，促进了光伏电站的智能化，实现了对每路组串的输入进行智能检测和智能故障处理，并将数据上报到“云端”的管理中心实现智能运维，接受电网的智能调度。

（2）信息化

信息化主要是指在设备数据通信方面对传统光伏电站进行的技术改善和创新。

传统光伏电站数据监测颗粒度粗，精度低，做不到组串级监测。通信网络信号传输大都使用RS485连接，因为连接设备种类多且可能来自不同的生产厂家（例如直流汇流箱、直流配电柜、逆变器、箱式变电站等设备都具有相应的通信接口），必然会有设计差异，不同的设备连接在一起后存在电位差，容易造成RS485端口电路损坏，使传输可靠性降低。

另外，传统光伏电站数据通信系统的环境适应性较差。RS485通信线路经常出现断线，与电力线缆一起铺设时，往往会受到干扰，而且在潮湿、冻土、耕地等环境中容易损坏，造成通信中断。光伏电站内部信息传输一般都使用光纤环网，光纤网络发生问题后很难定位到故障的确切位置，发生故障后极难迅速排查和修复。

智能化光伏电站数据信息监测传输能够做到更高精度的组串级监测，采用更先进的PLC电力载波通信技术和4G无线通信技术进行数据通信传输。在组串监测方面，通过采用高精度霍尔传感器构成监测模块，经由高频差分算法补偿、高精度仪器校准，对各组串电压、电流二维信息进行精确监测，实现精度为0.5%的高精度监测。并且可以实时监控组串状态，发生异常自动告警，精确定位组串故障。

用PLC电力载波通讯技术替代RS485通信模式，传输速率可由RS485模式的9.6bit/s～19.2kbit/s，大大提升到200kbit/s。在施工方面PLC技术利用交流电源线路作为载体，不需要额外铺设线缆，不仅可靠性高，可维护性好，还可以节省通讯线缆及施工费用0.01元/W。

在光伏电站内部采用4G无线通信先进技术，构建智能管理网络也有着多方面的优点。在功能方面，单站最大可覆盖面积达80平方公里，传输时延＜50ms，并可平滑扩容。在施工运维方面，无需光纤及挖沟铺设光缆，故障定位、检修维护简单。在管理方面，可通过光伏电站内的移动互联网、智能光伏终端、无人机及远程专家等进行协同运营维护。

（3）智能化

智能化就是通过建立一套全球化自动运维系统，构建一体化云平台，构建面向“能源互联网”的应用基础，具体体现在以下几个方面。

① 大数据分析主动挖掘低效器件，实现预防性维护。

首先，通过大数据对某电站方阵或某一段组件＋线缆、逆变器、箱变、升压等段落的线损进行优化分析，通过横向和纵向的数据综合分析，把效率低的电站和阶段找出来，进行优化。

其次，通过大数据分析，对所有的组串和设备做离散性分析，把有异常但是没有发出问

题告警的组串或设备识别出来。例如，某块组件的热斑现象，系统可能没有告警，但是实际输出电能已经比其它组串落后，就可以通过离散性方向找出来，进行预防性维护，实现对电站的主动经营。

此外，还可以通过设备间的对比分析，以及设备长期以来的效率和故障统计，对设备进行评估，为以后的设备选型和方案设计提供参考数据。

② 远程运维，实现电站现场“无人值班、少人值守”。

在电站现场无需配备值班人员，可由专家在总部集中实施监控、分析及处理。当电站出现问题时，系统主动将告警和修复建议推送至值守人员，值守人员可完全按照指示处理，快速提交闭环。遇到复杂问题时，可进行现场状况实时回传，包括视频、语音、数据等全方位信息，数据回传至云数据中心，由数据中心专家进行远程指导，实现保障现场人员安全、规范修复故障流程、处理结果迅速闭环。

③ 精确定位故障，减少误诊断率，提高运维效率。

很多集中式电站，组串发生问题时短时间内根本发现不了，发电量的损失也找不回来。提高智能光伏系统组串级的高精度监测，可以及时发现故障，并通过数据库的分析，能够精确地显示是哪台设备发生故障，还能根据预先制定和运维经验得来的措施，提出处理建议。这样运维人员可以目标明确的去现场一次性解决问题，避免来回排查。

2. 智能化光伏电站的构成

智能化光伏电站的构成可分为3个层次：底层——是设备硬件的智能化（包括光伏组件、逆变器、配电系统等）；中间层——光伏电站生产、监控、管理功能的智能化及发电量最优控制；顶层——大区域决策控制智能化。

（1）底层。光伏电站的硬件设备都应配备智能监测控制装置，通过监测控制，实现对每一路光伏组串进行独立的、精细的数据监测，为准确定位故障和提高运维效率奠定基础。采用更多的MPPT路数设计、能实现能量的精细化管理，采用高精度的传感器装置、可以保证更高的数据精度，从而提升光伏电站系统的发电量和维护便利性。

（2）中间层。光伏电站智能化管理系统，基本分为光伏智能化监控系统和光伏智能化生产管理系统两部分。两个系统之间的真正互联互通，实现了信息管理系统与各子站的信息互通。整个系统按照“一体化”的设计原则，在统一的通信平台上，配置一体化的计算机监控系统，实现对电站各类设备运行状态的监控。

（3）顶层。集团总部或区域集控运维中心，实现对各电站进行集中管理，提高电站的管理和运维效率，提升发电量，降低管理成本；基于云计算平台，具备管理数十吉瓦、数百电站的数据接入能力，支持25年数百TB的数据存储，有完备的权限控制和鉴权机制，保证数据安全；支持多种电站接入，可以扩展接入新电站，可将位于全国不同位置的多个电站当成本地逻辑电站进行管理，分析各电站全年和各月发电计划完成情况、运维投入情况，汇总多个电站的生产数据、融合分析，评估电站的运行健康状态，快速找出短板，汇总优化建议。

3. 智能化光伏电站的技术特点

相比传统电站，智能光伏电站具有更高的投资收益率、可用度等一系列优势，具体表现在以下几个方面。

（1）智能光伏电站的内部收益率（IRR）相比传统电站能提升 3%以上。由于采用多路 MPPT、多峰跟踪等先进技术，有效降低了组件衰减、阴影遮挡、施工安装不一致、地形不一致、直流压降等光伏方阵的损失，相比传统方案发电量提升 5%以上，内部收益率提升 3%以上。

（2）25 年的系统可靠运行免维护设计。智能光伏电站逆变器采用 IP65 的防护等级，实现设备内外部的环境隔离，使内部器件保持在稳定的运行环境中，降低了温度、风沙、盐雾等外部环境因素对器件寿命的影响。同时由于系统中无易损部件，无熔断器、风扇等需要定期更换的器件，实现了系统的免维护。从器件到系统可实现 25 年可靠性设计及寿命仿真试验，加上严格的验证测试，保证系统部件在整个寿命周期内无需维护，能可靠经济运行。

（3）光伏电站装机容量的实际利用率高。智能光伏电站年平均故障次数比传统电站少 30%，系统故障对发电量的影响只有传统方案的 1/10，质保期外的维护成本只有传统方案的 1/5。传统的光伏电站本质上是一个串联系统，直流汇流箱、直流配电柜、逆变器、机房散热及辅助电源供电系统等任何一个设备或部件的故障都会造成部分或全部光伏方阵的发电损失，由于需要专业人员维护，修复周期长、成本高。而智能光伏电站结构简单，本质上是一个分布式的并联系统，单台逆变器的故障不影响其它设备运行，而且由于体积小、重量轻、现场整机备件，易安装维护，大大提升了系统的可用度。

（4）组串级的智能监控及多路 MPPT 跟踪技术，确保电站“可视、可信、可管、可控”。智能光伏逆变器对输入的每一路组串进行独立的电流电压检测，检测精度是传统智能汇流箱方案的 10 倍以上，为准确定位组串故障、提高运维效率奠定了基础。多路 MPPT 技术，降低了阴影遮挡、灰尘、组串失配、不同朝向的影响，平坦地形下发电量提升 5%以上，在屋顶、山地电站中发电量可提升 8%～10%。

（5）智能主动电网自适应技术实现与电网的友好衔接。利用智能逆变器的高速处理能力、高采样和控制频率、控制算法等优势，自动适应电网的变化，更好地实现多机并联控制，达到更优的并网谐波质量，更好地满足电网接入要求，提高在恶劣电网环境下的适应能力。

（6）主动安全。降低直流传输的距离，实现主动安全。光伏电站中直流线路的安全传输与防护是重点，也是难点。智能光伏电站采用无直流汇流设计，组串输出的直流电直接进入逆变器逆变为交流电进行远距离传输，主动规避直流传输带来的安全和防护问题，降低直流拉弧带来的安全隐患，使电站更加安全。

PID 效应导致的光伏组件功率衰减会极大的影响发电量和投资收益，通过智能逆变器自动检测组件电势，主动调整系统工作电压，使光伏组件负极在无需接地的情况下，实现对地正压，有效规避 PID 效应。

随着我国光伏产业发展日趋成熟，光伏电站运营场景逐渐多样化，提升光伏电站发电量、保障光伏电站安全稳定运行成为光伏电站建设运营的基本要求。光伏电站智能化，不仅为不同地区、不同场景的电站提供了最佳解决方案，在降低运维成本、提高光伏电站收益率方面更显优势，是我国智慧能源产业体系的重要组成部分，也是光伏产业发展的新趋势。

附录1 太阳能及光伏发电词语解释

1. 太阳能

太阳能是由太阳中的氢经过核聚变而产生的一种能源。太阳每秒所释放的能量大约为 3.8×10^{26}J，太阳发出的能量大约只有二十二亿分之一能够到达地球大气层的范围，约为每秒 1.73×10^{17}J。经过大气层的吸收和反射，到达地球表面的约占 51%(如附图 1-1 所示)，大约为 8.8×10^{16}J。由于地球表面大部分被海洋覆盖，真正能够到达陆地表面的能量只有到达地球范围辐射能量的 10%左右，约为 1.73×10^{16}J。尽管如此，把这些能量利用起来，也能够相当于目前全球消耗能量的 3.5 万倍。考虑到太阳的寿命至少还有 50 亿年以及其中不含其他有害成分，可以认为太阳能是一种永久、巨大、清洁的绿色能源。充分而合理地利用太阳能，将会是现在和未来解决能源需求和环境污染的有效手段。

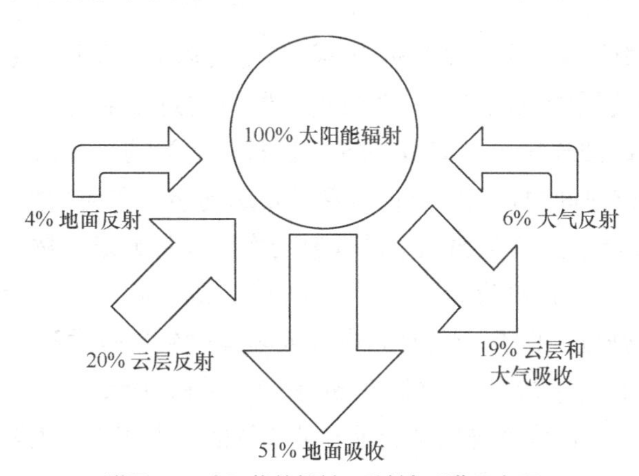

附图1-1　太阳能的辐射、反射与吸收示意图

2. 太阳及其基本物理参数

太阳是距离地球最近的一颗恒星，日地平均距离为 1.5×10^{11}m。它是一个巨大的炽热球状体，直径为 1392000km，是地球直径的 109 倍。太阳的体积为 $1.41\times10^{18}\text{km}^3$，是地球体积的 1302500 倍。它的重量为 1.989×10^{30}kg，比地球重 33.3 万倍。它的平均密度为 1.409g/cm^3，密度只有地球的 1/4。它的自转周期为 25～30 天，距最近的恒星的距离为 4.3 光年。太阳的

表面温度为5770℃，核心温度为1.560×10^7℃，总辐射功率为3.83×10^{26}J/s。太阳的主要组分是氢和氦等多种元素，其中氢含量约为81%，氦的含量为17%。

3. 太阳光的光谱

太阳光发出的是连续光谱。所谓连续光谱，就是太阳光是由连续变化的不同波长的光混合而成的。也就是说，太阳光由许多不同的单色光组合而成。其中由红、橙、黄、绿、青、蓝、紫排列起来的光，都是人的眼睛能看得见的，叫做可见光谱，它的波长范围是0.39～0.77μm。在可见光中，波长较长的部分是红光，波长较短的部分是紫光，中间依次为橙、黄、绿、青、蓝光。在太阳光谱中，可见光只占了极窄的一个波段。波长比红光更长的光（0.77μm以上）叫做红外光，波长比紫光更短的光（0.39μm以下）叫做紫外光。整个太阳光谱的波长范围是非常宽广的，从几埃（10^{-10}米）到几十米。虽然太阳光谱的波长范围很宽，但是辐射能的大小按波长的分配却是不均匀的。其中辐射能量最大的区域在可见光部分，占到大约48%，紫外光谱区的辐射能量占到约8%，红外光谱区的辐射能量占到约44%，如附图1-2所示。在整个可见光谱区，最大能量在波长0.475μm处。对太阳电池来讲，不能对太短的短波进行能量变换，过分长的长波只能转换为热量。

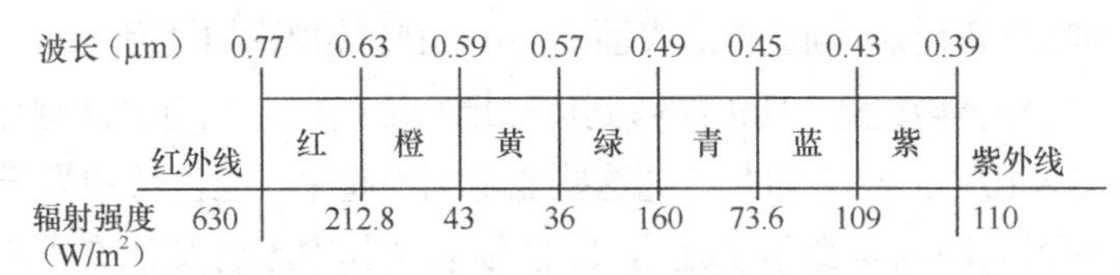

附图1-2　太阳光谱的波长及辐射强度

4. 太阳辐射及能量的计量

自然界中的一切物体，只要温度在热力学温度零度以上，都以电磁波的形式时刻不停地向外传送热量，这种传送能量的方式称为辐射。物体通过辐射所放出的能量称为辐射能，简称辐射。辐射以电磁波和粒子（如α粒子、β粒子等）的形式向外放散。无线电波和光波都是电磁波。在单位时间内，太阳以辐射形式发送的能量称为太阳辐射功率或辐射通量，单位为瓦（W）；太阳辐射到单位面积上的辐射功率（辐射通量）称为辐射度或辐照度（也可称光照强度或日照强度），单位为瓦/米^2（W/m^2），这个物理量表示的是单位面积上接收到的太阳辐射的瞬时强度；而在一段时间内，太阳辐射到单位面积上的辐射能量称为辐射量或辐照量，单位为千瓦时/米^2·年（kWh/m^2·y）、千瓦时/米^2·月（kWh/m^2·m）或千瓦时/米^2·日（kWh/m^2·d），这个物理量表示的是单位面积上接收的太阳能辐射量在一段时间里的累积值，也就是某段时间内的辐射总量。

5. 太阳常数

太阳常数是指大气层外垂直于太阳光线的平面上，单位时间、单位面积内所接收的太阳辐射能。也就是说，在日地平均距离的条件下，在地球大气层上界，垂直于太阳光线的1cm^2的面积上，在1min内所接收的太阳辐射能量，为太阳常数。它是用来表达太阳辐射能量的一个物理量。太阳常数值被世界气象组织确定为（1367±7）W/m^2。太阳常数在一定程度上

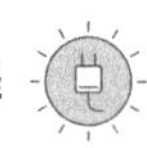

代表了垂直到达大气上界的太阳辐射强度。

6. 太阳的高度角和方位角

人们在地球上观察太阳相对于地球的位置时，实际上是太阳相对地球的地平面而言的。通常用高度角和方位角两个角度来确定。同一时刻，在地球上不同的位置，高度角和方位角是不相同的；同一位置，不同的时刻，高度角和方位角也是不相同的。

太阳的高度角是指太阳直射到地面的光线与地（水）平面的夹角，即是指太阳光的入射方向和地平面之间的夹角，如附图 1-3 所示。太阳高度角是反映地球表面获得太阳能强弱的重要因素，日出日落时，高度角为 0°，正午时高度角为最大。人们感觉早晚与中午的阳光强度有很大差异，原因就在于太阳高度角的不同。

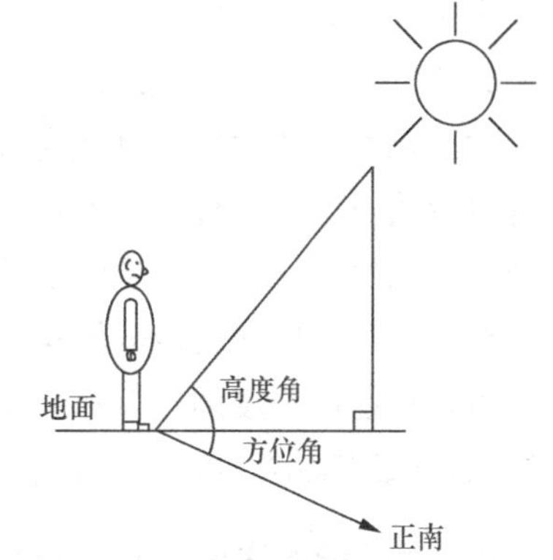

附图1-3 太阳的高度角和方位角示意图

太阳方位角就是说太阳所在的方位，是指太阳光线在地平面上的投影与当地子午线的夹角，可近似地看作是竖立在地面上的直线在阳光下的阴影与正南方的夹角。方位角以正南方向为 0°，由南向东向北为负角度，由南向西向北为正角度，如太阳在正东方时，方位角为 –90°，在正西方时方位角为 90°。实际上太阳并不总是东升西落，只有在春、秋分两天，太阳是从正东方升起，正西方落下。在夏至时，太阳从东北方升起，在正午（太阳中心正好在子午线上的时间，即太阳方位角由负值变为正值的瞬间）时，太阳高度角的值是一年中最大的，然后从西北方落下。在冬至时，太阳从东南方升起，在正午时，太阳高度角的值是一年中最小的，然后从西南方落下。

太阳方位角决定了阳光的入射方向，决定了各个方向的山坡或不同朝向建筑物的采光状况。当太阳高度角很大时，太阳基本上位于天顶位置，这时太阳方位角的影响较小。

因此，了解太阳高度角和方位角对分析地面的太阳光强、适宜的利用太阳能有重要意义。

7. 地球的经度和纬度

在地图或者地球仪上，可以看到一条一条的经度线和纬度线，它们可以准确地反映某一点在地球上的精确位置。经度和纬度不同，气候也不同，太阳辐射能量的差异也有很大区别。

习惯上我们把与地轴线垂直的地球中腰线线圈叫做赤道，在赤道的南北两边，画出许多和赤道平行的圆圈，就是纬度圈，构成纬度圈的线段就是纬线。纬度共有 90°，即向南向北各为 90°，赤道定为纬度 0°，向两极排列，纬度圈越小，度数越大。位于赤道以北的纬度叫北纬，记为 N，赤道以南的纬度叫南纬，记为 S。北极就是北纬 90°，南极就是南纬 90°。纬度的高低也标志着气候的冷暖，如赤道和低纬度地区无冬天，两极和高纬度地区无夏天，中纬度地区四季分明。纬度在 0°～30° 的地区叫低纬地区，在 30°～60° 的地区叫中纬地区，在 60°～90° 的地区叫高纬地区。

从北极点到南极点，可以画出许多南北方向上与地球赤道垂直的大圆圈，构成这些圆圈的线段就叫经线。即是在地面上连接两极的线，表示南北方向。国际上规定，把通过英国伦敦格林尼治天文台原址的那一条经线定为0°，并称为本初子午线。本初子午线是为了确定地球经度和全球时刻而采用的标准参考子午线。

8. 太阳的直接辐射和散射辐射

太阳的直接辐射就是通过直线路径从太阳射来的光线，它被物体遮挡时，能在物体背后形成边界清晰的阴影。而散射辐射则是经过大气分子、水蒸气、灰尘等质点的反射，改变了方向的太阳辐射。它似乎从整个天空的各个方向来到地球表面，但大部分来自靠近太阳的天空。太阳的散射光线如同阴天和雾天一样，不能被物体遮蔽形成边界清晰的阴影，也不能用凸透镜或反射镜加以聚焦或反射。

太阳辐射的总辐射强度是直接辐射强度和散射辐射强度的总和。直接辐射强度与太阳的位置以及接收面的方位和高度角等都有很大的关系。散射辐射则与大气条件，如灰尘、烟气、水蒸气、空气分子和其他悬浮物的含量，以及阳光通过大气的路径等有关。一般在晴朗无云的情况下，散射辐射的成分较小；在阴天、多烟尘的情况下，散射辐射的成分较大。

散射辐射的强度通常以和总辐射强度的比来表示，不同的地方和不同的气象条件，其差异很大，散射辐射强度一般占到总辐射强度的百分之十几到百分之三十几。

9. 太阳能的吸收、转换和储存

太阳能的吸收其实也包含转换，如太阳光照射在物体上，被物体吸收，物体的温度升高，这就是太阳光能变成了热能。太阳光照射在太阳电池上被它吸收，在电极上产生电压，能通过外电路输出电能，就是把太阳光能变成电能。太阳光照射在植物的叶子上，被叶绿体吸收，通过光合作用变成化学能，而且储存在其中，维持植物生命并促使它生长，在这里太阳能的吸收除了转换，还有储存。

当太阳辐射能入射到任何材料的表面上时，有一部分被反射出去，一部分被材料吸收，另一部分会透过材料。因此，太阳辐射能量应当等于被材料反射的能量、吸收的能量和透过材料的能量之和，即

$$\text{太阳辐射能量}=\text{吸收率}+\text{反射率}+\text{透射率}=1$$

吸收率是材料吸收的能量占全部入射能量的百分比，反射率是材料反射的能量占全部入射能量的百分比，透射率是材料透射的能量占全部入射能量的百分比。这3个能量的大小，不但与物质表面温度、物理特性、几何形状、材料性质有关，而且与波长也有关。

当透射率等于0时，这种物体就是不透明体；当吸收率等于1时，就是入射能全被物体吸收，这种物体称为黑体。反射分为两种，一种是镜面反射，另一种是漫反射。镜面反射服从入射角等于反射角的反射定律。而漫反射使入射辐射在反射后分散到各个方向上。通常实际物体的表面均具有这两种反射的性质，只是各占的比例不同而已。

对于太阳能热利用的场合来说，太阳辐射能被吸收的同时，实际上已经转换成为热能，然后传送到用热的地方利用，或者传送到储热器储存。如果吸收器达到的温度高，便可用来发电或用于工业加工。如果吸收器达到的温度低，如100℃以下，就可以用来加热水或用作采暖。

太阳能的另一种重要的转换，就是直接由太阳辐射能转换为电能。当光照射在金属或绝

缘体上时，除被表面反射掉一部分外，其余部分都被吸收，变为热能，使其温度升高。当光照射在半导体上时，则和照在金属和绝缘体上截然不同。金属中自由电子很多，光照引起的导电性能的变化完全可以忽略；绝缘体在很高温度下都未能激发出更多的电子参加导电，说明电子所受的束缚力很大，光照也不足以把电子释放出来，影响它的导电性能。在导电性能介于金属和绝缘体之间的半导体中，电子所受的束缚力远小于绝缘体，如可见光的光子能量就能把它从束缚状态激发到自由导电状态，从而降低了它的电阻。这就是半导体的光电效应，它的应用就产生了光敏电阻、光敏晶体管等光敏半导体器件。

当半导体内局部区域存在电场时，光生载流子将被电场吸附，从而形成电荷积累。电场两侧由于电荷积累而产生光生电压，这叫做光生伏特效应，简称光伏效应，这就是太阳电池的原理。太阳电池就是把太阳辐射能直接转换为电能的基本器件。

太阳能的另一种重要转换方式是转换成生物质能。生物质是有机物中所有来源于动植物的可再生物质。动物以植物为生，而绿色植物通过光合作用将太阳能转变为生物质的化学能，因此，生物质能都来源于太阳能。

风能实际上也来自太阳能。地球大气层吸收太阳辐射而被加热，由于受热不均而产生压力差，形成空气流动，就产生风，这时太阳能就转变为风的动力能。同样，水力能也来自太阳能。地球表面的水吸收太阳能而被加热，水蒸发为水蒸气，升到高空遇冷凝结，下降为雨、雪。下降的水由高处流向低处，就形成江河，于是太阳能就转变为水流的动力能。

当利用太阳电池把太阳能直接转换为电能时，最方便的储能方法就是给蓄电池充电。

10. 多晶硅与单晶硅

多晶硅表面呈现灰色金属光泽，密度为2.32～2.34g/cm^3，熔点为1410℃，沸点高达2355℃，不溶于水，也不溶于硝酸和盐酸，硬度介于锗和石英之间，室温下呈薄片状的硅极易脆裂，高温时则塑性很好，1300℃时易产生明显的变形。多晶硅常温下化学性能很稳定，不活泼，高温熔融状态下具有较大的化学活性，几乎能与任何材料反应，如与氧、氮、硫等反应，生成二氧化硅、氮化硅等，掺入磷、硼等元素可成为重要的优良半导体材料。

多晶硅是单质硅的一种形态。熔融的单质硅在过冷条件下凝固时，硅原子以金刚石晶格形态排列成许多晶核，如果这些晶核长成晶格取向不同的许多晶粒，就成了多晶硅。多晶硅除可以直接制作电池片外，还是拉制单晶硅的原材料。

单晶硅也是单质硅的一种形态。熔融的单质硅在凝固时，硅原子以金刚石晶格形态排列成许多晶核，如果这些晶核长成晶格取向相同的晶粒，便形成了单晶硅。单晶硅具有准金属的物理性质，有较弱的导电性，其电导率随温度的升高而增加，有显著的半导电性。超纯的单晶硅是本征半导体，在其中掺入微量元素硼可提高导电性能，形成P型硅半导体；掺入微量元素磷也可提高其导电性能，形成N型硅半导体。

11. 最大功率点跟踪控制（MPPT）

在一般电气设备中，如果使负载电阻等于供电系统的内电阻时，可以在负载上获得最大功率。由于太阳电池是一个极不稳定的供电电源，即输出功率是随着日照强弱、天气阴晴、温度高低等因素随时变化的，因此，需要通过最大功率点跟踪控制技术和电路，来跟踪太阳电池发电功率输出的变化，以便实时获得太阳电池的最大发电功率或最大发电功率附近的值。

目前，常采用的最大功率点控制方法是通过 DC/DC 变换器中的功率开关器件来控制太阳电池或方阵工作在最大功率点，从而实现最大功率跟踪控制。从附图 1-4 所示太阳电池的输出功率特性 *P-U* 曲线可以看出，曲线最高点是太阳电池输出的最大功率点，曲线以最大功率点处为界，分为左右两侧。当太阳电池工作在最大功率点电压右边的 *D* 点，明显偏离最大功率点较远时，跟踪控制电路将自动调低太阳电池输出工作电压，使输出功率点由 *D* 点向 *C* 点偏移，输出功率增加；同理，当太阳电池工作在最大功率点电压左边的 *A* 点时，跟踪控制电路将自动调高太阳电池输出工作电压，使输出功率点由 *A* 点向 *B* 点偏移，使输出功率增加。

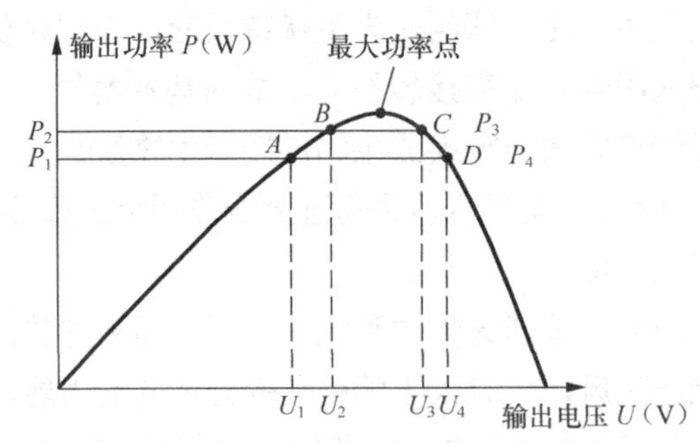

附图1-4　最大功率点跟踪控制示意图

附录 2 光伏发电常用晶体硅电池组件技术参数

1. 光伏系统用电池组件技术参数

组件规格	电池片规格（mm）	最大输出功率(P_m)	最大功率电压(U_{mp})	最大功率电流(I_{mp})	开路电压(U_{oc})	短路电流(I_{sc})	重量(kg)	组件尺寸(mm)			电池片排列
								长	宽	厚	
5W	125×125	5W	17.5V	0.29A	21.0V	0.33A	0.45	280	160	17	4×9 切片
10W	156×156	10W	17.5V	0.57A	21.0V	0.67A	0.85	350	235	25	4×9 切片
15W	125×125	15W	17.5V	0.85A	21.0V	1.00A	1.39	455	305	25	4×9 切片
20W	156×156	20W	18.1V	1.11A	21.8V	1.25A	1.56	410	350	25	4×9 切片
30W	156×156	30W	18.1V	1.66A	22.0V	1.83A	2.35	505	440	25	3×12 切片
40W	156×156	40W	18.2V	2.20A	22.2V	2.41A	2.85	670	420	25	4×9 切片
50W	156×156	50W	18.2V	2.75A	22.3V	2.99A	3.58	670	520	25	4×9 切片
60W	156×156	60W	18.2V	3.29A	22.3V	3.54A	5.05	670	590	25	4×9 切片
70W	156×156	70W	18.2V	3.85A	22.3V	4.23A	5.16	690	670	25	4×9 切片
80W	156×156	80W	18.2V	4.40A	22.3V	4.72A	5.65	830	670	30	4×9 切片
90W	156×156	90W	18.2V	4.95A	22.3V	5.65A	6.26	920	670	30	4×9 切片
90W	125×125	90W	18.2V	4.95A	22.3V	5.41A	7.10	1200	550	35	4×9 切片
100W	125×125	100W	18.8V	5.22A	22.5V	5.76A	7.10	1200	550	35	4×9 切片
100W	156×156	100W	18.3V	5.46A	22.6V	5.86A	6.95	1015	670	35	4×9 切片
110W	156×156	110W	18.0V	6.11A	21.6V	7.33A	10.0	1240	680	35	4×9 切片
120W	156×156	120W	18.2V	6.59A	21.8V	7.91A	10.0	1240	680	35	4×9 切片
130W	156×156	130W	18.2V	7.15A	21.8V	8.56A	10.0	1240	680	35	4×9 切片
140W	156×156	140W	18.2V	7.69A	21.9V	9.23A	10.5	1480	680	35	4×9 切片
150W	156×156	150W	18.6V	8.06A	22.3V	9.68A	10.5	1480	680	35	4×9 切片
160W	156×156	160W	18.8V	8.51A	22.5V	10.21A	10.5	1480	680	35	4×9 切片
200W	125×125	200W	38.0V	5.27A	45.3V	5.92A	15.5	1580	808	35/40	6×12 切片
210W	125×125	210W	38.3V	5.48A	45.5V	5.95A	15.5	1580	808	35/40	6×12 切片
220W	125×125	220W	38.6V	5.69A	45.8V	5.98A	15.5	1580	808	35/40	6×12 切片
220W	156×156	220W	24.5V	8.99A	31.0V	9.32A	13.5	1324	992	35/40	6×8 切片
225W	156×156	225W	24.9V	9.05A	31.2V	9.38A	13.5	1324	992	35/40	6×8 切片
230W	156×156	230W	25.3V	9.11A	31.4V	9.42A	13.5	1324	992	35/40	6×8 切片

续表

组件规格	电池片规格（mm）	最大输出功率(P_m)	最大功率电压(U_{mp})	最大功率电流(I_{mp})	开路电压(U_{oc})	短路电流(I_{sc})	重量(kg)	组件尺寸(mm)			电池片排列
								长	宽	厚	
245W	156×156	245W	27.4V	8.95A	34.6V	9.27A	16.3	1482	992	35/40	6×9 切片
250W	156×156	250W	27.8V	9.01A	34.8V	9.33A	16.3	1482	992	35/40	6×9 切片
255W	156×156	255W	28.2V	9.06A	35.0V	9.39A	16.3	1482	992	35/40	6×9 切片
260W	156×156	260W	28.5V	9.13A	35.2V	9.45A	16.3	1482	992	35/40	6×9 切片

2. 光伏电站用电池组件技术参数

组件规格	电池片规格/数量	最大输出功率(P_m)	最大工作电压(U_{mp})	最大工作电流(I_{mp})	开路电压(U_{oc})	短路电流(I_{sc})	最大系统电压	重量(kg)	组件尺寸(mm)		
									长	宽	厚
265W	125×125 单晶/96 片	265W	50.3V	5.27A	59.5V	5.83A	1000V DC（IEC）/600V DC（UL）	21.5	1580	1056	35/40
270W		270W	50.6V	5.34A	59.8V	5.89A					
275W		275W	50.8V	5.42A	60.1V	5.94A					
280W		280W	51.1V	5.48A	60.2V	5.95A					
285W		285W	51.4V	5.55A	60.4V	5.98A					
290W		290W	51.6V	5.62A	60.7V	5.99A					
290W	156.75×156.75 单晶/60 片	290W	32.2V	9.01A	39.3V	9.58A		18.5	1640	992	40
295W		295W	32.5V	9.08A	39.6V	9.61A					
300W		300W	32.8V	9.15A	39.9V	9.70A					
305W		305W	33.2V	9.19A	40.3V	9.77A					
310W		310W	33.5V	9.26A	40.7V	9.83A					
340W	156.75×156.75 单晶/72 片	340W	38.2V	8.91A	47.3V	9.29A		21.5	1956	992	40
345W		345W	38.2V	9.04A	47.8V	9.31A					
350W		350W	38.5V	9.10A	48.3V	9.34A					
355W		355W	38.8V	9.15A	48.7V	9.40A					
360W		360W	39.1V	9.21A	49.1V	9.45A					
265W	156.75×156.75 多晶/60 片	265W	30.7V	8.63A	38.5V	9.12A		18.5	1640	992	40
270W		270W	31.2V	8.67A	38.9V	9.17A					
275W		275W	31.6V	8.71A	39.5V	9.22A					
280W		280W	31.9V	8.78A	39.8V	9.29A					
315W	156.75×156.75 多晶/72 片	315W	36.8V	8.56A	46.1V	9.03A		21.5	1956	992	40
320W		320W	37.1V	8.63A	46.6V	9.07A					
325W		325W	37.4V	8.69A	47.1V	9.12A					
330W		330W	37.8V	8.74A	47.5V	9.18A					
290W	156.75×156.75 单晶半片/60（120）片	290W	32.1V	9.04A	38.1V	9.75A		19	1675	992	40
295W		295W	32.5V	9.08A	38.5V	9.80A					
300W		300W	32.9V	9.13A	39.0V	9.83A					
305W		305W	33.3V	9.18A	39.5V	9.86A					
310W		310W	33.7V	9.21A	39.9V	9.91A					
350W	156.75×156.75 单晶半片/72（144）片	350W	39.0V	8.98A	46.2V	9.71A		22	1997	992	40
355W		355W	39.2V	9.06A	46.5V	9.76A					
360W		360W	39.5V	9.12A	47.0V	9.79A					
365W		365W	39.8V	9.18A	47.4V	9.83A					
370W		370W	40.1V	9.24A	47.9V	9.87A					

续表

组件规格	电池片规格/数量	最大输出功率(P_m)	最大工作电压(U_{mp})	最大工作电流(I_{mp})	开路电压(U_{oc})	短路电流(I_{sc})	最大系统电压	重量(kg)	组件尺寸(mm)		
									长	宽	厚
270W	156.75×156.75 多晶半片/60（120）片	270W	30.7V	8.81A	37.8V	9.14A		19	1675	992	40
275W		275W	31.0V	8.87A	38.3V	9.15A					
280W		280W	31.6V	8.88A	38.8V	9.16A					
285W		285W	32.1V	8.90A	39.3V	9.18A					
290W		290W	32.2V	9.01A	39.7V	9.19A					
320W	156.75×156.75 多晶半片/72（144）片	320W	36.6V	8.75A	45.3V	9.12A		22	1997	992	40
325W		325W	37.0V	8.79A	45.6V	9.15A					
330W		330W	37.3V	8.85A	46.1V	9.18A					
335W		335W	37.7V	8.89A	46.4V	9.20A					
340W		340W	38.0V	8.95A	46.7V	9.23A					

注：① 电池组件参数标准测试条件是，幅照度：1000W/m^2；组件温度：25℃；AM：1.5。

② 组件型号由各生产厂商自行命名，没有统一的命名方法。型号中一般包括厂商拼音字头简称、组件功率、规格尺寸、硅片材料等内容。因此本表中无法具体体现组件的型号，只根据组件规格进行区分。

③ 不同生产厂家的组件固定孔距略有差异。

附录 3 光伏发电系统常用蓄能电池及器件的规格尺寸与技术参数

1. 阀控型储能铅酸蓄电池

附表 3-1　　阀控型储能铅酸蓄电池（12V）规格尺寸与技术参数

规格型号	额定电压（V）	额定容量（Ah/10Hr）	参考外形尺寸（mm±2mm）				参考重量（kg）
			长	宽	高	总高	
6-CN-8	12	8	151	65	95	99	2.7
6-CN-12	12	12	151	100	97.5	102	4.2
6-CN-14	12	14	151	100	97.5	102	4.4
6-CN-20	12	20	181	77	170	175	6.4
6-CN-24	12	24	165	126	172	179	8.5
6-CN-30	12	30	196	165	174	181	10.6
6-CN-40	12	40	196	165	174	181	12.2
6-CN-50	12	50	350	166	174	174	17.6
6-CN-60	12	60	350	166	174	174	18.5
6-CN-65	12	65	350	166	174	174	19.9
6-CN-70	12	70	350	166	174	174	20.4
6-CN-80	12	80	329	172	214	236	25.3
6-CN-90	12	90	329	172	214	236	26.9
6-CN-100	12	100	329	172	214	236	28.4
6-CN-110	12	110	406	174	208	232	31.8
6-CN-120	12	120	406	174	208	232	34.1
6-CN-150	12	150	483	170	240	240	41.8
6-CN-180	12	180	522	240	219	244	54.7
6-CN-200	12	200	522	240	219	244	57.7
6-CN-220	12	220	522	240	219	244	59.2
6-CN-250	12	250	520	269	220	245	68.7

附表 3-2　　阀控型储能铅酸蓄电池（2V）规格尺寸与技术参数

规格型号	额定电压（V）	标称容量（Ah/10Hr）	参考外形尺寸（mm±2mm）				参考重量（kg）
			长	宽	高	总高	
CN-200	2	200	171	106	330	342	13.1
CN-300	2	300	171	151	330	342	18.2
CN-400	2	400	196	171	330	342	23.4

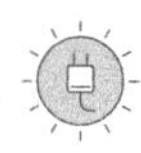

续表

规格型号	额定电压（V）	标称容量（Ah/10Hr）	参考外形尺寸（mm±2mm）				参考重量（kg）
			长	宽	高	总高	
CN-500	2	500	241	171	330	342	29.4
CN-600	2	600	285	171	330	342	34.8
CN-800	2	800	383	171	330	342	47.8
CN-1000	2	1000	471	171	330	342	57.7
CN-1200	2	1200	510	175	337	347	67.7
CN-1500	2	1500	318	341	341	351	84.1
CN-2000	2	2000	433	342	341	351	113.4
CN-2500	2	2500	629	346	341	351	159.2
CN-3000	2	3000	629	346	341	351	169.2

注：附表 3-1、附表 3-2 中外形尺寸和重量因生产厂家不同会略有差异。

2. 阀控型储能胶体蓄电池

附表 3-3　　阀控型储能胶体蓄电池（12V）规格尺寸与技术参数

规格型号	额定电压（V）	额定容量（Ah/10Hr）	参考外形尺寸（mm±2mm）				参考重量（kg）
			长	宽	高	总高	
6-CNJ-8	12	8	151	65	95	99	2.7
6-CNJ-12	12	12	151	100	97.5	102	4.2
6-CNJ-14	12	14	151	100	97.5	102	4.4
6-CNJ-20	12	20	181	77	170	175	6.4
6-CNJ-24	12	24	165	126	172	179	8.5
6-CNJ-30	12	30	196	165	174	181	10.8
6-CNJ-40	12	40	196	165	174	181	12.4
6-CNJ-50	12	50	350	166	174	174	17.8
6-CNJ-60	12	60	350	166	174	174	18.7
6-CNJ-65	12	65	350	166	174	174	20.1
6-CNJ-70	12	70	350	166	174	174	20.6
6-CNJ-80	12	80	329	172	214	236	25.5
6-CNJ-90	12	90	329	172	214	236	27.1
6-CNJ-100	12	100	329	172	214	236	28.6
6-CNJ-110	12	110	406	174	208	232	32.2
6-CNJ-120	12	120	406	174	208	232	34.5
6-CNJ-150	12	150	483	170	240	240	42.2
6-CNJ-180	12	180	522	240	219	244	55.3
6-CNJ-200	12	200	522	240	219	244	58.3
6-CNJ-220	12	220	522	240	219	244	59.8
6-CNJ-250	12	250	520	269	220	245	69.3

附表 3-4　　阀控型储能胶体蓄电池（2V）规格尺寸与技术参数

规格型号	额定电压（V）	标称容量（Ah/10Hr）	参考外形尺寸（mm±2mm）				参考重量（kg）
			长	宽	高	总高	
CN-200	2	200	171	106	330	342	13.3
CN-300	2	300	171	151	330	342	18.4
CN-400	2	400	196	171	330	342	23.6
CN-500	2	500	241	171	330	342	29.6

续表

规格型号	额定电压（V）	标称容量（Ah/10Hr）	参考外形尺寸（mm±2mm）				参考重量（kg）
			长	宽	高	总高	
CN-600	2	600	285	171	330	342	35.2
CN-800	2	800	383	171	330	342	48.2
CN-1000	2	1000	471	171	330	342	58.3
CN-1200	2	1200	510	175	337	347	68.3
CN-1500	2	1500	318	341	341	351	84.9
CN-2000	2	2000	433	342	341	351	114.6
CN-2500	2	2500	629	346	341	351	160.8
CN-3000	2	3000	629	346	341	351	170.9

注：附表 3-3、附表 3-4 中外形尺寸和重量因生产厂家不同会略有差异。

3. 圆柱形镍氢蓄电池

附表 3-5　　标准圆柱形镍氢电池规格尺寸与技术参数

规格	型号	电压（V）	标称容量（mAh）	外形尺寸（直径×高度 mm）	重量（g）	标准充电（mA/h）	快速充电（mA/h）	循环寿命（次）
AAA	28AAA300	1.2	300	10.5×28.5	6.0	30/16	300/1.2	500
	28AAA350	1.2	350	10.5×28.5	7.0	35/16	350/1.2	500
	43AAA600	1.2	600	10.5×43.5	10.8	60/16	600/1.2	500
	43AAA700	1.2	700	10.5×43.5	12.0	70/16	700/1.2	500
	43AAA800	1.2	800	10.5×43.5	12.2	80/16	400/2.4	500
AA	28AA600	1.2	600	14.5×28.5	13	60/16	600/1.2	500
	28AA700	1.2	700	14.5×28.5	14	70/16	700/1.2	500
	43AA1200	1.2	1200	14.5×43.5	21	120/16	1200/1.2	500
	43AA1600	1.2	1600	14.5×43.5	26	160/16	800/2.4	500
	49AA1300	1.2	1300	14.5×49.5	23	130/16	1300/1.2	500
	49AA1500	1.2	1500	14.5×49.5	25	150/16	1500/1.2	500
	49AA1700	1.2	1700	14.5×49.5	27	170/16	850/2.4	500
	49AA1900	1.2	1900	14.5×49.5	29	190/16	950/2.4	500
	49AA2100	1.2	2100	14.5×49.5	31	210/16	1050/2.4	500
	65AA1600	1.2	1600	14.5×65.5	28	160/16	1600/1.2	500
	65AA2000	1.2	2000	14.5×65.5	32	200/16	1000/2.4	500
A	17A500	1.2	500	17×17.5	11	50/16	500/1.2	500
	28A1000	1.2	1000	17×28.5	20	100/16	1000/1.2	500
	28A1400	1.2	1400	17×28.5	22	140/16	700/2.4	500
	43A1800	1.2	1800	17×43.5	32	180/16	900/2.4	500
	43A2000	1.2	2000	17×43.5	34	200/16	1000/2.4	500
	50A2100	1.2	2100	17×50.5	36	210/16	1050/2.4	500
	50A2600	1.2	2600	17×50.5	42	260/16	1300/2.4	500
	65A3200	1.2	3200	17×65.5	50	320/16	1600/2.4	500
	65A3600	1.2	3600	17×65.5	52	360/16	1800/2.4	500
SC	43SC2500	1.2	2500	23×43.5	52	250/16	1250/2.4	500
	43SC3000	1.2	3000	23×43.5	56	300/16	1500/2.4	500
	43SC3600	1.2	3600	23×43.5	58	360/16	1080/4.5	500

续表

规格	型号	电压（V）	标称容量（mAh）	外形尺寸（直径×高度 mm）	重量（g）	标准充电（mA/h）	快速充电（mA/h）	循环寿命（次）
SC	43SC3800	1.2	3800	23×43.5	60	380/16	1140/4.5	500
	50SC3500	1.2	3500	23×50.5	62	350/16	1750/2.4	500
	50SC3800	1.2	3800	23×50.5	64	380/16	1140/4.5	500
	50SC4000	1.2	4000	23×50.5	65	400/16	1250/4.5	500
C	49C3500	1.2	3500	26×49.5	80	350/16	1750/2.4	500
	49C4500	1.2	4500	26×49.5	83	450/16	1350/4.5	500
D	36D3500	1.2	3500	33×36.5	115	350/16	1750/2.4	500
	36D4500	1.2	4500	33×36.5	125	450/16	1350/4.5	500
	62D7000	1.2	7000	33×62.5	160	700/16	1400/7.5	500
D	62D9000	1.2	9000	33×62.5	170	900/16	1800/7.5	500
	62D10000	1.2	10000	33×62.5	175	1000/16	2000/7.5	500

附表 3-6　　高功率圆柱形镍氢电池规格尺寸与技术参数

规格	型号	电压（V）	标称容量（mAh）	外形尺寸（直径×高度）（mm）	重量（g）	标准充电（mA/h）	快速充电（mA/h）	循环寿命（次）
AAA	11AAA80P	1.2	80	10.5×11.5	3.0	8/16	80/1.2	500
	15AAA110P	1.2	110	10.5×15.5	3.5	11/16	110/1.2	500
	15AAA140P	1.2	140	10.5×15.5	4.0	14/16	140/1.2	500
	18AAA160P	1.2	160	10.5×18.5	4.5	16/16	160/1.2	500
	18AAA180P	1.2	180	10.5×18.5	5.0	18/16	180/1.2	500
	21AAA210P	1.2	210	10.5×21.5	5.5	21/16	210/1.2	500
	28AAA300P	1.2	300	10.5×28.5	7.0	30/16	300/1.2	500
	36AAA500P	1.2	500	10.5×36.5	10	50/16	500/1.2	500
	43AAA600P	1.2	600	10.5×43.5	12	60/16	600/1.2	500
	50AAA700P	1.2	700	10.5×50.5	14	70/16	700/1.2	500
AA	28AA700P	1.2	700	14.5×28.5	14	70/16	700/1.2	500
	49AA1600P	1.2	1600	14.5×49.5	26	160/16	1600/1.2	500
	49AA1800P	1.2	1800	14.5×49.5	28	180/16	900/2.4	500
	50AA1300P	1.2	1300	14.5×50.5	23	130/16	1300/1.2	500
	50AA1800P	1.2	1800	14.5×50.5	28	180/16	900/2.4	500
	50AA2000P	1.2	2000	14.5×50.5	30	200/16	1000/2.4	500
	50AA2100P	1.2	2100	14.5×50.5	30.5	210/16	1050/2.4	500
A	28A1100P	1.2	1100	17×28.5	25	110/16	1100/1.2	500
SC	43SC2800P	1.2	2800	23×43.5	55	280/16	1400/2.4	500
	43SC3200P	1.2	3200	23×43.5	58	320/16	1600/2.4	500
	43SC3500P	1.2	3500	23×43.5	62	350/16	1750/2.4	500
C	49C3500P	1.2	3500	26×49.5	82	350/16	1750/2.4	500
	49C4500P	1.2	4500	26×49.5	85	450/16	1350/4.5	500
D	36D3500P	1.2	3500	33×36.5	115	350/16	1750/2.4	500
	36D4500P	1.2	4500	33×36.5	125	450/16	1350/4.5	500
	62D8000P	1.2	8000	33×62.5	165	800/16	1600/7.5	500
	62D10000P	1.2	10000	33×62.5	175	1000/16	2000/7.5	500

续表

规格	型号	电压（V）	标称容量（mAh）	外形尺寸（直径×高度）（mm）	重量（g）	标准充电（mA/h）	快速充电（mA/h）	循环寿命（次）
D	90D13000P	1.2	13000	33×91	260	1300/16	2600/7.5	500
	90D14000P	1.2	14000	33×91	268	1400/16	2800/7.5	500
	90D15000P	1.2	15000	33×91	276	1500/16	3000/7.5	500
	90D16000P	1.2	16000	33×91	284	1600/16	3200/7.5	500

4. 磷酸铁锂电池

附表 3-7　　奥冠锂电池规格尺寸与技术参数

材质	产品型号	标称电压（V）	体积（mm）	充电上限电压（V）	放电终止电压（V）
三元锂	12V20AH	11.1	270×203×82	12.6	9
	12V30AH	11.1	270×203×82	12.6	9
	12V40AH	11.1	315×207×82	12.6	9
	12V50AH	11.1	315×207×82	12.6	9
	12V60AH	11.1	355×185×77	12.6	9
	12V70AH	11.1	355×185×133	12.6	9
磷酸铁锂	12V20AH	12.8	180×120×100	14.8	10.4
	12V30AH	12.8	260×120×100	14.8	10.4
	12V40AH	12.8	340×120×100	14.8	10.4
	12V50AH	12.8	210×150×150	14.8	10.4
	12V60AH	12.8	480×125×100	14.8	10.4
	12V70AH	12.8	480×145×100	14.8	10.4

附表 3-8　　冠军磷酸铁锂钒电池规格尺寸与技术参数

电池型号		额定电压（V）	额定容量（Ah）	最大外形尺寸（mm）				
				宽 L	厚 W	高 h	总高 H	重量（kg）
100×33 系列	LFP1003320	3.2	20	100	33	124	136	0.8
	LFP1003330	3.2	30	100	33	162	174	1.1
	LFP1003340	3.2	40	100	33	183	195	1.5
130×33 系列	LFP1303320	3.2	20	130	33	106	118	0.9
	LFP1303330	3.2	30	130	33	134	146	1.2
	LFP1303340	3.2	40	130	33	163	175	1.5
150×33 系列	LFP1503330	3.2	30	150	33	122	134	1.2
	LFP1503340	3.2	40	150	33	147	159	1.5
	LFP1503360	3.2	60	150	33	197	210	2.1
	LFP1503380	3.2	80	150	33	247	259	2.7
	LFP15033100	3.2	100	150	33	297	309	3.3
170×43 系列	LFP1704340	3.2	40	170	43	114	126	1.5
	LFP1704360	3.2	60	170	43	151	163	2.3
	LFP17043100	3.2	100	170	43	222	234	3.2
	LFP17043160	3.2	160	170	43	324	336	5.0
	LFP17043180	3.2	180	170	43	359	371	5.6
130×78 系列	LFP13078160	3.2	160	130	78	239	251	5.1
	LFP13078180	3.2	180	130	78	268	280	5.8

续表

电池型号		额定电压（V）	额定容量（Ah）	最大外形尺寸（mm）				
				宽 *L*	厚 *W*	高 *h*	总高 *H*	重量（kg）
150×60 系列	LFP1506060	3.2	60	150	60	142	154	2.5
	LFP15060100	3.2	100	150	60	190	202	3.5
	LFP15060160	3.2	160	150	60	265	277	4.6
	LFP15060200	3.2	200	150	60	326	338	6.6
	LFP15060300	3.2	300	150	60	463	475	9.7
	LFP15060400	3.2	400	150	60	600	612	12.8
	LFP15060500	3.2	500	150	60	710	722	14.5
138×60	LFP13860100	3.2	100	136	60	204	216	3.8
445×65	LFP44565550	3.2	550	445	65	267	279	17.5

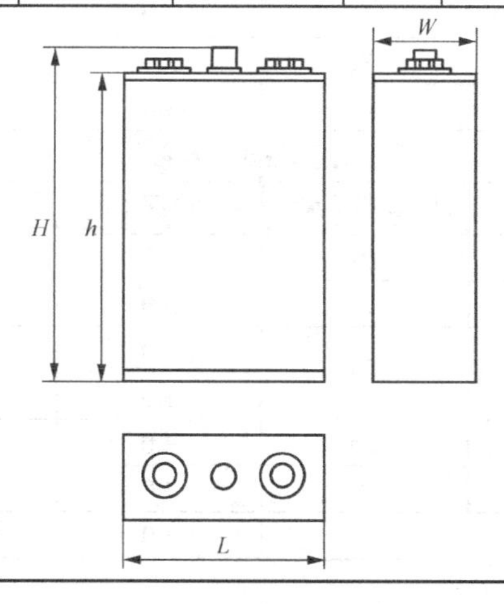

附表 3-9　　海霸磷酸铁锂电池规格尺寸与技术参数

容量型方形电池							
序号	电池型号	单体尺寸（mm）	额定容量（Ah）	标称电压（V）	内阻（mΩ）	重量（g）	壳体材料
1	33101161	33×101×161	20	3.0	<1.5	700±20	塑料
2	49102159	49×102×159	30	3.0	<1.5	1000±20	塑料
3	57111161	57×111×161	40	3.0	<1.5	1340±20	塑料
4	42152186	42×152×186	50	3.0	<1.5	1620±20	塑料
5	43152226	43×152×226	60	3.0	<1.5	1910±20	塑料
6	57169216	57×169×216	100	3.0	<1.0	3200±50	塑料
7	59224334	59×224×334	200	3.0	<1.0	6350±50	塑料
8	71283306	71×283×306	300	3.0	<1.0	9300±50	塑料
容量型圆柱电池							
序号	电池型号	单体尺寸（mm）	额定容量（Ah）	标称电压（V）	内阻（mΩ）	重量（g）	壳体材料
1	42107	Φ4×107	10	3.0	<9	305±5	铝壳
2	38107	Φ38×107	9	3.0	<10	260±5	铝壳
3	32880	Φ32×88	6	3.0	<15	150±5	铝壳
4	32650	Φ32×65	4	3.0	<20	110±5	铝壳
5	26650	Φ26×65	3	3.0	<28	75±5	铝壳
6	26600	Φ26×60	2.7	3.0	<35	70±5	铝壳
7	18650	Φ18×65	1.4	3.0	<40	40±5	铝壳

续表

功率型方形电池							
序号	电池型号	单体尺寸（mm）	额定容量（Ah）	标称电压（V）	内阻（mΩ）	重量（g）	壳体材料
1	41103168	41×103×168	20	3.0	<1.5	880±20	塑料
2	58103168	58×103×168	30	3.0	<1.5	1215±20	塑料
3	66113168	66×113×168	40	3.0	<1.5	1520±20	塑料
4	55125151	55×125×151	40	3.0	<1.5	1450±20	塑料
5	50152189	50×152×189	50	3.0	<1.5	1930±20	塑料
6	61114199	61×114×199	60	3.0	<1.5	2040±20	塑料
7	73123176	73×123×176	60	3.0	<1.5	2170±20	塑料
8	50163278	50×163×278	100	3.0	<1.0	3400±50	塑料
9	85169235	85×169×235	160	3.0	<1.0	5250±50	塑料
10	72183276	72×183×276	180	3.0	<1.0	5800±50	塑料
11	70255236	70×255×236	200	3.0	<1.0	6400±50	塑料
功率型圆形电池							
序号	电池型号	单体尺寸（mm）	额定容量（Ah）	标称电压（V）	内阻（mΩ）	重量（g）	壳体材料
1	42107	Φ42×107	10	3.0	<5	305±5	铝壳
2	38107	Φ38×107	8	3.0	<6	260±5	铝壳
3	32880	Φ32×88	5	3.0	<7	150±5	铝壳
4	32650	Φ32×65	3.5	3.0	<8	110±5	铝壳
5	26650	Φ26×65	2.5	3.0	<10	75±5	铝壳
6	26600	Φ26×60	2	3.0	<12	70±5	铝壳
7	18650	Φ18×65	1.2	3.0	<20	40±5	铝壳

5. 超级电容器

附表 3-10　　卷绕型功率系列（SPJ）超级电容器规格尺寸与技术参数

型　号	电压（V）	标称容量（F）	内阻 *ESR*（mΩ）	30min 漏电（μA）	24h 自放电（V）	尺寸 *D*（直径）× *L*（长度）（mm）±2mm	*F*（mm）±0.5mm	引线直径 *d*（mm）±0.05mm
SP-2R5-J354UY	2.5	0.35	250	50	—	8×13	3.5	0.6
SP-2R5-J354UY	2.5	1	300	100	—	5×11	2	0.5
SP-2R5-J105VY	2.5	1	300	200	—	8×13	3.5	0.6
SP-2R5-J205VY	2.5	2	120	350	—	10×20	5	0.6
SP-2R5-J335TY	2.5	3.3	75	350	—	8×20	3.5	0.6
SP-2R5-J335VY	2.5	3.3	70	350	—	10×20	5	0.6
SP-2R5-J475VY	2.5	4.7	60	450	—	12.5×21	5	0.6
SP-2R5-J475UYW	2.5	4.7	30	450	—	12.5×21	5	0.6
SP-2R5-J705UY	2.5	7	60	1000	—	10×20	5	0.6
SP-2R5-J805UY	2.5	8	60	1000	—	12.5×21	5	0.6
SP-2R5-J106UY	2.5	10	50	—	2.3	12.5×25	5	0.8
SP-2R5-J106VY	2.5	10	35	—	2.3	12.5×34	5	0.8
SP-2R5-J126UY	2.5	12	30	—	2.3	12.5×34	5	0.8
SP-2R5-J156UY	2.5	15	25	—	2.3	12.5×34	5	0.8
SP-2R5-J206UY	2.5	20	20	—	2.3	16×34	8	0.8

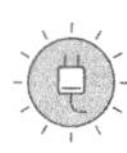

续表

型　号	电压（V）	标称容量（F）	内阻 *ESR*（mΩ）	30min 漏电（μA）	24h 自放电（V）	尺寸 *D*（直径）× *L*（长度）（mm）± 2mm	*F*（mm）± 0.5mm	引线直径 *d*（mm）± 0.05mm
SP-2R5-J256UY	2.5	25	20	—	2.3	16×34	8	0.8
SP-2R5-J306UY	2.5	30	20	—	2.3	16×34	8	0.8
SP-2R5-J506UY	2.5	50	30	—	2.3	18×34	8	0.8
SP-2R5-J606UY	2.5	60	20	—	2.3	18×42	10	0.8
SP-2R5-J906UY	2.5	90	20	—	2.3	22×45	10	1
SP-2R5-J107UY	2.5	100	20	—	2.3	22×45	10	1

附表 3-11　低阻型高比功率系列（HPLR）超级电容器规格尺寸与技术参数

型号	电压（V）	标称容量（F）	内阻 *ESR*（mΩ）	30min 漏电（μA）	24h 自放电（V）	尺寸 *D*(直径)×*L*（长度）（mm）± 2mm	*F*（mm）± 0.5mm	引线直径 *d*（mm）± 0.05mm
HP-2R7-J354VY	2.7	0.35	250	50	—	8×13	3.5	0.5
HP-2R7-J105VY	2.7	1	300	200	—	8×13	3.5	0.6
HP-2R7-J205VY	2.7	2	120	350	—	10×20	5	0.6
HP-2R7-J335TY	2.7	3.3	75	450	—	8×20	3.5	0.6
HP-2R7-J335VY	2.7	3.3	70	450	—	10×20	5	0.6
HP-2R7-J475VY	2.7	4.7	60	1000	—	12.5×21	5	0.6
HP-2R7-J805UY	2.7	8	50	1000	—	12.5×21	5	0.6
HP-2R7-J106UY	2.7	10	25	—	2.4	13×34	5	0.8
HP-2R7-J156UY	2.7	15	30	—	2.4	13×34	5	0.8
HP-2R7-J206UY	2.7	20	20	—	2.4	16×34	8	0.8
HP-2R7-J256UY	2.7	25	20	—	2.4	16×34	8	0.8
HP-2R7-J306UY	2.7	30	25	—	2.4	16×34	8	0.8
HP-2R7-J506UY	2.7	50	25	—	2.4	18×34	8	0.8
HP-2R7-J906UY	2.7	90	20	—	2.4	22×45	10	1
HP-2R7-J107UY	2.7	100	20	—	2.4	22×45	10	1
HP-2R7-J127UY	2.7	120	15	—	2.4	25×54	10	1
HP-2R7-J157UY	2.7	150	15	—	2.4	25×54	10	1
HP-2R7-J207UY	2.7	200	10	—	2.4	35×62	10	1
HP-2R7-J307UY	2.7	300	10	—	2.4	35×62	10	1
HP-2R7-J407UY	2.7	400	10	—	2.4	35×62	10	1

附表 3-12　低漏电高比功率系列（HPLL）超级电容器规格尺寸与技术参数

型号	电压（V）	标称容量（F）	内阻 *ESR*（mΩ）	30min 漏电（μA）/	24h 自放电（V）	尺寸 *D*(直径)×*L*（长度）（mm）±2mm	*F*（mm）± 0.5mm	引线直径 *d*（mm）± 0.05mm
HP-2R7-J354UY	2.7	0.35	600	50	—	5×11	2	0.5
HP-2R7-J105VY	2.7	1	600	150	—	8×13	3.5	0.6
HP-2R7-J205VY	2.7	2	250	250	—	10×20	5	0.6
HP-2R7-J335TY	2.7	3.3	250	300	—	8×20	3.5	0.6
HP-2R7-J335VY	2.7	3.3	200	250	—	10×20	5	0.6

续表

型号	电压（V）	标称容量（F）	内阻 *ESR*（mΩ）	30min 漏电（μA）/	24h 自放电（V）	尺寸 *D*（直径）×*L*（长度）（mm）±2mm	*F*（mm）±0.5mm	引线直径 *d*（mm）±0.05mm
HP-2R7-J475VY	2.7	4.7	110	450	—	12.5×21	5	0.6
HP-2R7-J805VY	2.7	8	100	600	—	12.5×21	5	0.6
HP-2R7-J106UY	2.7	10	60	—	2.4	12.5×34	5	0.8
HP-2R7-J126UY	2.7	12	50	—	2.4	12.5×34	5	0.8
HP-2R7-J156UY	2.7	15	50	—	2.4	12.5×34	5	0.8
HP-2R7-J206UY	2.7	20	50	—	2.4	16×34	8	0.8
HP-2R7-J256UY	2.7	25	50	—	2.4	16×34	8	0.8
HP-2R7-J306UY	2.7	35	40	—	2.4	16×34	8	0.8
HP-2R7-J506UY	2.7	50	60	—	2.4	18×34	8	0.8
HP-2R7-J906UY	2.7	90	25	—	2.4	22×45	10	1
HP-2R7-J107UY	2.7	100	25	—	2.4	22×45	10	1
HP-2R7-J127UY	2.7	120	20	—	2.4	25×54	10	1
HP-2R7-J157UY	2.7	150	20	—	2.4	25×54	10	1
HP-2R7-J207UY	2.7	200	10	—	2.4	35×62	10	1
HP-2R7-J307UY	2.7	300	10	—	2.4	35×62	10	1
HP-2R7-J407UY	2.7	400	10	—	2.4	35×62	10	1

附录4

气象风力等级表

风级	风名称	一般描述			速度	
		陆地	海上	浪高(m)	m/s	km/h
0	无风	静烟直上	海面如镜	—	＜0.3	＜1
1	软风	烟能表示风向，但风标不能转动	出现鱼鳞似的微波，但不构成浪	0.1	0.3～1.5	1～6
2	轻风	人的脸部感到有风，树叶微响，风标能转动	小波浪清晰，出现浪花，但并不翻浪	0.2	1.6～3.3	6～11
3	微风	树叶和细树枝摇动不息，旌旗展开	小波浪增大，浪花开始翻滚，水泡透明像玻璃，并且到处出现白浪	0.6	3.4～5.4	12～19
4	和风	沙尘飞扬，纸片飘起，小树枝摇动	小波浪增长，白浪增多	1	5.5～7.9	20～28
5	清风	有树叶的灌木动摇，池塘内的水面起小波浪	波浪中等，浪延伸更清楚，白浪更多（有时出现）	2	8.0～10.7	29～38
6	强风	大树枝摇动，电线发出响声，举伞困难	开始产生大的波浪，到处呈现白沫，浪花的范围更大（飞沫更多）	3	10.8～13.8	39～49
7	疾风	整个树木摇动，人迎风行走不便	浪大、浪翻滚、白沫像带子一样随风飘动	4	13.9～17.1	50～61
8	大风	小的树枝折断，迎风行走很困难	波浪加大变长，浪花顶端出现水雾，泡沫像带子一样清楚地随风飘动	5.5	17.2～20.7	62～74
9	烈风	建筑物有轻微损坏（如烟囱倒塌，瓦片飞出）	出现大的波浪，泡沫呈粗的带子随风飘动，浪前倾、翻滚、倒卷，飞沫挡住视线	7	20.8～24.4	75～88
10	狂风	陆地少见，可使树木连根拔起或将建筑物严重损坏	浪变长，形成更大的波浪，大块的泡沫像白色带子随风飘动，整个海面呈白色，波浪翻滚咆哮	9	24.5～28.4	89～102
11	暴风	损毁重大	波峰全呈飞沫	11.5	28.5～32.6	103～117
12	飓风	摧毁极大	海浪滔天	14	＞32.7	＞117

附录5 全国各城市并网光伏电站最佳安装倾角和发电量速查表

该速查表中的发电量是按照整个发电系统总效率79%计算的，参考计算时不必再考虑系统效率问题，根据速算表中的每瓦首年发电量与电站实际装机容量的乘积就是该电站的年发电量。

速查表中的最佳安装倾角是根据当地经纬度换算出来的，在实际应用中，光伏电站的最佳安装倾角是有一定的角度区间的。最佳安装倾角的确定还要根据当地的气候条件，在满足电站支架强度及整体稳定性的前提下，全年发电量最大的角度是真正的最佳安装角度。

序号	区域	类别	城市名称	安装角度（°）	峰值日照时数（h/day）	每瓦首年发电量（kWh/W）	年有效利用小时数（h）
1	直辖市	直辖市	北京	35	4.21	1.214	1213.95
2			上海	25	4.09	1.179	1179.35
3			天津	35	4.57	1.318	1317.76
4			重庆	8	2.38	0.686	686.27
5	东北地区	黑龙江省	哈尔滨	40	4.3	1.268	1239.91
6			齐齐哈尔	43	4.81	1.388	1386.96
7			牡丹江	40	4.51	1.301	1300.46
8			佳木斯	43	4.3	1.241	1239.91
9			鸡西	41	4.53	1.308	1306.23
10			鹤岗	43	4.41	1.272	1271.62
11			双鸭山	43	4.41	1.272	1271.62
12			黑河	46	4.9	1.415	1412.92
13			大庆	41	4.61	1.331	1329.29
14			大兴安岭-漠河	49	4.8	1.384	1384.08
15			伊春	45	4.73	1.364	1363.90
16			七台河	42	4.41	1.272	1271.62
17			绥化	42	4.52	1.304	1303.34
18		吉林省	长春	41	4.74	1.367	1366.78
19			延边-延吉	38	4.27	1.231	1231.25
20			白城	42	4.74	1.369	1366.78

续表

序号	区域	类别	城市名称	安装角度（°）	峰值日照时数（h/day）	每瓦首年发电量（kWh/W）	年有效利用小时数（h）
21	东北地区	吉林省	松原-扶余	40	4.63	1.336	1335.06
22			吉林	41	4.68	1.351	1349.48
23			四平	40	4.66	1.344	1343.71
24			辽源	40	4.7	1.355	1355.25
25			通化	37	4.45	1.283	1283.16
26			白山	37	4.31	1.244	1242.79
27		辽宁省	沈阳	36	4.38	1.264	1262.97
28			朝阳	37	4.78	1.378	1378.31
29			阜新	38	4.64	1.338	1337.94
30			铁岭	37	4.4	1.269	1268.74
31			抚顺	37	4.41	1.274	1271.62
32			本溪	36	4.4	1.271	1268.74
33			辽阳	36	4.41	1.272	1271.62
34			鞍山	35	4.37	1.262	1260.09
35			丹东	36	4.41	1.273	1271.62
36			大连	32	4.3	1.241	1239.91
37			营口	35	4.4	1.269	1268.74
38			盘锦	36	4.36	1.258	1257.21
39			锦州	37	4.7	1.358	1355.25
40			葫芦岛	36	4.66	1.344	1343.71
41	华北地区	河北省	石家庄	37	5.03	1.453	1450.40
42			保定	32	4.1	1.182	1182.24
43			承德	42	5.46	1.574	1574.39
44			唐山	36	4.64	1.338	1337.94
45			秦皇岛	38	5	1.442	1441.75
46			邯郸	36	4.93	1.422	1421.57
47			邢台	36	4.93	1.422	1421.57
48			张家口	38	4.77	1.375	1375.43
49			沧州	37	5.07	1.462	1461.93
50			廊坊	40	5.17	1.491	1490.77
51			衡水	36	5	1.442	1441.75
52		山西省	太原	33	4.65	1.341	1340.83
53			大同	36	5.11	1.474	1473.47
54			朔州	36	5.16	1.489	1487.89
55			阳泉	33	4.67	1.348	1346.59
56			长治	28	4.04	1.165	1164.93
57			晋城	29	4.28	1.234	1234.14
58			忻州	34	4.78	1.378	1378.31
59			晋中	33	4.65	1.342	1340.83

续表

序号	区域	类别	城市名称	安装角度（°）	峰值日照时数（h/day）	每瓦首年发电量（kWh/W）	年有效利用小时数（h）
60	华北地区	山西省	临汾	30	4.27	1.231	1231.25
61			运城	26	4.13	1.193	1190.89
62			吕梁	32	4.65	1.341	1340.83
63		内蒙古自治区	呼和浩特	35	4.68	1.349	1349.48
64			包头	41	5.55	1.6	1600.34
65			乌海	39	5.51	1.589	1588.81
66			赤峰	41	5.35	1.543	1542.67
67			通辽	44	5.44	1.569	1568.62
68			呼伦贝尔	47	4.99	1.439	1438.87
69			兴安盟	46	5.2	1.499	1499.42
70			鄂尔多斯	40	5.55	1.6	1600.34
71			锡林郭勒	43	5.37	1.548	1548.44
72			阿拉善	36	5.35	1.543	1542.67
73			巴彦淖尔	41	5.48	1.58	1580.16
74			乌兰察布	40	5.49	1.574	1583.04
75	华中地区	河南省	郑州	29	4.23	1.22	1219.72
76			开封	32	4.54	1.309	1309.11
77			洛阳	31	4.56	1.315	1314.88
78			焦作	33	4.68	1.349	1349.48
79			平顶山	30	4.28	1.234	1234.14
80			鹤壁	33	4.73	1.364	1363.90
81			新乡	33	4.68	1.349	1349.48
82			安阳	30	4.32	1.246	1245.67
83			濮阳	33	4.68	1.349	1349.48
84			商丘	31	4.56	1.315	1314.88
85			许昌	30	4.4	1.269	1268.74
86			漯河	29	4.16	1.2	1199.54
87			信阳	27	4.13	1.191	1190.89
88			三门峡	31	4.56	1.315	1314.88
89			南阳	29	4.16	1.2	1199.54
90			周口	29	4.16	1.2	1199.54
91			驻马店	28	4.34	1.251	1251.44
92			济源	28	4.1	1.182	1182.24
93		湖南省	长沙	20	3.18	0.917	916.95
94			张家界	23	3.81	1.099	1098.61
95			常德	20	3.38	0.975	974.62
96			益阳	16	3.16	0.912	911.19
97			岳阳	16	3.22	0.931	928.49
98			株洲	19	3.46	0.998	997.69

续表

序号	区域	类别	城市名称	安装角度（°）	峰值日照时数（h/day）	每瓦首年发电量（kWh/W）	年有效利用小时数（h）
99	华中地区	湖南省	湘潭	16	3.23	0.933	931.37
100			衡阳	18	3.39	0.978	977.51
101			郴州	18	3.46	0.998	997.69
102			永州	15	3.27	0.944	942.90
103			邵阳	15	3.25	0.937	937.14
104			怀化	15	2.96	0.853	853.52
105			娄底	16	3.19	0.921	919.84
106			湘西	15	2.83	0.817	816.03
107		湖北省	武汉	20	3.17	0.914	914.07
108			十堰	26	3.87	1.116	1115.91
109			襄樊	20	3.52	1.016	1014.99
110			荆门	20	3.16	0.913	911.19
111			孝感	20	3.51	1.012	1012.11
112			黄石	25	3.89	1.122	1121.68
113			咸宁	19	3.37	0.972	971.74
114			荆州	23	3.75	1.081	1081.31
115			宜昌	20	3.44	0.992	991.92
116			随州	22	3.59	1.036	1035.18
117			鄂州	21	3.66	1.057	1055.36
118			黄冈	21	3.68	1.063	1061.13
119			恩施	15	2.73	0.788	787.20
120			仙桃	17	3.29	0.949	948.67
121			天门	18	3.15	0.91	908.30
122			神农架	21	3.23	0.934	931.37
123			潜江	27	3.89	1.122	1121.68
124	西南地区	四川省	成都	16	2.76	0.798	795.85
125			广元	19	3.25	0.937	937.14
126			绵阳	17	2.82	0.813	813.15
127			德阳	17	2.79	0.805	804.50
128			南充	14	2.81	0.81	810.26
129			广安	13	2.77	0.8	798.73
130			遂宁	11	2.8	0.808	807.38
131			内江	11	2.59	0.747	746.83
132			乐山	17	2.77	0.799	798.73
133			自贡	13	2.62	0.756	755.48
134			泸州	11	2.6	0.75	749.71
135			宜宾	12	2.67	0.771	769.89
136			攀枝花	27	5.01	1.445	1444.63
137			巴中	17	2.94	0.849	847.75

续表

序号	区域	类别	城市名称	安装角度（°）	峰值日照时数（h/day）	每瓦首年发电量（kWh/W）	年有效利用小时数（h）
138	西南地区	四川省	达州	14	2.82	0.814	813.15
139			资阳	15	2.73	0.789	787.20
140			眉山	16	2.72	0.786	784.31
141			雅安	16	2.92	0.842	841.98
142			甘孜	30	4.17	1.203	1202.42
143			凉山-西昌	25	4.39	1.266	1265.86
144			阿坝	35	5.28	1.523	1522.49
145		云南省	昆明	25	4.4	1.271	1268.74
146			曲靖	25	4.24	1.224	1222.60
147			玉溪	24	4.46	1.288	1286.04
148			丽江	29	5.18	1.494	1493.65
149			普洱	21	4.33	1.25	1248.56
150			临沧	25	4.63	1.335	1335.06
151			德宏	25	4.74	1.367	1366.78
152			怒江	27	4.68	1.35	1349.48
153			迪庆	28	5.01	1.446	1444.63
154			楚雄	25	4.49	1.296	1294.69
155			昭通	22	4.25	1.225	1225.49
156			大理	27	4.91	1.416	1415.80
157			红河	23	4.56	1.314	1314.88
158			保山	29	4.66	1.344	1343.71
159			文山	22	4.52	1.303	1303.34
160			西双版纳	20	4.47	1.291	1288.92
161		贵州省	贵阳	15	2.95	0.852	850.63
162			六盘水	22	3.84	1.107	1107.26
163			遵义	13	2.79	0.805	804.50
164			安顺	13	3.05	0.879	879.47
165			毕节	21	3.76	1.086	1084.20
166			黔西南	20	3.85	1.111	1110.15
167			铜仁	15	2.9	0.836	836.22
168		西藏自治区	拉萨	28	6.4	1.845	1845.44
169			阿里	32	6.59	1.9	1900.23
170			昌都	32	5.18	1.494	1493.65
171			林芝	30	5.33	1.537	1536.91
172			日喀则	32	6.61	1.906	1905.99
173			山南	32	6.13	1.768	1767.59
174			那曲	35	5.84	1.648	1683.96

续表

序号	区域	类别	城市名称	安装角度（°）	峰值日照时数（h/day）	每瓦首年发电量（kWh/W）	年有效利用小时数（h）
175	西北地区	新疆自治区	乌鲁木齐	33	4.22	1.217	1216.84
176			昌吉	33	4.22	1.217	1216.84
177			克拉玛依	41	4.87	1.404	1404.26
178			吐鲁番	42	5.55	1.6	1600.34
179			哈密	40	5.33	1.537	1536.91
180			石河子	38	5.12	1.478	1476.35
181			伊犁	40	4.95	1.427	1427.33
182			巴音郭楞	41	5.42	1.563	1562.86
183			和田	35	5.59	1.612	1611.88
184			阿勒泰	44	5.17	1.494	1490.77
185			塔城	41	4.88	1.407	1407.15
186			阿克苏	40	5.35	1.543	1542.67
187			博尔塔拉	40	4.91	1.416	1415.80
188			克孜勒苏	40	4.92	1.419	1418.68
189			喀什	40	4.92	1.419	1418.68
190			图木舒克	37	5	1.442	1441.75
191			阿拉尔	38	4.92	1.419	1418.68
192			五家渠	36	4.65	1.341	1340.83
193		陕西省	西安	26	3.57	1.029	1029.41
194			宝鸡	30	4.28	1.234	1234.14
195			咸阳	26	3.57	1.029	1029.41
196			渭南	31	4.45	1.283	1283.16
197			铜川	33	4.65	1.341	1340.83
198			延安	35	4.99	1.439	1438.87
199			榆林	38	5.4	1.557	1557.09
200			汉中	29	4.06	1.171	1170.70
201			安康	26	3.85	1.11	1110.15
202			商洛	26	3.57	1.029	1029.41
203		甘肃省	兰州	29	4.21	1.214	1213.95
204			酒泉	41	5.54	1.597	1597.46
205			嘉峪关	41	5.54	1.597	1597.46
206			张掖	42	5.59	1.612	1611.88
207			天水	32	4.51	1.3	1300.46
208			白银	38	5.31	1.531	1531.14
209			定西	38	5.2	1.499	1499.42
210			甘南	32	4.51	1.3	1300.46
211			金昌	39	5.6	1.615	1614.76
212			临夏	38	5.2	1.499	1499.42
213			陇南	28	4.51	1.3	1300.46

续表

序号	区域	类别	城市名称	安装角度（°）	峰值日照时数（h/day）	每瓦首年发电量（kWh/W）	年有效利用小时数（h）
214	西北地区	甘肃省	平凉	34	4.76	1.373	1372.55
215			庆阳	34	4.69	1.352	1352.36
216			武威	40	5.17	1.491	1490.77
217		宁夏自治区	银川	36	5.06	1.459	1459.05
218			石嘴山	39	5.54	1.597	1597.46
219			固原	34	4.76	1.373	1372.55
220			中卫	37	5.39	1.554	1554.21
221			吴忠	38	5.3	1.528	1528.26
222		青海省	西宁	34	4.7	1.355	1355.25
223			果洛-达日	36	5.19	1.497	1496.54
224			海北-海晏	34	4.7	1.355	1355.25
225			海东-平安	34	4.7	1.355	1355.25
226			海南-共和	38	5.88	1.695	1695.50
227			海西-格尔木	38	5.88	1.695	1695.50
228			海西-德令哈	41	5.65	1.629	1629.18
229			黄南-同仁	39	5.81	1.675	1675.31
230			玉树	34	5.37	1.548	1548.44
231	华南地区	广东省	广州	20	3.16	0.91	911.19
232			清远	19	3.43	0.989	989.04
233			韶关	18	3.67	1.06	1058.24
234			河源	18	3.66	1.056	1055.36
235			梅州	20	3.92	1.132	1130.33
236			潮州	19	4	1.156	1153.40
237			汕头	19	4.02	1.16	1159.17
238			揭阳	18	3.97	1.147	1144.75
239			汕尾	17	3.81	1.1	1098.61
240			惠州	18	3.74	1.079	1078.43
241			东莞	17	3.52	1.017	1014.99
242			深圳	17	3.78	1.089	1089.96
243			珠海	17	4	1.153	1153.40
244			中山	17	3.88	1.118	1118.80
245			江门	17	3.76	1.084	1084.20
246			佛山	18	3.43	0.99	989.04
247			肇庆	18	3.48	1.003	1003.46
248			云浮	17	3.53	1.018	1017.88
249			阳江	16	3.9	1.127	1124.57
250			茂名	16	3.84	1.108	1107.26
251			湛江	14	3.9	1.125	1124.57

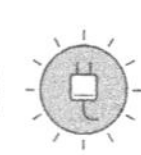

续表

序号	区域	类别	城市名称	安装角度（°）	峰值日照时数（h/day）	每瓦首年发电量（kWh/W）	年有效利用小时数（h）
252	华南地区	广西自治区	南宁	14	3.62	1.044	1043.83
253			桂林	17	3.35	0.967	965.97
254			百色	15	3.79	1.094	1092.85
255			玉林	16	3.74	1.079	1078.43
256			钦州	14	3.67	1.059	1058.24
257			北海	14	3.76	1.085	1084.20
258			梧州	16	3.63	1.046	1046.71
259			柳州	16	3.46	0.998	997.69
260			河池	14	3.46	0.998	997.69
261			防城港	14	3.67	1.059	1058.24
262			贺州	17	3.54	1.02	1020.76
263			来宾	14	3.55	1.024	1023.64
264			崇左	14	3.74	1.078	1078.43
265			贵港	15	3.61	1.042	1040.94
266		海南省	海口	10	4.33	1.25	1248.56
267			三亚	15	4.75	1.371	1369.66
268			琼海	12	4.71	1.358	1358.13
269			白沙	15	4.76	1.374	1372.55
270			保亭	15	4.74	1.368	1366.78
271			昌江	13	4.55	1.314	1311.99
272			澄迈	13	4.55	1.313	1311.99
273			儋州	13	4.48	1.294	1291.81
274			定安	10	4.32	1.246	1245.67
275			东方	14	4.84	1.396	1395.61
276			乐东	16	4.77	1.376	1375.43
277			临高	12	4.51	1.302	1300.46
278			陵水	15	4.74	1.366	1366.78
279			琼中	13	4.72	1.362	1361.01
280			屯昌	13	4.68	1.351	1349.48
281			万宁	13	4.67	1.346	1346.59
282			文昌	10	4.28	1.233	1234.14
283			五指山	15	4.8	1.387	1384.08
284	华东地区	江苏省	南京	23	3.71	1.07	1069.78
285			徐州	25	3.95	1.139	1138.98
286			连云港	26	4.13	1.19	1190.89
287			盐城	25	3.98	1.147	1147.63
288			泰州	23	3.8	1.097	1095.73
289			镇江	23	3.68	1.062	1061.13
290			南通	23	3.92	1.13	1130.33
291			常州	23	3.73	1.076	1075.55

续表

序号	区域	类别	城市名称	安装角度（°）	峰值日照时数（h/day）	每瓦首年发电量（kWh/W）	年有效利用小时数（h）
292	华东地区	江苏省	无锡	23	3.71	1.07	1069.78
293			苏州	22	3.68	1.062	1061.13
294			淮安	25	3.98	1.148	1147.63
295			宿迁	25	3.96	1.141	1141.87
296			扬州	22	3.69	1.065	1064.01
297		浙江省	杭州	20	3.42	0.988	986.16
298			绍兴	20	3.56	1.028	1026.53
299			宁波	20	3.67	1.057	1058.24
300			湖州	20	3.7	1.067	1066.90
301			嘉兴	20	3.66	1.057	1055.36
302			金华	20	3.63	1.047	1046.71
303			丽水	20	3.77	1.089	1087.08
304			温州	18	3.77	1.088	1087.08
305			台州	23	3.8	1.098	1095.73
306			舟山	20	3.76	1.085	1084.20
307			衢州	20	3.69	1.064	1064.01
308		福建省	福州	17	3.54	1.021	1020.76
309			莆田	16	3.59	1.035	1035.18
310			南平	18	4.17	1.204	1202.42
311			厦门	17	3.89	1.121	1121.68
312			泉州	17	3.92	1.131	1130.33
313			漳州	18	3.87	1.116	1115.91
314			三明	18	3.92	1.132	1130.33
315			龙岩	20	3.92	1.13	1130.33
316			宁德	18	3.62	1.045	1043.83
317		山东省	济南	32	4.27	1.231	1231.25
318			青岛	30	3.38	0.975	974.62
319			淄博	35	4.9	1.413	1412.92
320			东营	36	4.98	1.436	1435.98
321			潍坊	35	4.9	1.413	1412.92
322			烟台	35	4.94	1.424	1424.45
323			枣庄	32	4.11	1.349	1185.12
324			威海	33	4.94	1.424	1424.45
325			济宁	32	4.72	1.361	1361.01
326			泰安	36	4.93	1.422	1421.57
327			日照	33	4.7	1.355	1355.25
328			莱芜	34	4.88	1.407	1407.15
329			临沂	33	4.77	1.375	1375.43
330			德州	35	5	1.442	1441.75

续表

序号	区域	类别	城市名称	安装角度（°）	峰值日照时数（h/day）	每瓦首年发电量（kWh/W）	年有效利用小时数（h）
331	华东地区	山东省	聊城	36	4.93	1.422	1421.57
332			滨州	37	5.03	1.45	1450.40
333			菏泽	32	4.72	1.361	1361.01
334		江西省	南昌	16	3.59	1.036	1035.18
335			九江	20	3.56	1.026	1026.53
336			景德镇	20	3.63	1.047	1046.71
337			上饶	20	3.76	1.084	1084.20
338			鹰潭	17	3.68	1.062	1061.13
339			宜春	15	3.37	0.973	971.74
340			萍乡	15	3.33	0.962	960.21
341			赣州	16	3.67	1.059	1058.24
342			吉安	16	3.59	1.037	1035.18
343			抚州	16	3.64	1.049	1049.59
344			新余	15	3.55	1.025	1023.64
345		安徽省	合肥	27	3.69	1.064	1064.01
346			芜湖	26	4.03	1.162	1162.05
347			黄山	25	3.84	1.107	1107.26
348			安庆	25	3.91	1.127	1127.45
349			蚌埠	25	3.92	1.13	1130.33
350			亳州	23	3.86	1.115	1113.03
351			池州	22	3.64	1.048	1049.59
352			滁州	23	3.66	1.056	1055.36
353			阜阳	28	4.21	1.214	1213.95
354			淮北	30	4.49	1.295	1294.69
355			六安	23	3.69	1.065	1064.01
356			马鞍山	22	3.68	1.061	1061.13
357			宿州	30	4.47	1.289	1288.92
358			铜陵	22	3.65	1.054	1052.48
359			宣城	23	3.65	1.052	1052.48
360			淮南	28	4.24	1.223	1223.42

参考文献

[1]（日）太阳光电协会编. 太阳能光伏发电系统设计与施工[M]. 刘树民，宏伟，译. 北京：科学出版社，2006.

[2] 李钟实. 太阳能光伏发电系统设计施工与应用[M]. 北京：人民邮电出版社，2012.

[3] 马金鹏. 光伏电站价值提升策略之运维[J]. 光伏信息，2014（5）：23-26

[4] 蒋华庆，贺广零，等. 光伏电站设计技术[M]. 北京：中国电力出版社，2014.

[5] 尹平. 浅谈万科中心太阳能电站技术的创新[J]. 太阳能发电，2009（11）：49-50.

[6] 华为技术有限公司. 光伏电站智能化发展趋势[J]. 光伏领跑者专刊，2016：24-26

[7] 李英姿. 太阳能光伏并网发电系统设计与应用[M]. 北京：机械工业出版社，2014.

[8] 鲁思慧.锂电池储能前景可期[J]. 光伏信息，2013（5）：58-59

[9] 中华人民共和国住房和城乡建设部.GB/T50796-2012 光伏发电工程验收规范[S]. 北京：中国计划出版社，2012.

[10] 宋振涛，田磊，等. 光伏建筑一体化技术应用与探讨[J]. 太阳能光伏，2011（7）：29-30.

[11] 李小永，马金鹏，等. 大型荒漠光伏电站并网调试分析[J]. 光伏信息，2013（4）：42-45.

[12] 分布式光伏电站常见故障原因及解决方案[J]. MPV《现代光伏》，2015（4）：52-53.

[13] Rik DeGunther. 达人迷：家用太阳能系统设计、应用与施工[M]. 吕书翀，李玉红，李钟实，译. 北京：人民邮电出版社，2012.

[14] 李钟实，等. 分布式光伏电站设计施工与应用[M]. 北京：机械工业出版社，2017.